Microsoft

MOS PowerPoint 2016

原廠國際認證應考指南

Exam 77-729

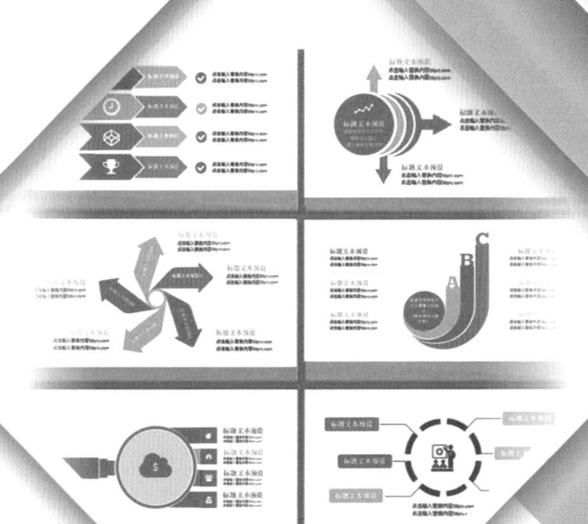

目錄

Contents

Chapter 00

關於 Microsoft Office Specialist 認證

Chapter 01

建立及設計簡報

Chapter 02 設定簡報物件

Chapter 04 編輯母片

Chapter 05 投影片放映與檔案設定

Chapter 06

檢定試題模擬

Chapter 00 關於 Microsoft Office Specialist 認證

Microsoft Office 系列應用程式是全球最為普級的商務應用軟體，不論是 Word、Excel 還是 PowerPoint 都是家喻戶曉的軟體工具，也幾乎是學校、職場必備的軟體操作技能。因此，關於 Microsoft Office 的軟體能力認證也如雨後春筍地出現，受到各認證中心的重視。不過，Microsoft Office Specialist （MOS） 認證才是 Microsoft 原廠唯一且向國人推薦的 Office 國際專業認證，對於展示多種工作與生活中其他活動的生產力都極具價值。取得 MOS 認證可證明有使用 Office 應用程式因應工作所需的能力，並具有重要的區隔性，證明個人對於 Microsoft Office 具有充分的專業知識及能力，讓 MOS 認證實現你 Office 的能力。

0-1 關於 Microsoft Office Specialist（MOS）認證

Microsoft Office Specialist 專業認證（簡稱 MOS），是 Microsoft 公司原廠唯一的 Office 應用程式專業認證，是全球認可的電腦商業應用程式技能標準。透過此認證可以證明電腦使用者的電腦專業能力，並於工作環境中受到肯定。即使是國際性的專業認證、英文證書，但是在試題上可以自由選擇語系，因此，在國內的 MOS 認證考試亦提供有正體中文化試題，只要通過 Microsoft 的認證考試，即頒發全球通用的國際性證書，取電腦專業能力的認證，以證明您個人在 Microsoft Office 應用程式領域具備充分且專業的知識知識與能力。

取得 Microsoft Office 國際性專業能力認證，除了肯定您在使用 Microsoft Office 各項應用軟體的專業能力外，亦可提昇您個人的競爭力、生產力與工作效率。在工作職場上更能獲得更多的工作機會、更好的升遷契機、更高的信任度與工作滿意 。

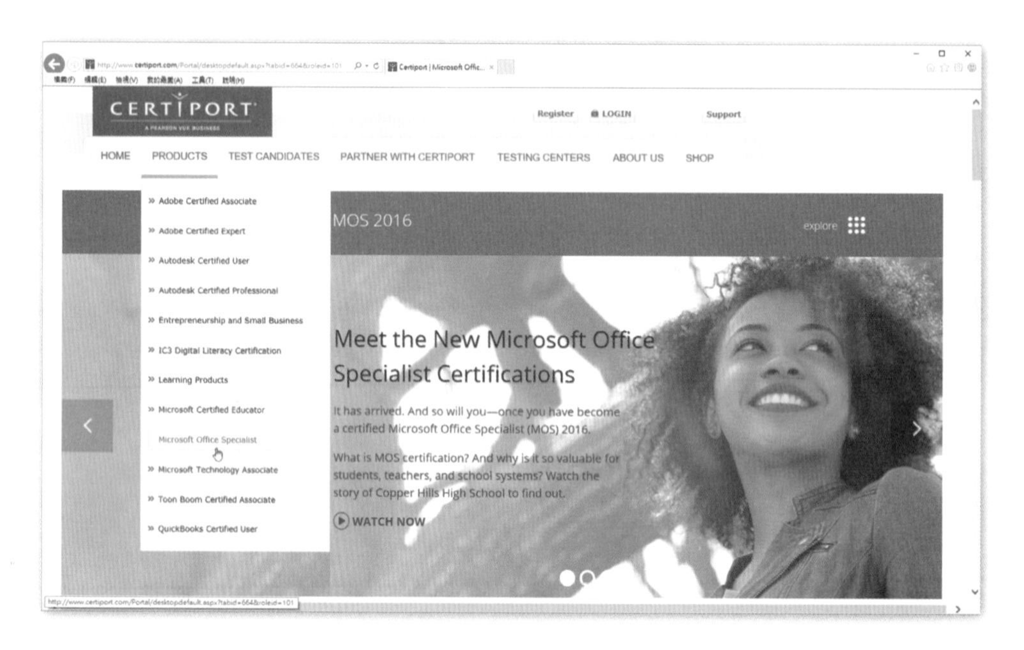

Certiport 是為全球最大考證中心，也是 Microsoft 唯一認可的國際專業認證單位，參加 MOS 的認證考試必須先到網站進行註冊。

0-2 MOS 認證系列

MOS 認證區分為標準級認證（Core）與專業級認證（Expert）兩大類型。

標準級認證（Core）

標準級認證（Core）是屬於基本的核心能力評量，可以測驗出對應用程式的基本實戰技能。根據不同的 Office 應用程式，共區分為以下幾個科目：

- Exam 77-725 Word 2016:
  Core Document Creation, Collaboration and Communication
- Exam 77-727 Excel 2016:
  Core Data Analysis, Manipulation, and Presentation
- Exam 77-729 PowerPoint 2016:
  Core Presentation Design and Delivery Skills
- Exam 77-730 Access 2016:
  Core Database Management, Manipulation, and Query Skills
- Exam 77-731 Outlook 2016:
  Core Communication, Collaboration and Email Skills

上述每一個考科通過後，皆可以取得該考科的 MOS 國際性專業認證證書。

專業級認證（Expert）

專業級認證（Expert）是屬於 Word 和 Excel 這兩項應用程式的進階的專業能力評量，可以測驗出對 Word 和 Excel 等應用程式的專業實務技能和技術性的工作能力。共區分為：

- Exam 77-726 Word 2016 Expert:
  Creating Documents for Effective Communication
- Exam 77-728 Excel 2016 Expert:
  Interpreting Data for Insights

若通過 MOS Word 2016 Expert 考試，即可取得 MOS Word 2016 Expert 專業級認證證書；若通過 MOS Excel 2016 Expert 考試，即可取得 MOS Excel 2016 Expert 專業級認證證書。

大師級認證（Master）

MOS 大師級認證（MOS Master）與微軟在資訊技術領域的 MCSE 或 MCSD，或現行的 MCITP 或 MCPD 是同級的認證，代表持有認證的使用者對 Microsoft Office 有更深入的了解，亦能活用 Microsoft Office 各項成員應用程式執行各種工作，在技術上可以熟練地運用有效的功能進行 Office 應用程式的整合。因此，MOS 大師級認證的門檻較高，考生必須通過多項標準級與專業級考科的考試，才能取得 MOS 大師級認證。最新版本的 MOS Microsoft Office 2016 大師級認證的取得，必須通過下列三科必選科目：

- MOS: Microsoft Office Word 2016 Expert （77-726）
- MOS: Microsoft Office Excel 2016 Expert （77-728）
- MOS: Microsoft Office PowerPoint 2016 （77-729）

並再通過下列兩科目中的一科（任選其一）：

- MOS: Microsoft Office Access 2016（77-730）
- MOS: Microsoft Office Outlook 2016（77-731）

因此，您可以專注於所擅長、興趣、期望的技術領域與未來發展，選擇適合自己的正確途徑。

* 以上資訊公佈自 Certiport 官方網站。

MOS 2016 各項證照

MOS Word 2016 Core 標準級證照

MOS Word 2016 Expert 專業級證照

MOS Excel 2016 Core 標準級證照

MOS Excel 2016 Expert 專業級證照

MOS PowerPoint 2016 標準級證照

MOS Outlook 2016 標準級證照

MOS Access 2016 標準級證照

MOS Master 2016 大師級證照

0-3 證照考試流程與成績

考試流程

1. 考前準備：參考認證檢定參考書籍，考前衝刺～
2. 註冊：首次參加考試，必須登入 Certiport 網站（http://www.certiport.com）進行註冊。註冊參加 Microsoft MOS 認證考試。（註冊前準備好英文姓名資訊，應與護照上的中英文姓名相符，若尚未擁有護照或不知英文姓名拼字，可登入外交部網站查詢）。
3. 選擇考試中心付費參加考試。
4. 即測即評，可立即知悉分數與是否通過。

認證考試畫面說明（以 MOS Excel 2016 Core 為例）

MOS 認證考試使用的是最新版的 CONSOLE 8 系統，考生必須先到 Ceriport 網站申請帳號，在此系統便是透過 Ceriport 帳號登入進行考試：

啟動考試系統畫面，點選〔自修練習評量〕:

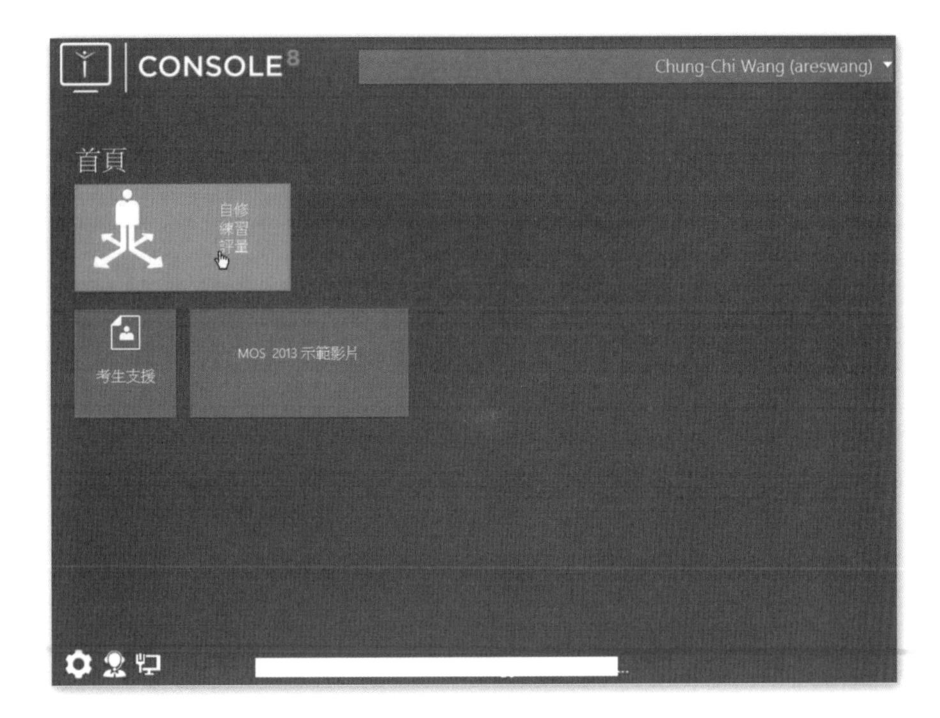

點選〔評量〕:

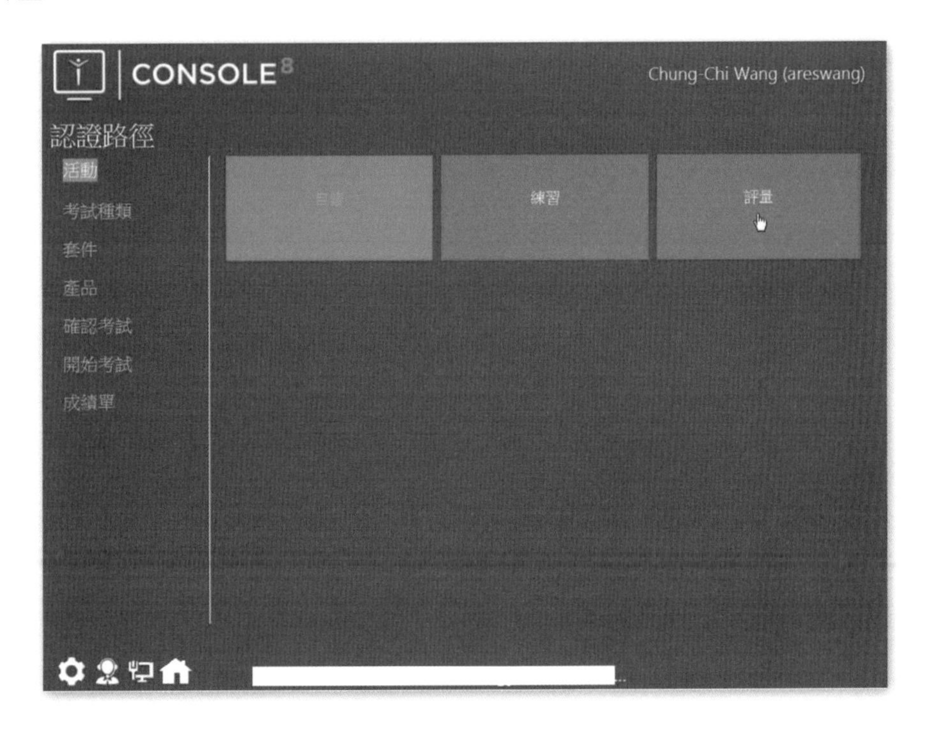

選擇要參加考試的種類為〔Microsoft Office Specialist〕:

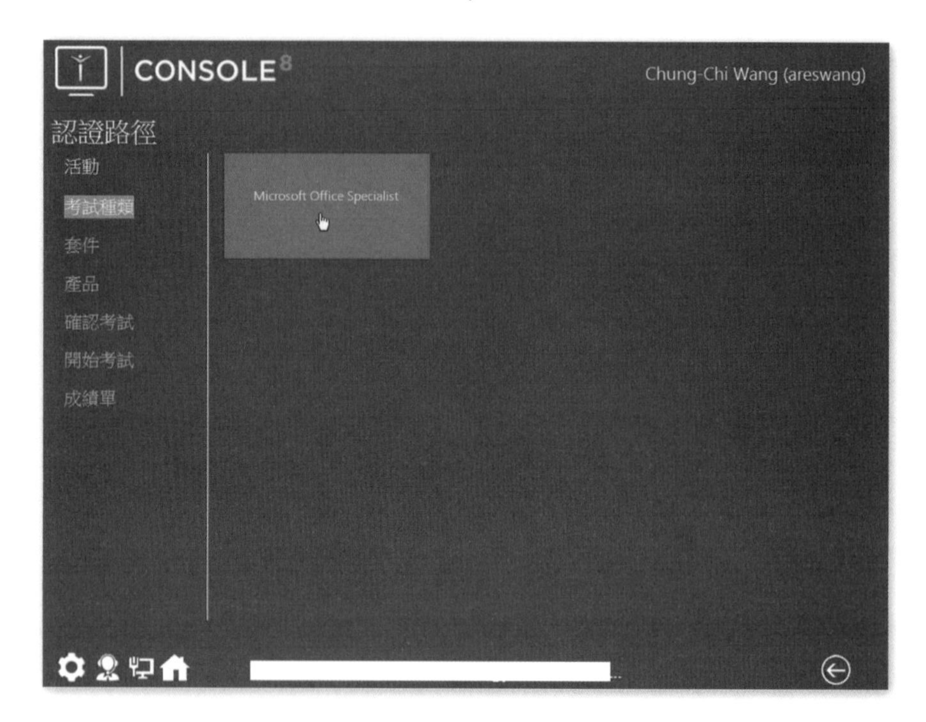

選擇要參加考試的版本為〔2016〕:

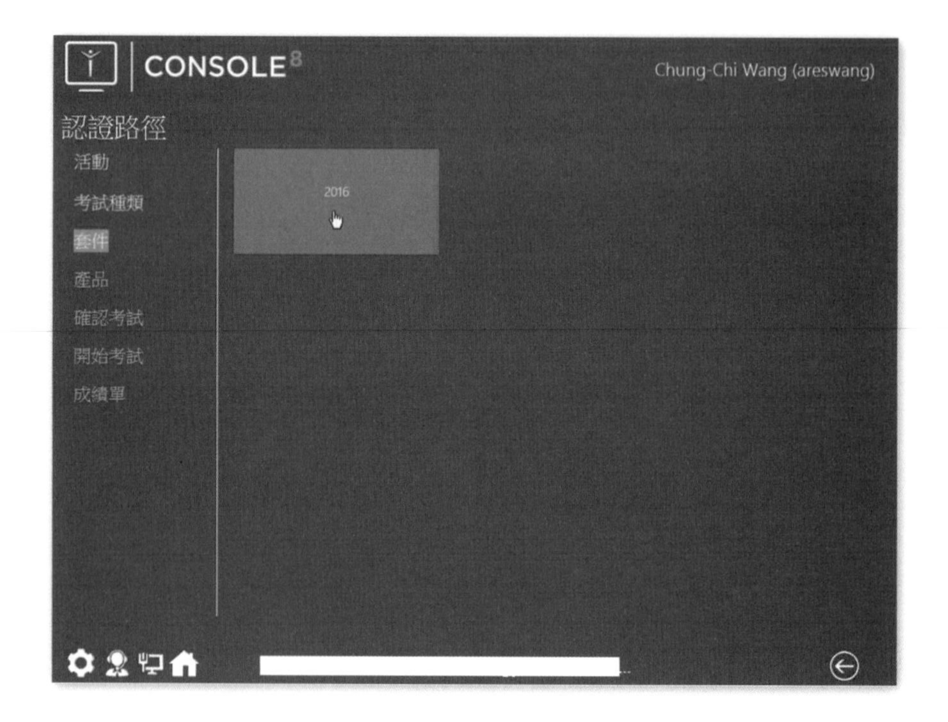

選擇要參加考試的科目，例如〔Excel〕：

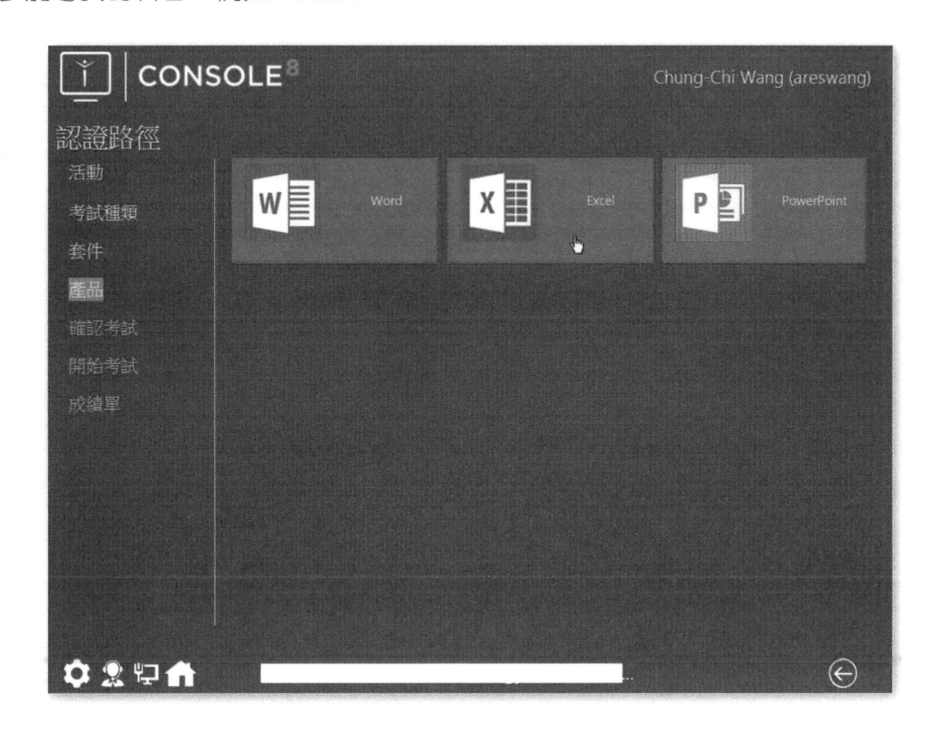

進行考試資訊的輸入，例如：郵件地址編輯（會自動套用註冊帳號裡的資訊）、考試群組、確認資訊。完成後，進行電子郵件信箱的驗證與閱讀並接受保密協議：

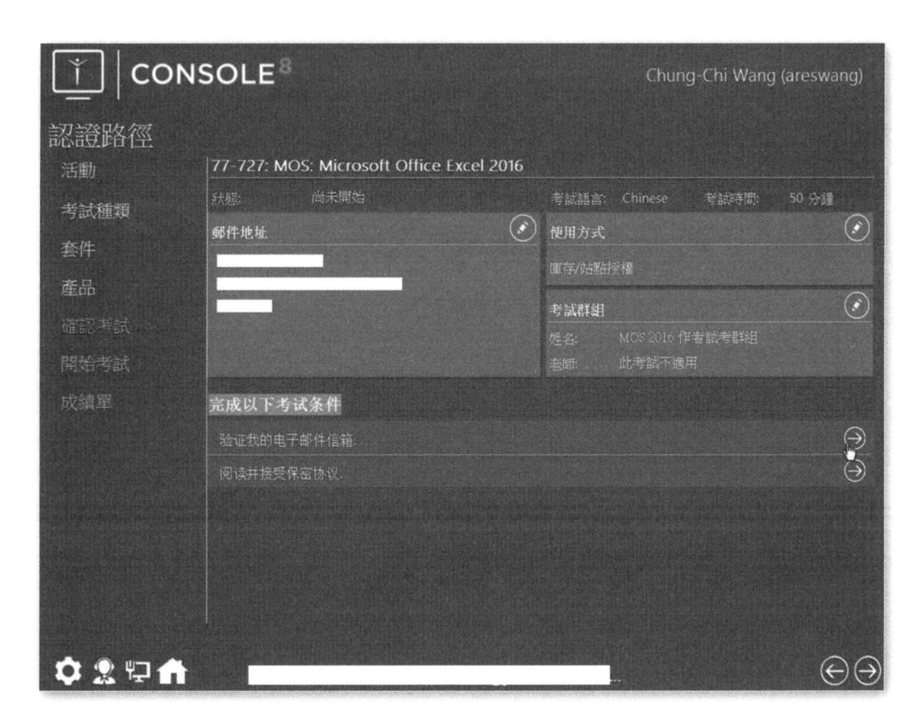

閱讀並接受保密協議畫面，務必點按〔是，我接受〕：

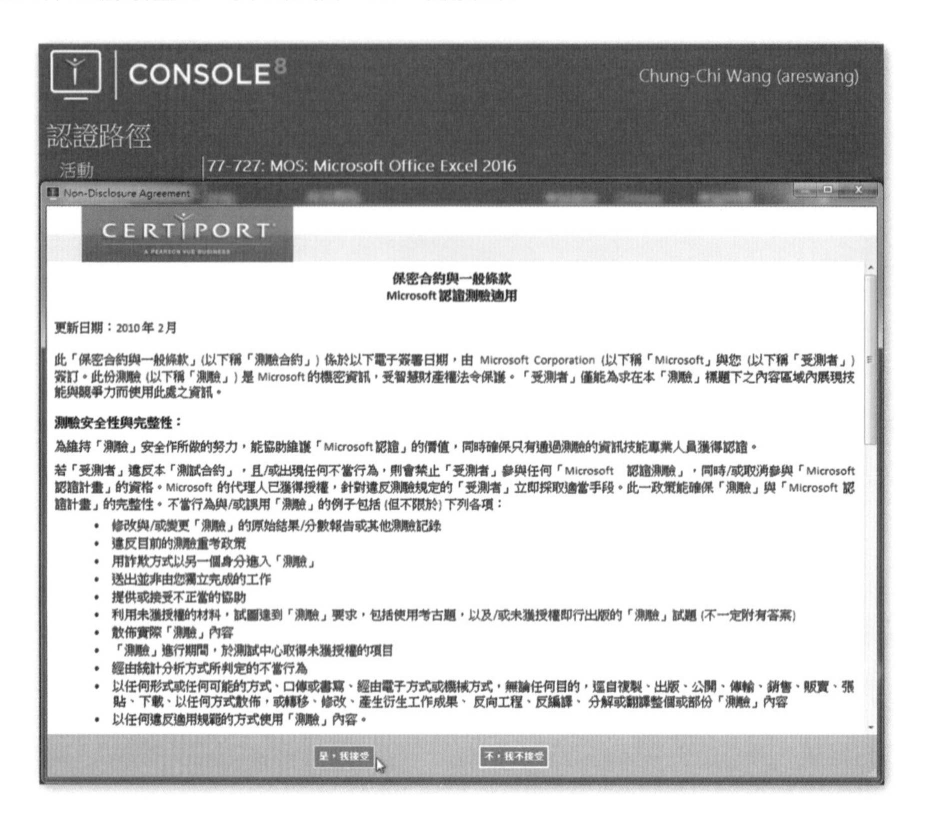

由考場人員協助，登入監考人員帳號密碼。

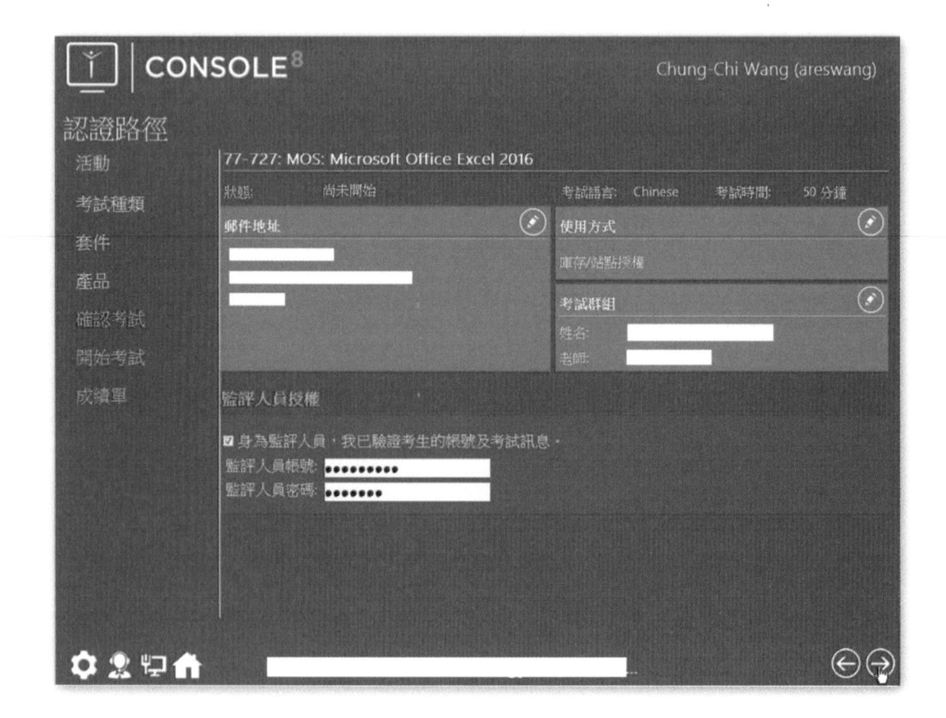

自動進行系統與硬體檢查，通過檢查即可開始考試：

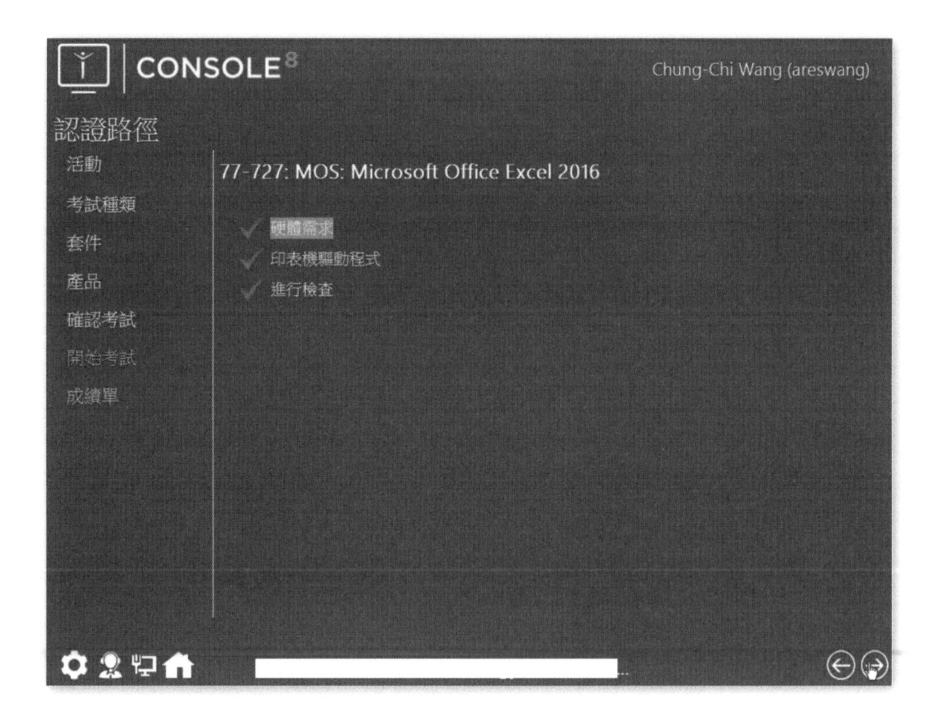

考試前會有 8 個認證測驗說明畫面：

首先，進行考試介面的講解：

考試是以專案情境的方式進行實作，在考試視窗的底部即呈現專案題目的各項要求任務（工作），以及操控按鈕：

此外，也提供考試總結清單，會顯示已經完成或尚未完成（待檢閱）的任務（工作）清單：

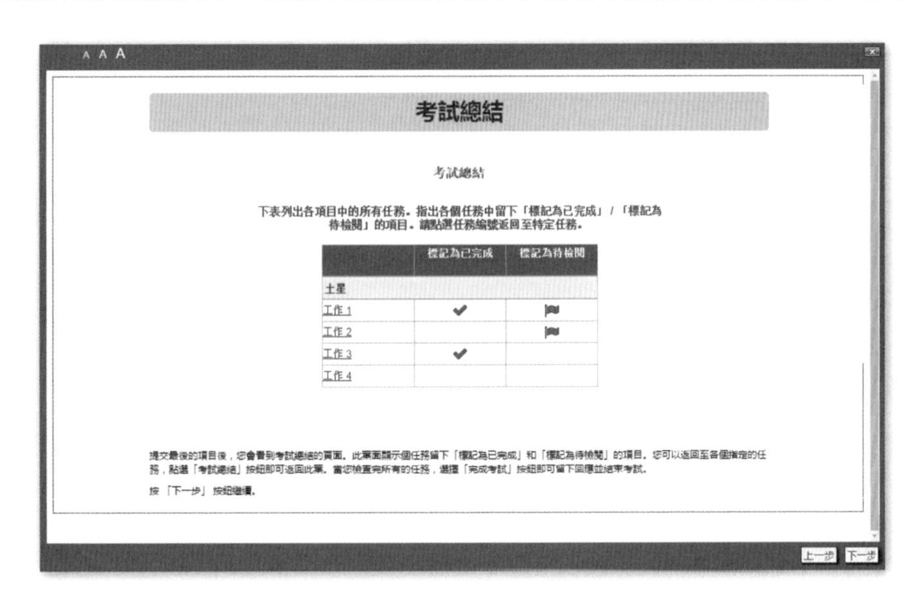

逐一看完認證測驗說明後，點按右下角的〔下一步〕按鈕，即可開始測驗，50 分鐘的考試時間在此開始計時。

現行的 MOS 2016 認證考試，是以情境式專案為導向，每一個專案包含了 5 ～ 7 項不等的任務（工作），也就是情境題目，要求考生一一進行實作。每一個考科的專案數量不一，例如：Excel 2016Core 有七個專案、Excel 2016 Expert 則有 5 個專案。畫面上方是應用程式與題目的操作畫面，下方則是題目視窗，顯示專案序號、名稱，以及專案概述，和專案裡的每一項必須完成的工作。

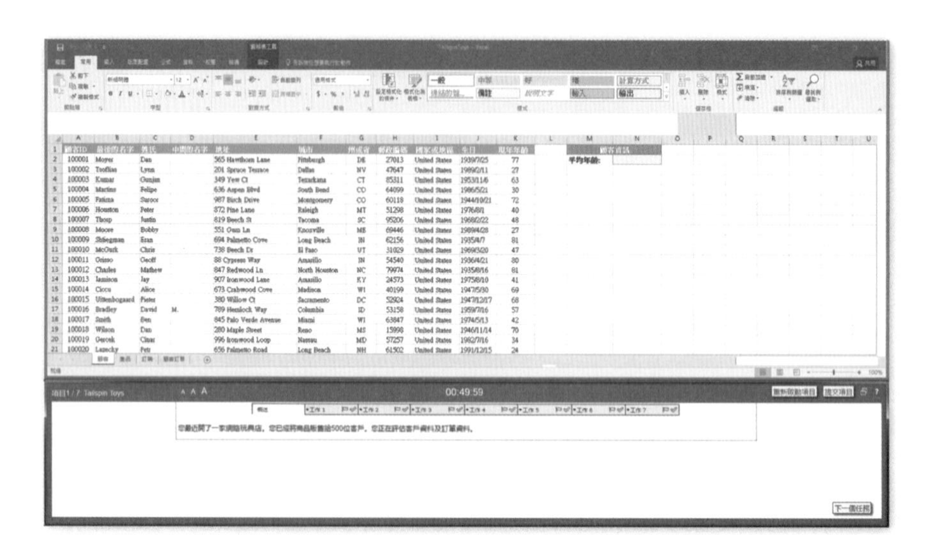

點按視窗下方的工作頁籤，即可看到該工作的要求內容：

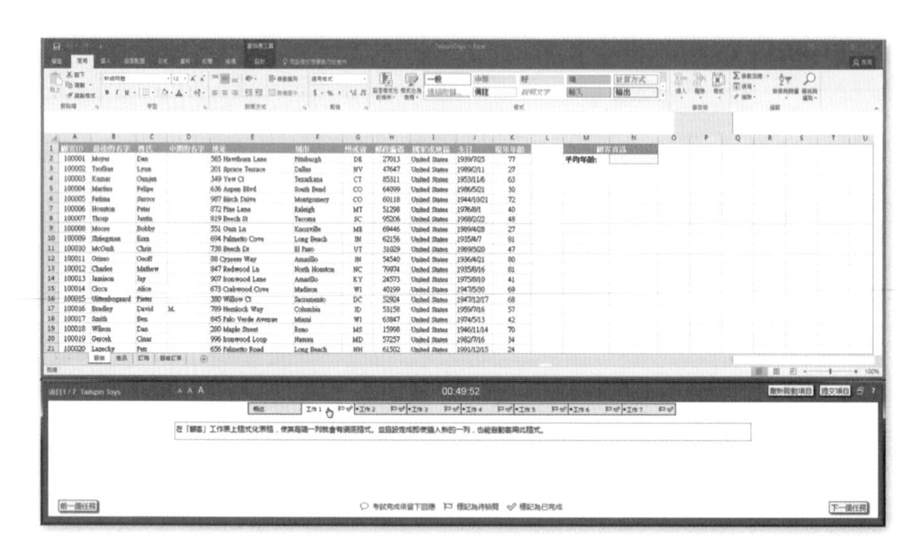

完成一項工作要求的操作後，可以點按視窗下方的〔標記為已完成〕，若不確定操作是否正確或不會操作，可以點按〔標記為待檢閱〕。

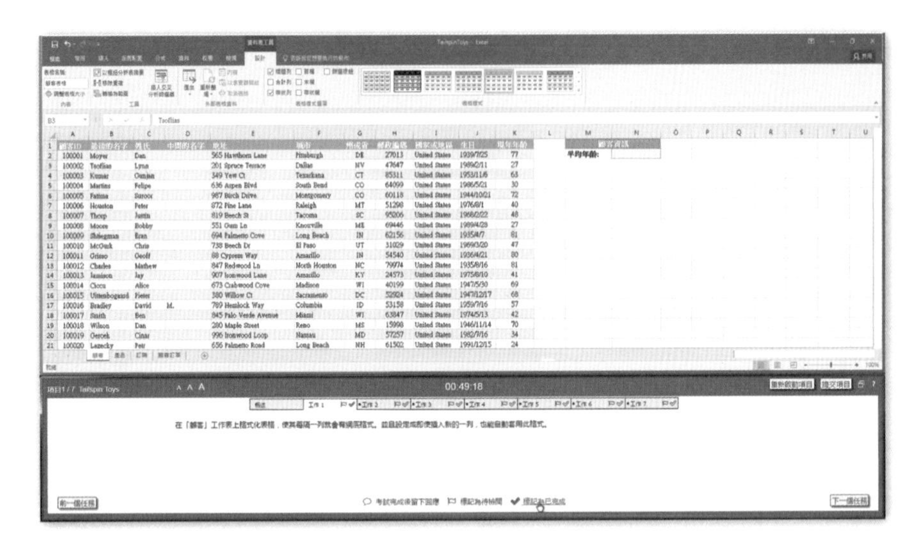

整個專案的每一項工作都完成後，可以點按〔提交項目〕按鈕，若是點按〔重新啟動項目〕按鈕，則是整個專案重設，清除該專案裡的每一項結果，整個專案一切重新開始。

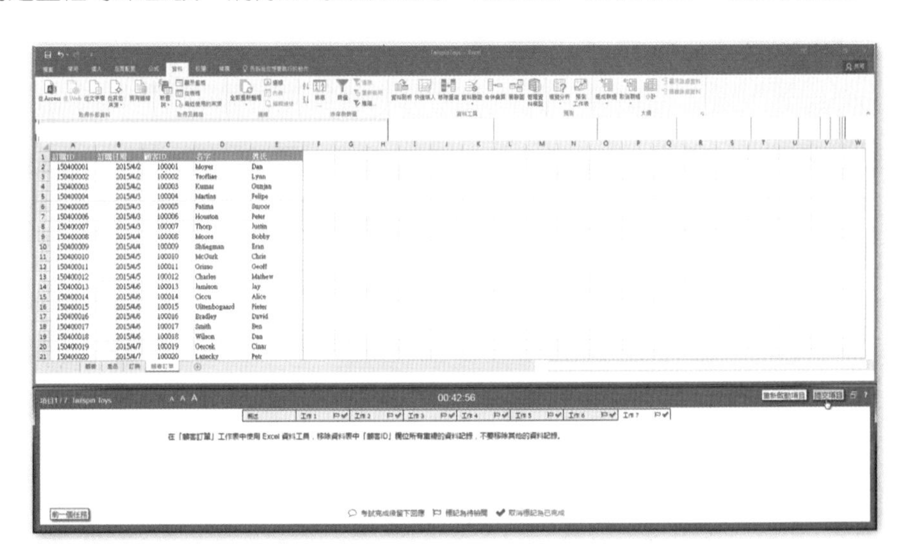

考試過程中，當所有的專案都已經提交後，畫面右下方會顯示〔考試總結〕按鈕可以顯示專案中的所有任務（工作）：

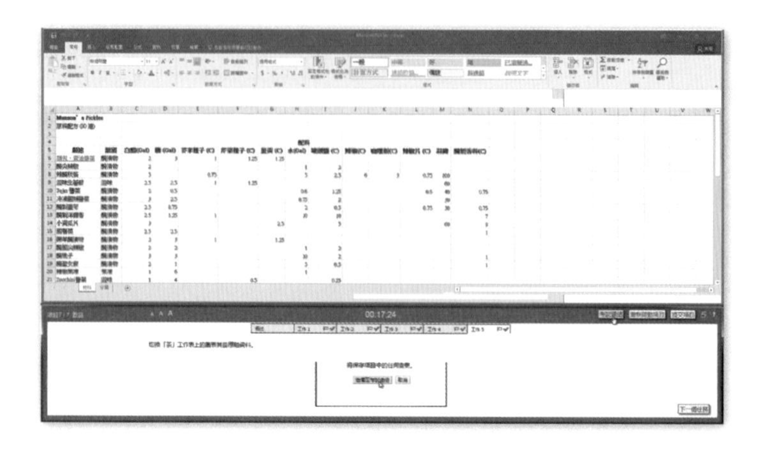

考生可以透過〔考試總結〕按鈕的點按，回顧所有已經完成或尚未完成的工作：

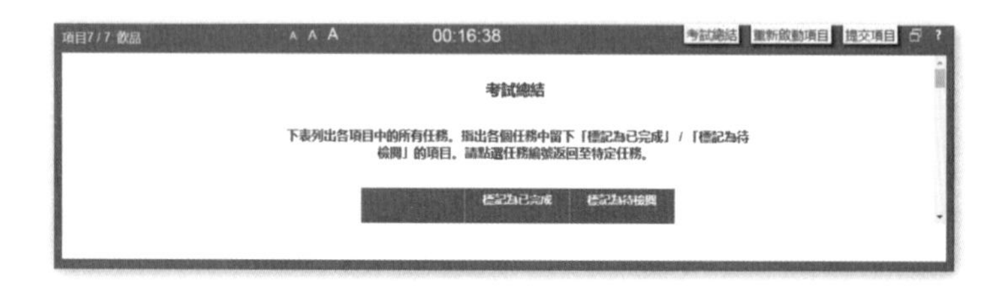

在考試總結清單裡可以點按任務編號的超連結，回到專案繼續進行該任務的作答與編輯：

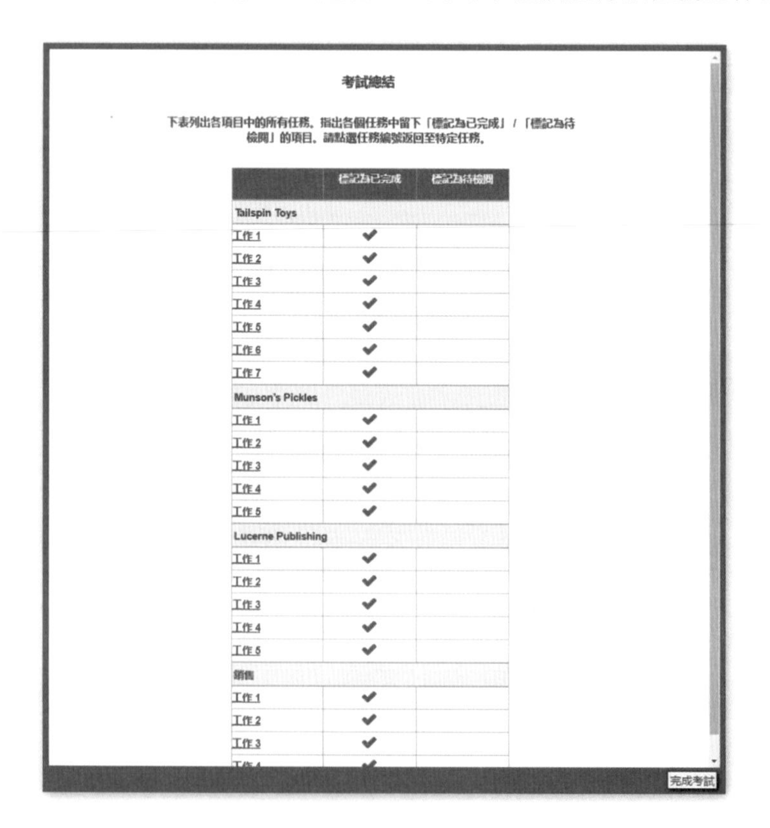

最後，可以點按〔考試完成後留下回應〕，對這次的考試進行意見的回饋，若是點按〔關閉考試〕按鈕，即結束此次的考試。

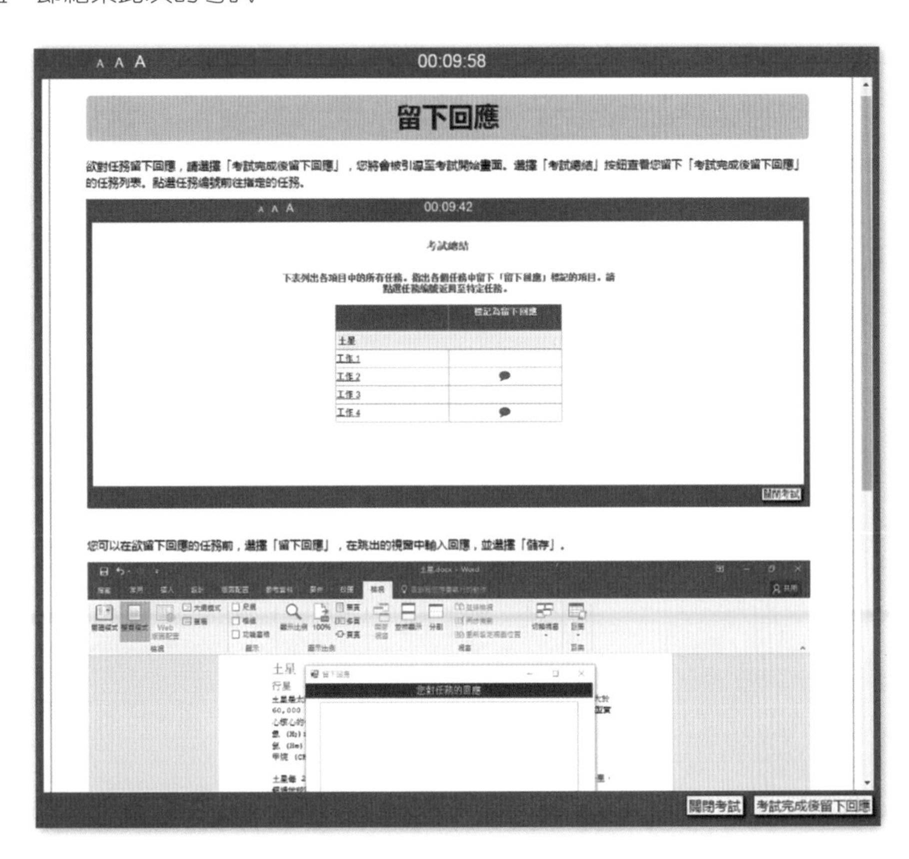

這是留下意見回饋的視窗，可以點按〔結束〕按鈕：

此為即測即評系統，完成考試作答後即可立即知道成績。認證考試的滿分成績是 1000 分，及格分數是 700 分以上。

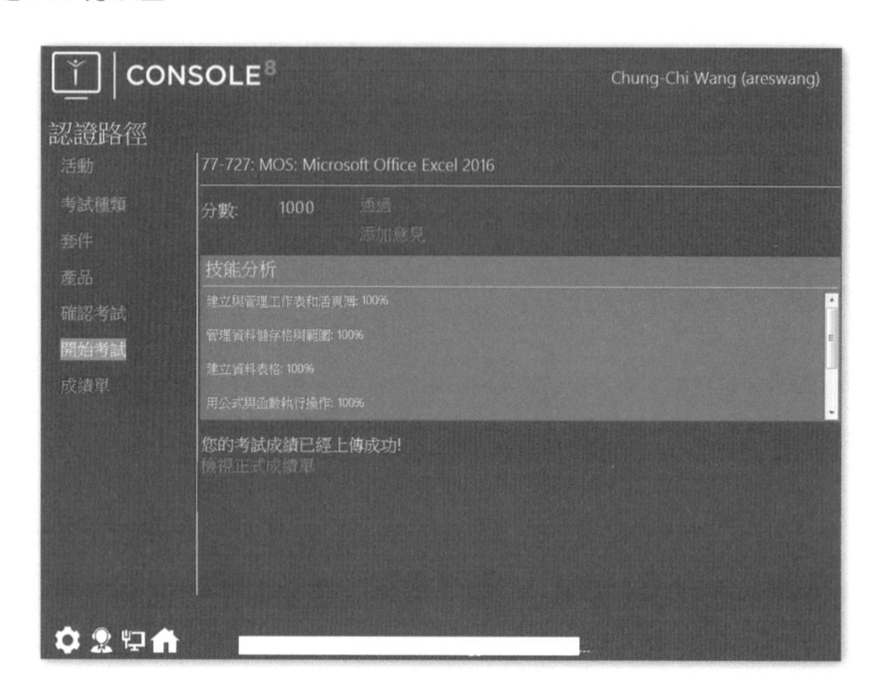

考後亦可登入 Certiport 網站，檢視、下載、列印您的成績報表或查詢與下載列印證書副本。

Microsoft
Office Specialist

考試分數報告

考生	考試
Chung-Chi Wang	77-727: MOS: Microsoft Office Excel 2016: Core Data Analysis, Manipulation, and Presentation 考試參考號 日期： 四月 11, 2017 ID

結果	100	200	300	400	500	600	700	800	900	1000
必須達到分數										
您的分數										

小部分析	
建立與管理工作表和活頁簿	100%
管理資料儲存格與範圍	100%
建立資料表格	100%
用公式與函數執行操作	100%
建立圖表與物件	100%

總分	
必須達到分數	700
您的分數	1000

結果	
合格	✓

Chapter 01 建立及設計簡報

學習重點

PowerPoint 是簡報者在報告時不能缺少的重要伙伴，簡報的美觀及專業度在一場演說中佔有舉足輕重的地位。製作精美的簡報往往費時費工，本章我們可以利用 PowerPoint 內建的許多功能，來熟悉 PowerPoint 的基本功夫並能節省大量時間快速完成。

- 新增投影片
- 版面配置及內容調整
- 佈景主題的使用
- 投影片內容設計
- 儲存簡報

1-1 新增投影片

建立簡報時，通常我們會新增投影片、移動投影片，並刪除不需要的投影片。

Step.1 點按**常用**索引標籤 \ **投影片** \ **新增投影片**，可直接按圖示新增一張**標題及物件**版面配置的新投影片，或是按下拉式選單，選擇自己想使用的版面配置。

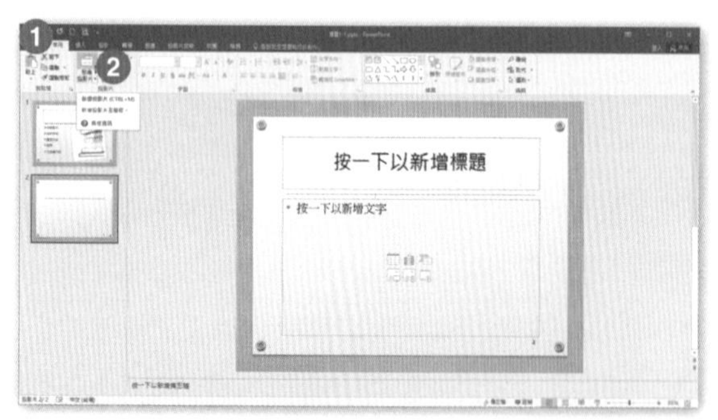

1-1-1 從大綱插入投影片

當我們有一份設定好階層的文字檔時，可以將文字檔直接匯入簡報，成為一張張投影片的內容。

Step.1 開啟 \【文件】資料夾 \ 第 1 章練習檔 \ 練習 1-1-1.pptx。

Step.2 點按**常用**索引標籤 \ **投影片** \ **新增投影片▼** \ **從大綱插入投影片**。

Step.3 在**插入大綱**視窗中，點選「第 1 章練習檔」資料夾中的「公司簡介 .docx」，並按下**插入**。

Step.4 完成結果如下圖。

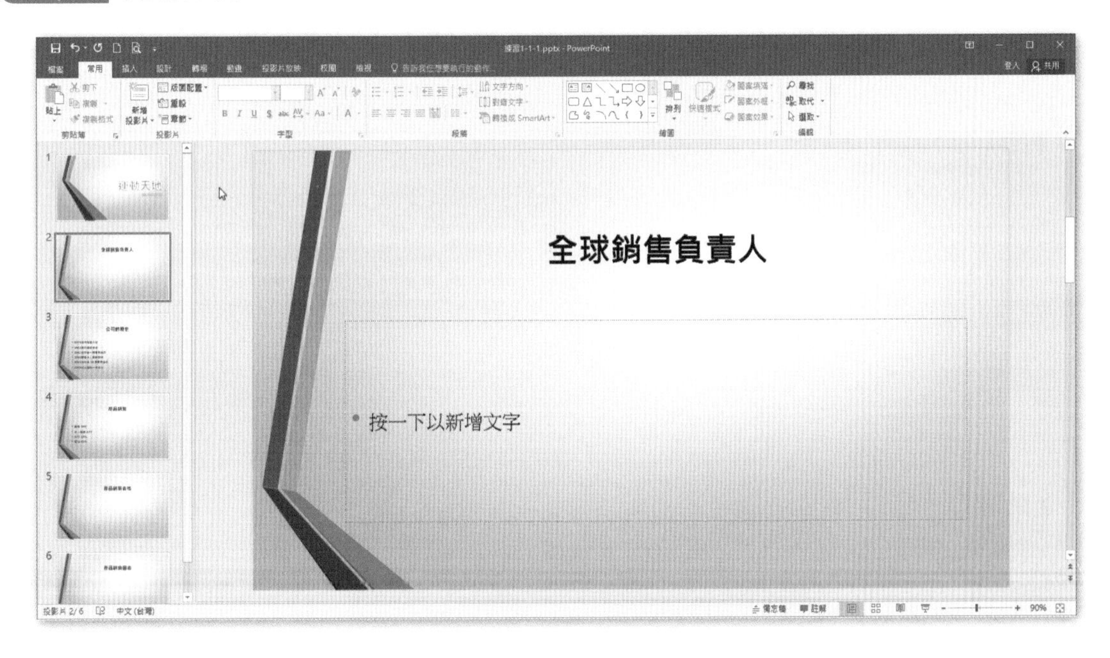

1-1-2 重複使用投影片

新增一張或多張投影片至目前開啟的簡報，而不需要開啟另一個檔案。

用此種方法從另一檔案複製投影片至目前開啟的簡報時，被複製進入目前簡報的投影片，可以選擇要保留投影片原本的格式設定，或套用目的地簡報的投影片設計，而我們所做的複製動作，並不會影響或修改投影片來源的簡報檔。

Step.1 開啟 \【文件】資料夾 \ 第 1 章練習檔 \ 練習 1-1-2.pptx。

Step.2 點按**常用**索引標籤 \ **投影片** \ **新增投影片▼** \ **重複使用投影片**。

Step.3 在右方視窗中，選按**開啟 PowerPoint 檔案**功能。

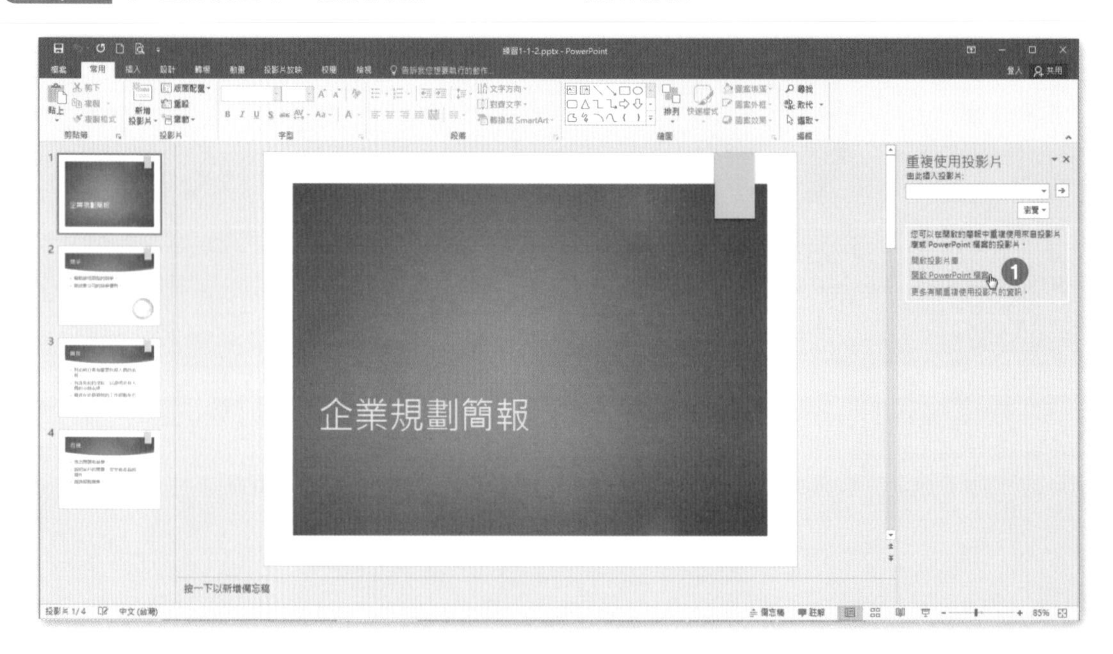

Step.4 在**瀏覽**視窗中，點選「第 1 章練習檔」資料夾中的「練習 1-1-2A.pptx」，並按下**開啟**。

Step.5 在左方投影片縮圖區中，點選第 4 張投影片。

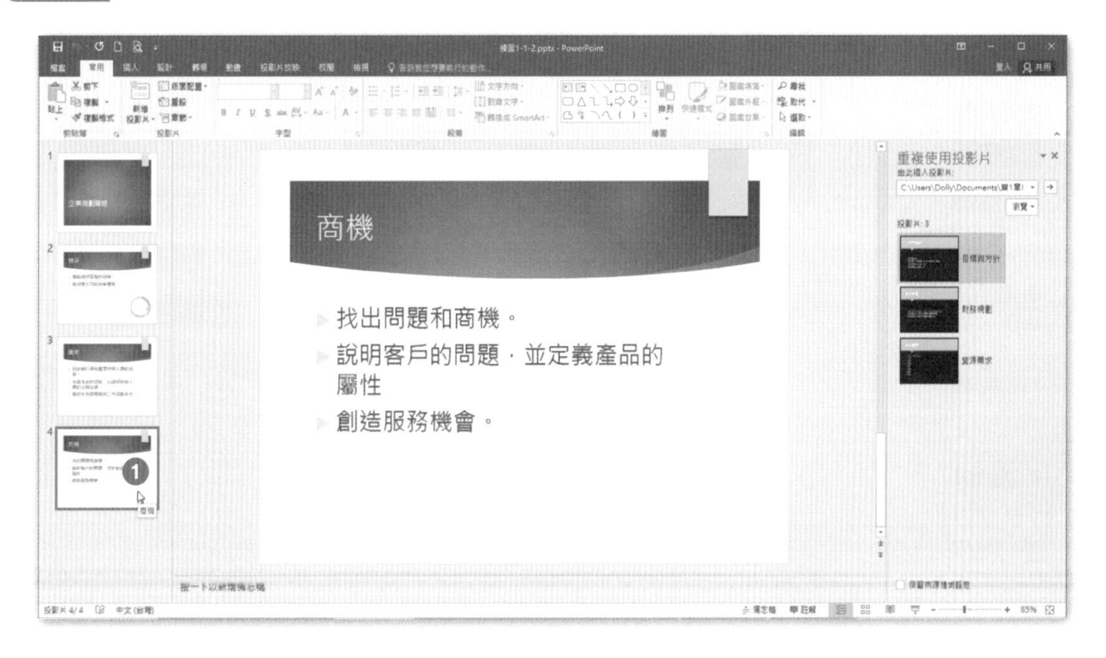

Step.6 在右方**重複使用投影片**窗格中，依序點按「目標與方針」投影片、「財務規劃」投影片、「資源需求」投影片。

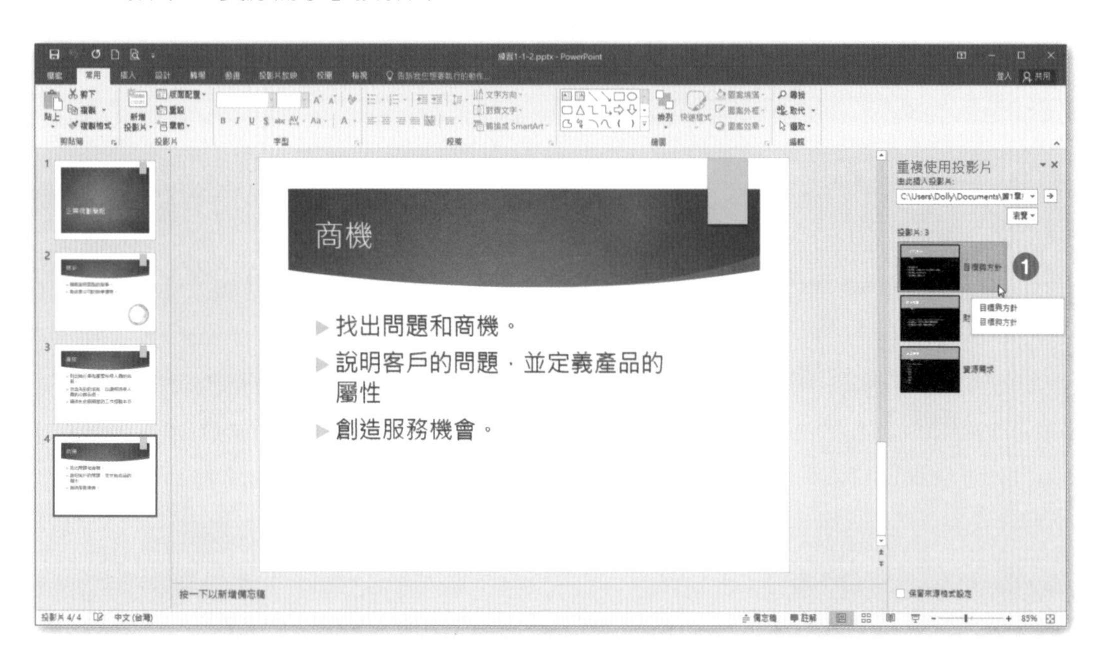

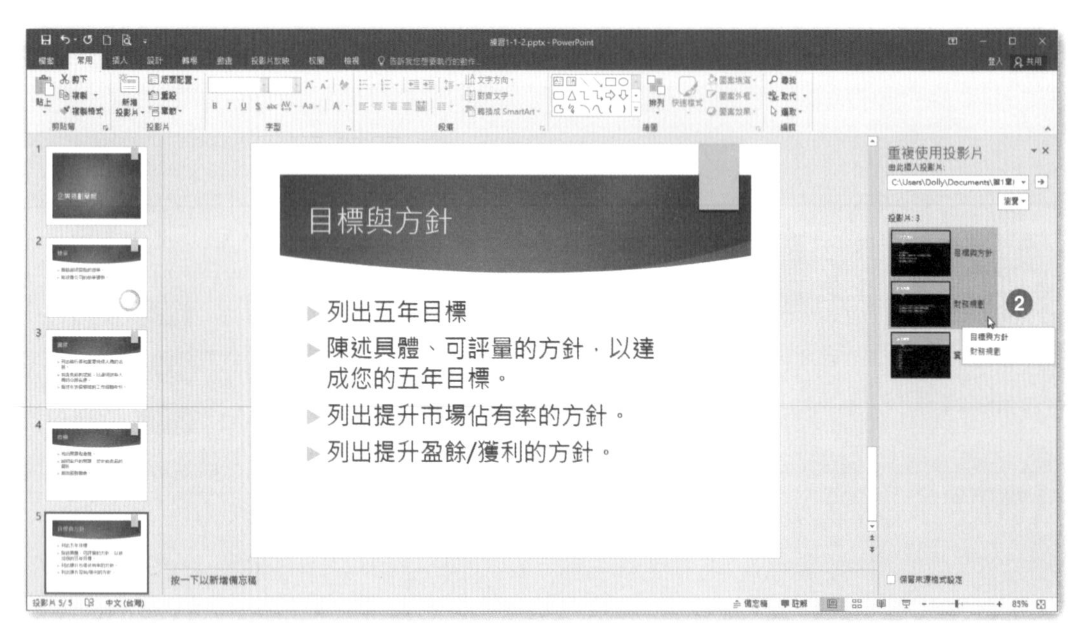

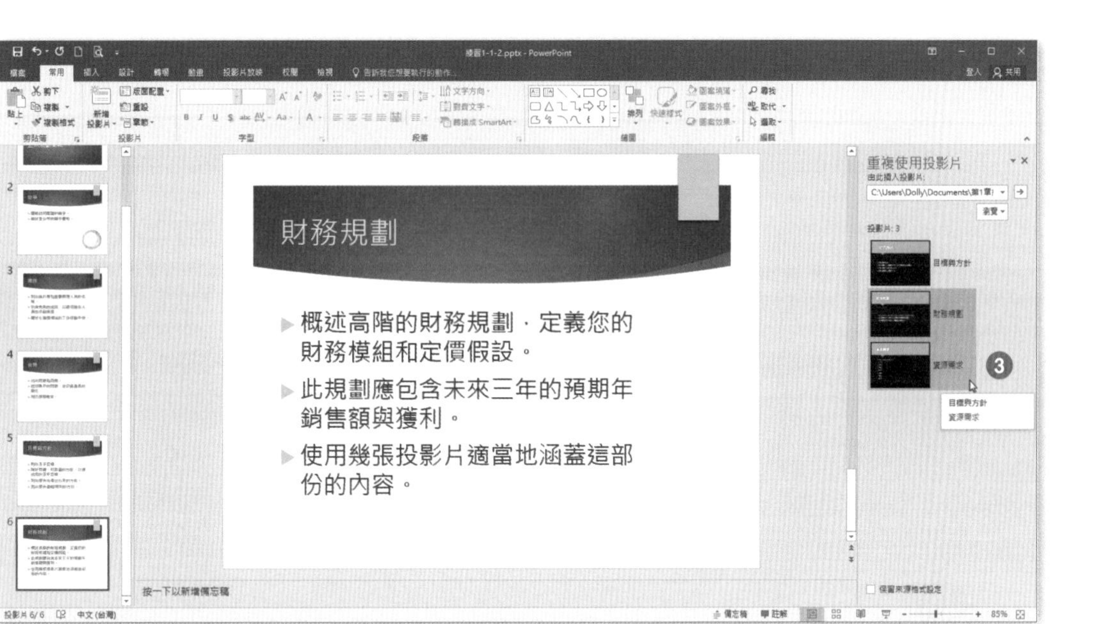

Step.7 完成結果如下圖。

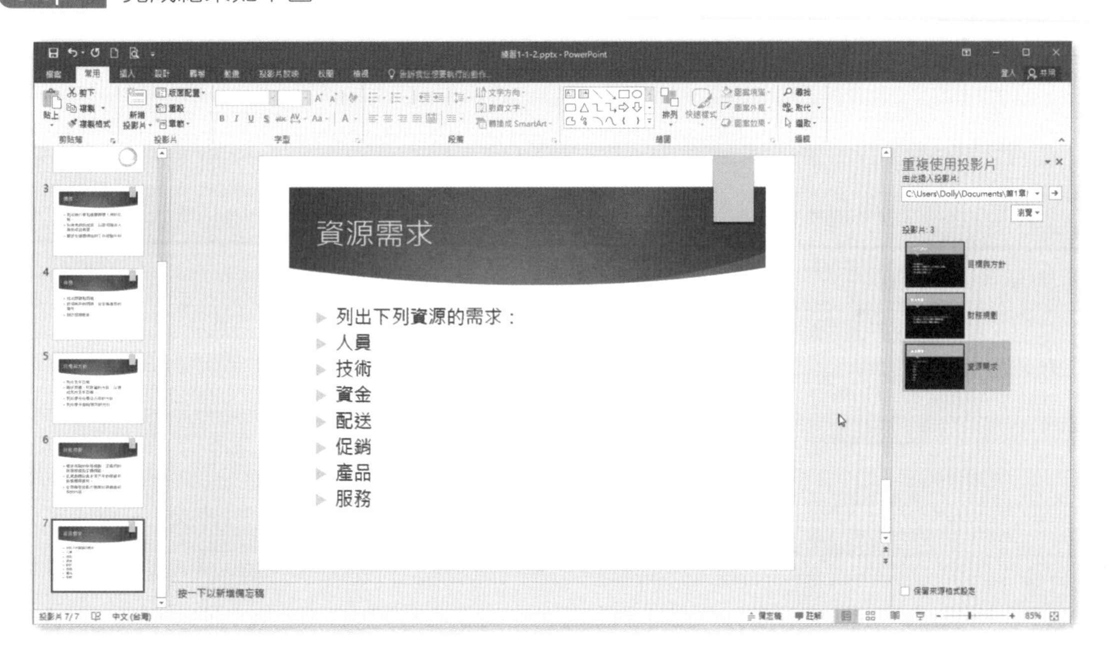

實作練習

學習難易：★★☆☆☆
學習目的：使用文字檔匯入簡報
使用功能：常用索引標籤 \ 投影片 \ 新增投影片 \ 從大綱插入投影片
開啟【文件】資料夾 \ 第 1 章練習檔 \「P1-1A.pptx」完成下列操作步驟：

➤ 將位於【文件】資料夾裡的大綱檔案「公司行銷計劃 .docx」，新增投影片到簡報裡最後一張投影片之後，並將所有投影片**重設**。

Step.1 在左方投影片縮圖區中，點選第 4 張投影片。

Step.2 點按**常用**索引標籤 \ **投影片 \ 新增投影片▼ \ 從大綱插入投影片。**

Step.3 在**插入大綱**視窗中，點選「第 1 章練習檔」資料夾中的「公司行銷計劃 .docx」，並按下**插入**。

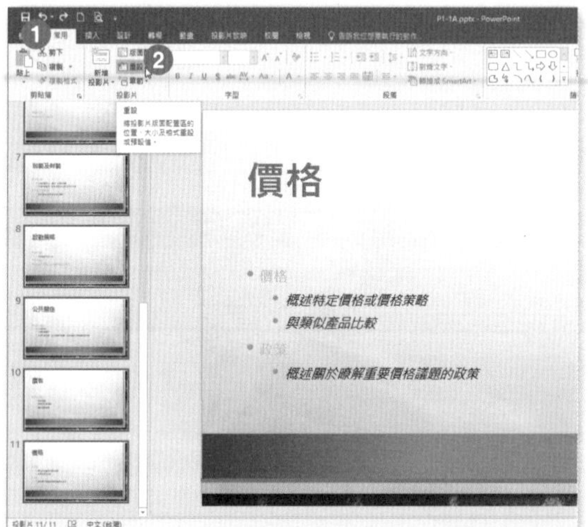

Step.4 使用鍵盤快速鍵 Ctrl+A 選取所有左方縮圖視窗中的投影片，點按**常用**索引標籤 \ **投影片** \ **重設**。

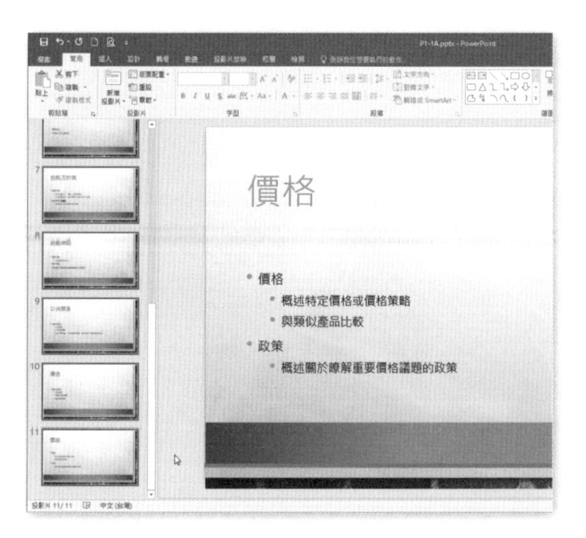

Step.5 完成結果如左圖。

實作練習

學習難易：★★☆☆☆
學習目的：將另一檔案中的投影片，複製到目前開啟的簡報中做使用
使用功能：常用索引標籤 \ 投影片 \ 新增投影片 \ 重複使用投影片
開啟【文件】資料夾 \ 第 1 章練習檔 \「P1-1B.pptx」完成下列操作步驟：

➤ 在第 4 張投影片之後新增投影片 (第 4 張與第 5 張投影片之間)，新投影片來自【文件】資料夾裡的「P1-1B-2.pptx」簡報檔內的所有投影片，依序新增並保留原檔案的格式設定。

Step.1 在左方投影片縮圖區中，點選第 4 張投影片。

Step.2 點按**常用**索引標籤 \ **投影片** \ **新增投影片▼** \ **重複使用投影片。**

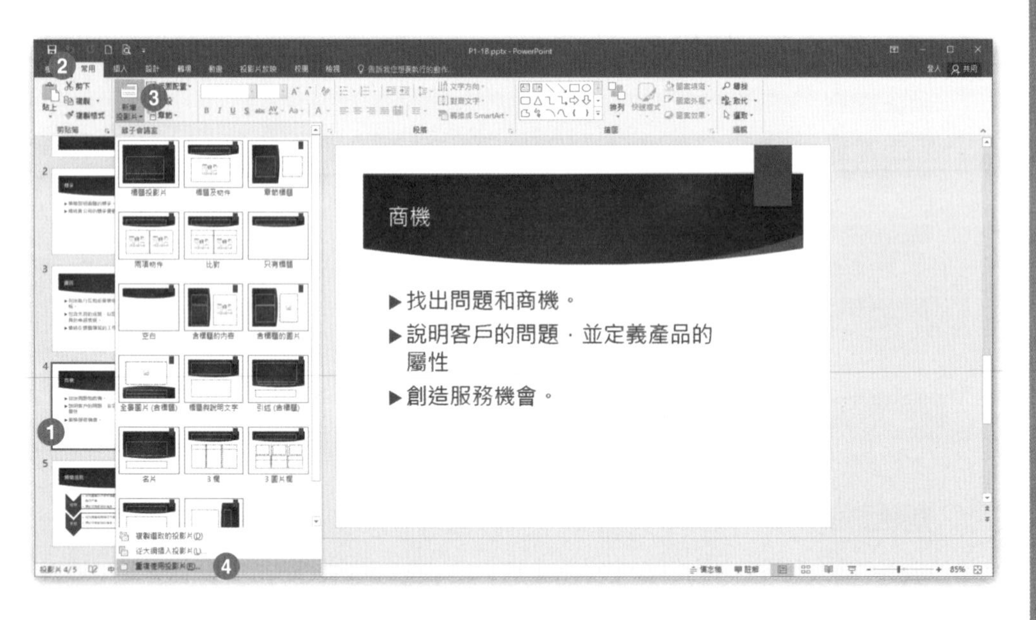

Step.3 在右方視窗中，選按**開啟 PowerPoint 檔案**功能。

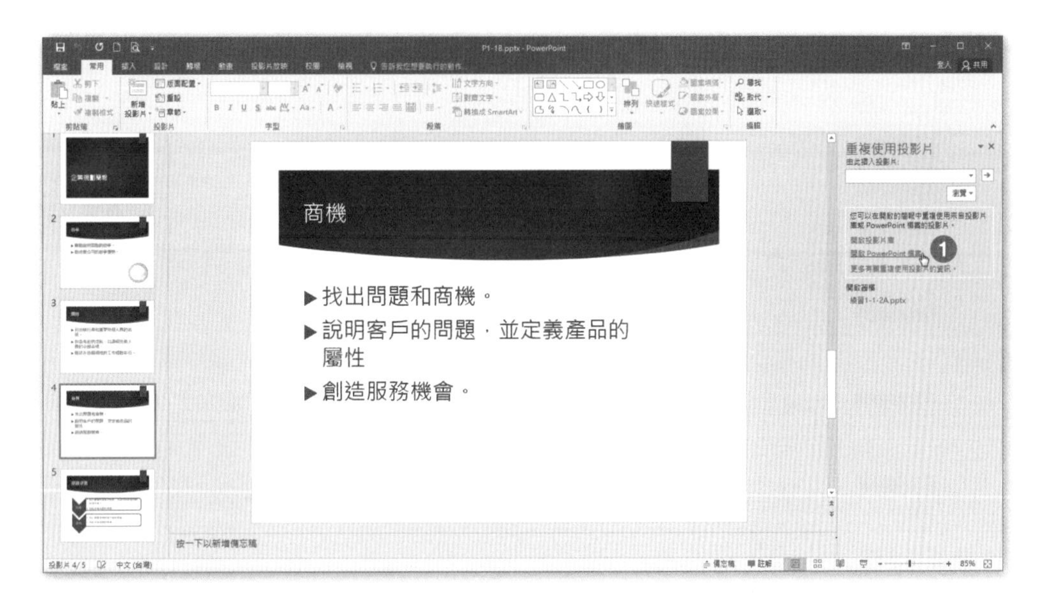

Step.4 在**瀏覽**視窗中，點選「第 1 章練習檔」資料夾中的「P1-1B-2.pptx」，並按下**開啟**。

Step.5 在右方**重複使用投影片**窗格中，勾選 ☑ **保留來源格式設定**。

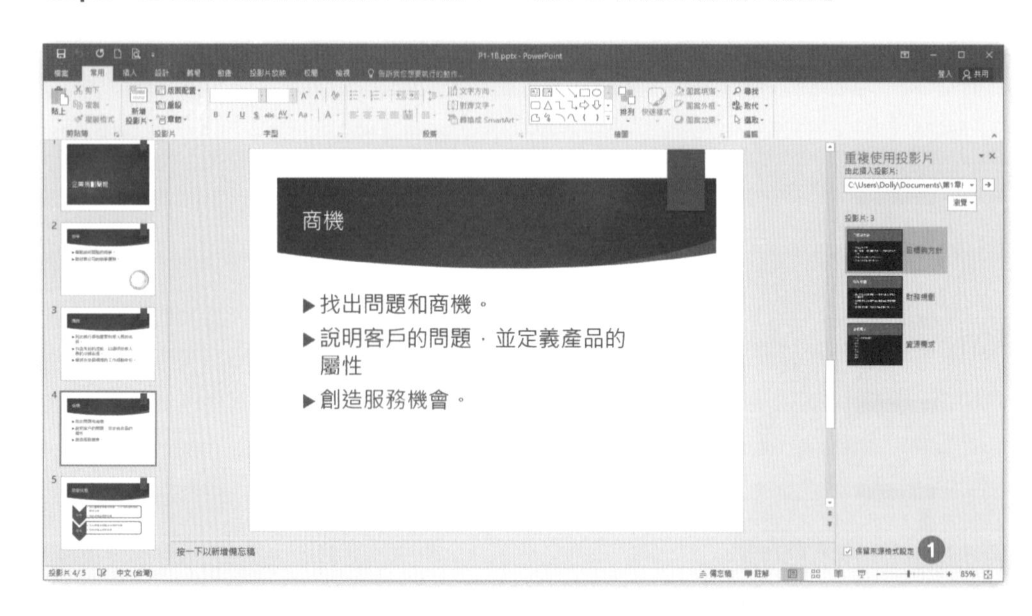

Step.6 在右方**重複使用投影片**窗格中，依序點按「目標與方針」投影片、「財務規劃」投影片、「資源需求」投影片。

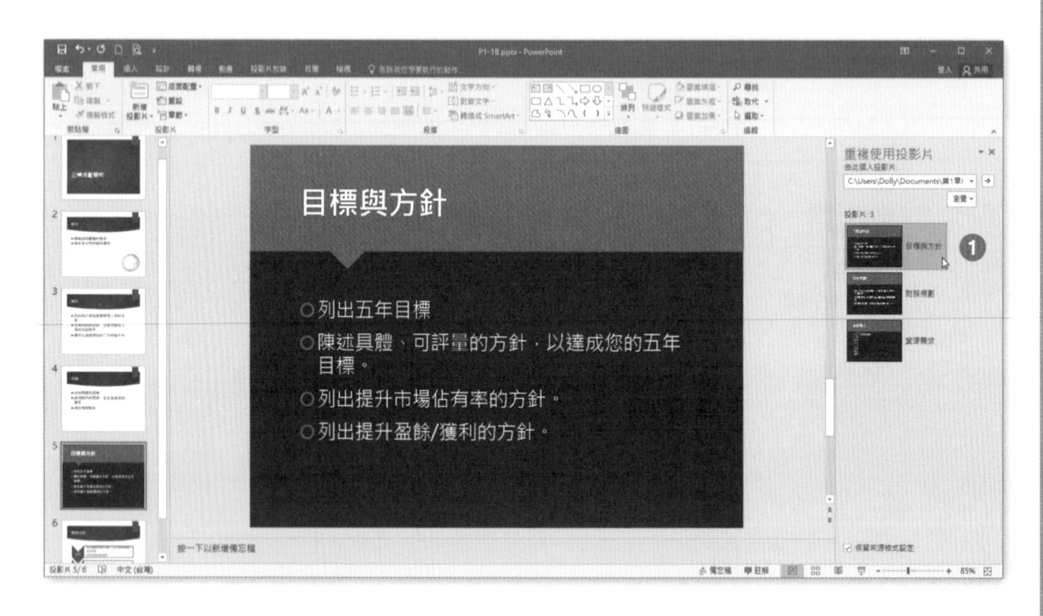

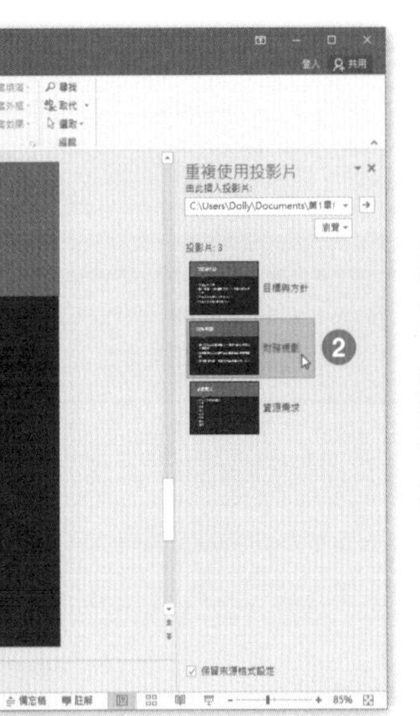

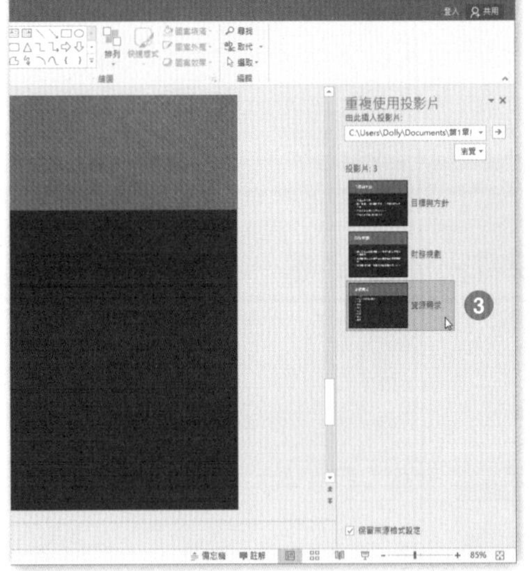

Step.7 完成結果如下圖。

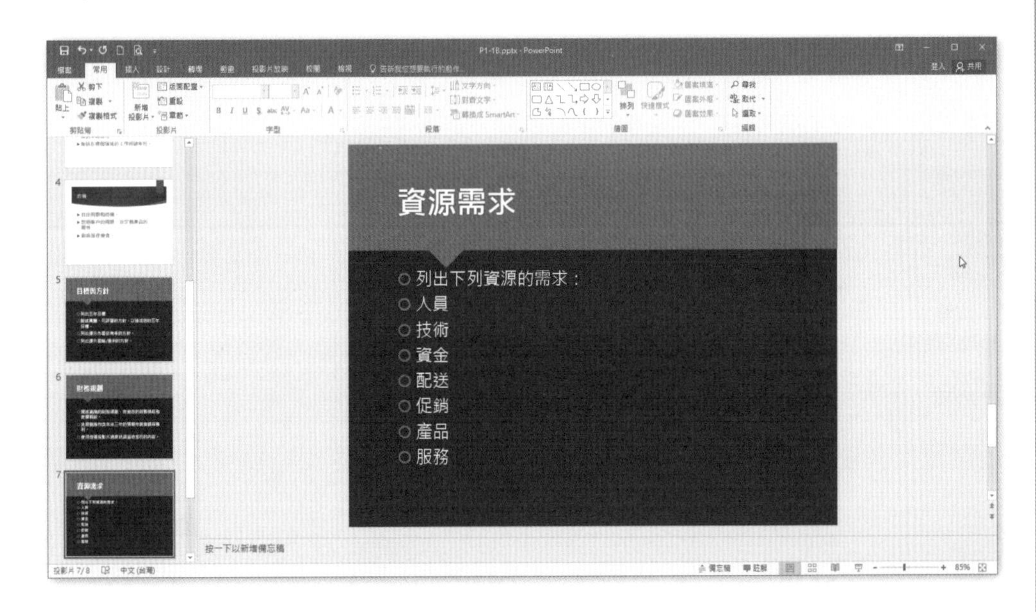

1-2 版面配置及內容調整

投影片版面配置包含格式設定、位置和版面配置區，針對標題及內文設定適合的文字大小、套用項目符號、文字的對齊方式及投影片的複製、刪除，都是製作簡報時必備的基本編修技能。

1-2-1 版面配置

我們在設計簡報時，可以為每張投影片選定最適合的版面配置，或將目前不適合的版面配置做更改。

Step.1 開啟 \【文件】資料夾 \ 第 1 章練習檔 \ 練習 1-2-1.pptx。

Step.2 在左方投影片縮圖區中，點選第 2 張投影片。

Step.3 點按**常用**索引標籤 \ **投影片** \ **版面配置▼** \ **只有標題** 版面配置。

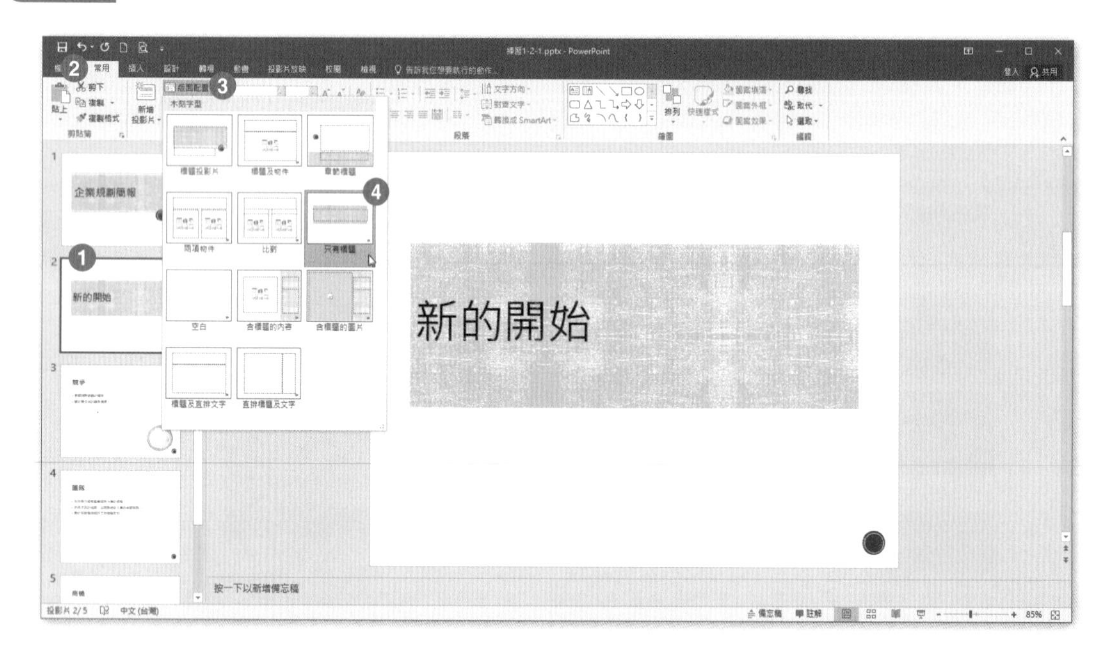

1-2-2 字型設定

投影片美化時，字型的大小、對齊方式、字元間距、效果等…都是對投影片呈現出來的結果有著直接的影響。

Step.1 開啟 \【文件】資料夾 \ 第 1 章練習檔 \ 練習 1-2-2.pptx。

Step.2 在左方投影片縮圖區中，點選第 1 張投影片，並點選標題「企業規劃簡報」的文字框。

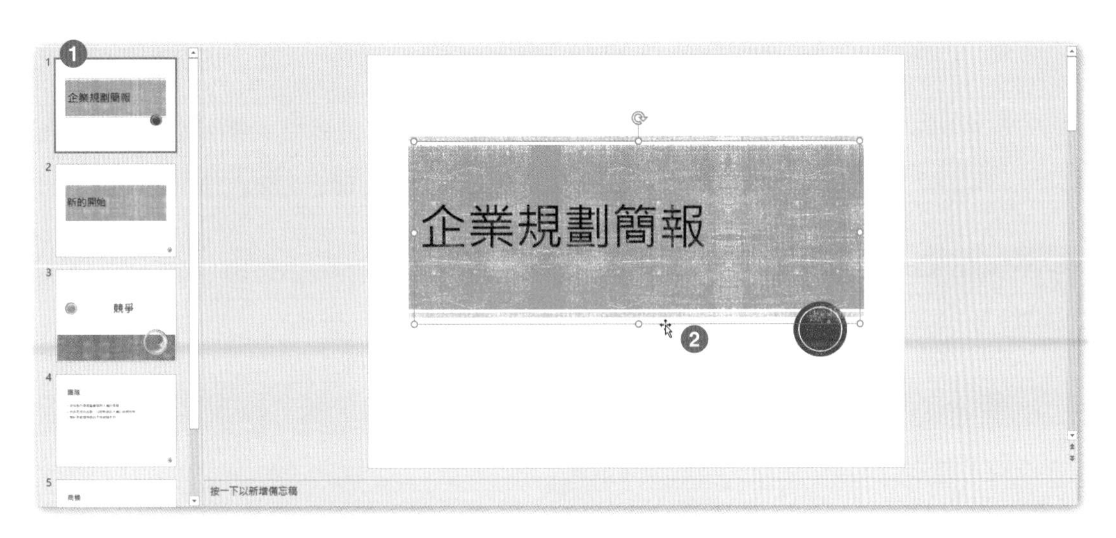

Step.3 點按**常用**索引標籤 \ **段落** \ **置中**。

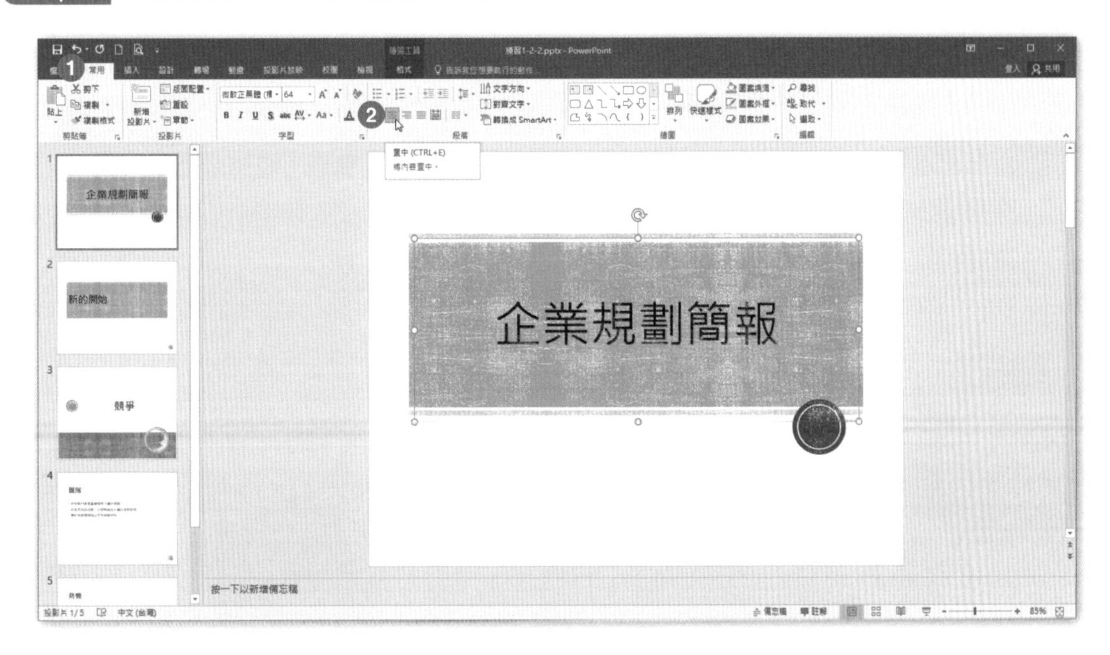

Step.4 在左方投影片縮圖區中，點選第 2 張投影片，並點選標題「新的開始」的文字框。

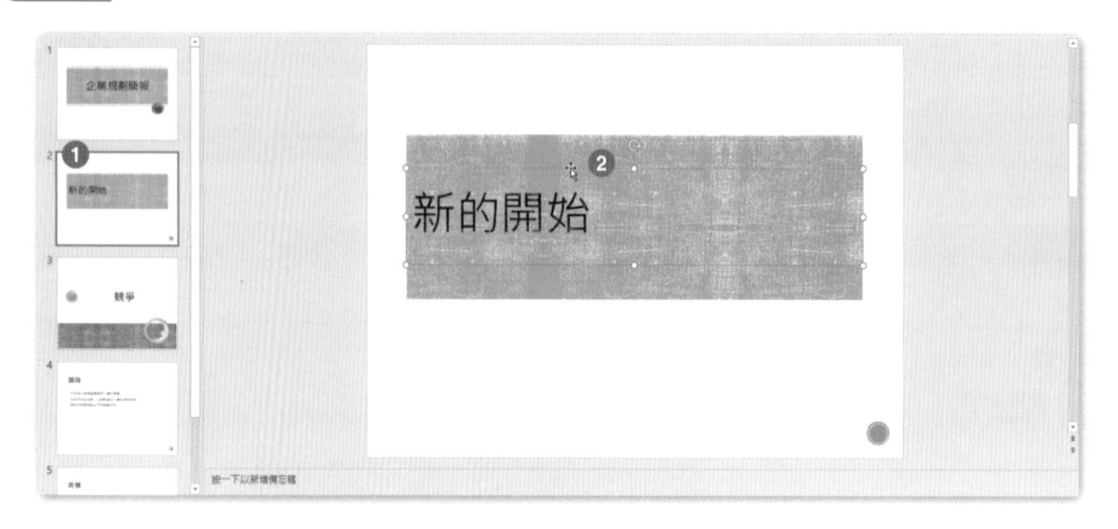

Step.5

點按**常用**索引標籤 \ **字型** \ **字元間距** \ **非常寬鬆**。

Step.6 在左方投影片縮圖區中，點選第 3 張投影片，並點選標題「競爭」的文字框。

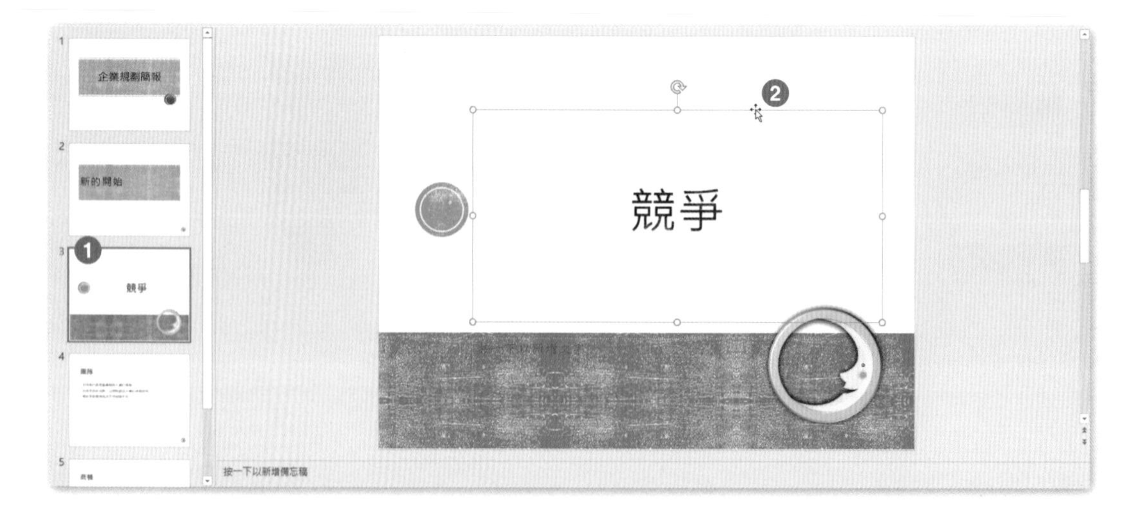

Step.7 點按**常用**索引標籤 \ **字型** \ **陰影**。

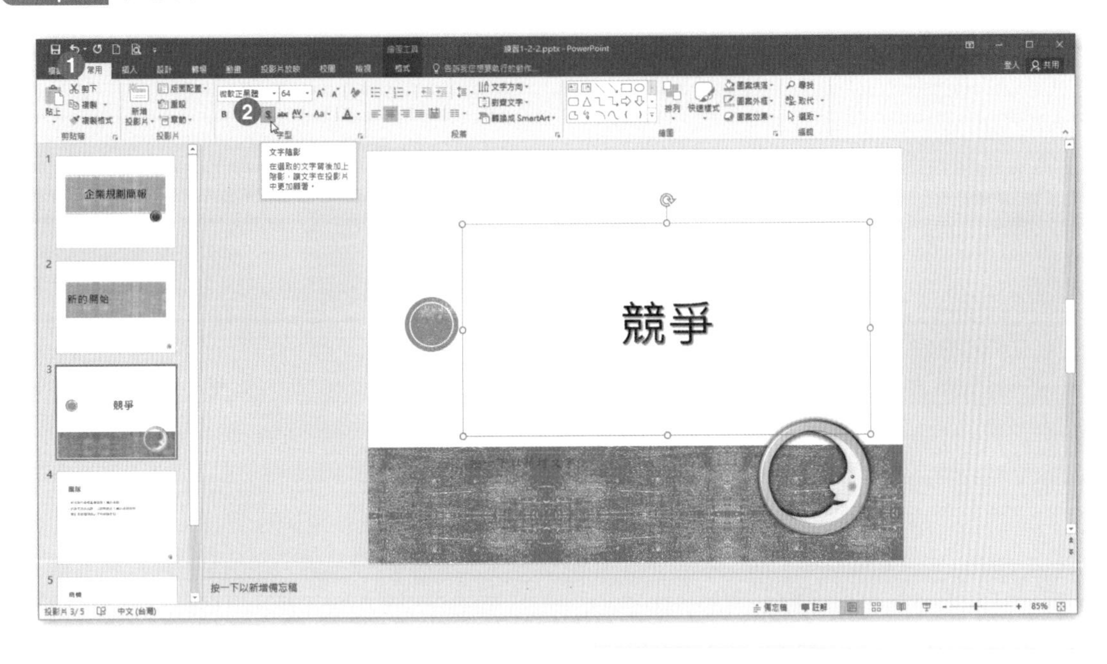

1-2-3 項目符號

我們可以使用項目符號或編號，以協助投影片更有組織性的呈現條列式文字或顯示清單連續的程序。

Step.1 開啟 \【文件】資料夾 \ 第 1 章練習檔 \ 練習 1-2-3.pptx。

Step.2 在左方投影片縮圖區中，點選第 2 張投影片，並點選內文文字框。

Step.3 點按**常用**索引標籤 \ **段落** \ **編號▼** \1)2)3)。

Step.4

在左方投影片縮圖區中，點選第 3 張投影片，並點選內文文字框。

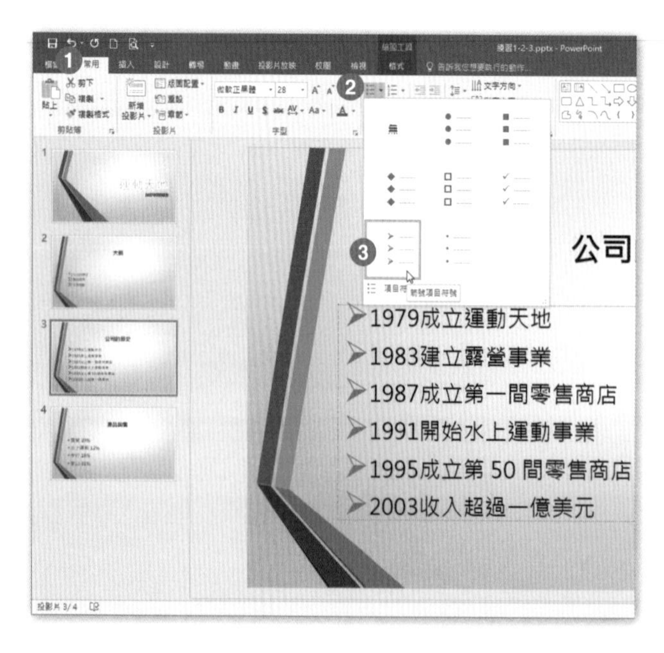

Step.5

點按**常用**索引標籤 \ **段落** \ **項目符號▼** \ **箭號項目符號**。

Step.6 在左方投影片縮圖區中，點選第 4 張投影片，並點選內文文字框。

Step.7 點按**常用**索引標籤 \ **段落** \ **項目符號▼** \ **項目符號及編號**。

Step.8

在**項目符號及編號**視窗中，點選**圖片**功能按鈕。

Step.9 在**插入圖片**視窗中，點選**瀏覽**功能按鈕。

Step.10 在**插入圖片**視窗中，點選「第 1 章練習檔」資料夾中的「AC.jpg」，並按下**插入**。

Step.11 完成結果如下圖。

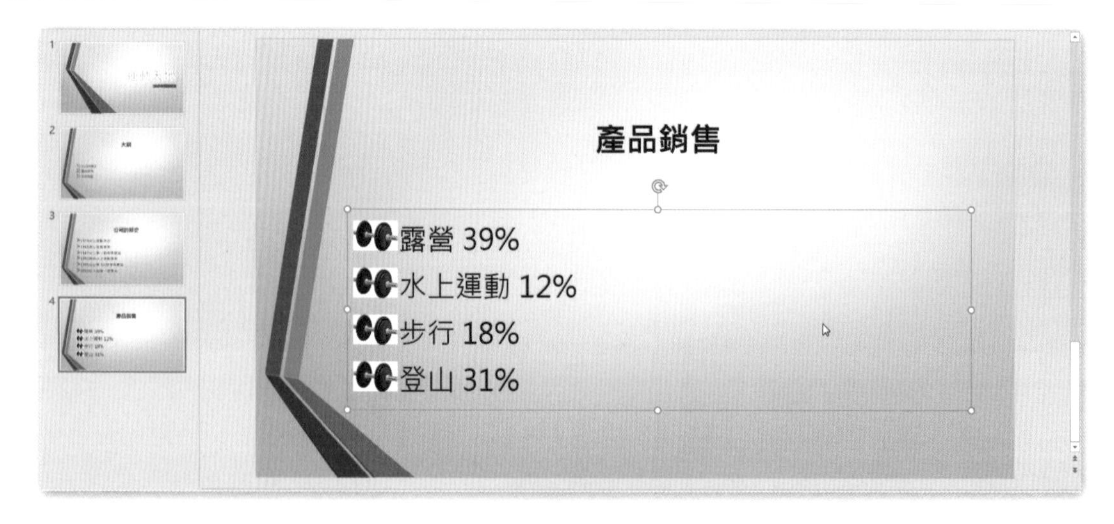

1-2-4 分欄

對於投影片中過多的項目或文字，我們可以使用多欄的方式來呈現，也較清楚美觀。

Step.1 開啟 \【文件】資料夾 \ 第 1 章練習檔 \ 練習 1-2-4.pptx。

Step.2 在左方投影片縮圖區中，點選第 3 張投影片，並點選內文文字框。

Step.3 點按**常用**索引標籤 \ **段落** \ **新增或移除欄▼** \ **兩欄**。

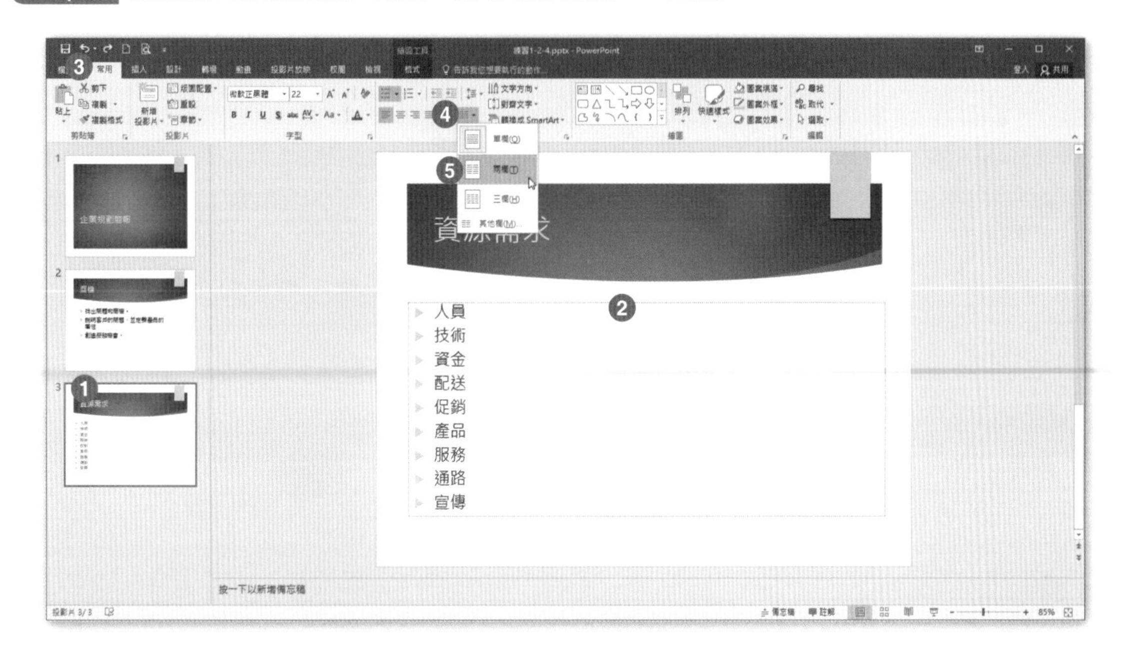

Step.4 完成結果如下圖。

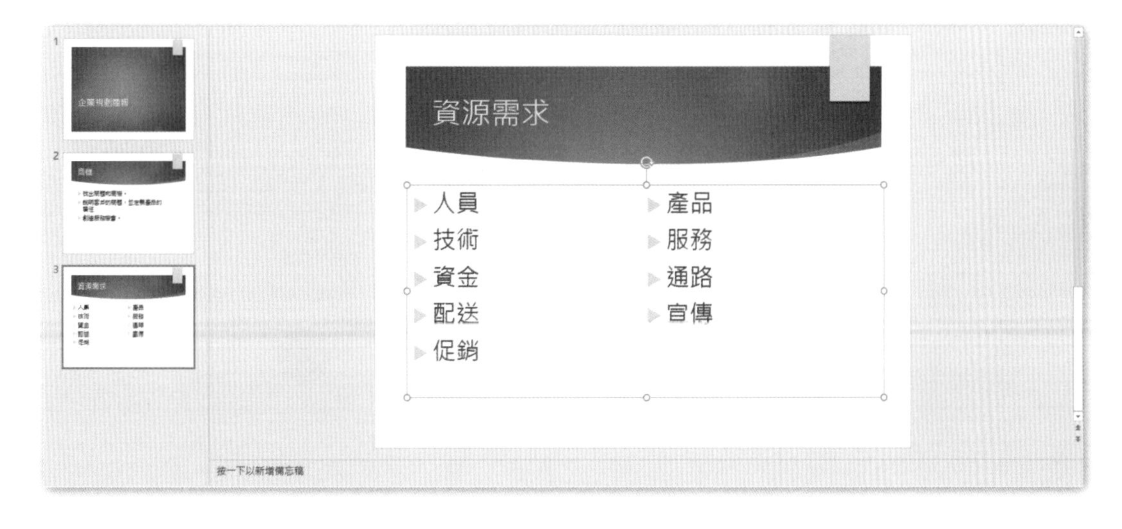

1-2-5 對齊文字

可將文字方塊中的文字以靠上、置中、靠下對齊的方式顯示。

Step.1 開啟 \【文件】資料夾 \ 第 1 章練習檔 \ 練習 1-2-5.pptx。

Step.2 在左方投影片縮圖區中，點選第 1 張投影片，並點選標題「企業規劃簡報」的文字框。

Step.3 點按**常用**索引標籤 \ **段落** \ **對齊文字▼** \ **中**。

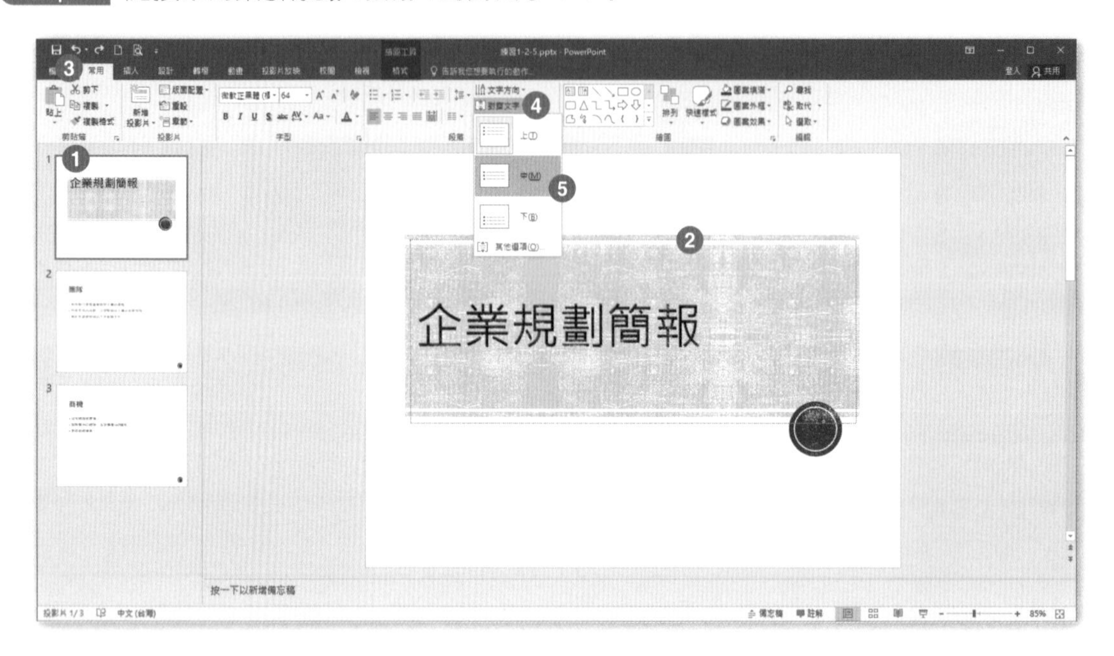

Step.4 完成結果如下圖。

1-2-6 移動投影片、複製及貼上投影片、刪除投影片

建立簡報時，通常我們會複製及貼上投影片、移動投影片，並刪除我們不需要的投影片。

Step.1 開啟 \【文件】資料夾 \ 第 1 章練習檔 \ 練習 1-2-6.pptx。

Step.2 在左方投影片縮圖區中，點選第 3 張投影片「市場摘要」，長按並拖曳至目前投影片 2 的上方，使「市場摘要」成為第 2 張投影片。

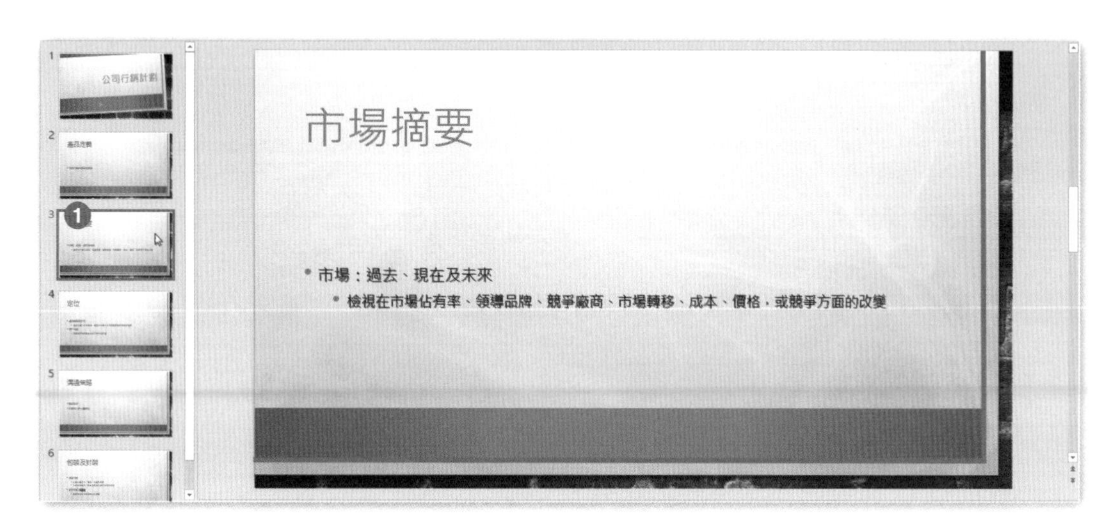

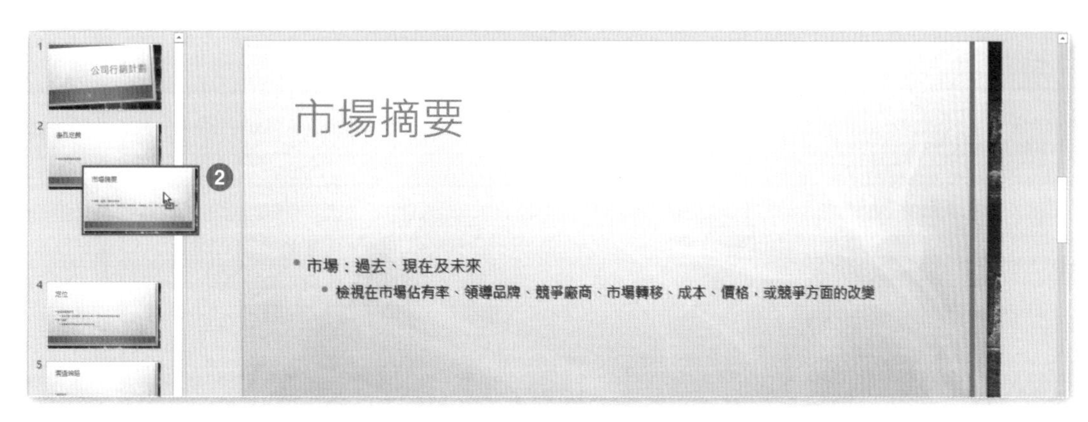

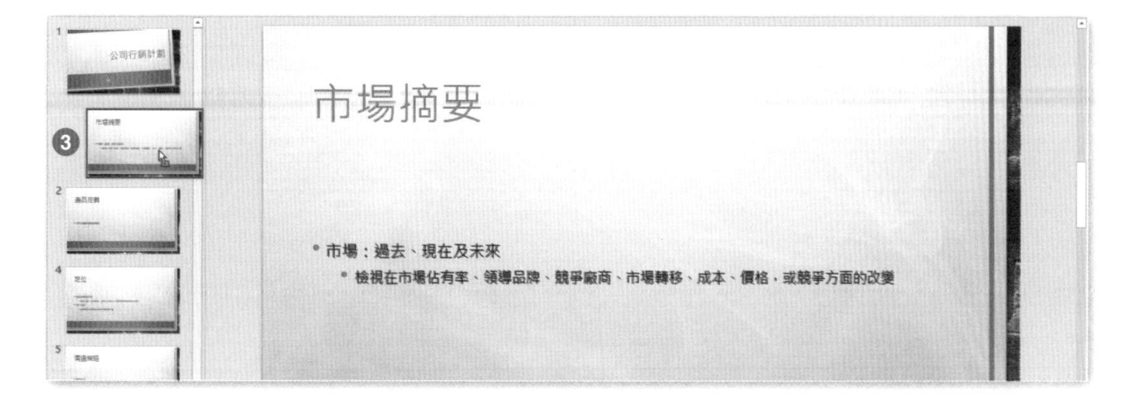

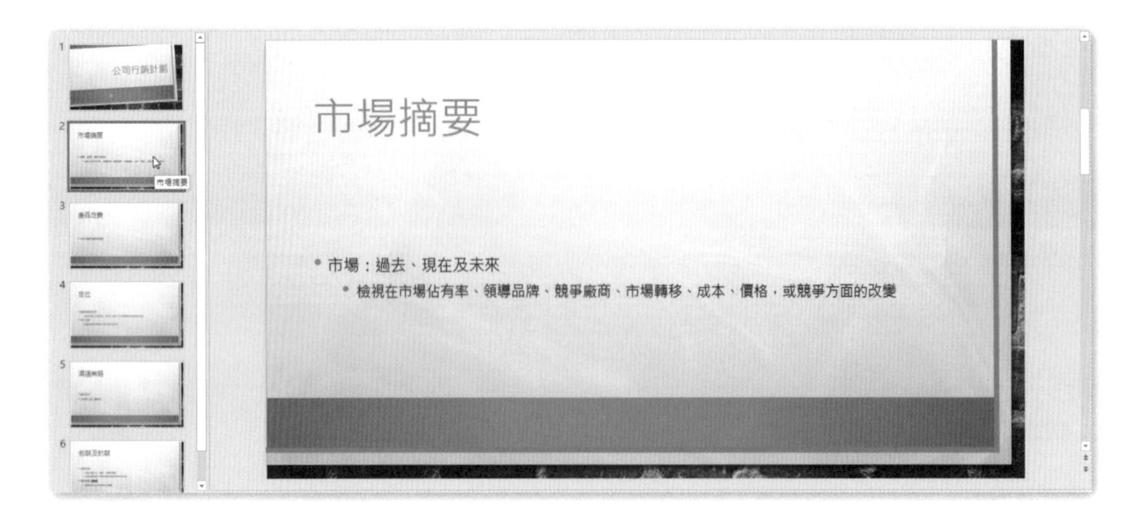

Step.3 在左方投影片縮圖區中，點選第 3 張投影片「產品定義」。

Step.4 點按**常用**索引標籤 \ **剪貼簿** \ **複製▼** \ **複製物件**。

Step.5 點按**常用**索引標籤 \ **剪貼簿** \ **貼上**。

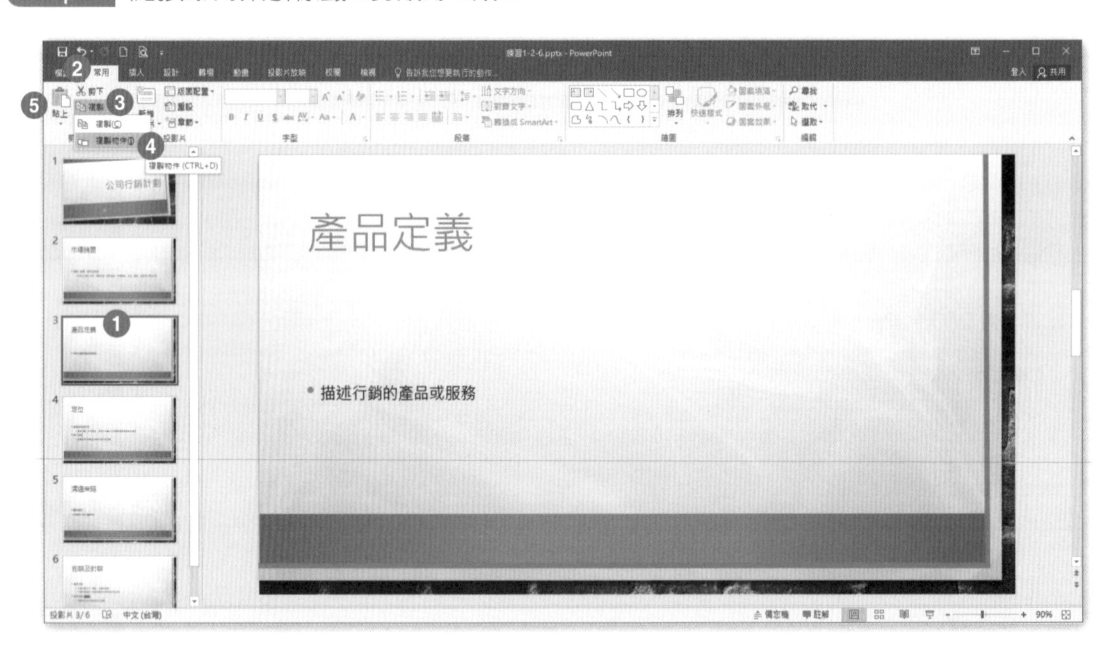

Step.6 在左方投影片縮圖區中，點選第 4 張投影片「產品定義」，並修改標題為「產品定義 2」。

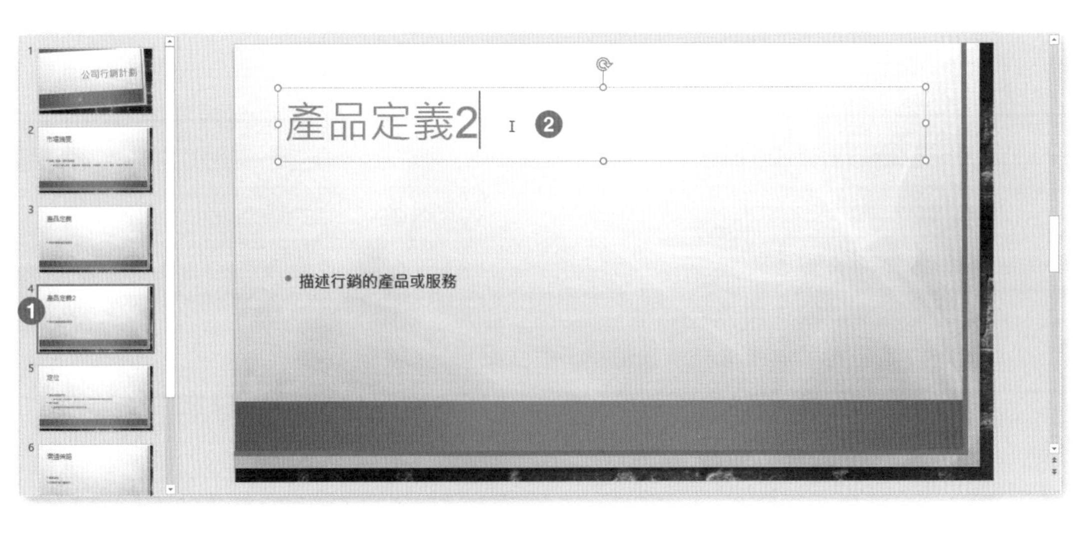

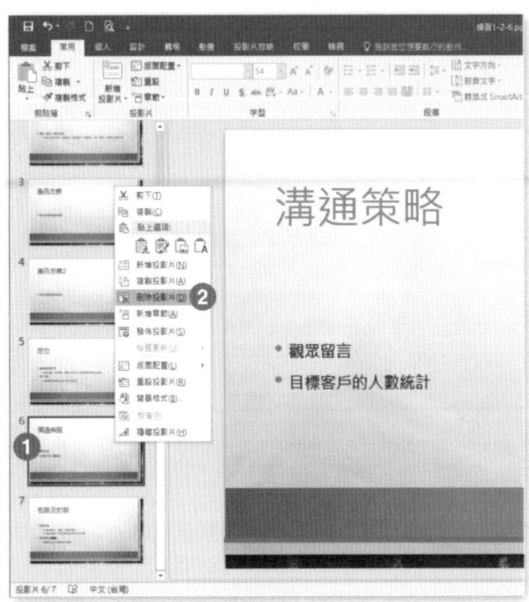

Step.7 在左方投影片縮圖區中，對第 6 張投影片「溝通策略」按下滑鼠右鍵。

Step.8 在快速選單中，按下**刪除投影片**的功能選項。

Step.9 完成結果如下圖。

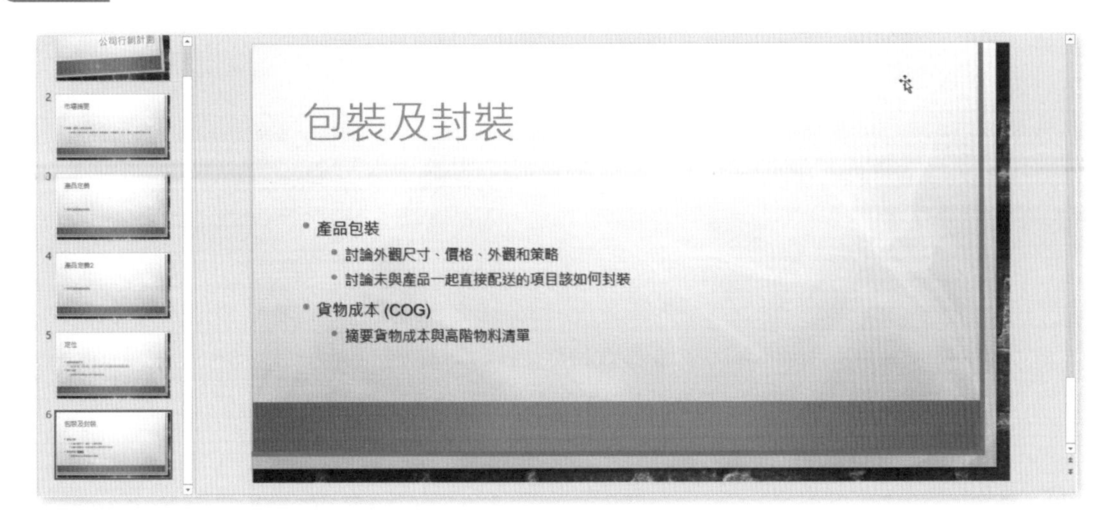

實作練習

學習難易：★★★☆☆
學習目的：靈活運用版面配置
使用功能：常用索引標籤 \ 投影片 \ 版面配置 及 字型
開啟【文件】資料夾 \ 第 1 章練習檔 \「P1-2A.pptx」完成下列操作步驟：

➤ 對「部門提升會議」投影片套用「投影片標題」版面配置。並在第 4 張投影片上，變更文字方塊「Thank you!!」的對齊方式為「靠上對齊」，再套用「小型大寫字」效果。

Step.1 在左方投影片縮圖區中，點選第 1 張投影片。

Step.2 點按**常用**索引標籤 \ **投影片** \ **版面配置▼** \ **標題投影片** 版面配置。

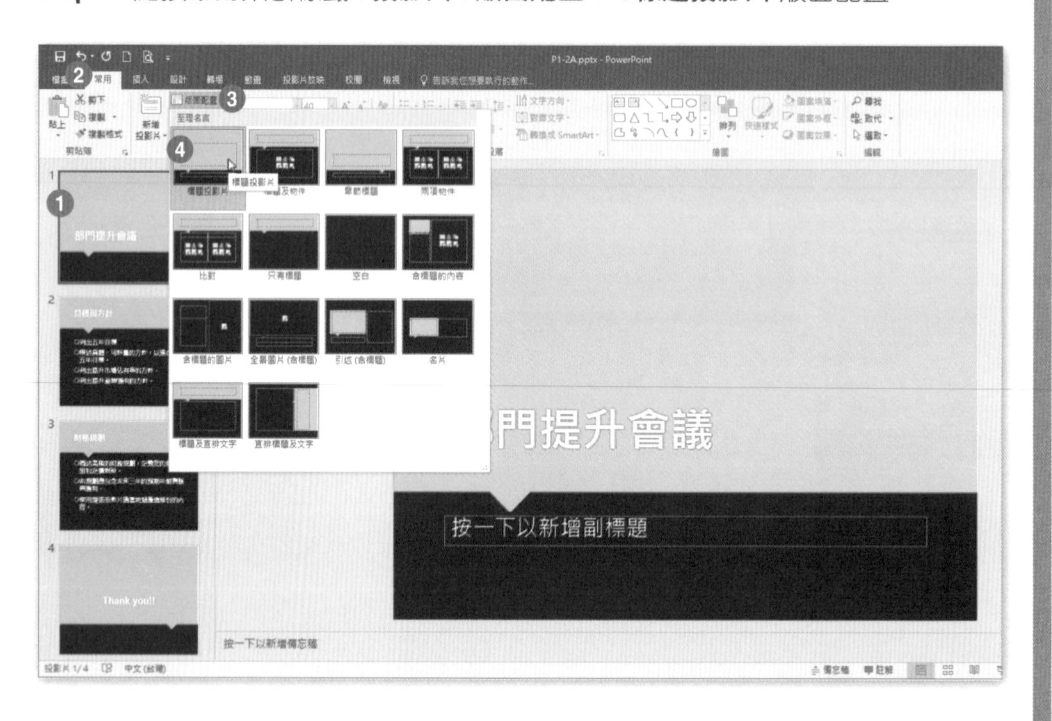

Step.3 在左方投影片縮圖區中，點選第 4 張投影片，並點選標題「Thank you!!」的文字框。

Step.4 點按**常用**索引標籤 \ **段落** \ **對齊文字▼** \ **上**。

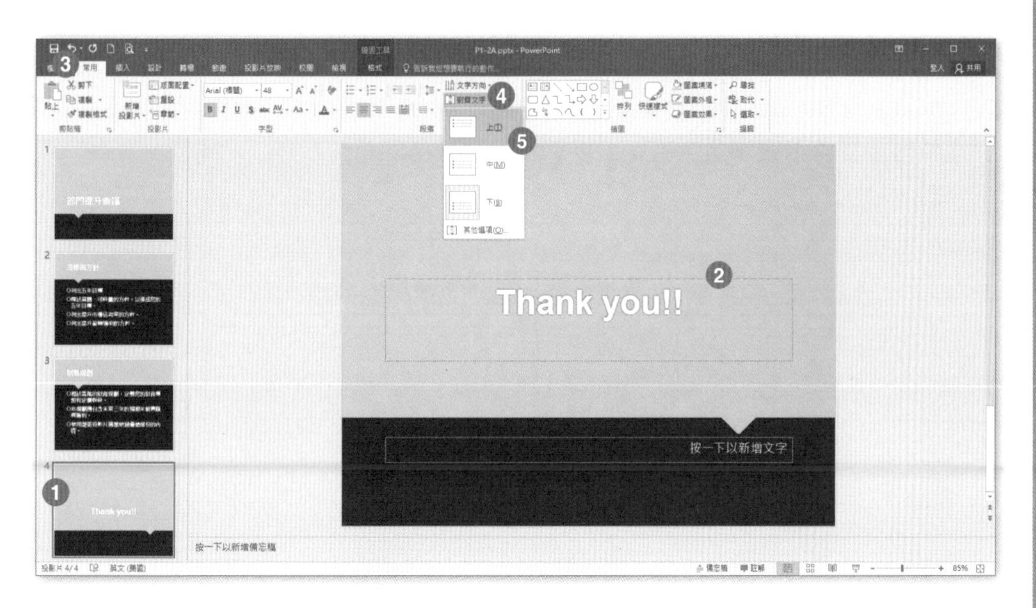

Step.5 點按**常用**索引標籤 \ **字型** \ 開啟群組對話方塊。

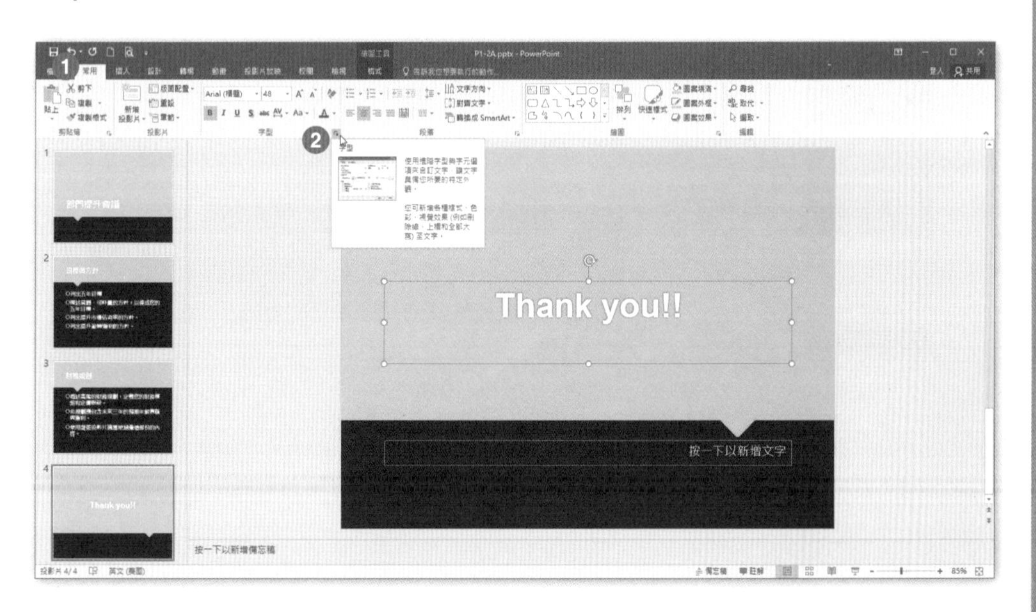

Step.6 在**字型**視窗中，勾選 ☑ **小型大寫字**，並按下「確定」。

Step.7 完成結果如下圖。

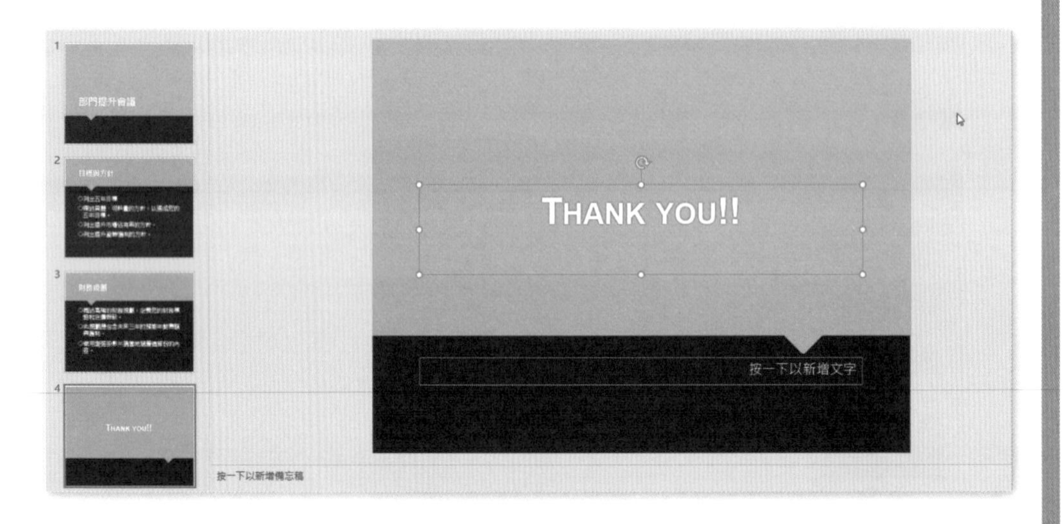

實作練習

學習難易：★★★☆☆
學習目的：熟練項目符號功能
使用功能：常用索引標籤 \ 投影片 \ 段落
開啟【文件】資料夾 \ 第 1 章練習檔 \「P1-2B.pptx」完成下列操作步驟：

➤ 將第 2 張投影片內文，套用自訂的項目符號，使用字型為「Webdings」字元代碼為「151」的符號做為項目符號。並使用【文件】資料夾中【第 1 章練習檔】資料夾內的「EAR.jpg」圖片檔案，做為投影片 3 內文的項目符號，並以 120% 顯示。

Step.1 在左方投影片縮圖區中，點選第 2 張投影片，並點選內文文字框。

Step.2 點按**常用**索引標籤 \ **段落** \ **項目符號▼** \ **項目符號及編號**。

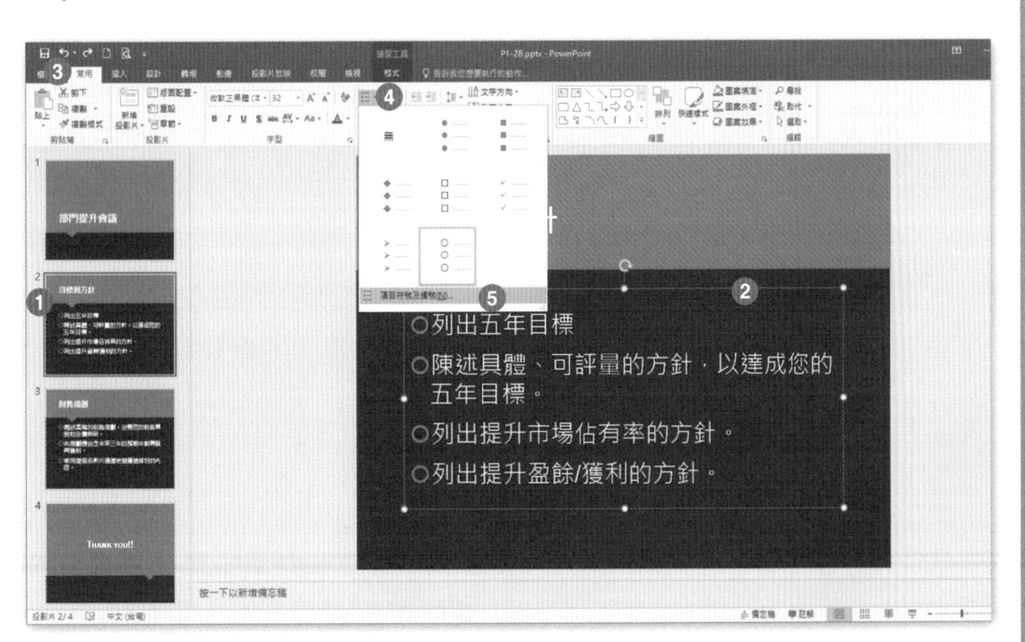

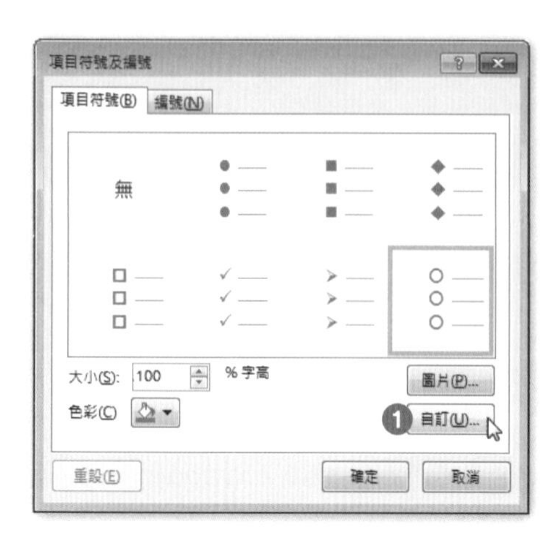

Step.3 在**項目符號及編號**視窗中，點選**自訂**功能按鈕。

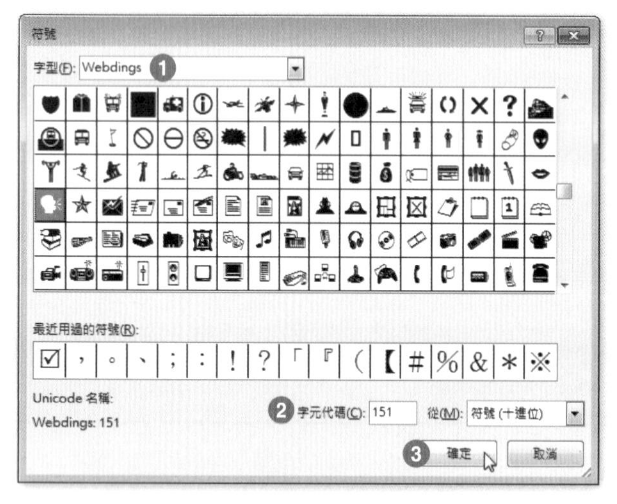

Step.4 在**符號**視窗中，選擇字型 Wbedings 並輸入字元代碼 151，完成後按下「確定」鈕。

Step.5 在**項目符號及編號**視窗中，按下「確定」鈕。

Step.6 完成結果如下圖。

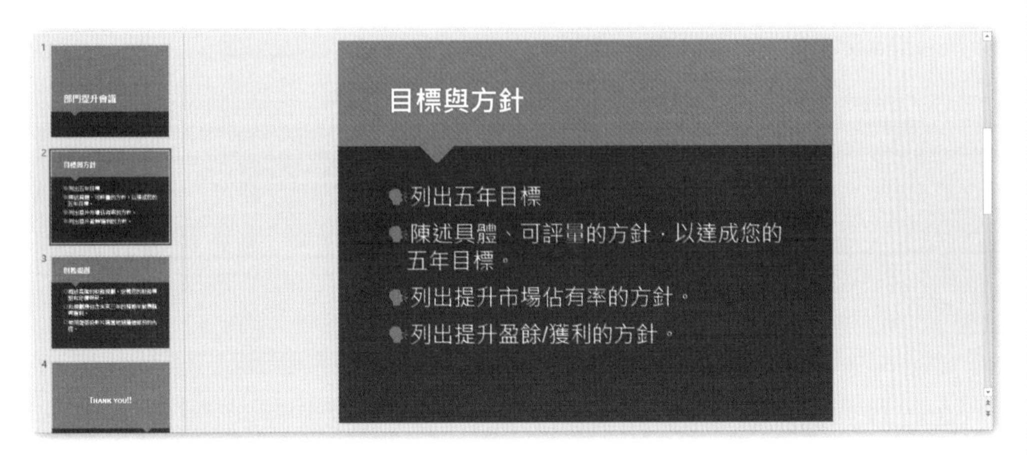

Step.7 在左方投影片縮圖區中，點選第 3 張投影片，並點選內文文字框。

Step.8 點按**常用**索引標籤 \ **段落** \ **項目符號▼** \ **項目符號及編號**。

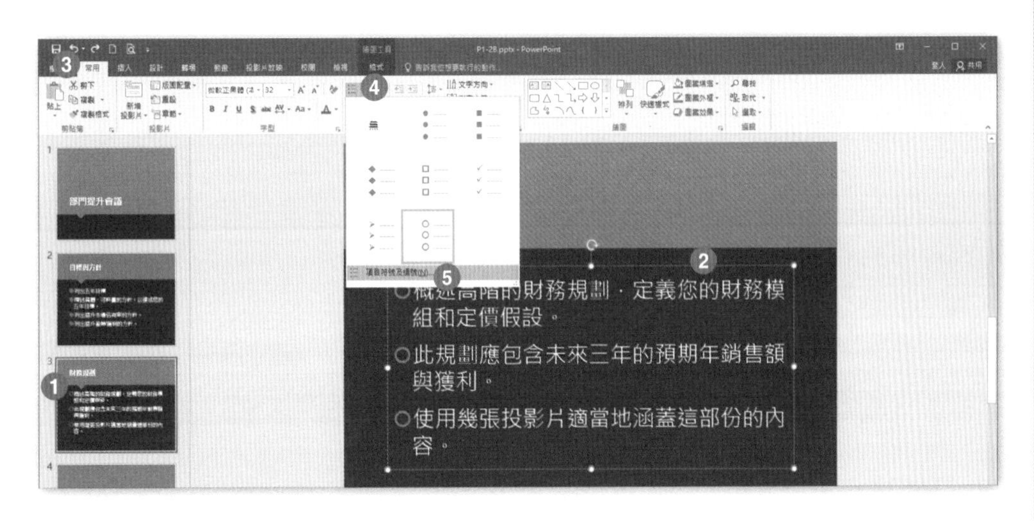

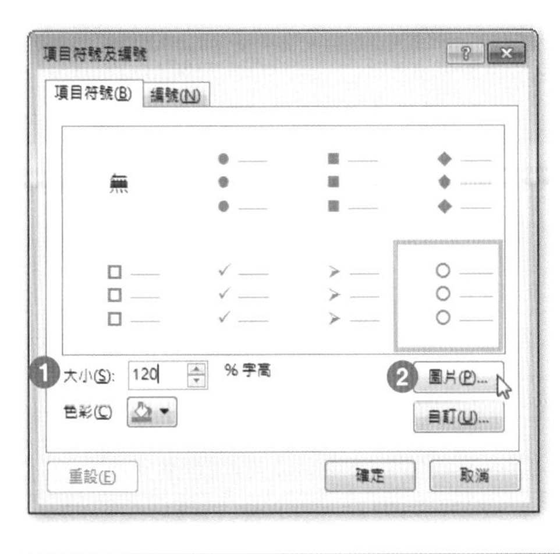

Step.9 在**項目符號及編號**視窗中，先將**大小**輸入 120，再點選**圖片**功能按鈕。

Step.10 在**插入圖片**視窗中，點選**瀏覽**功能按鈕。

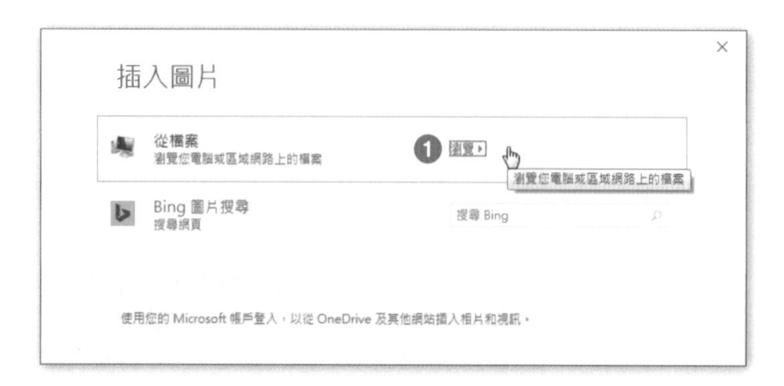

Step.11 在**插入圖片**視窗中，點選「第 1 章練習檔」資料夾中的「EAR.jpg」，並按下**插入**。

Step.12 完成結果如下圖。

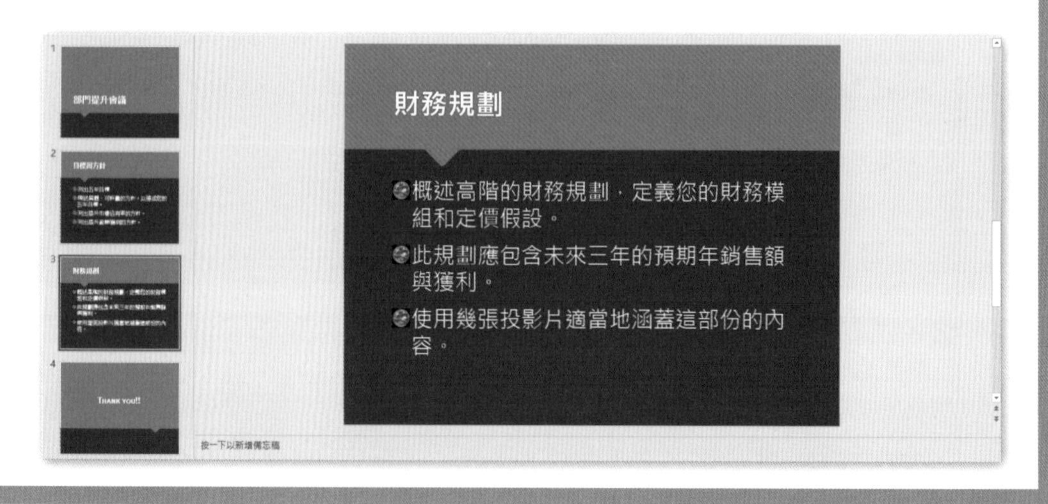

1-3 佈景主題的使用

當我們開啟 PowerPoint 時，即會看到一些內建佈景主題和範本。一套佈景主題代表一種投影片設計，其中包含成套的色彩、字型及陰影或反射等特殊效果。

1-3-1 套用佈景主題

我們可以使用 PowerPoint 中的佈景主題來輕鬆建立外觀專業的簡報。從內建的佈景主題開始著手，然後變更其設定，建立包含自訂色彩、字型和效果的佈景主題。然後，我們可以將其設定儲存成佈景主題庫中的新佈景主題。

Step.1 開啟 \【文件】資料夾 \ 第 1 章練習檔 \ 練習 1-3-1.pptx。

Step.2 點按**設計**索引標籤 \ **佈景主題** \ ▼ **其他**。

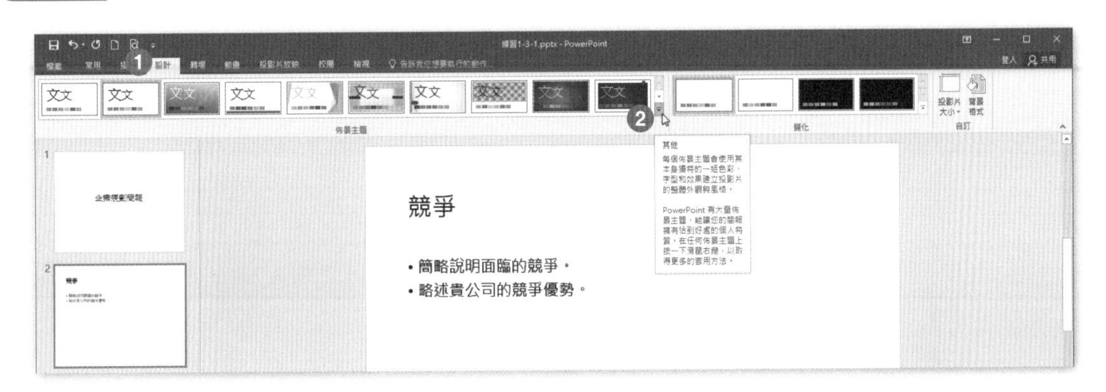

Step.3 選擇套用**多面向**佈景主題。

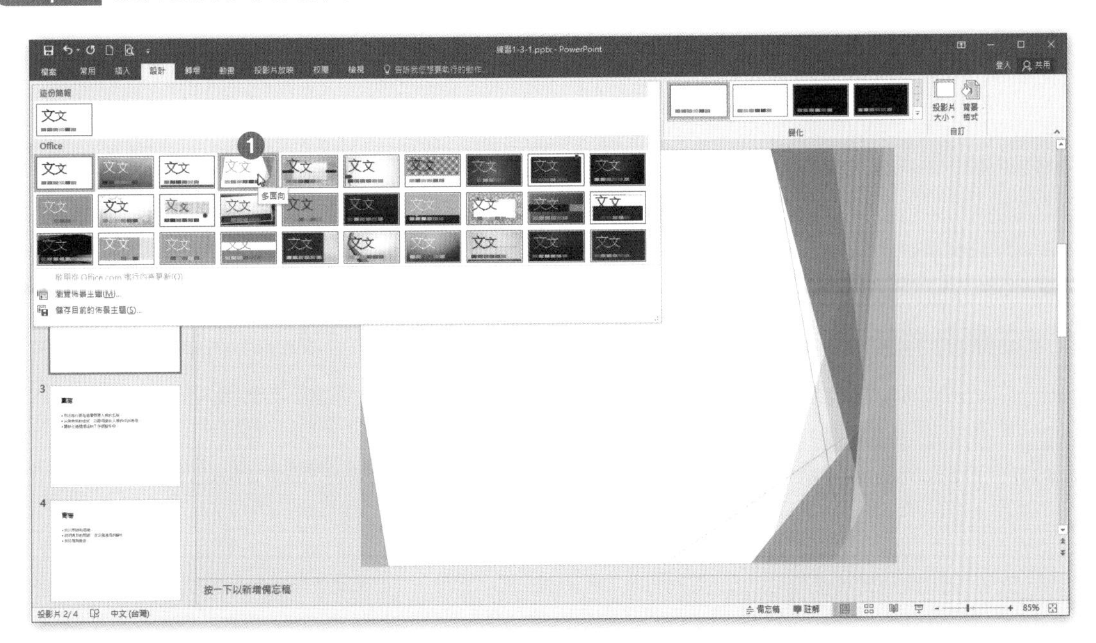

Step.4 點按**設計**索引標籤 \ **變化** \ 選擇藍色的變化。

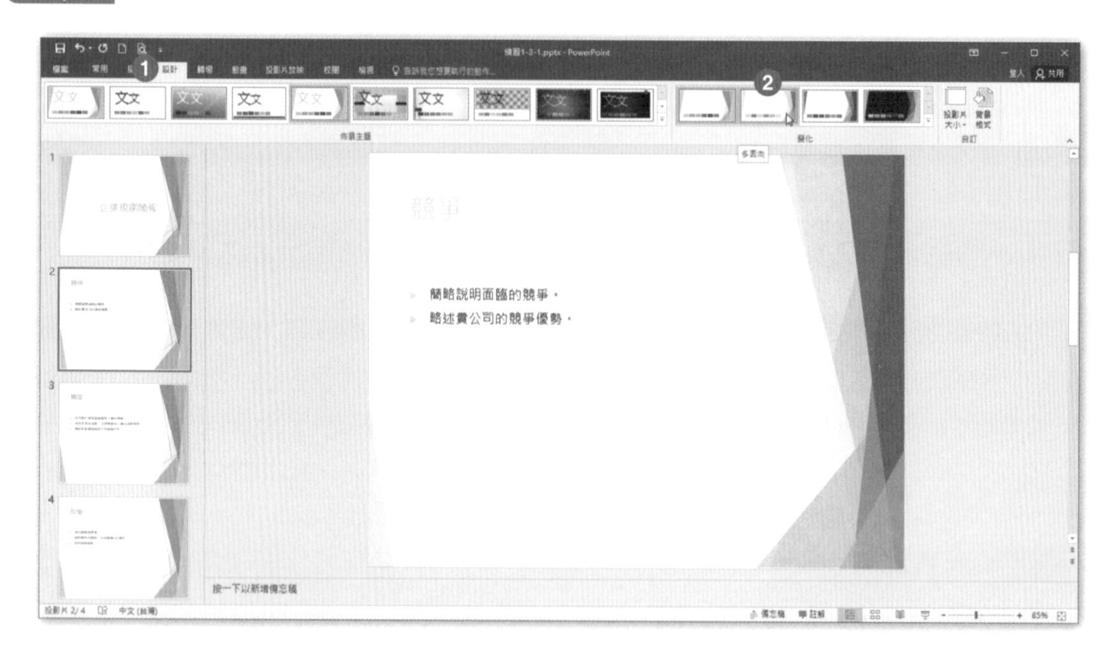

Step.5 完成結果如下圖。

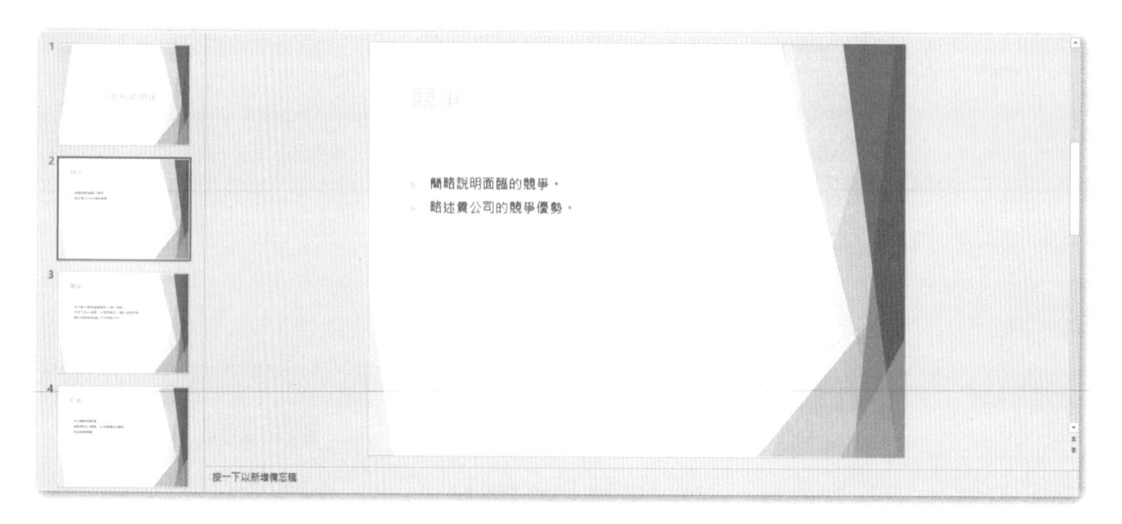

1-3-2 設定佈景主題色彩及字型

如果想要進一步自訂簡報，可以變更佈景主題色彩、字型或效果。PowerPoint 中的佈景主題色彩、字型和效果同樣適用於 Excel、Word 和 Outlook，讓我們建立出風格一致的簡報、文件、工作表和電子郵件訊息。

Step.1 開啟\【文件】資料夾\第 1 章練習檔\練習 1-3-2.pptx。

Step.2 點按**設計**索引標籤**變化**\▼ **其他**。

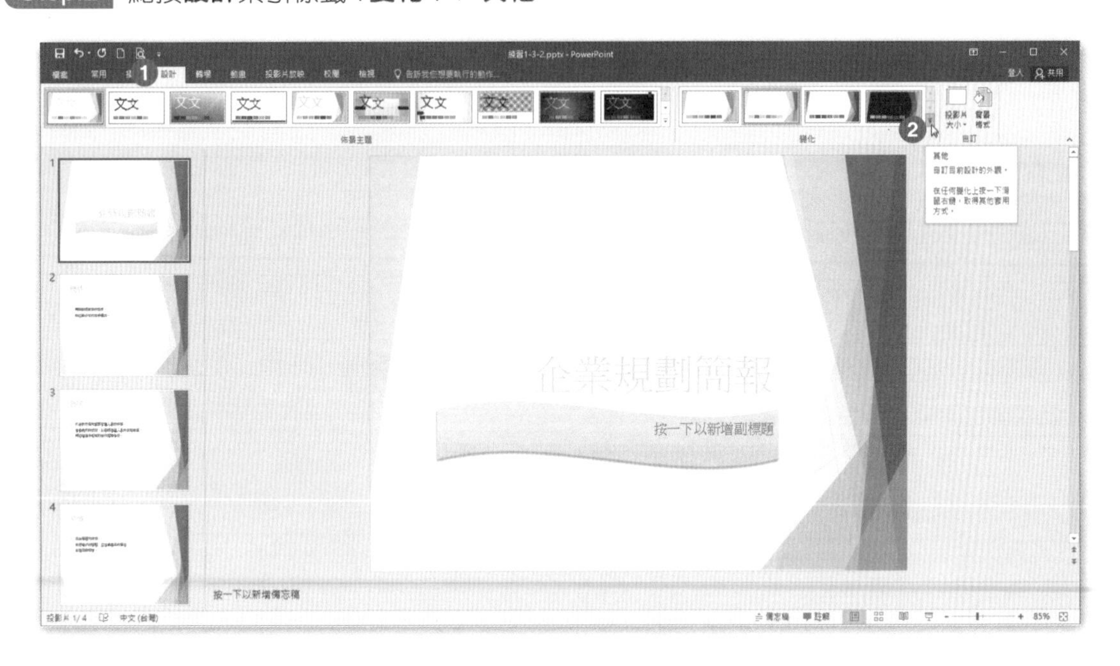

Step.3 選擇**字型**\Garamond **微軟正黑體**選項。

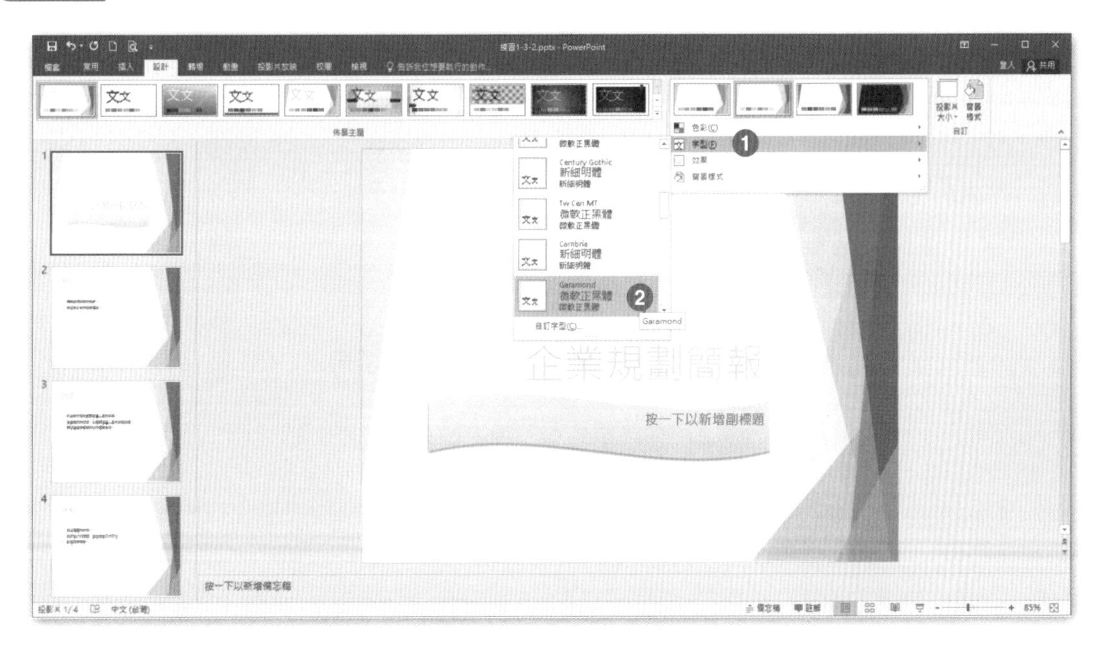

Step.4 選擇**效果 \ 乳白玻璃** 選項。

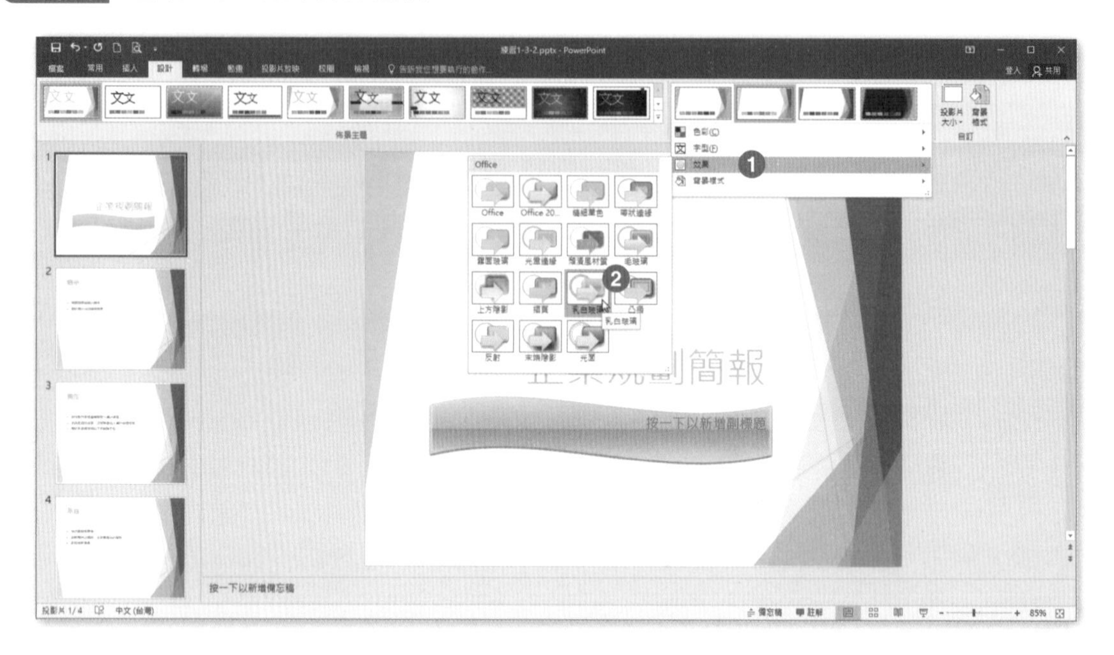

Step.5 點按**設計**索引標籤 \ **佈景主題 \ ▼ 其他**。

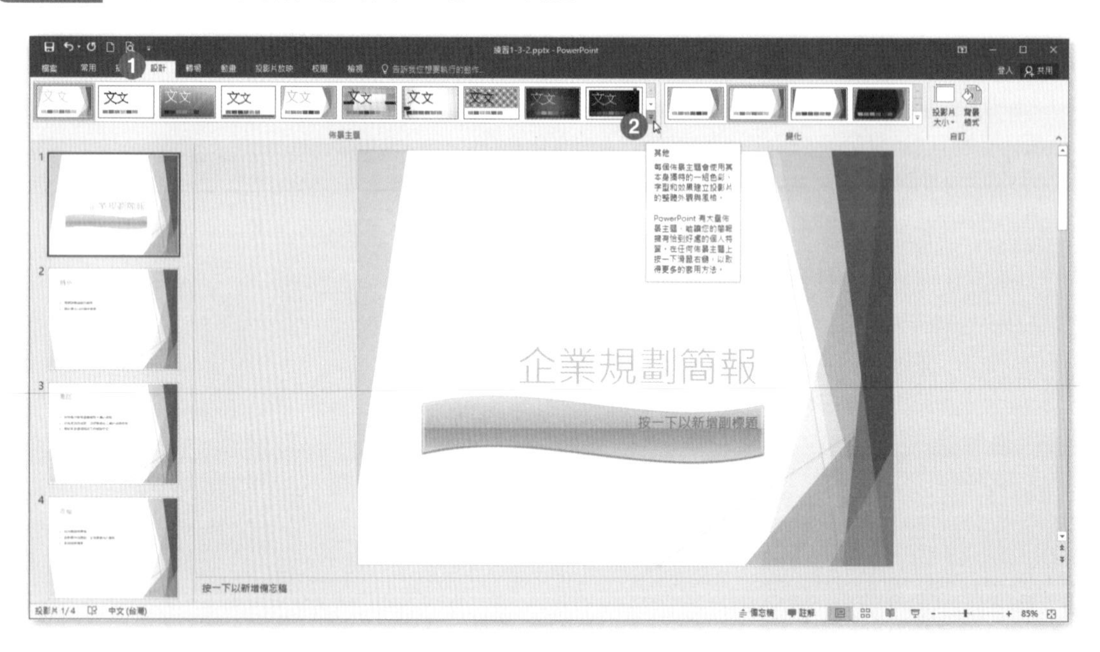

Step.6 選擇**儲存目前的佈景主題** 選項。

Step.7 在**儲存目前的佈景主題**視窗中，輸入檔案名稱「多面向 - 藍調」並按下**儲存**按鈕，儲存於預設的資料夾中。

1-4 投影片內容設計

為增加簡報的美觀及可閱讀性，我們可以透過章節、頁首頁尾、投影片編號的方式來設定，亦可修改投影片的大小，配合輸出時的設定。

1-4-1 新增章節及重新命名章節

當簡報中的投影片數量較多時，我們可以利用章節功能來把投影片分類，有利於我們設計簡報的過程，在修改或未來輸出時，也可以作為搭配使用。新增章節後，我們可以對每一個章節去做不同的命名，這樣在導覽時會更加清楚。

Step.1 開啟 \【文件】資料夾 \ 第 1 章練習檔 \ 練習 1-4-1.pptx。

Step.2 點按**常用**索引標籤 \ **投影片** \ **章節▼** \ **新增章節**。

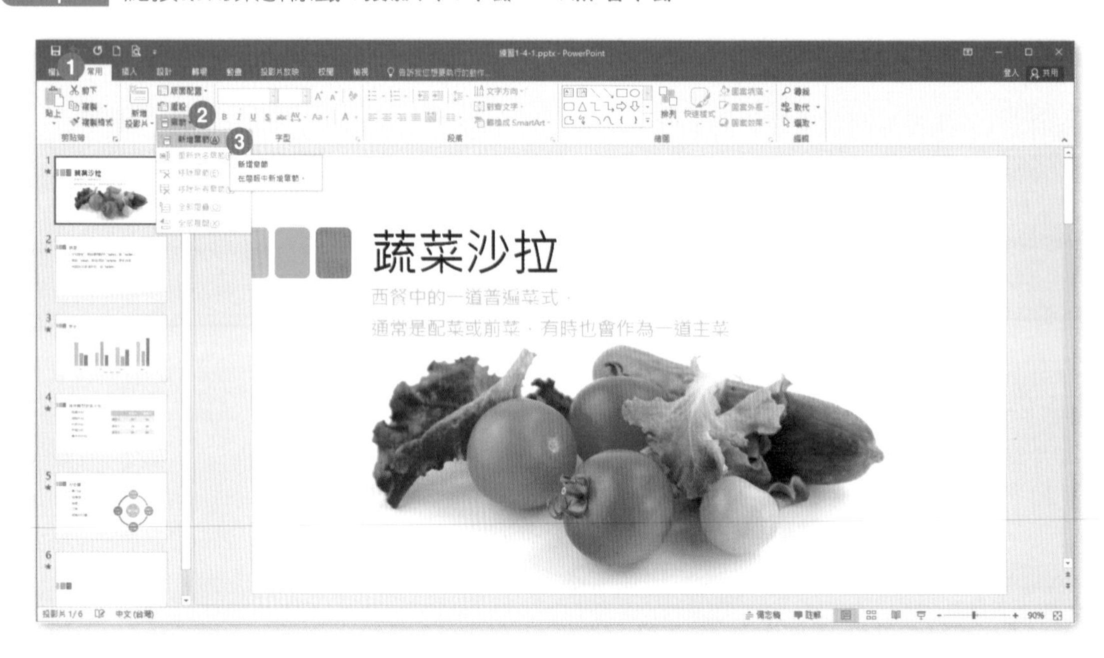

Step.3 點按**常用**索引標籤 \ **投影片** \ **章節▼** \ **重新命名章節**。

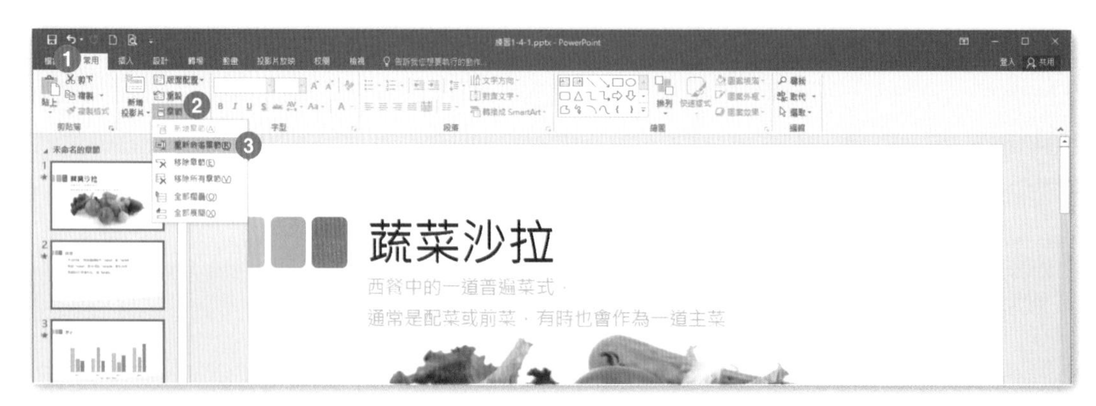

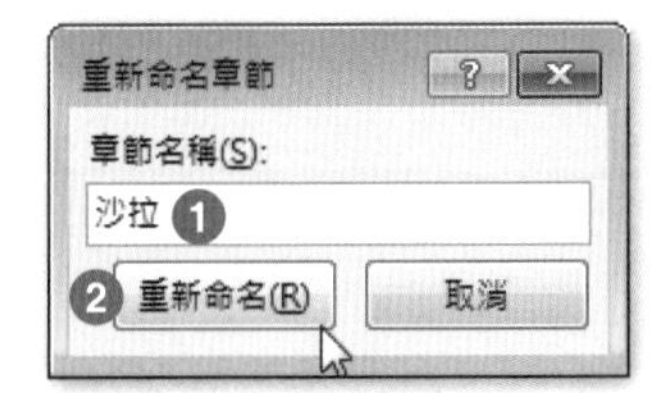

Step.4 在**重新命名章節**視窗中，輸入章節名稱「沙拉」並按下**重新命名**按鈕。

Step.5 完成結果如下圖。

1-4-2 超連結的使用

我們可以在簡報中新增超連結，以執行各式各樣的操作。使用超連結快速移到簡報中的其他位置、開啟其他簡報、移至網頁、開啟新的檔案，或開始撰寫要寄到某個電子郵件地址的信件。

Step.1 開啟 \【文件】資料夾 \ 第 1 章練習檔 \ 練習 1-4-2.pptx。

Step.2 點選第 2 張投影片，選取投影片內文中的文字「資料來源」。

Step.3 點按**插入**索引標籤 \ **連結** \ **超連結**。

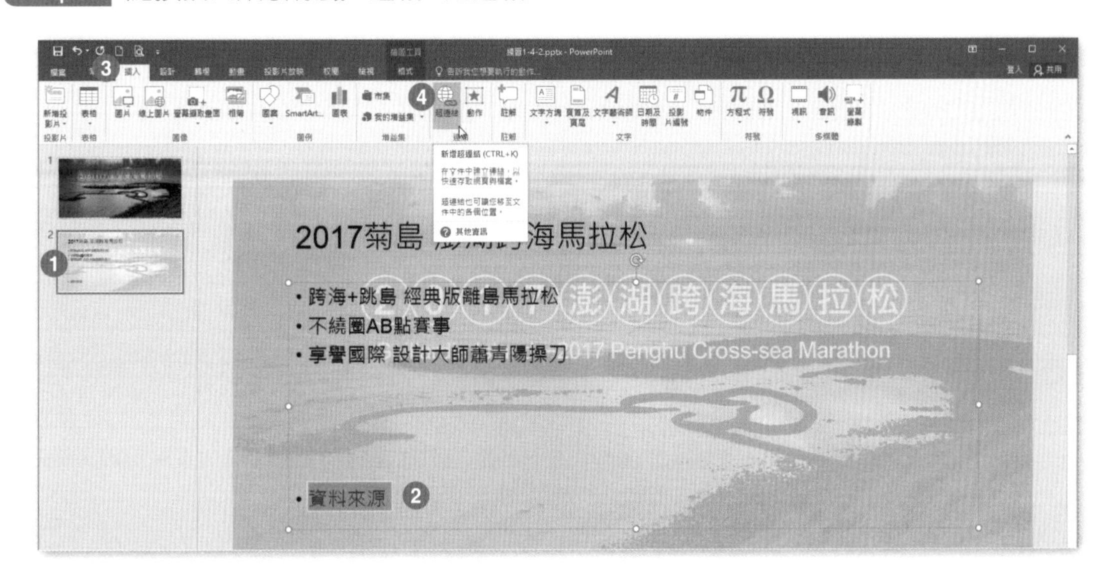

Step.4 在**插入超連結**視窗中，輸入網址「http://www.taiwan.net.tw/」並按下**確定**按鈕。

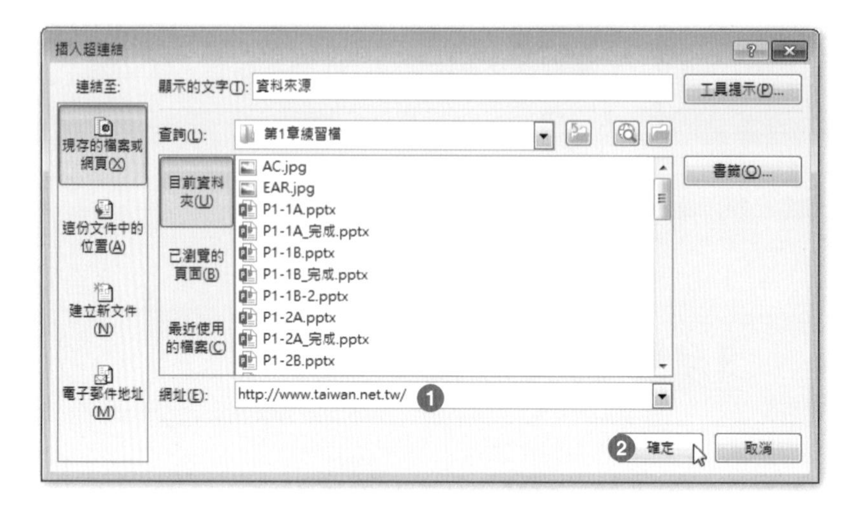

Step.5 完成結果如下圖。

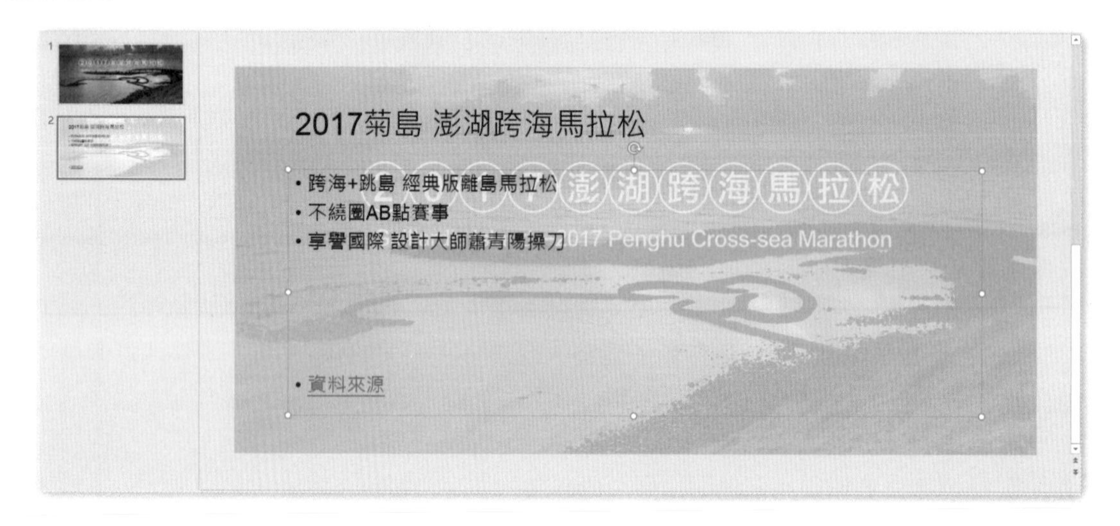

1-4-3 插入頁尾

頁尾通常位於投影片底部，而且能包含日期及時間、投影片編號和其他文字 (例如：公司機密)。

Step.1 開啟 \【文件】資料夾 \ 第 1 章練習檔 \ 練習 1-4-3.pptx。

Step.2 在左方投影片縮圖區中，點選第 2 張投影片。

Step.3 點按**插入**索引標籤 \ **文字** \ **頁首及頁尾**。

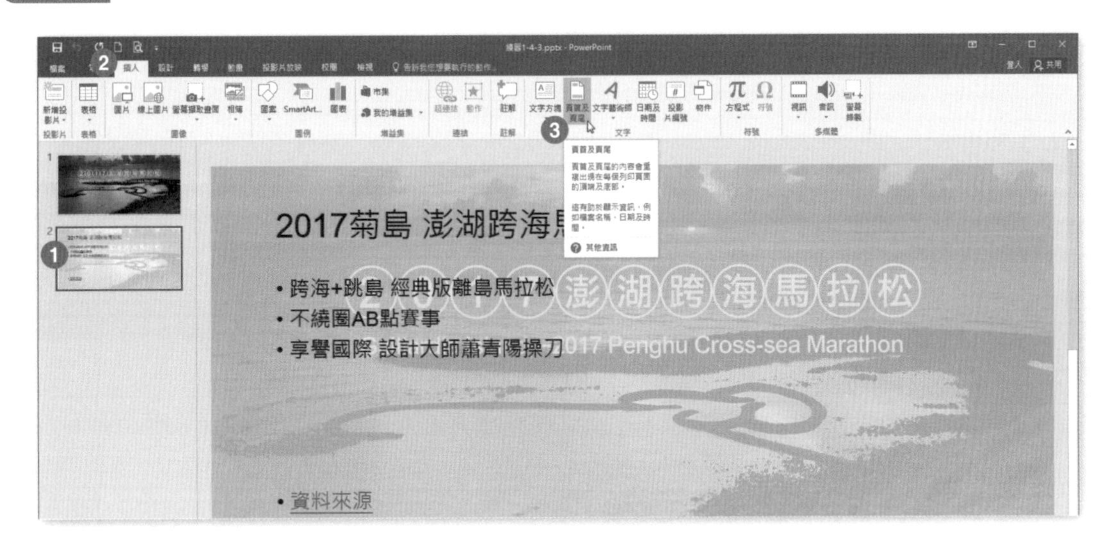

Step.4 在**頁首及頁尾**視窗中，勾選☑**頁尾**，輸入文字「交通部觀光局」並按下**套用**按鈕。

Step.5 完成結果如下圖。

1-4-4 投影片編號

若想在觀賞投影片時，能更清楚的掌握進度或；是在輸出時，能明確的標明順序，插入投影片編號是必需要學會的功能。

Step.1 開啟 \【文件】資料夾 \ 第 1 章練習檔 \ 練習 1-4-4.pptx。

Step.2 點按**插入**索引標籤 \ **文字** \ **投影片編號**。

Step.3 在**頁首及頁尾**視窗中，勾選 ☑ **投影片編號**、☑ **標題投影片中不顯示**，並按下**全部套用**按鈕。

Step.4 完成結果如下圖。

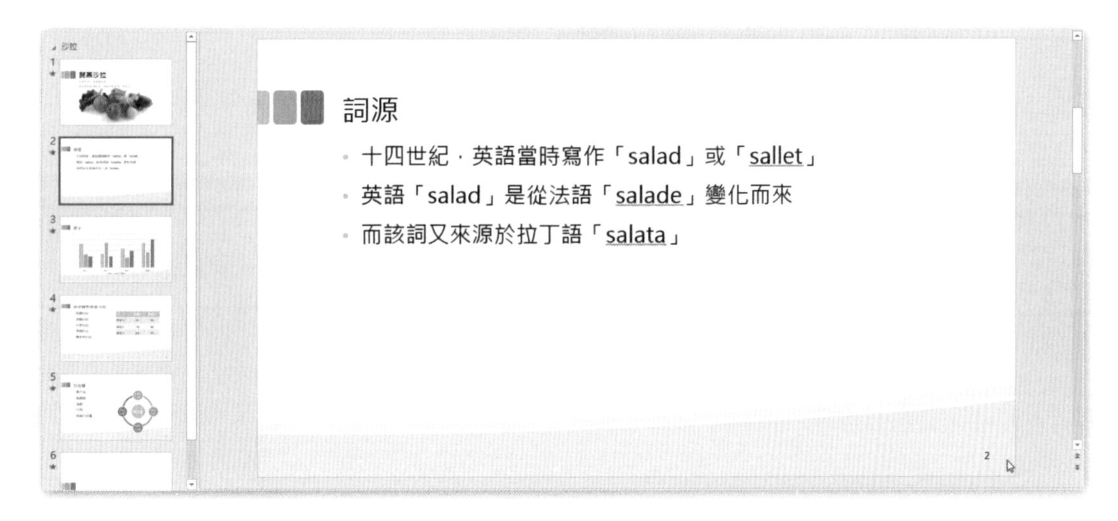

TIPS & TRICKS

若設定封面的投影片不要有編號，又希望第二張投影片可以從 1 開始編號，可以使用以下設定，目的在於將第一張投影片的編號設定為 0。

Step.1 點按**設計**索引標籤 \ **自訂** \ **投影片大小▼** \ **自訂投影片大小**。

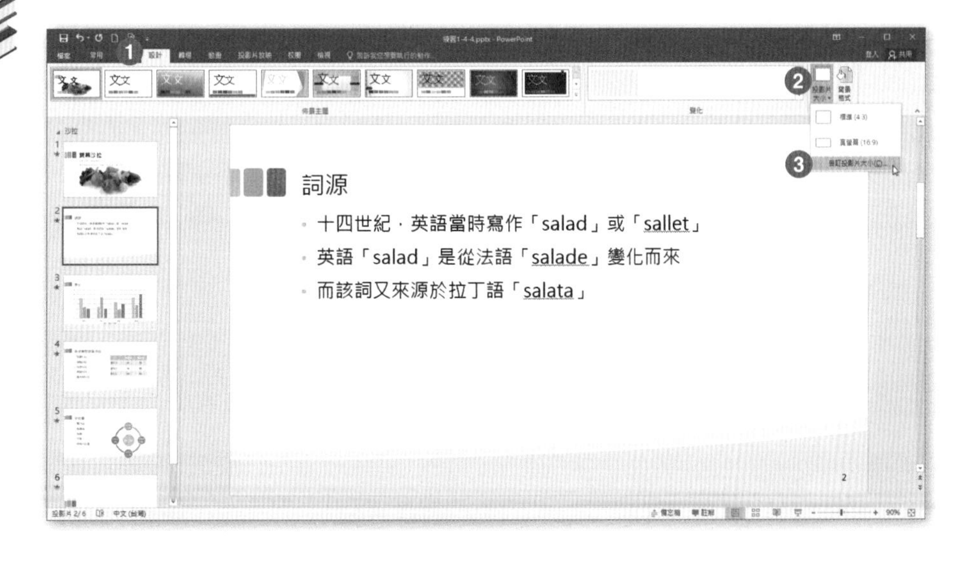

Step.2 在**投影片大小**視窗中，將投影片編號起始值輸入「0」並按下**確定**按鈕。

Step.3 完成結果如下圖。

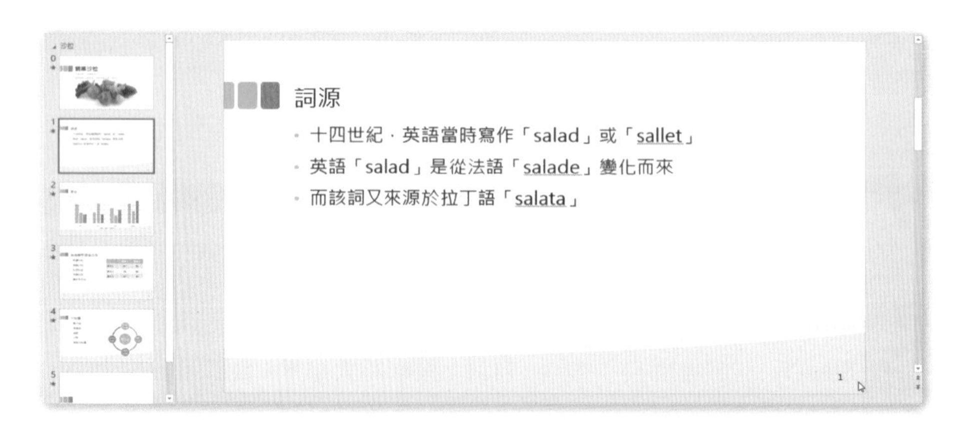

1-4-5 更改投影片大小

可以將所有投影片變更為標準、寬螢幕或自訂大小，投影片和備忘稿也都能指定為直向或橫向。

Step.1 開啟 \【文件】資料夾 \ 第 1 章練習檔 \ 練習 1-4-5.pptx。

Step.2 點按**設計**索引標籤 \ **自訂** \ **投影片大小▼** \ **自訂投影片大小**。

Step.3 在**投影片大小**視窗中，將寬度輸入「30」、高度輸入「15」並按下**確定**按鈕。

Step.4 在 Microsoft PowerPoint 視窗中，選擇「確保最適大小」按鈕。

Step.5 完成結果如下圖。

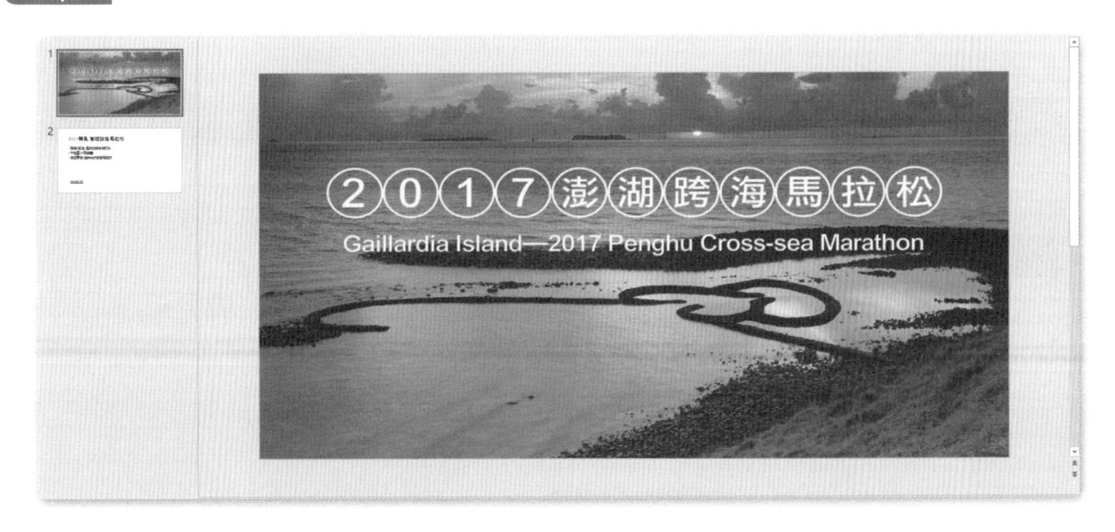

1-4-6 套用背景

如果希望投影片上的背景和文字之間有較高的對比，可以將背景色彩變更為不同的漸層或純色。設定投影片的色彩和背景格式是打造視覺效果的絕佳方法。

Step.1 開啟 \【文件】資料夾 \ 第 1 章練習檔 \ 練習 1-4-6.pptx。

Step.2 點按**設計**索引標籤 \ **自訂** \ **背景格式**。

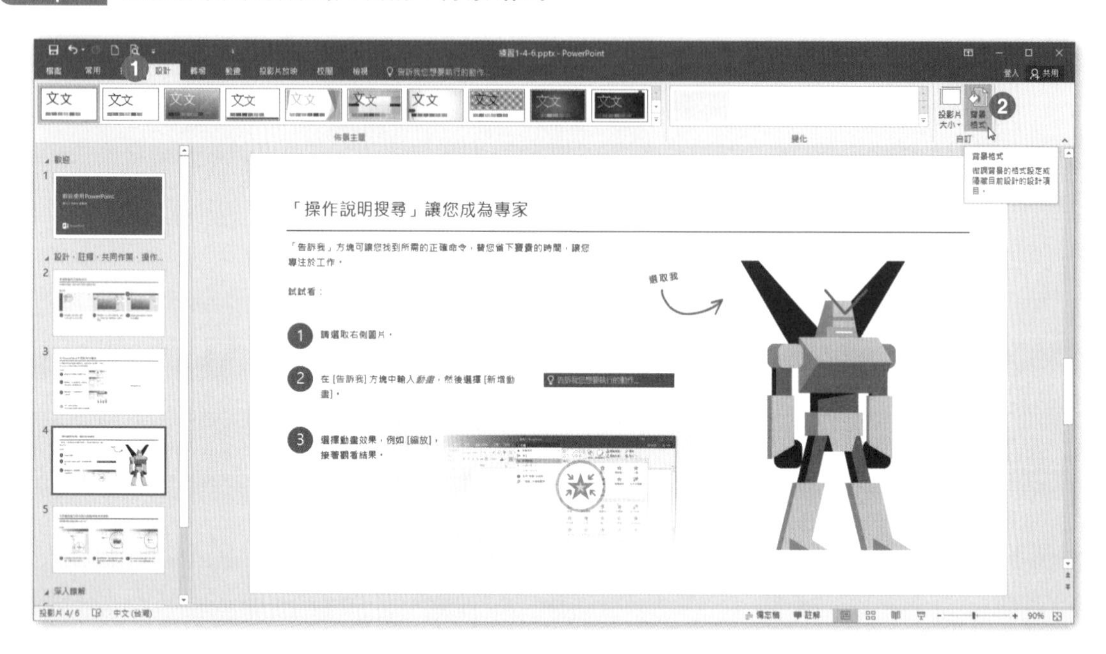

Step.3 在右方**背景格式**窗格中，點選「漸層填滿」。

Step.4 完成結果如下圖。

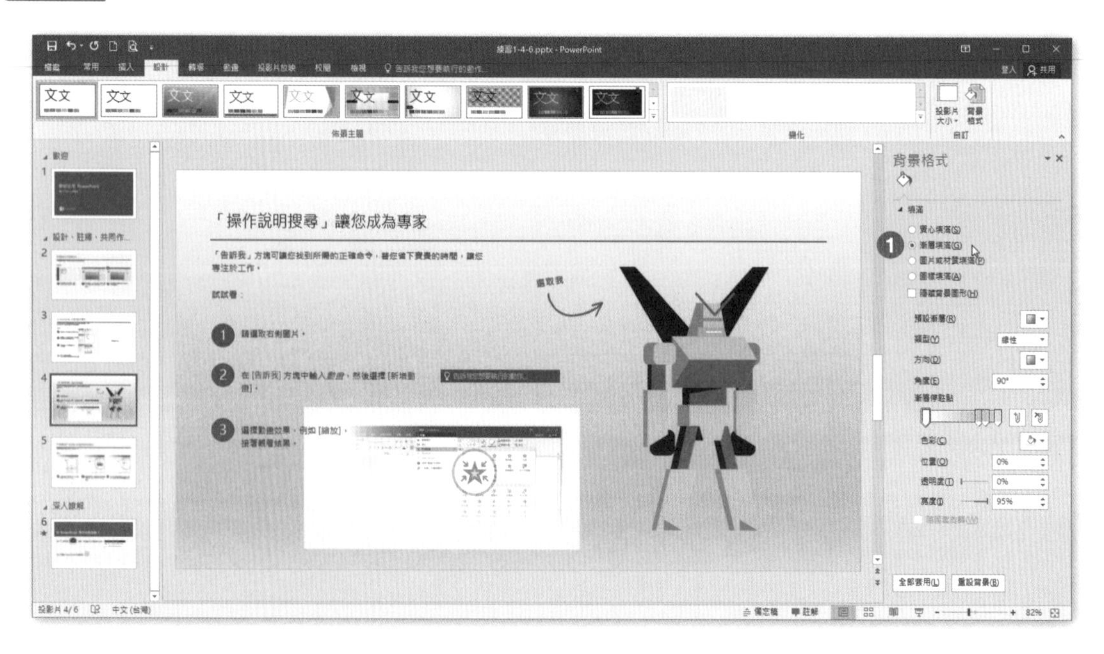

實作練習

學習難易：★★☆☆☆

學習目的：熟練章節功能

使用功能：常用索引標籤 \ 投影片 \ 章節▼

開啟【文件】資料夾 \ 第 1 章練習檔 \「P1-4A.pptx」完成下列操作步驟：

➤ 將簡報最後一個章節名稱「未命名的章節」更名為「探討」。

Step.1 在左方投影片縮圖區中，點選「未命名的章節」。

Step.2 點按**常用**索引標籤 \ **投影片** \ **章節▼** \ **重新命名章節**。

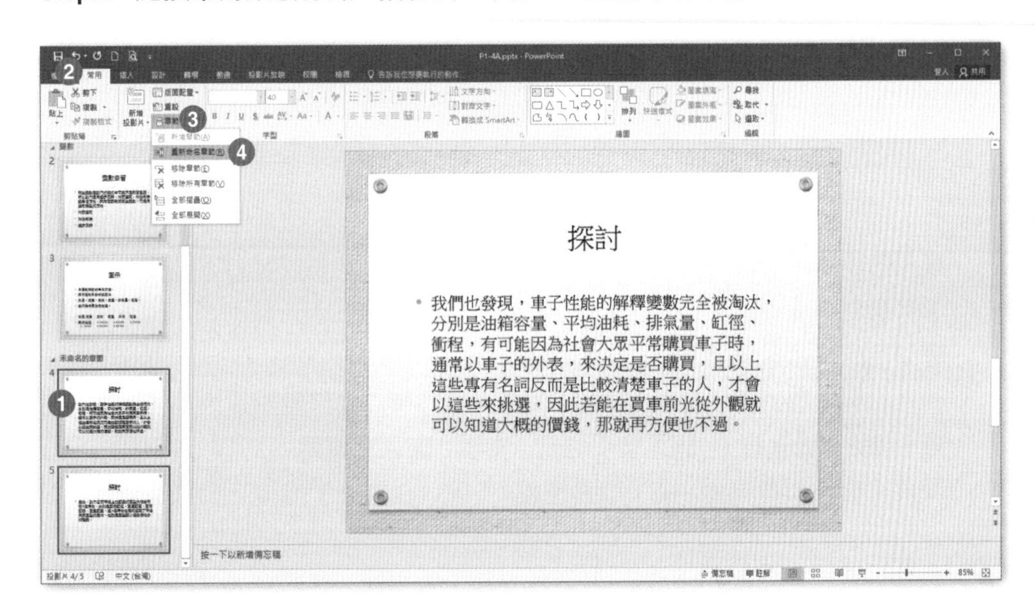

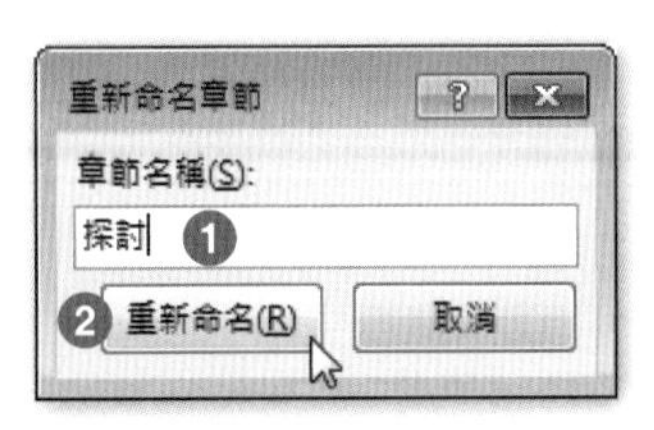

Step.3 在**重新命名章節**視窗中，輸入章節名稱「探討」並按下**確定**按鈕。

Step.4 完成結果如下圖。

實作練習

模擬解題 1-4B

學習難易：★★☆☆☆

學習目的：插入頁首及頁尾、超連結

使用功能：設計索引標籤 \ 自訂 \ 投影片大小▼ \ 自訂投影片大小 及 插入索引標籤 \ 連結 \ 超連結 及 插入索引標籤 \ 文字 \ 頁首及頁尾

開啟【文件】資料夾 \ 第 1 章練習檔 \「P1-4B.pptx」完成下列操作步驟：

➤ 將簡報的所有投影片大小改變為 **25** 公分寬、**20** 公分高，並調整內容以確保最適大小。在第 **3** 張投影片上，新增頁尾文字「外交部領事事務局」。最後在第 **6** 張投影片上，針對「詳請可參考網站」文字新增超連結，連結至「**http://www.boca.gov.tw/**」

Step.1 點按**設計**索引標籤 \ **自訂** \ **投影片大小▼** \ **自訂投影片大小**。

Step.2 在**投影片大小**視窗中，將寬度輸入「25」、高度輸入「20」並按下**確定**按鈕。

Step.3 在 Microsoft PowerPoint 視窗中，選擇「確保最適大小」按鈕。

Step.4 在左方投影片縮圖區中，點選第 3 張投影片。

Step.5 點按**插入**索引標籤 \ **文字** \ **頁首及頁尾**。

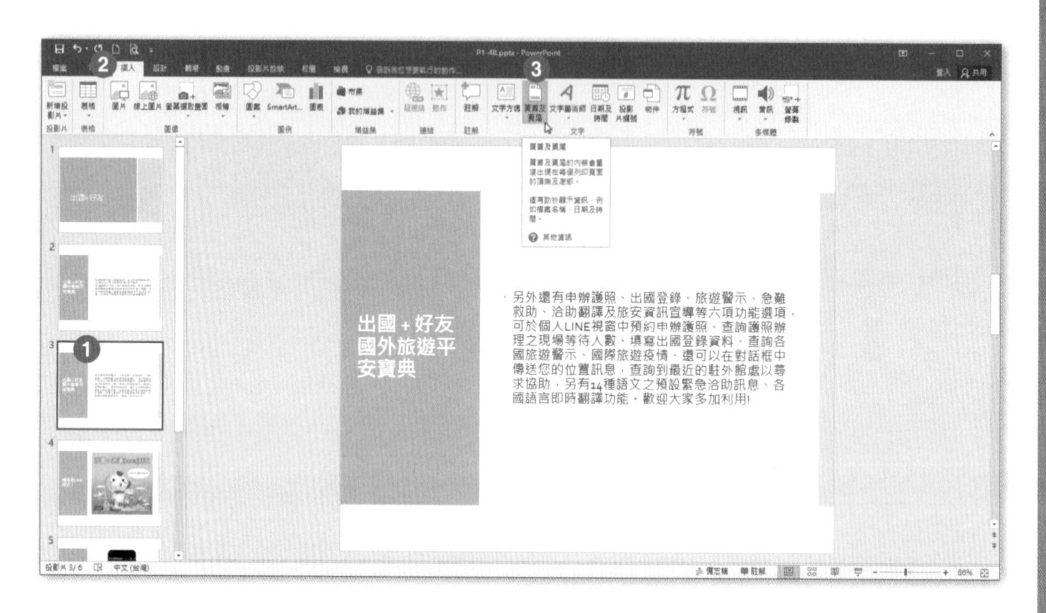

Step.6 在**頁首及頁尾**視窗中，勾選 ☑ **頁尾**，輸入文字「外交部領事事務局」並按下**套用**按鈕。

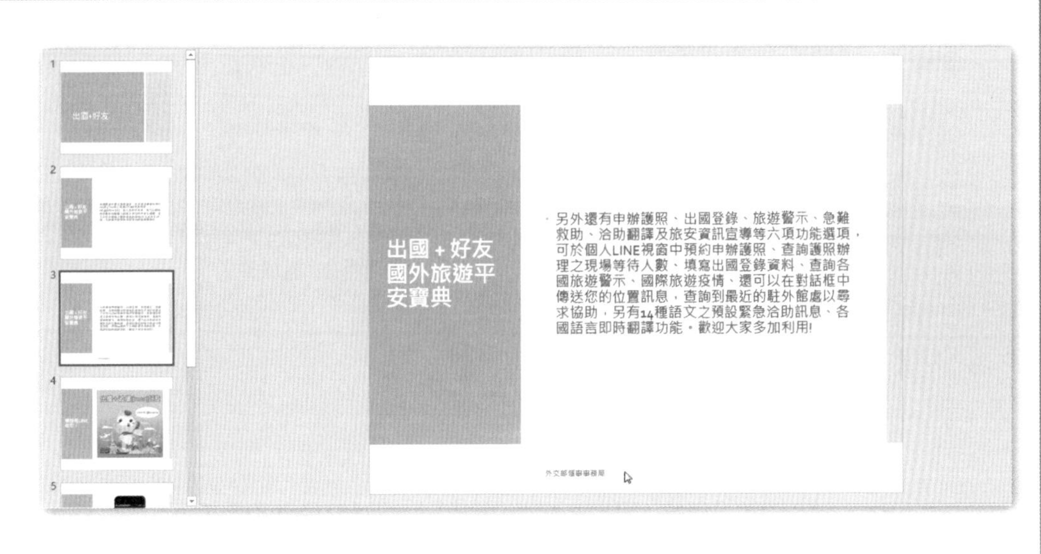

Step.7 在左方投影片縮圖區中，點選第 6 張投影片。

Step.8 在中央的投影片編輯區中，點選「詳請可參考網站」的文字框。

Step.9 點按**插入**索引標籤 \ **連結** \ **超連結**。

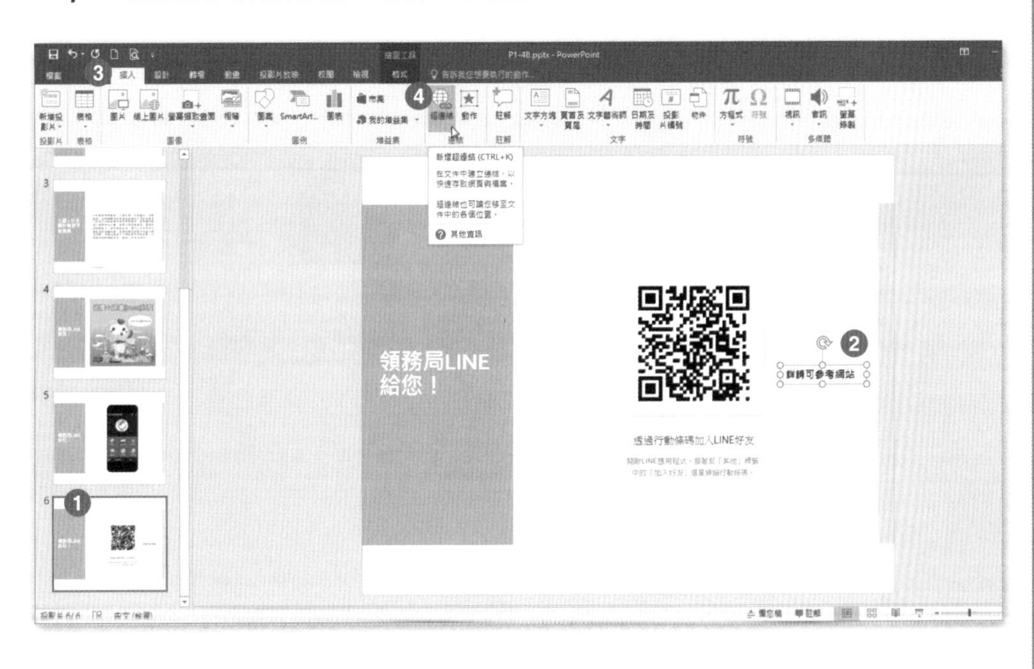

Step.10 在**插入超連結**視窗中，輸入網址「http://www.boca.gov.tw/」並按下**確定**按鈕。

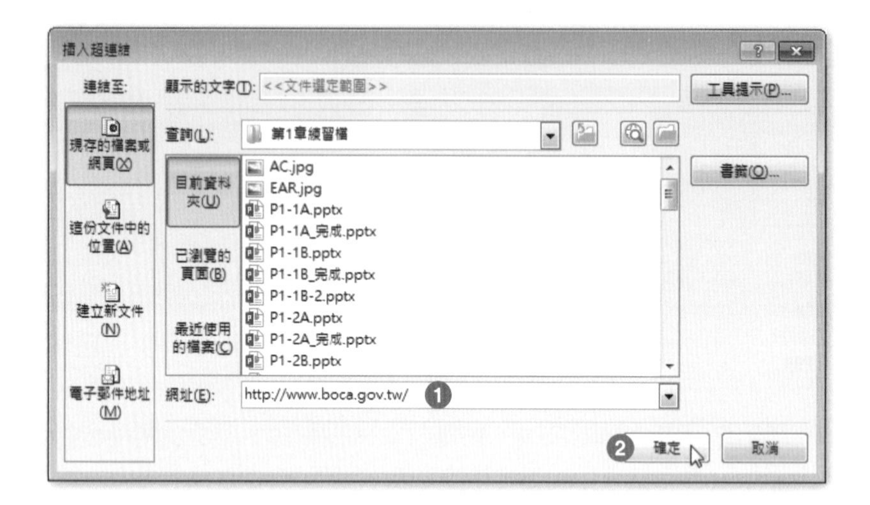

Step.11 完成結果如下圖。

1-5 儲存簡報

儲存檔案時，可以將檔案儲存至硬碟機上的資料夾、網路位置、磁碟、DVD、CD、桌面、快閃磁碟機，或是另存成其他檔案格式。雖然必須指明目標位置，但是不管選擇什麼位置 (即使與預設資料夾不同)，儲存程序都是一樣的。

1-5-1 儲存目前簡報

Step.1 開啟 \【文件】資料夾 \ 第 1 章練習檔 \ 練習 1-5-1.pptx。

Step.2 點按**檔案**索引標籤。

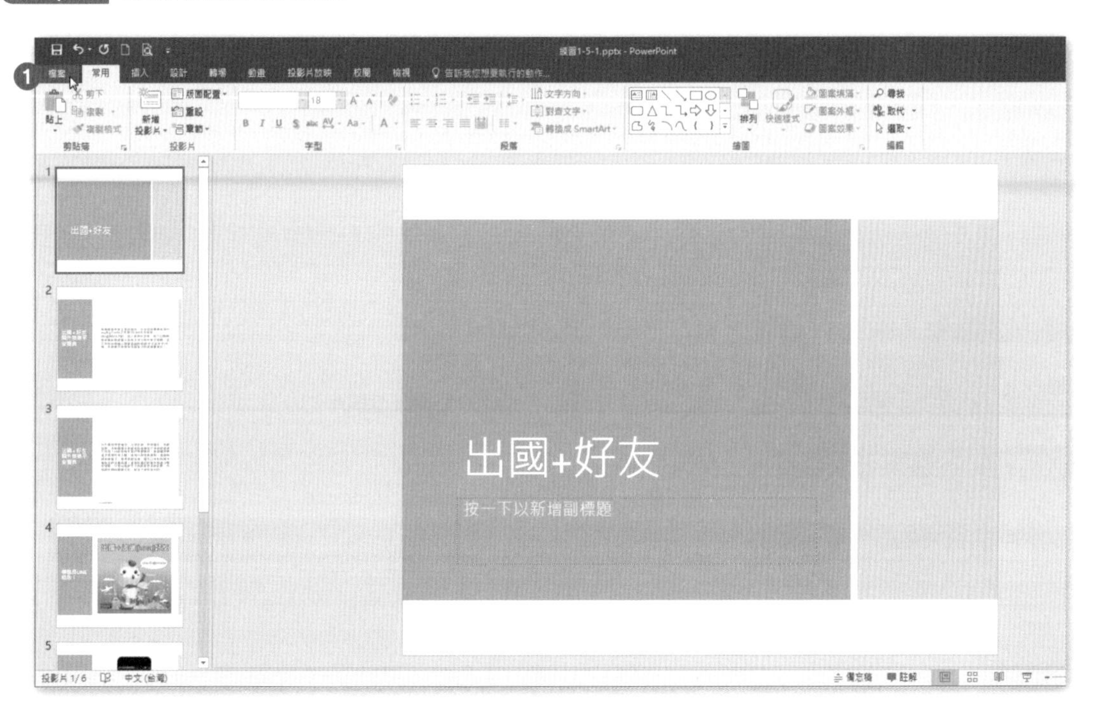

Step.3 點按**另存新檔 \ 這部電腦 \ 我的文件**。

Step.4 在**另存新檔**視窗中，輸入檔案名稱「出國好友」並按下**儲存**按鈕。

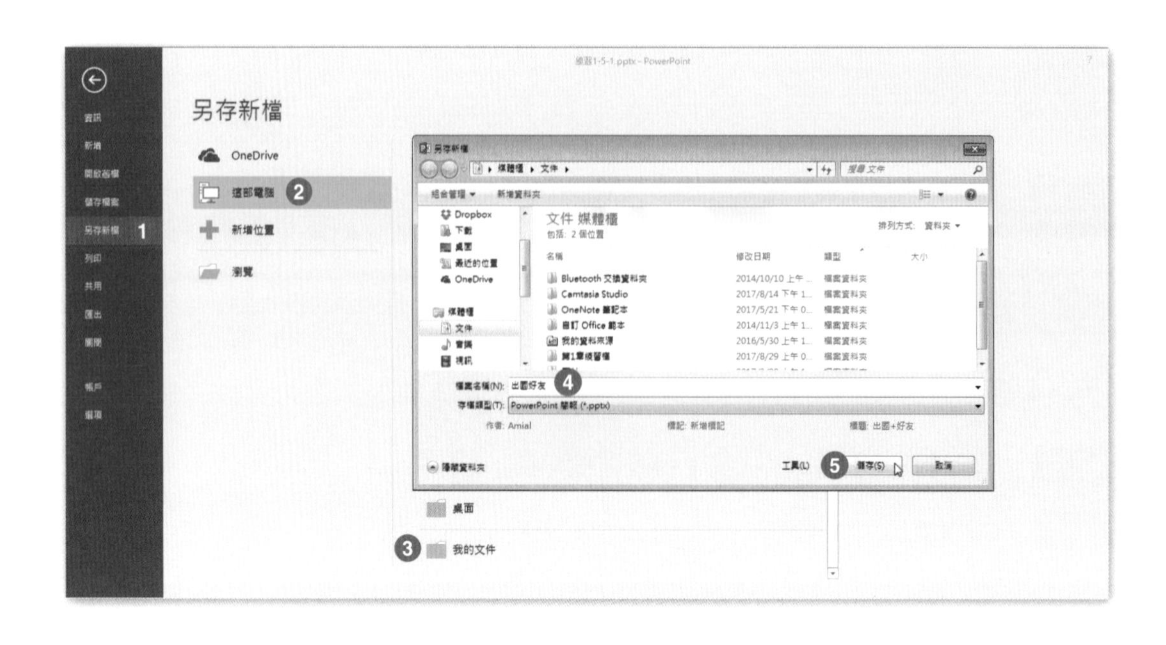

1-5-2 儲存成不同檔案類型

檔案的儲存及備份是極其重要的工作，考慮到各個新舊版本的 Office 相容性、或是沒有安裝 Office 的電腦也能順利開啟，同時避免版面設定被更改的情形，我們也可以把檔案另存成舊版相容檔案類型、或是 PDF 檔，就可以分散風險。

Step.1 開啟 \【文件】資料夾 \ 第 1 章練習檔 \ 練習 1-5-2.pptx。

Step.2 點按**檔案**索引標籤。

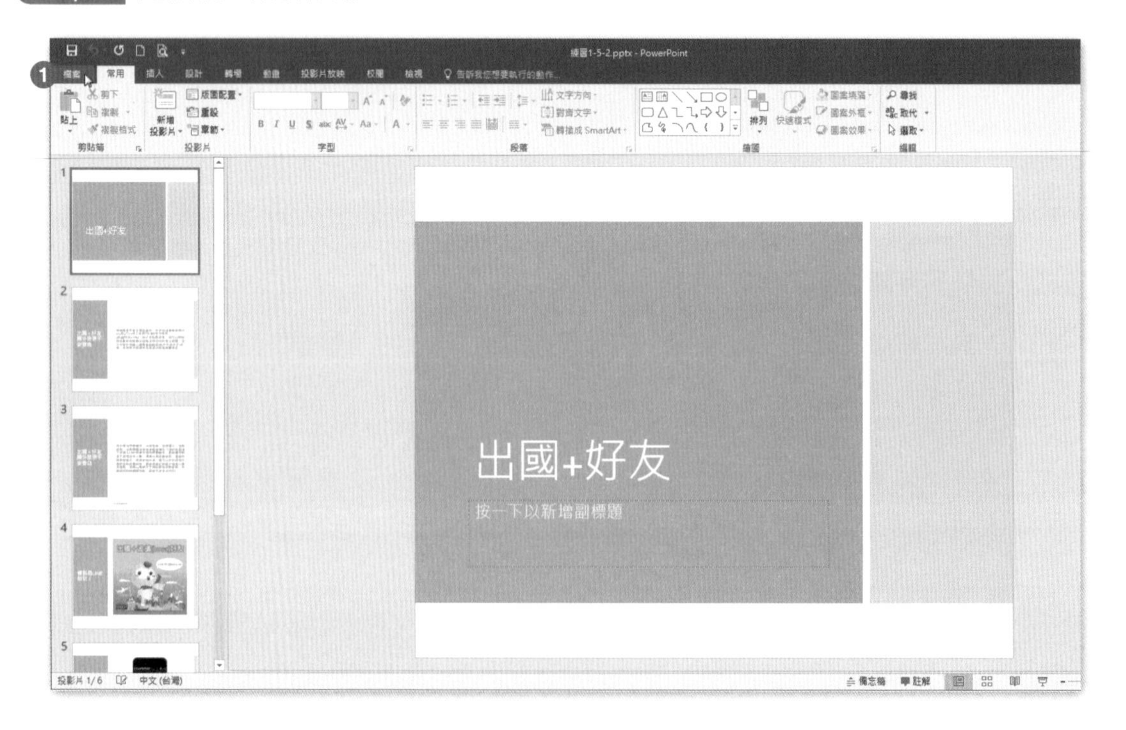

Step.3 點按**匯出 \ 建立 PDF/XPS 文件 \ 建立 PDF/XPS**。

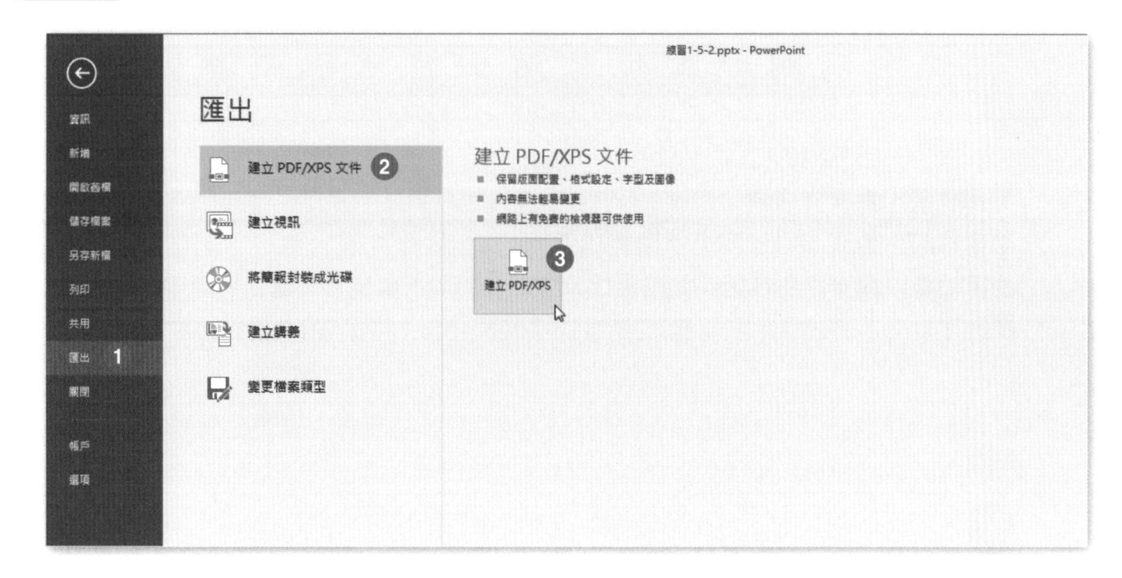

Step.4 在**發佈成 PDF 或 XPS** 視窗中，選擇「文件」資料夾，輸入檔案名稱「出國加好友」並按下**發佈**按鈕。

實作練習

學習難易：★★☆☆☆

學習目的：將檔案儲存成不同檔案類型

使用功能：檔案索引標籤 \ 點按匯出 \ 建立 PDF/XPS 文件 \ 建立 PDF/XPS

開啟【文件】資料夾 \ 第 1 章練習檔 \「P1-5.pptx」完成下列操作步驟：

➤ 將簡報儲存到【文件】資料夾，儲存為 XPS 為檔案類型，檔案名稱為「出國好朋友」。

Step.1 點按**檔案**索引標籤。

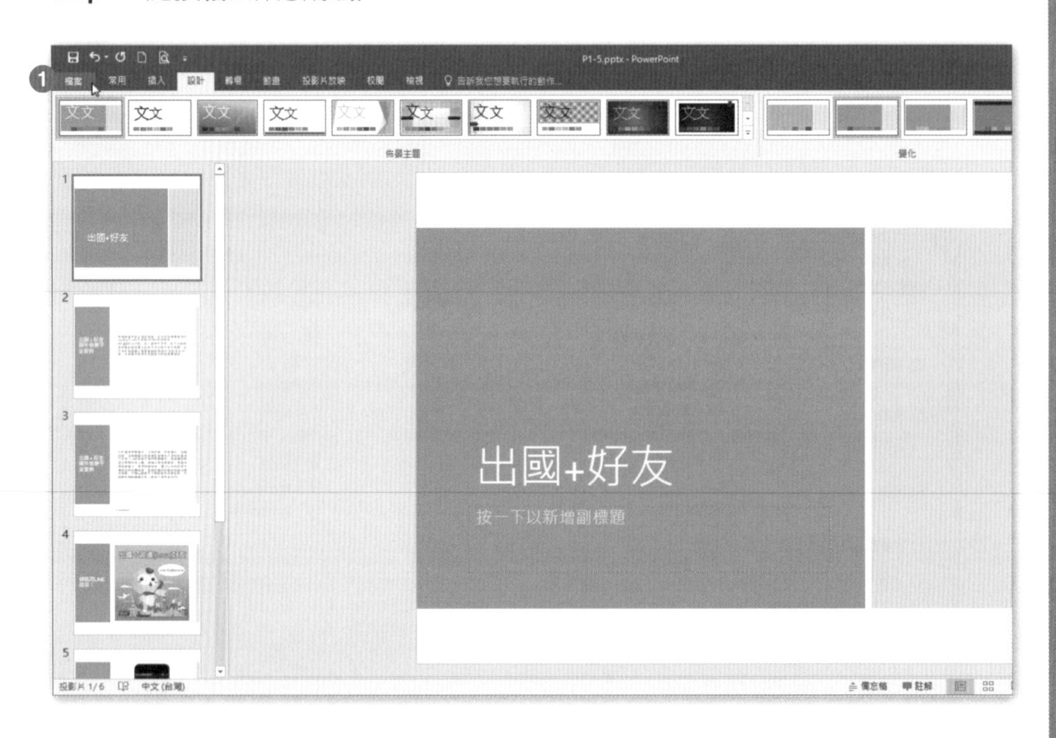

Step.2 點按**匯出 \ 建立 PDF/XPS 文件 \ 建立 PDF/XPS**。

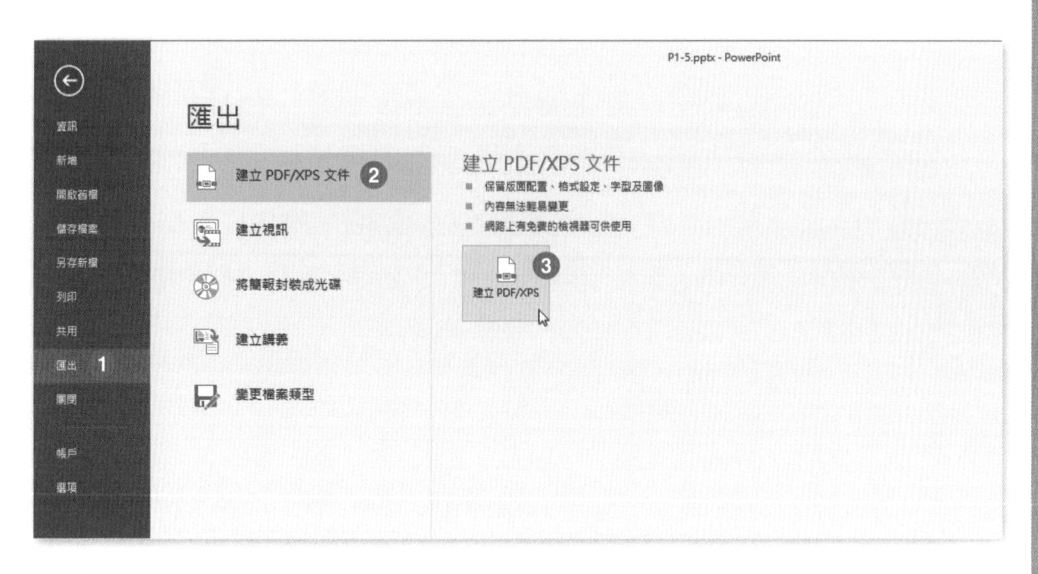

Step.3 在**發佈成 PDF 或 XPS** 視窗中，選擇「文件」資料夾，輸入檔案名稱「出國好朋友」，選擇存檔類型「XPS 文件」，並按下**發佈**按鈕。

NOTE

Chapter 02 設定簡報物件

學習重點

在製作簡報時，繪圖物件及圖片的使用，常常是一張投影片中重要的點睛角色，如何有技巧的使用，是本章的學習重點。而在簡報過程中，想要更清楚有條理的表現數據或條列事項時，表格、SmartArt 圖、圖表的應用，更是傳達資訊時提高張力的幫手。

- 繪圖物件
- 圖片設定
- 表格的使用
- SmartArt 設計
- 圖表的使用

2-1 繪圖物件

PowerPoint 軟體中有內建許多圖案可供使用，若製作簡報時並無法上網搜尋圖片，手邊也沒有合法授權的照片可直接使用時，我們可在圖案中，自行繪製有方向性的線條或箭號圖案，或是增加投影片繽紛感的星星及綵帶圖案。

Step.1 開啟 \【文件】資料夾 \ 第 2 章練習檔 \ 練習 2-1.pptx。

Step.2 點按**插入**索引標籤 \ **圖例** \ **圖案**，從下拉式選單中，選擇**箭號圖案**類別中的**燕尾形向右箭號**。

Step.3 在投影片的中央繪製圖形。

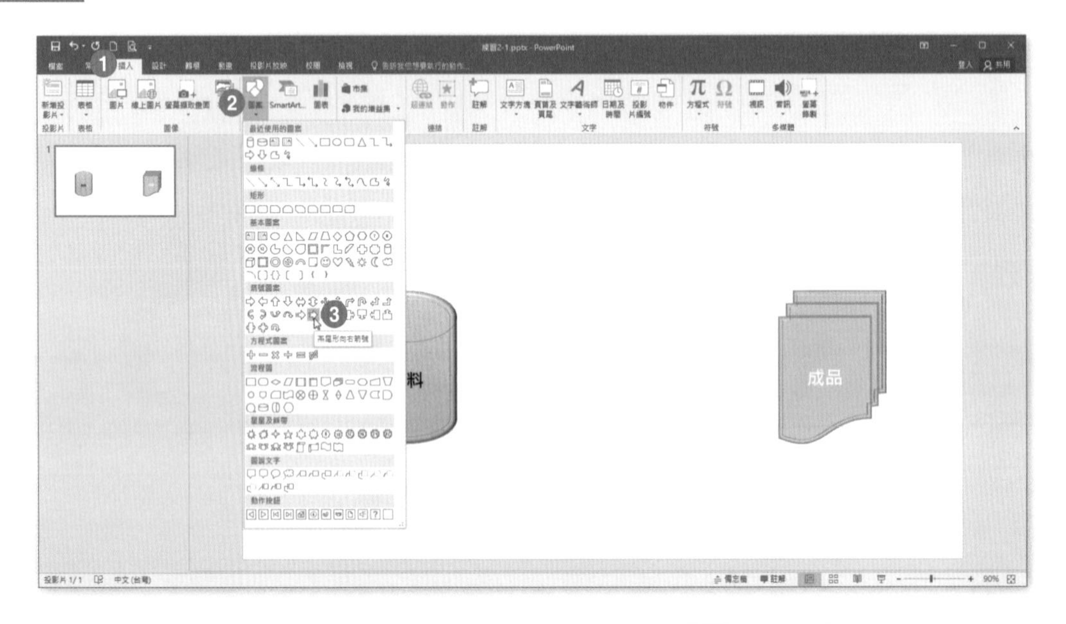

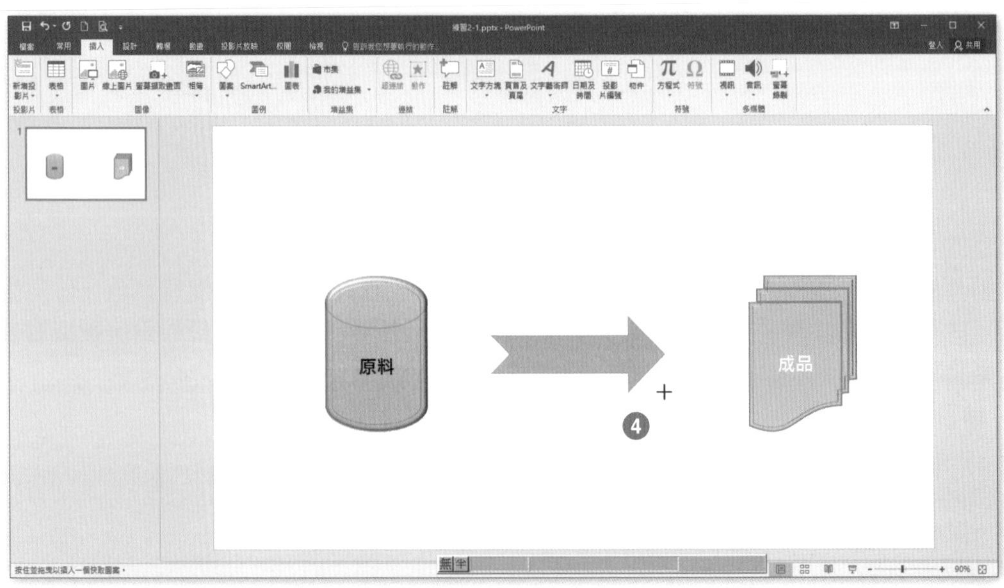

2-1-1 編輯圖案

投影片中原有的圖案若不符合我們想表達的情境，或是不適用目前的內容，不一定要將圖案刪除重新繪製，我們也可以用編輯圖案的方式來變換圖案。

Step.1 開啟 \【文件】資料夾 \ 第 2 章練習檔 \ 練習 2-1-1.pptx。

Step.2 點選投影片中的**燕尾形向右箭號**。

Step.3 點按**繪圖工具 格式**索引標籤 \ **插入圖案** \ **編輯圖案▼** \ **變更圖案**，選擇**箭號圖案**類別中的**向右箭號**。

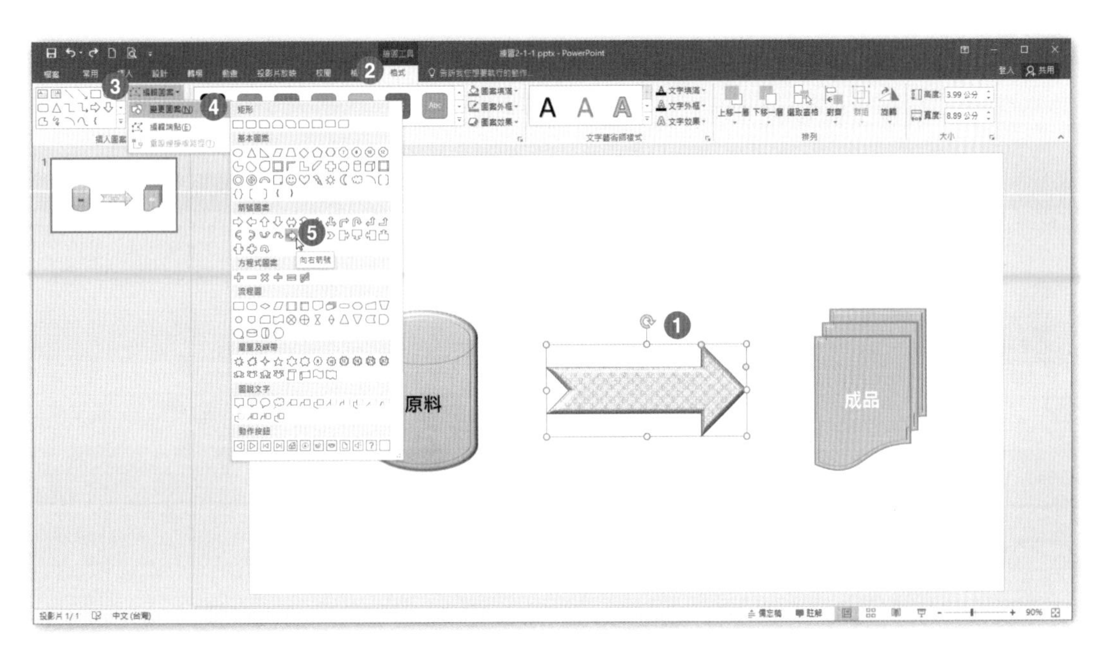

Step.4 完成結果如下圖。

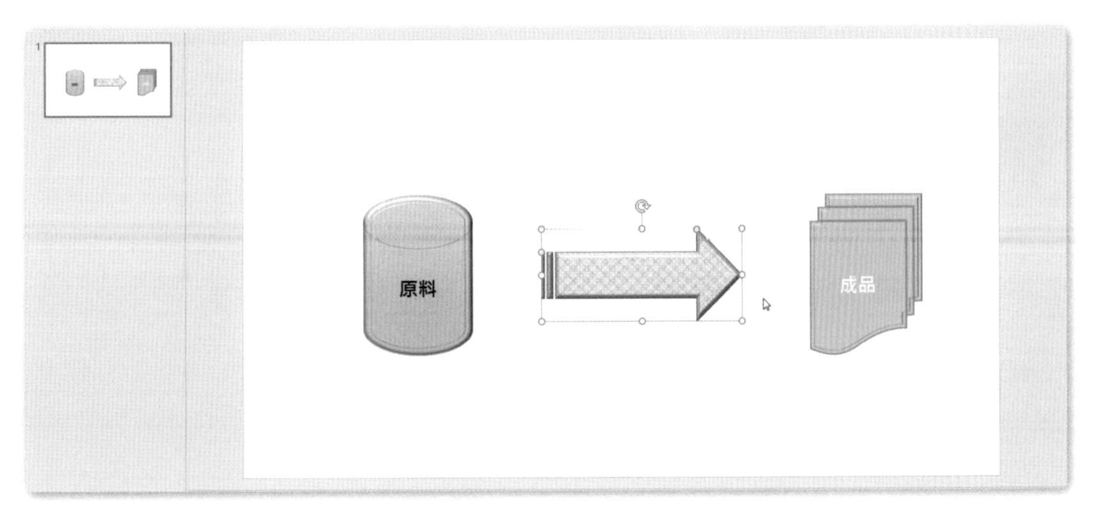

2-1-2 設定圖案樣式

除了繪製圖案及編輯圖案之外，圖案也有許多的樣式可供套用，可對其套用不同的填滿色彩變換，也可以加上外框、甚至使用各種效果，為圖案增添更多元的變化。

事實上，投影片中的標題文字框及內文文字框也都是圖案的一種，同樣的技巧也可以運用在此喔！

Step.1 開啟 \【文件】資料夾 \ 第 2 章練習檔 \ 練習 2-1-2.pptx。

Step.2 在左方投影片縮圖區中，點選第 2 張投影片。

Step.3 點選投影片編輯區中的「太陽」圖案。

Step.4 點按**繪圖工具 格式**索引標籤 \ **圖案樣式** \ **▼ 其他**。

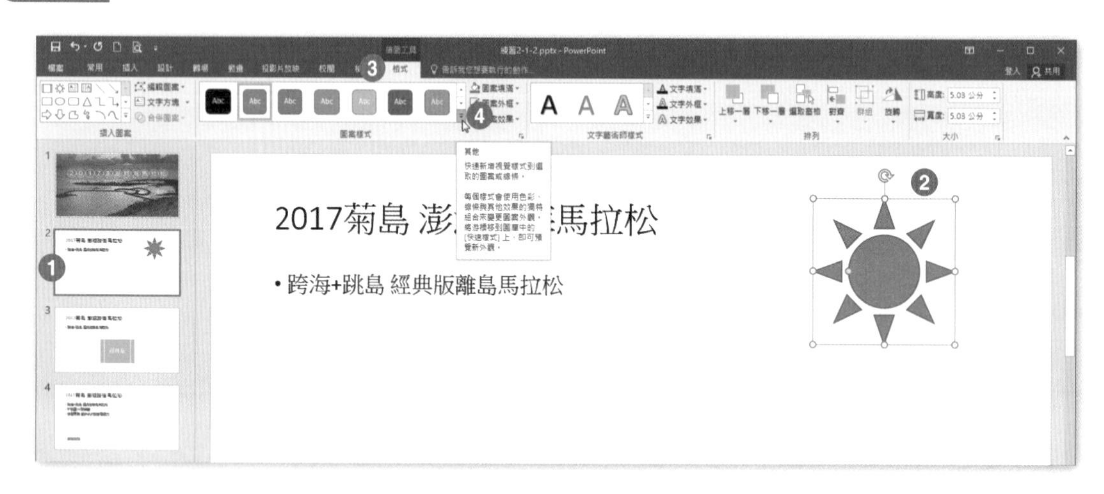

Step.5 選擇「鮮明效果 - 金色，輔色 4」的圖案樣式。

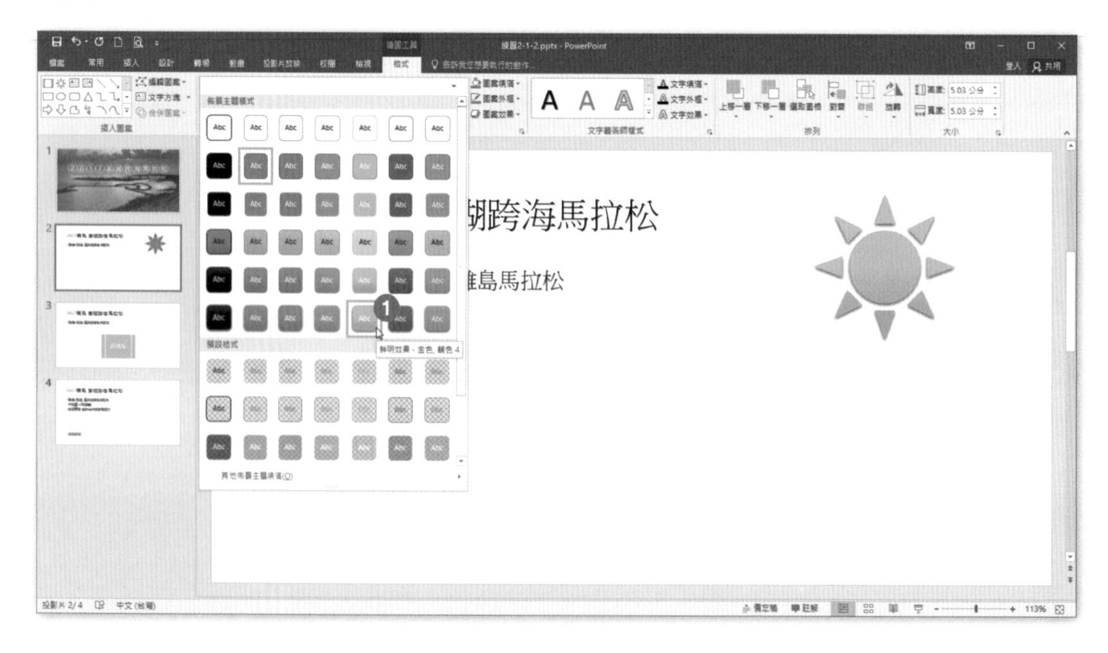

Step.6 點選投影片編輯區中的「標題」文字方塊。

Step.7 點按**繪圖工具 格式**索引標籤 \ **圖案樣式** \ **圖案填滿▼** \ **材質** \ **水滴**。

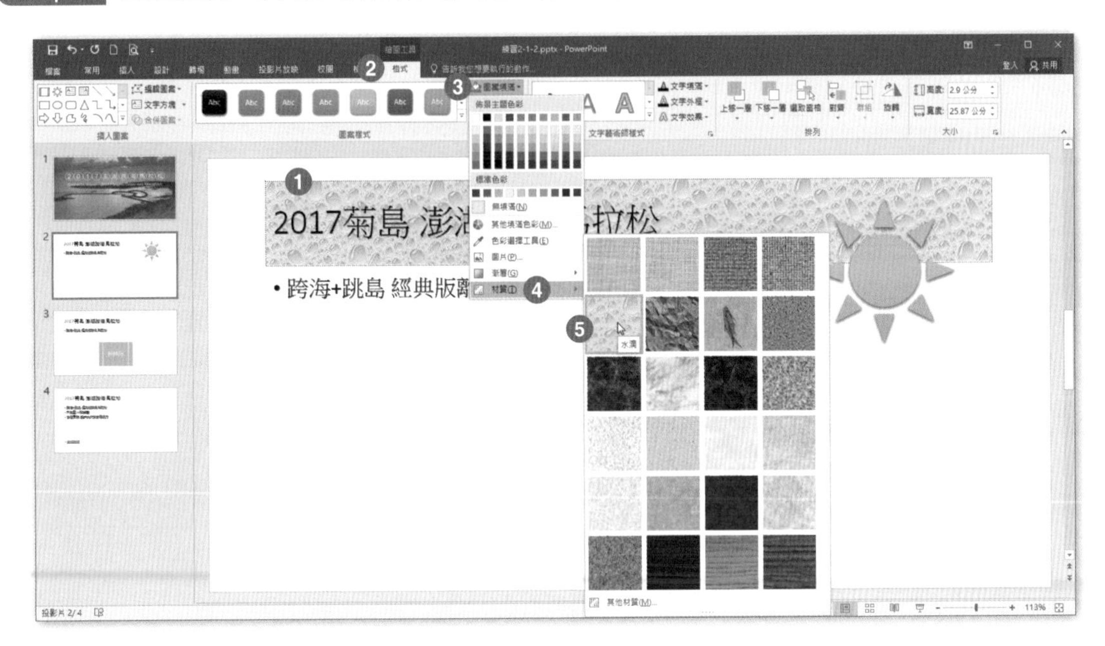

Step.8 在左方投影片縮圖區中，點選第 3 張投影片。

Step.9 點選投影片編輯區中的「經典版」圖案。

Step.10 點按**繪圖工具 格式**索引標籤 \ **圖案樣式** \ **圖案效果▼** \ **陰影** \ **外陰影** \ **右上方對角位移**。

Step.11 完成結果如下圖。

2-1-3 文字藝術師樣式

文字藝術師可以快速地利用特效來凸顯文字，套用不同文字藝術師樣式呈現出不同的文字外觀，以達到輔助演講者說明的效果。

Step.1 開啟 \【文件】資料夾 \ 第 2 章練習檔 \ 練習 2-1-3.pptx。

Step.2 在左方投影片縮圖區中，點選第 4 張投影片。

Step.3 點選標題為「跨海馬拉松」的文字方塊。

Step.4 點按**繪圖工具 格式**索引標籤 \ **文字藝術師樣式** \ **▼ 其他**。

Step.5 選擇「圖樣填滿 – 綠色 , 輔色 3, 窄水平線 , 內陰影」的文字藝術師樣式。

Step.6 完成結果如下圖。

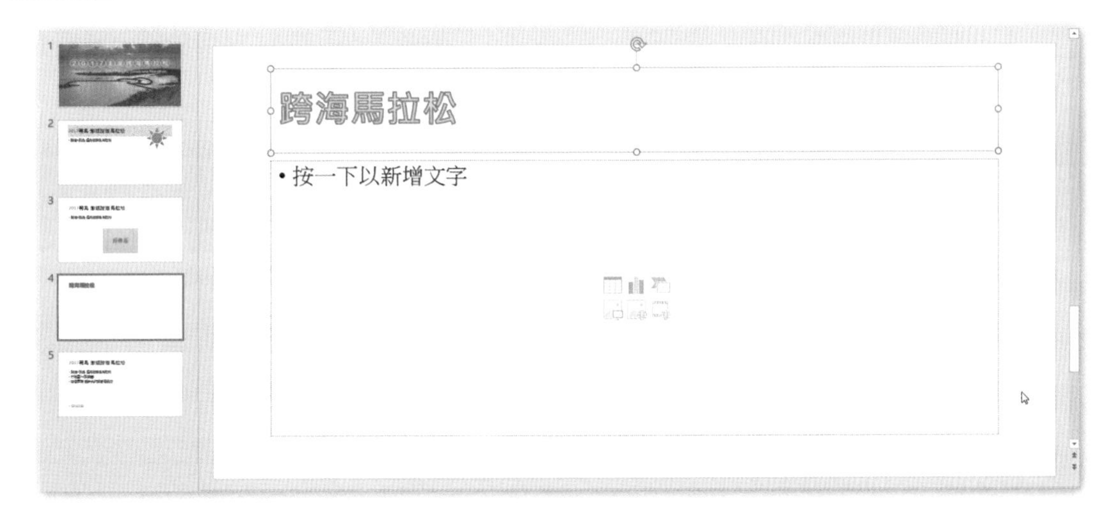

2-1-4 選取窗格

在面對投影片中大量的繪圖物件時，使用選取窗格，可幫助我們清楚所有物件的上下順序，也可以暫時隱藏某些物件，使得我們在編輯版面時更為順暢。

Step.1 開啟 \【文件】資料夾 \ 第 2 章練習檔 \ 練習 2-1-4.pptx。

Step.2 在左方投影片縮圖區中，點選第 4 張投影片。

Step.3 點選投影片編輯區中的「弧形箭號 (下彎)」圖案。

Step.4 點按**繪圖工具 格式**索引標籤 \ **排列** \ **選取窗格**。

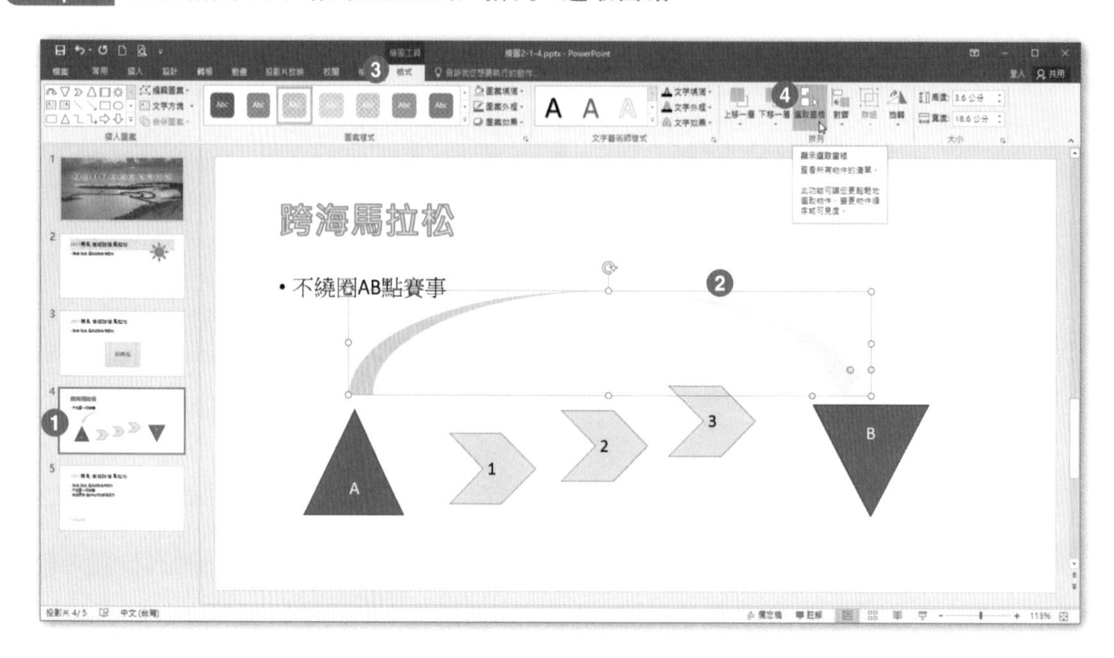

Step.5 在右方**選取範圍**視窗中，點選最上方圖案「弧形箭號 (下彎)」後方的顯示圖示 (眼睛圖示)。

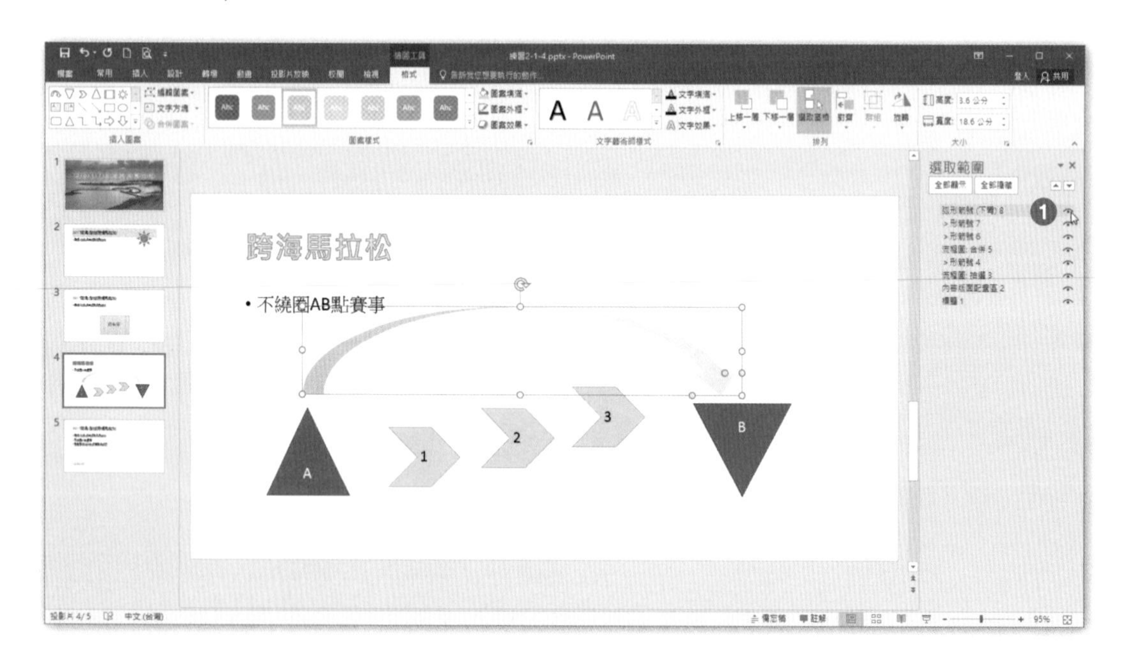

Step.6 完成結果如下圖。

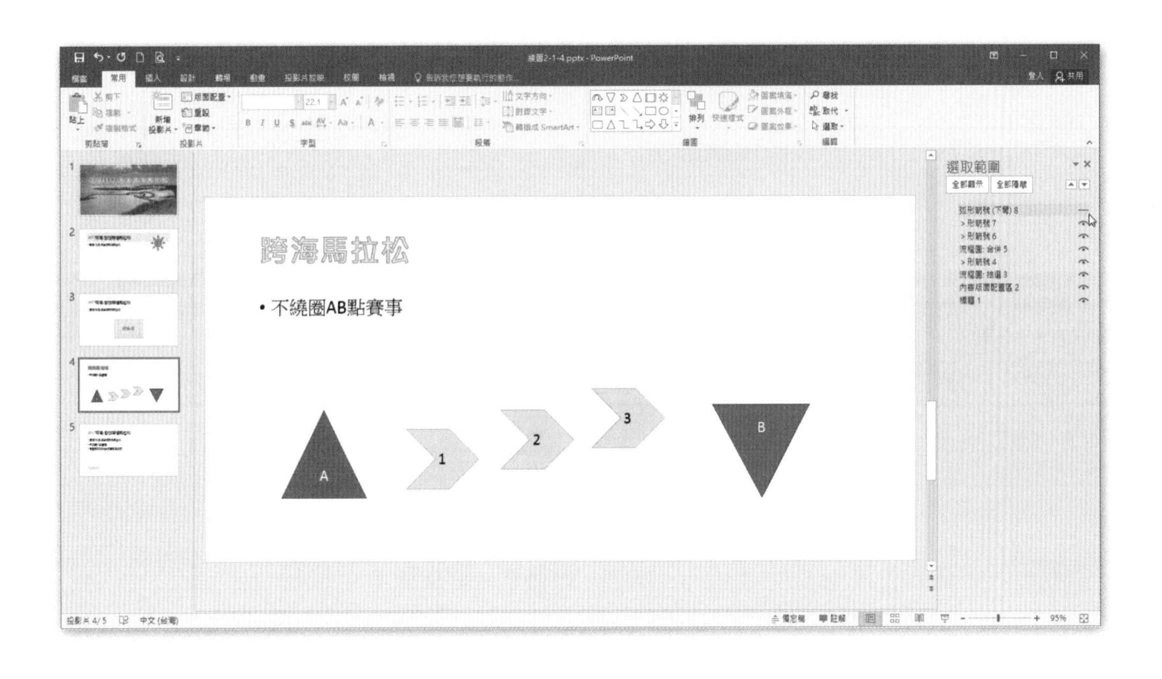

2-1-5 排列與對齊

在一張投影片中若有多個繪圖物件，要以手動調整的方式對齊所有物件，是相當困難的一件事，此時可以使用對齊功能，就能快速完成圖案的擺設。

Step.1 開啟 \【文件】資料夾 \ 第 2 章練習檔 \ 練習 2-1-5.pptx。

Step.2 在左方投影片縮圖區中，點選第 4 張投影片。

Step.3 在投影片編輯區外，按住滑鼠左鍵拖曳出一個矩形的大小，以覆蓋住所有圖案，選取到所有的圖案。

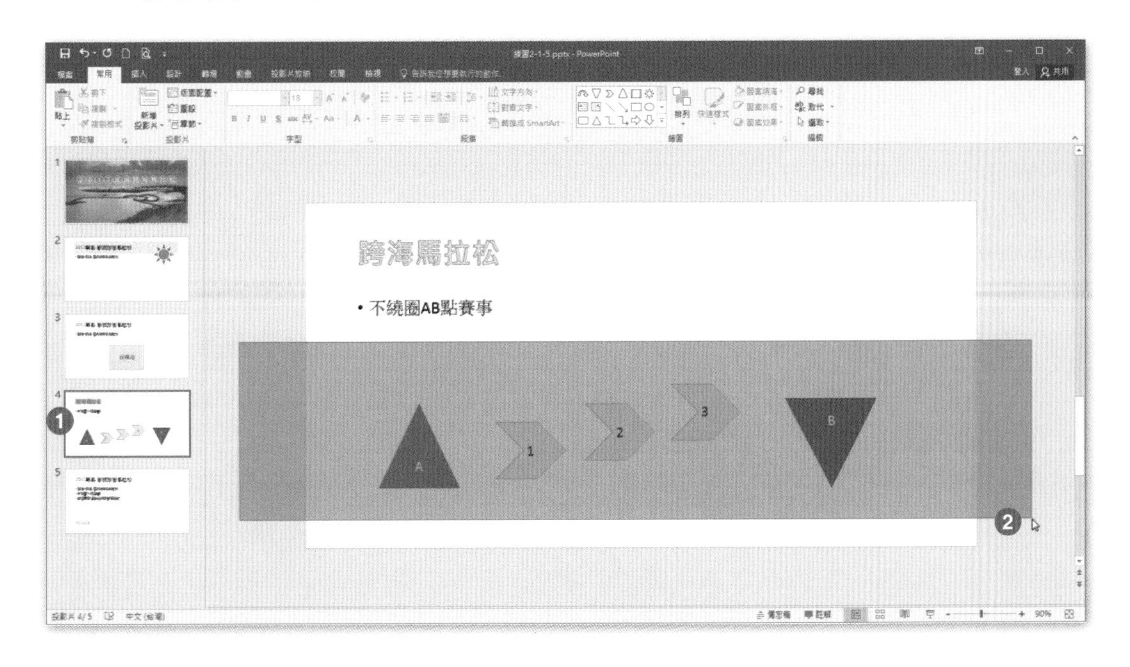

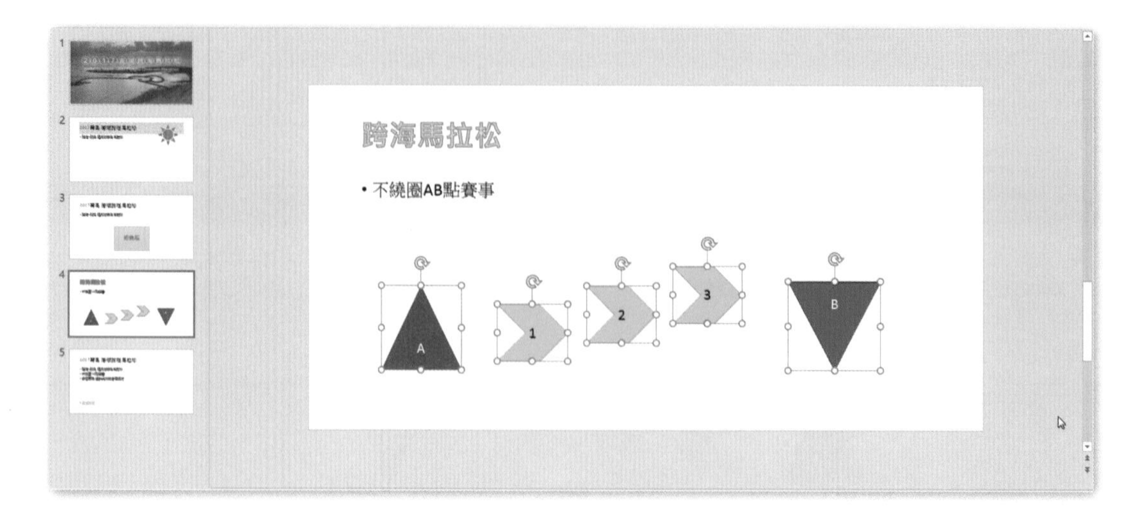

Step.4 點按**繪圖工具 格式**索引標籤 \ **排列** \ **對齊▼** \ **垂直置中**。

Step.5 完成結果如下圖。

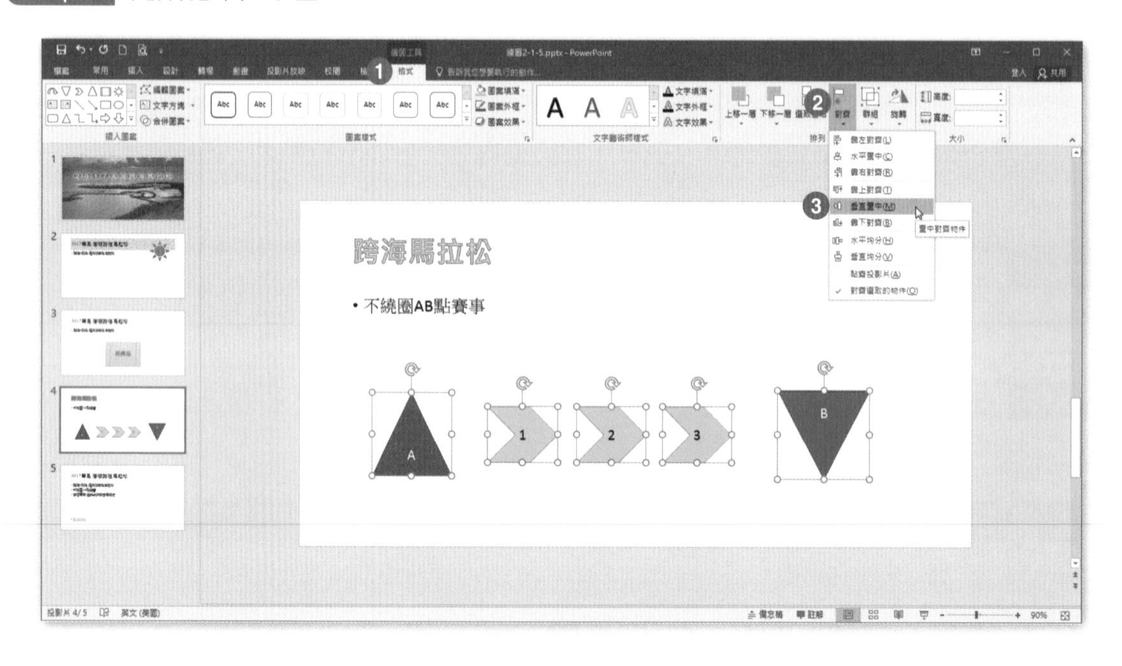

2-1-6 群組使用

當一張投影片中有多個圖案，而圖案彼此之間有相關性，且已經擺放在適合的位置時，我們可以將這些物件組成群組。之後若想移動擺放的位置，被群組的物件可以同時一起移動，如果是想更換圖案樣式或效果，也能同時一起更改。

Step.1 開啟 \【文件】資料夾 \ 第 2 章練習檔 \ 練習 2-1-6.pptx。

Step.2 在左方投影片縮圖區中，點選第 4 張投影片。

Step.3 在投影片編輯區外，按住滑鼠左鍵拖曳出一個矩形的大小，以覆蓋住所有圖案，選取到所有的圖案。

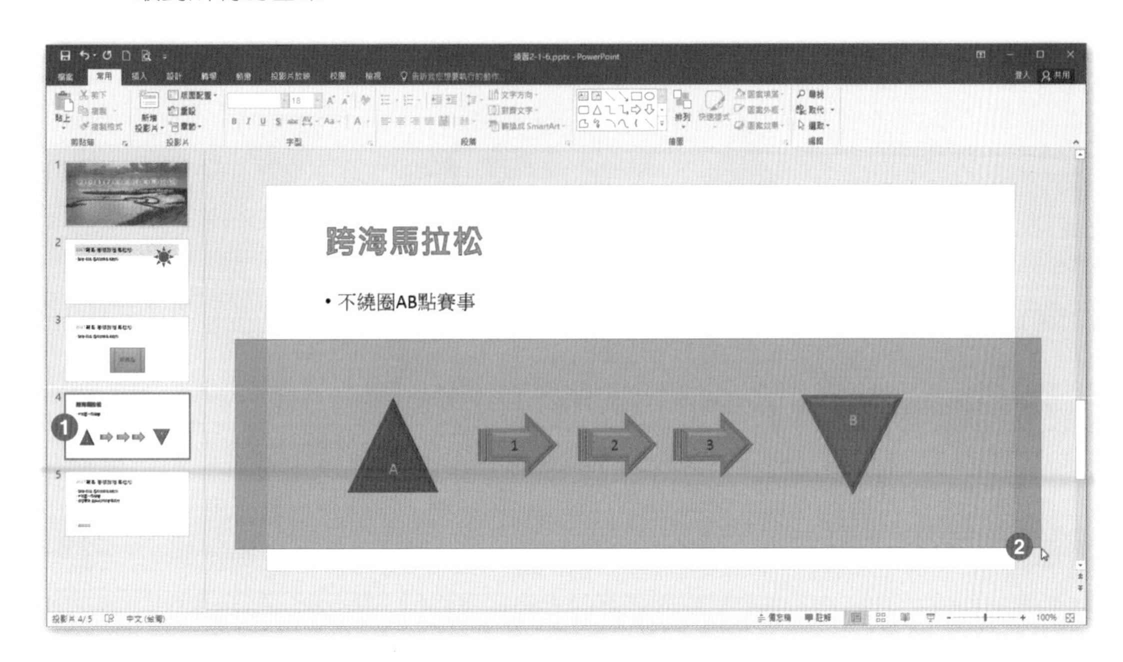

Step.4 點按**繪圖工具 格式**索引標籤 \ **排列** \ **群組▼** \ **組成群組**。

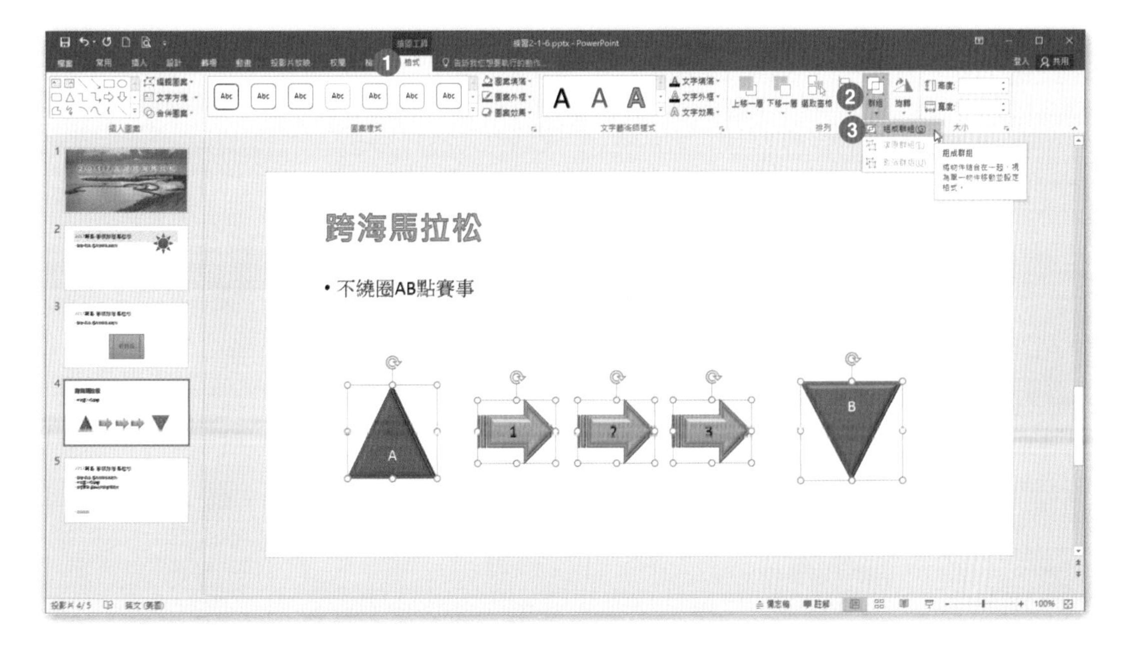

Step.5 完成結果如下圖。

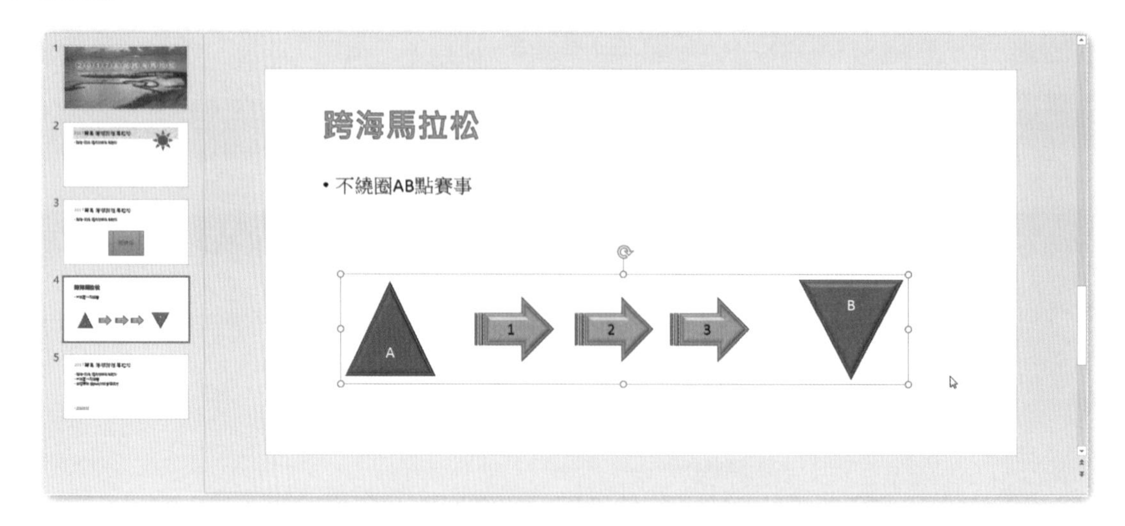

2-1-7 上下層順序設定

繪圖物件因為放入投影片的先後順序不同，因此在圖層的上下層次也會有異，比較晚放入的圖案會在比較早放入的圖案之上。而圖案若有重疊時，比較晚放入的圖案就會遮住比較早放入的圖案，若想呈現的上下層次和放入圖案的先後並不相同，則可以利用上移或下移的功能來更改。

Step.1 開啟 \【文件】資料夾 \ 第 2 章練習檔 \ 練習 2-1-7.pptx。

Step.2 在左方投影片縮圖區中，點選第 4 張投影片。

Step.3 點選投影片編輯區中的「雙波浪」圖案。

Step.4 點按**繪圖工具 格式**索引標籤 \ **排列** \ **選取窗格**。

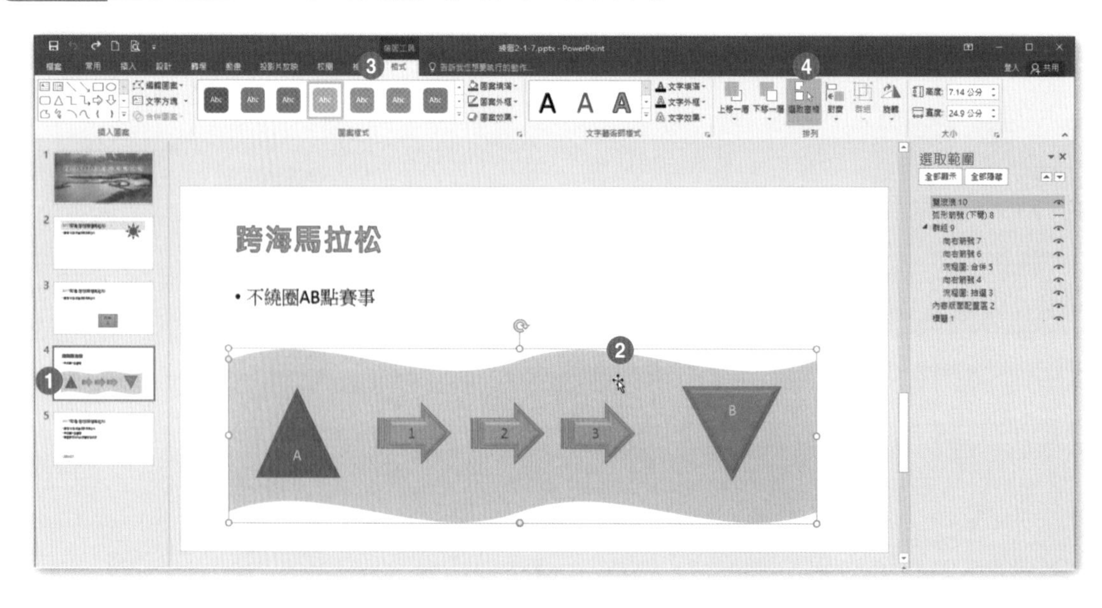

Step.5 在右方**選取範圍**視窗中，多次點按**下移一層**的按鈕，使得「雙波浪」圖案移至最下層。

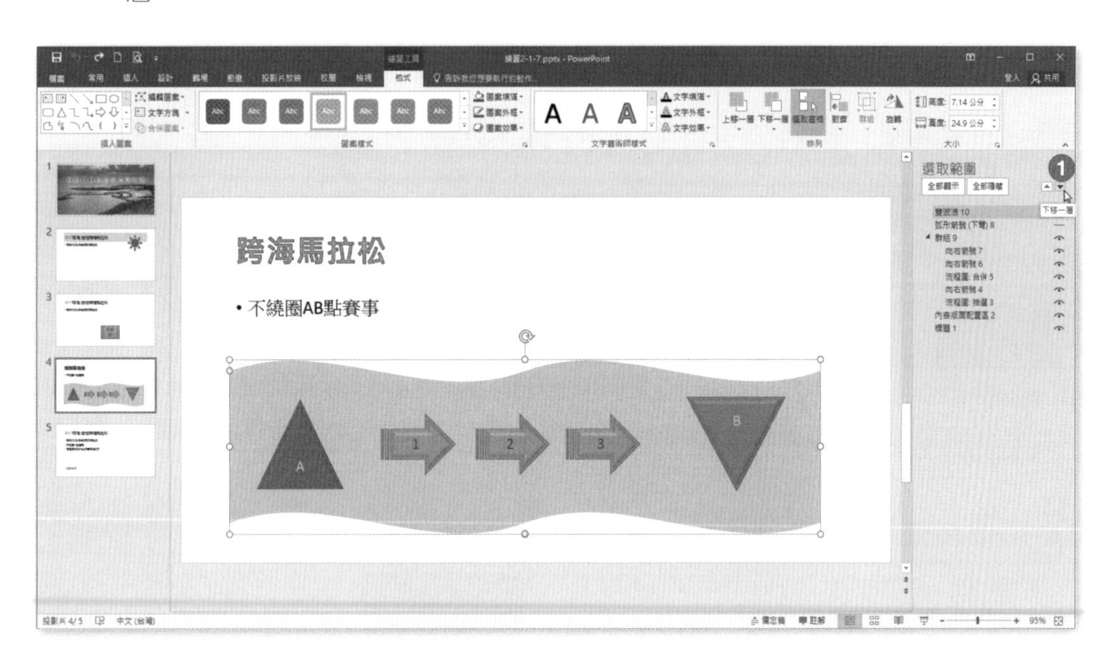

Step.6 完成結果如下圖。

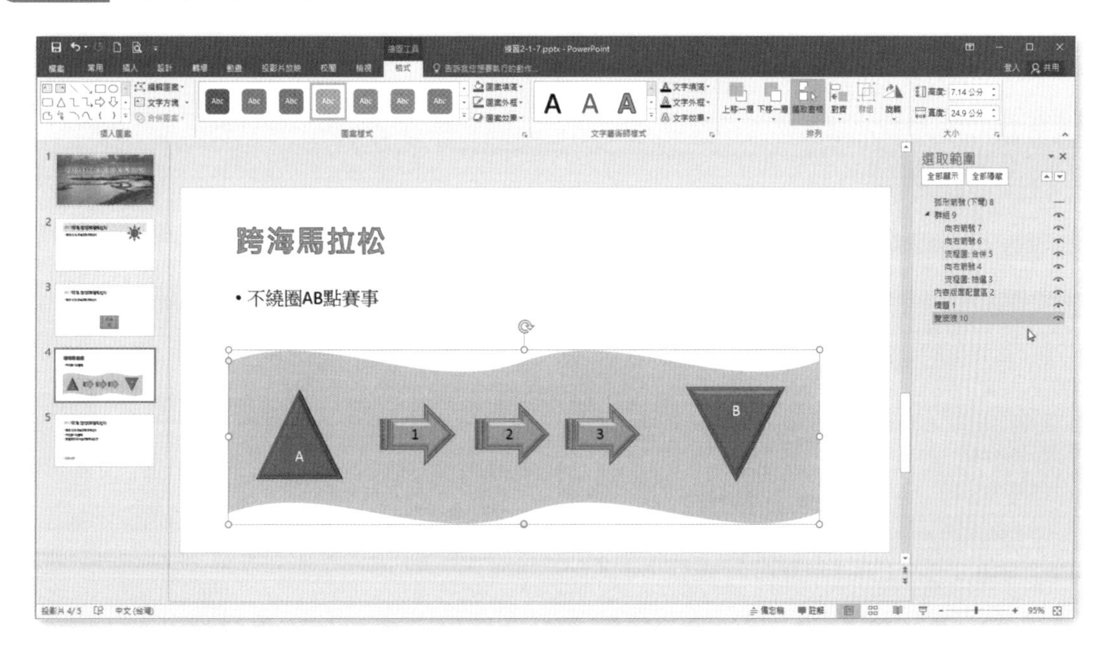

2-1-8 大小設定

繪圖物件的大小預設是沒有鎖定長寬比的，若想使用控點來更改大小，就無法等比縮放，需要先使用鎖定長寬比的功能後，才能等比縮放。

Step.1 開啟 \【文件】資料夾 \ 第 2 章練習檔 \ 練習 2-1-8.pptx。

Step.2 在左方投影片縮圖區中，點選第 3 張投影片。

Step.3 點選投影片編輯區中的「經典版」圖案。

Step.4 點按**繪圖工具 格式**索引標籤 \ **大小** \ **大小及位置** 對話方塊。

Step.5 在右方**設定圖案格式**視窗中，先勾選 ☑ **鎖定長寬比**，再設定**調整高度**：200%、**調整寬度**：200%。

Step.6 完成結果如下圖。

實作練習

學習難易：★★★☆☆

學習目的：將圖案套用樣式及效果設定

使用功能：繪圖工具 格式索引標籤 \ 圖案樣式

開啟【文件】資料夾 \ 第 2 章練習檔 \「P2-1A.pptx」完成下列操作步驟：

- 將第 2 張投影片標題「新的開始」套用「輕微效果 – 紅色，輔色 5」的圖案樣式，並變更其圖案外框寬度為「6 點」，再套用「斜面」效果。
- 對第 3 張投影片上的雲朵圖案，套用「右下方對角位移」的外陰影效果，並設定陰影色彩為「淺藍」，陰影大小為「105%」，陰影距離「8pt」。

Step.1 在左方投影片縮圖區中，點選第 2 張投影片。

Step.2 點選投影片編輯區中的標題「新的開始」文字方塊。

Step.3 點按**繪圖工具 格式**索引標籤 \ **圖案樣式** \ **▼ 其他**。

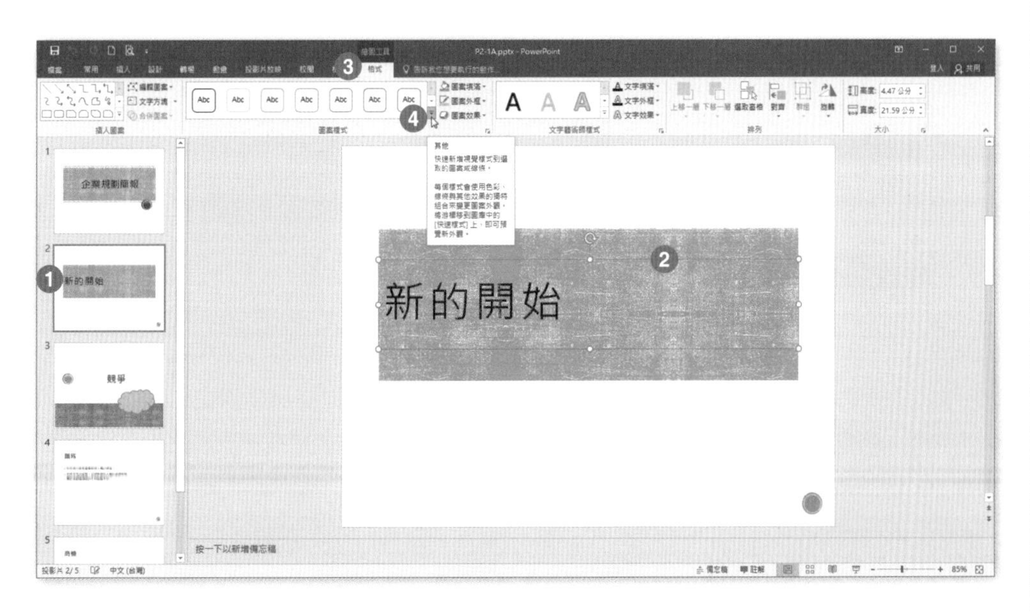

Step.4 選擇「輕微效果 – 紅色 , 輔色 5」的圖案樣式。

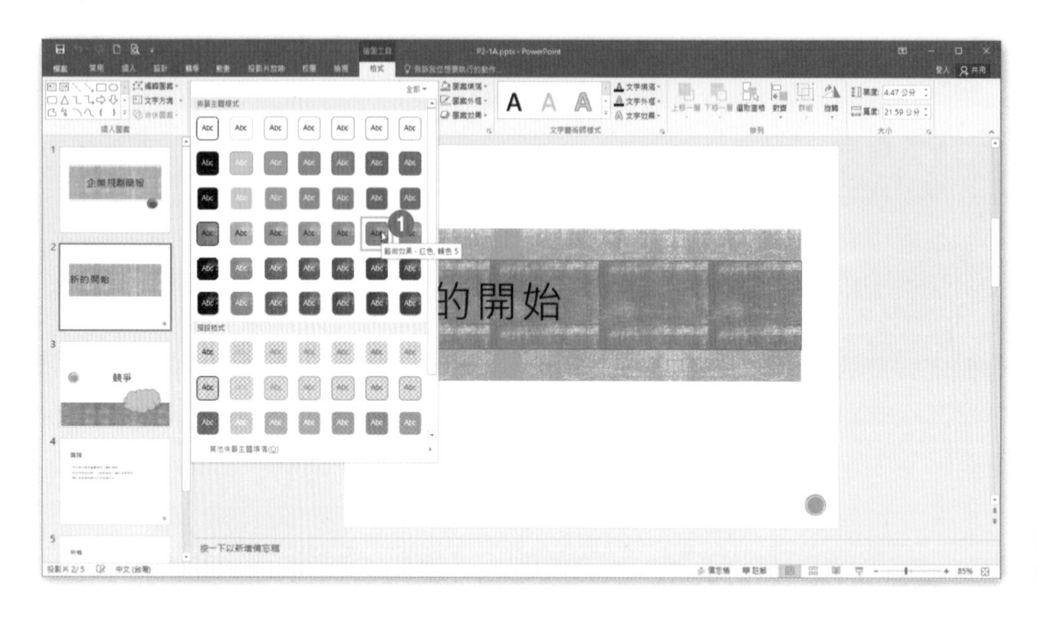

Step.5 點按**繪圖工具 格式**索引標籤 \ **圖案樣式** \ **圖案外框▼** \ **寬度** \6 點。

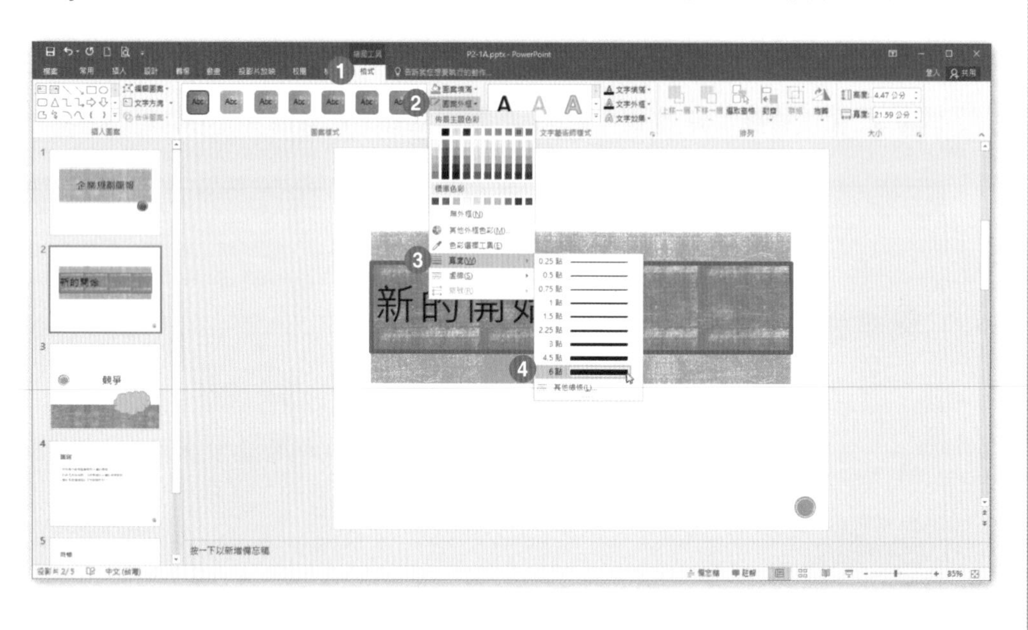

Step.6 點按**繪圖工具 格式**索引標籤 \ **圖案樣式** \ **圖案效果▼** \ **浮凸** \ **斜面**。

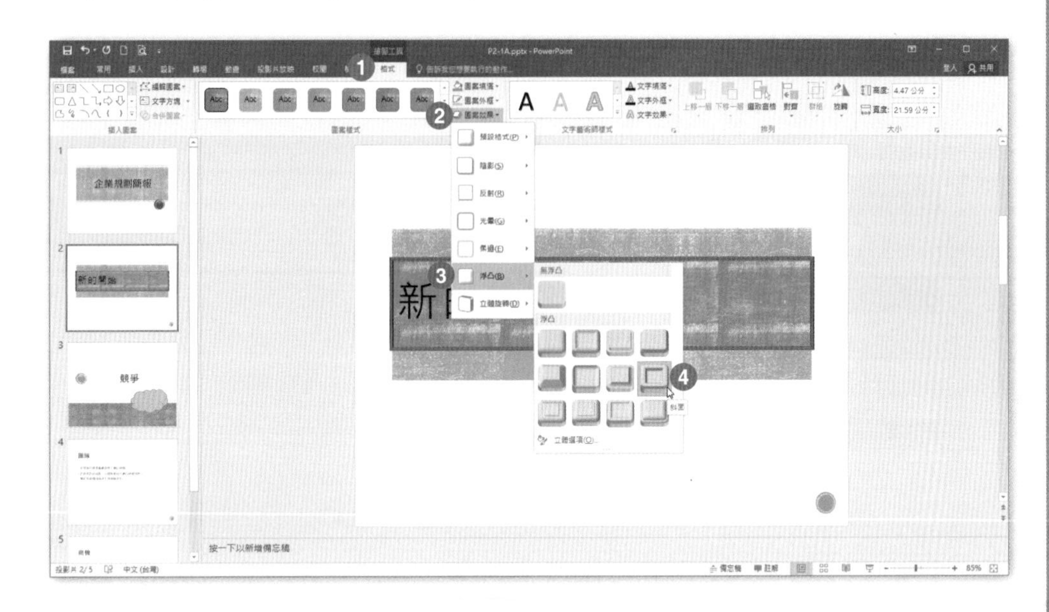

Step.7 在左方投影片縮圖區中，點選第 3 張投影片。

Step.8 點選投影片編輯區中的**雲朵**圖案。

Step.9 點按**繪圖工具 格式**索引標籤 \ **圖案樣式** \ **圖案效果▼** \ **陰影** \ **外陰影** \ **右下方對角位移**。

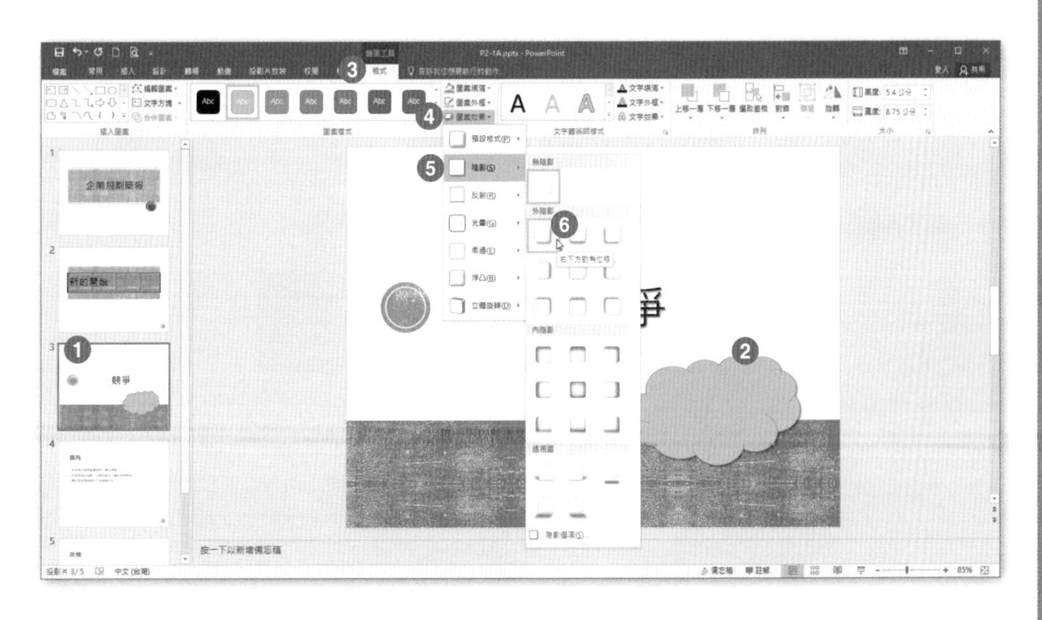

Step.10 點按**繪圖工具 格式**索引標籤 \ **圖案樣式** \ **格式化圖案** 對話方塊。

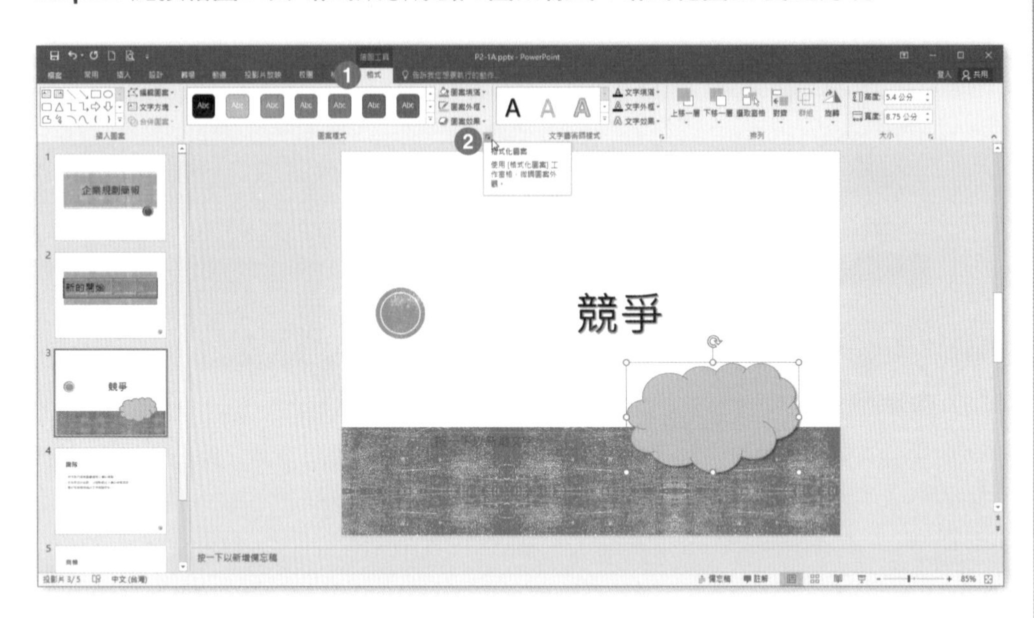

Step.11 在右方**設定圖案格式**視窗中，點按**效果**標籤選項。

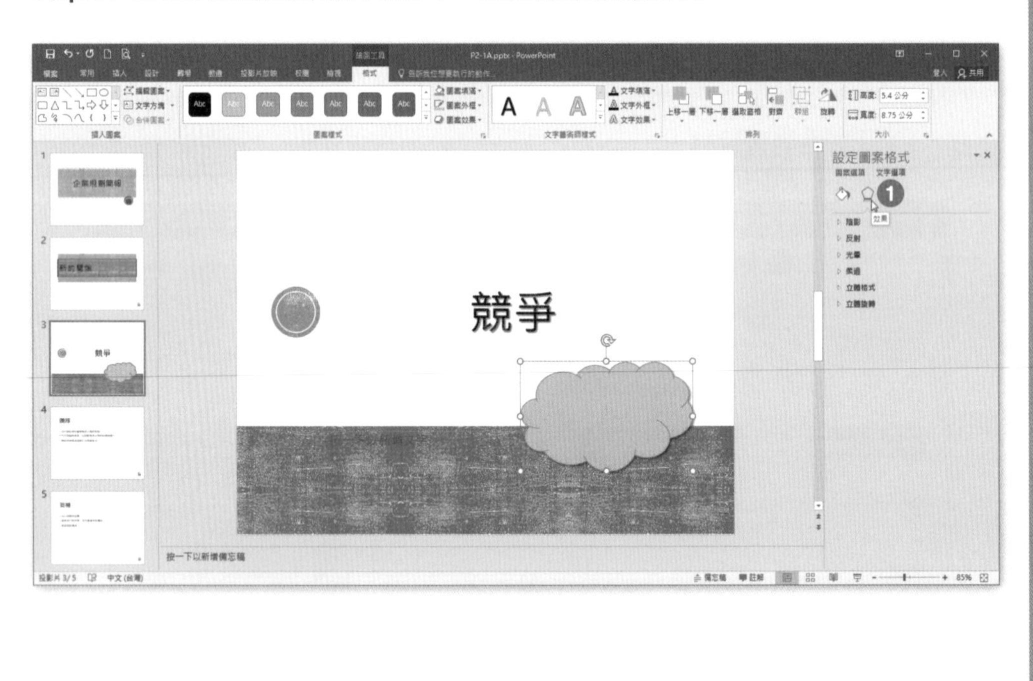

Step.12 在右方**設定圖案格式**視窗中，展開**陰影**類別，選擇色彩「淺藍」。

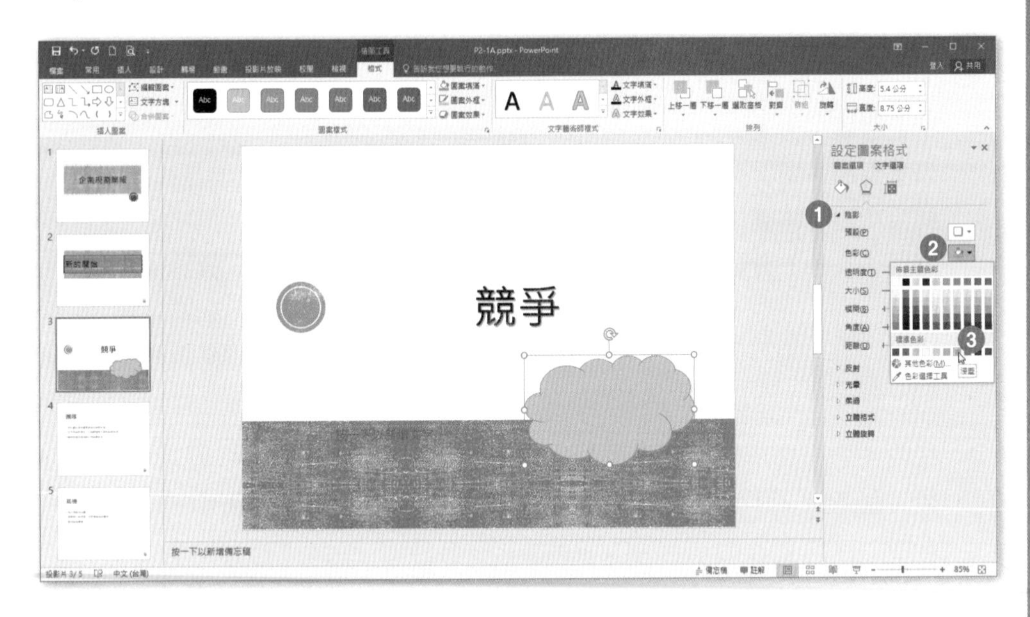

Step.13 在右方**設定圖案格式**視窗中，輸入**大小**：105%、**距離**：8pt。

Step.14 完成結果如下圖。

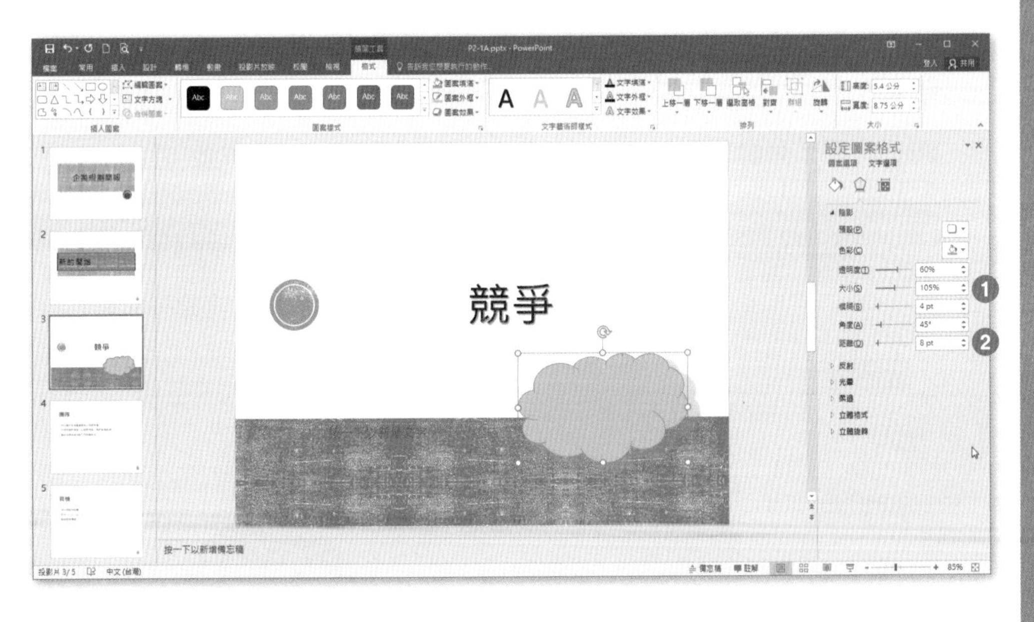

實作練習

學習難易：★★★☆☆

學習目的：學習對齊物件、圖層設定及群組功能，並搭配文字藝術師使用

使用功能：繪圖工具 格式索引標籤 \ 文字藝術師 及 排列

開啟【文件】資料夾 \ 第 2 章練習檔 \「P2-1B.pptx」完成下列操作步驟：

- 將第 3 張投影片標題「競爭」套用「填滿 – 黑色 , 文字 1, 外框 – 背景 1, 強烈陰影 – 輔色 1」的文字藝術師樣式。
- 在第 4 張投影片上，改變圖案的層疊順序，以符合以下順序需求：從最底層到最上層為：「執行人員」、「專案經理」、「管理人員」、「執行長」。
- 在第 5 張投影片上，改變波浪圖案的對齊格式，讓每一個波浪圖案的左邊緣，可以靠左對齊最底端的波浪圖案左邊緣，最後組成群組。

Step.1 在左方投影片縮圖區中，點選第 3 張投影片。

Step.2 點選標題為「競爭」的文字方塊。

Step.3 點按**繪圖工具 格式**索引標籤 \ **文字藝術師樣式 \ ▼ 其他**。

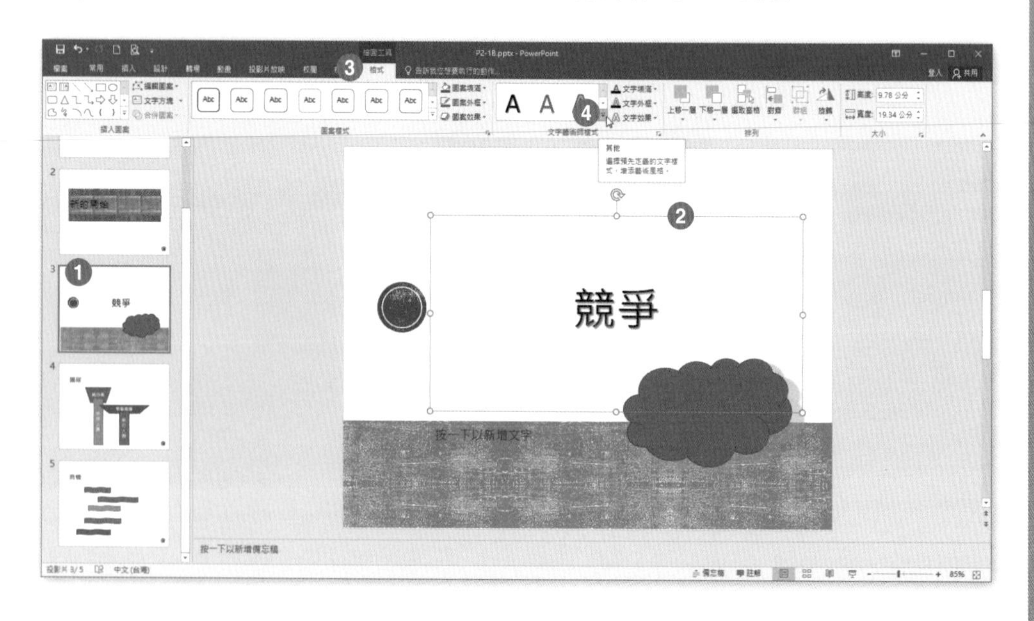

Step.4 選擇「競爭」套用「填滿－黑色，文字 1, 外框－背景 1, 強烈陰影－輔色 1」的文字藝術師樣式。

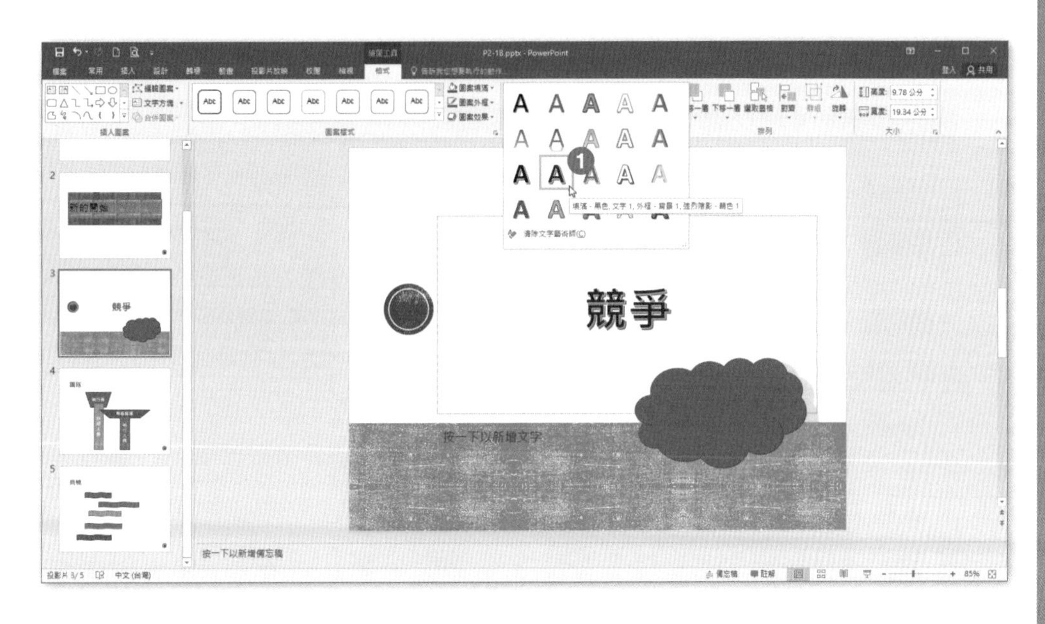

Step.5 在左方投影片縮圖區中，點選第 4 張投影片，點選投影片編輯區中的「執行人員」圖案。

Step.6 點按**繪圖工具 格式**索引標籤 \ **排列** \ **選取窗格**。

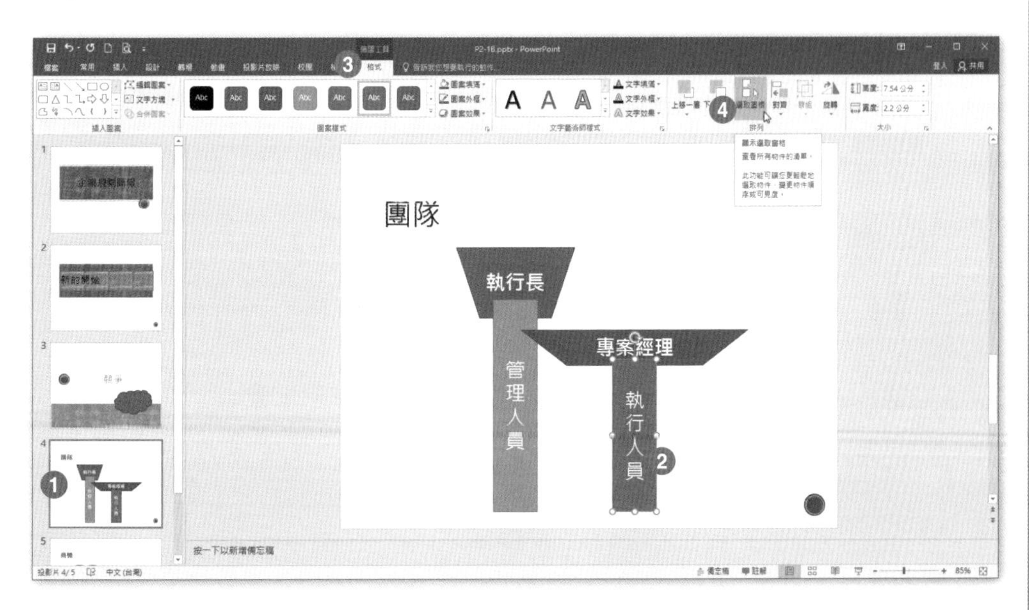

Step.7 點選投影片編輯區中的「執行人員」圖案。

Step.8 在右方**選取範圍**視窗中，點按 3 次**下移一層**的按鈕，使得「執行人員」圖案移至 4 個物件之中的最下層。

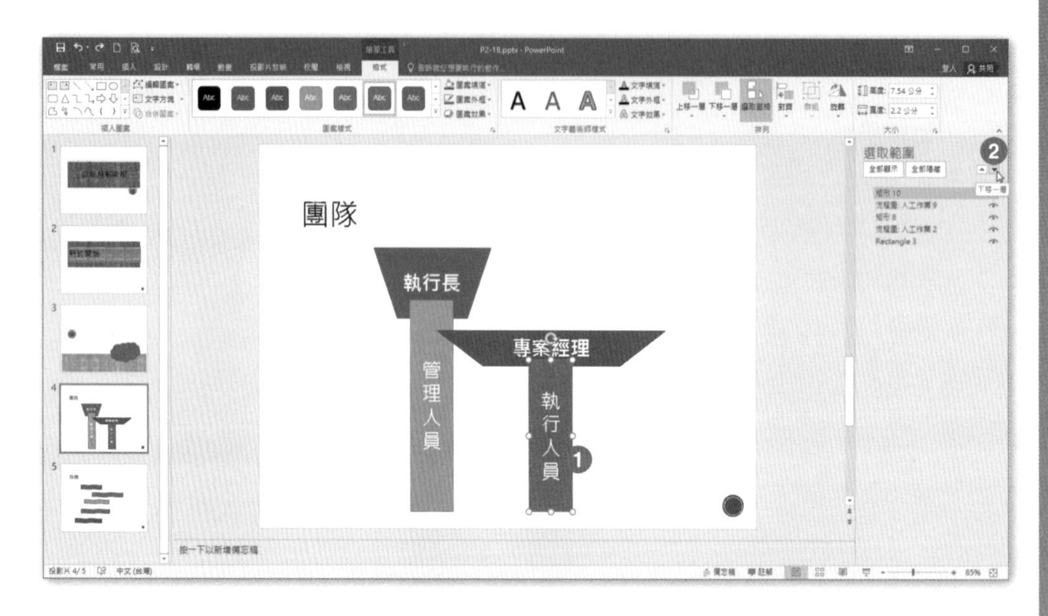

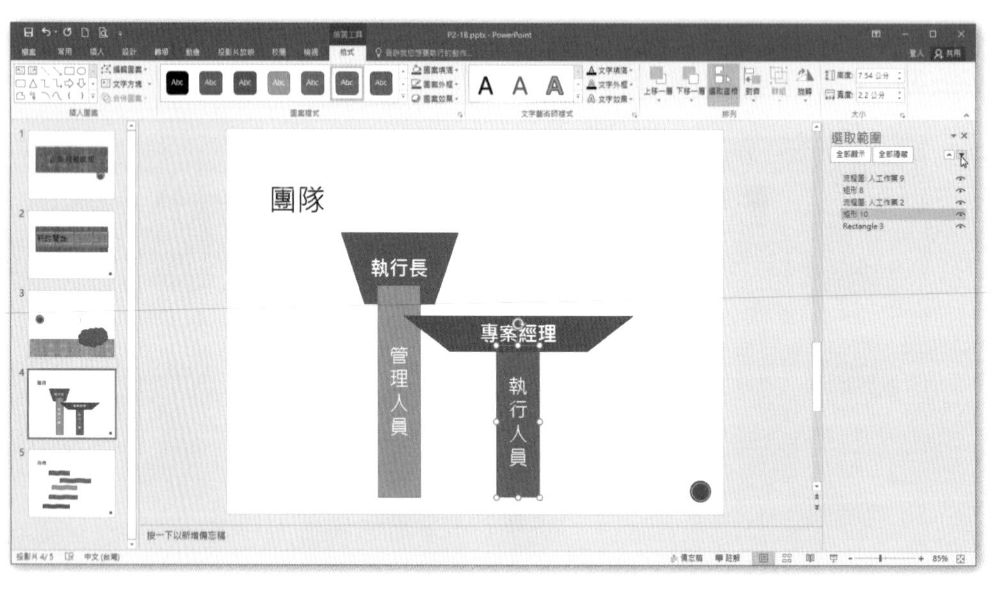

Step.9 點選投影片編輯區中的「專案經理」圖案。

Step.10 在右方**選取範圍**視窗中，點按 2 次**下移一層**的按鈕，使得「專案經理」圖案移至 4 個物件之中的第 3 層。

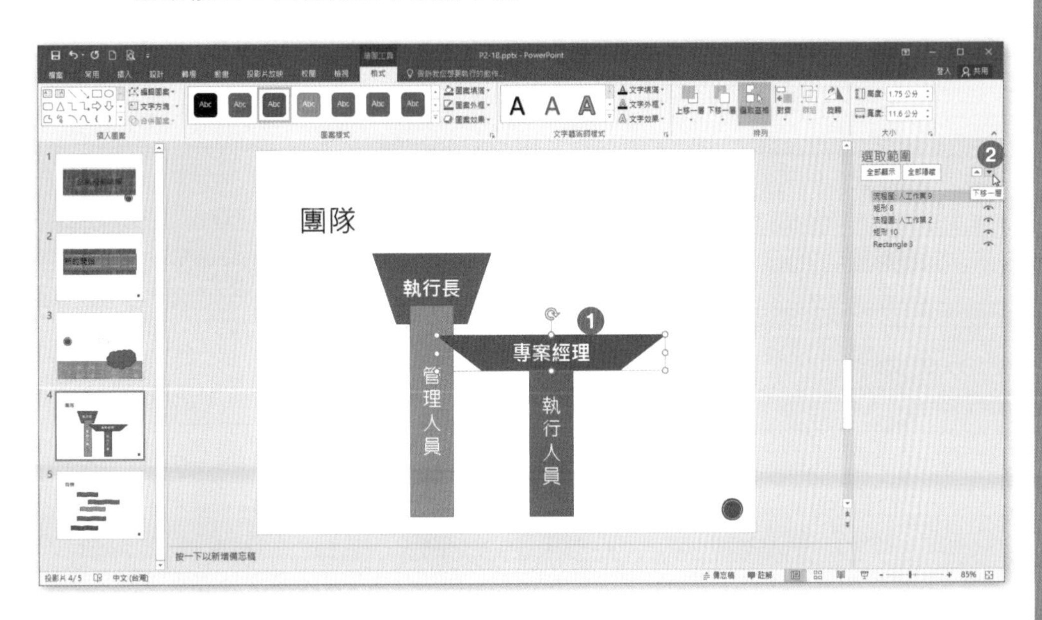

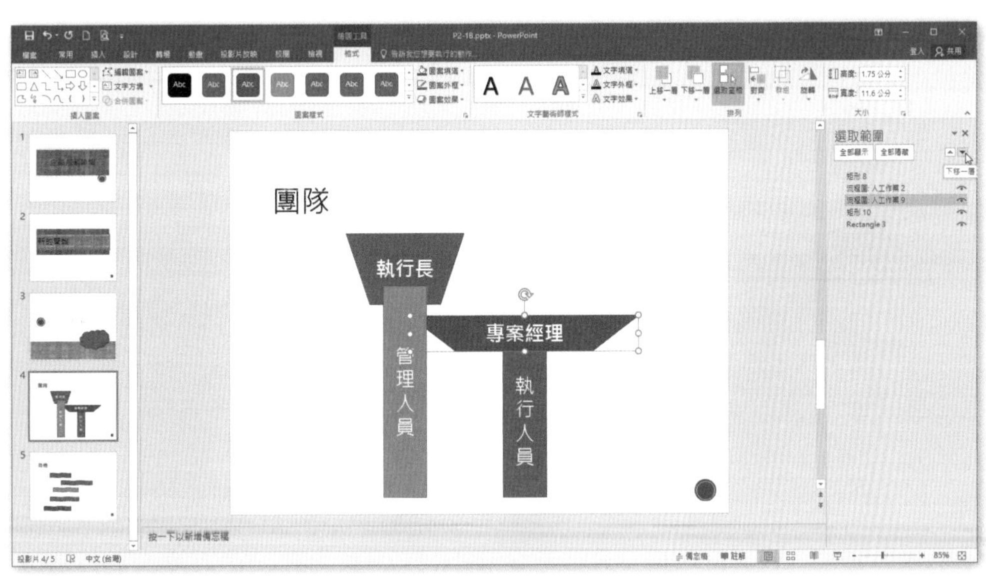

Step.11 點選投影片編輯區中的「管理人員」圖案。

Step.12 在右方**選取範圍**視窗中，點按 1 次**下移一層**的按鈕，使得「管理人員」圖案移至 4 個物件之中的第 2 層。

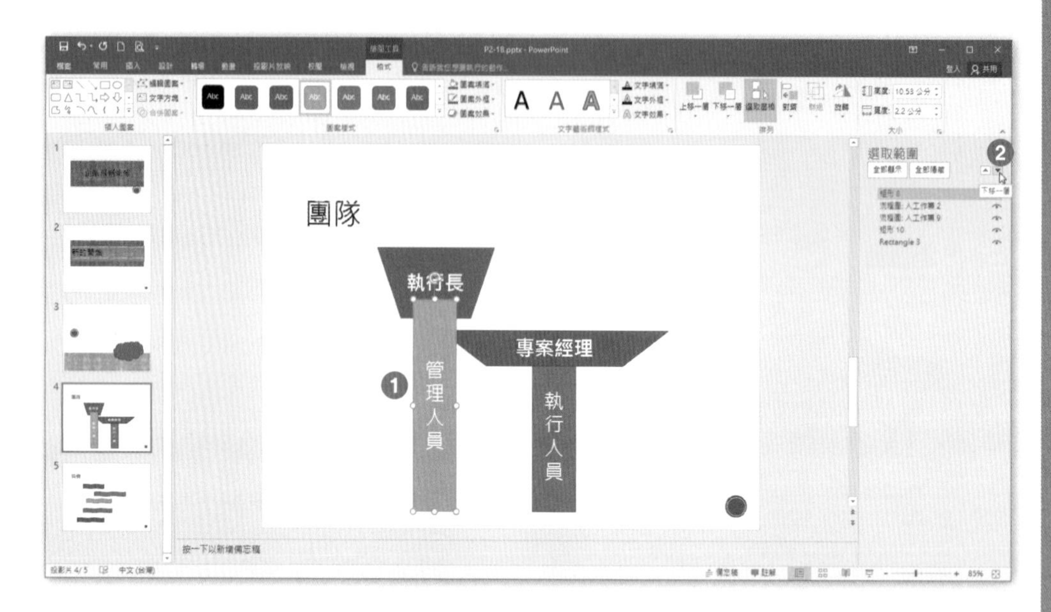

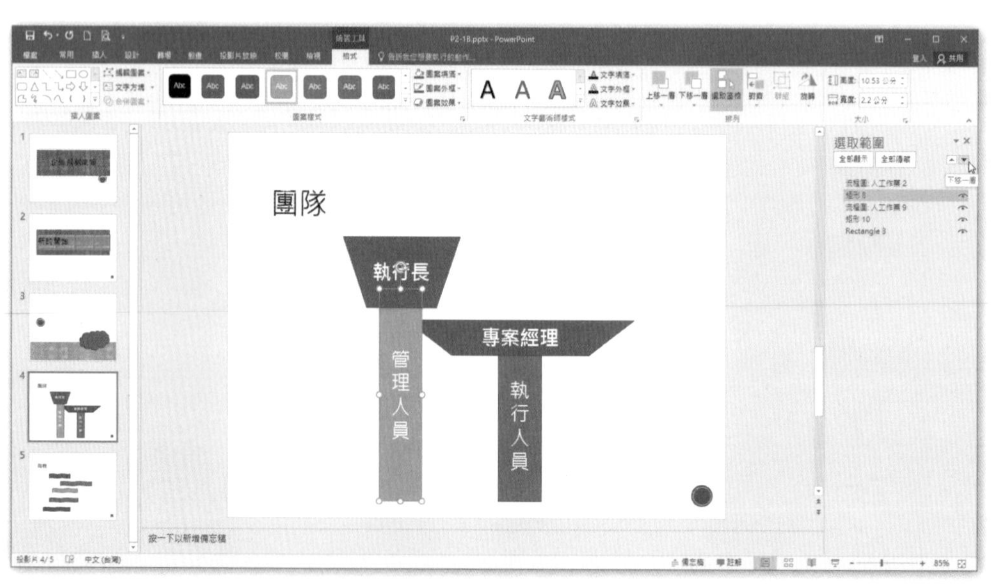

Step.13 在左方投影片縮圖區中，點選第 5 張投影片。

Step.14 在投影片編輯區外，按住滑鼠左鍵拖曳出一個矩形的大小，以覆蓋住所有圖案，選取到所有的圖案。

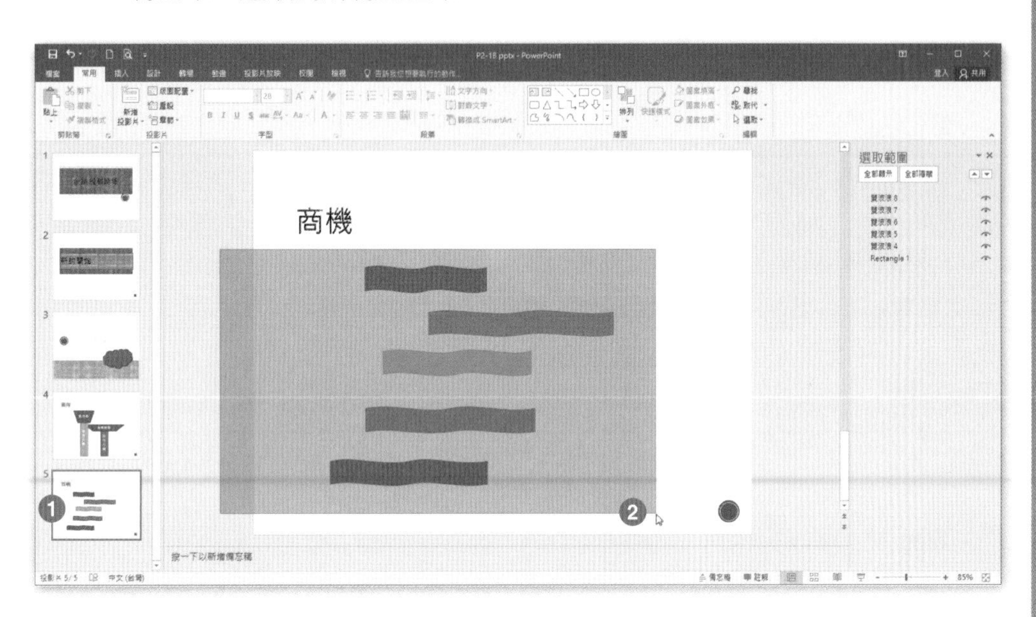

Step.15 點按**繪圖工具 格式**索引標籤 \ **排列** \ **對齊▼** \ **靠左對齊**。

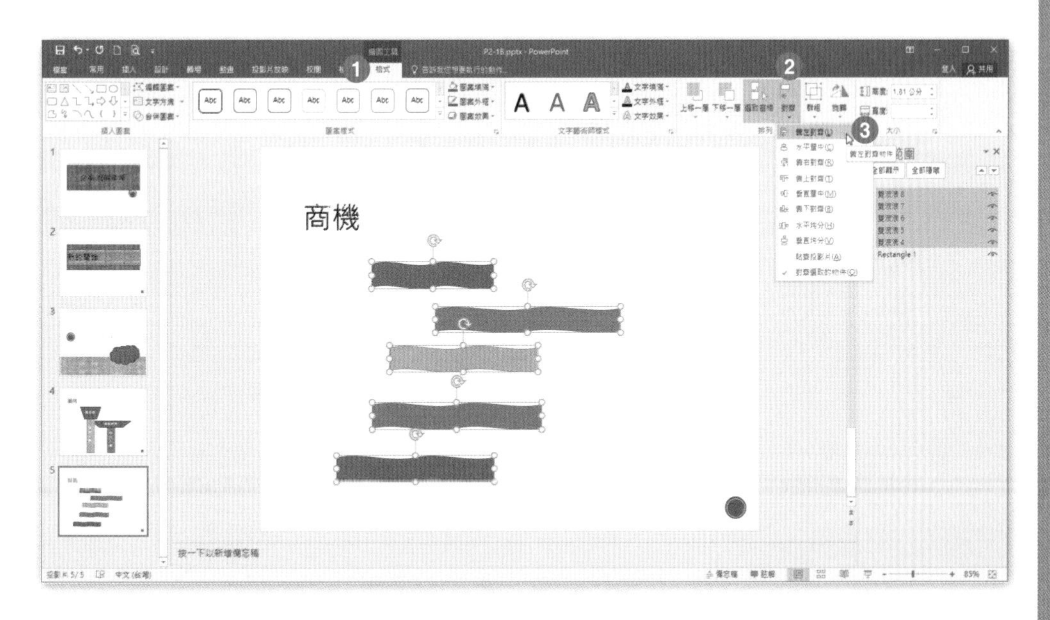

Step.16 點按**繪圖工具 格式**索引標籤 \ **排列** \ **群組▼** \ **組成群組**。

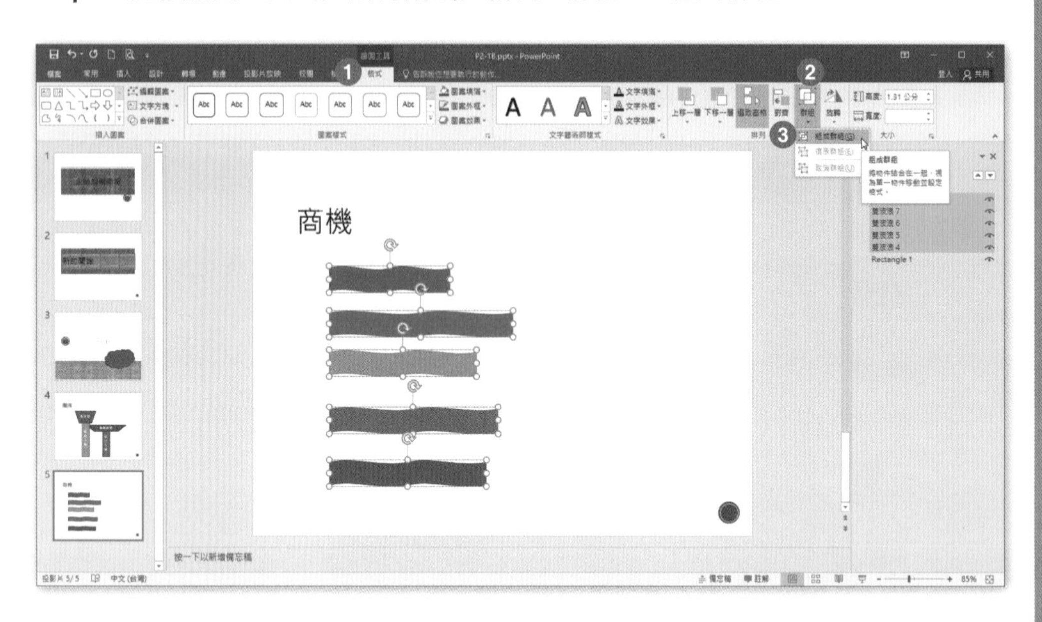

Step.17 完成結果如下圖。

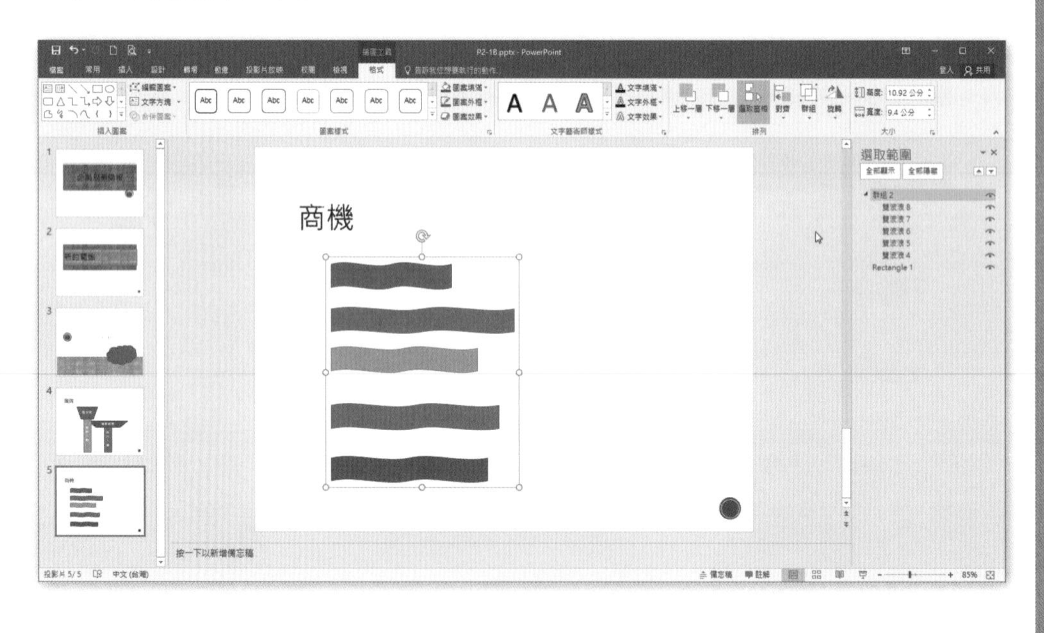

2-2 圖片設定

製作簡報時常會使用圖片，如果能靈活運用圖片的工具，就能使圖片在投影片中更顯眼，或是設定得與投影片更協調。

2-2-1 調整圖片色彩

圖片色彩包含了圖片的飽和度、色調、重新著色，在此功能中，我們可以更改圖片的原有配色。

Step.1 開啟 \【文件】資料夾 \ 第 2 章練習檔 \ 練習 2-2-1.pptx。

Step.2 在左方投影片縮圖區中，點選第 4 張投影片。

Step.3 點選投影片編輯區中的圖片。

Step.4 點按**圖片工具 格式**索引標籤 \ **調整** \ **色彩▼** \ **色彩飽和度** 選擇 **飽和度**：400%。

Step.5 在左方投影片縮圖區中，點選第 5 張投影片。

Step.6 點選投影片編輯區中的圖片。

Step.7 點按**圖片工具 格式**索引標籤 \ **調整** \ **色彩▼** \ **色調** 選擇 **色溫：11200k**。

Step.8 在左方投影片縮圖區中，點選第 6 張投影片。

Step.9 點選投影片編輯區中的圖片。

Step.10 點按**圖片工具 格式**索引標籤 \ **調整** \ **色彩▼** \ **重新著色** 選擇 **淺粉藍，強調色 1 淺色**。

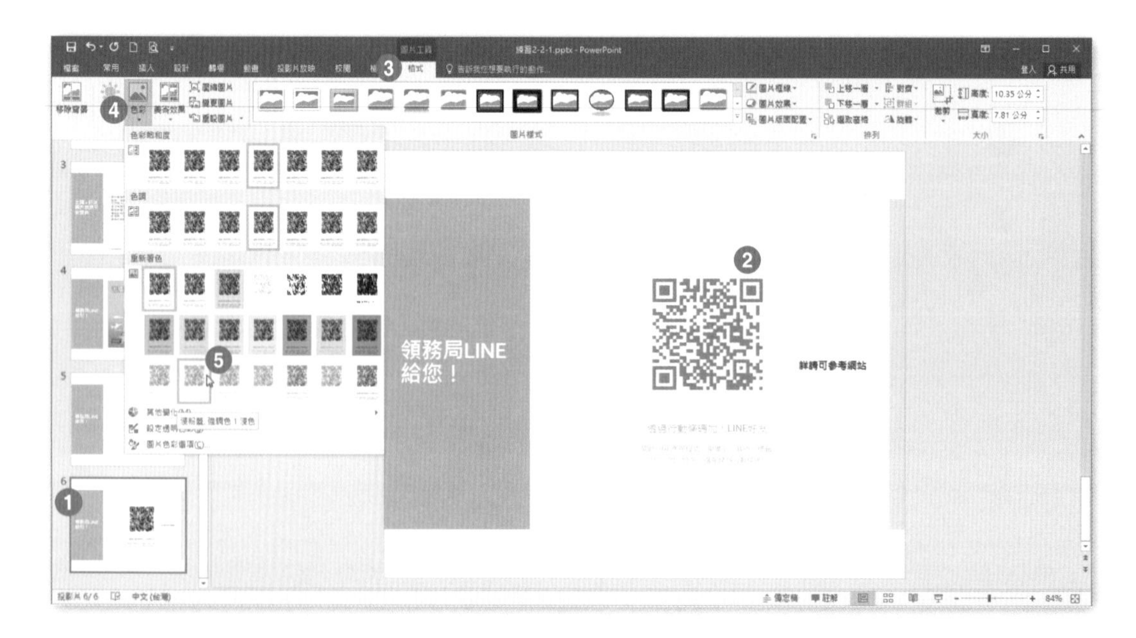

2-2-2 美術效果

美術效果可以針對圖片做一些濾鏡的效果，增添圖片的多樣性。

Step.1 開啟 \ 【文件】資料夾 \ 第 2 章練習檔 \ 練習 2-2-2.pptx。

Step.2 在左方投影片縮圖區中，點選第 4 張投影片。

Step.3 點選投影片編輯區中的圖片。

Step.4 點按**圖片工具 格式**索引標籤 \ **調整** \ **美術效果** \ 選擇 **水泥**。

2-2-3 設定圖片樣式

圖片樣式有一些預設的樣式可供選擇，例如可對圖片加上外框，或是變形、陰影、反射之類的特效。

Step.1 開啟 \ 【文件】資料夾 \ 第 2 章練習檔 \ 練習 2-2-3.pptx。

Step.2 在左方投影片縮圖區中，點選第 5 張投影片。

Step.3 點選投影片編輯區中的圖片。

Step.4 點按**圖片工具 格式**索引標籤 \ **圖片樣式** \ **▼ 其他**。

Step.5 選擇「反射浮凸，白色」的圖片樣式。

2-2-4 圖片效果設定

圖片效果可以針對目前的圖片，各別再加上陰影、反射、光暈、柔邊、浮凸、立體旋轉等特效。

Step.1 開啟 \【文件】資料夾 \ 第 2 章練習檔 \ 練習 2-2-4.pptx。

Step.2 在左方投影片縮圖區中，點選第 4 張投影片。

Step.3 點選投影片編輯區中的圖片。

Step.4 點按**圖片工具 格式**索引標籤 \ **圖片樣式** \ **圖片效果▼** \ **柔邊** \10 點。

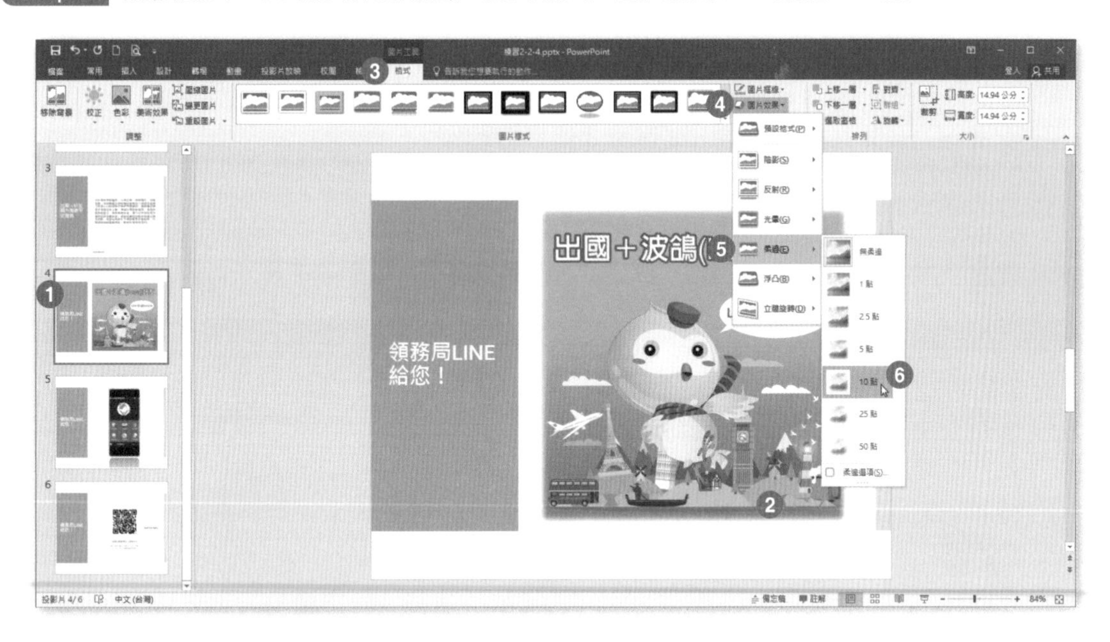

Step.5 在左方投影片縮圖區中，點選第 6 張投影片。

Step.6 點選投影片編輯區中的圖片。

Step.7 點按**圖片工具 格式**索引標籤 \ **圖片樣式** \ **圖片效果▼** \ **光暈** \ **綠色，強調色** 3, 11pt **光暈**。

2-2-5 圖片排列

使用對齊或排列工具，能幫助我們更快速有效的排列圖片。

Step.1 開啟 \【文件】資料夾 \ 第 2 章練習檔 \ 練習 2-2-5.pptx。

Step.2 在左方投影片縮圖區中，點選第 3 張投影片。

Step.3 點選投影片編輯區中的**泡泡**圖片。

Step.4 點按**圖片工具 格式**索引標籤 \ **排列** \ **下移一層▼** \ **移到最下層**。

Step.5 在左方投影片縮圖區中，點選第 4 張投影片。

Step.6 在投影片編輯區外，按住滑鼠左鍵拖曳出一個矩形的大小，以覆蓋住所有圖案，選取到所有的圖案。

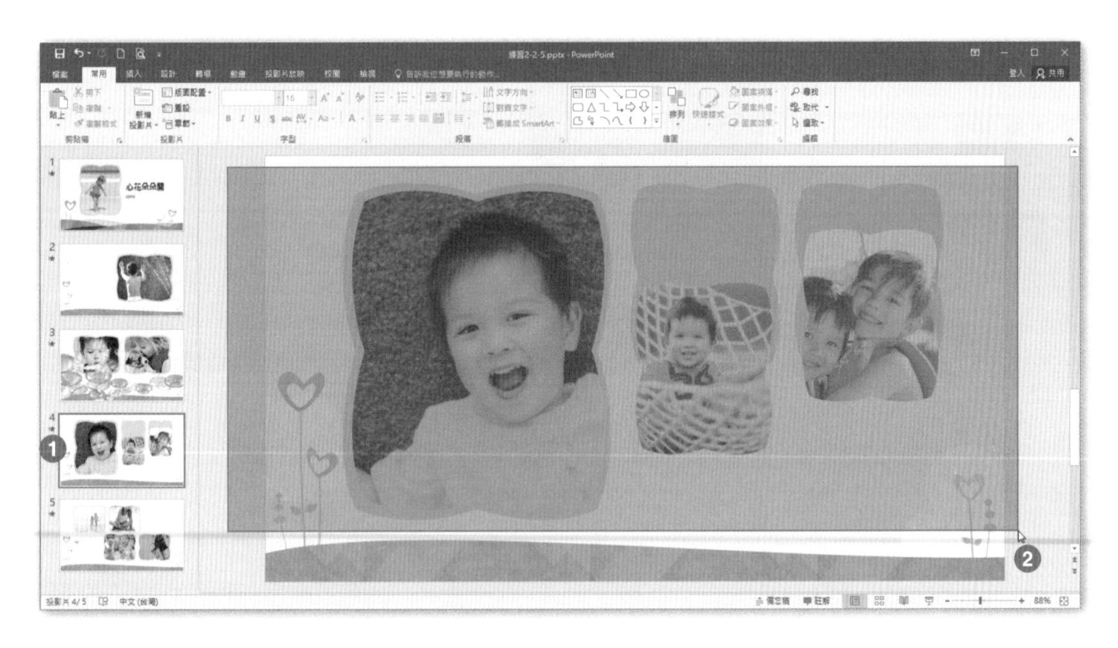

Step.7 點按**圖片工具 格式**索引標籤 \ **排列** \ **對齊▼** \ **靠上對齊**。

Step.8 完成結果如下圖。

實作練習

學習難易：★★★☆☆

學習目的：熟練圖片效果系列功能

使用功能：圖片工具 格式索引標籤

開啟【文件】資料夾\第 2 章練習檔\「P2-2.pptx」完成下列操作步驟：

➤ 將第 1 張投影片上的照片套用「反射浮凸，白色」的圖片樣式，以及「紋理化」美術效果。

➤ 將第 2 張投影片上的照片套用及下方文字「串起每一刻」設定群組。

➤ 將第 3 張投影片上的左方照片套用「綠色，強調色 1, 18pt 光暈」，將右方照片設定「5 點」的柔邊。

➤ 將第 6 張投影片上的圖片，設定為「垂直置中」。

Step.1 在左方投影片縮圖區中，點選第 1 張投影片。

Step.2 點選投影片編輯區中的圖片。

Step.3 點按**圖片工具 格式**索引標籤 \ **圖片樣式** \ **▼ 其他**。

Step.4 選擇「反射浮凸，白色」的圖片樣式。

Step.5 再點按**圖片工具 格式**索引標籤 \ **調整** \ **美術效果** \ 選擇 **紋理化**。

Step.6 在左方投影片縮圖區中，點選第 2 張投影片。

Step.7 點選投影片編輯區中的圖片，配合鍵盤 Shift 鍵，選取下方文字框「串起每一刻」。

Step.8 點按**圖片工具 格式**索引標籤 \ **排列** \ **群組▼** \ **組成群組**。

Step.9 在左方投影片縮圖區中，點選第 3 張投影片。

Step.10 點選投影片編輯區中的左邊圖片。

Step.11 點按**圖片工具 格式**索引標籤 \ **圖片樣式** \ **圖片效果▼** \ **光暈** \ **綠色，強調色 1, 18pt 光暈**。

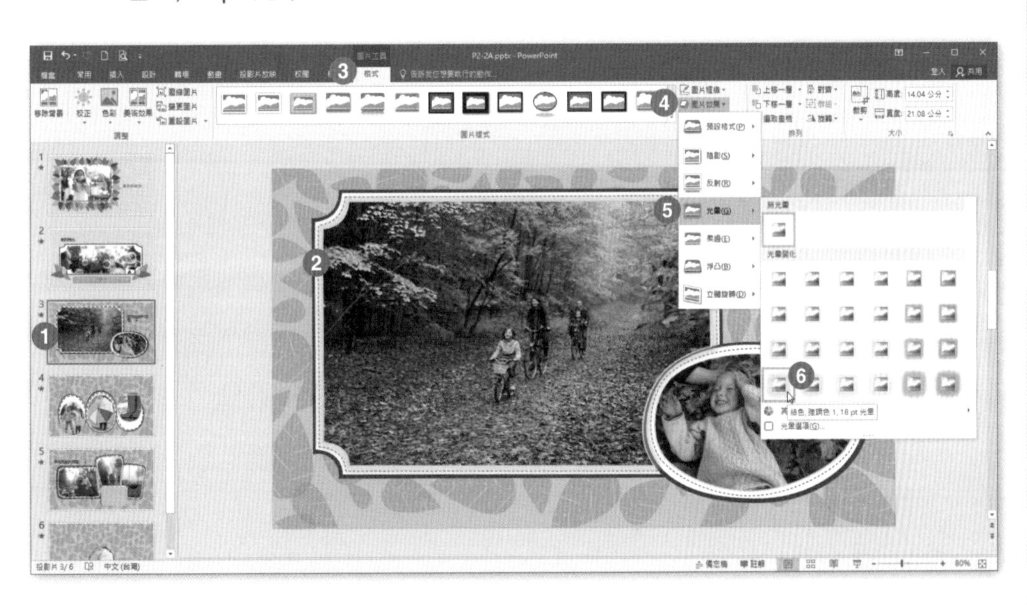

Step.12 點選投影片編輯區中的右邊圖片。

Step.13 點按**圖片工具 格式**索引標籤 \ **圖片樣式** \ **圖片效果▼** \ **柔邊** \5 **點**。

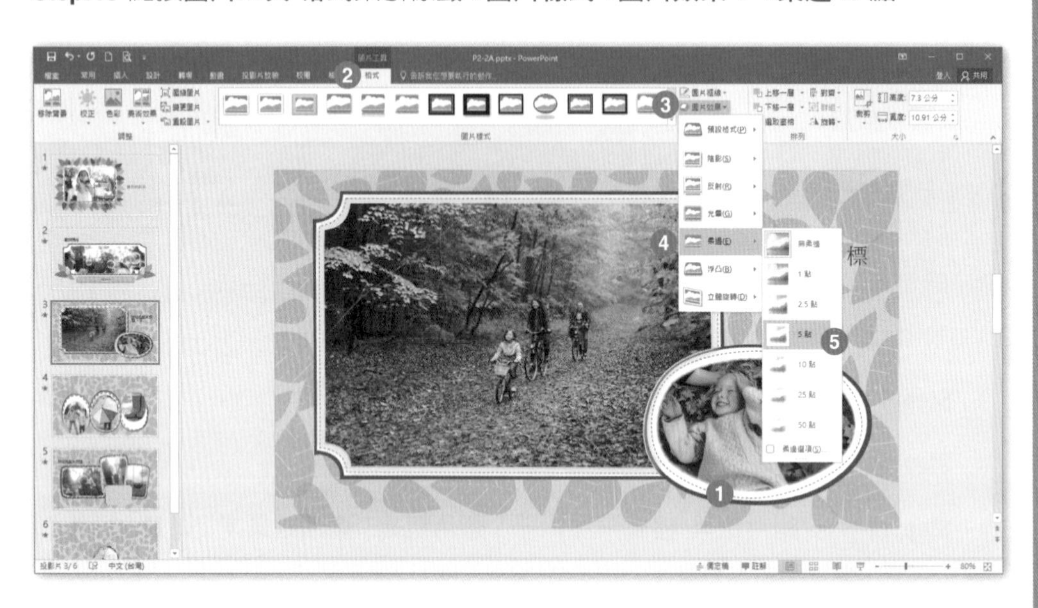

Step.14 在左方投影片縮圖區中，點選第 6 張投影片。

Step.15 點按**圖片工具 格式**索引標籤 \ **排列** \ **對齊▼** \ **垂直置中**。

Step.16 完成結果如下圖。

2-3 表格的使用

如果要輕鬆地管理和分析一組相關資料，表格能清楚的使用列與欄呈現。使用表格功能，還可以套用表格樣式。

想要新增表格至 PowerPoint 簡報時，可以在 PowerPoint 中建立一個新表格，也可以複製並貼上 Word 表格，或是複製並貼上 Excel 儲存格。

2-3-1 插入表格並輸入資料

一個完整表格比單純的文字敘述更能清楚呈現出各個分類所含的資訊以及關係。

Step.1 開啟 \【文件】資料夾 \ 第 2 章練習檔 \ 練習 2-3-1.pptx。

Step.2 在左方投影片縮圖區中，點選第 4 張投影片。

Step.3 點選投影片編輯區中的「插入表格」功能按鈕。

Step.4 在**插入表格**視窗中，輸入**欄數**：5、**列數**：2，並按下**確定**。

Step.5 在表格的第一列中由左至右，分別輸入文字：項目、露營、水上運動、步行、登山。

Step.6 在表格的第一列中由左至右，分別輸入文字：百分比、39%、12%、18%、31%。

Step.7 完成結果如下圖。

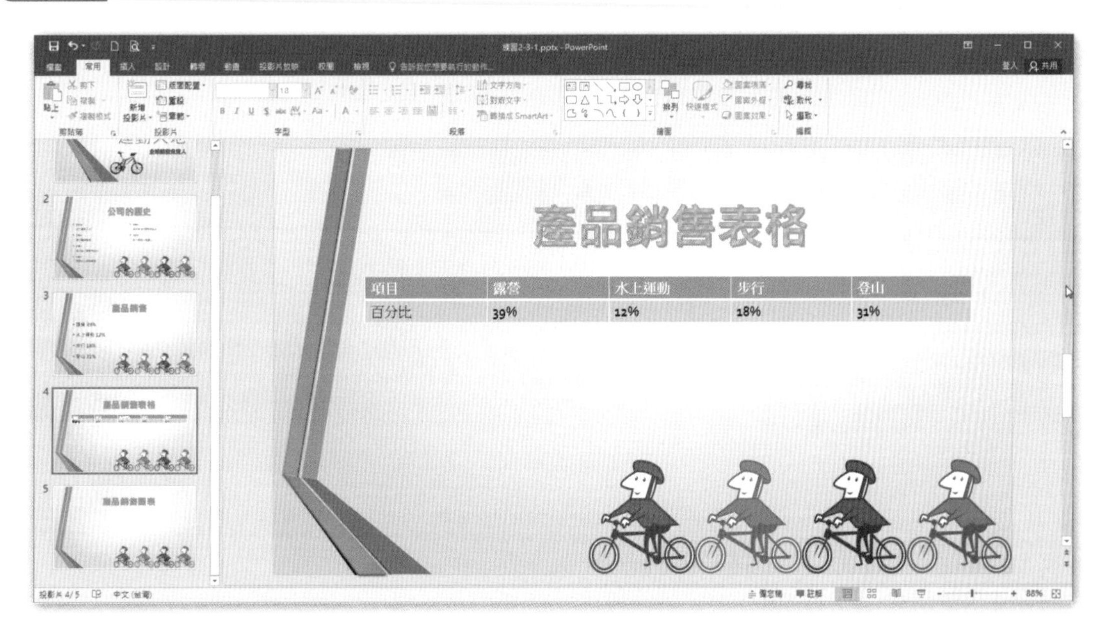

TIPS & TRICKS

在輸入表格文字時，完成一個儲存格內容的輸入後，可使用鍵盤上的〔Tab〕鍵，快速的移到下一個儲存格。

2-3-2 從外部檔案貼入表格

若已經有建立好的表格，可以把外部表格匯入簡報內直接使用，不需要再重新繪製表格。

Step.1 開啟 \【文件】資料夾 \ 第 2 章練習檔 \ 練習 2-3-2.pptx。

Step.2 開啟 \【文件】資料夾 \ 第 2 章練習檔 \ 產品銷售 .xlsx。

Step.3 在活頁簿中選取儲存格範圍 B2:F3。

Step.4 點按**常用**索引標籤 \ **剪貼簿** \ **複製**。

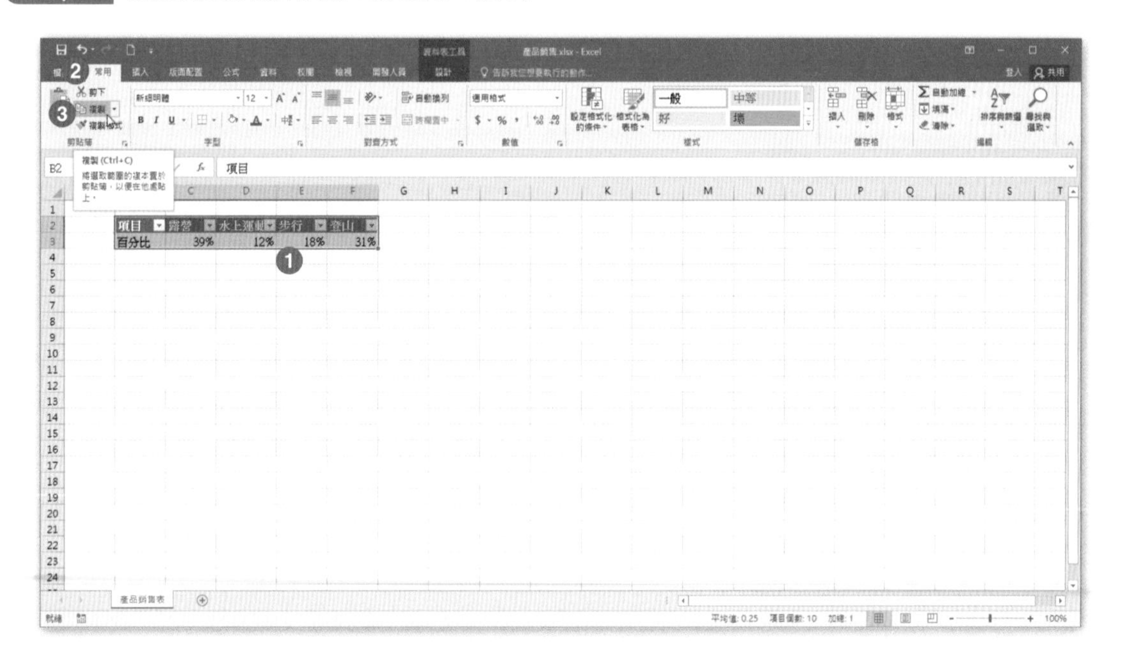

Step.5 切換至簡報軟體，在左方投影片縮圖區中，點選第 4 張投影片。

Step.6 點選投影片編輯區中，選取內文的文字框。

Step.7 點按**常用**索引標籤 \ **剪貼簿** \ **貼上**。

Step.8 調整表格左上及右下的控點，拖曳中適合的大小。

Step.9 完成結果如下圖。

2-3-3 表格樣式

可以依照設計觀感，將表格套用各種與簡報色彩有搭配的樣式。

Step.1 開啟 \【文件】資料夾 \ 第 2 章練習檔 \ 練習 2-3-3.pptx。

Step.2 在左方投影片縮圖區中，點選第 4 張投影片。

Step.3 點選投影片編輯區中的表格。

Step.4 點按**表格工具 設計**索引標籤 \ **表格樣式** \ **▼ 其他**。

Step.5 選擇「中等深淺樣式 2 – 輔色 2」的表格樣式。

Step.6 完成結果如下圖。

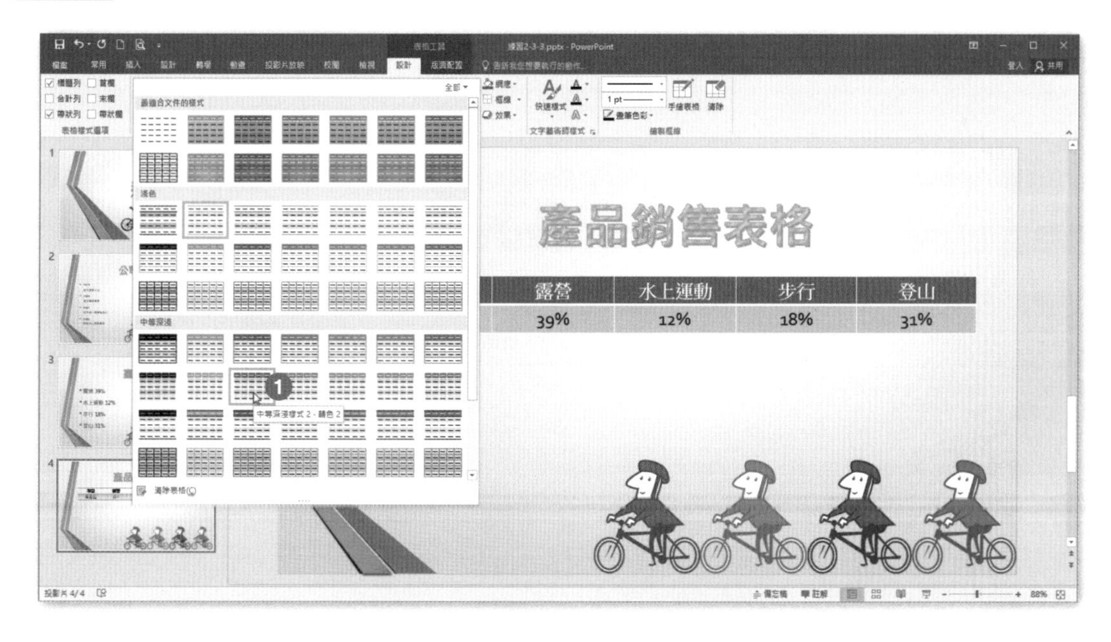

2-3-4 插入、刪除列與欄

我們可以輕鬆地新增及刪除列與欄，隨時異動表格資料。

Step.1 開啟 \【文件】資料夾 \ 第 2 章練習檔 \ 練習 2-3-4.pptx。

Step.2 在左方投影片縮圖區中，點選第 4 張投影片。

Step.3 將滑鼠游標置於「群組 C」的欄位中。

Step.4 點按**表格工具 版面配置**索引標籤 \ **列與欄** \ **刪除▼** \ **刪除欄**。

Step.5 將滑鼠游標置於「課程 2」的欄位中。

Step.6 點按**表格工具 版面配置**索引標籤 \ **列與欄** \ **插入下方列**。

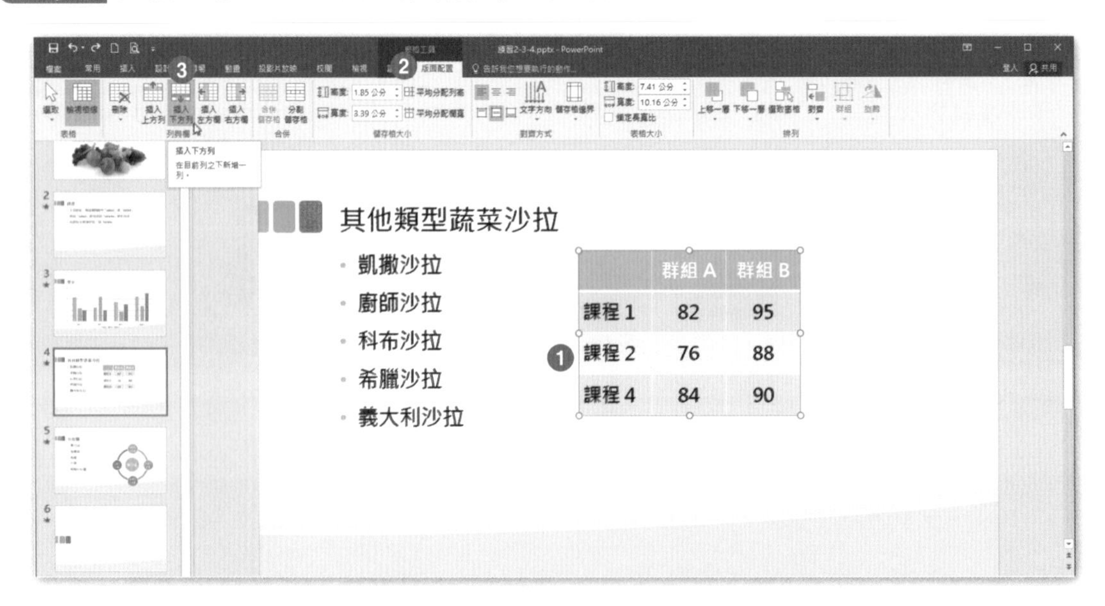

Step.7 完成結果如下圖。

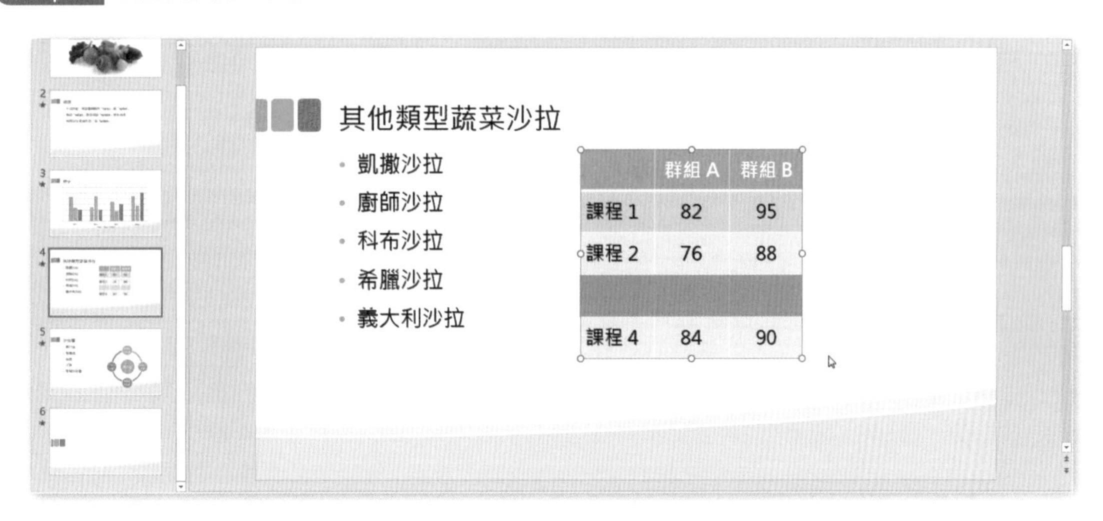

實作練習

學習難易：★★★☆☆

學習目的：熟練圖片效果表格系列功能

使用功能：**表格工具 設計**索引標籤 及 **表格工具 版面配置**索引標籤

開啟【文件】資料夾 \ 第 2 章練習檔 \「P2-3.pptx」完成下列操作步驟：

➤ 在第 2 張投影片，對表格套用「淺色樣式 3- 輔色 1」表格樣式。

➤ 修改表格樣式，使得各欄交替填滿色彩，但各列不需要交替填滿色彩。

➤ 刪除表格裡欄標題為「建議時間」的欄位，並在「重度運動」與「有氧運動」之間新增兩個空白列。

Step.1 在左方投影片縮圖區中，點選第 2 張投影片。

Step.2 點選投影片編輯區中的表格。

Step.3 點按**表格工具 設計**索引標籤 \ **表格樣式** \ ▼ **其他**。

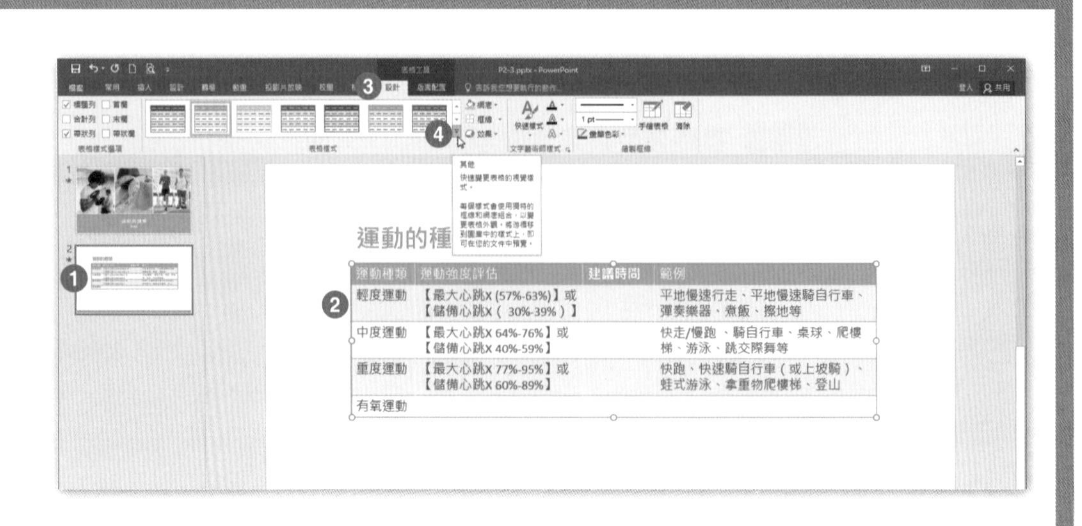

Step.4 選擇「淺色樣式 3- 輔色 1」的表格樣式。

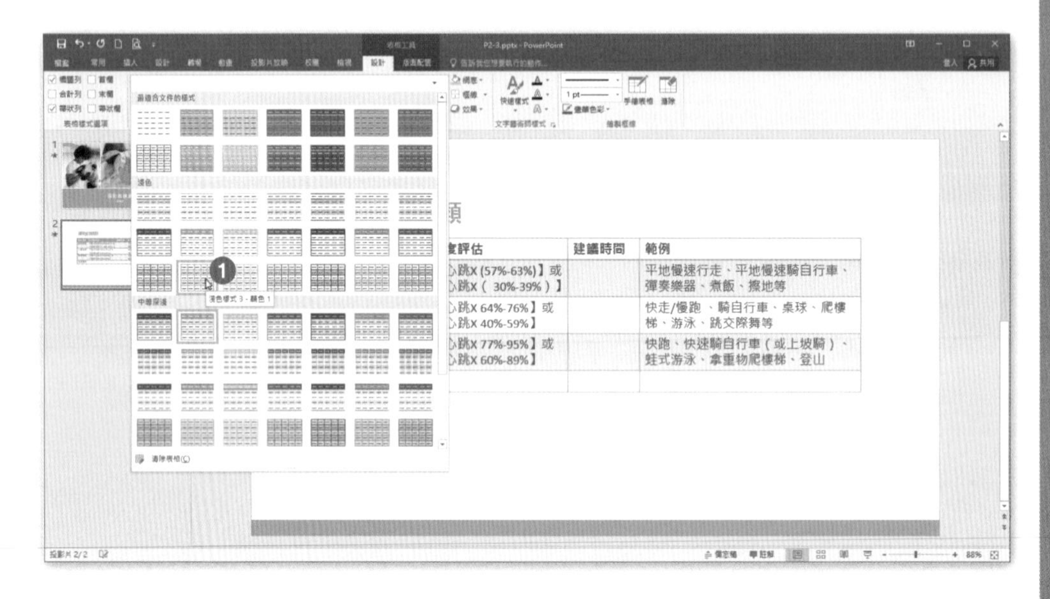

Step.5 點按**表格工具 設計**索引標籤 \ **表格樣式選項** \ **取消帶狀列的勾選，並勾選帶狀欄**。

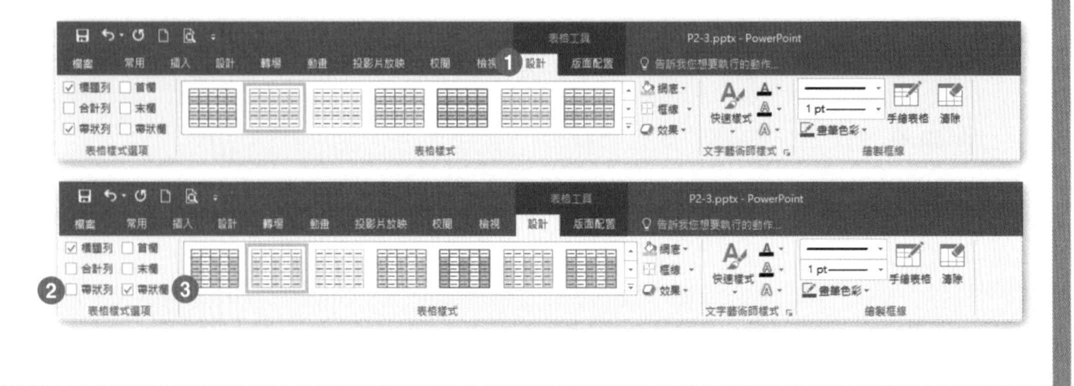

Step.6 將滑鼠游標置於「建議時間」的欄位中。

Step.7 點按**表格工具 版面配置**索引標籤 \ **列與欄** \ **刪除▼** \ **刪除欄**。

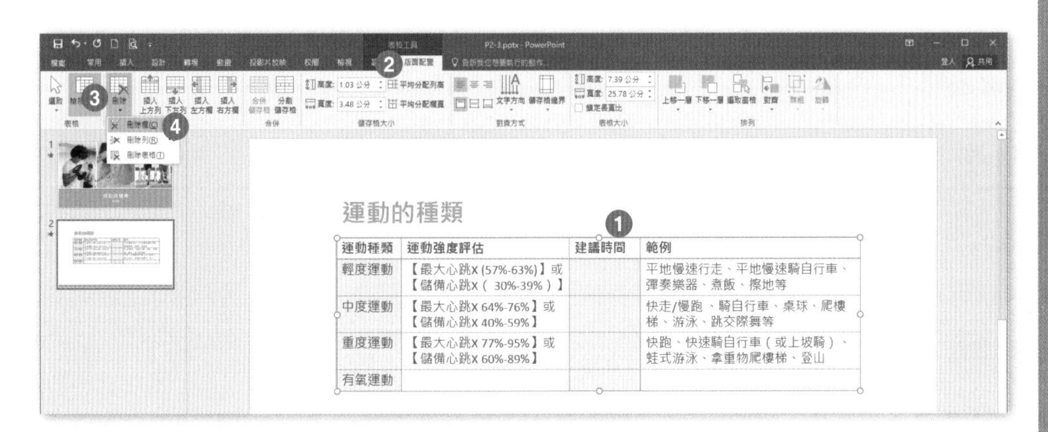

Step.8 將滑鼠游標置於「重度運動」的欄位中。

Step.9 點按**表格工具 版面配置**索引標籤 \ **列與欄** \ **插入下方列**，2 次。

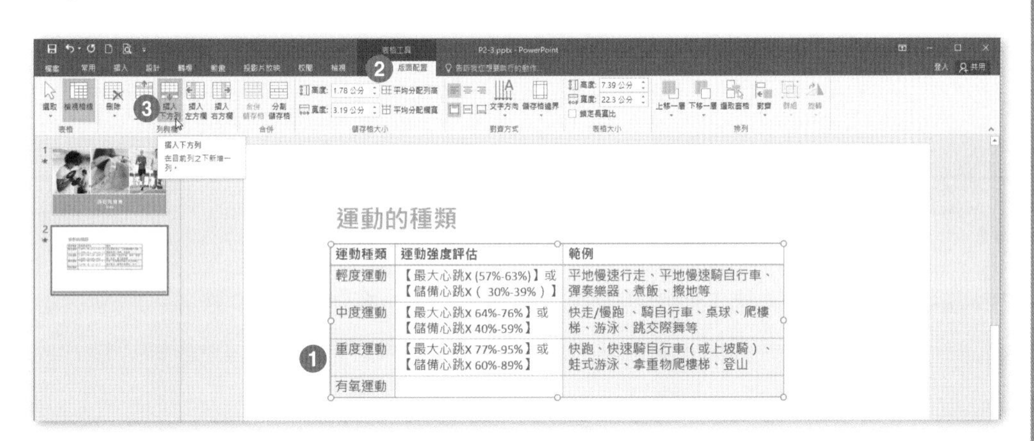

Step.10 完成結果如下圖。

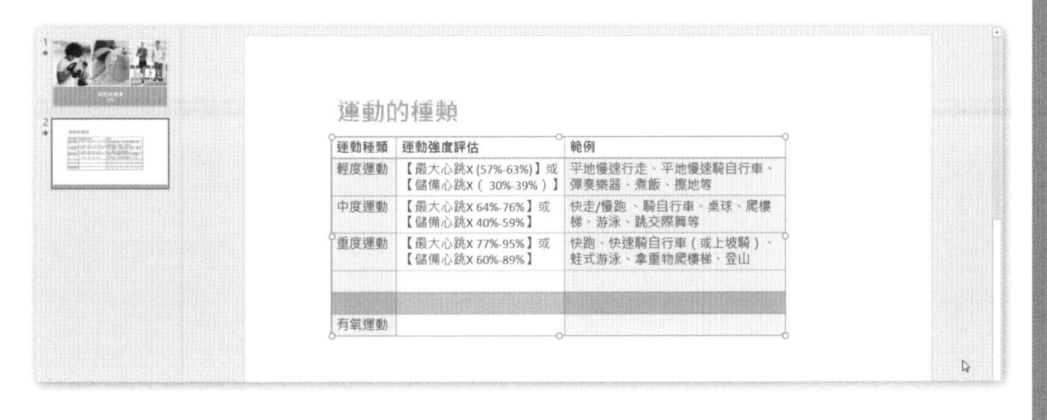

2-4 SmartArt 設計

我們可以使用 SmartArt 圖來設計圖像化的簡報檔。而 SmartArt 圖可以直接繪製，也能由文字轉換成 SmartArt 圖。若要讓 SmartArt 圖形快速具有精心設計的外觀與修飾，可以 SmartArt 圖變更色彩或套用 SmartArt 樣式。

2-4-1 插入 SmartArt

SmartArt 學習容易也能快速上手，而呈現的效果極佳，常常是簡報中不可或缺的主角，能輕易吸引觀眾注意力，是使用價值極高又非學會不可的功能！

Step.1 開啟 \【文件】資料夾 \ 第 2 章練習檔 \ 練習 2-4-1.pptx。

Step.2 在左方投影片縮圖區中，點選第 2 張投影片。

Step.3 點選投影片編輯區中的「插入 SmartArt 圖形」功能按鈕。

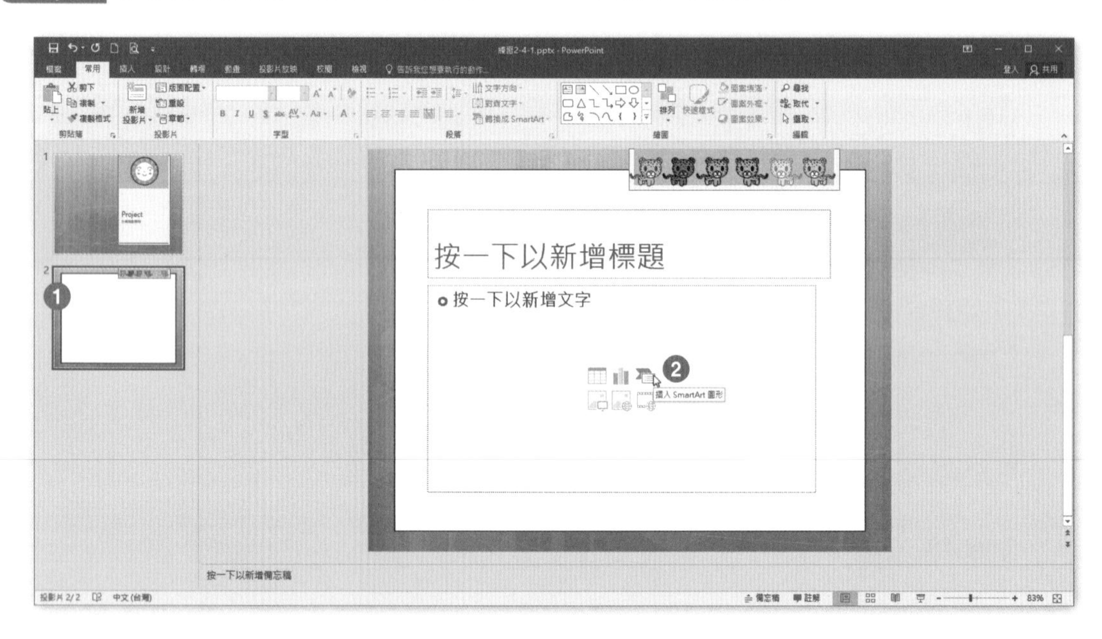

Step.4 在**選擇 SmartArt 圖形**視窗中，先選擇**流程圖**類別，再選擇「連續區塊流程圖」，並按下**確定**。

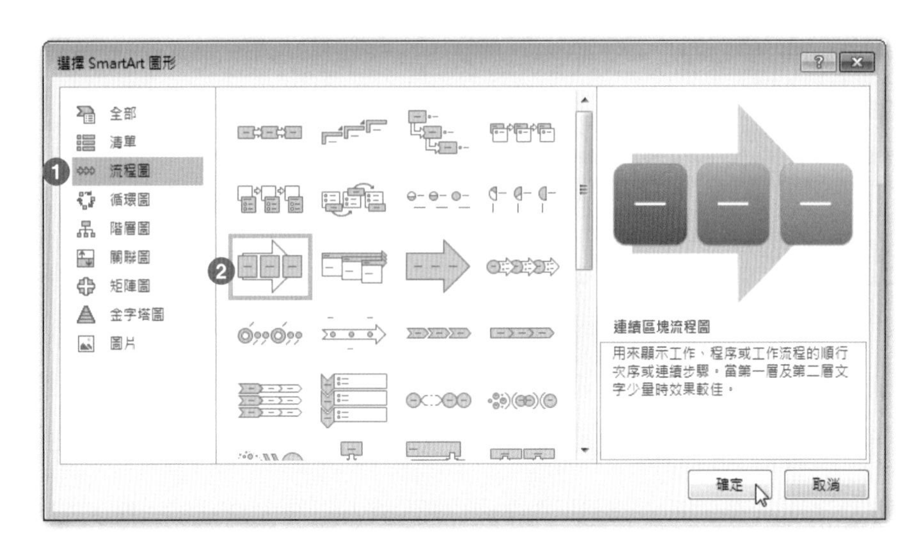

Step.5 在**文字窗格**中，由上而下依序輸入「競爭」、「團隊」、「目標」。

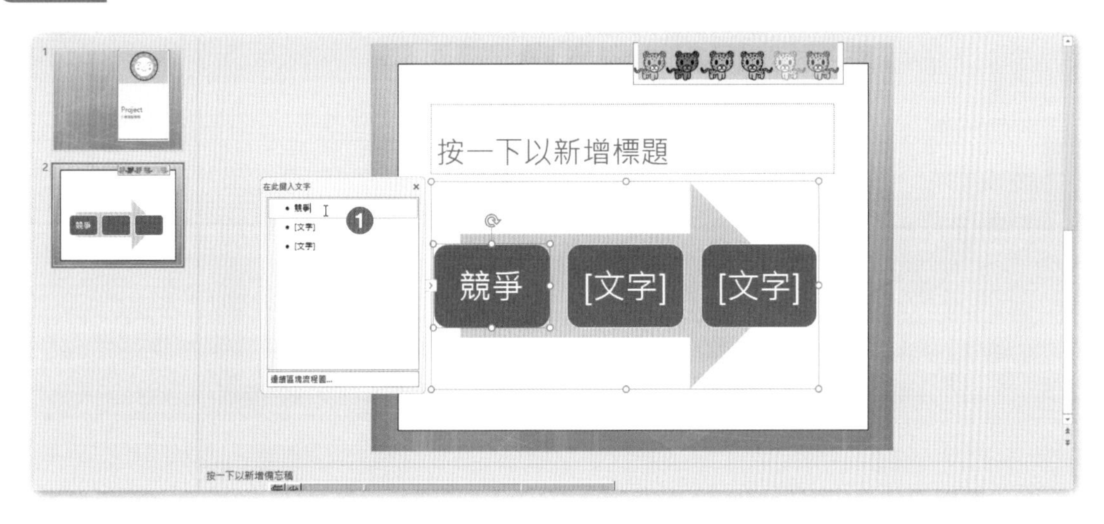

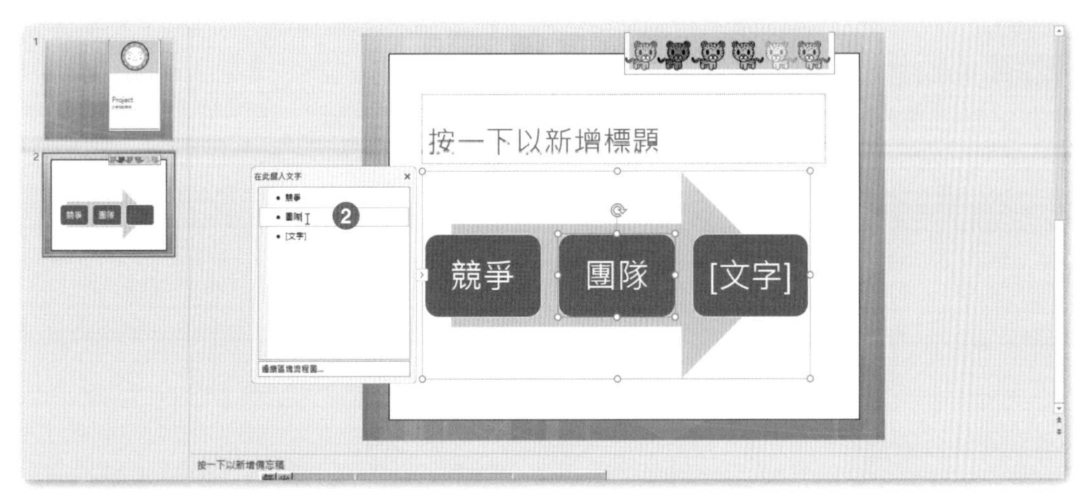

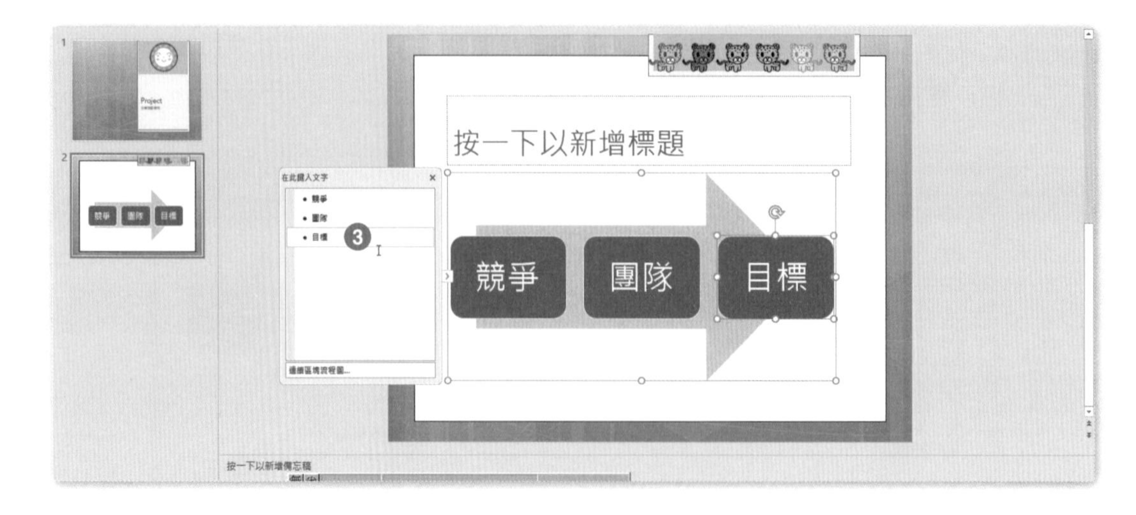

Step.6 點按 SmartArt **工具 設計**索引標籤 \SmartArt **樣式** \ ▼ **其他**。

Step.7 選擇**立體**類別的「內凹」SmartArt 樣式。

Step.8 完成結果如下圖。

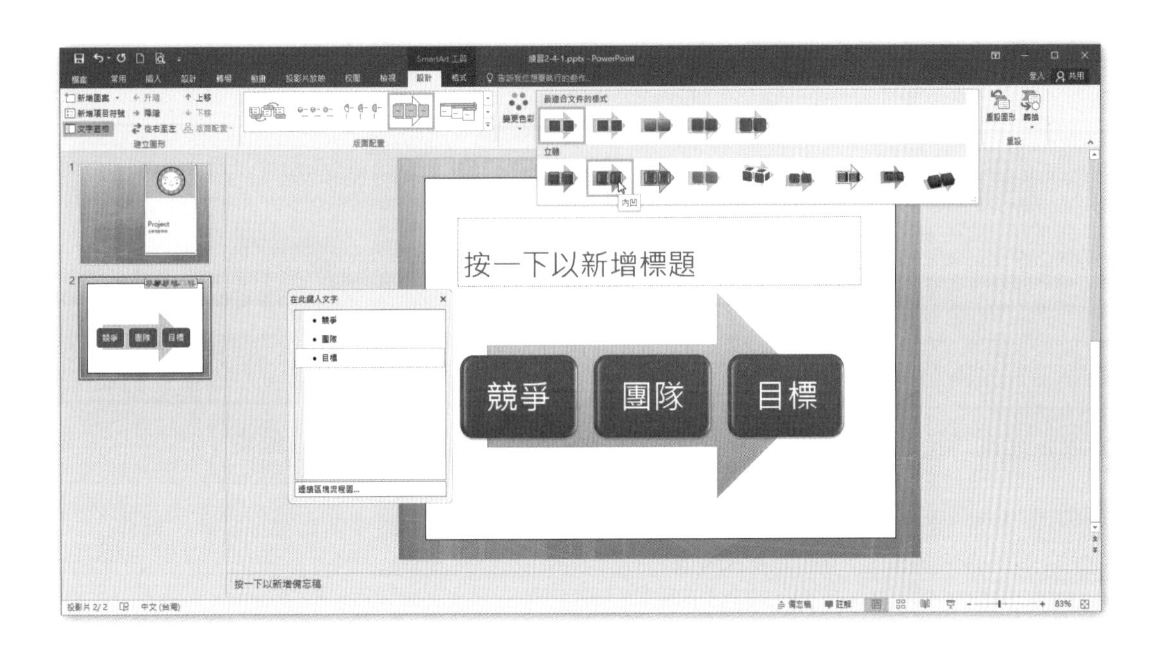

2-4-2 將文字轉換成 SmartArt

簡報通常會包含有項目符號清單的投影片，亦可將項目符號清單中的文字轉換成 SmartArt 圖形，使他人更加清楚您所呈現的內容。

Step.1 開啟 \【文件】資料夾 \ 第 2 章練習檔 \ 練習 2-4-2.pptx。

Step.2 在左方投影片縮圖區中，點選第 2 張投影片，並點選內文文字框。

Step.3 點按**常用**索引標籤 \ **段落** \ **轉換成** SmartArt ▼ \ **其他** SmartArt **圖形**。

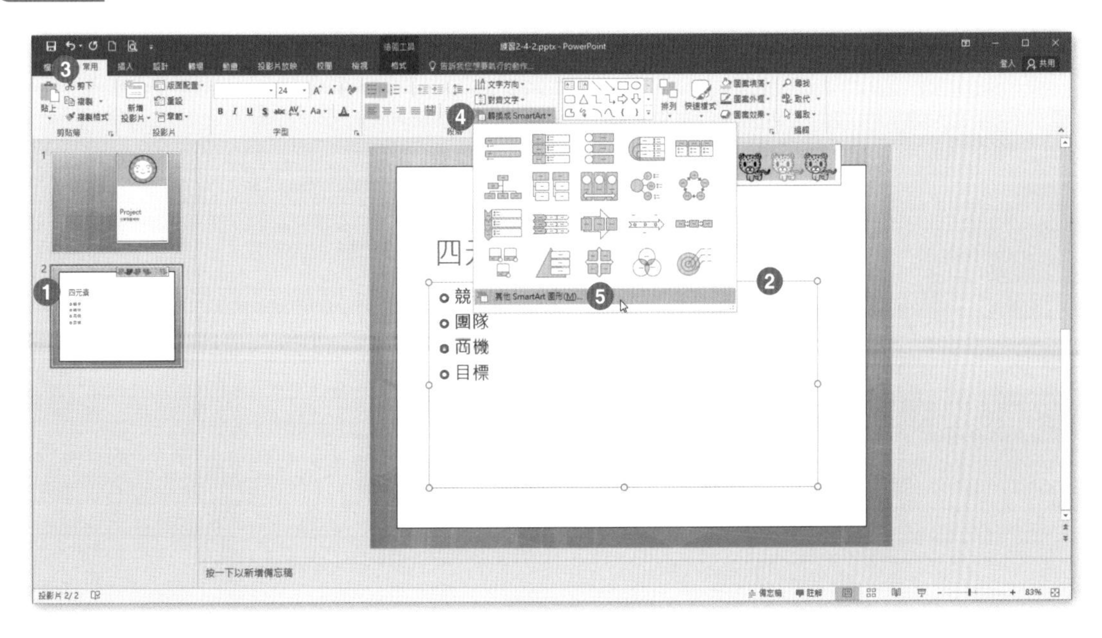

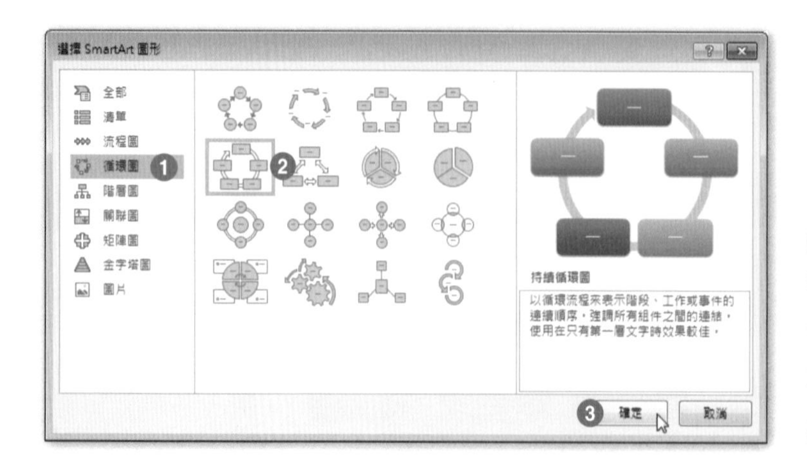

Step.4 在**選擇 SmartArt 圖形**視窗中，先選擇**循環圖**類別，再選擇「持續循環圖」，並按下**確定**。

Step.5 點按 SmartArt **工具 設計**索引標籤 \SmartArt **樣式** \ **變更色彩▼** \ **彩色 - 輔色**。

Step.6 選擇**立體**類別的「內凹」SmartArt 樣式。

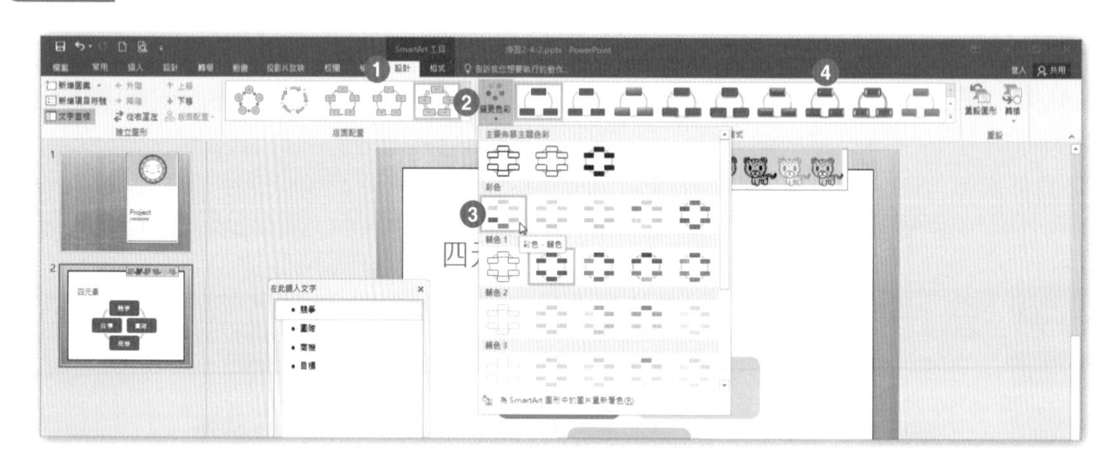

Step.7 完成結果如下圖。

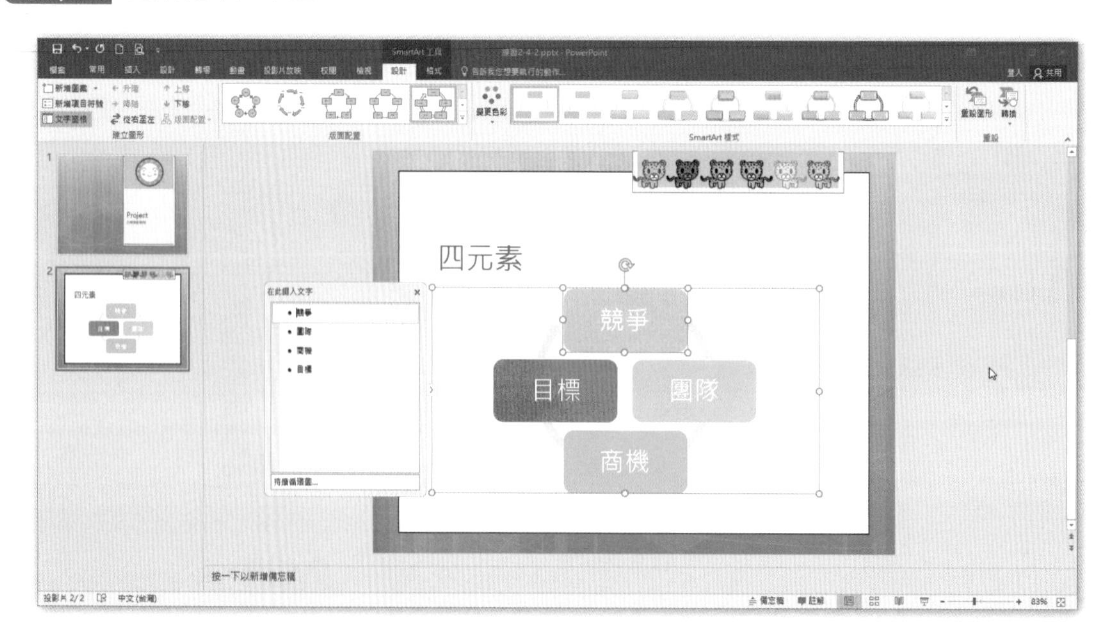

2-5 圖表的使用

以圖形格式顯示資料的圖表。 如此一來，就能協助我們和讀者以視覺化的方式了解資料之間的關係。 建立圖表時，可以從多種圖表類型中選擇。建立圖表之後，我們可以套用圖表的快速版面配置或樣式來進行自訂。

2-5-1 插入圖表

Office 的圖表功能讓我們輕鬆地在 Excel 中建立引人注目的圖表，然後將其新增至簡報。圖表在於協助我們以對觀眾有意義的方式來呈現資料。

建立圖表之後，我們可以自訂圖表，以最佳方式呈現資料。也可以設定個別圖表元素的格式，例如圖表區域、繪圖區 、資料數列 、座標軸及更多格式。

Step.1 開啟 \【文件】資料夾 \ 第 2 章練習檔 \ 練習 2-5-1.pptx。

Step.2 在左方投影片縮圖區中，點選第 2 張投影片。

Step.3 點按**插入**索引標籤 \ **圖例** \ **圖表**。

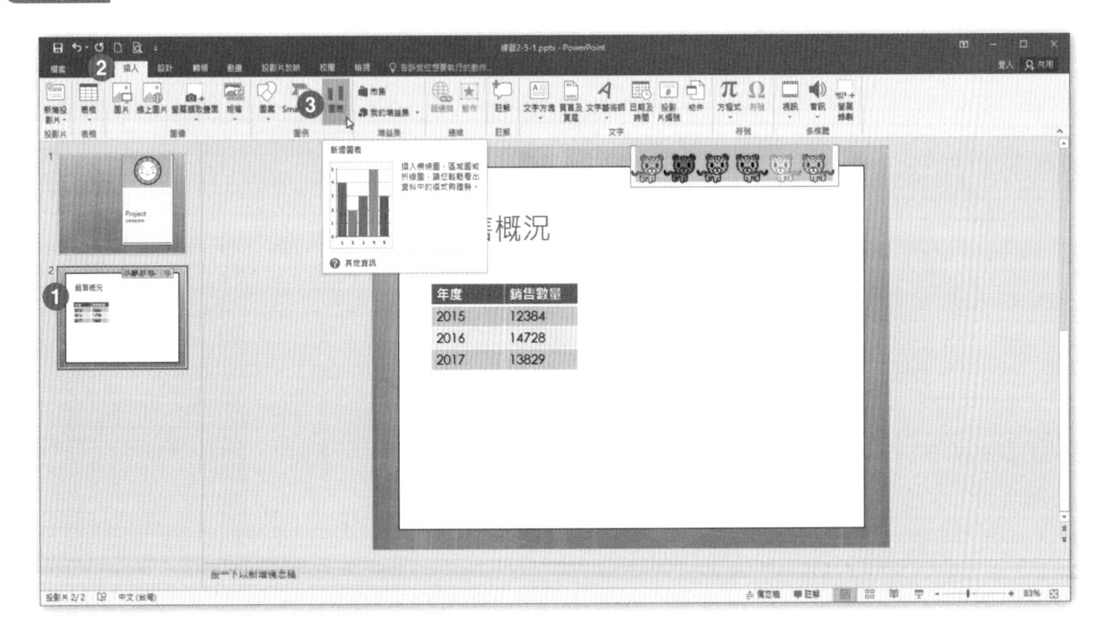

Step.4 在**插入圖表**視窗中，先選擇**直條圖**類別，再選擇「群組直條圖」，並按下**確定**。

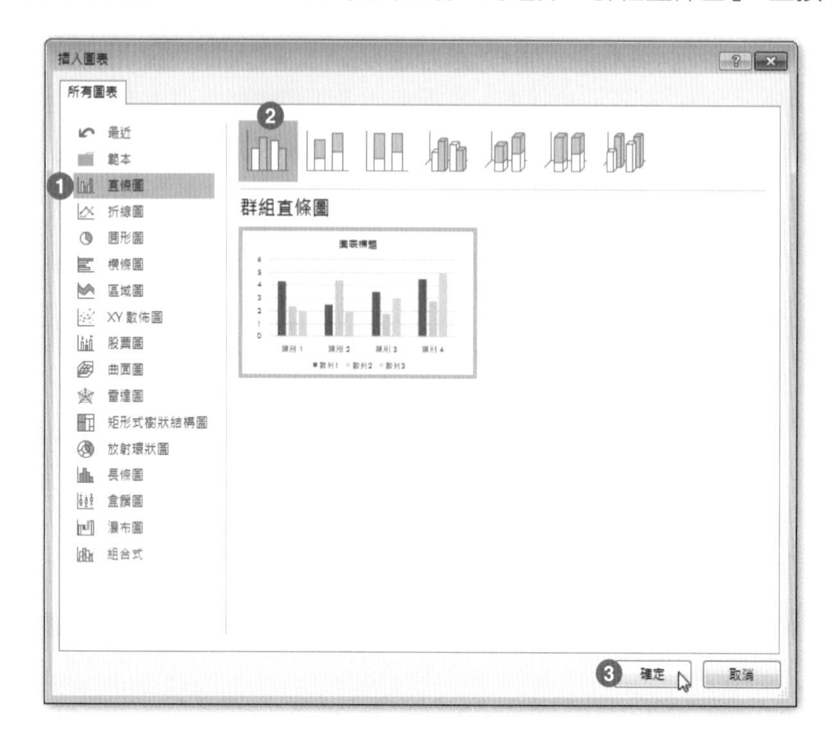

Step.5 先將圖表調整成適度大小。

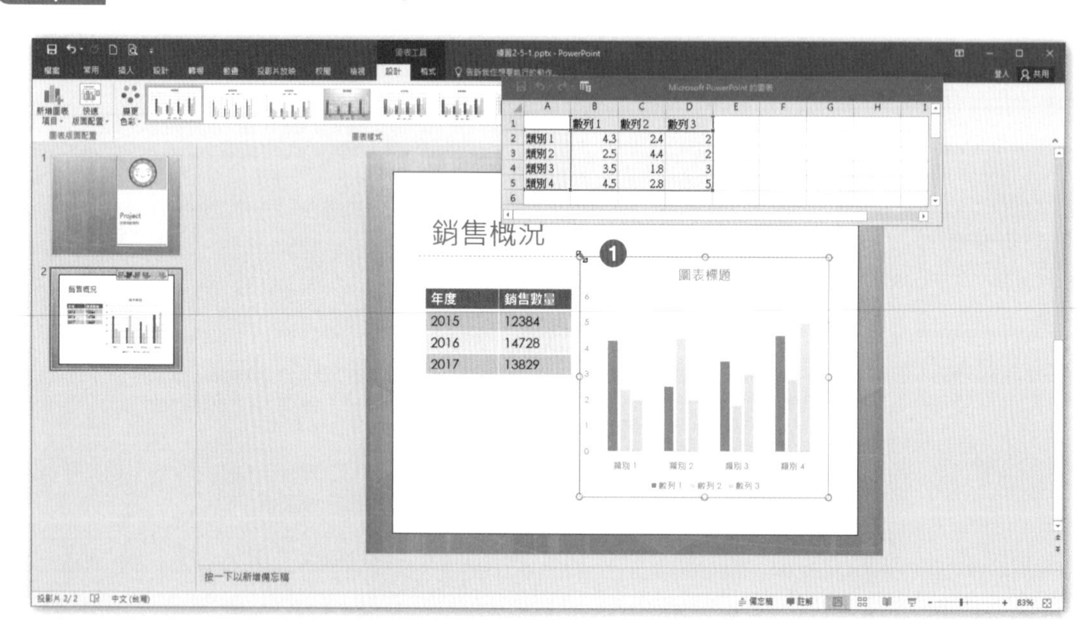

Step.6 選取整張表格，按下滑鼠右鍵，選擇「複製」功能。

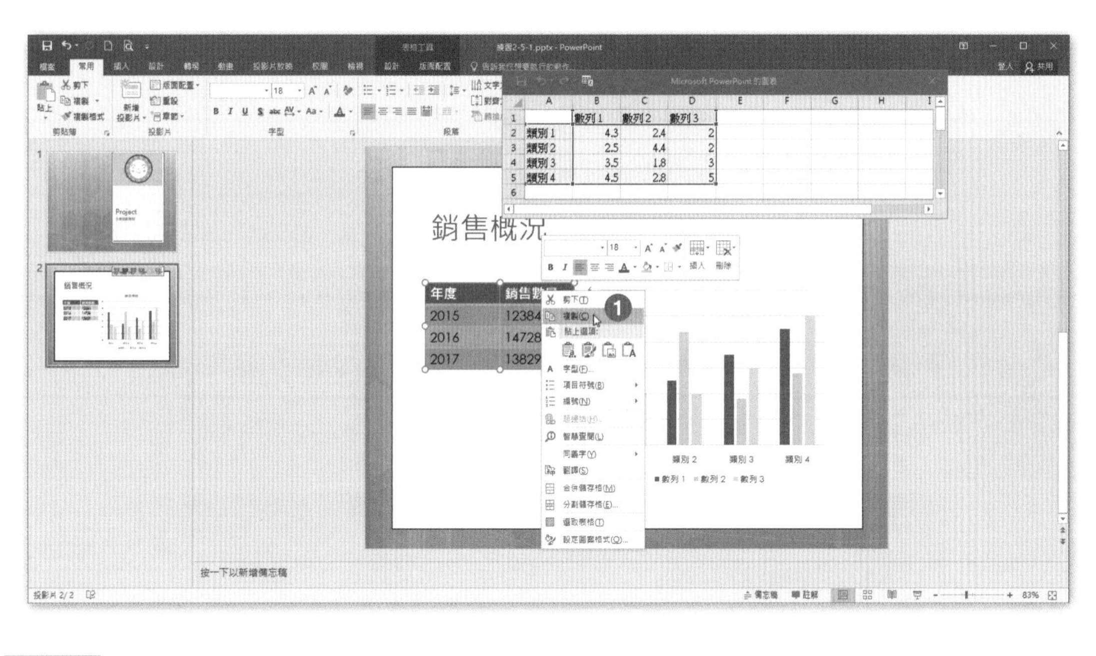

Step.7 在 Microsoft PowerPoint 的圖表視窗中，貼上資料。

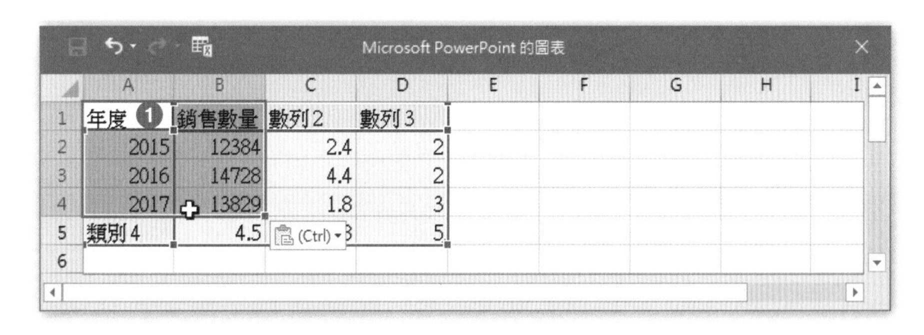

Step.8 拖曳 D5 儲存格右下方的控點，拖曳至 B4 儲存格，將選取範圍設定在 A1:B4 儲存格。

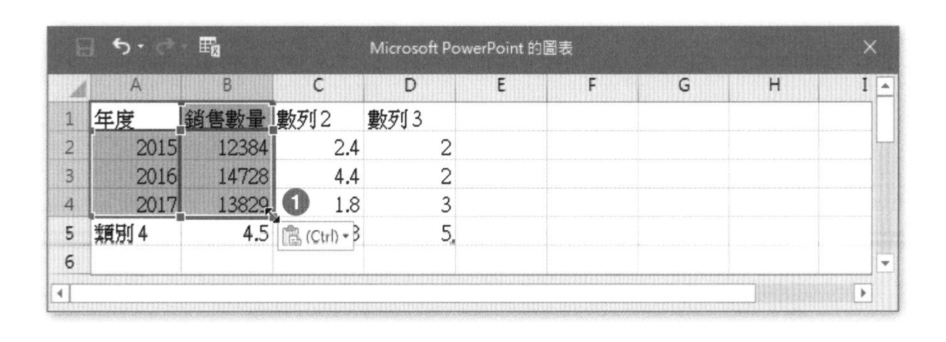

Step.9 選取 C、D 兩欄，接著刪除欄。再選取第 5 列，接著刪除列。

Step.10 完成後關閉視窗。

Microsoft PowerPoint 的圖表

	A	B	C	D	E	F	G	H	I
1	年度	銷售數量							
2	2015	12384							
3	2016	14728							
4	2017	13829							
5	類別 4	4.5							
6									

❶

Microsoft PowerPoint 的圖表

	A	B	C	D	E	F	G	H	I
1	年度	銷售數量							
2	2015	12384							
3	2016	14728							
4	2017	13829							
5									
6									

❷

Step.11 完成結果如下圖。

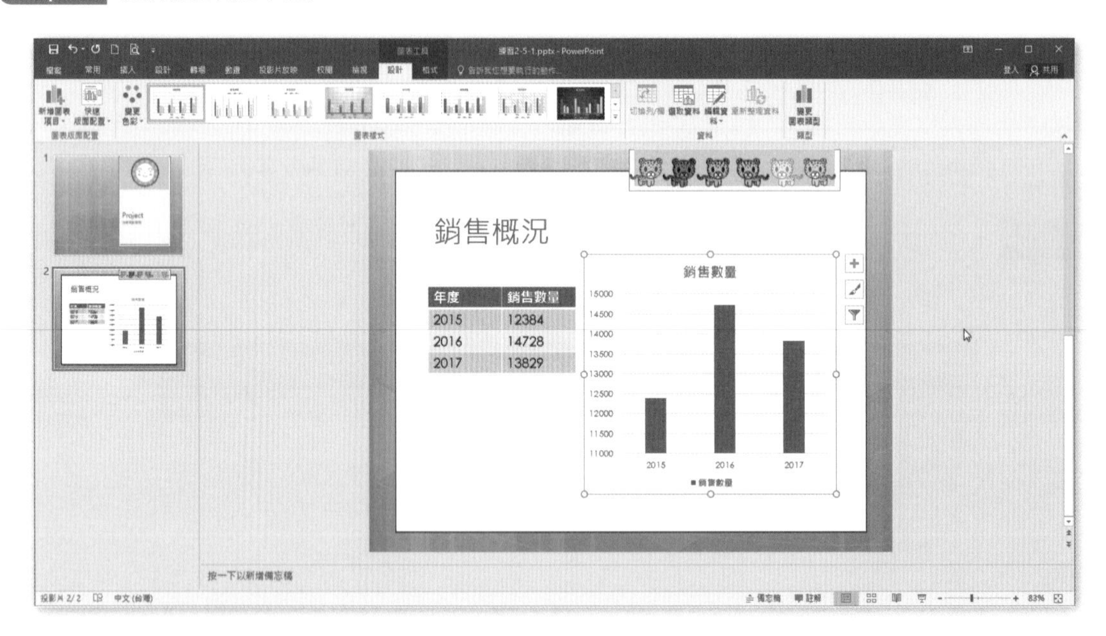

2-5-2　使用外部資料繪製圖表

從其他軟體將已經完成的圖表貼至簡報中，是經常會使用到的功能，在此節我們會學習所有貼上選項的差異。

Step.1 開啟 \【文件】資料夾 \ 第 2 章練習檔 \ 練習 2-5-2.pptx。

Step.2 開啟 \【文件】資料夾 \ 第 2 章練習檔 \ 銷售數量圖 .xlsx。

Step.3 在活頁簿中選取**圖表**。

Step.4 點按**常用**索引標籤 \ **剪貼簿** \ **複製**。

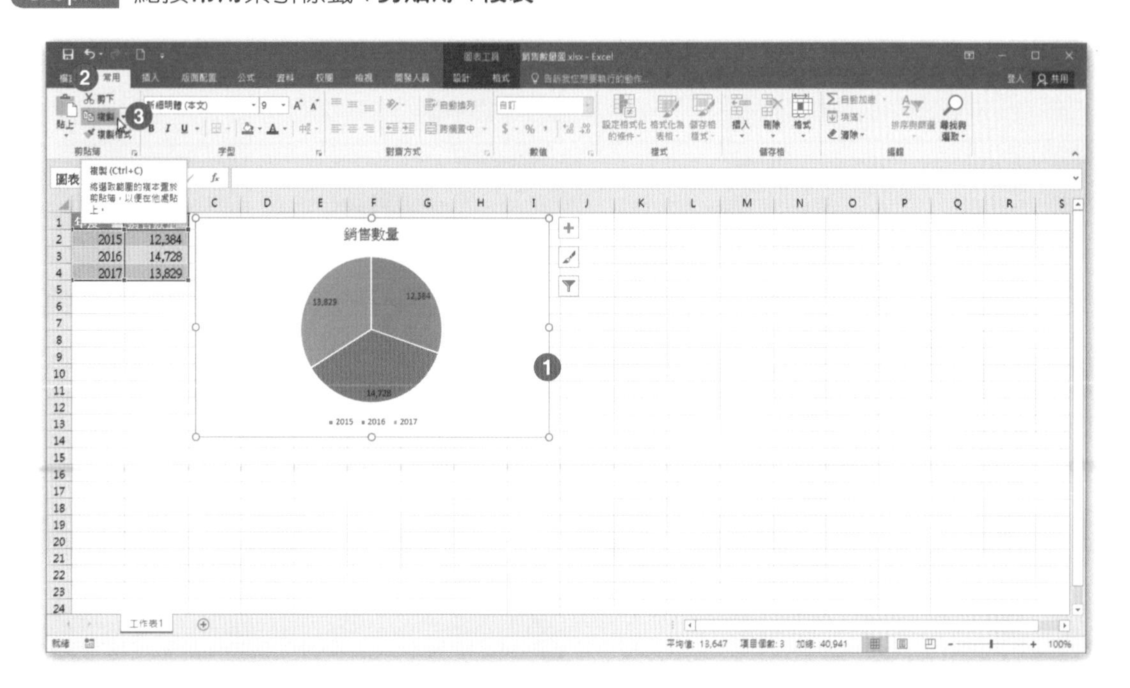

Step.5 切換至簡報軟體，在左方投影片縮圖區中，點選第 2 張投影片。

Step.6 點選投影片編輯區中，選取內文的文字框。

Step.7 點按**常用**索引標籤 \ **剪貼簿** \ **貼上**。

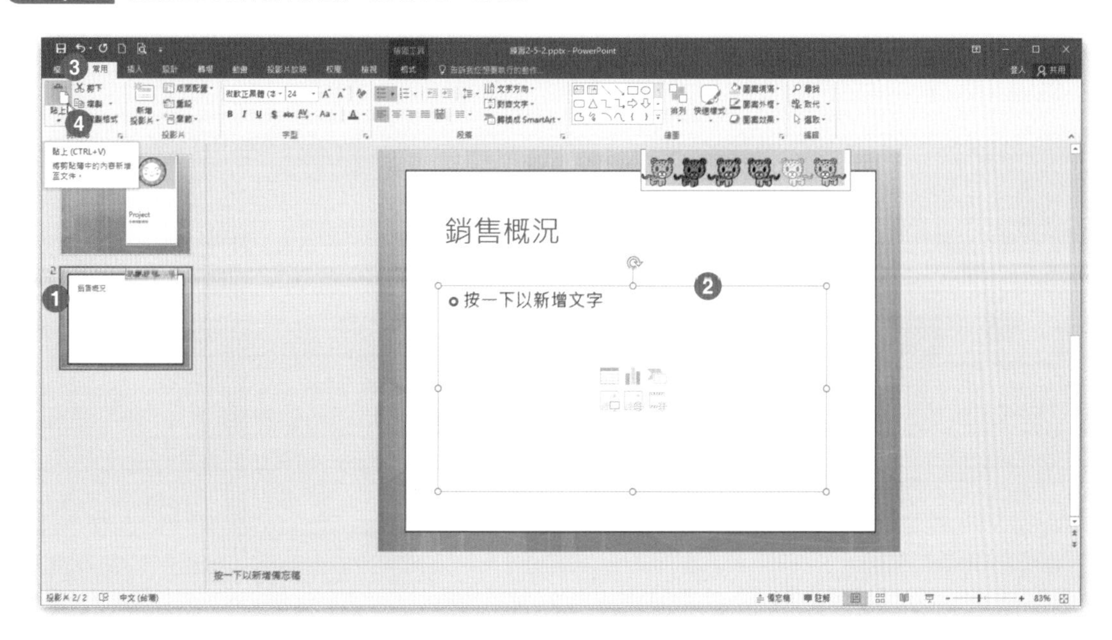

Step.8 點選圖表右下方的「貼上選項」。

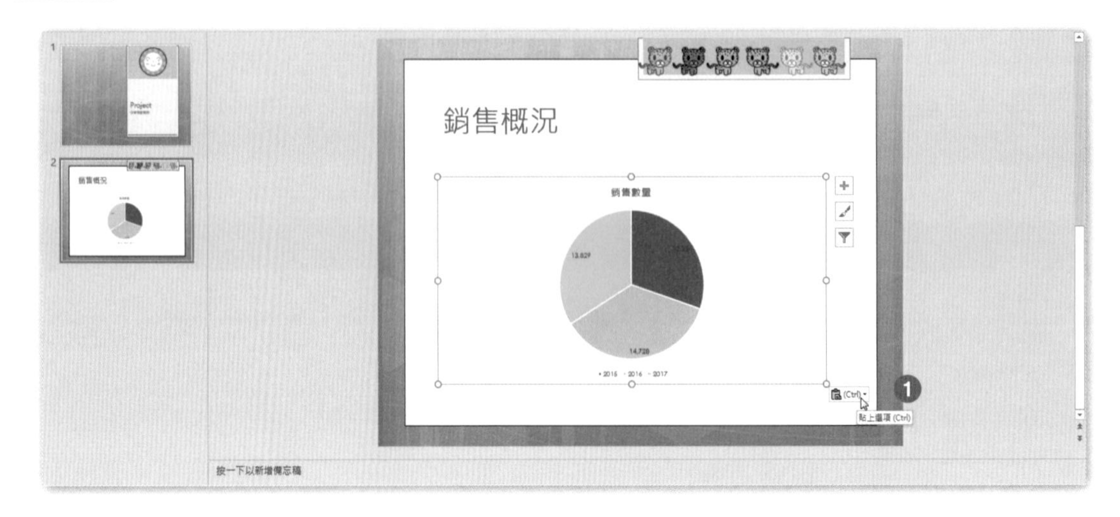

Step.9 在選單中選擇「保持來源格式設定與並連結資料」。

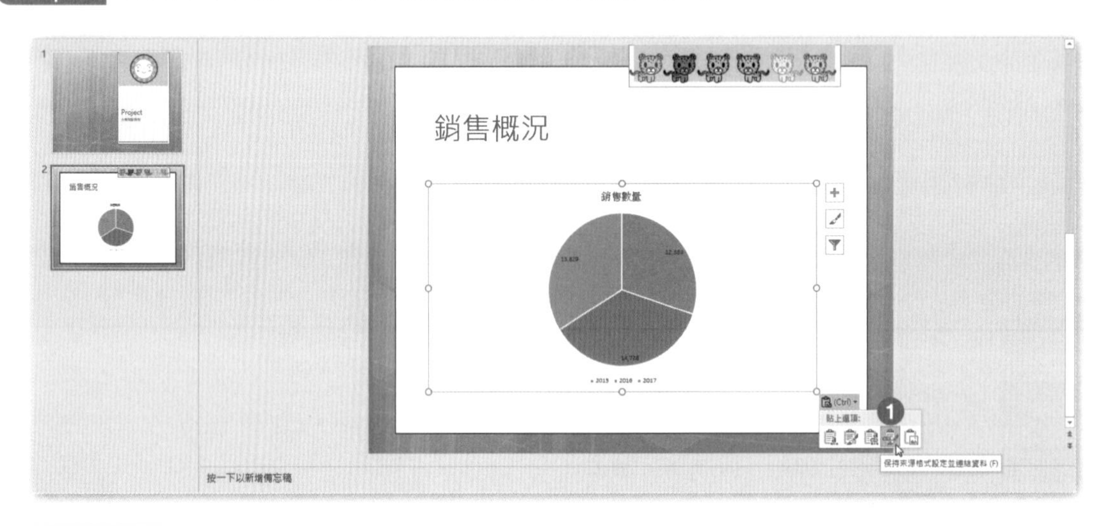

Step.10 完成結果如下圖。

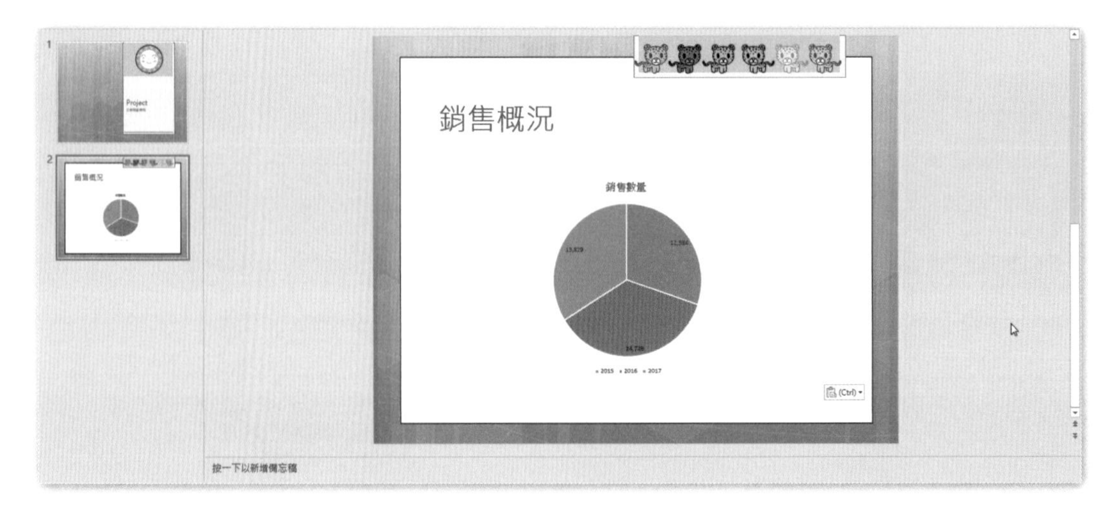

TIPS & TRICKS

5 種貼上選項的差異

使用目的地佈景主題與內嵌活頁簿	使用目前簡報的配色，並與原活頁簿斷開連結，獨立於簡報中。
保持來源格式設定與內嵌活頁簿	使用原本活頁簿的配色，並與原活頁簿斷開連結，獨立於簡報中。
使用目的地佈景主題與並連結資料	使用目前簡報的配色，與原活頁簿保持連結，受原檔案數據變化的影響亦會更新資料。
保持來源格式設定與並連結資料	使用原本活頁簿的配色，與原活頁簿保持連結，受原檔案數據變化的影響亦會更新資料。
圖片	將圖表轉為一張圖片貼入。

2-5-3 新增圖表項目

快速版面配置擁有許多不同的配置，我們可以在這裡快速變更套用不同的整體版面配置，也能使用新增圖表項目，單一加入我們所需要的圖表項目。

Step.1 開啟 \【文件】資料夾 \ 第 2 章練習檔 \ 練習 2-5-3.pptx。

Step.2 在左方投影片縮圖區中，點選第 2 張投影片，並點選圖表。

Step.3 點按**圖表工具 設計**索引標籤 \ **圖表版面配置** \ **快速版面配置▼** \ **版面配置** 9。

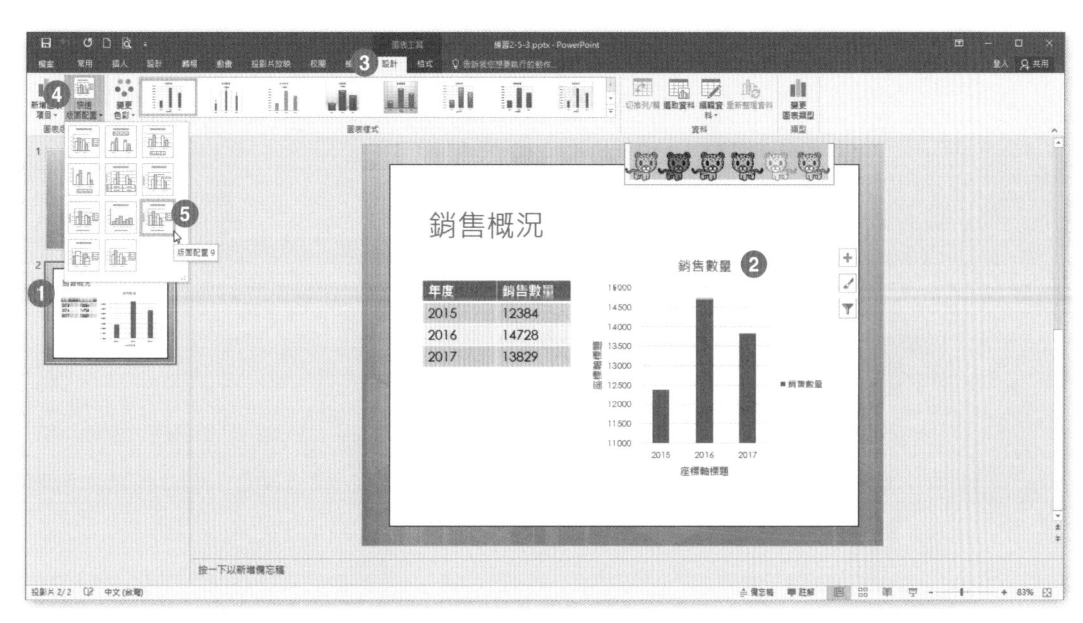

Step.4 點按**圖表工具 設計**索引標籤 \ **圖表版面配置** \ **新增圖表項目 c\ 資料標籤 \ 終點外側**。

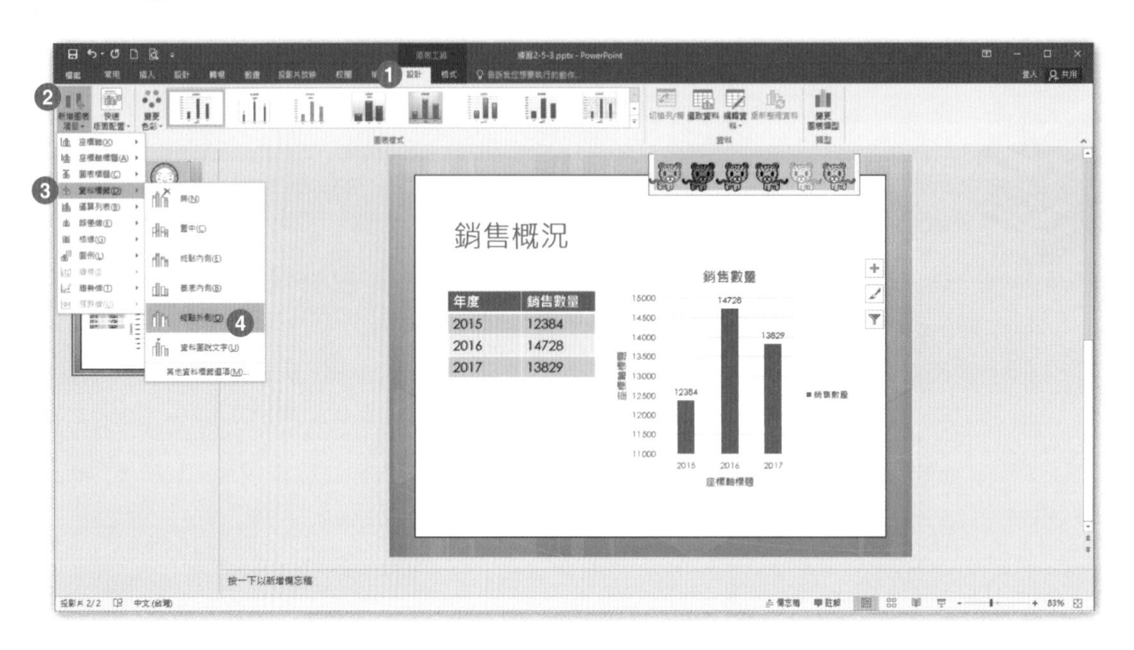

Step.5 點按**圖表工具 設計**索引標籤 \ **圖表版面配置** \ **新增圖表項目▼** \ **圖例** \ **下**。

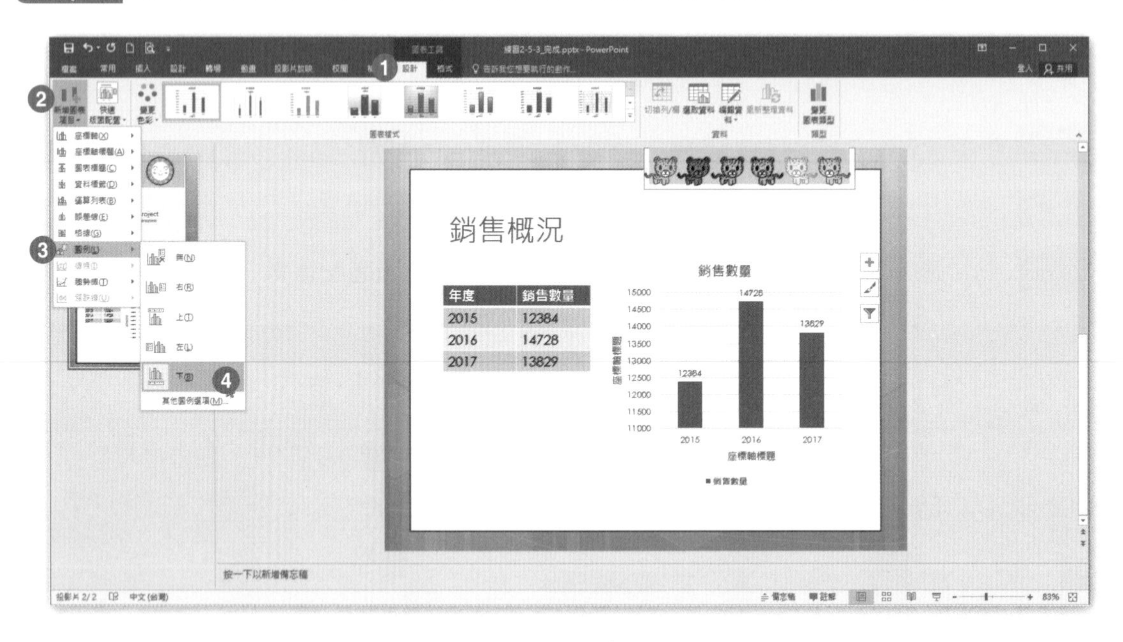

2-5-4 圖表樣式及色彩

圖表樣式是一組互補的色彩及效果，可套用至我們的圖表。 當我們選取圖表樣式時，變更會影響整個圖表。

Step.1 開啟 \【文件】資料夾 \ 第 2 章練習檔 \ 練習 2-5-4.pptx。

Step.2 在左方投影片縮圖區中，點選第 2 張投影片，並點選圖表。

Step.3 點按**圖表工具 設計**索引標籤 \ **圖表樣式** \ **▼ 其他**。

Step.4 選擇「樣式 14」的表格樣式。

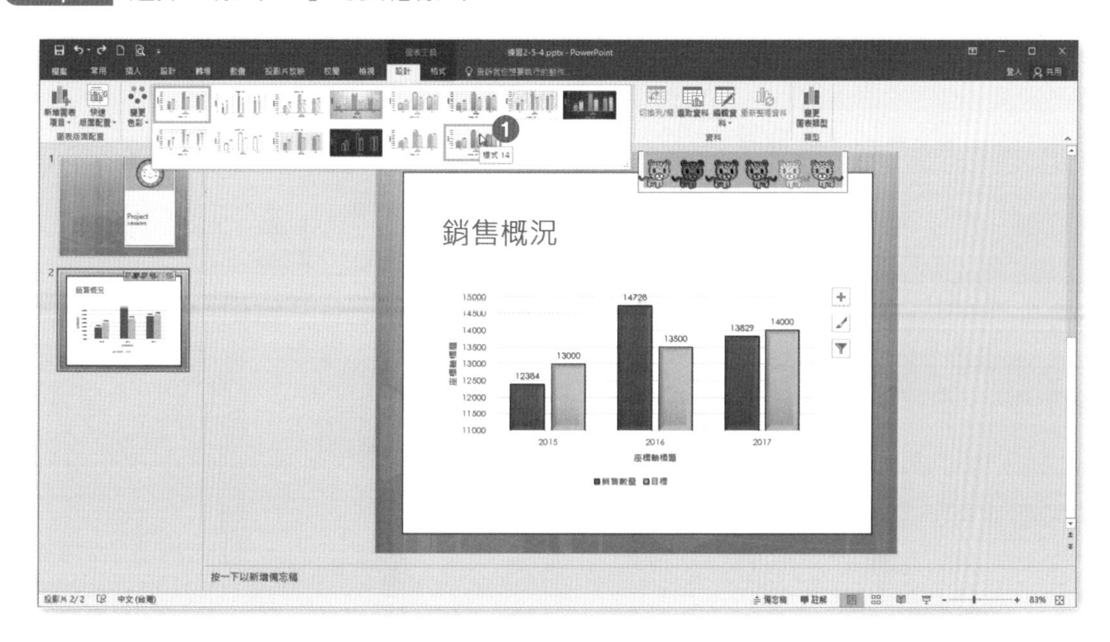

Step.5 點按**圖表工具 設計**索引標籤 \ **圖表樣式** \ **變更色彩▼** \ **色彩 2**。

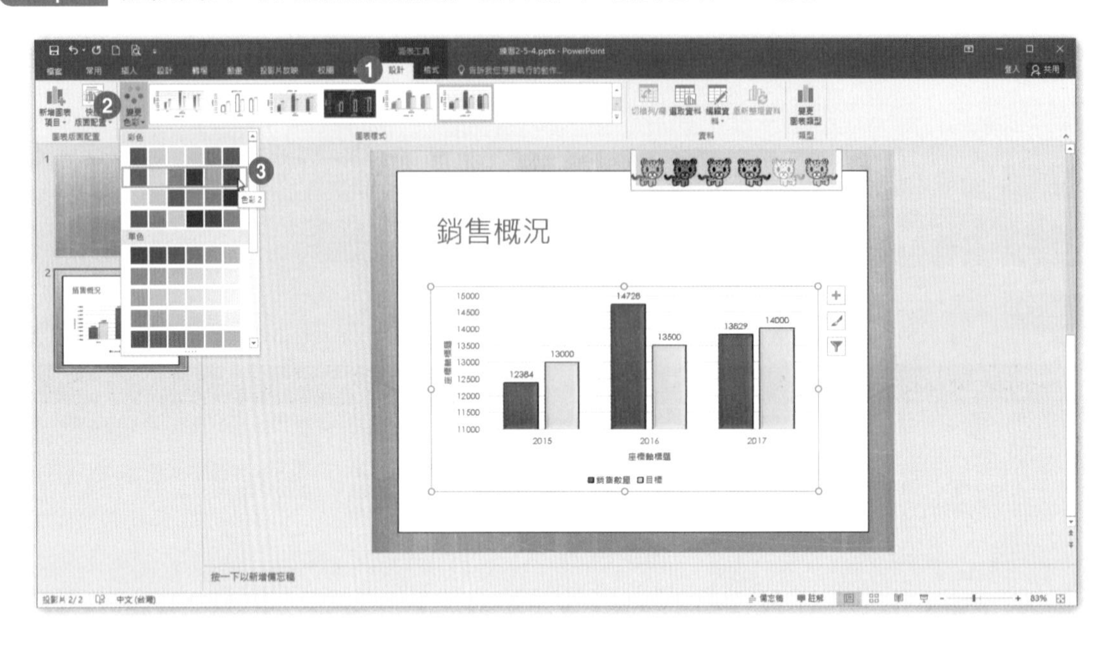

2-5-5 變更圖表類型

如遇到不適用的圖表類型，並不一定要刪除再重新繪製，我們可以透過工具直接轉換成另一種圖表類型。

Step.1 開啟 \【文件】資料夾 \ 第 2 章練習檔 \ 練習 2-5-5.pptx。

Step.2 在左方投影片縮圖區中，點選第 2 張投影片，並點選圖表。

Step.3 點按**圖表工具 設計**索引標籤 \ **類型** \ **變更圖表類型**。

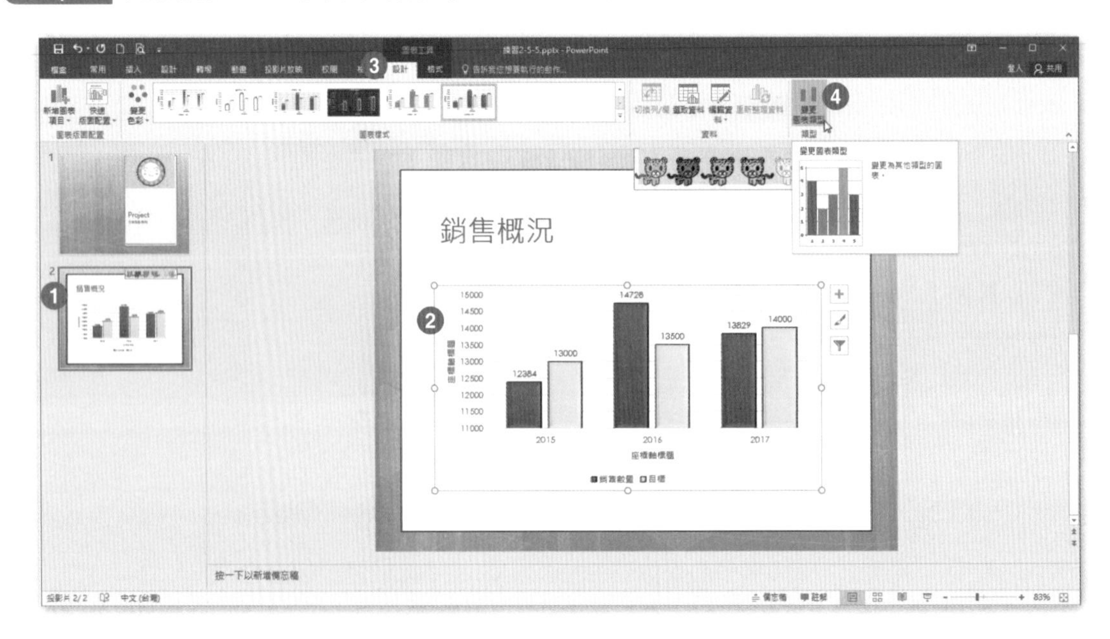

Step.4 在**變更圖表類型**視窗中，先選擇**折線圖**類別，再選擇「含有資料標記的折線圖」，並按下**確定**。

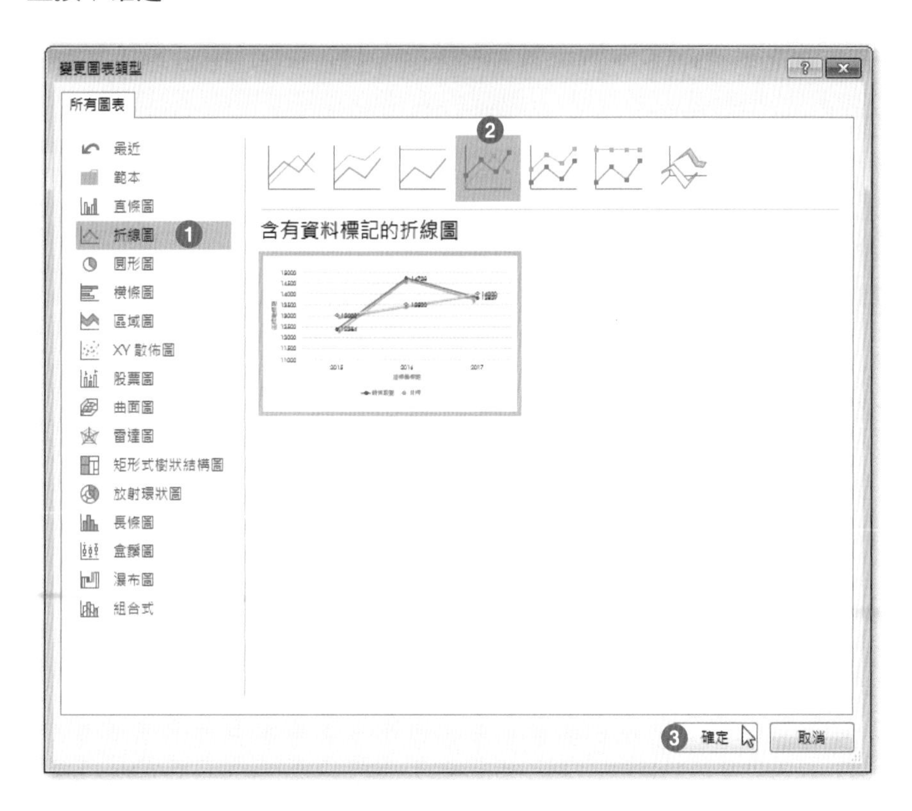

Step.5 完成結果如下圖。

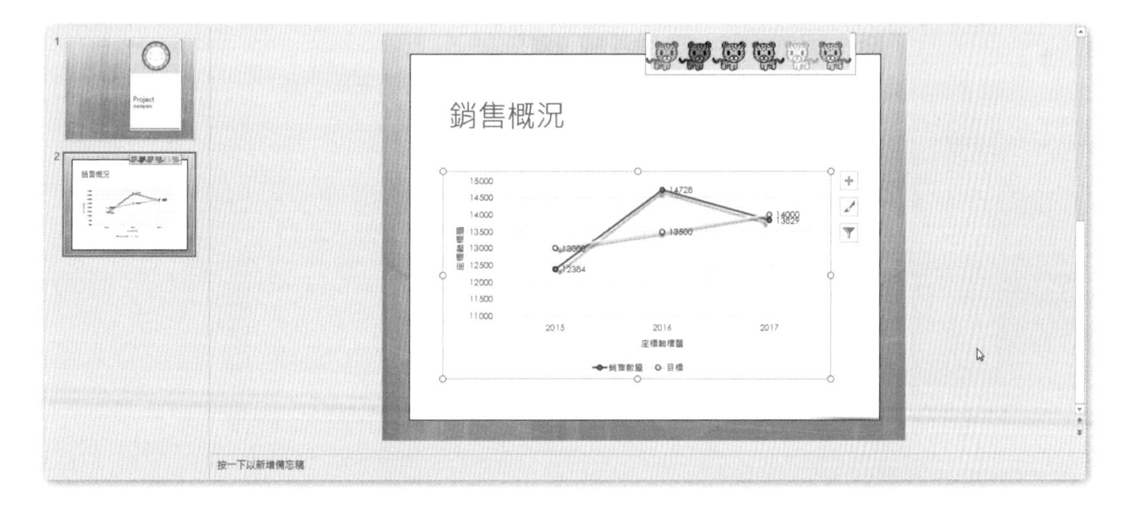

實作練習

學習難易：★★★★☆

學習目的：熟悉圖表工具

使用功能：點按**圖表工具 設計**索引標籤

開啟【文件】資料夾 \ 第 2 章練習檔 \「P2-5.pptx」完成下列操作步驟：

- 在第 2 張投影片上新增一個預設的曲面圖類型裡的「框線立體曲面圖」圖表，並套用樣式 4，及圖表下方顯示與圖表重疊的圖例。
- 在第 3 張投影片上建立一個「立體群組直條圖」，圖表的資料來源為同一張投影片的表格內容，並以年為「類別軸」、以「年度銷售數量」為「資料數列」，圖表大小可自行調整。

Step.1 在左方投影片縮圖區中，點選第 2 張投影片。

Step.2 點選投影片編輯區中的「插入圖表」功能按鈕。

Step.3 在**插入圖表**視窗中，先選擇**曲面圖**類別，再選擇「框線立體曲面圖」，並按下**確定**。

Step.4 關閉 Microsoft PowerPoint **的圖表**視窗。

	A	B	C	D
1		數列 1	數列 2	數列 3
2	類別 1	4.3	2.4	2
3	類別 2	2.5	4.4	2
4	類別 3	3.5	1.8	3
5	類別 4	4.5	2.8	5

Step.5 點按**圖表工具 設計**索引標籤 \ **圖表樣式** \ **樣式 4**。

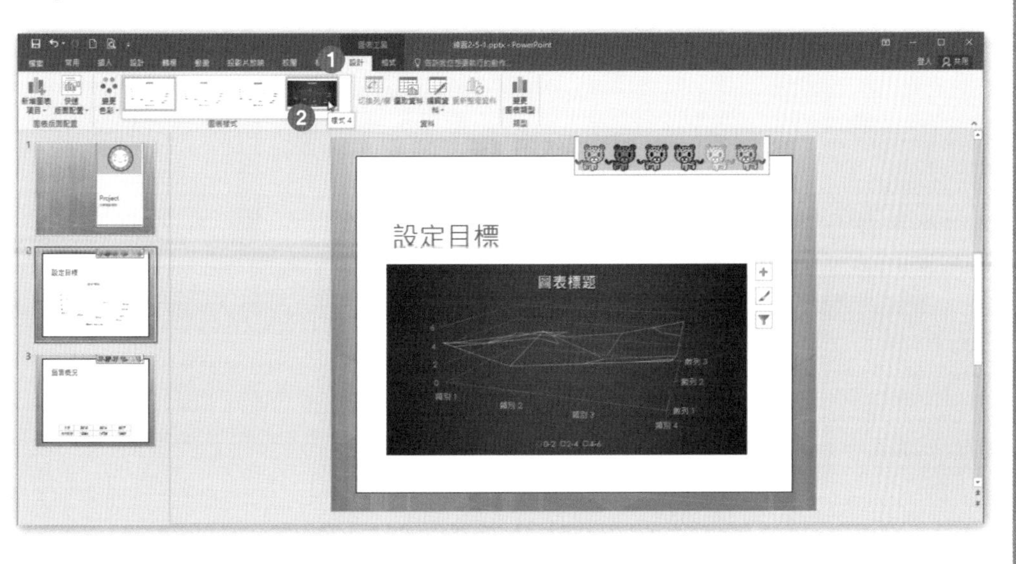

Step.6 點按**圖表工具 設計**索引標籤 \ **圖表版面配置** \ **新增圖表項目▼** \ **圖例** \ **其他圖例選項**。

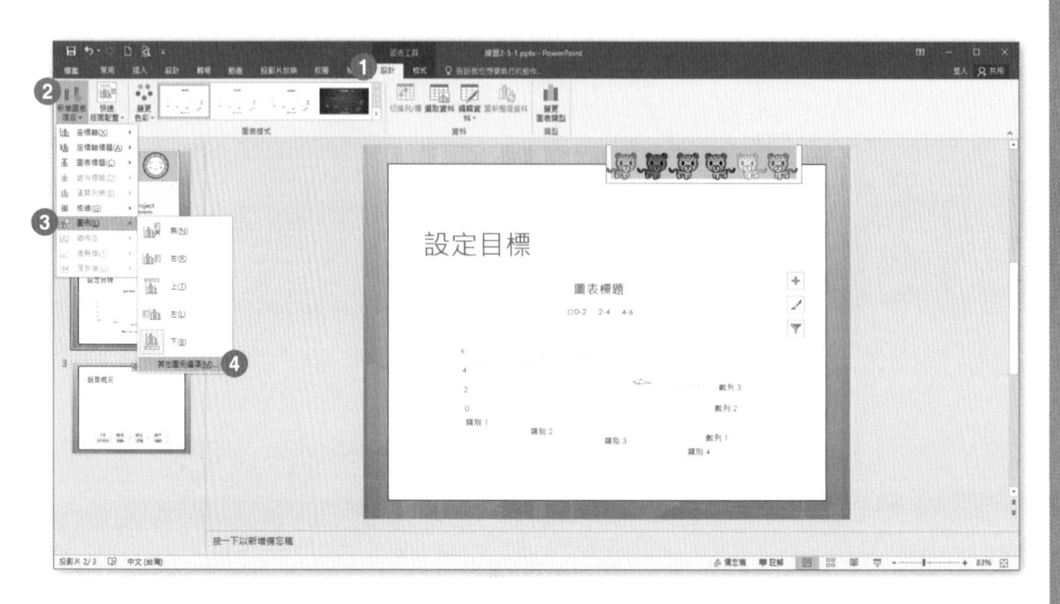

Step.7 在右方**圖例格式**視窗中，選擇**圖例位置 ⦿ 下**，並取消勾選 **圖例顯示位置不與圖表重疊**。

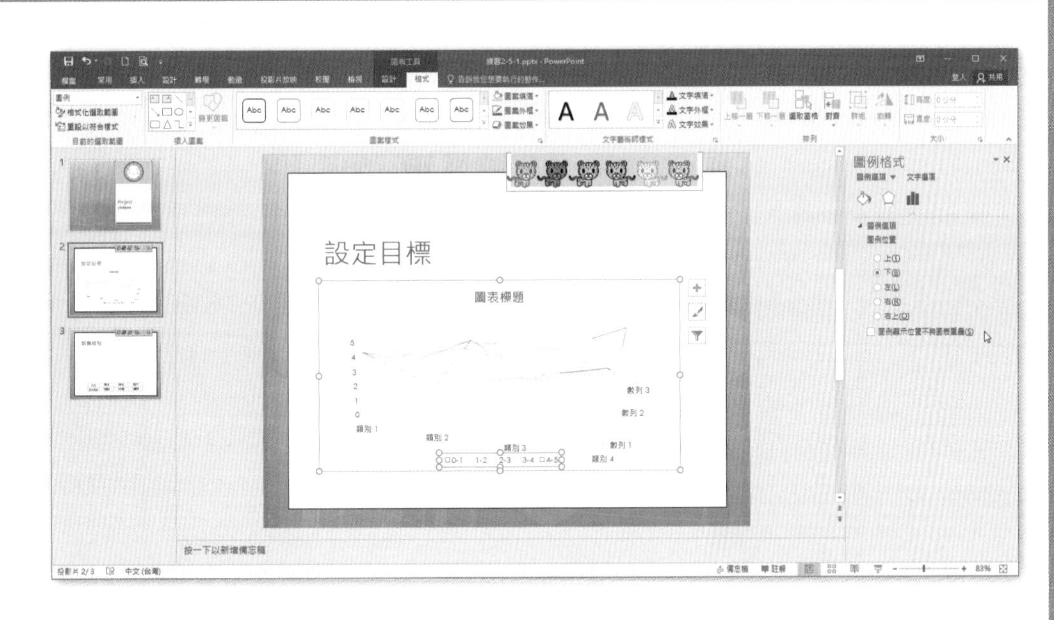

Step.8 點選第 3 張投影片，點按**插入**索引標籤 \ **圖例** \ **圖表**。

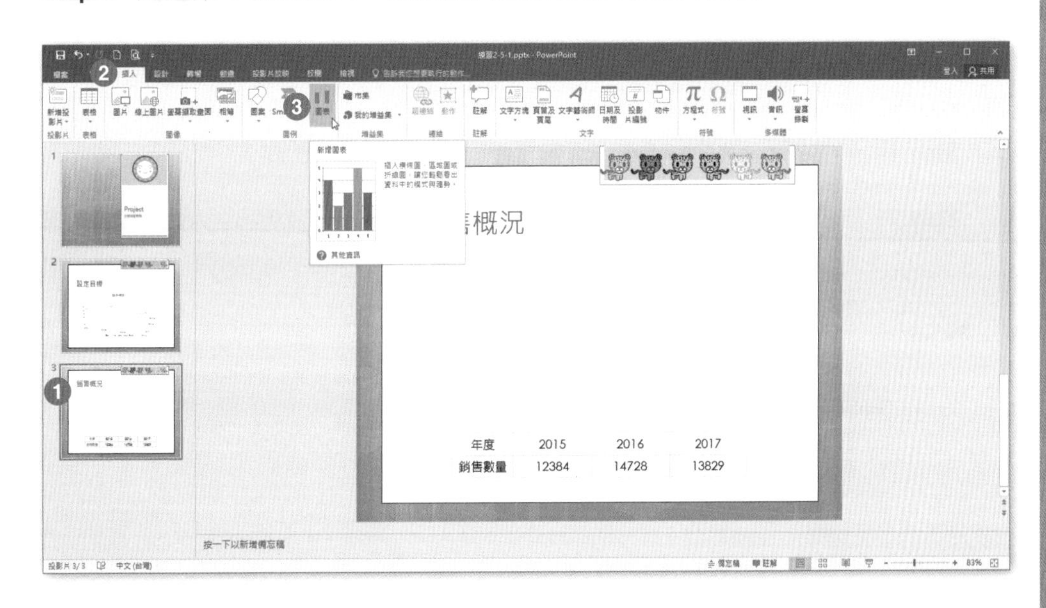

Step.9 在**插入圖表**視窗中，先選擇**直條圖**類別，再選擇「立體群組直條圖」，並按下**確定**。

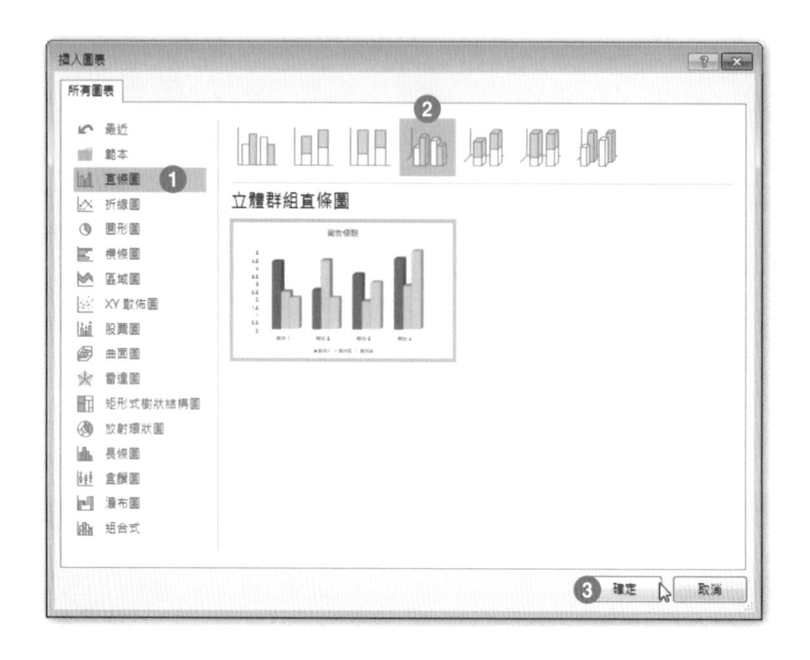

Step.10 在 Microsoft PowerPoint 的圖表視窗中，輸入資料。

Step.11 在 A2 儲存格輸入：2015、A3 儲存格輸入：2016、A4 儲存格輸入：2017、B1 儲存格輸入：年度銷售數量、B2 儲存格輸入：12384、B3 儲存格輸入：14728、B4 儲存格輸入：13829。

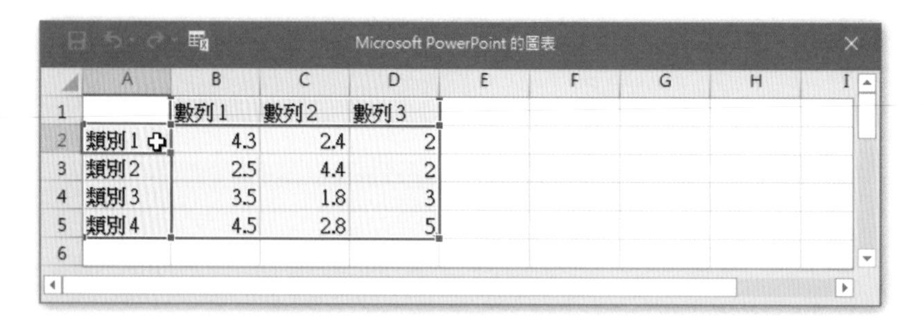

Microsoft PowerPoint 的圖表

	A	B	C	D
1		數列 1	數列 2	數列 3
2	類別 1	4.3	2.4	2
3	類別 2	2.5	4.4	2
4	類別 3	3.5	1.8	3
5	類別 4	4.5	2.8	5
6				

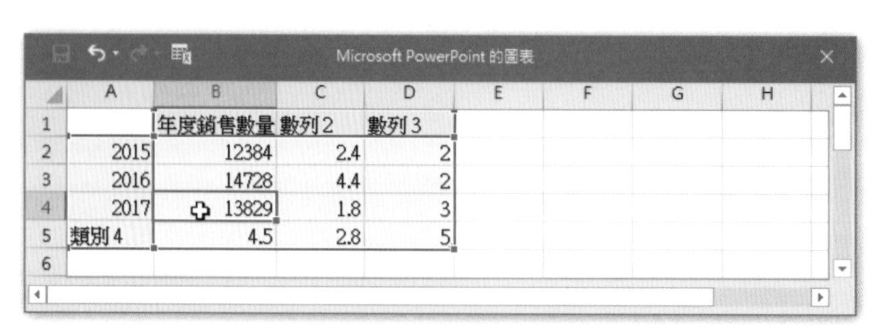

Microsoft PowerPoint 的圖表

	A	B	C	D
1		年度銷售數量	數列 2	數列 3
2	2015	12384	2.4	2
3	2016	14728	4.4	2
4	2017	13829	1.8	3
5	類別 4	4.5	2.8	5
6				

Step.12 拖曳 D6 儲存格右下方的控點，拖曳至 B4 儲存格，將選取範圍設定在 A1:B4 儲存格。

Microsoft PowerPoint 的圖表

	A	B	C	D	E	F	G	H
1		年度銷售數量	數列 2	數列 3				
2	2015	12384	2.4	2				
3	2016	14728	4.4	2				
4	2017	13829	1.8	3				
5	類別 4	4.5	2.8	5				
6								

Microsoft PowerPoint 的圖表

	A	B	C	D	E	F	G	H
1		年度銷售數量	數列 2	數列 3				
2	2015	12384	2.4	2				
3	2016	14728	4.4	2				
4	2017	13829	1.8	3				
5	類別 4	4.5	2.8	5				
6								

Step.13 選取 C、D 兩欄，接著刪除欄。再選取第 5 列，接著刪除列。

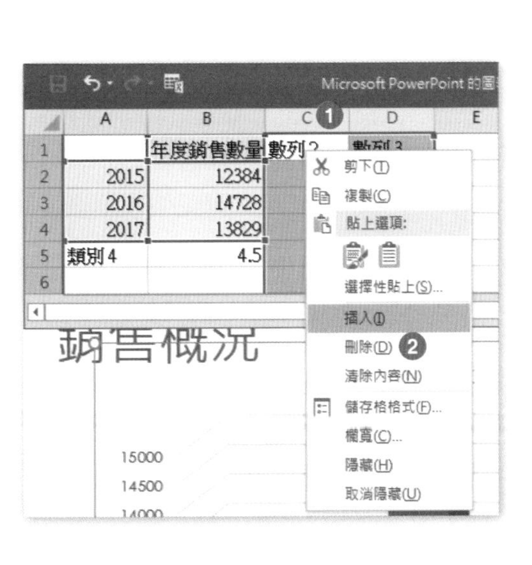

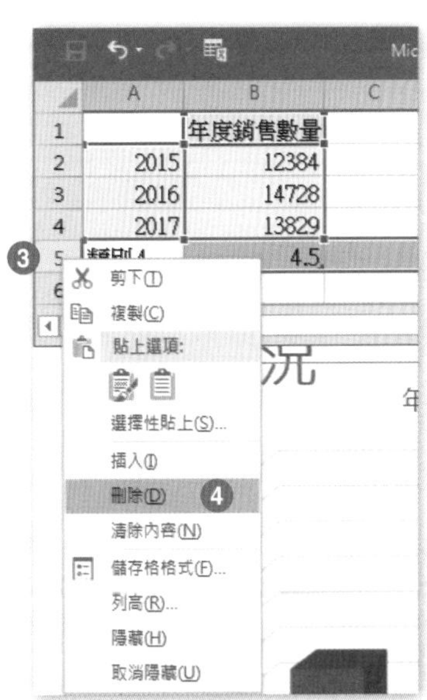

Step.14 完成後關閉視窗。

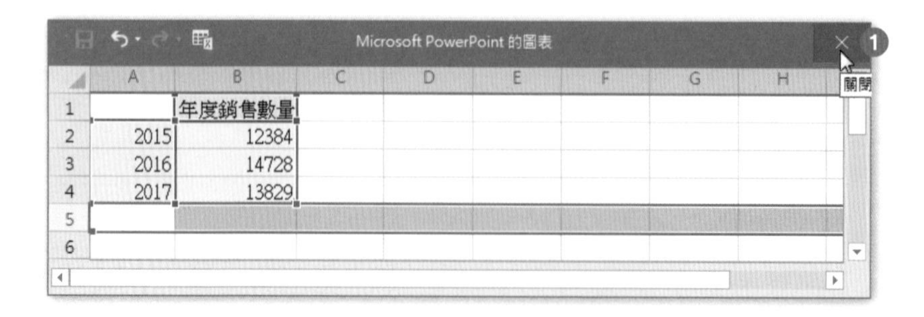

Step.15 將圖表調整成適度大小。

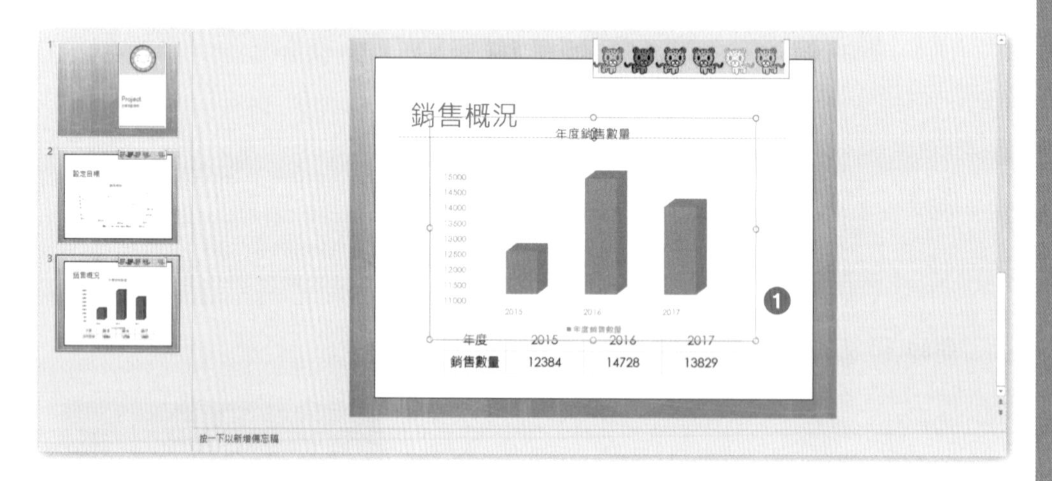

Step.16 完成結果如下圖。

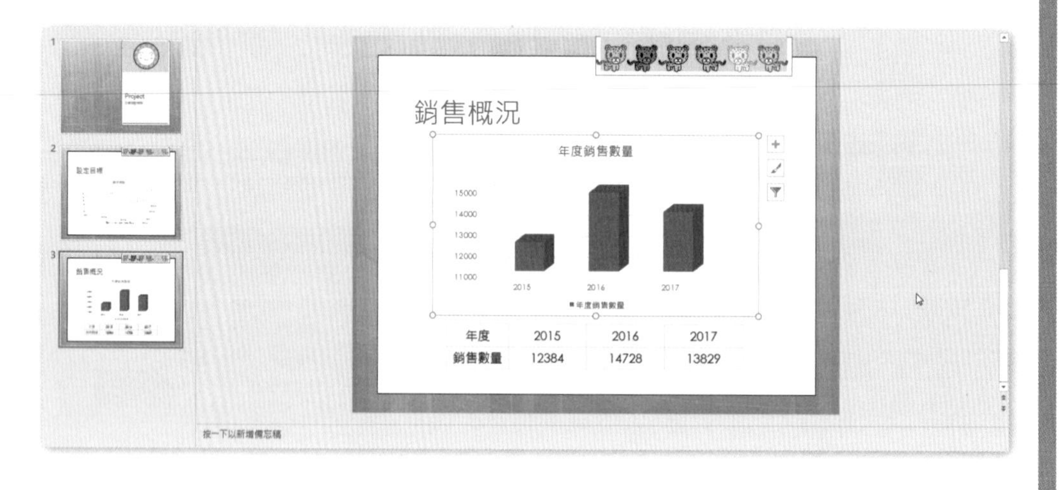

Chapter 03 動畫及多媒體物件使用

學習重點

在播放簡報時，如果希望節奏感明確，聽眾可以把注意力集中在重要的環節上時，可以利用動畫的搭配吸引聽眾的注意力，以達到增加印象及記憶的效果。

若簡報只有靜態的文字、表格、圖表或 SmartArt…等，會顯得不夠生動，萬一加上時間不足無法做個別物件的自訂動畫時，那麼使用投影片的換頁動畫或是多媒體工具的輔助則是很好的選擇。

- 動畫的使用
- 轉場動畫
- 音訊及視訊工具的使用

3-1 動畫的使用

若要在簡報中增添活潑的氣氛，您可以替投影片上的圖片或圖形加上動畫效果。

3-1-1 新增動畫

動畫有四種不同類型的動畫效果：

- [進入] 效果，可讓物件逐漸淡入焦點、從邊緣飛到投影片上，或者彈入視野中。
- [離開] 效果，包括讓物件飛離投影片、從視野中消失，或旋出投影片。
- [強調] 效果，包括讓物件縮小或放大、變更色彩，或者從中心旋轉。
- [移動路徑]，讓物件上下左右移動，或是以星形或循環模式移動 (或採取其他效果)，也可以繪製自訂的移動路徑。

可以單獨使用任何動畫效果，或是結合多種動畫效果。

Step.1 開啟 \【文件】資料夾 \ 第 3 章練習檔 \ 練習 3-1-1.pptx。

Step.2 點選第 1 張投影片中的汽車圖案。

Step.3 點按**動畫**索引標籤 \ **進階動畫** \ **新增動畫▼** \ **進入** \ **飄浮進入**。

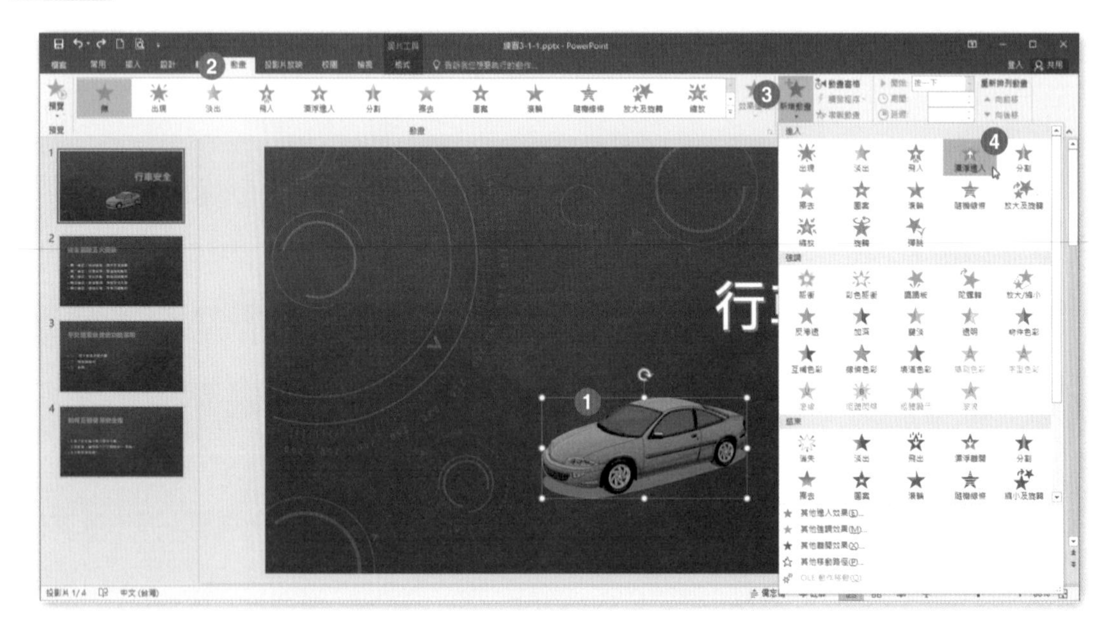

Step.4 完成後，再點按**動畫**索引標籤 \ **進階動畫** \ **新增動畫▼** \ **強調** \ **放大 / 縮小**。

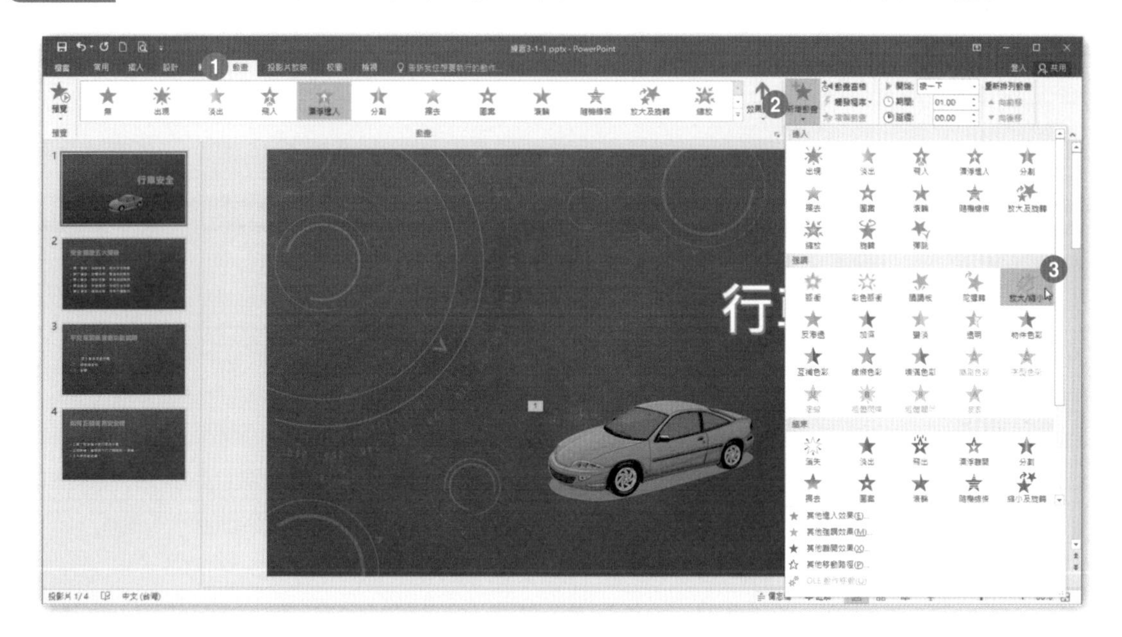

Step.5 完成後，再點按**動畫**索引標籤 \ **進階動畫** \ **新增動畫▼** \ **結束** \ **飄浮離開**。

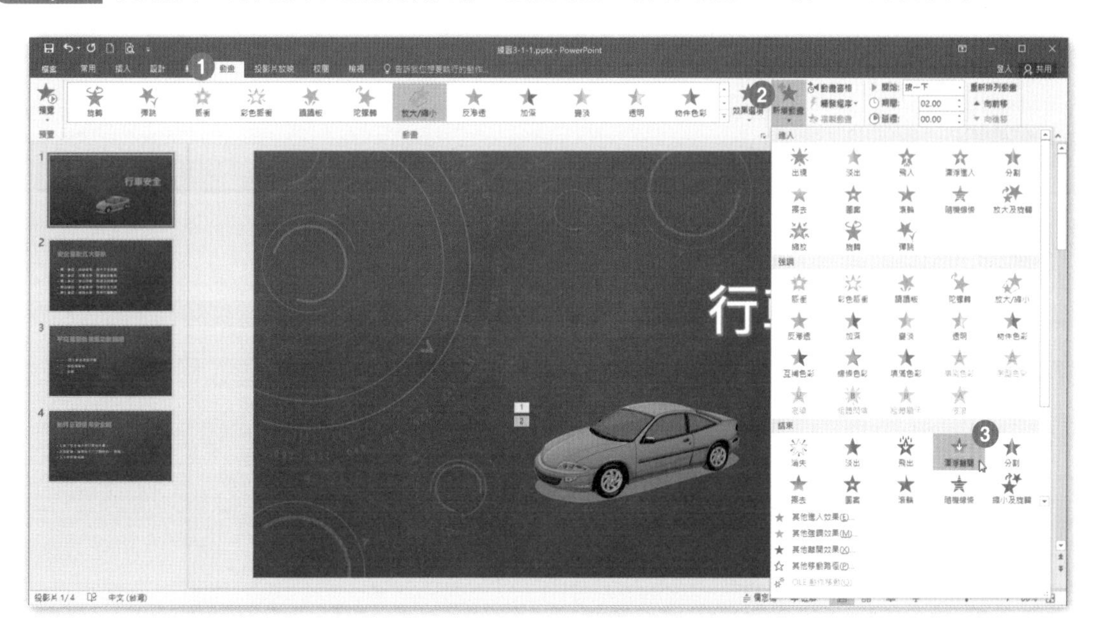

Step.6 點按**動畫**索引標籤 \ **預覽** \ **預覽** 可觀看目前動畫效果。

TIPS & TRICKS

可利用**動畫**索引標籤 \ **進階動畫** \ **動畫窗格**，在右方的動畫窗格視窗中，看到目前動畫的設定及動畫的個數。

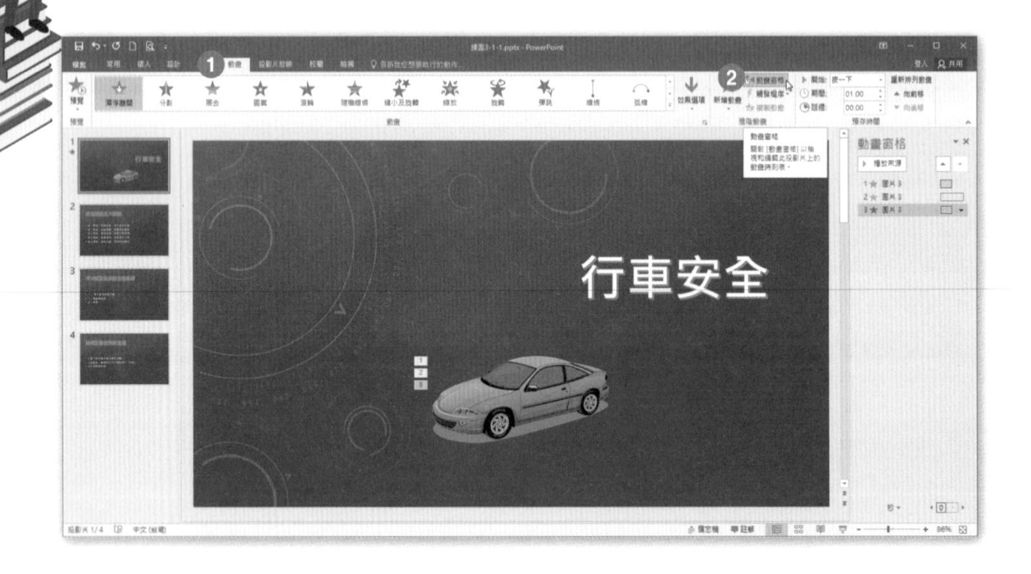

3-1-2 移動路徑動畫

我們可以套用移動路徑動畫效果，使用某些路徑移動投影片物件，即可有效呈現故事或效果。

Step.1 開啟 \【文件】資料夾 \ 第 3 章練習檔 \ 練習 3-1-2.pptx。

Step.2 點選第 2 張投影片中的驚嘆號圖案。

Step.3 點按**動畫**索引標籤 \ **進階動畫** \ **新增動畫▼** \ **其他移動路徑**。

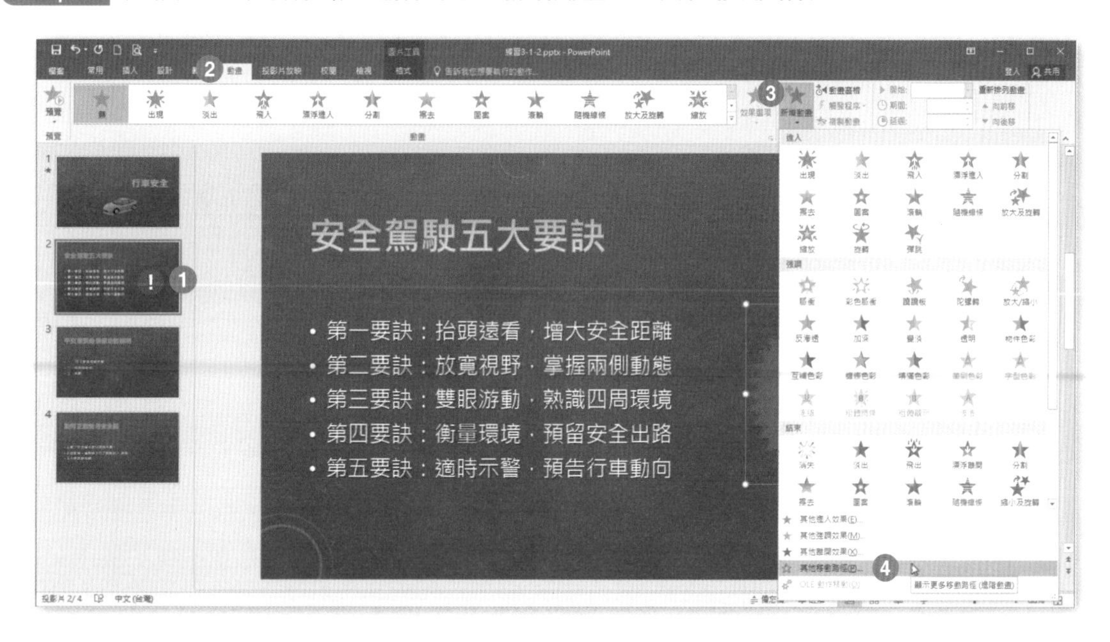

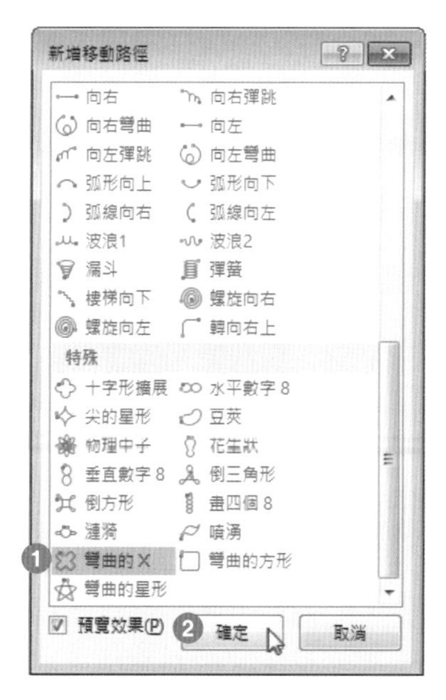

Step.4

在**新增移動路徑**視窗中，點選**特殊**類別的「彎曲的 X」，並按下**確定**。

Step.5 完成結果如下圖。

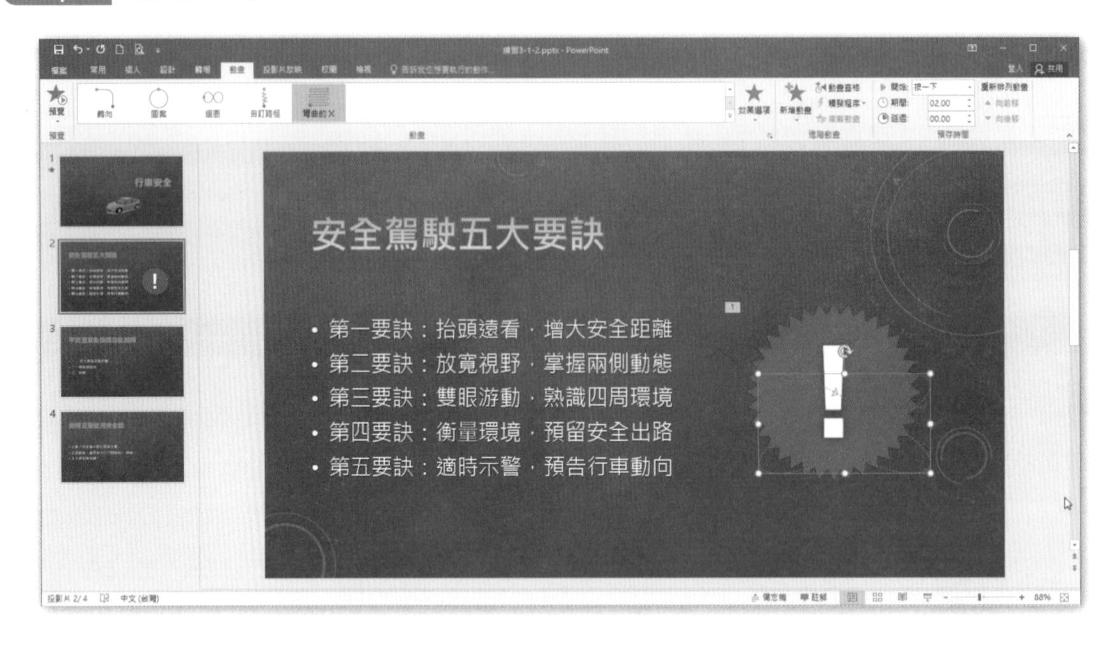

3-1-3 調整動畫順序

因為動畫出現的預設順序，跟新增動畫時的順序相同，所以有時我們設定動畫的順序和播放時所希望的順序不同時，可以利用動畫窗格，在窗格中即能快速的調整動畫出現的順序。

Step.1 開啟 \【文件】資料夾 \ 第 3 章練習檔 \ 練習 3-1-3.pptx。

Step.2 點按**動畫**索引標籤 \ **進階動畫** \ **動畫窗格**。

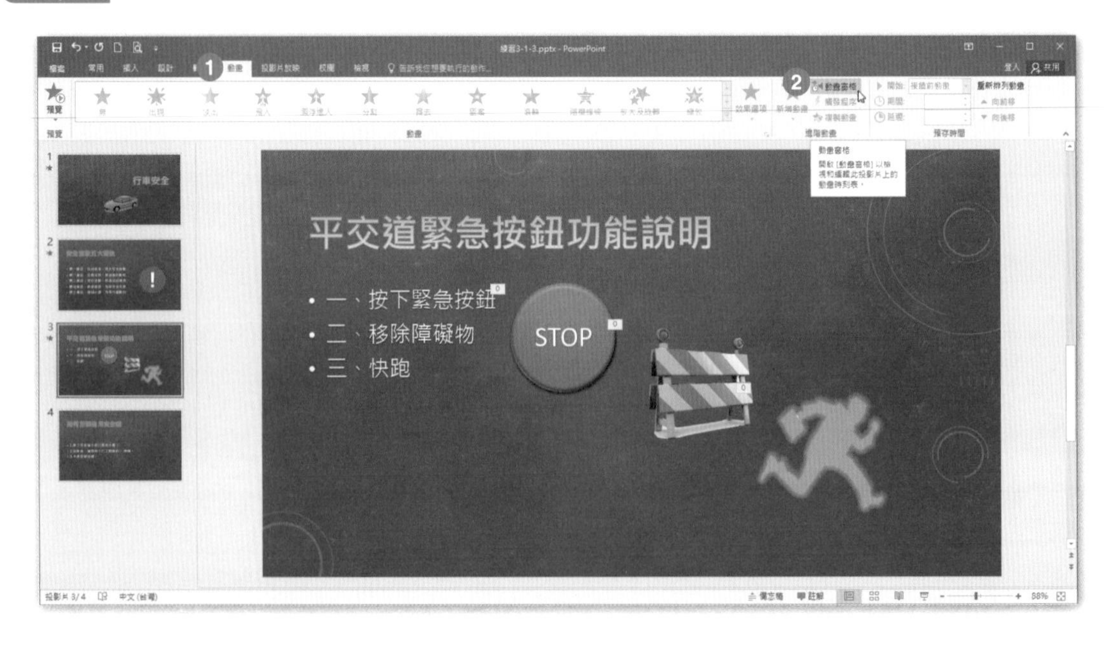

Step.3 在右方**動畫窗格**視窗中，點選**橢圓 4 的動畫**，並按下▲圖案 2 下。

Step.4 將**橢圓 4 的動畫**移至第一個出現的動畫位置。

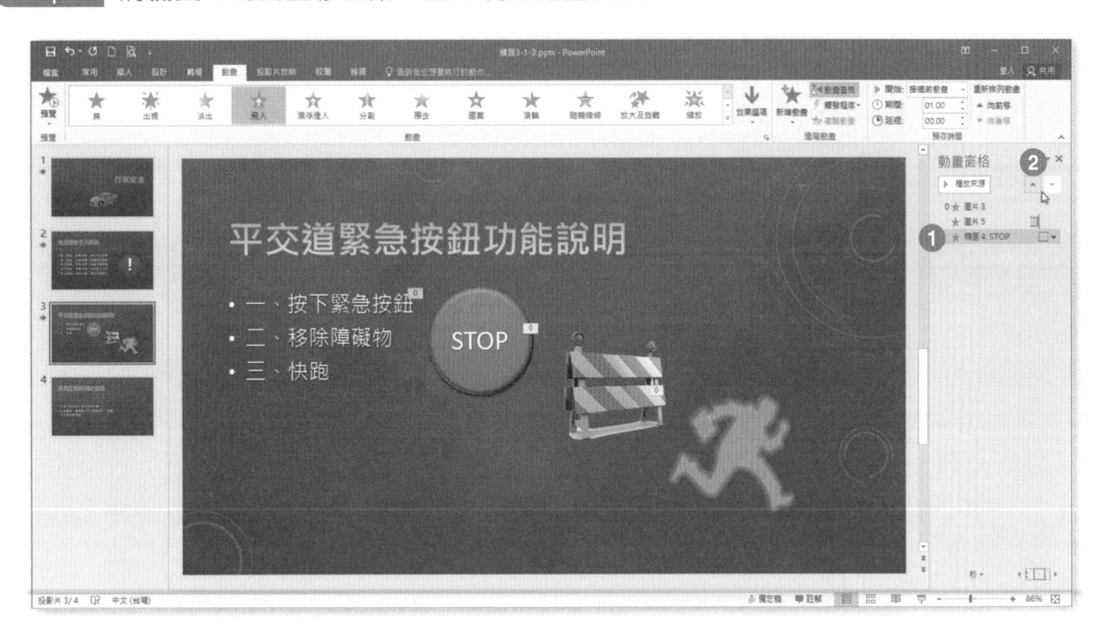

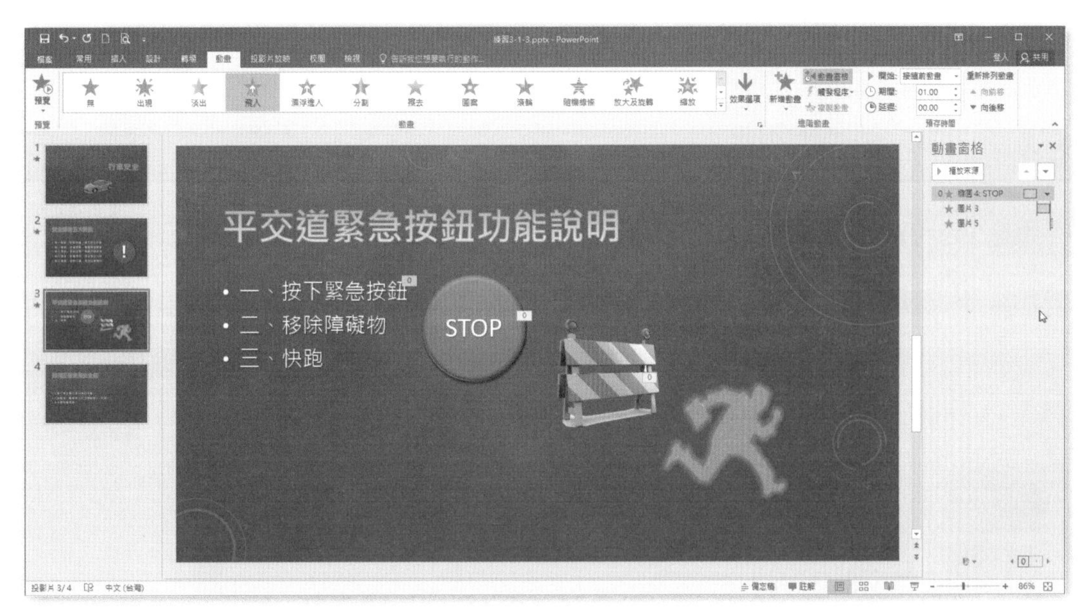

3-1-4　動畫效果選項

動畫的效果選項能幫助我們更改一些動畫預設的方向性，例如動畫出場的方向、離場的方向，也可以改變一些線條效果的方向性，或是整體動畫的出場方式。

Step.1　開啟 \【文件】資料夾 \ 第 3 章練習檔 \ 練習 3-1-4.pptx。

Step.2　點按**動畫**索引標籤 \ **進階動畫** \ **動畫窗格**。

Step.3　在右方**動畫窗格**視窗中，點選**第一個動畫**。

Step.4　點按**動畫**索引標籤 \ **動畫** \ **效果選項▼** \ **向下浮動**。

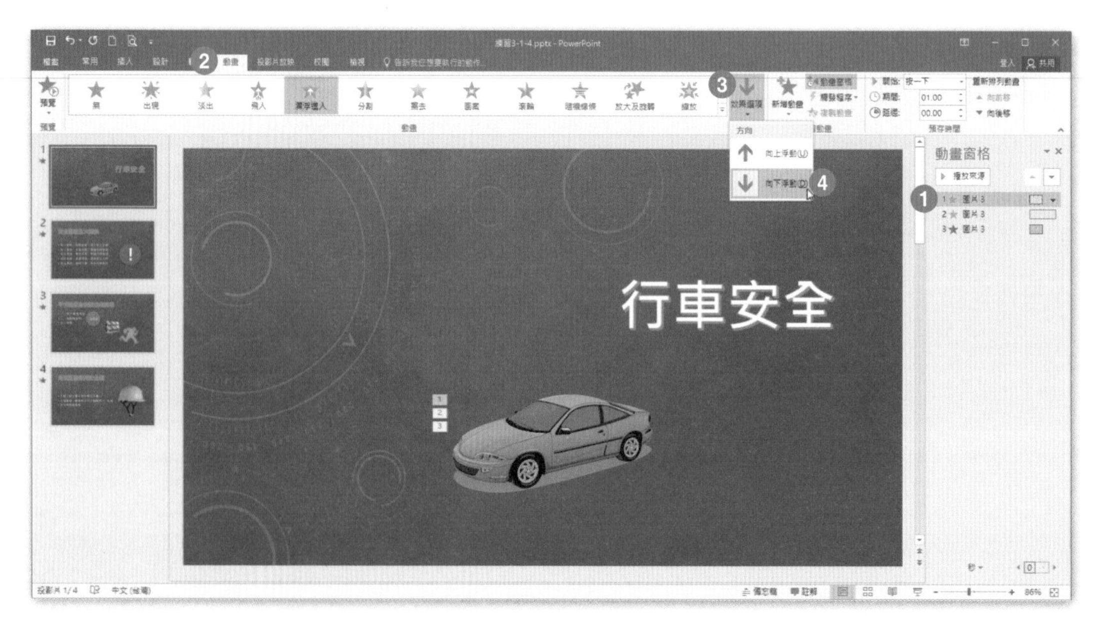

Step.5 在右方**動畫窗格**視窗中，點選**第三個動畫**。

Step.6 點按**動畫**索引標籤 \ **動畫** \ **效果選項▼** \ **至左**。

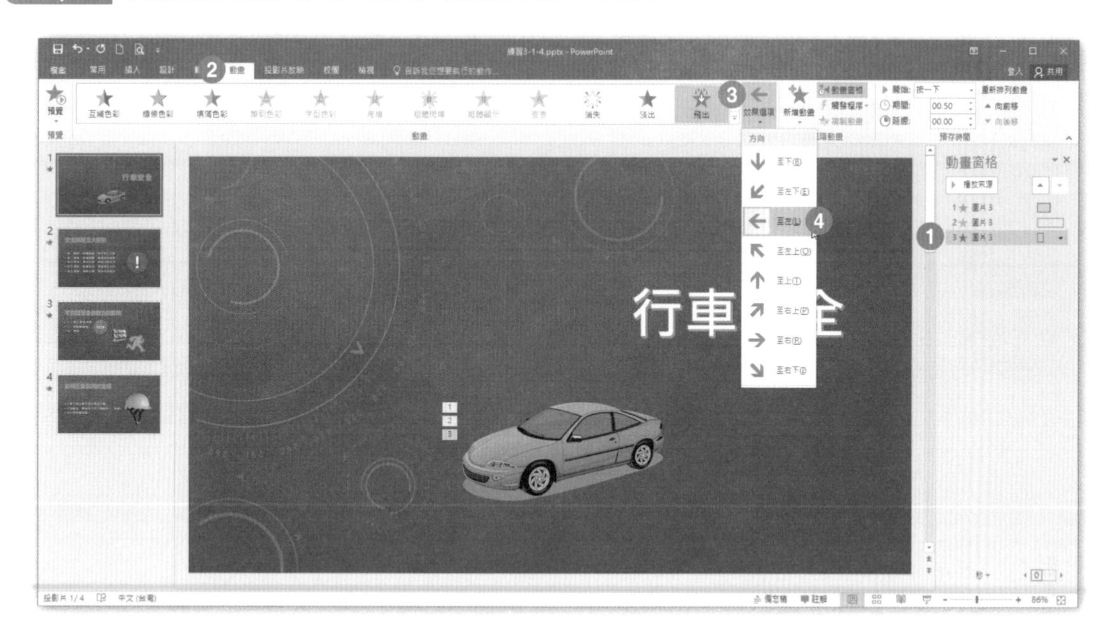

Step.7 點選第 4 張投影片中的安全帽圖案。

Step.8 點按**動畫**索引標籤 \ **動畫** \ **效果選項▼** \ **圖案** \ **十字形擴展**。

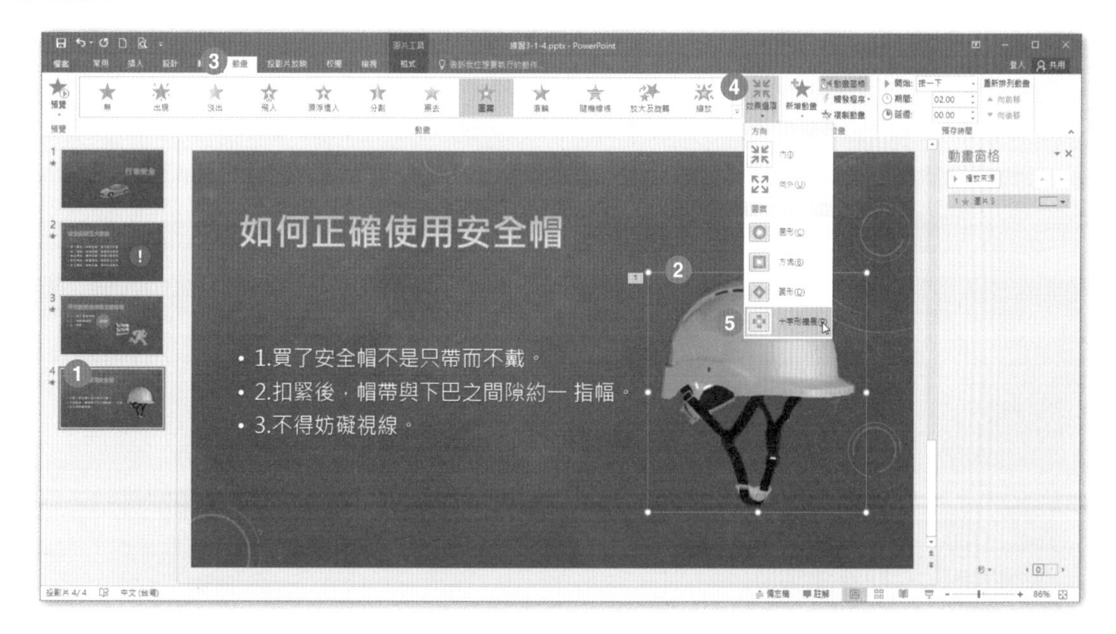

Step.9 點按**動畫**索引標籤 \ **動畫** \ **效果選項▼** \ **方向** \ **向外**。

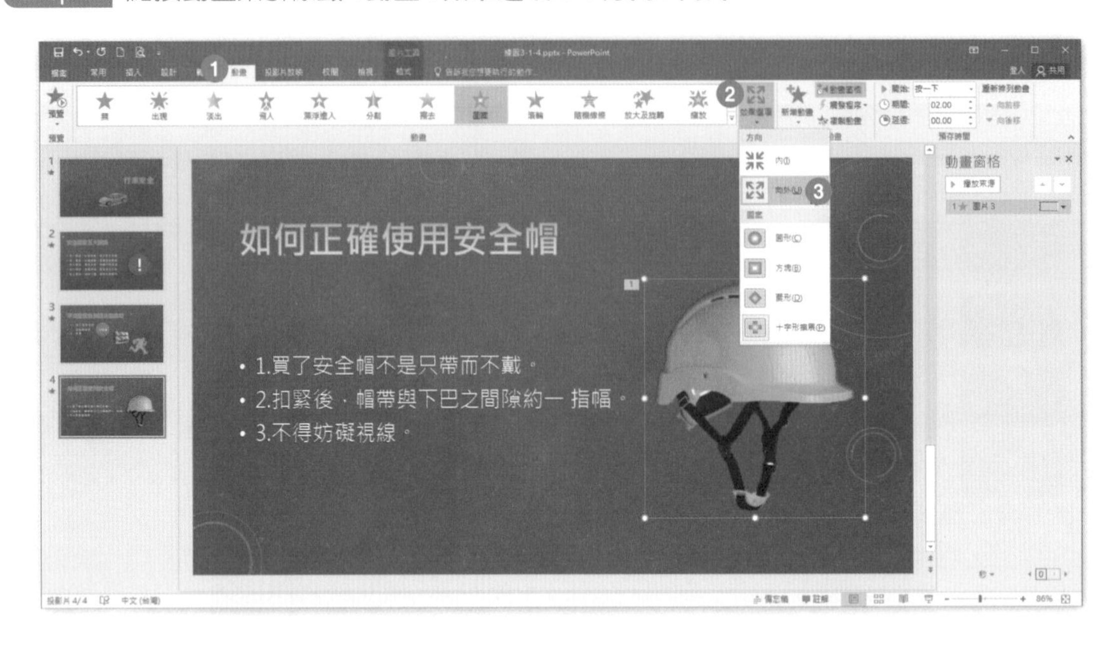

3-1-5 預存時間設定

開始選項：能決定動畫的出場方式，是自動、或是手動、亦或是接續。

而動畫效果的速度取決於「期間」設定。

延遲選項：可決定要過多久時間才會開始特定的動畫效果。

Step.1 開啟 \【文件】資料夾 \ 第 3 章練習檔 \ 練習 3-1-5.pptx。

Step.2 點按**動畫**索引標籤 \ **進階動畫** \ **動畫窗格**。

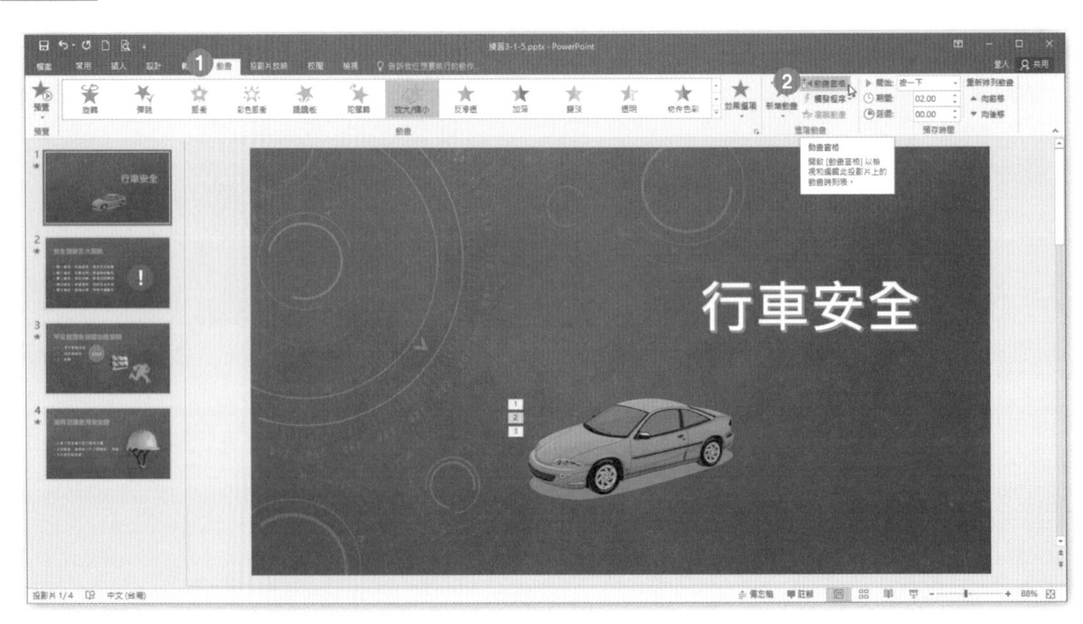

Step.3 在右方**動畫窗格**視窗中，點選**第二個動畫**。

Step.4 點按**動畫**索引標籤 \ **預存時間** \ **開始** :\ **接續前動畫**。

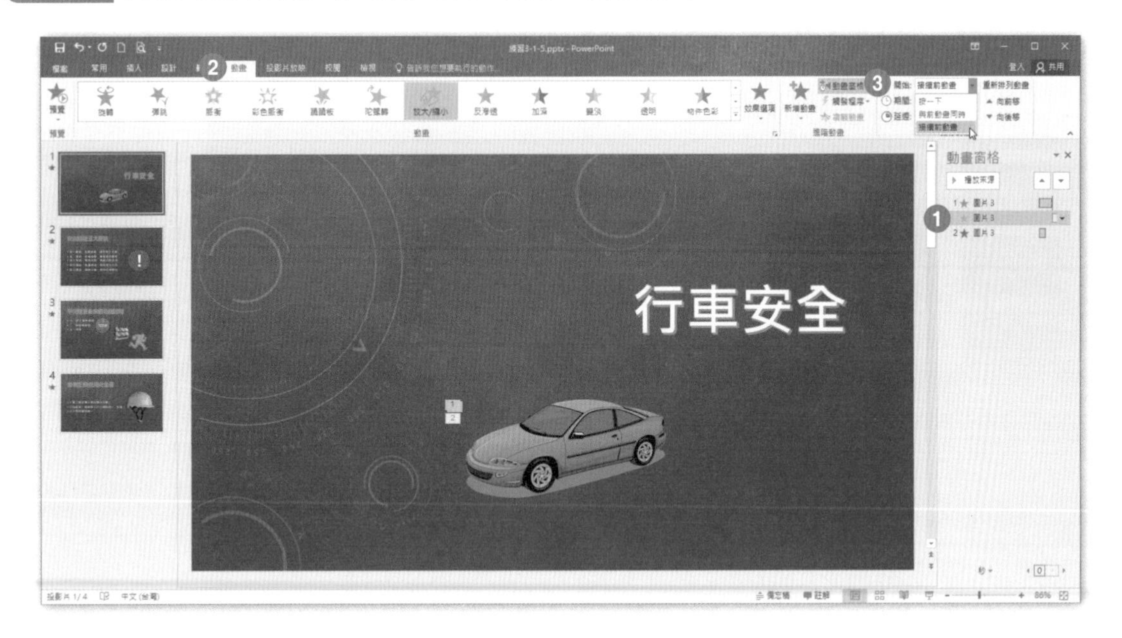

Step.5 在右方**動畫窗格**視窗中，點選**第三個動畫**。

Step.6 點按**動畫**索引標籤 \ **預存時間** \ **開始** :\ **接續前動畫**。

Step.7 輸入 **期間：01.00**、**延遲：01.00**。

實作練習

學習難易：★★☆☆☆

學習目的：新增動畫至文字並設定效果選項

使用功能：動畫索引標籤 \ 進階動畫 及 動畫索引標籤 \ 動畫

開啟【文件】資料夾 \ 第 3 章練習檔 \「P3-1A.pptx」完成下列操作步驟：

➤ 針對第 2 張投影片上的文字進行動畫設定，讓每一個段落的進入動畫都是每按一下滑鼠，便自上向下擦去的效果。

➤ 設定第 2 張投影片的動畫順序，讓驚嘆號圖片在文字之後才出現。

Step.1 在左方投影片縮圖區中，點選第 2 張投影片。

Step.2 點選投影片編輯區中，選取內文的文字框。

Step.3 點按**動畫**索引標籤 \ **進階動畫** \ **新增動畫▼** \ **進入** \ **擦去**。

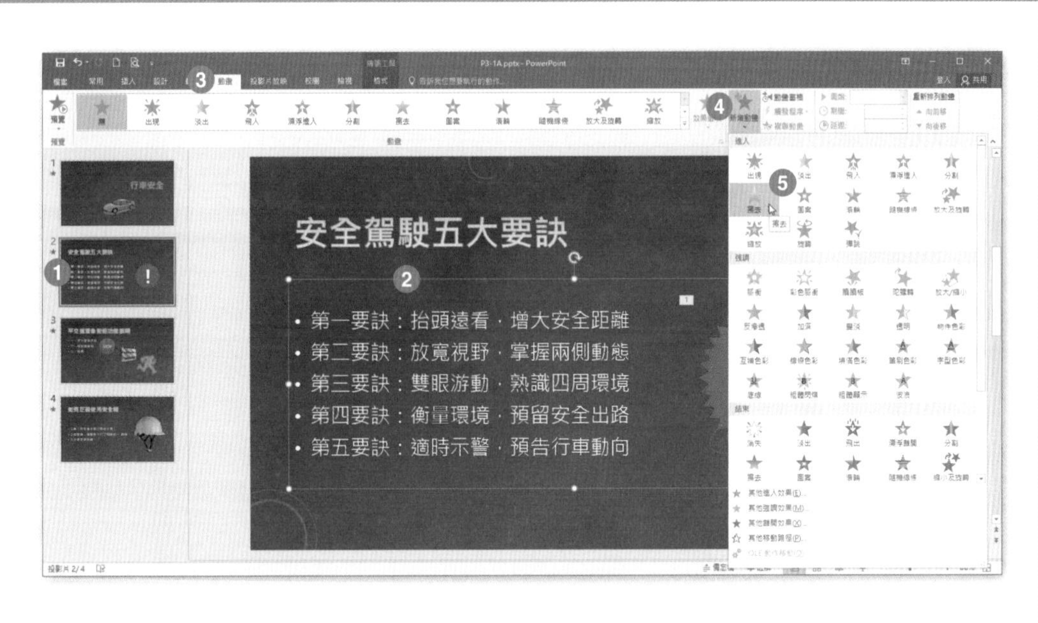

Step.4 點按**動畫**索引標籤 \ **進階動畫** \ **動畫窗格**。

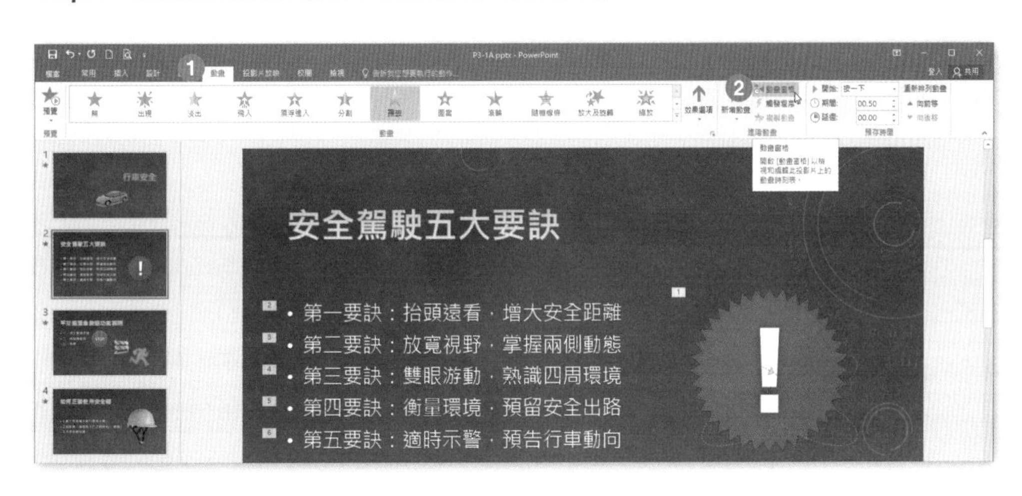

Step.5 在窗格中，點選**第二個動畫群組**。

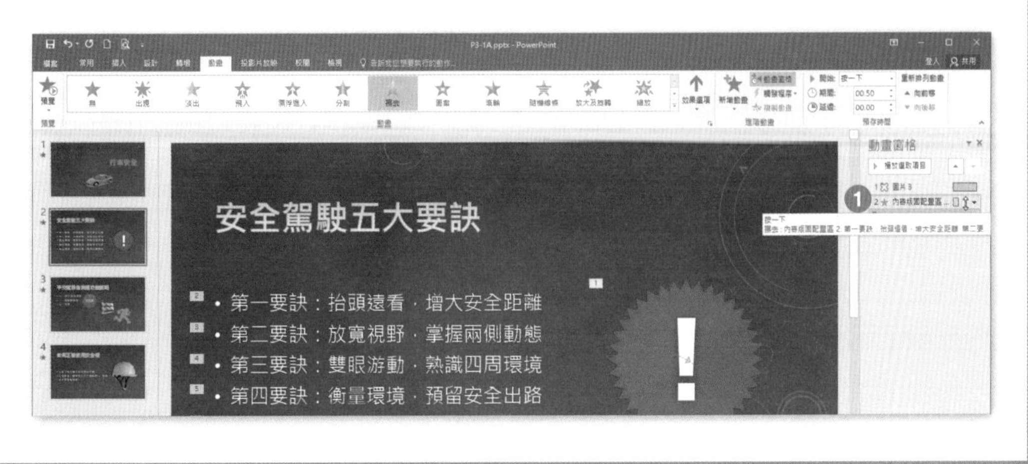

Step.6 點按**動畫**索引標籤 \ **動畫** \ **效果選項▼** \ **自上**。

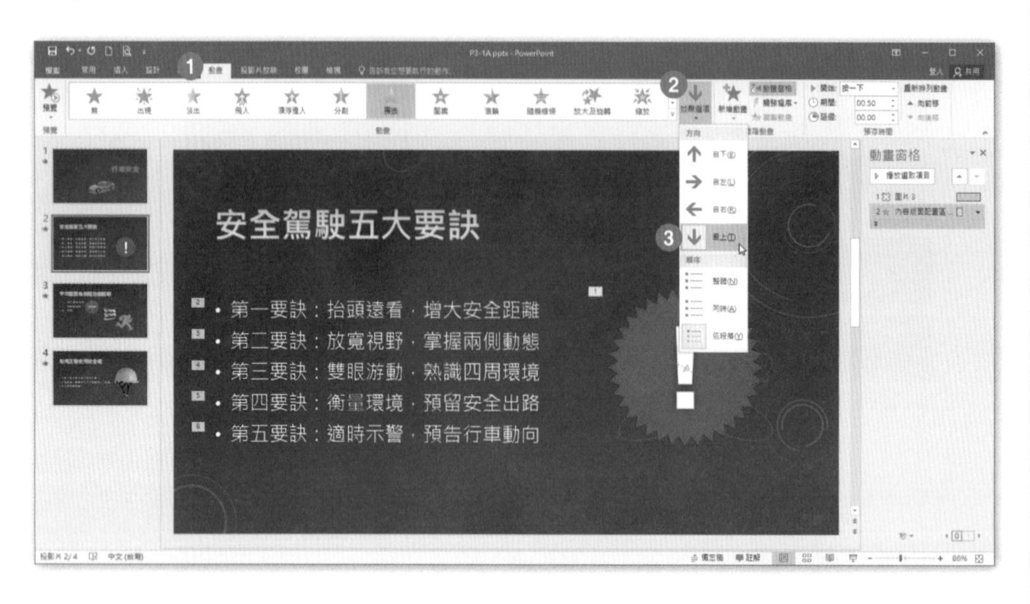

Step.7 在右方**動畫窗格**視窗中，點選**圖片 3 的動畫**，直接按住滑鼠左鍵，並拖曳至第二個動畫群組的下方，再放開滑鼠。

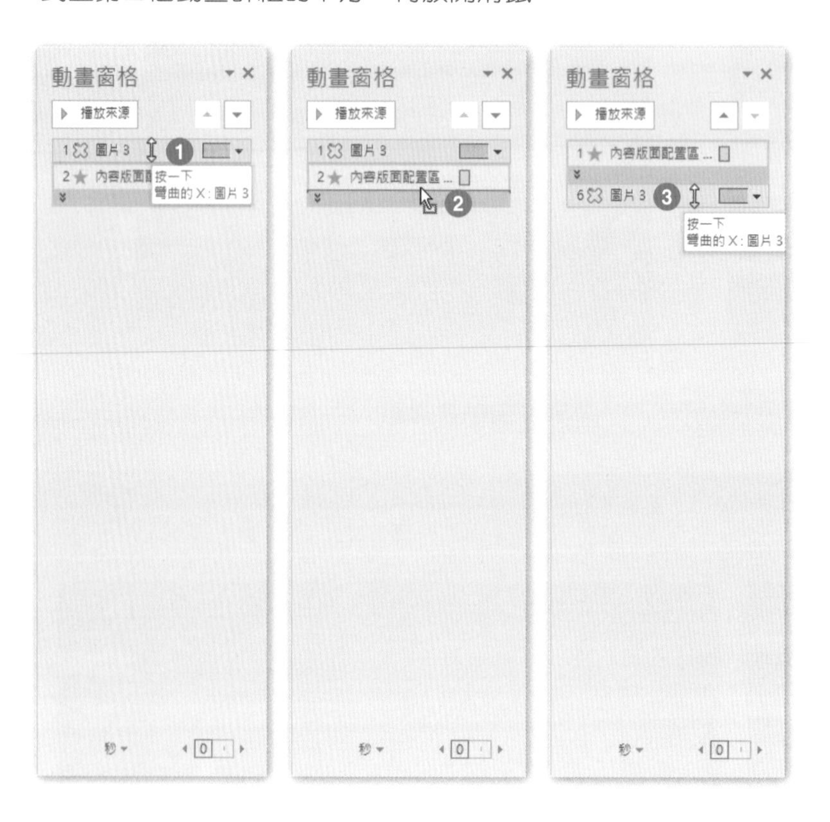

Step.8 完成結果如下圖。

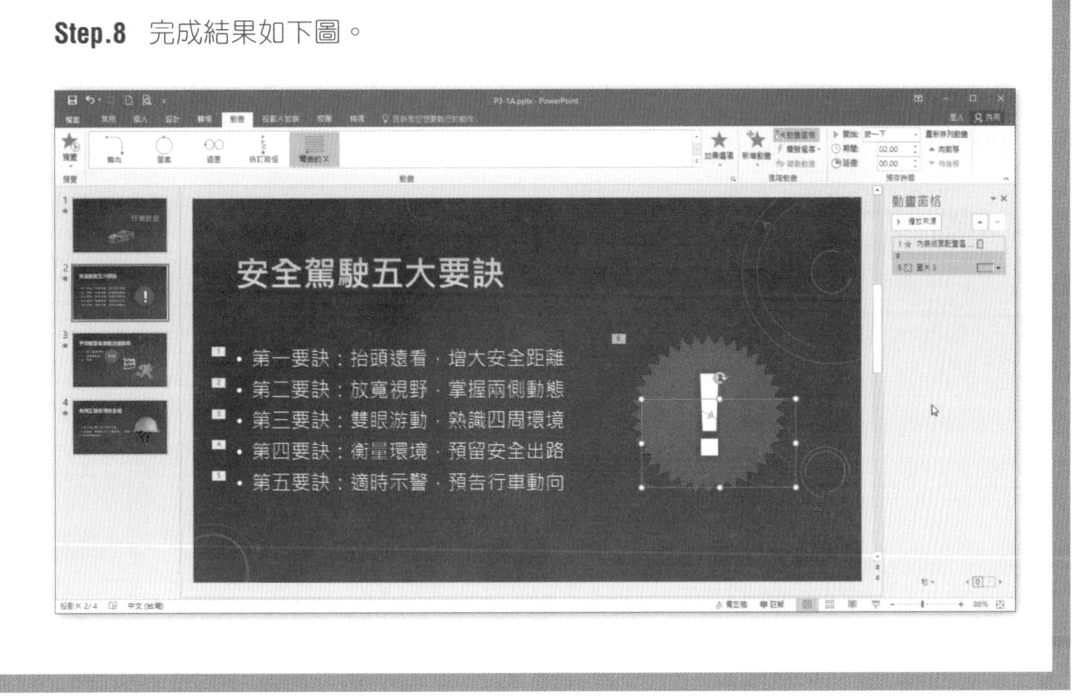

TIPS & TRICKS

Step.1 動畫群組的下方都會有一個褶疊按鈕，按下便能展開看見該群組中的所有動畫效果。

Step.2 在褶疊狀態時，只要點選該群組，就能選到群組中的所有動畫效果。

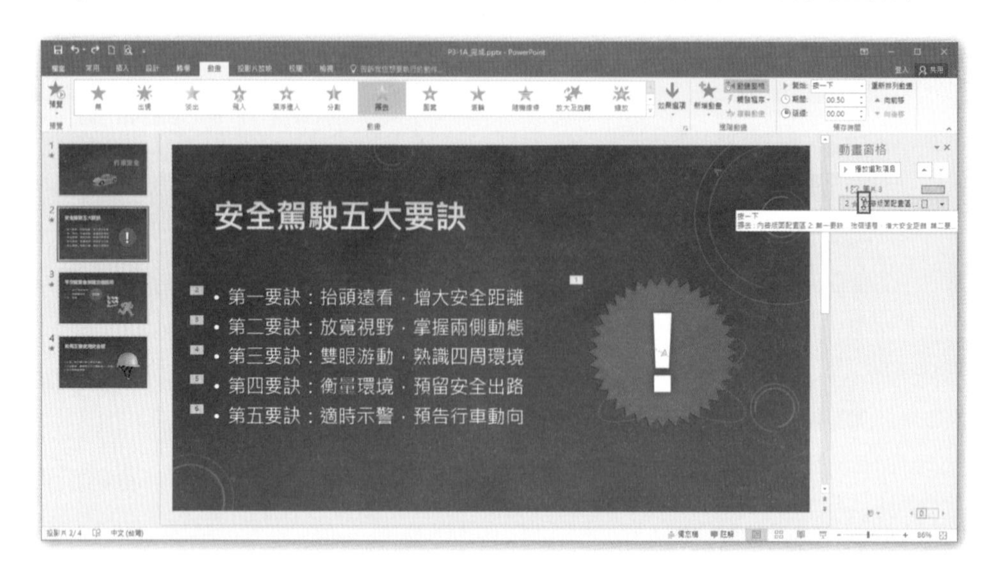

Step.3 如果在展開狀態，想選取群組中的所有動畫時，則需要先點選群組中的第一個動畫，再配合按下鍵盤 Shift 鍵，選取最後一個動畫，才能選到群組中的所有動畫。

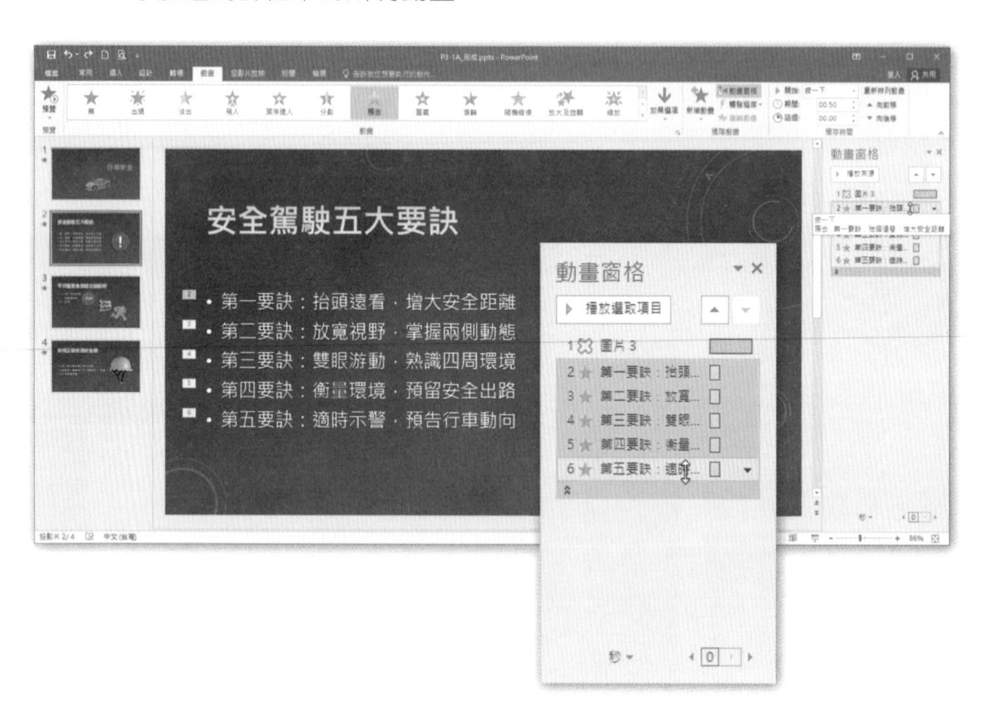

實作練習

學習難易：★★★☆☆

學習目的：對動畫設定預存時間

使用功能：動畫索引標籤 \ 進階動畫 \ 動畫窗格。

開啟【文件】資料夾 \ 第 3 章練習檔 \「P3-1B.pptx」完成下列操作步驟：

➤ 在第 4 張投影片上對內文進行動畫設定，第一段文字套用「快」的速度，「垂直」的方向「隨機線條」動畫，而後續的每一段文字在前段文字播放 0.5 秒後接續套用「垂直」的方向「隨機線條」動畫。

Step.1 在左方投影片縮圖區中，點選第 4 張投影片。

Step.2 點選投影片編輯區中，選取內文的文字框。

Step.3 點按**動畫**索引標籤 \ **進階動畫** \ **新增動畫▼** \ **進入** \ **隨機線條**。

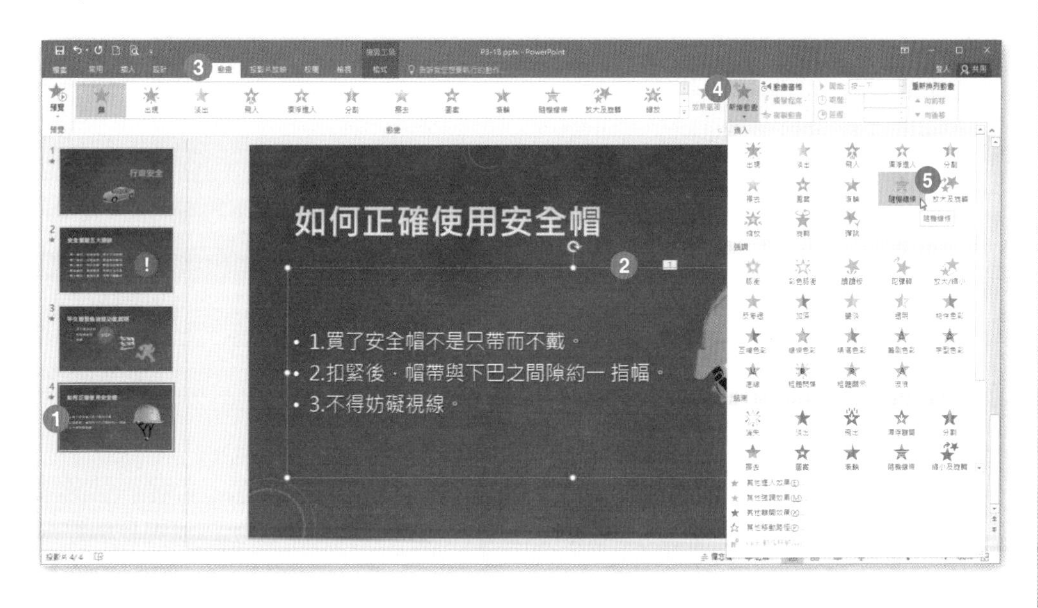

Step.4 點按**動畫**索引標籤 \ **進階動畫** \ **動畫窗格**。

Step.5 在窗格中，點選**第二個動畫群組**。

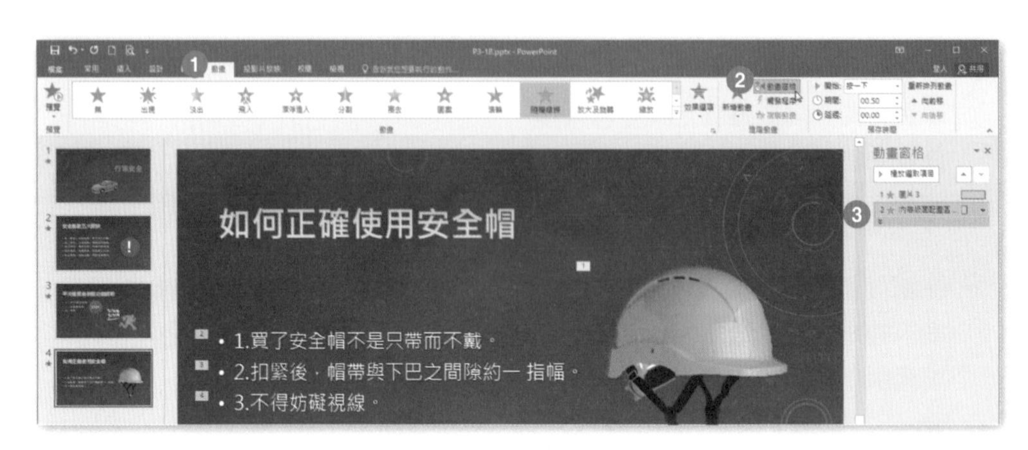

Step.6 點按**動畫**索引標籤 \ **動畫** \ 開啟群組對話方塊。

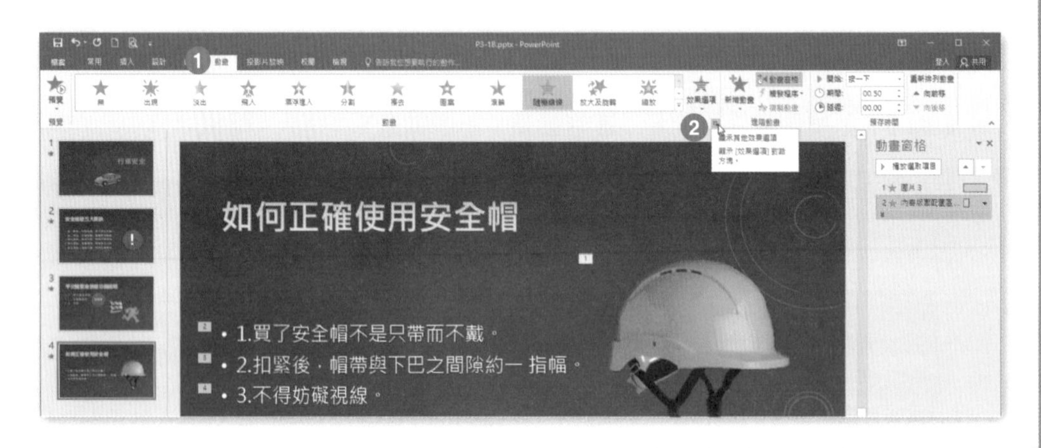

Step.7 在**隨機線條**視窗中，點選**預存時間**標籤頁，選擇**期間：1 秒 (快)**，再按下**確定**鍵。

Step.8 點按**動畫**索引標籤 \ **動畫** \ **效果選項▼** \ **垂直**。

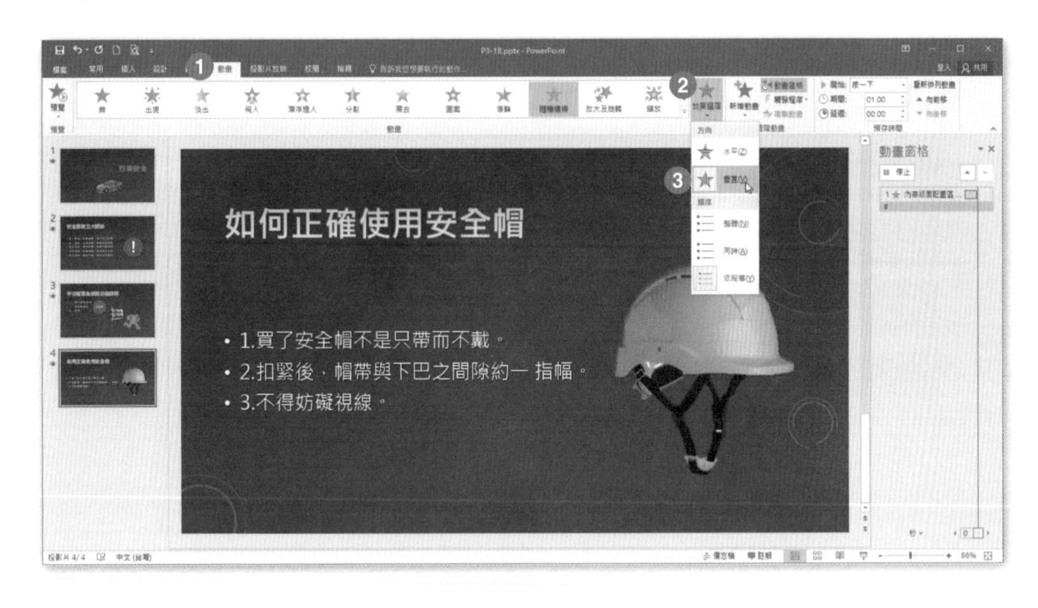

Step.9 在窗格中，展開**第二個動畫群組**。

Step.10 使用鍵盤 Shift 鍵，選擇該群組的第二個及第三個動畫。

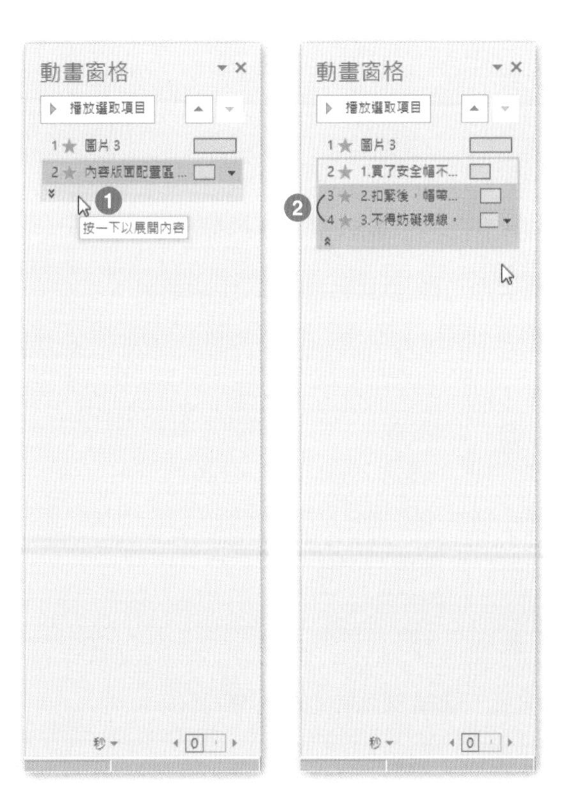

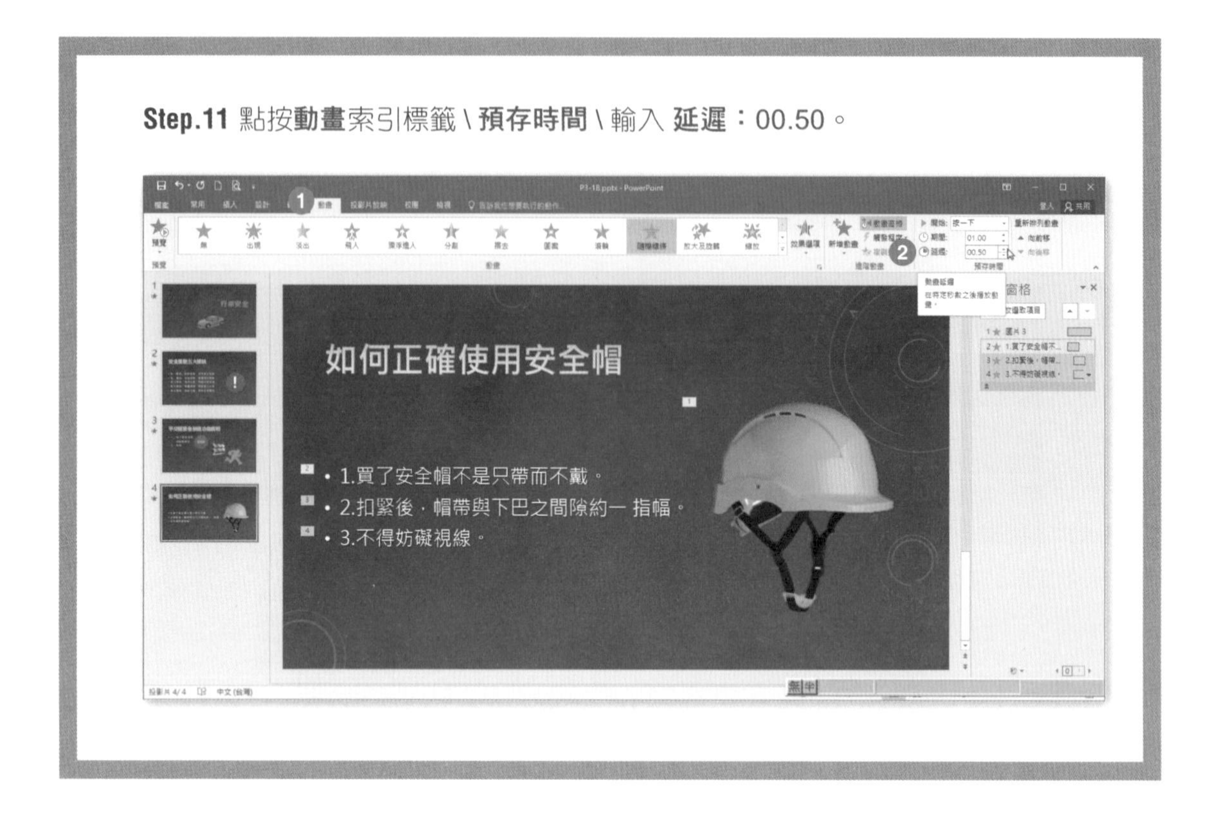

3-2 轉場動畫

投影片轉場效果是當我們將從一張投影片至下一步在進行簡報時，會發生類似動畫的效果。可以控制速度、新增音效，以及自訂的轉場效果的屬性。

轉場動畫又稱作換頁動畫，可以讓觀眾有種從一個環節進入到下一個環節的感覺，如果能再配合自訂動畫的使用，便能控制簡報的節奏感，讓觀眾與講者的進行速度一致。

3-2-1 套用切換動畫

轉場是控制簡報流程的另一種方式，可以設定轉場的速度和時間，協助控制以多快的速度從一張投影片換頁到下一張，以及轉場何時開始。

Step.1 開啟 \【文件】資料夾 \ 第 3 章練習檔 \ 練習 3-2-1.pptx。

Step.2 點按**轉場**索引標籤 \ **切換到此投影片** \ ▼ **其他**。

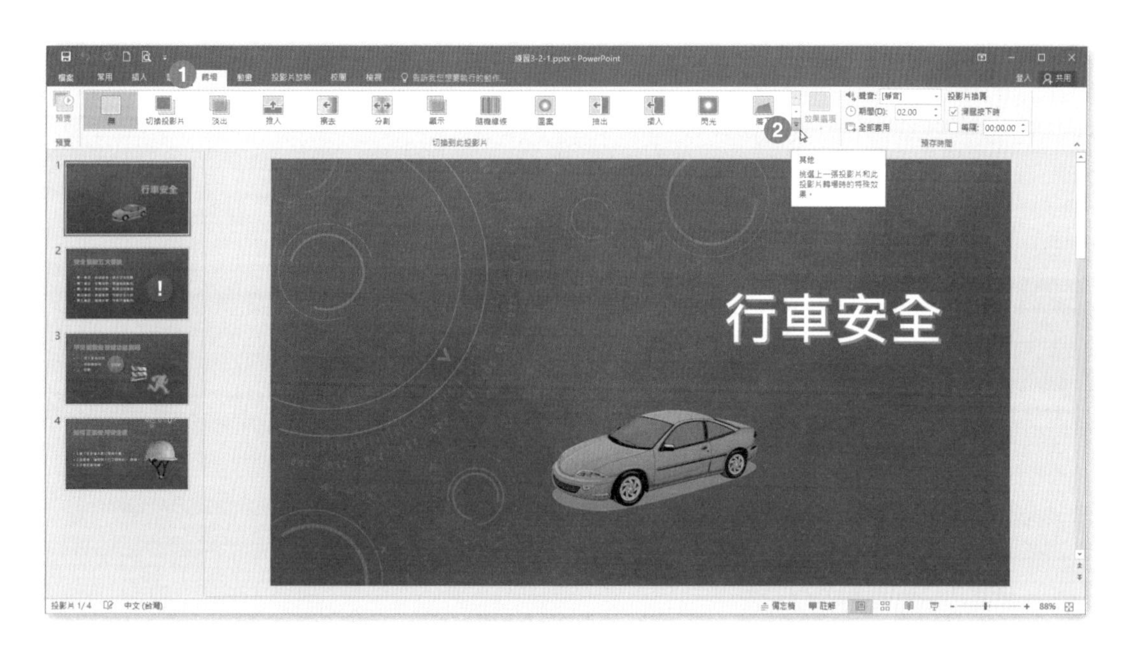

Step.3 選擇套用**華麗**類別的「立方體」。

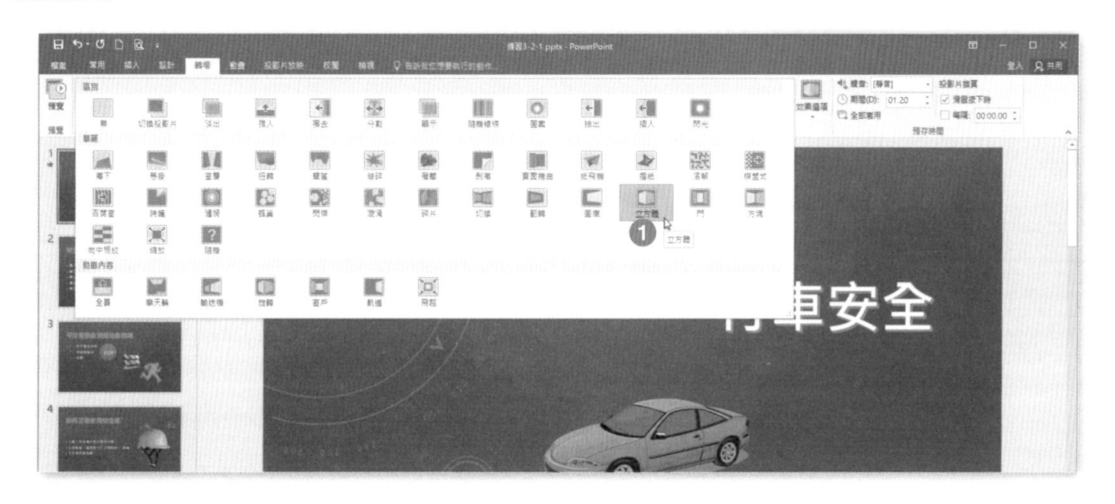

Step.4 點按**轉場**索引標籤 \ **切換到此投影片** \ **效果選項▼** \ **自上**。

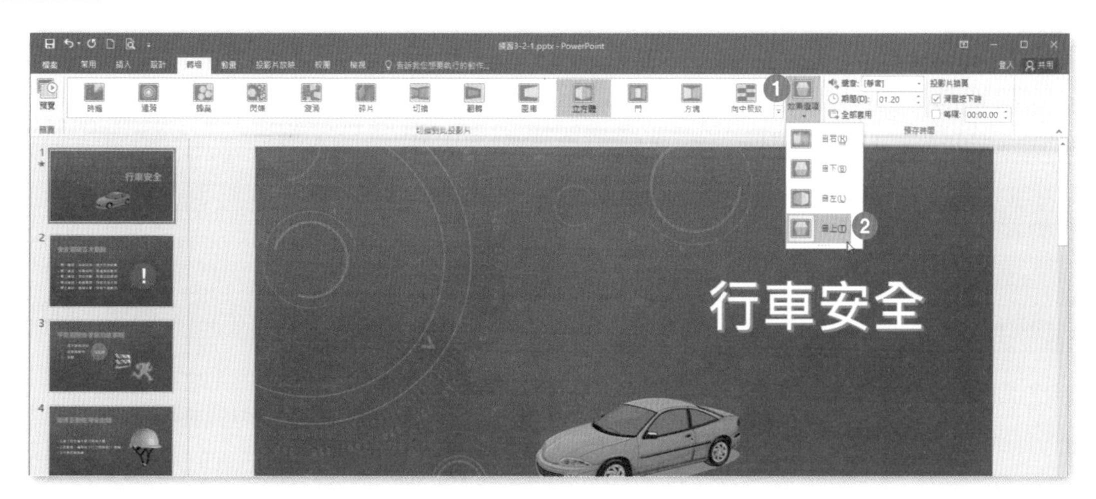

Step.5 點按**轉場**索引標籤 \ **預存時間** \ **全部套用**。

3-2-2 預存時間套用

「轉場」會設定投影片換頁切換的時間，方法是指定投影片在檢視中保留的時間，之後才能開始切換至下一張投影片。如果沒有選取時間，投影片會在按下滑鼠時換頁。

Step.1 開啟 \【文件】資料夾 \ 第 3 章練習檔 \ 練習 3-2-2.pptx。

Step.2 在左方投影片縮圖區中，點選第 1 張投影片，配合鍵盤快速鍵 Ctrl+A，選取所有投影片。

Step.3 點按**轉場**索引標籤 \ **預存時間** \ 輸入 **期間：01.00**。

3-2-3 切換聲音套用

切換聲音的使用，可以讓觀賞者明確的感受到切換的效果，配合演講者的內容，可以更明確的掌握時機的控制。

Step.1 開啟 \【文件】資料夾 \ 第 3 章練習檔 \ 練習 3-2-3.pptx。

Step.2 在左方投影片縮圖區中，點選第 2 張投影片。

Step.3 點按**轉場**索引標籤 \ **預存時間** \ 選擇 **聲音：照相機**。

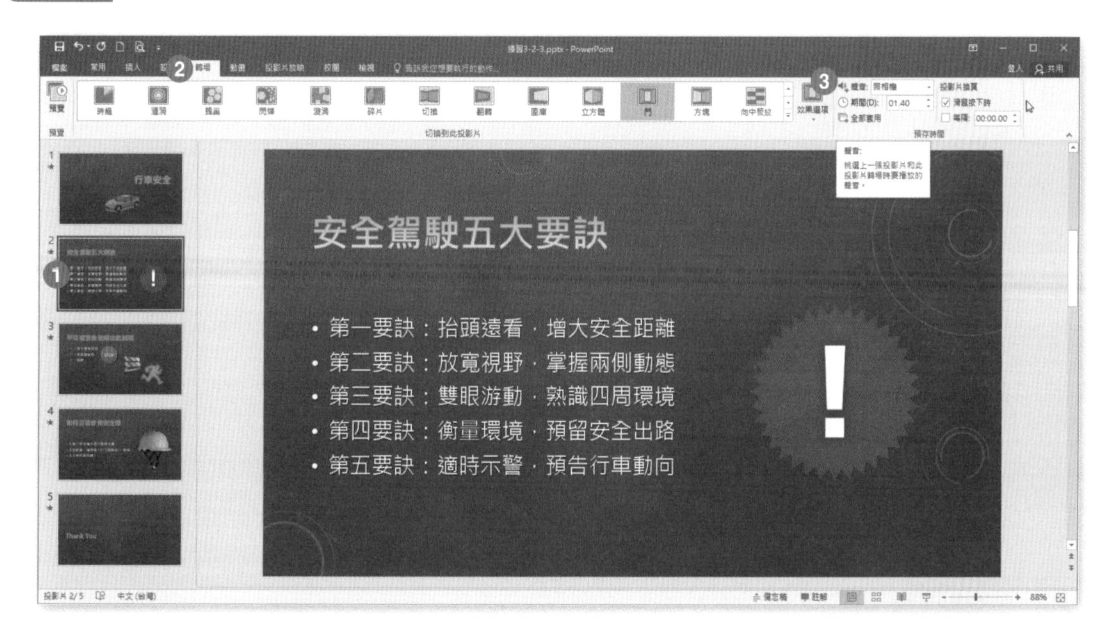

3-3 音訊及視訊工具的使用

我們可以在 PowerPoint 簡報中新增音訊，例如音樂、旁白或音效片段。若要錄製與收聽音訊，電腦上必須配備音效卡、麥克風及喇叭。

3-3-1 插入音訊及設定

我們可以在簡報中新增歌曲，然後在投影片放映的背景中跨投影片播放此歌曲。如果想要使用網路上的音樂，則必須先將音樂下載到電腦，才能在簡報中使用。

Step.1 開啟 \【文件】資料夾 \ 第 3 章練習檔 \ 練習 3-3-1.pptx。

Step.2 點按**插入**索引標籤 \ **多媒體** \ **音訊▼** \ **我個人電腦上的音訊**。

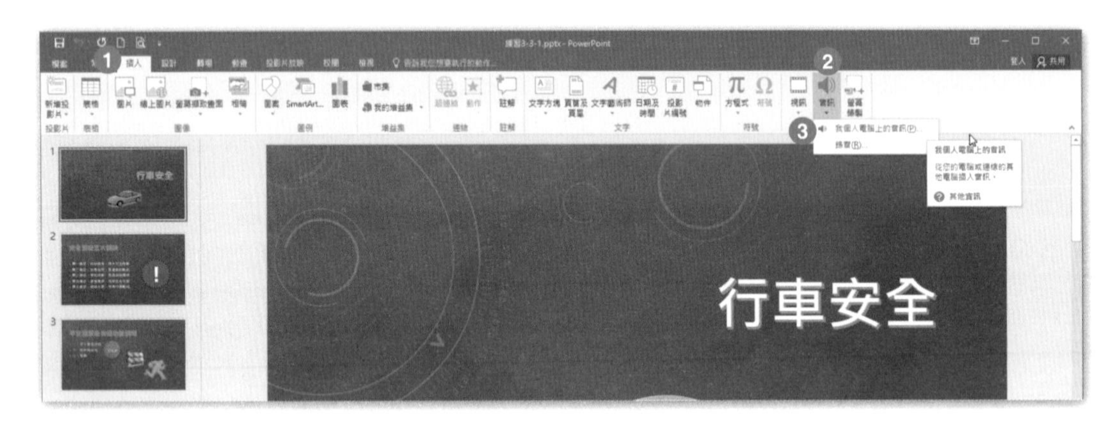

Step.3 在**插入音訊**視窗中，點選「第 3 章練習檔」資料夾中的「media1.wav」，並按下**插入**。

Step.4 點按**音訊工具 播放**索引標籤 \ **音訊樣式** \ **在背景播放**。

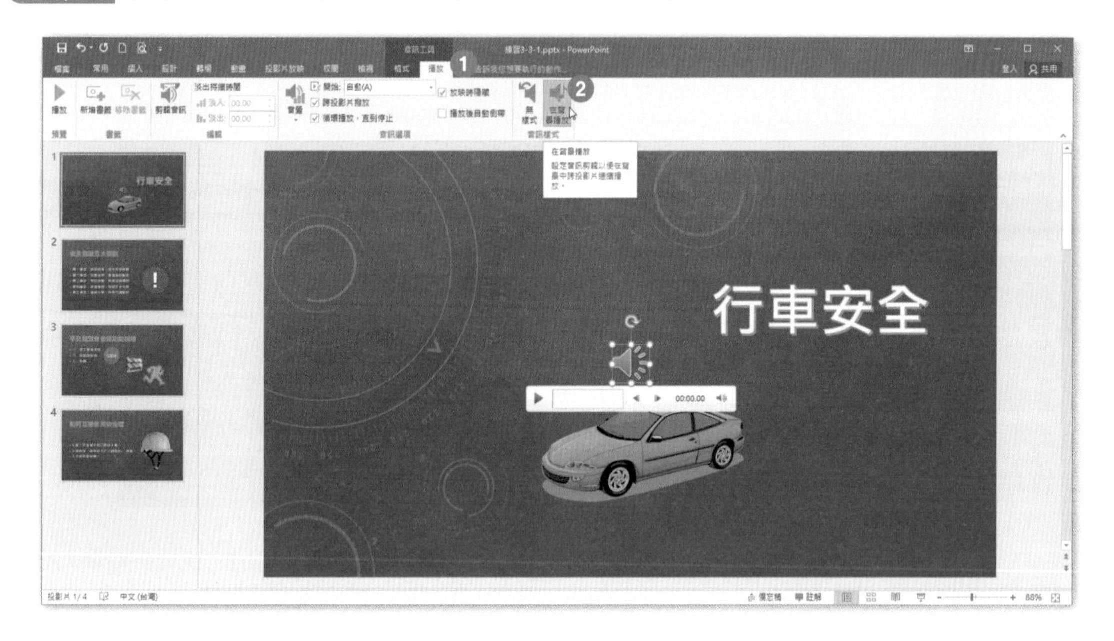

3-3-2 插入視訊

在 PowerPoint 2010 及更新版本中，我們可以從電腦將視訊直接「連結」或「內嵌」到簡報中。

雖然內嵌視訊很方便，但可能會增加簡報的檔案大小。

連結視訊會盡量降低簡報的檔案大小，但連結可能會失效。若要避免發生連結失效的問題，建議將視訊複製到簡報所在的相同資料夾，然後連結至該處檔案。

Step.1 開啟 \【文件】資料夾 \ 第 3 章練習檔 \ 練習 3-3-2.pptx。

Step.2 在左方投影片縮圖區中，點選第 5 張投影片。

Step.3 點選投影片編輯區中的「插入視訊」功能按鈕。

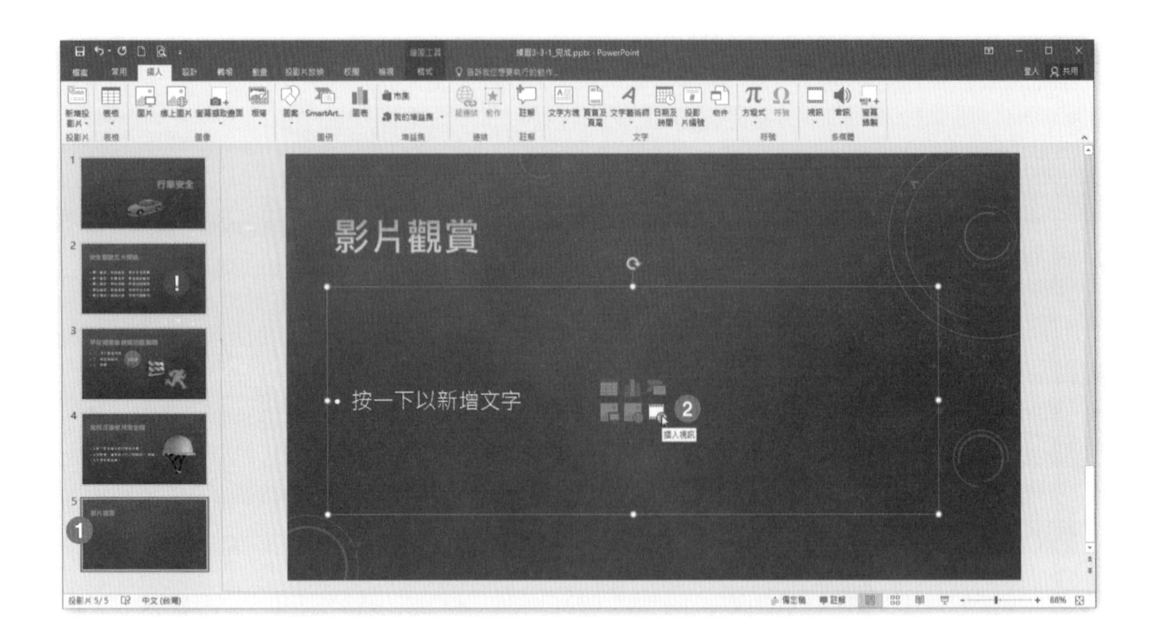

Step.4 在**插入影片**視窗中，點選「瀏覽」。

Step.5 在**插入視訊**視窗中，點選「第 3 章練習檔」資料夾中的「Sport.wmv」，並按下**插入**。

Step.6 點按**視訊工具 格式**索引標籤 \ **動畫大小** \ 開啟群組對話方塊。

Step.7 在右方**動畫窗格**視窗中，展開**位置**群組，輸入 **水平位置 7 公分**、**垂直位置 6 公分**。

3-3-3 剪輯視訊

觀看視訊後，我們可能會注意到每個視訊的開頭與結尾處是我們不需要的部份，此時可以使用「剪輯視訊」功能，修剪視訊剪輯的開頭與結尾，來修正這些問題。

Step.1 開啟 \【文件】資料夾 \ 第 3 章練習檔 \ 練習 3-3-3.pptx。

Step.2 在左方投影片縮圖區中，點選第 5 張投影片，並點選視訊。

Step.3 點按**視訊工具 播放**索引標籤 \ **編輯** \ **剪輯視訊**。

Step.4 在**剪輯視訊**視窗中，設定**開始時間** 00:01、**結束時間** 00:18，並按下**確定**。

Step.5 完成結果如下圖。

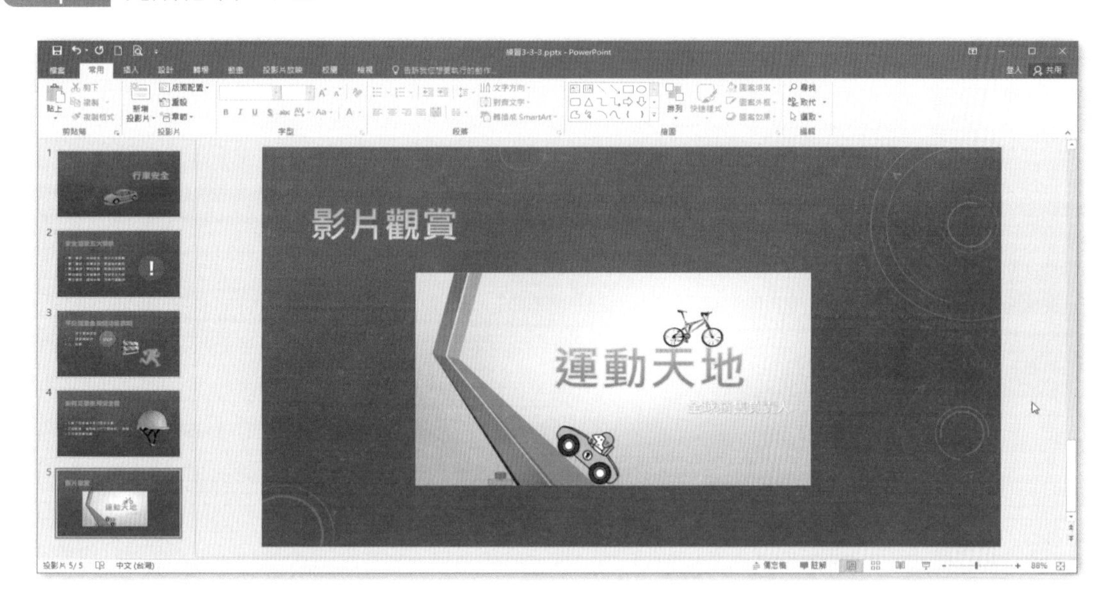

3-3-4 視訊選項設定

我們可以依照自己演講的步調及需求，設定影片是自動播放或是手動播放，也可以利用動畫的延遲，來調整影片開始的時機。

Step.1 開啟 \【文件】資料夾 \ 第 3 章練習檔 \ 練習 3-3-4.pptx。

Step.2 在左方投影片縮圖區中，點選第 5 張投影片，並點選視訊。

Step.3 點按**視訊工具 播放**索引標籤 \ **視訊選項** \ **開始：自動**。

Step.4 點按**視訊工具 播放**索引標籤 \ **視訊選項** \ **勾選 ☑ 全螢幕播放**。

Step.5 點按**動畫**索引標籤 \ **預存時間** \ 輸入 **延遲：**02.00。

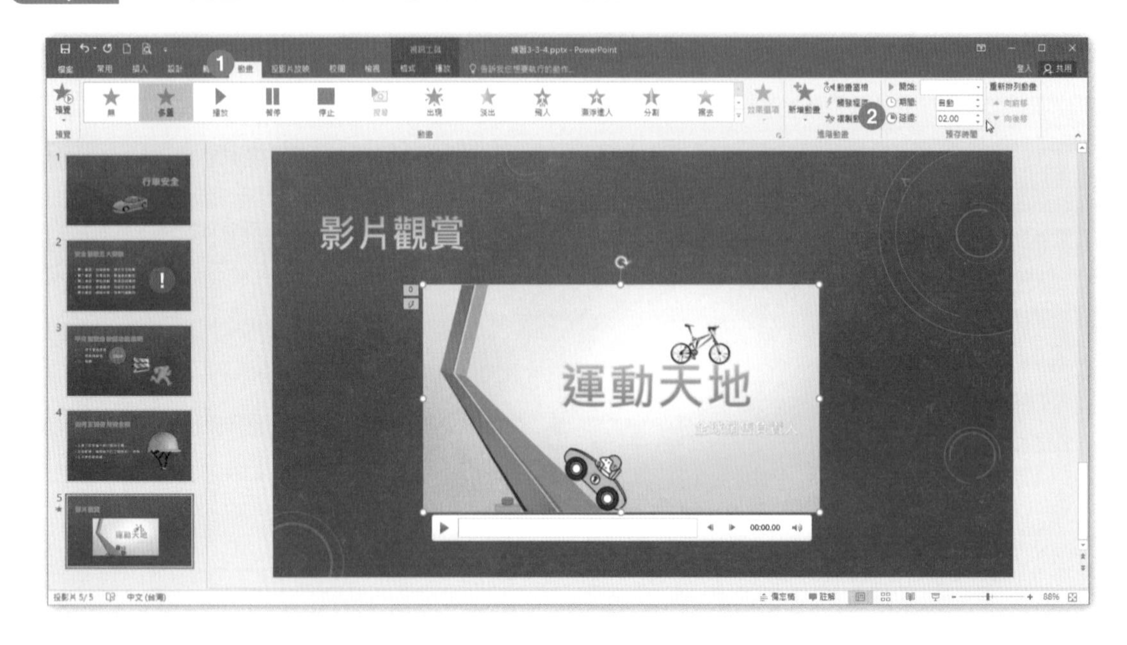

3-3-5 視訊大小與屬性

視訊被放入投影片時，都有一個預設的大小，我們可更改視訊原有的大小，使得其更適合目前演講的場地。

Step.1 開啟 \【文件】資料夾 \ 第 3 章練習檔 \ 練習 3-3-5.pptx。

Step.2 在左方投影片縮圖區中，點選第 5 張投影片，並點選視訊。

Step.3 點按**視訊工具 格式**索引標籤 \ **大小** \ 開啟群組對話方塊。

Step.4 在右方**動畫窗格**視窗中，展開**大小**群組，輸入 **調整高度** 60%、**調整寬度** 60%。

3-3-6 裁剪視訊

如果目前的視訊有某個區塊是不想被播放出來的，我們可以使用裁剪視訊的功能，將視訊位移達到效果。

Step.1 開啟 \【文件】資料夾 \ 第 3 章練習檔 \ 練習 3-3-6.pptx。

Step.2 在左方投影片縮圖區中，點選第 5 張投影片，並點選視訊。

Step.3 點按**視訊工具 格式**索引標籤 \ **大小** \ 開啟群組對話方塊。

Step.4 在右方**動畫窗格**視窗中，點選**視訊**標籤，展開**裁剪**群組，輸入 **位移 X1 公分**。

Step.5 完成結果如下圖。

實作練習

學習難易：★★★☆☆
學習目的：編輯多媒體音樂設定
使用功能：音訊工具 播放索引標籤 \ 音訊選項
開啟【文件】資料夾 \ 第 3 章練習檔 \「P3-3A.pptx」完成下列操作步驟：

➤ 在第 2 張投影片上，設定音訊的播放，以 1 秒鐘的淡入效果開始，並設定使用者按一下音訊圖示才開始播放，且當簡報者放映下一張投影片時，音訊仍持續播放。

Step.1 在左方投影片縮圖區中，點選第 2 張投影片，並點選音訊。

Step.2 點按**音訊工具 播放**索引標籤 \ **編輯** \ 設定 **淡入** 01.00。

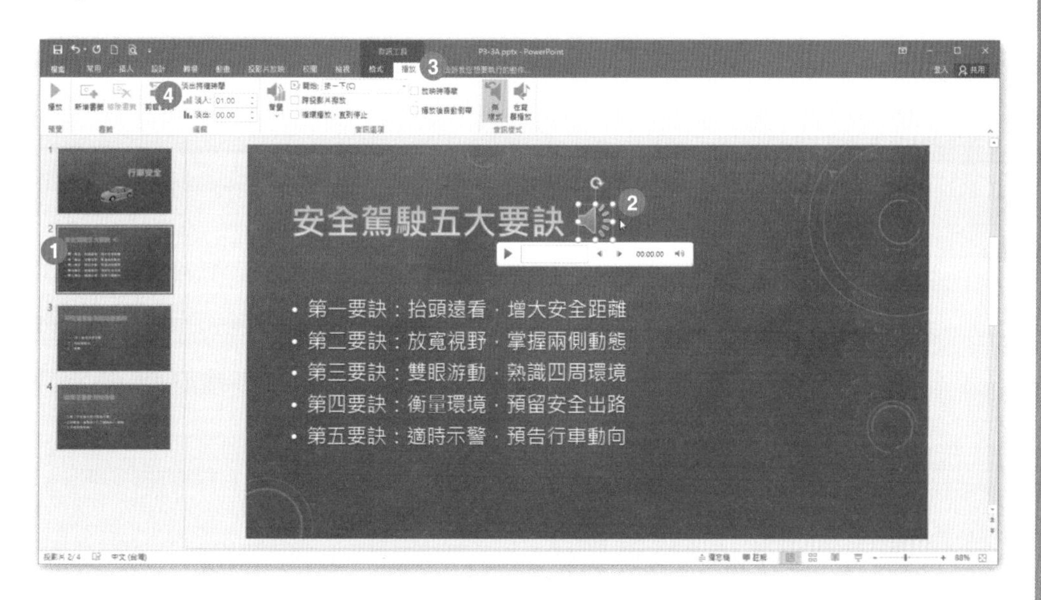

Step.3 點按**音訊工具 播放**索引標籤 \ **音訊選項** \ 勾選 ☑ **跨投影片播放**。

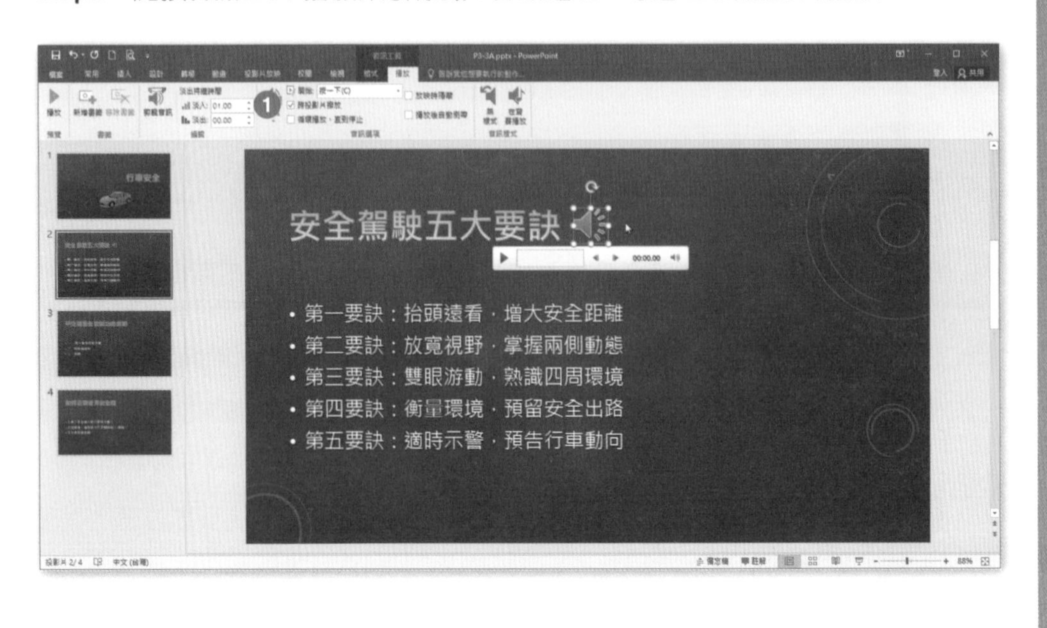

實作練習

學習難易：★★★☆☆

學習目的：編輯多媒體音樂設定

使用功能：視訊工具 格式索引標籤 \ 視訊樣式 及 視訊工具 播放索引標籤 \ 剪輯視訊

開啟【文件】資料夾 \ 第 3 章練習檔 \「P3-3B.pptx」完成下列操作步驟：

➤ 在第 5 張投影片上，設定視訊為「浮凸圓角矩形」的視訊樣式，並調整大小為高度 10 公分。剪輯視訊於 1 秒鐘的時間開始，於 18 秒的時間結束。

Step.1 在左方投影片縮圖區中，點選第 5 張投影片，並點選視訊。

Step.2 點按**視訊工具 格式**索引標籤 \ **視訊樣式** \ **浮凸圓角矩形**。

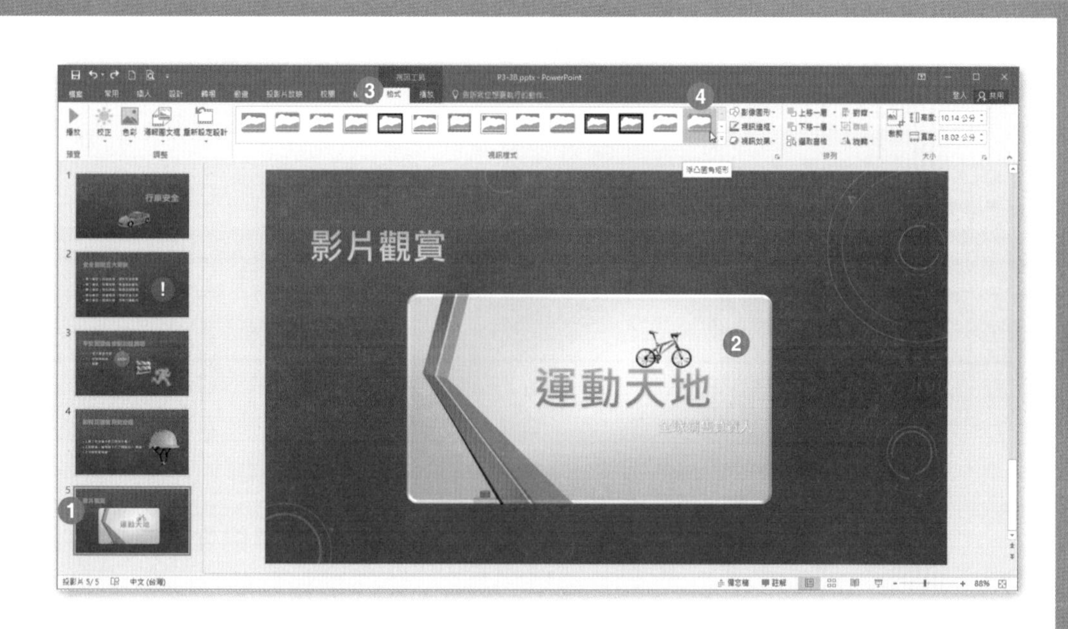

Step.3 點按**視訊工具 格式**索引標籤 \ **大小** \ **高度** 10 **公分**。

Step.4 點按**視訊工具 播放**索引標籤 \ **編輯** \ **剪輯視訊**。

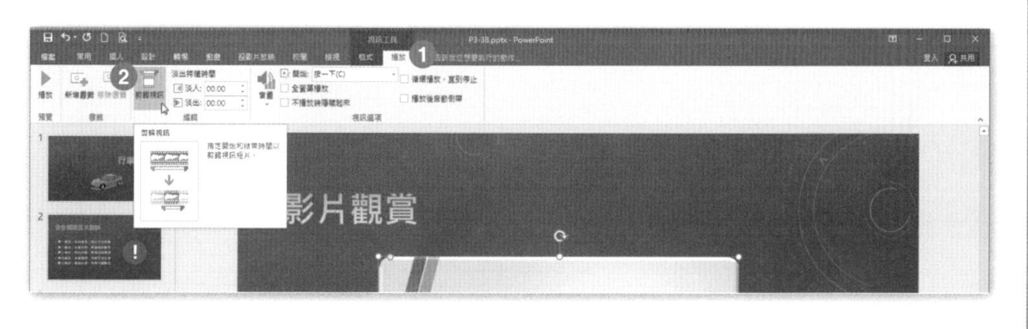

Step.5 在**剪輯視訊**視窗中，設定**開始時間** 00:01、**結束時間** 00:18，並按下**確定**。

Step.6 完成結果如下圖。

Chapter 04

編輯母片

學習重點

想要整份簡報或是某個版面配置套用相同的字型、字體大小、字型色彩、段落功能，或是在同一個位置放置同一張圖片，使用投影片母片功能，就可以快速完成需求，而且會套用至所有投影片。

利用講義及備忘稿母片的設計，也能使列印輸出時，印出來的文件符合理想中的格式。

- 投影片母片
- 講義母片
- 備忘稿母片

4-1 投影片母片

PowerPoint 中的每一個佈景主題，都包含一個投影片母片以及一整組投影片版面配置。可以根據色彩、字型以及希望在投影片上排列文字及其他內容的方式，來選擇投影片版面配置。

如果預先設計的版面配置無法配合我們的需求，就可以在投影片母片中自行變更設計。

4-1-1 使用佈景主題

佈景主題是一個有相互協調之色彩、字型和特殊效果 (如陰影、反射、立體效果等) 的調色盤。PowerPoint 軟體中的每個內建佈景主題都是由專業的設計師所創造。

在標準模式的 [設計] 索引標籤裡可使找到佈景主題的相關功能，在母片中也能同步設定。

Step.1 開啟 \ 【文件】資料夾 \ 第 4 章練習檔 \ 練習 4-1-1.pptx。

Step.2 點按**檢視**索引標籤 \ **投影片母片**。

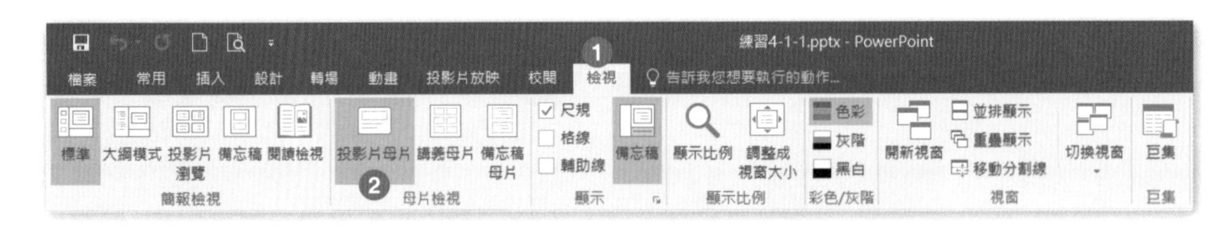

Step.3 點按**投影片母片**索引標籤 \ **輯輯佈景主題** \ **佈景主題▼** \ **有機**。

Step.4 點按**投影片母片**索引標籤 \ **關閉** \ **關閉母片檢視**。

4-1-2　母片標題及內文字型設定

在建立個別投影片之前，最好先編輯投影片母片與版面配置，會使得簡報的製作過程更為流暢。所有新增的投影片會根據我們在母片自訂編輯的方式呈現。

如果能在母片就先將欲使用的字型、字體大小、色彩先設定好，在製做各別投影片時就會更為省時。

Step.1 開啟 \【文件】資料夾 \ 第 4 章練習檔 \ 練習 4-1-2.pptx。

Step.2 點按**檢視**索引標籤 \ **投影片母片**。

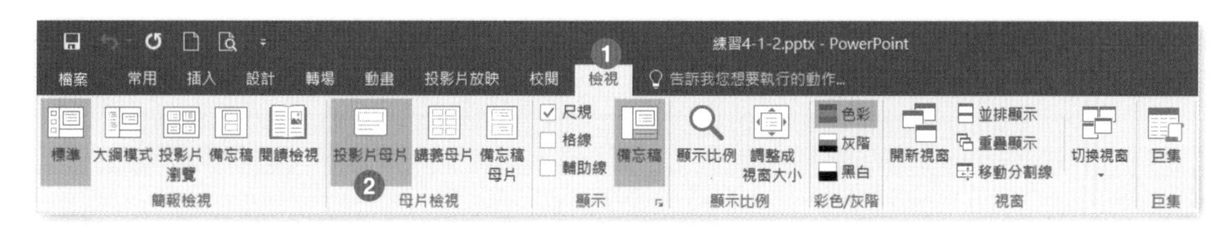

Step.3 點按**投影片母片**索引標籤 \ **背景** \ **字型▼**。

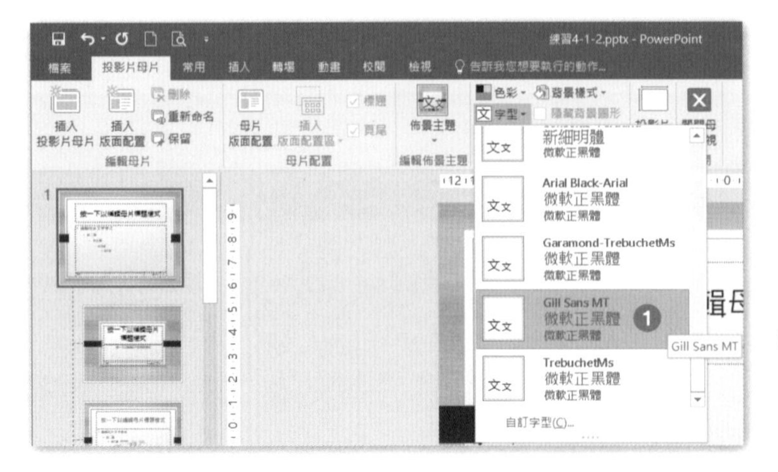

Step.4 在下拉式選單中，選擇 Gill Sans MT 的選項。

Step.5 在左方的投影片縮圖區，點按最上方的「投影片母片」。

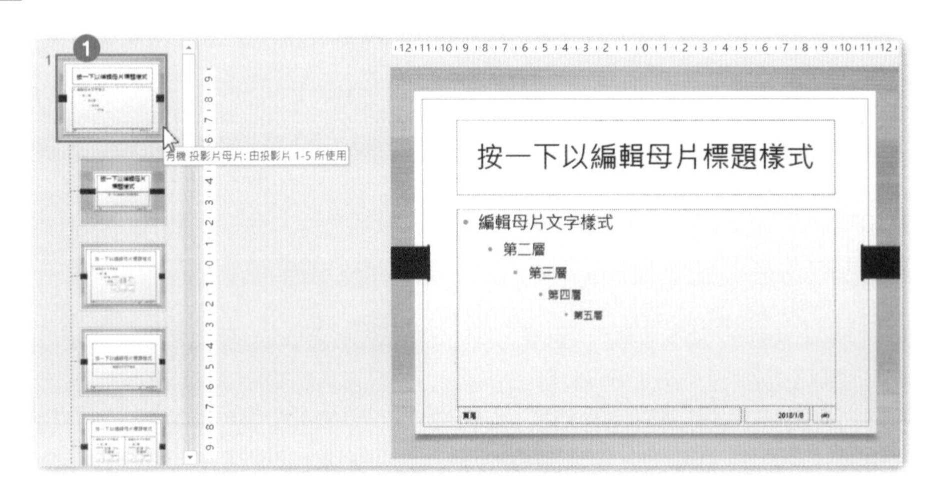

Step.6 在投影片編輯區中，點選文字「按一下以編輯母片標題樣式」的文字框。

Step.7 點按**繪圖工具 格式**索引標籤 \ **文字藝術師樣式 \ ▼ 其他**。

Step.8 選擇「填滿 – 黑色 , 文字 1, 外框 - 背景 1, 強烈陰影 – 輔色 1」的文字藝術師樣式。

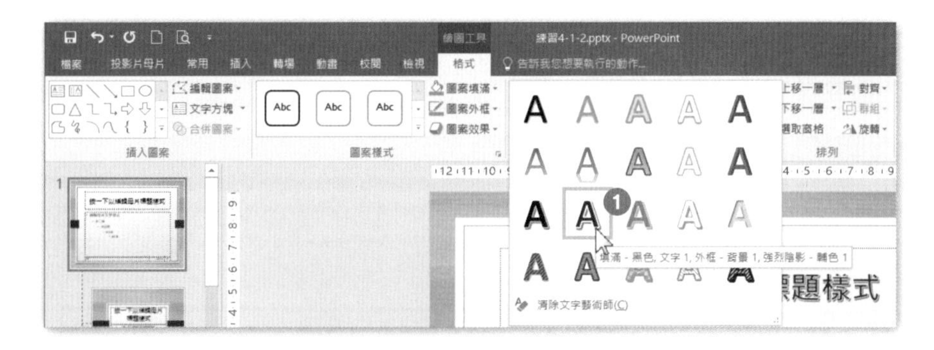

Step.9 點按**常用**索引標籤 \ **字型** 將字型大小改為 44。

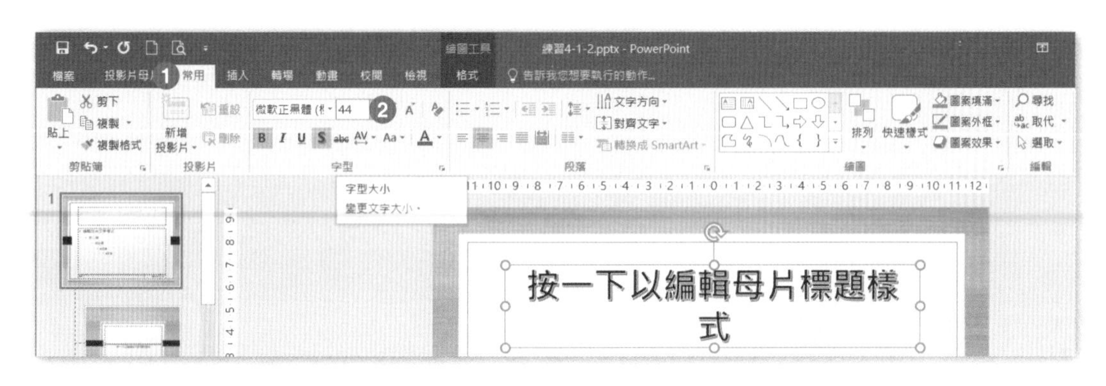

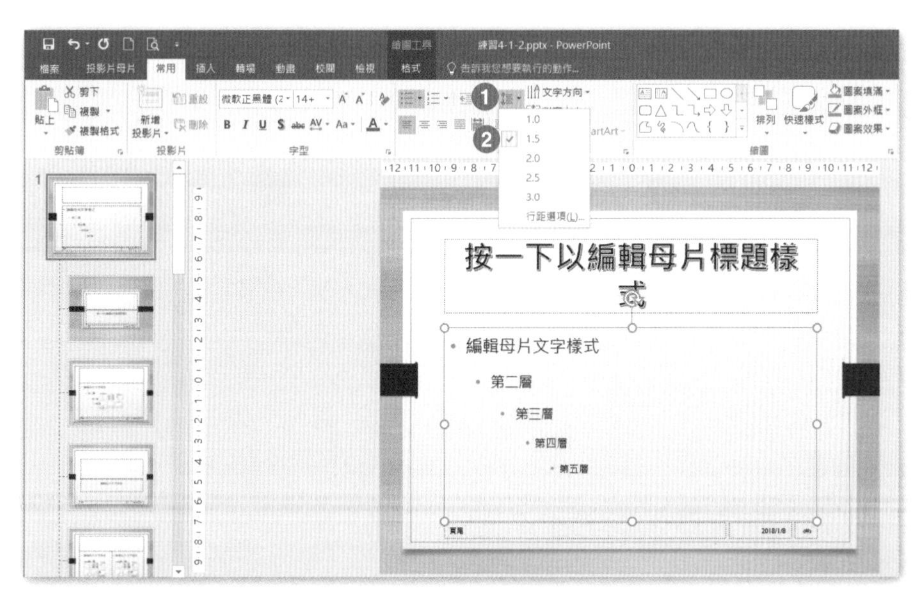

Step.10 在投影片編輯區中，點選內文的文字框。

Step.11 點按**常用**索引標籤 \ **段落** \ **行距** \1.5。

Step.12 點按**投影片母片**索引標籤 \ **關閉** \ **關閉母片檢視**。

Step.13 在左方投影片縮圖區中，點選任何一張投影片，並配合鍵盤快速鍵 Ctrl+A，全選所有投影片。

Step.14 點按**常用**索引標籤 \ **投影片** \ **重設**。

Step.15 完成結果如下圖。

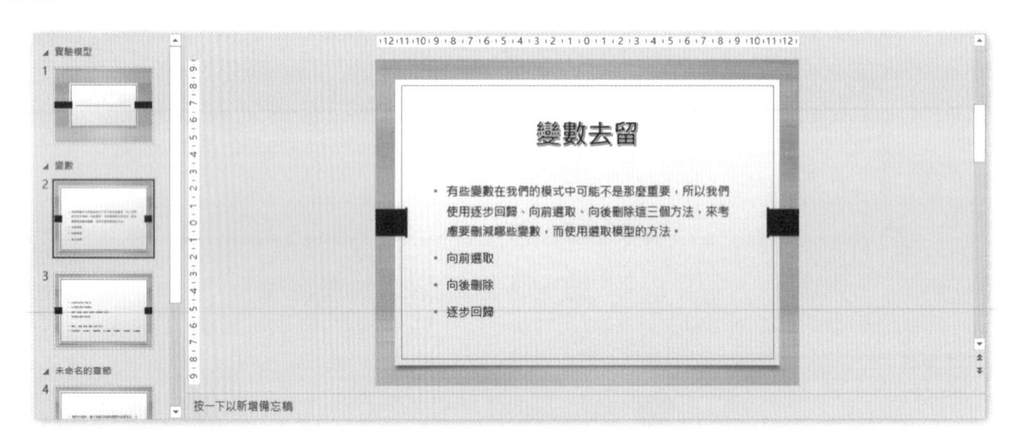

在開始製作簡報前，我們可以先進入投影片母片檢視，並且對投影片母片設定想要使用的字型、及設定字體大小、甚至套用文字藝術師及字型色彩，也可以對內文調整行距或項目符號。

在母片內所做的設定，在關閉母片檢視後，就能在目前或是新增的投影片上看見效果。若在編輯母片前，已經有對部份投影片做了其他設定，那麼只要利用「重設」的功能，就能將所選取的投影片重設回符合母片的格式設定。

4-1-3 編輯版面配置區

如果我們找不到一個可與我們規劃要放在投影片上的文字及其他物件搭配使用的版面配置，則可以在 [投影片母片] 檢視中變更版面配置。

我們可以選擇更改現有的版面配置，使得版面配置的內容及排列方式符合我們的需求。

Step.1 開啟 \【文件】資料夾 \ 第 4 章練習檔 \ 練習 4-1-3.pptx。

Step.2 點按**檢視**索引標籤 \ **投影片母片**。

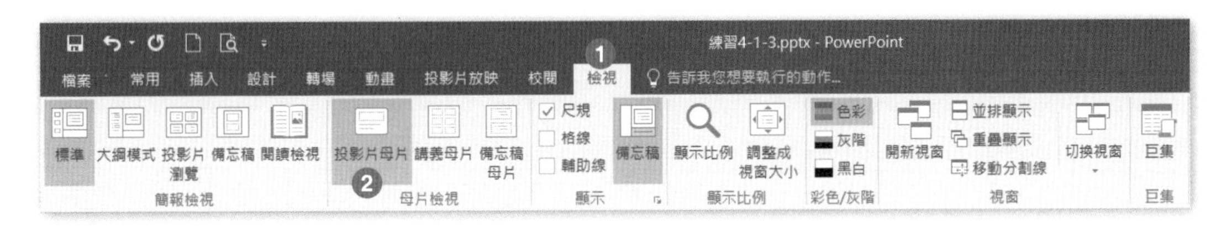

Step.3 在左方的投影片縮圖區，點選「只有標題」版面配置。

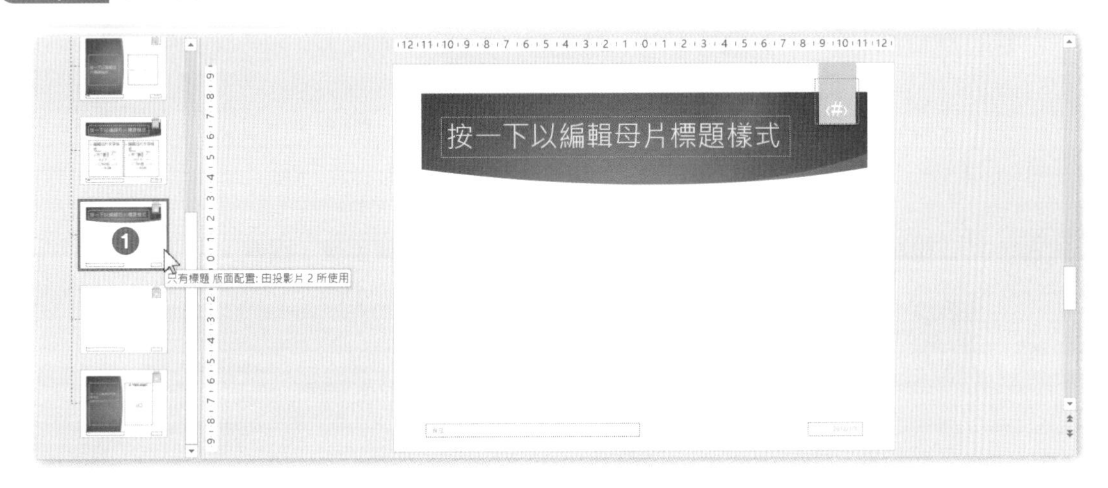

Step.4 在投影片編輯區中，點選文字「按一下以編輯母片標題樣式」的文字框。

Step.5 點按**繪圖工具 格式**索引標籤 \ **文字藝術師樣式** \ **▼ 其他**。

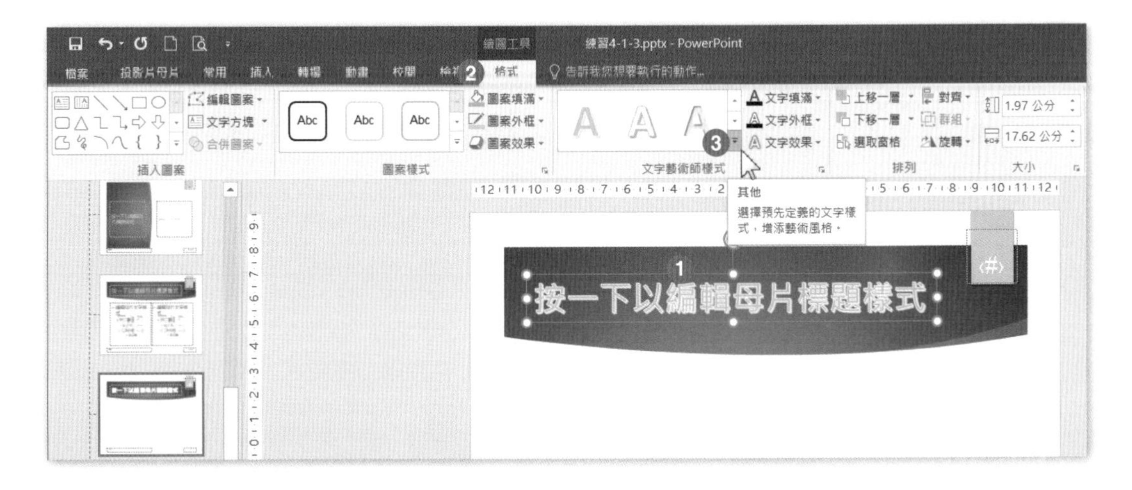

Step.6 選擇「填滿 – 淺綠藍，輔色 1, 外框 - 背景 1, 強烈陰影 – 輔色 1」的文字藝術師樣式。

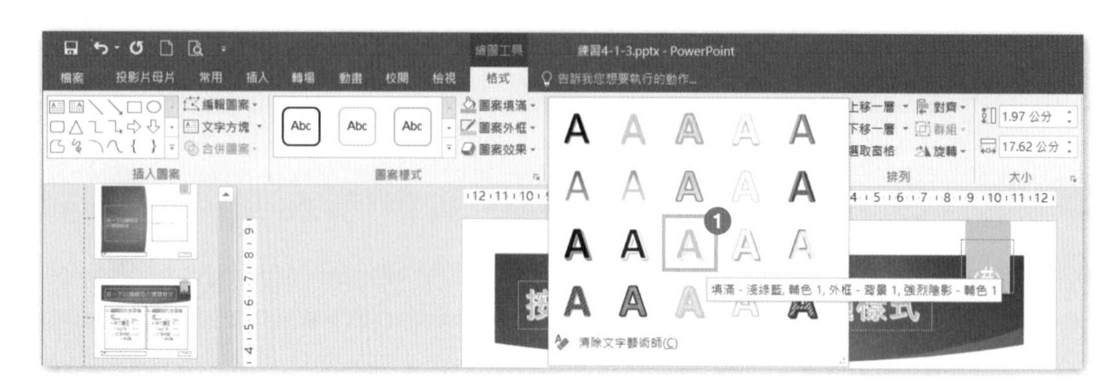

Step.7 點按**常用**索引標籤 \ **字型** 將字型大小改為 44。

Step.8 點按**常用**索引標籤 \ **段落** \ **置中**。

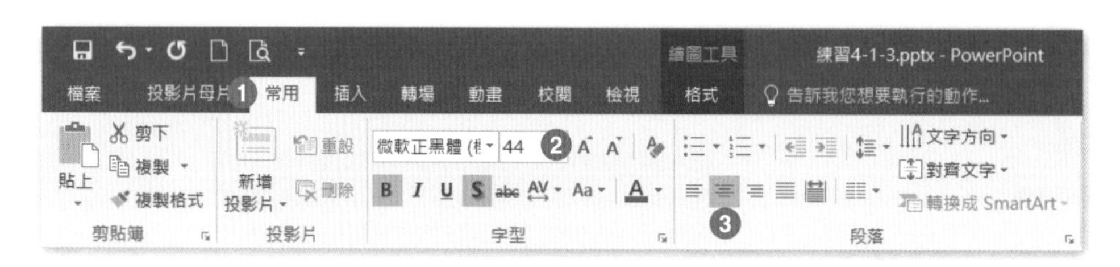

Step.9 點按**投影片母片**索引標籤 \ **母片配置** \ **插入版面配置區▼** \ **媒體**。

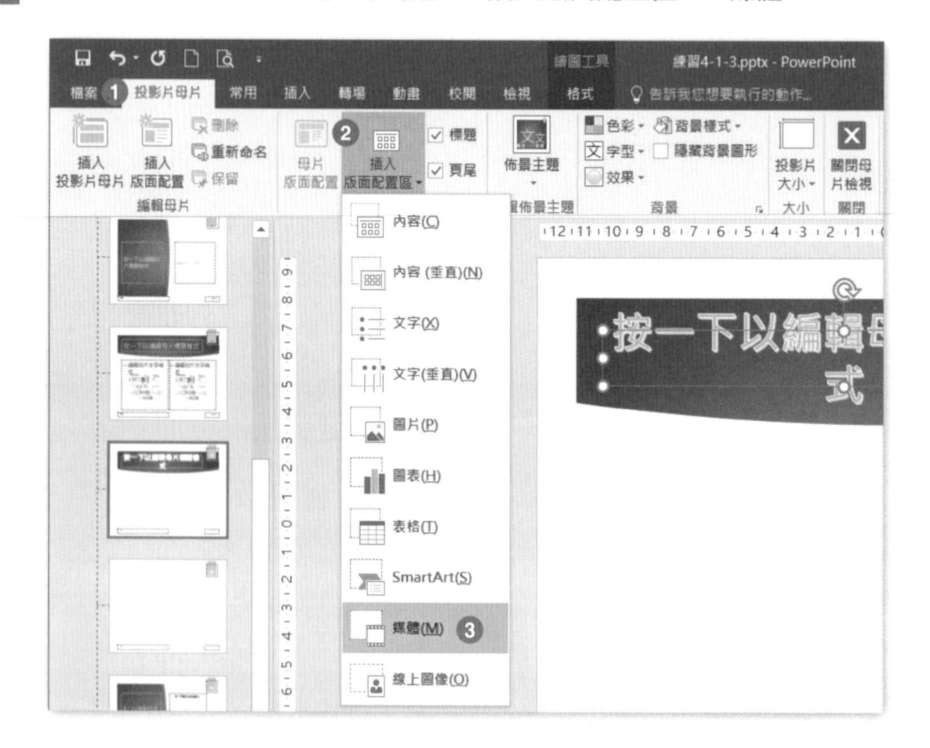

Step.10

在投影片編輯區中，在母片標題的下方，拖曳繪製出適度大小。

Step.11 點按**投影片母片**索引標籤 \ **關閉** \ **關閉母片檢視**。

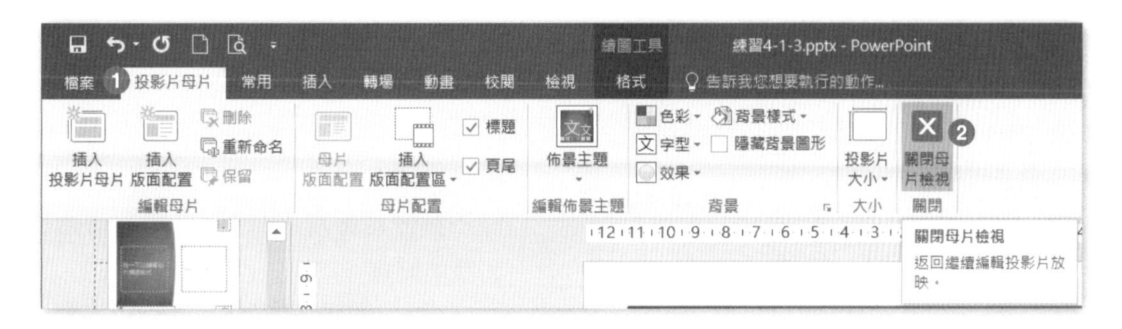

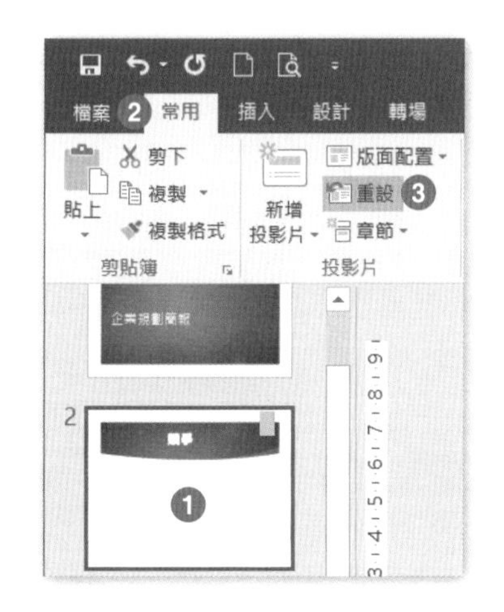

Step.12

點選第 2 張投影片，點按**常用**索引標籤 \ **投影片** \ **重設**。

Step.13

完成結果如左圖。

4-1-4 新增版面配置區

在上一節中，我們學習到可以選擇更改現有的版面配置，但如果不想變更目前擁有的版面配置，也能新增一個自訂的版面配置來做使用。

Step.1 開啟 \【文件】資料夾 \ 第 4 章練習檔 \ 練習 4-1-4.pptx。

Step.2 點按**檢視**索引標籤 \ **投影片母片**。

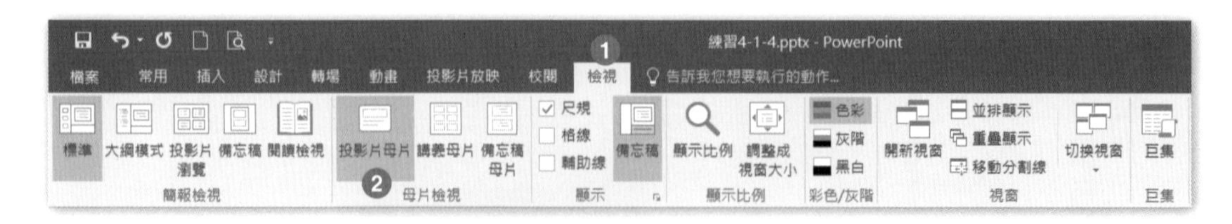

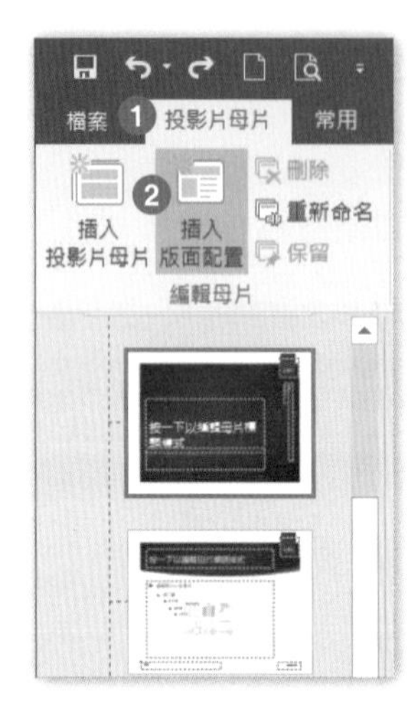

Step.3

點按**投影片母片**索引標籤 \ **編輯母片** \ **插入版面配置**。

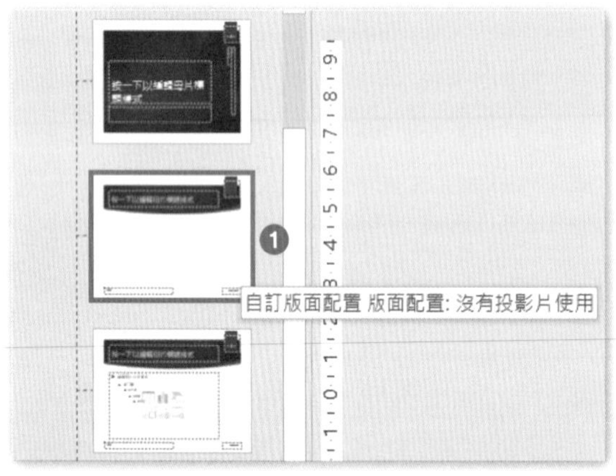

Step.4

此時會產生一個新的版面配置，預設名稱為「自訂版面配置」。

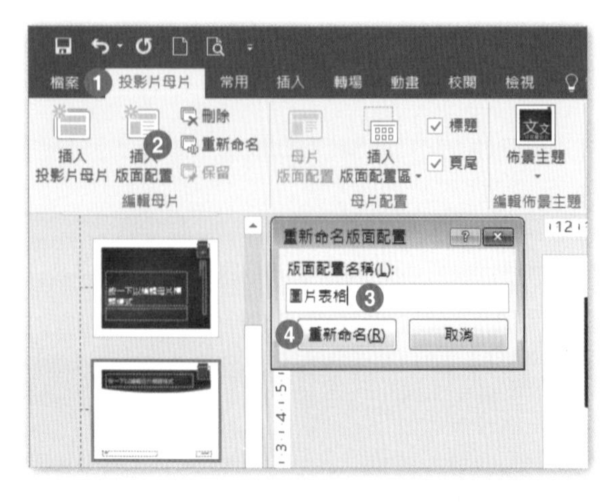

Step.5

點按**投影片母片**索引標籤 \ **編輯母片** \ **重新命名**。

Step.6

在**重新命名版面配置**視窗中，輸入**圖片表格**，並按下**重新命名**。

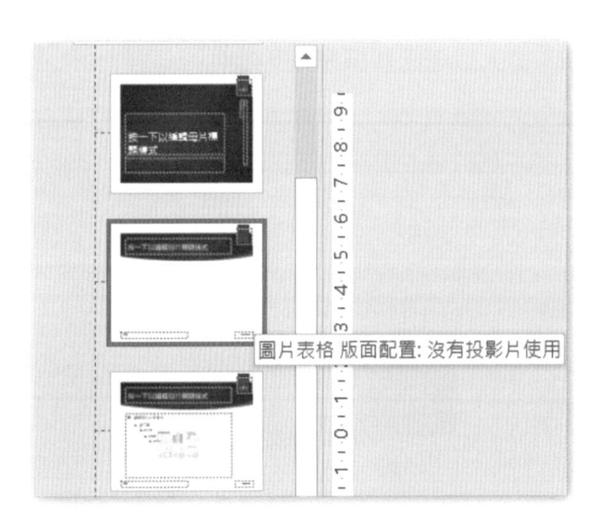

Step.7

可以看見新增的版面配置名稱已經更改。

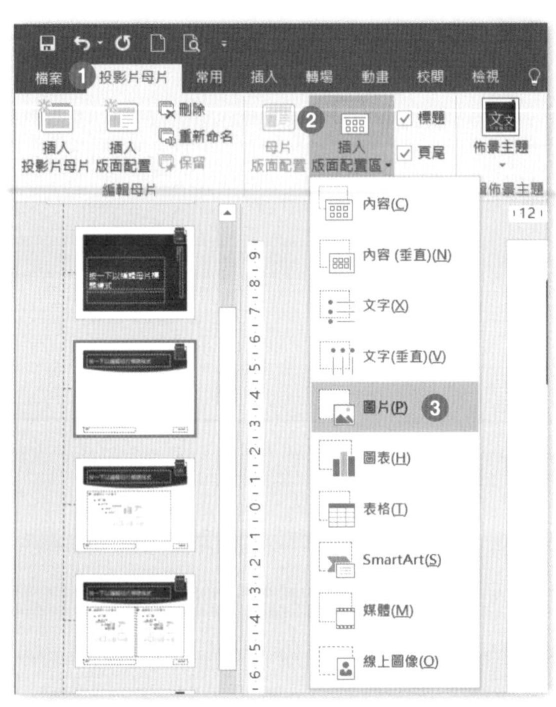

Step.8

點按**投影片母片**索引標籤 \ **母片配置** \ **插入版面配置區▼** \ **圖片**。

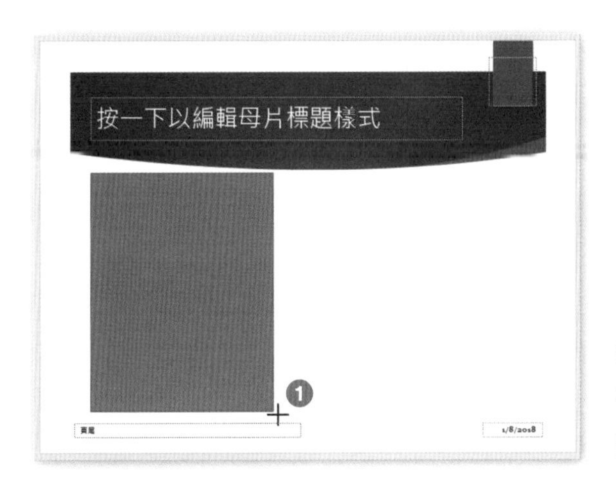

Step.9

在投影片編輯區中，在母片標題的下方，拖曳繪製出適度大小。

Step.10 點按**投影片母片**索引標籤 \ **母片配置** \ **插入版面配置區▼** \ **表格**。

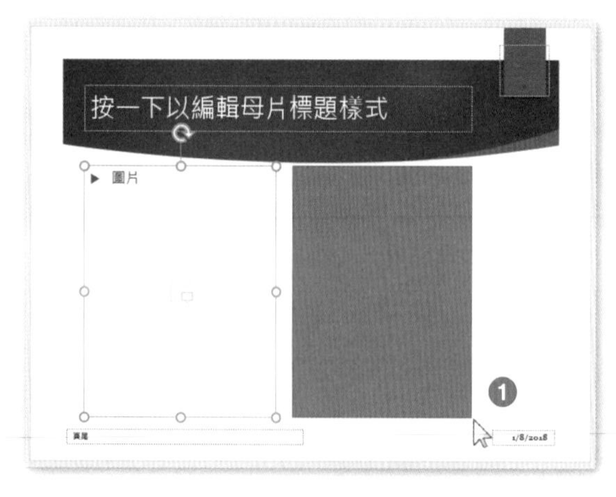

Step.11

在投影片編輯區中，在母片標題的下方，拖曳繪製出適度大小。

Step.12 點按**投影片母片**索引標籤 \ **關閉** \ **關閉母片檢視**。

Step.13 完成結果如下圖。

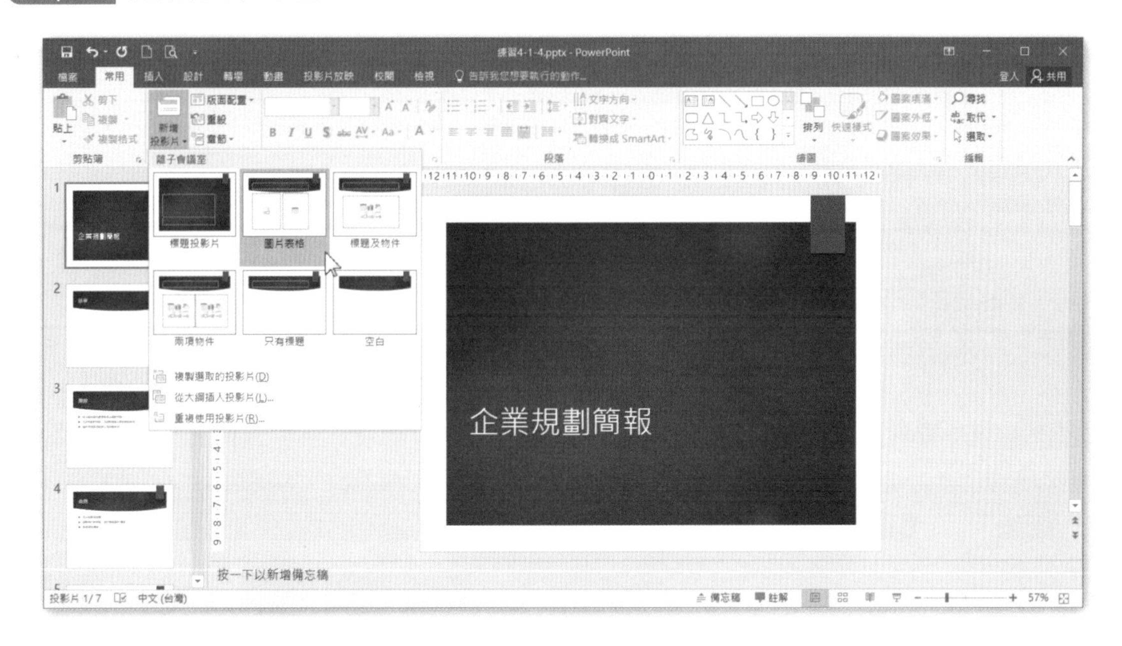

新增的版面配置區，在新增投影片選單中的出現順序，與其在投影片母片檢視中的順序相關。

4-1-5 母片背景

如果我們希望投影片上的背景和文字之間有較高的對比，可以將背景色彩變更為不同的漸層或純色。設定投影片的色彩和背景格式是打造視覺效果的絕佳方法。

Step.1 開啟 \【文件】資料夾 \ 第 4 章練習檔 \ 練習 4-1-5.pptx。

Step.2 點按**檢視**索引標籤 \ **投影片母片**。

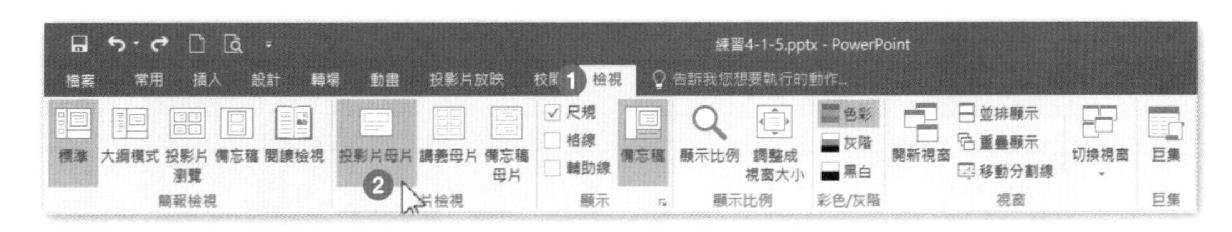

Step.3 在左方的投影片縮圖區，點按最上方的「投影片母片」。

Step.4 點按**投影片母片**索引標籤 \ **背景** \ **背景樣式▼**。

Step.5 選擇**樣式 4**。

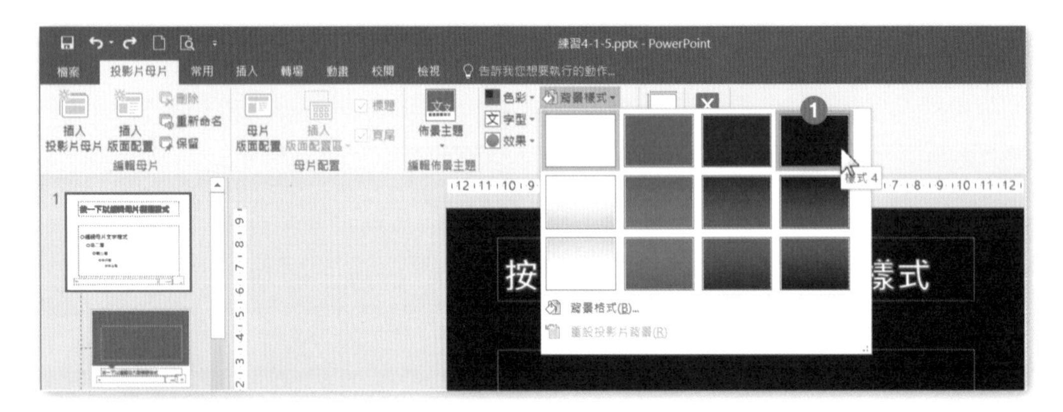

Step.6 點按**投影片母片**索引標籤 \ **關閉** \ **關閉母片檢視**。

Step.7 完成結果如下圖。

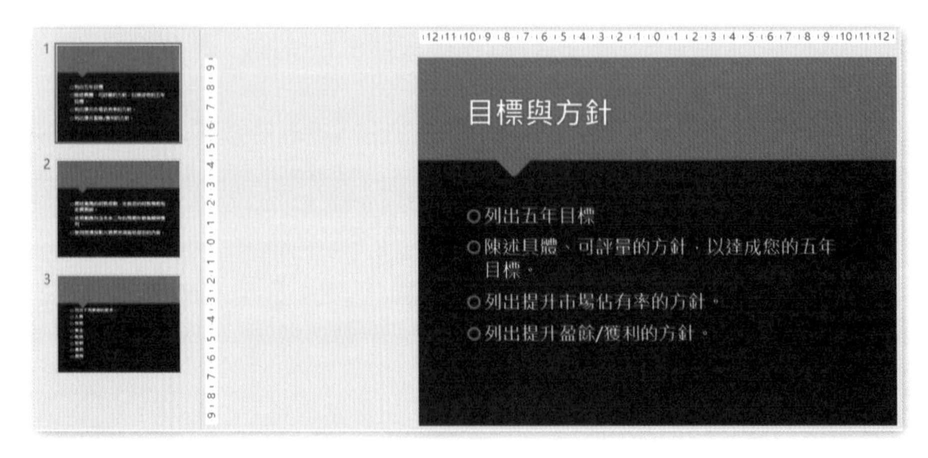

實作
練習

學習難易：★★★☆☆

學習目的：套用佈景主題及編輯版面配置

使用功能：投影片母片索引標籤 \ 輯輯佈景主題 及 投影片母片索引標籤 \ 母片配置 \ 插入版面配置區

開啟【文件】資料夾 \ 第 4 章練習檔 \「P4-1A.pptx」完成下列操作步驟：

- 將目前簡報套用「至理名言」佈景主題、「Arial Black-Arial」字型，將「標題及物件」版面配置的所有內文字體大小均放大 2 個層級。
- 將「標題投影片」版面配置中的標題文字設定為 66 的字體大小，並套用「鮮明效果 – 深藍綠 , 輔色 1」的圖案樣式。

Step.1 點按**檢視**索引標籤 \ **投影片母片**。

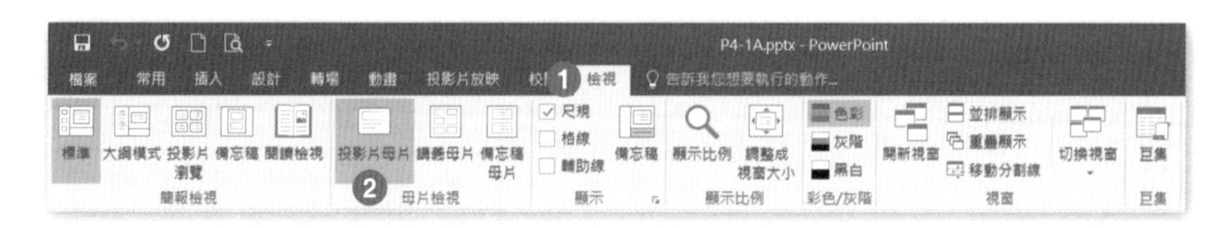

Step.2 點按**投影片母片**索引標籤 \ **輯輯佈景主題** \ **佈景主題▼** \ **至理名言**。

Step.3 點按**投影片母片**索引標籤 \ **背景** \ **字型▼**。

Step.4 在下拉式選單中，選擇 Arial Black-Arial 的選項。

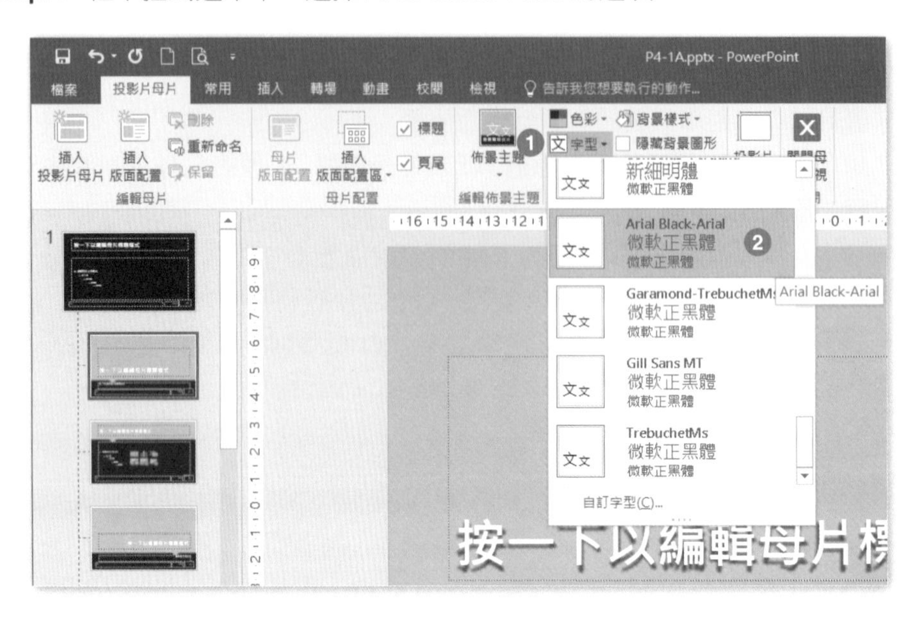

Step.5 在左方的投影片縮圖區，點選「標題及物件」版面配置。

Step.6 在投影片編輯區中，點選內文的文字框。

Step.7 點按**常用**索引標籤 \ **字型** \ **放大字型 按左鍵** 2 **下**。

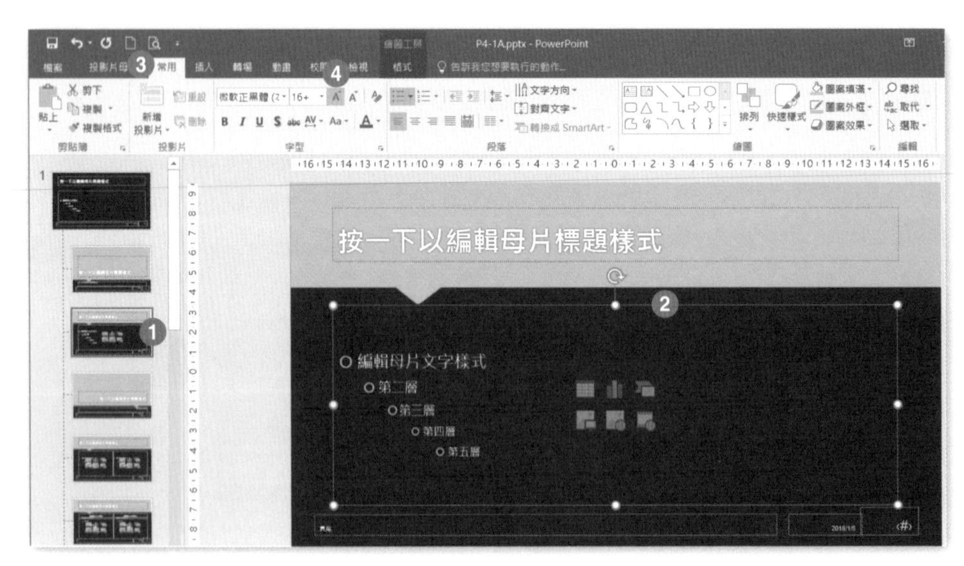

Step.8 在左方的投影片縮圖區，點選「標題投影片」版面配置。

Step.9 在投影片編輯區中，點選母片標題的文字框。

Step.10 點按**繪圖工具 格式**索引標籤 \ **圖案樣式** \ **▼ 其他**。

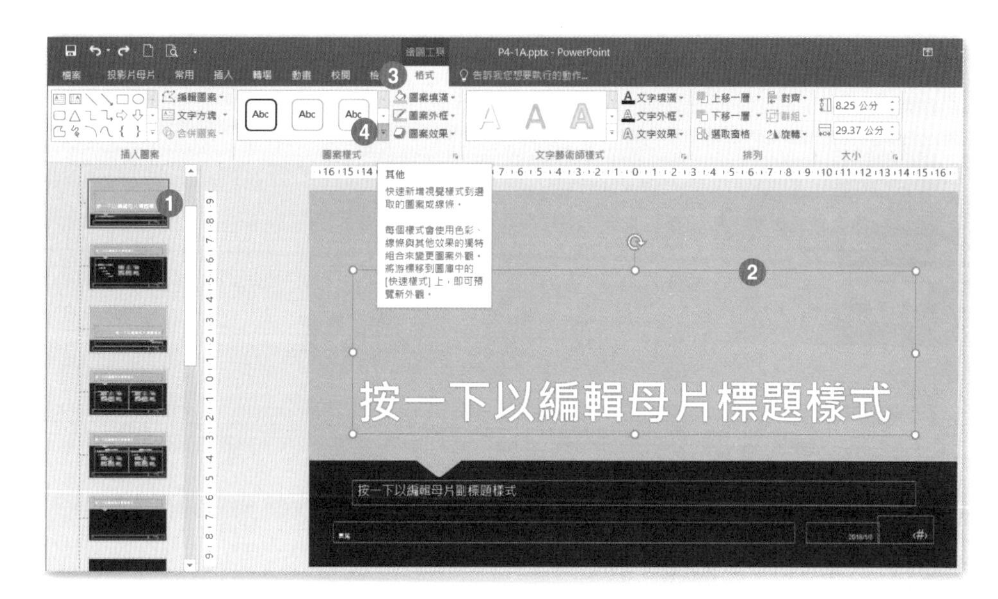

Step.11 選擇「鮮明效果 – 深藍綠，輔色 1」的圖案樣式。

Step.12 點按**投影片母片**索引標籤 \ **關閉** \ **關閉母片檢視**。

Step.13 完成結果如下圖。

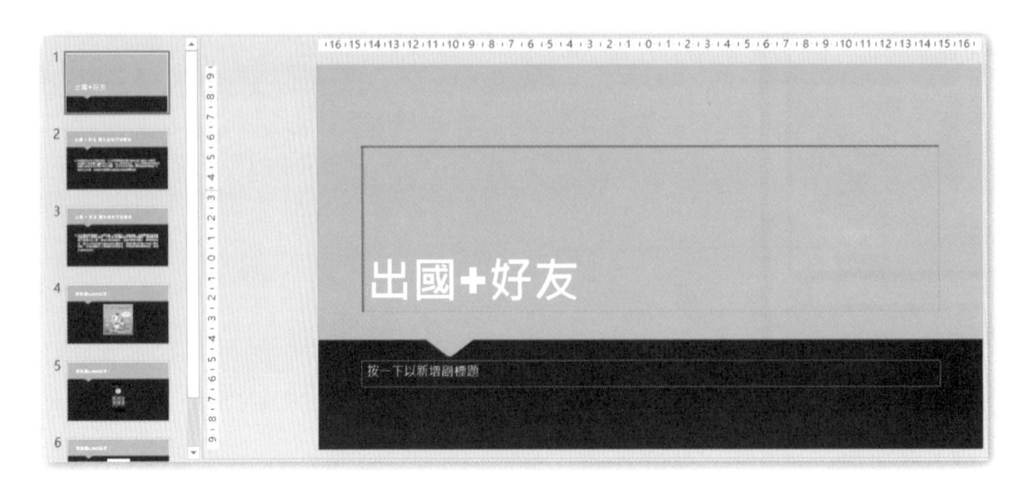

實作練習

學習難易：★★★★☆

學習目的：新增版面配置區

使用功能：點按投影片母片索引標籤 \ 編輯母片 \ 插入版面配置 及 投影片母片索引標籤 \ 母片配置 \ 插入版面配置區

開啟【文件】資料夾 \ 第 1 章練習檔 \「P4-1B.pptx」完成下列操作步驟：

➤ 刪除所有目前未使用到的版面配置。

➤ 建立一個新的且命名為「自訂之 1」的投影片版面配置，此版面配置的左側為表格版面配置區、右側為文字版面配置區。請保持所有預設設定，新增的版面配置區大小及位置並沒有嚴格的要求。

Step.1 點按**檢視**索引標籤 \ **投影片母片**。

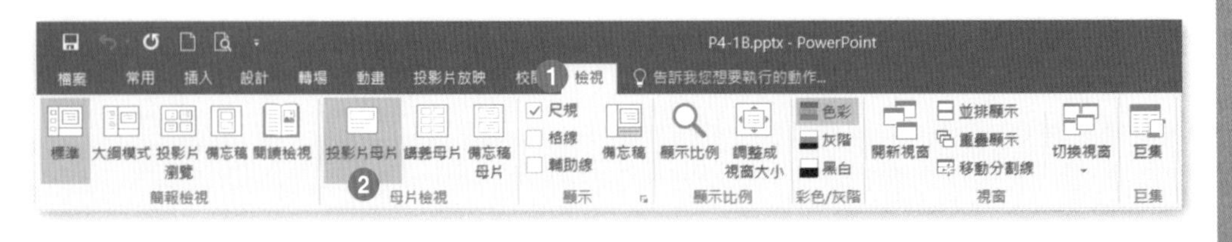

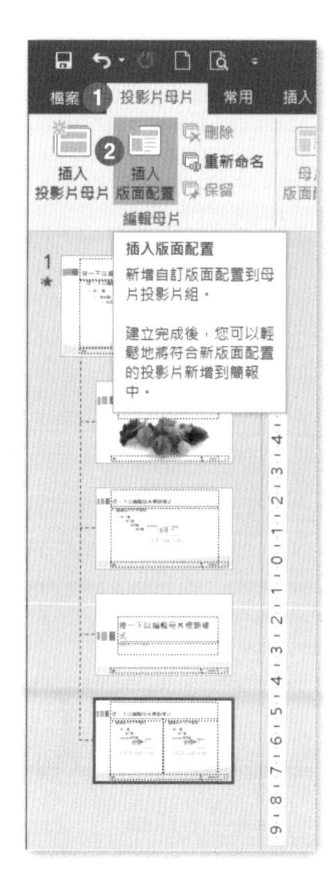

Step.2 在左方的投影片縮圖區，點選所有未使用到的版面配置區並配合鍵盤快速鍵 Delete，依序刪除所有目前未使用到的版面配置。

Step.3 點按**投影片母片**索引標籤 \ 編輯**母片** \ **插入版面配置**。

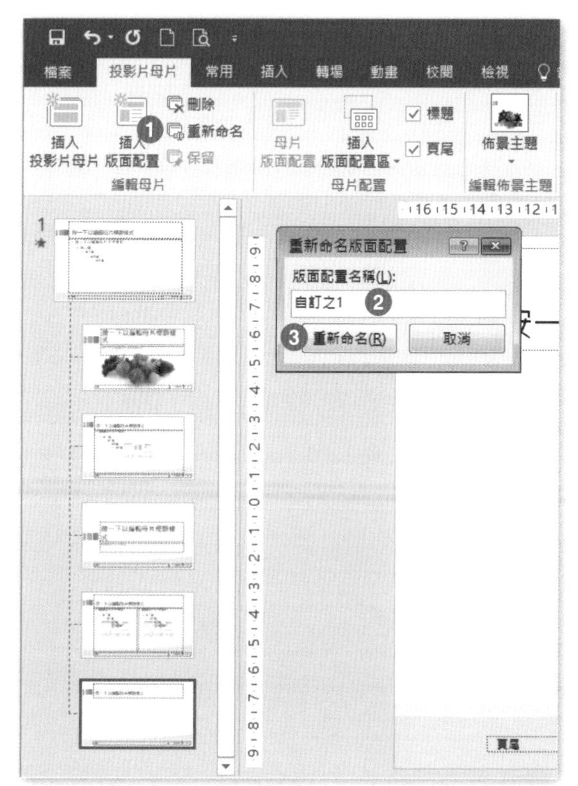

Step.4 點按**投影片母片**索引標籤 \ **編輯母片** \ **重新命名**。

Step.5 在**重新命名版面配置**視窗中，輸入**自訂之 1**，並按下**重新命名**。

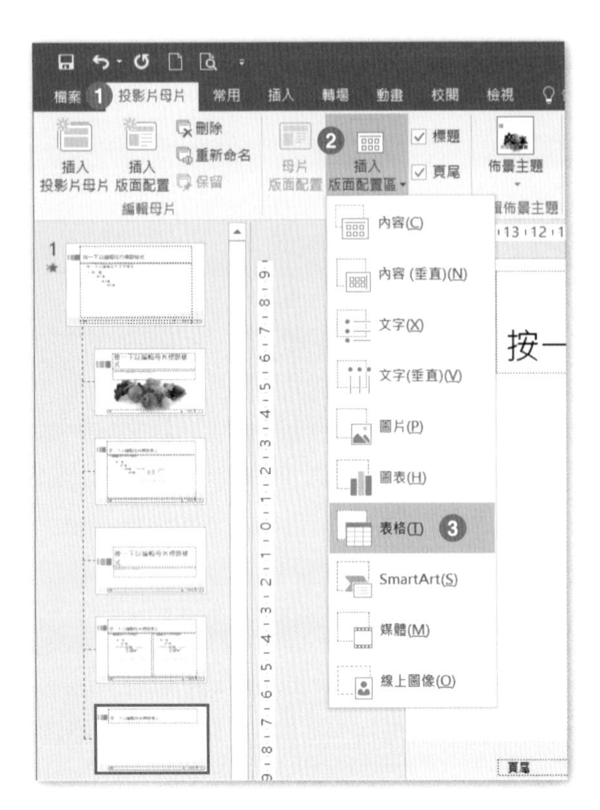

Step.6 點按**投影片母片**索引標籤\ **母片配置** \ **插入版面配置區▼** \ **表格**。

Step.7 在投影片編輯區中，在母片標題的下方，拖曳繪製出適度大小。

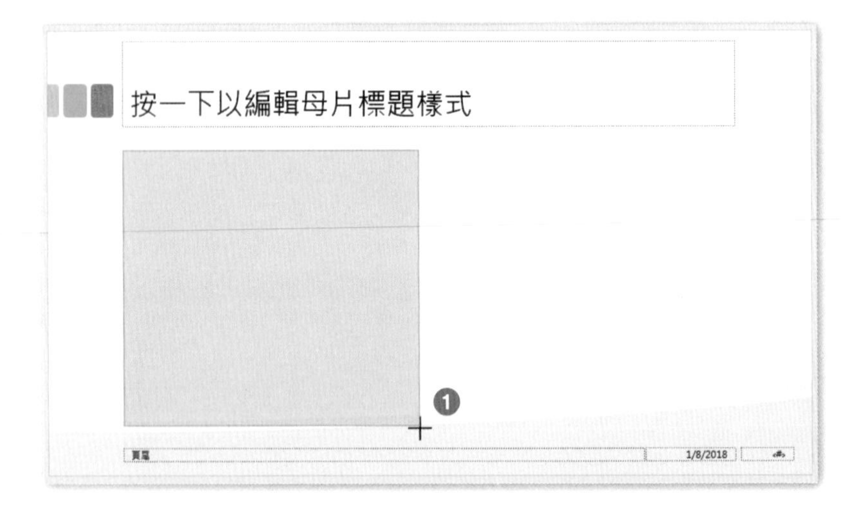

Step.8 點按**投影片母片**索引標籤 \ **母片配置** \ **插入版面配置區▼** \ **文字**。

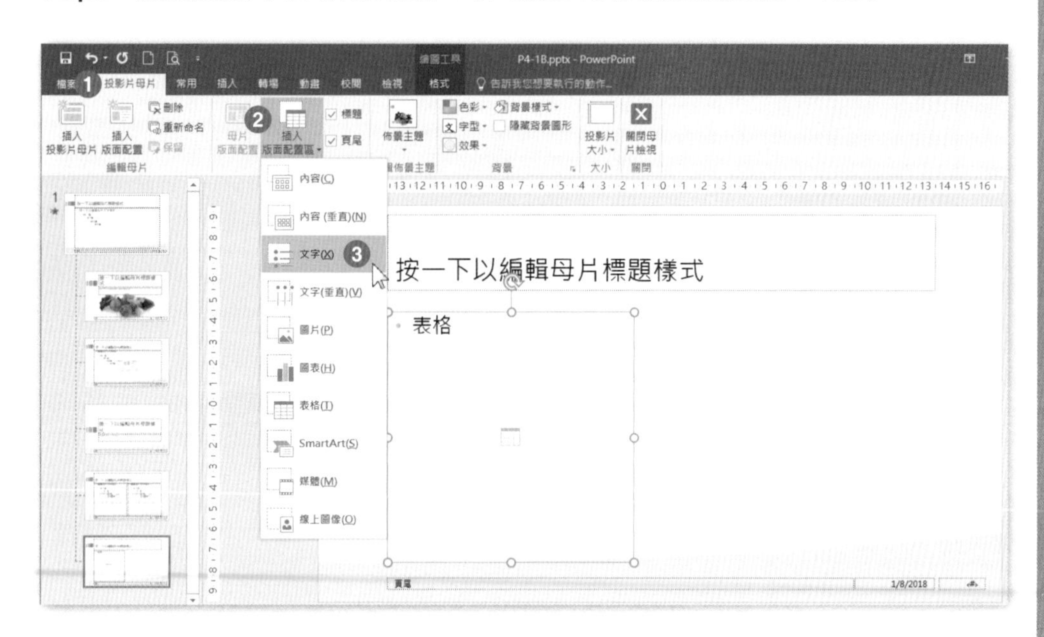

Step.9 在投影片編輯區中，在母片標題的下方，拖曳繪製出適度大小。

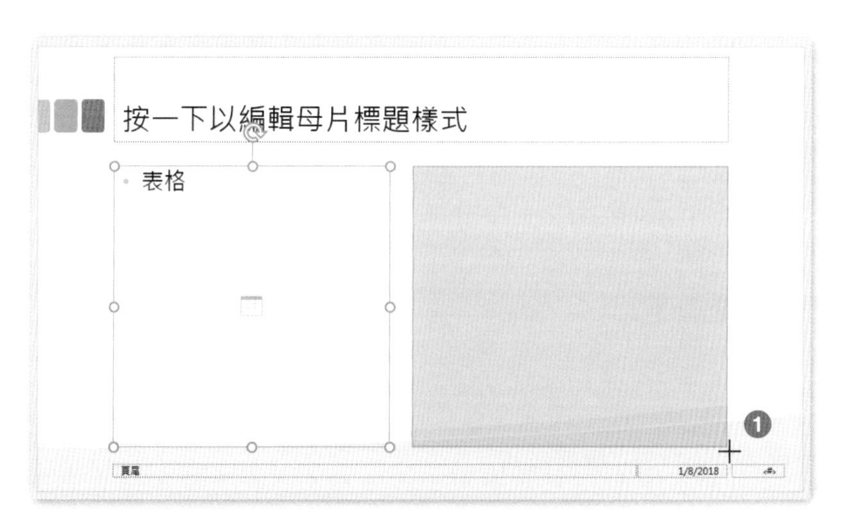

Step.10 點按**投影片母片**索引標籤 \ **關閉** \ **關閉母片檢視**。

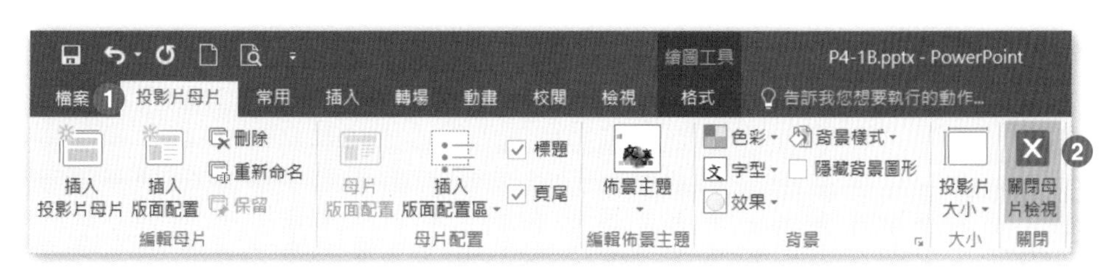

Step.11 完成結果如下圖。

4-2 講義母片

在列印成講義時，若對輸出時的頁首、頁尾有特別的要求，可以在講義母片中去設定編輯。

4-2-1 頁首頁尾設定

Step.1 開啟 \【文件】資料夾 \ 第 4 章練習檔 \ 練習 4-2-1.pptx。

Step.2 點按**檢視**索引標籤 \ **講義母片**。

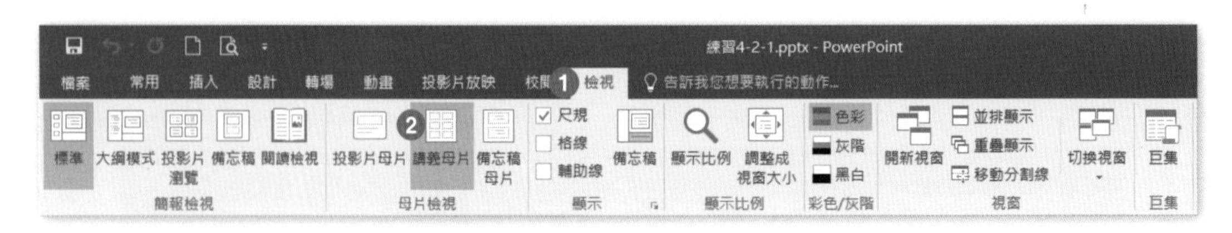

Step.3 點按**講義母片**索引標籤 \ **版面配置區** \ 取消 **日期** 的勾選。

Step.4 在講義母片編輯區中的左下角頁尾處，輸入文字「說明會」。

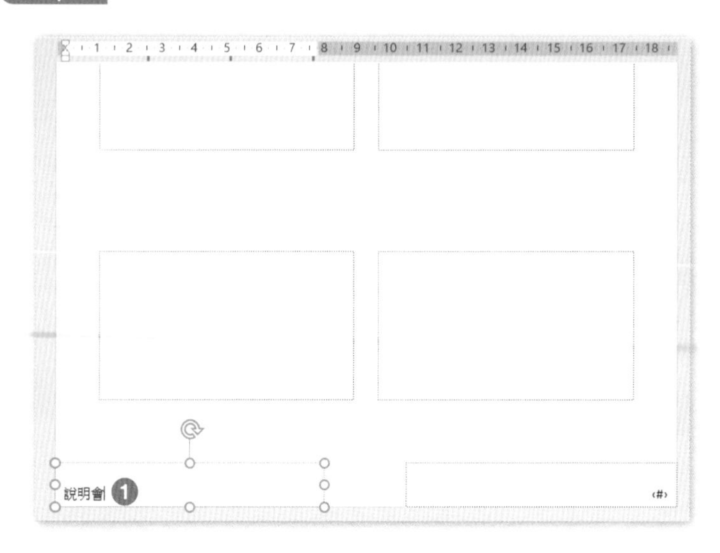

Step.5 點按**插入**索引標籤 \ **圖像** \ **圖片**。

Step.6 在**插入圖片**視窗中，點選「第 4 章練習檔」資料夾中的「標誌 .jpg」，並按下**插入**。

Step.7
將插入的圖片移至版面的右上角，並調整成適度的大小，避免檔住內容區塊即可。

Step.8
再將左下角的頁尾區塊上移，拖曳至接近左下方的內容區塊底部即可。

Step.9 點按**講義母片**索引標籤 \ **關閉** \ **關閉母片檢視**。

Step.10 點按**檔案**索引標籤。

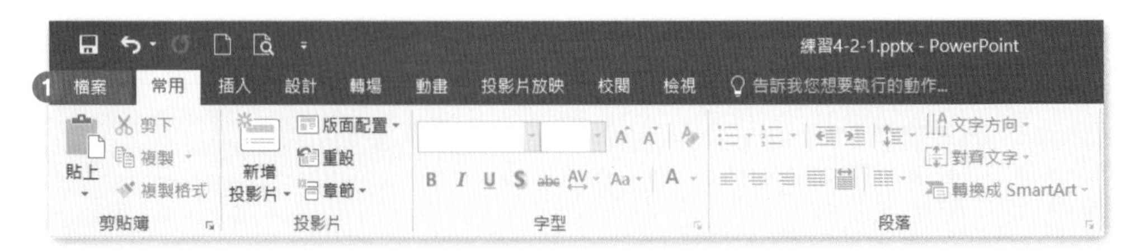

Step.11 點選**列印**，並將全頁投影片改選為 **講義 3 張投影片**。

Step.12 完成結果如下圖。

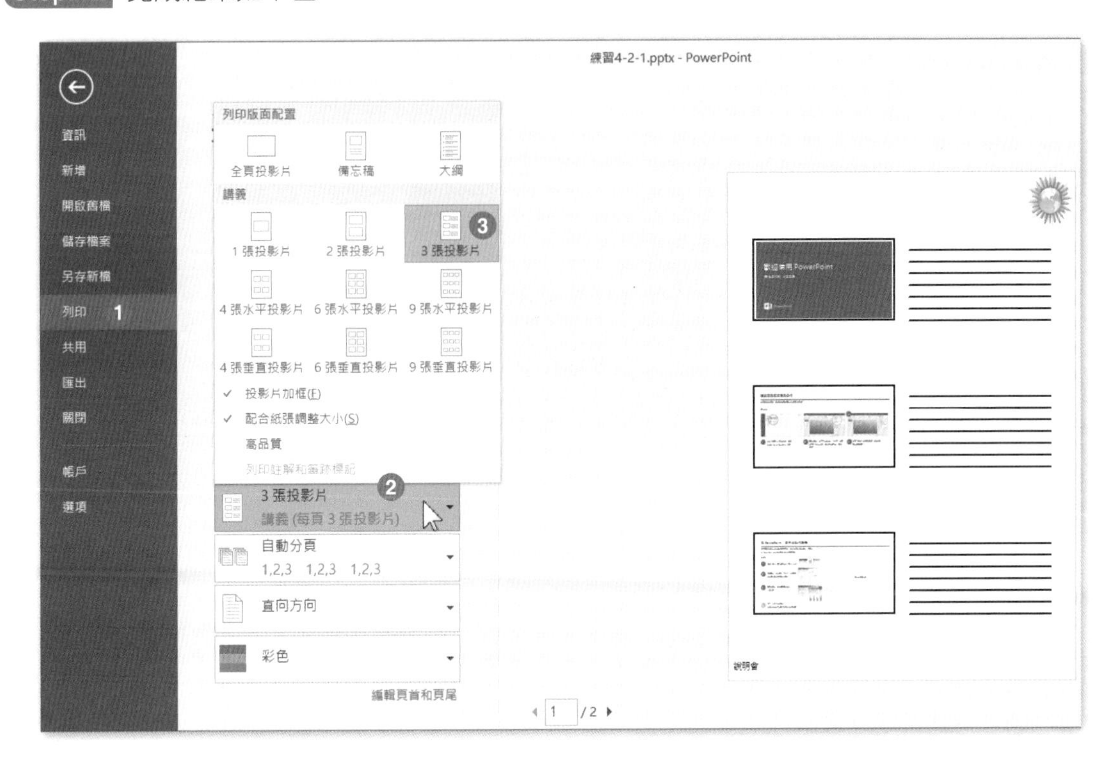

4-3 備忘稿母片

在列印備忘稿時，若對輸出時的版面呈現有特別的要求，可以在備忘稿母片中去設定編輯。

4-3-1 版面配置區設定

Step.1 開啟 \【文件】資料夾 \ 第 4 章練習檔 \ 練習 4-3-1.pptx。

Step.2 點按**檢視**索引標籤 \ **備忘稿母片**。

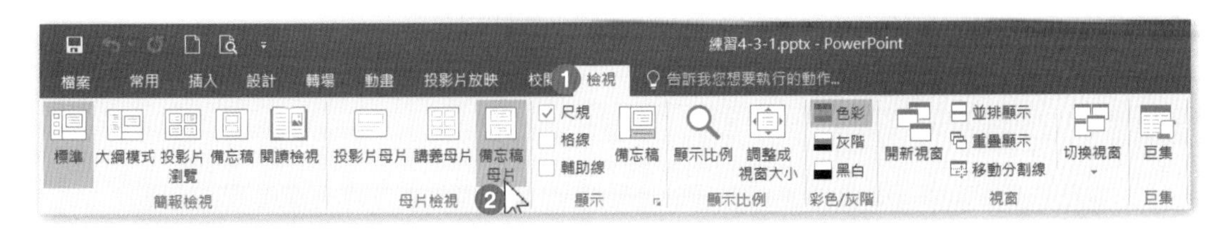

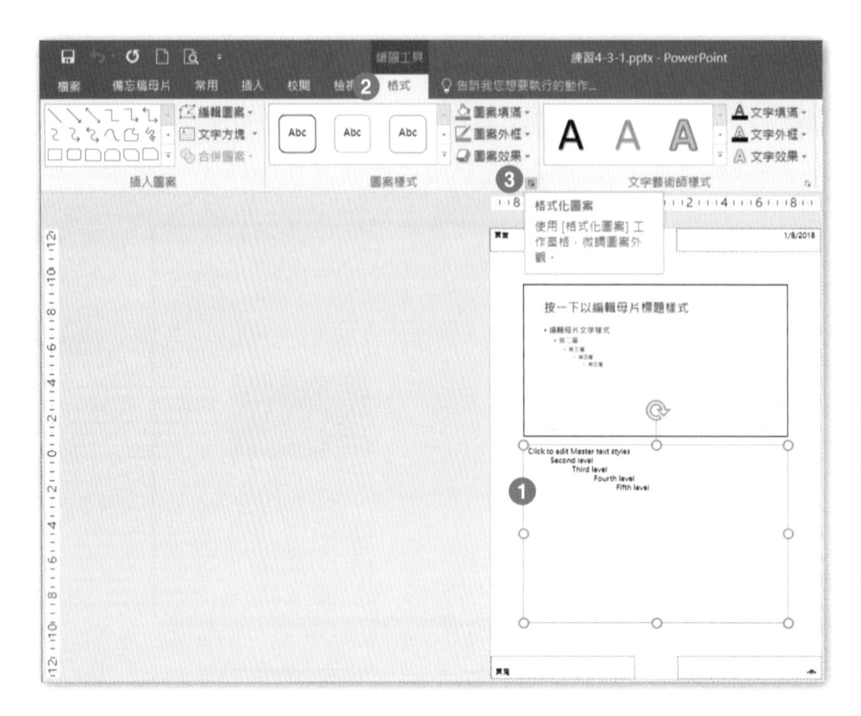

Step.3

點選**本文**的文字框。

Step.4

點按**繪圖工具 格式**索引標籤 \ **圖案樣式** 對話方塊。

Step.5 在右方**設定圖案格式**視窗中，展開**填滿**類別，點選**漸層填滿**的選項，並在**方向**的下拉式選單中選擇**線性向上**。

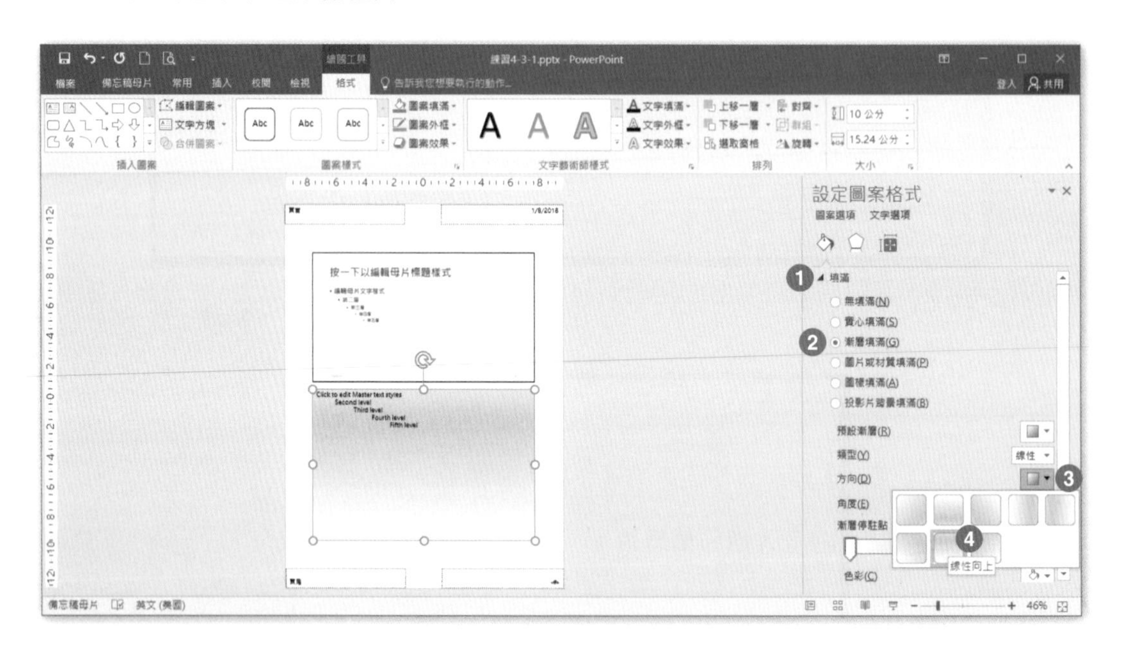

Step.6 點按**備忘稿母片**索引標籤 \ **關閉** \ **關閉母片檢視**。

Step.7 點按**檔案**索引標籤。

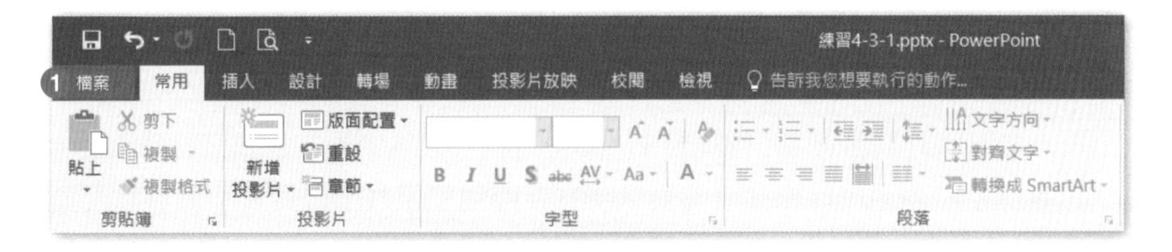

Step.8 點選**列印**，並將全頁投影片改選為 **備忘稿**。

Step.9 完成結果如下圖。

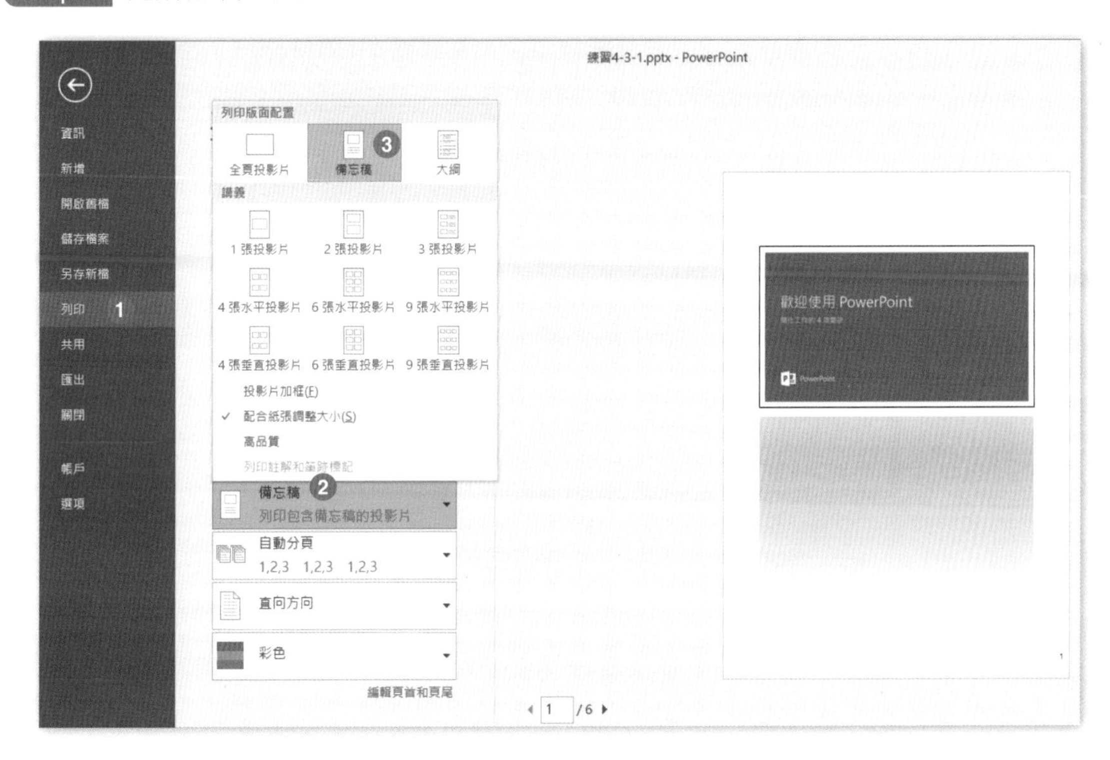

NOTE

Chapter 05

投影片放映與檔案設定

學習重點

在編輯投影片的過程中，往往會使用到大量的圖片或物件，在 PowerPoint 2016 有非常好用的輔助線可供使用，幫助我們在排版或移動時更為便利。

而且協同作業中，我們也可以透過註解的方式和團隊伙伴交換意見，並設定放映的類型。調整檔案的資訊及設定列印的方式，能夠讓我們在傳遞檔案或列印會議資料時，更專業的呈現出來。

- 檢視工具及註解使用
- 投影片放映設定
- 簡報資訊
- 列印設定
- 儲存檔案設定

5-1 檢視工具

在檢視工具中，除了各種檢視及母片檢視外，也有一些輔助工具，能夠協助我們在處理物件排列時的便利性。

Step.1 點按**檢視**索引標籤 \ **顯示** \ 勾選 ☑ **尺規**。

Step.2 可以看見畫面上出現尺規輔助器。

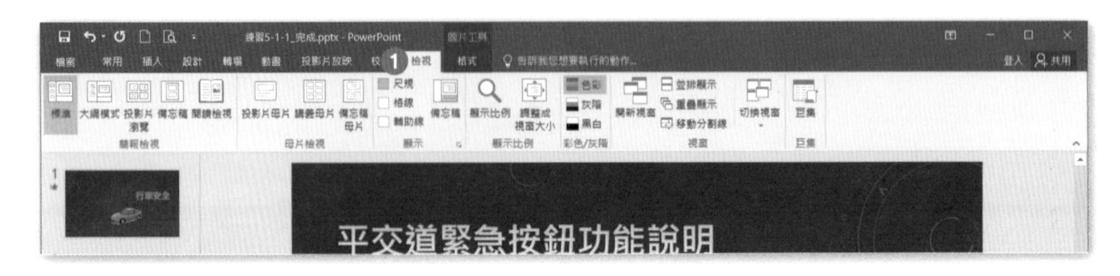

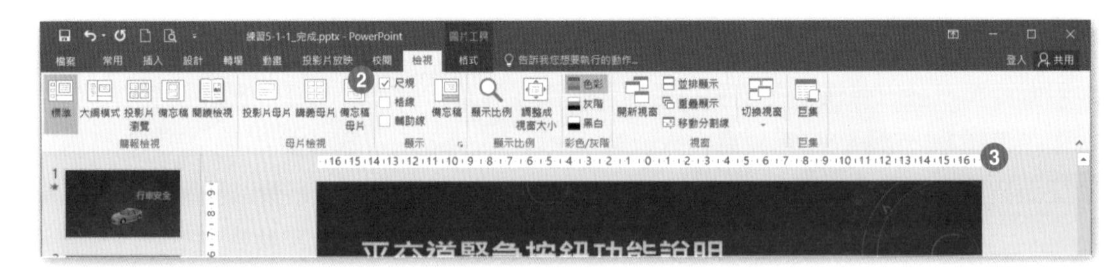

5-1-1 輔助線及選項設定

當我們要處理多個物件時，可以對齊物件以便為我們的檔案提供專業的外觀。當我們選取及移動物件時，會出現輔助線以協助我們對齊側邊並平均分佈物件。

也可以使用動態輔助線 (拖曳物件時所出現穿過其他物件中心和投影片中心的線條)，讓物件與另一個物件對齊。

Step.1 開啟 \【文件】資料夾 \ 第 5 章練習檔 \ 練習 5-1-1.pptx。

Step.2 點按**檢視**索引標籤 \ **顯示** \ **勾選** ☑ **格線**。

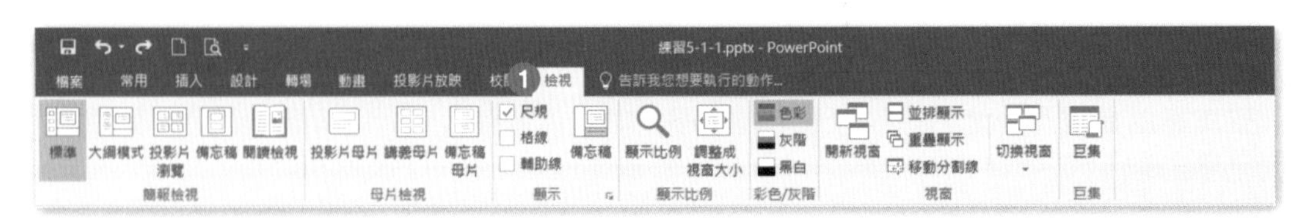

Step.3 點按**檢視**索引標籤 \ **顯示**對話方塊。

Step.4
在**格線及輔助線**視窗中，勾選 ☑ **貼齊格線**，並按下**確定**。

Step.5 可以看見畫面上出現格線，對齊物件時更為方便。

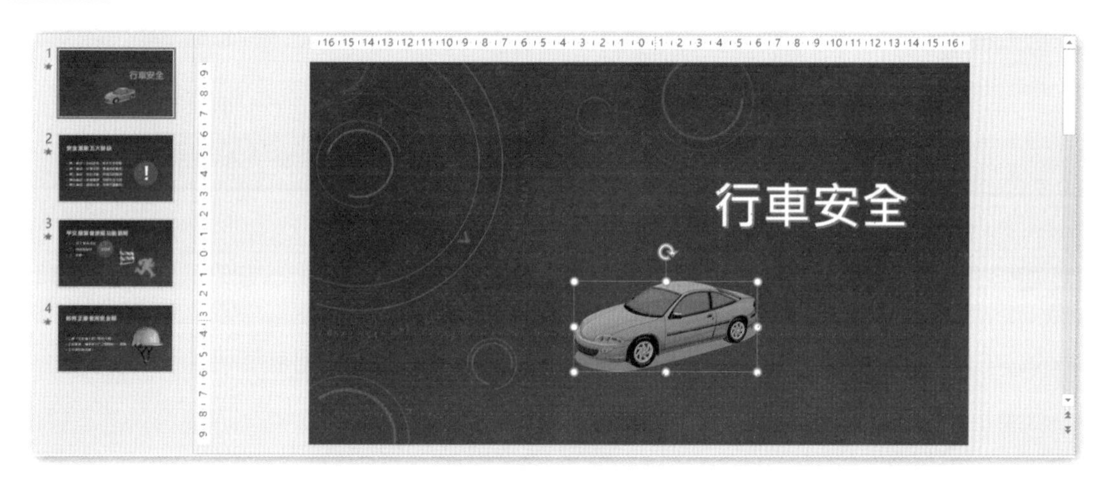

Step.6 還有各種動態輔助線在移動物件時，會顯示出來，協助物件的對齊及間距的調整。

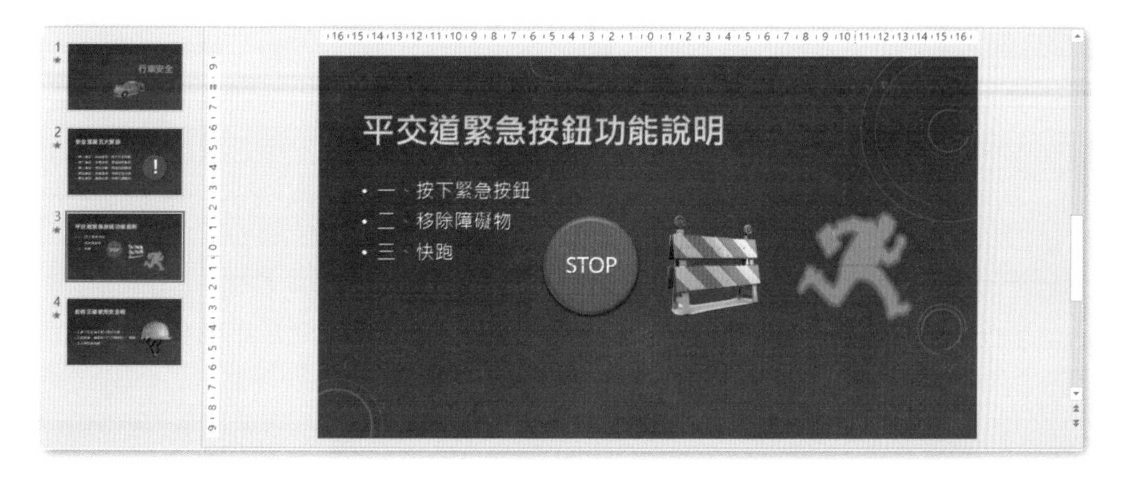

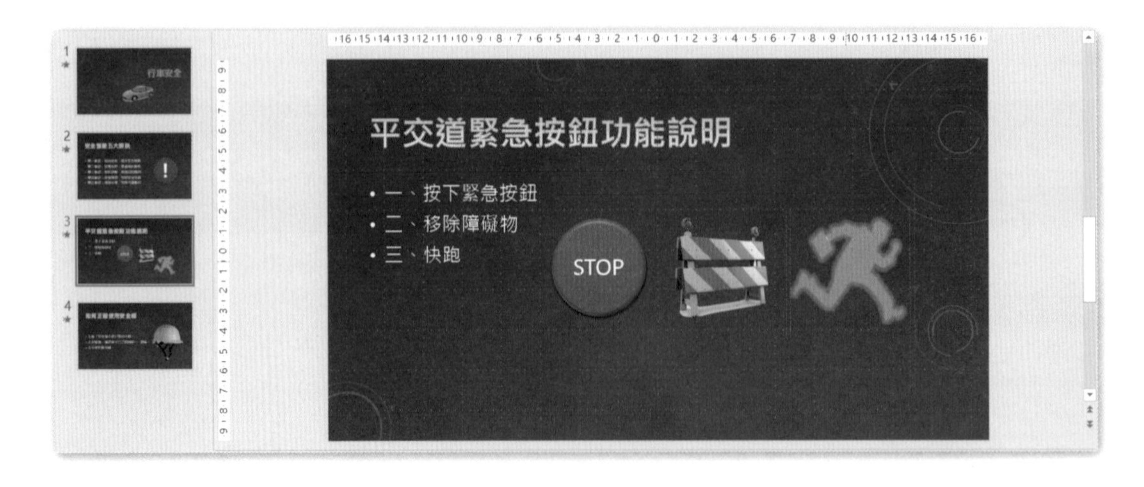

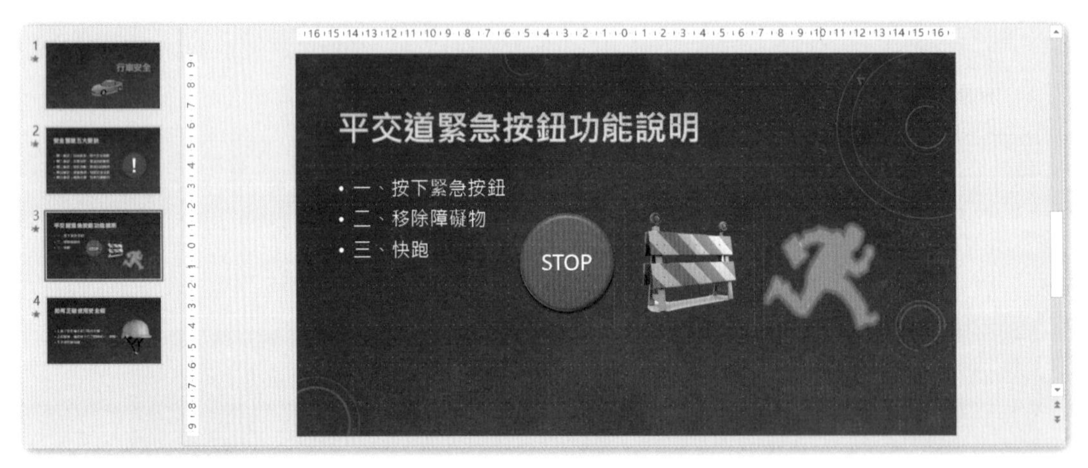

5-1-2 使用註解

在 PowerPoint 中，我們可以使用註解來與同事共同作業，並給予附註和意見反應。

Step.1 開啟 \【文件】資料夾 \ 第 5 章練習檔 \ 練習 5-1-2.pptx。

Step.2 在左方投影片縮圖區中，點選第 4 張投影片，並點選右側圖表的圖表區外框。

Step.3 點按**校閱**索引標籤 \ **註解** \ **新增註解**。

Step.4 在右方註解視窗中，輸入文字**請更新數據**。

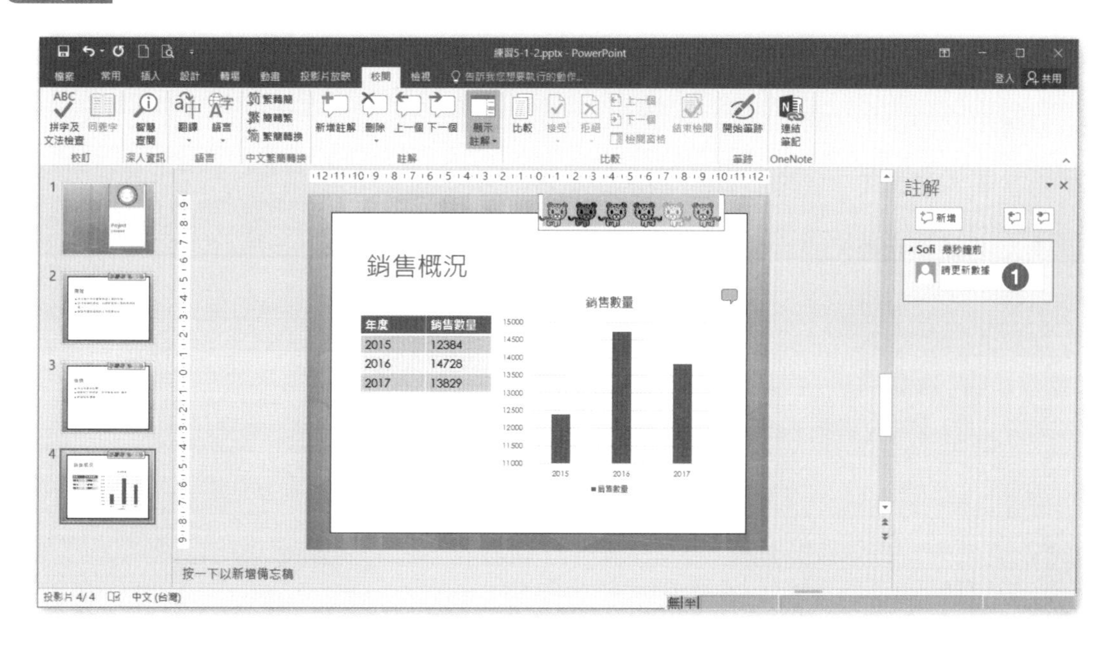

Step.5 在左方投影片縮圖區中，點選第 3 張投影片。

Step.6 在右方註解視窗中，點按回覆欄位，輸入文字**承辦中**。

Step.7 在左方投影片縮圖區中，點選第 2 張投影片。

Step.8 點按**校閱**索引標籤 \ **註解** \ **顯示註解▼**。

Step.9 取消**顯示標記**的勾選。

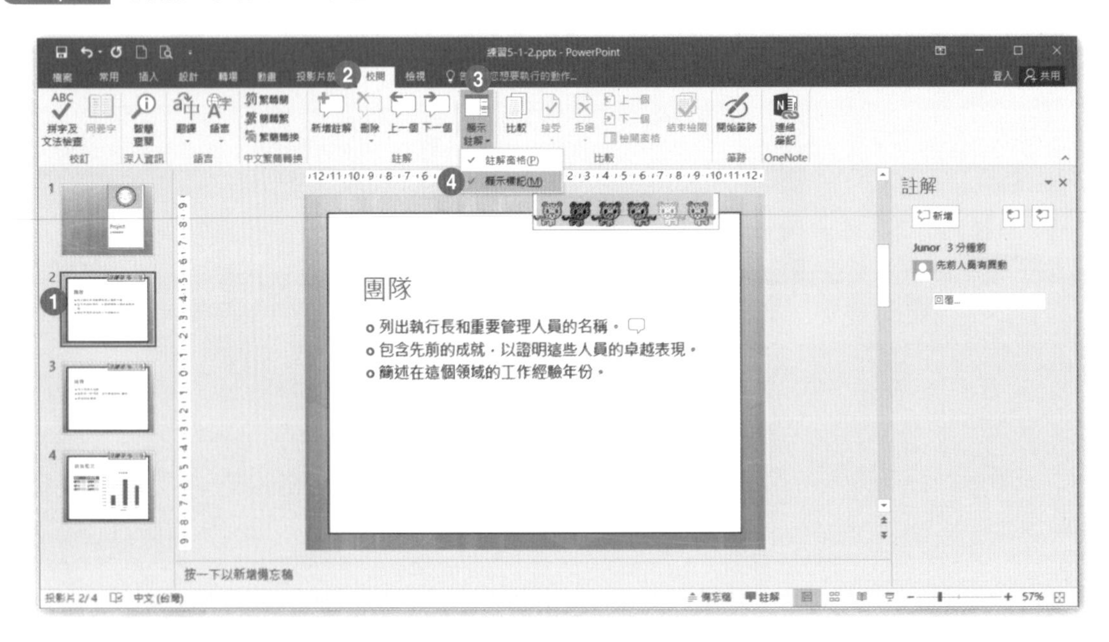

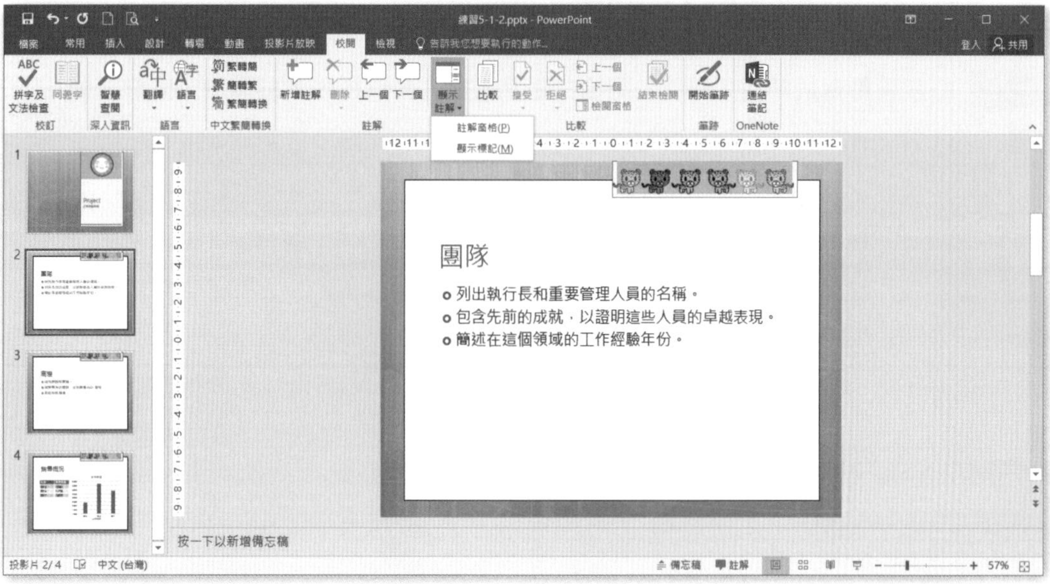

5-2 投影片放映設定

當我們在 PowerPoint 中建立自訂放映時，可以採用不同觀眾角度的簡報。

自訂放映有兩種類型：基本與超連結。基本自訂放映是指個別的簡報或含有部分原始投影片的簡報。超連結自訂放映則是一種快速瀏覽一或多份各別簡報的方式。

5-2-1 自訂放映

我們可以建立多個自訂放映，從同一份簡報中設定各種不同的對象所適合的簡報。

一份完整的簡報，在對方提供不同的時間長度給我們演講時，我們可以因為時間長短的不同，所講的投影片張數也會有不同。

但若因如此就去刪減投影片內容，則同一個檔案就需要存成多個檔案，如果能善用自訂放映，就能解決此困擾。

Step.1 開啟 \【文件】資料夾 \ 第 5 章練習檔 \ 練習 5-2-1.pptx。

Step.2 點按**投影片放映**索引標籤 \ **開始投影片放映** \ **自訂投影片放映▼** \ **自訂放映**。

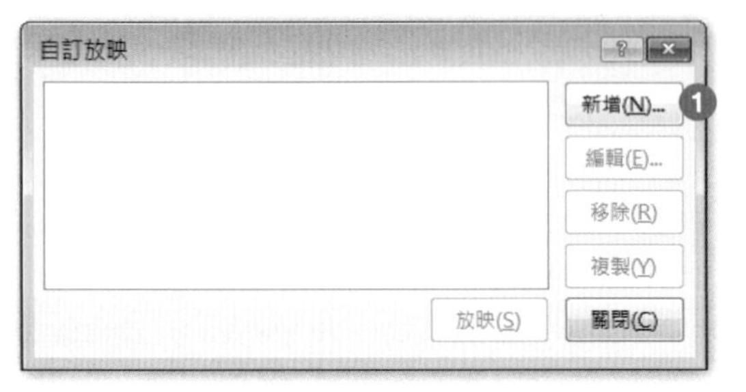

Step.3 在**自訂放映**視窗中，按下**新增**。

Step.4 在**定義自訂放映**視窗中，輸入**投影片放映名稱**為「**精簡報告**」，勾選第 1,3,5 和 6 張投影片，並點按**新增**及**確定**。

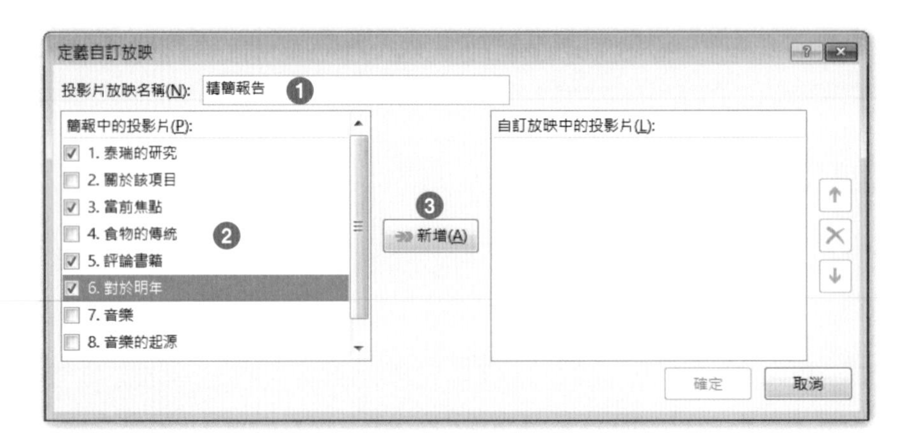

Step.5
點按**關閉**，關閉自訂放映視窗。

5-2-2 設定投影片放映

放映簡報時，PowerPoint 提供全螢幕播放、視窗放映、以及自動循環展示等三種不同的類型。

- 由演講者簡報：播放時呈現全螢幕，且換頁功能、畫筆功能皆可使用。
- 觀眾自行瀏覽：播放時呈現視窗方式，換頁功能可使用，但無法使用畫筆。
- 在資訊站瀏覽：播放時呈現全螢幕，可以讓 PowerPoint 不斷地自動重複依照所設定的排練時間播放，但無法手動換頁。如果您設定投影片放映在資訊站執行，請記得也要加入自動換頁、導覽超連結或動作按鈕。否則，投影片放映就只會顯示第一張投影片。

Step.1 開啟 \【文件】資料夾 \ 第 5 章練習檔 \ 練習 5-2-2.pptx。

Step.2 在左方投影片縮圖區中，點選第 4 張投影片，播放目前的投影片。

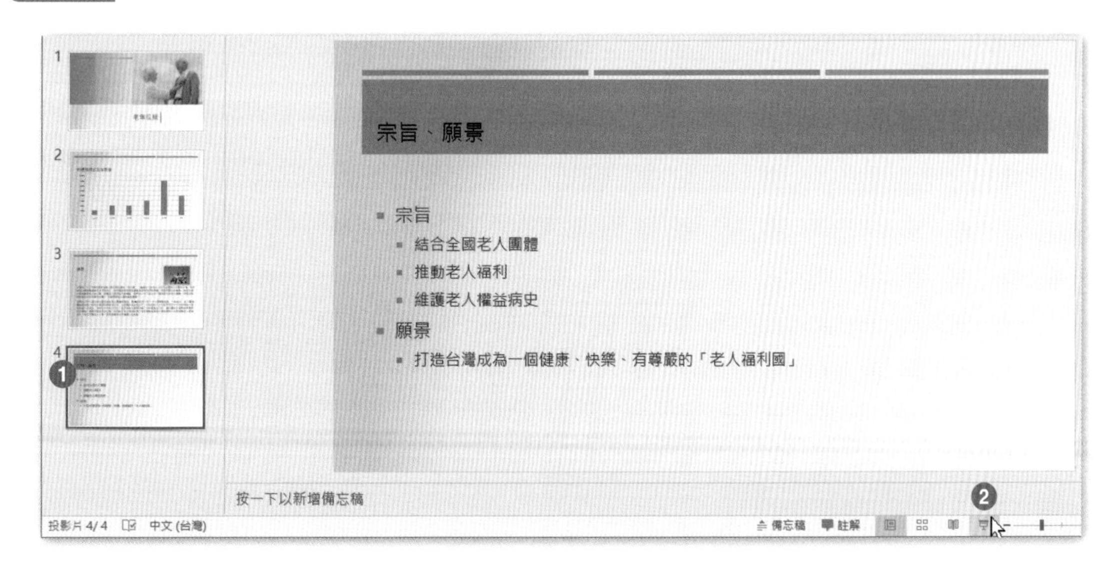

Step.3 在播放的狀態下按下滑鼠右鍵，在快速選單中選擇**指標選項 \ 螢光筆**。

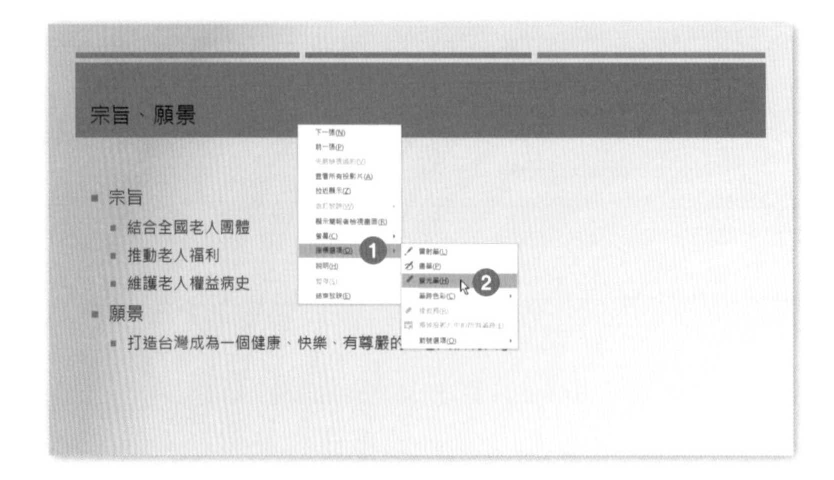

Step.4 畫記投影片中的文字「推動老人福利」。

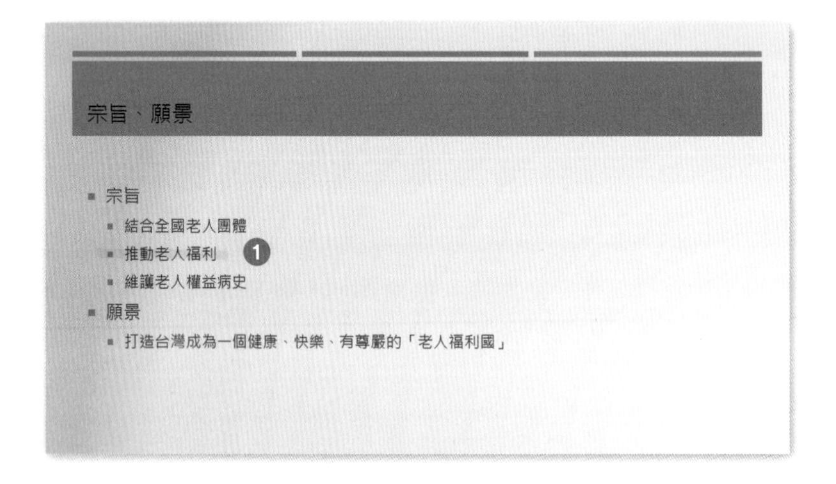

Step.5 按下鍵盤的 ESC 鍵兩下，結束播放，選擇「保留」。

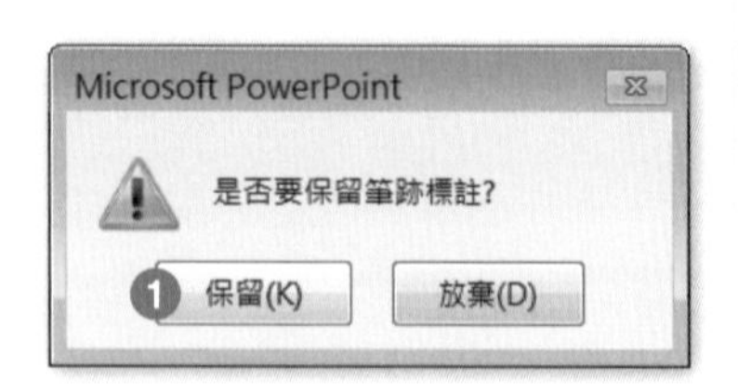

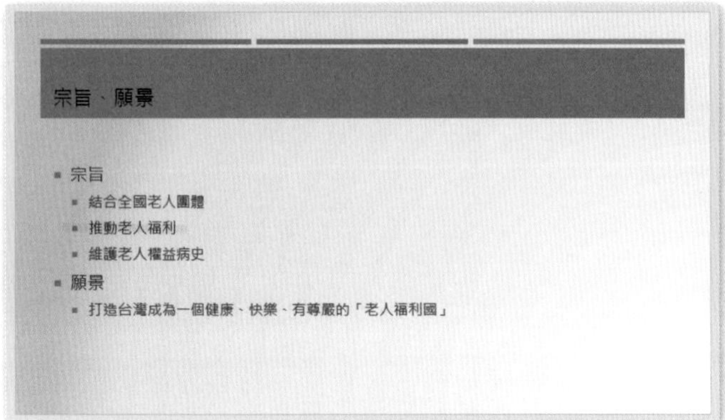

Step.6 點按**投影片放映**索引標籤 \ **設定** \ **設定投影片放映**。

Step.7 在**設定放映方式**視窗中，選擇⊙**觀眾自行瀏覽**，並按下「確定」。

Step.8 點按**投影片放映**索引標籤 \ **開始投影片放映** \ **從首張投影片**。

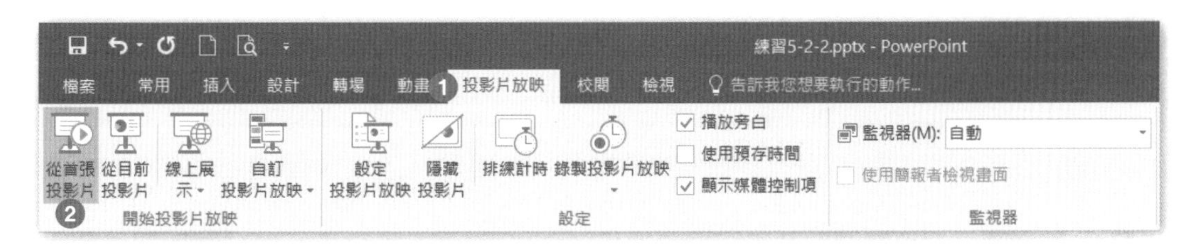

實作練習

學習難易：★★☆☆☆

學習目的：靈活運用版面配置

使用功能：投影片放映索引標籤 \ 設定 \ 設定投影片放映。

開啟【文件】資料夾 \ 第 5 章練習檔 \「P5-2A.pptx」完成下列操作步驟：

- 設定每張投影片每隔 2 秒換頁，再將簡報設定為在資訊站瀏覽。
- 使用第 1 張投影片到第 6 張投影片，建立一個名為「展覽會」的自訂放映。

Step.1 點按**轉場**索引標籤 \ **預存時間** \ 輸入**期間** :02.00。

Step.2 再按下**全部套用**。

Step.3 點按**投影片放映**索引標籤 \ **設定** \ **設定投影片放映**。

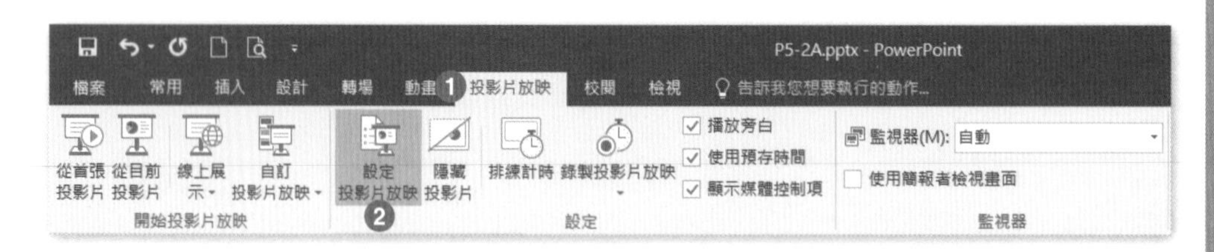

Step.4 在**設定放映方式**視窗中，選擇⊙**在資訊站瀏覽**，並按下「確定」。

Step.5 點按**投影片放映**索引標籤 \ **開始投影片放映** \ **自訂投影片放映▼** \ **自訂放映**。

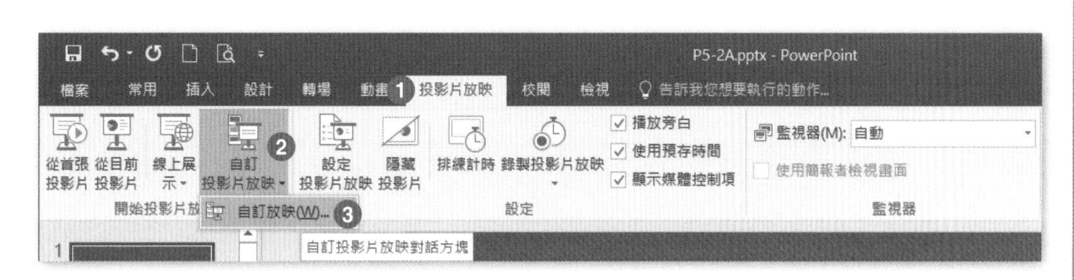

Step.6 在**自訂放映**視窗中，按下**新增**。

Step.7 在**定義自訂放映**視窗中，輸入**投影片放映名稱**為「**展覽會**」，勾選第 1,2,3,4,5 和 6 張投影片，並點按**新增**及**確定**。

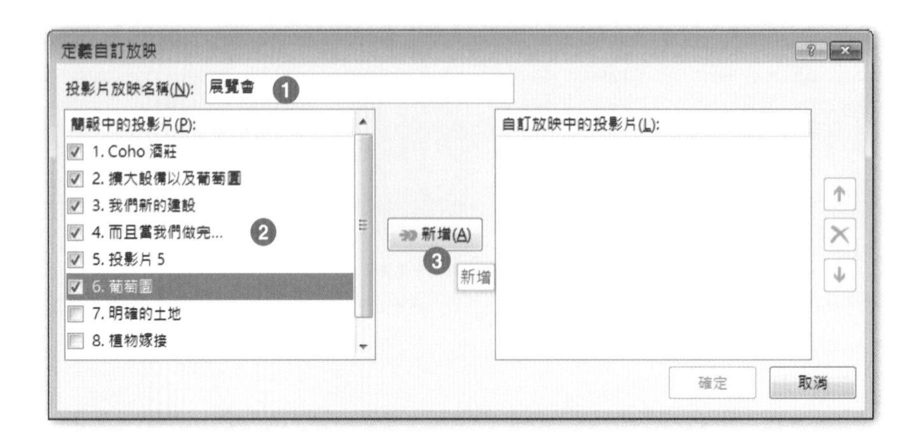

Step.8 點按**關閉**，關閉自訂放映視窗。

5-3 簡報資訊

如果計劃共用 Microsoft Office PowerPoint 簡報的電子複本或將簡報發佈到網站，最好是檢閱簡報中可能儲存在簡報本身或其文件摘要資訊 (中繼資料) 中的隱藏資料或個人資訊。因為此隱藏資訊會揭露不想要公開共用之組織或文件本身的詳細資料，所以您可能會想先移除此隱藏資訊，然後再與其他人共用簡報。

5-3-1 壓縮媒體

想要傳送給其他人 PowerPoint 簡報時，可以壓縮簡報中的媒體檔案，方便以較小的檔案大小讓傳送變得更容易。不需刪除任何簡報的內容，也可以保留原始品質簡報中的檔案。

Step.1 開啟 \【文件】資料夾 \ 第 5 章練習檔 \ 練習 5-3-1.pptx。

Step.2 點按**檔案**索引標籤。

Step.3 可以在右方看見**摘要資訊**，目前的檔案**大小**為 2.00MB。

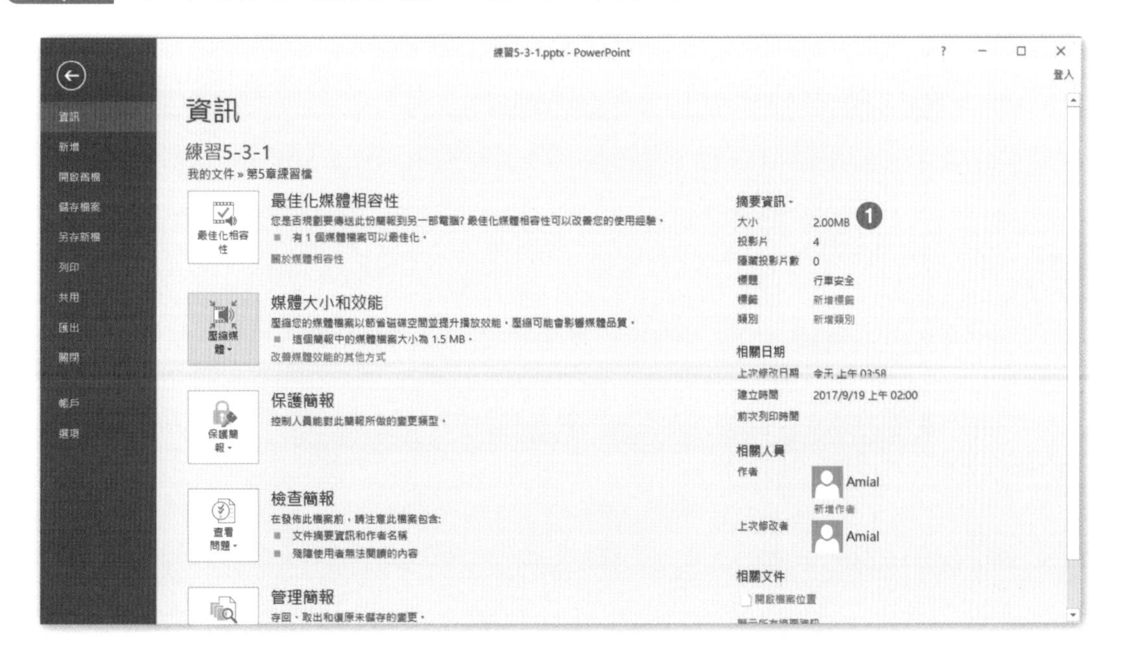

Step.4 點按**壓縮媒體**\選擇**網際網路品質**。

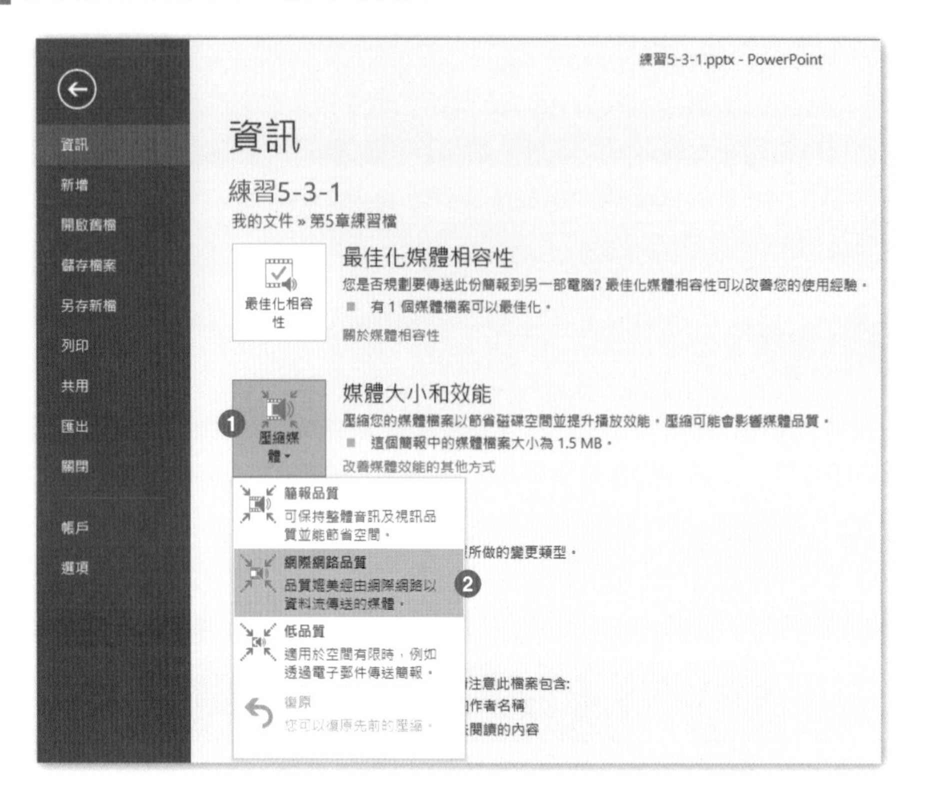

Step.5 在**壓縮媒體**的視窗中，待完成壓縮後，按下**關閉**按鈕。

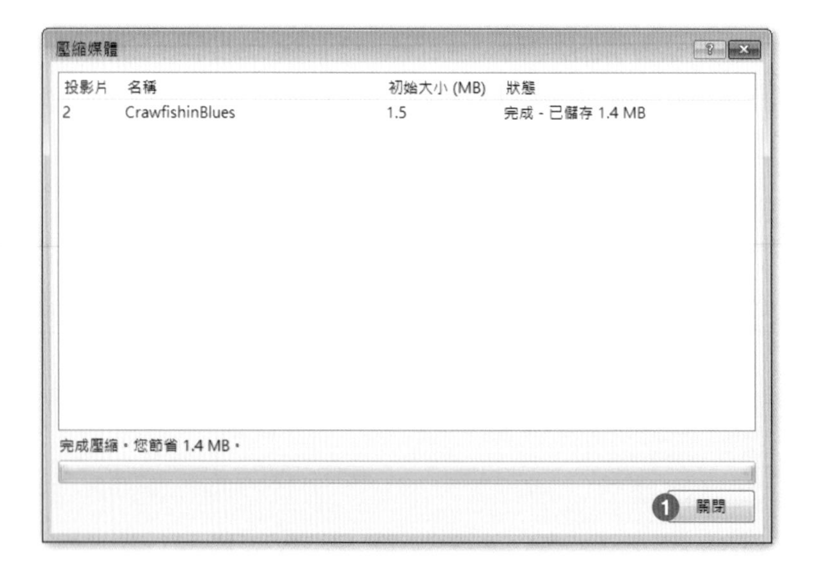

Step.6 之後**儲存檔案**，再重新開啟檔案時，可以看見摘要資訊中的檔案大小明顯縮小了。

5-3-2 摘要資訊

文件摘要資訊，也就是中繼資料，例如作者、主旨和標題的詳細資料。文件摘要資訊也包含 Office 程式，例如最近儲存的文件、建立文件時的日期、作者名稱會自動維護的資訊。如果使用的特定功能，您文件也可能包含其他類型的個人識別資訊 (PII)，例如電子郵件標題、傳送的檢閱資訊、傳閱名單，以及檔案路徑資訊發佈的網頁。

Step.1 開啟 \【文件】資料夾 \ 第 5 章練習檔 \ 練習 5-3-2.pptx。

Step.2 點按**檔案**索引標籤。

Step.3 在右方**摘要資訊 \ 類別**輸入文字「**新品介紹**」。

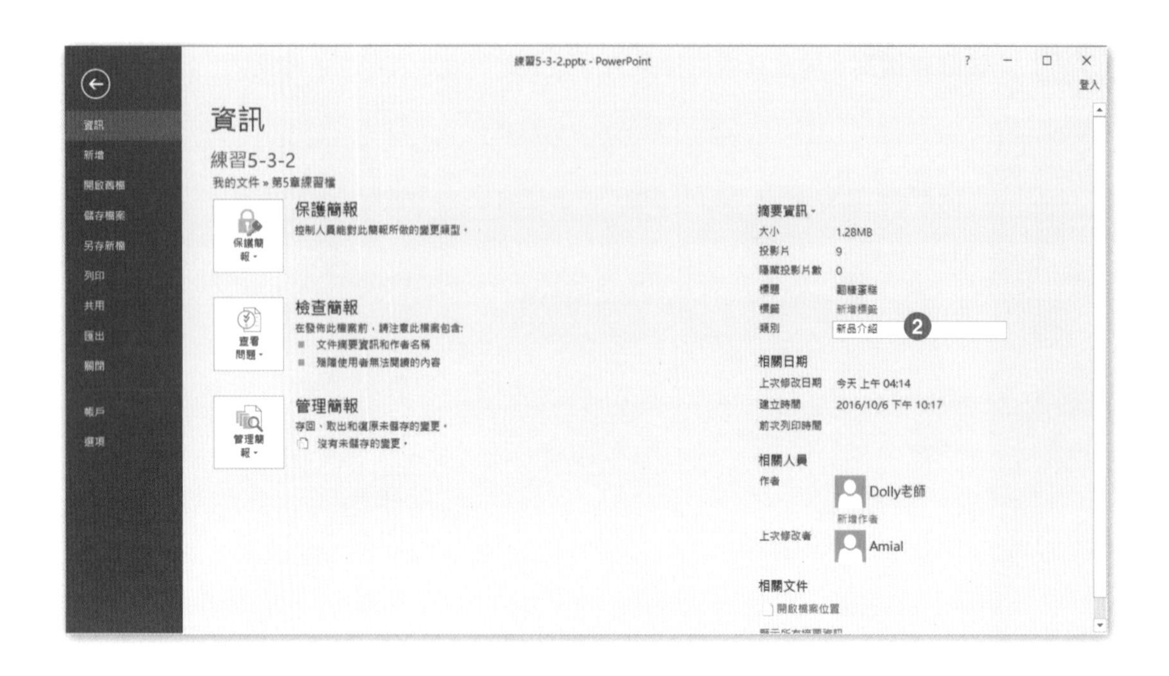

5-3-3 檢查文件

如果我們之前在播放簡報時，有留下畫筆的筆跡，或是有隱藏的投影片已經不需要使用，以及在編輯時移出投影片編輯區外已不需要的物件，甚至是打算共用 PowerPoint 簡報的複本，或將其發佈至網路，最好先檢查簡報，確認隱藏的資料或可能會儲存在其中繼資料或簡報的個人資訊的簡報。在共用之前，先移除簡報的相關資料。

Step.1 開啟 \【文件】資料夾 \ 第 5 章練習檔 \ 練習 5-3-3.pptx。

Step.2 可以看見投影片 3 有之前播放時留下的畫筆筆跡。

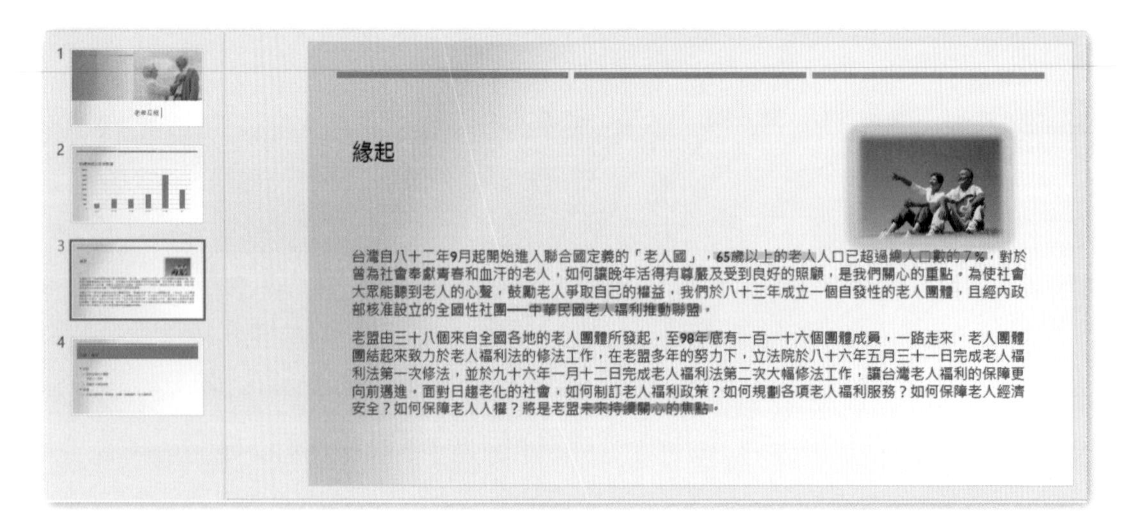

Step.3 點按**檔案**索引標籤。

Step.4 在右方**摘要資訊**，可以看見一些私人的相關資訊。

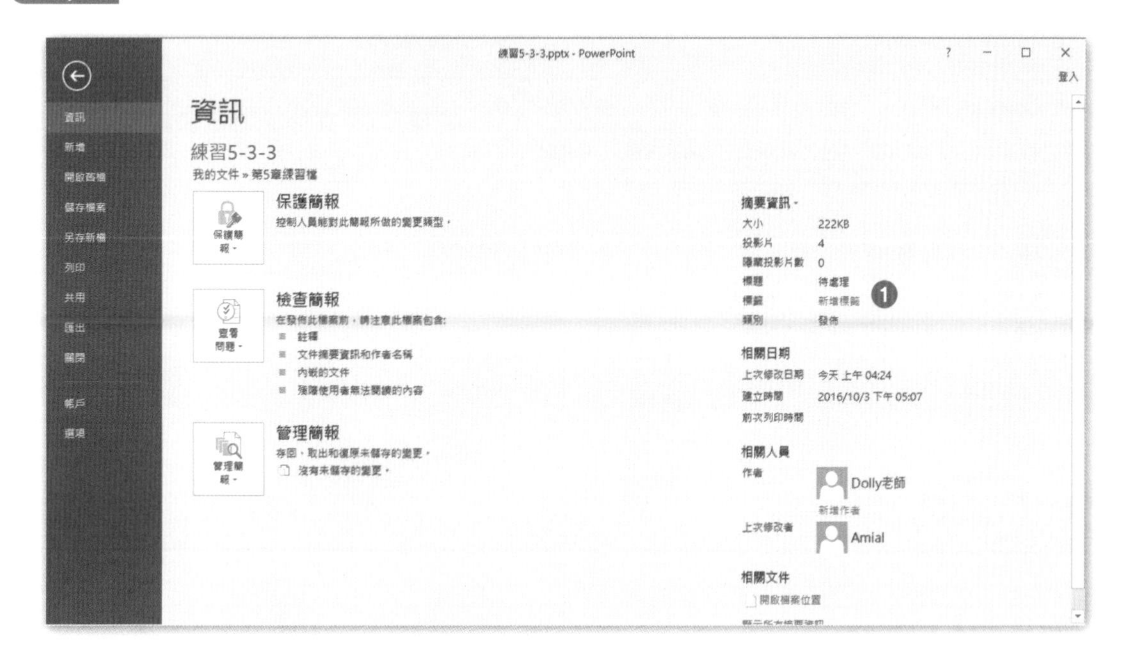

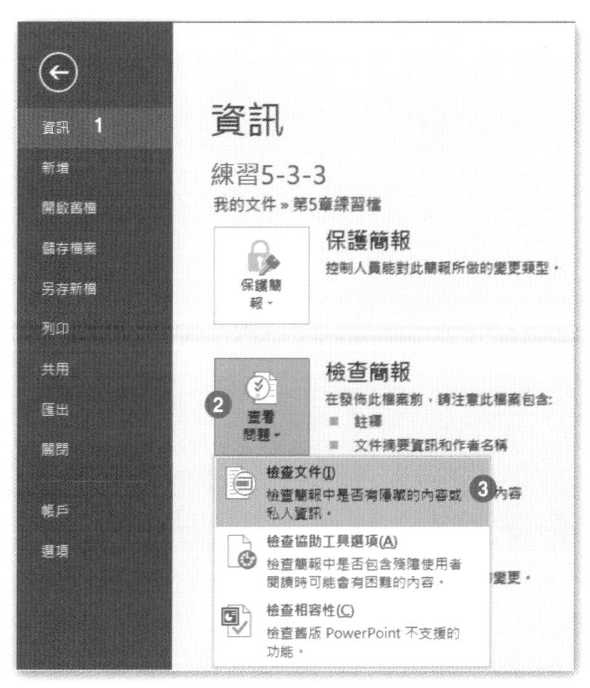

Step.5

在資訊視窗中，點按**查看是否問題▼\檢查文件**。

Step.6

在**文件檢查**視窗中，僅勾選 ☑ **註解和註釋**及 ☑ **文件摘要資訊與私人資訊**，並按下**檢查**。

Step.7 在**文件檢查**視窗中，分別點按 2 個**全部移除**按鈕，並點按**關閉**。

Step.8 可以看見右方**摘要資訊**的私人資訊已被刪除。

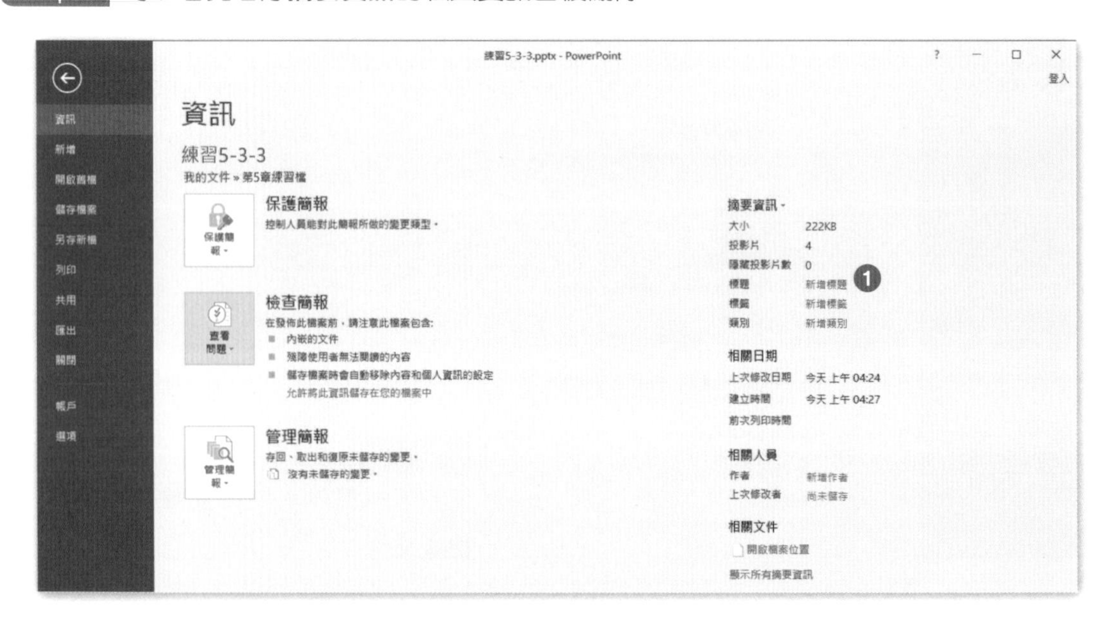

Step.9 可以看見投影片 3 的畫筆筆跡亦被移除。

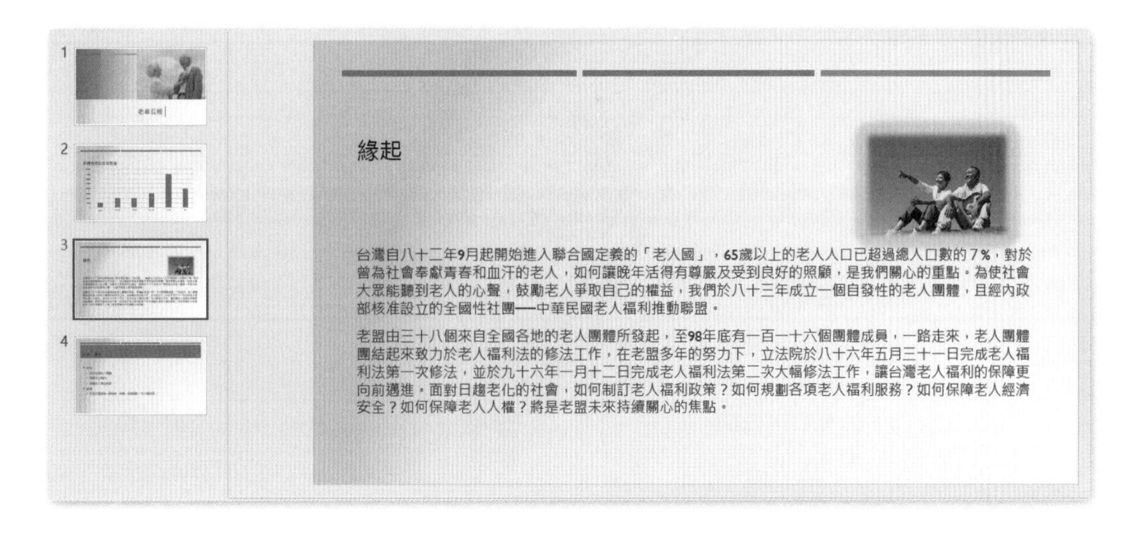

5-4 列印設定

當我們使用 PowerPoint 來列印投影片 (每頁一張投影片)、列印有簡報者備忘稿的投影片，或是列印大綱。也能列印簡報的講義，並選擇要在一個頁面上擺一張、兩張、三張、四張、六張，或是九張投影片。這讓觀眾可以在我們發表簡報的同時使用這些講義，或是把講義保留下來，以便日後參考。

5-4-1 列印章節

我們在列印簡報時，若不想將整份簡報全部印出，又嫌自訂列印範圍麻煩，可以使用列印章節的功能，會讓過程簡便不少。

Step.1 開啟 \【文件】資料夾 \ 第 5 章練習檔 \ 練習 5-4-1.pptx。

Step.2 點按**檔案**索引標籤 \ **列印** \ **設定** \ **列印所有投影片▼** \ **章節** \「介紹」。

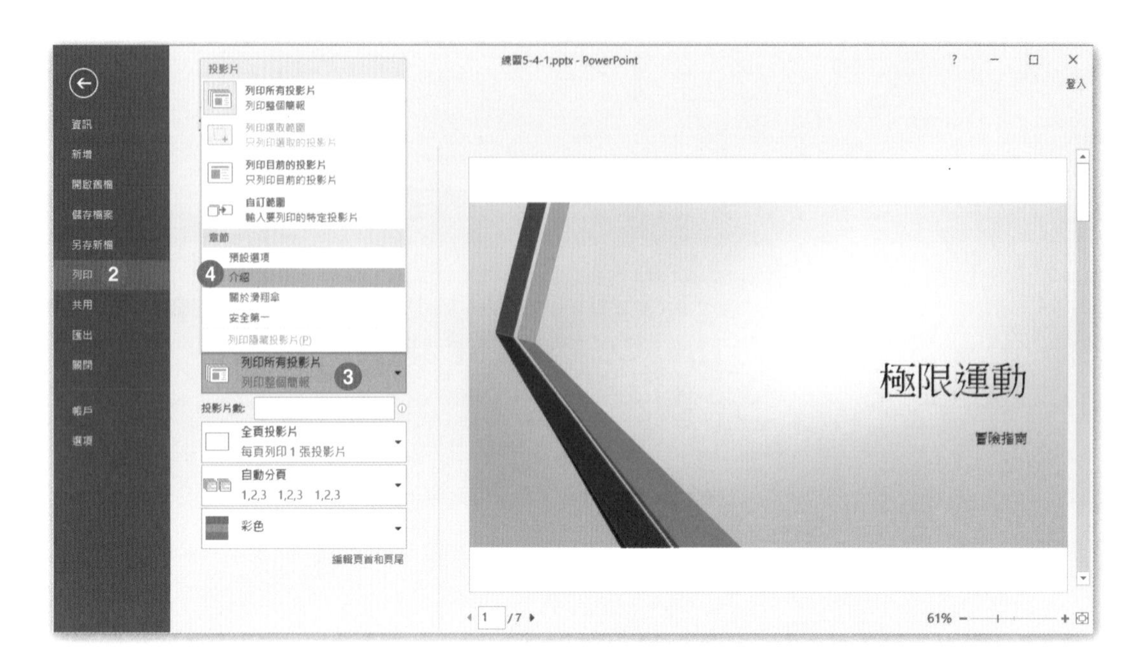

5-4-2 列印備忘稿

備忘稿是專門為演講者準備的列印模式。

當列印演講者備忘稿時，每頁會有一張投影片，而且會在投影片下方預留提供給演講者備忘稿的空間。

Step.1 開啟 \【文件】資料夾 \ 第 5 章練習檔 \ 練習 5-4-2.pptx。

Step.2 點按**檔案**索引標籤 \ 點按**列印** \ **設定** \ **全頁投影片▼** \ **備忘稿**。

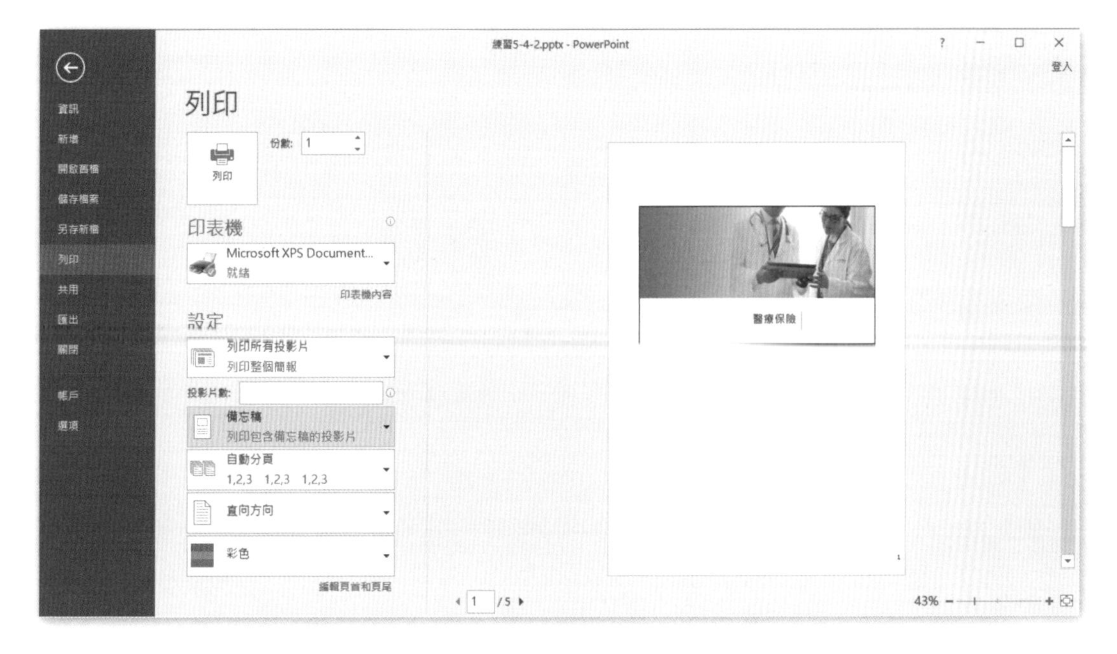

5-4-3 列印講義

講義是專門為聽眾準備的列印模式。

可以列印每頁顯示 1、2、3、4、6 或 9 張投影片的講義。如果每頁列印三張投影片，投影片會顯示在頁面左側，並在頁面右側包含筆記專用的列印線條。這個「三張投影片」是唯一一個包含筆記專用的列印線條的版面配置。

Step.1 開啟 \【文件】資料夾 \ 第 5 章練習檔 \ 練習 5-4-3.pptx。

Step.2 點按**檔案**索引標籤 \ 點按**列印 \ 設定 \ 全頁投影片▼ \ 講義** \3 **張投影片**。

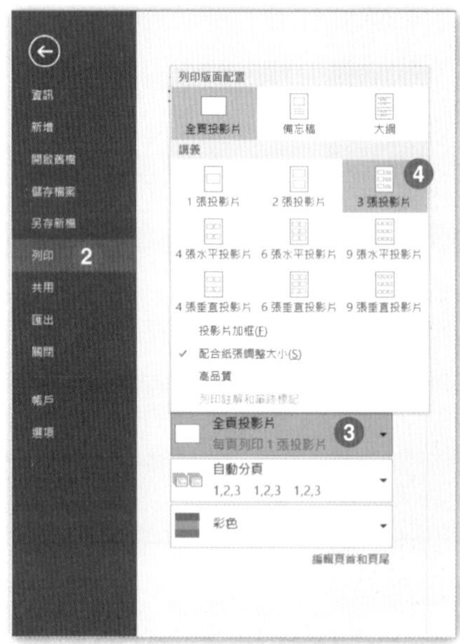

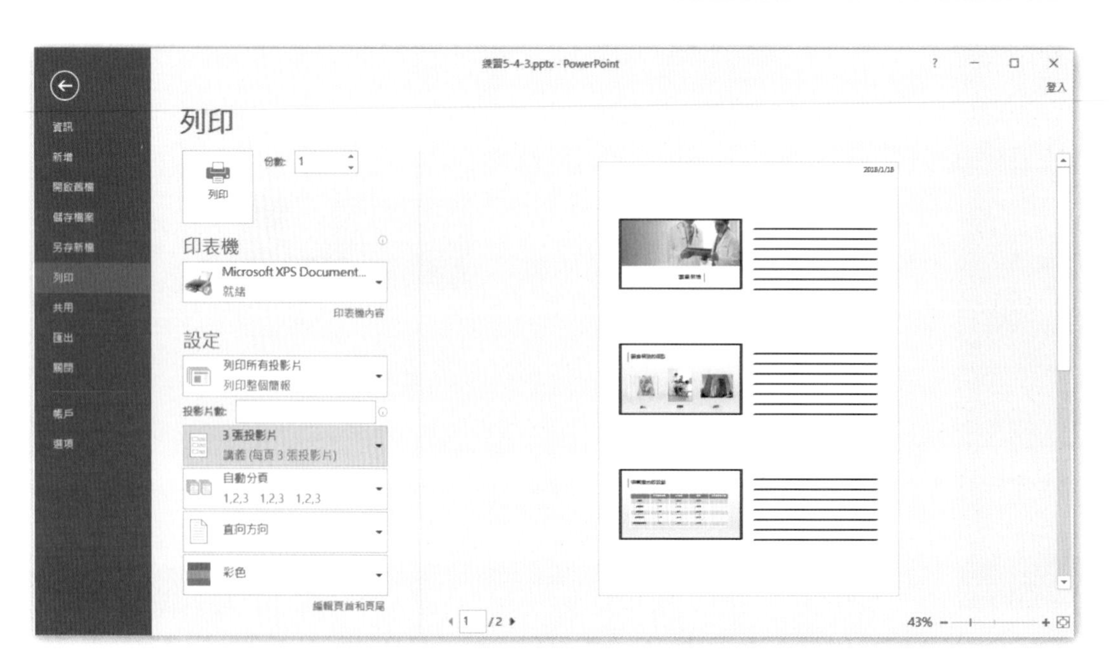

5-4-4 列印大綱

列印大綱是將目前的簡報只印出純文字的部份，不包含圖片及其他物件。

Step.1 開啟 \【文件】資料夾 \ 第 5 章練習檔 \ 練習 5-4-4.pptx。

Step.2 點按**檔案**索引標籤 \ 點按**列印** \ **設定** \ **全頁投影片▼** \ **講義** \ **大綱**。

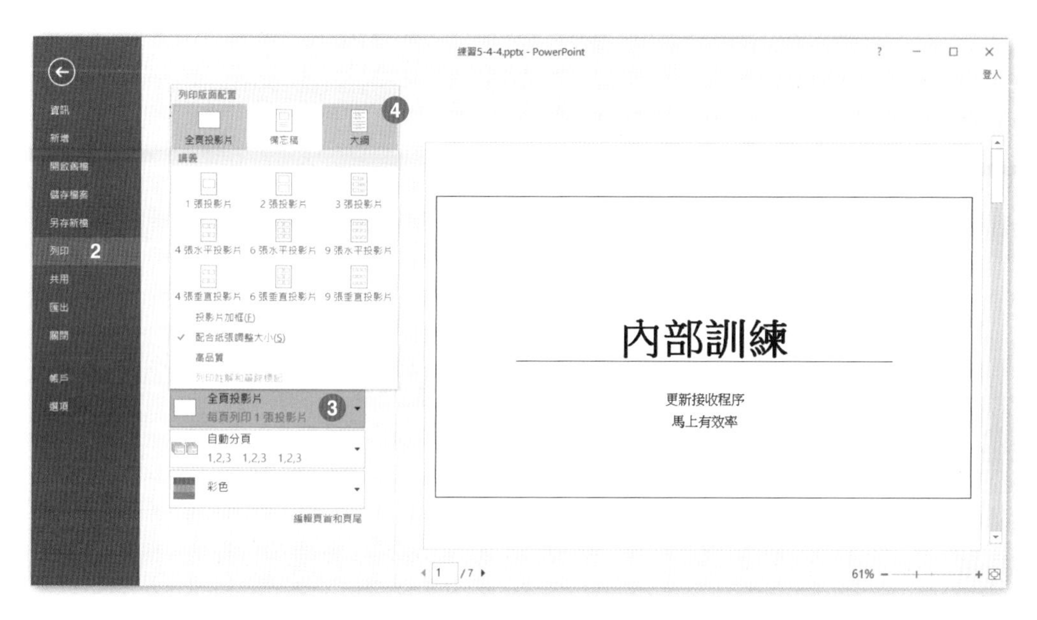

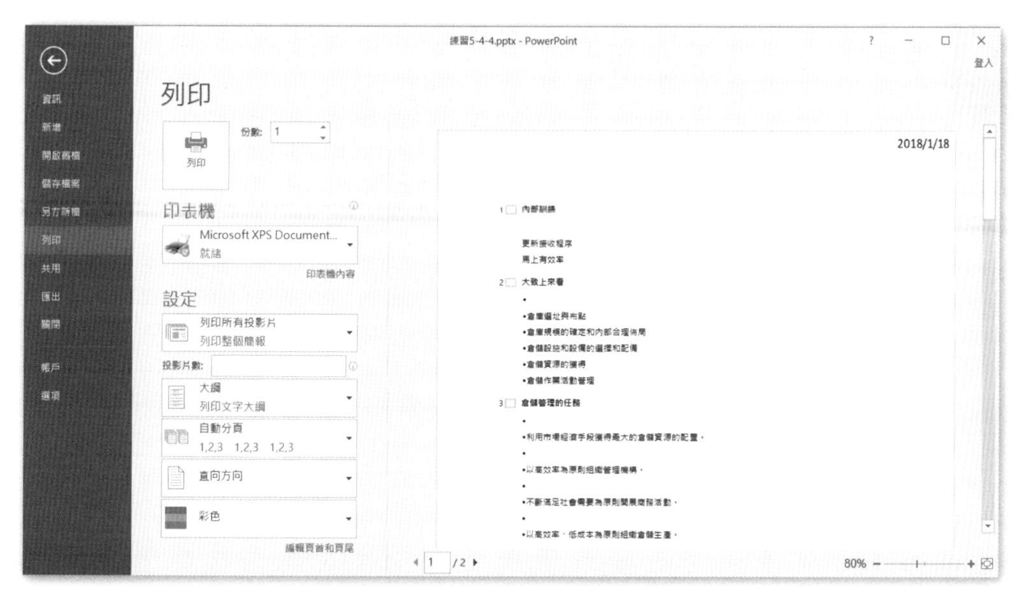

5-4-5 其他列印設定

在列印時可以設定簡報的份數、版面配置、是否分頁以及色彩的部份。

Step.1 開啟 \【文件】資料夾 \ 第 5 章練習檔 \ 練習 5-4-5.pptx。

Step.2 點按**檔案**索引標籤。

Step.3 點按**列印 \ 份數**改成 3 份，**設定 \ 全頁投影片▼ \ 講義** \2 **張**投影片，**自動分頁▼ \ 未自動分頁**。

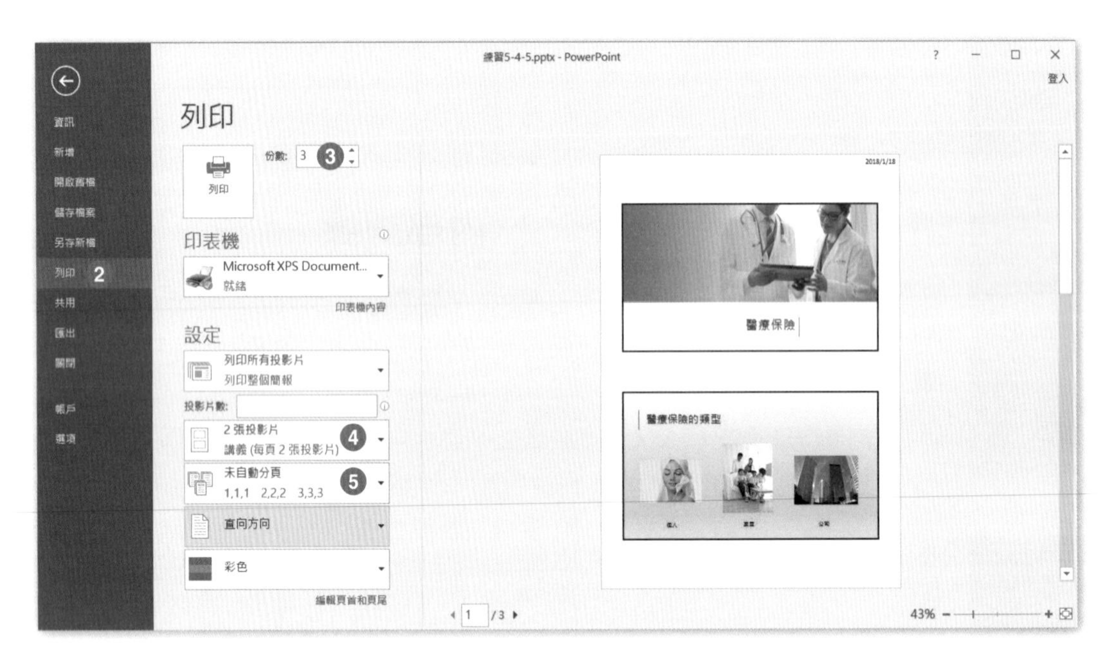

5-5 儲存檔案設定

若我們在製作簡報時，有使用到一些特殊的字型，而在別的電腦播放時，該電腦並沒有安裝相同的字型，則字顯效果會消失，並以新細明體的字體來顯示。

若擔心有此狀況的發生，可以先設定在儲存檔案時，將字型內嵌在簡報檔內即可。

Step.1 開啟 \【文件】資料夾 \ 第 5 章練習檔 \ 練習 5-5-1.pptx。

Step.2 點按**檔案**索引標籤 \ 點按**選項 \ 儲存** \ 勾選 ☑ **在檔案內嵌字型** \ 按下**確定**。

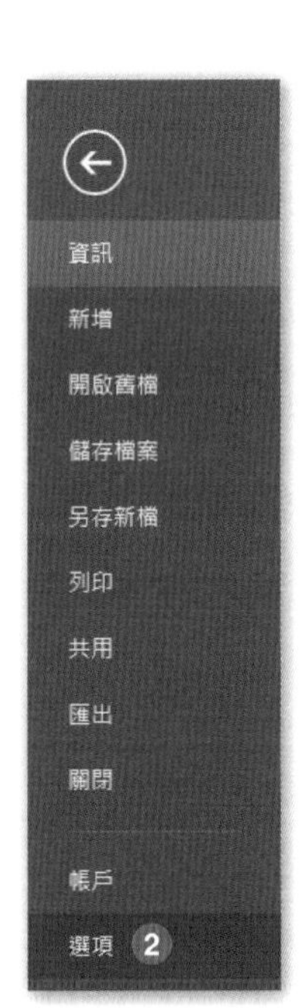

Step.3

按**檔案**索引標籤，點按**儲存檔案**。

NOTE

Chapter 06 檢定試題模擬

6-1 第一組

專案 1

題組情境：

您正在建立一份業務公司的年度會議簡報。

開啟【文件】資料夾 \ 第 6 章練習檔 \ 第一組 \ 專案 1\ 業務員概觀 .pptx 完成下列操作步驟：

工作 1

在標題為「成就」的投影片之後匯入新的投影片，使用位於 [文件] 資料夾內名稱為「演講者姓名 .docx」的 Word 檔做為大綱來源。

解題步驟：

Step.1

在左方投影片縮圖區中，點選第 2 張投影片。

Step.2

點按**常用**索引標籤 \ **投影片** \ **新增投影片▼** \ **從大綱插入投影片**。

Step.3 在**插入大綱**視窗中，點選「文件 \ 第 6 章練習檔 \ 第一組 \ 專案 1」資料夾中的「演講者姓名 .docx」，並按下**插入**。

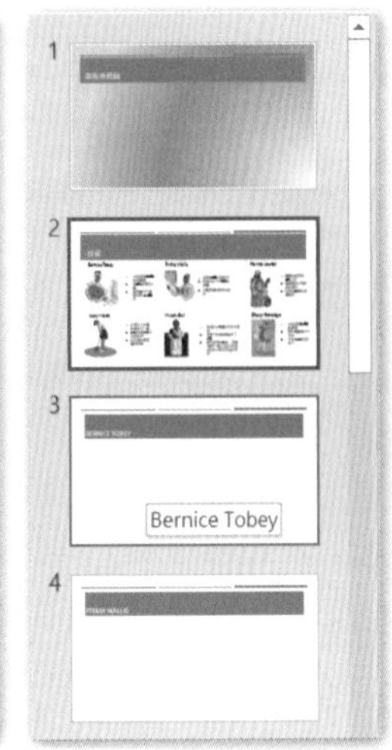

工作 2

對「成就」投影片套用 [只有標題] 版面配置。

解題步驟：

Step.1 在左方投影片縮圖區中，點選第 2 張投影片。

Step.2 點按**常用**索引標籤 \ **投影片** \ **版面配置▼** \ **只有標題**。

工作 3

對「成就」投影片上的六張照片套用 [斜面浮凸] 圖片效果。

解題步驟：

Step.1 在左方投影片縮圖區中，點選第 2 張投影片。

Step.2 在中央的投影片編輯區中，點選第一張 Bernice Tobey 的照片。

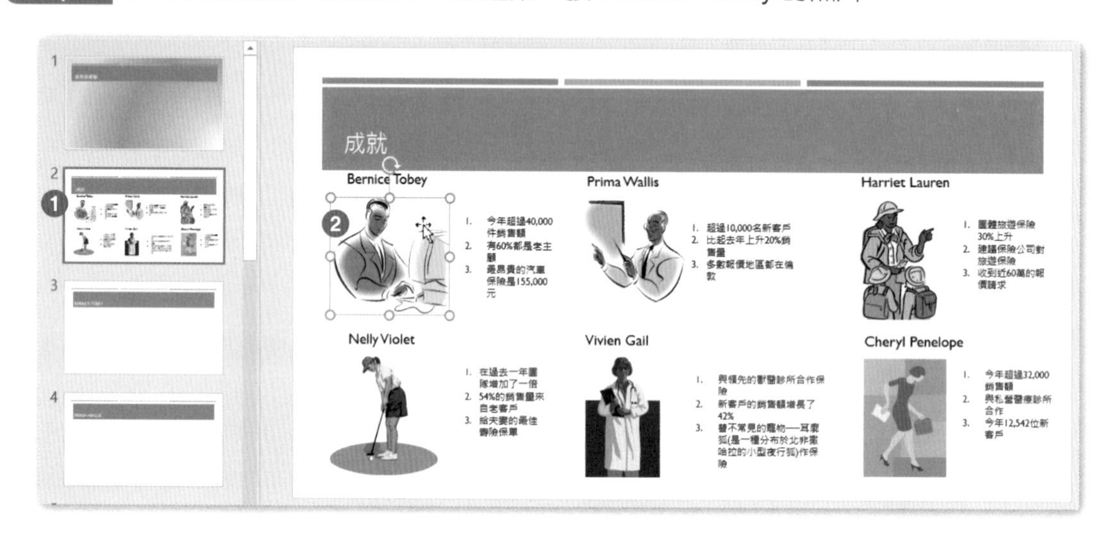

Step.3 點按**圖片工具 格式**索引標籤 \ **圖片樣式** \ **圖片效果▼** \ **浮凸** \ **斜面**。

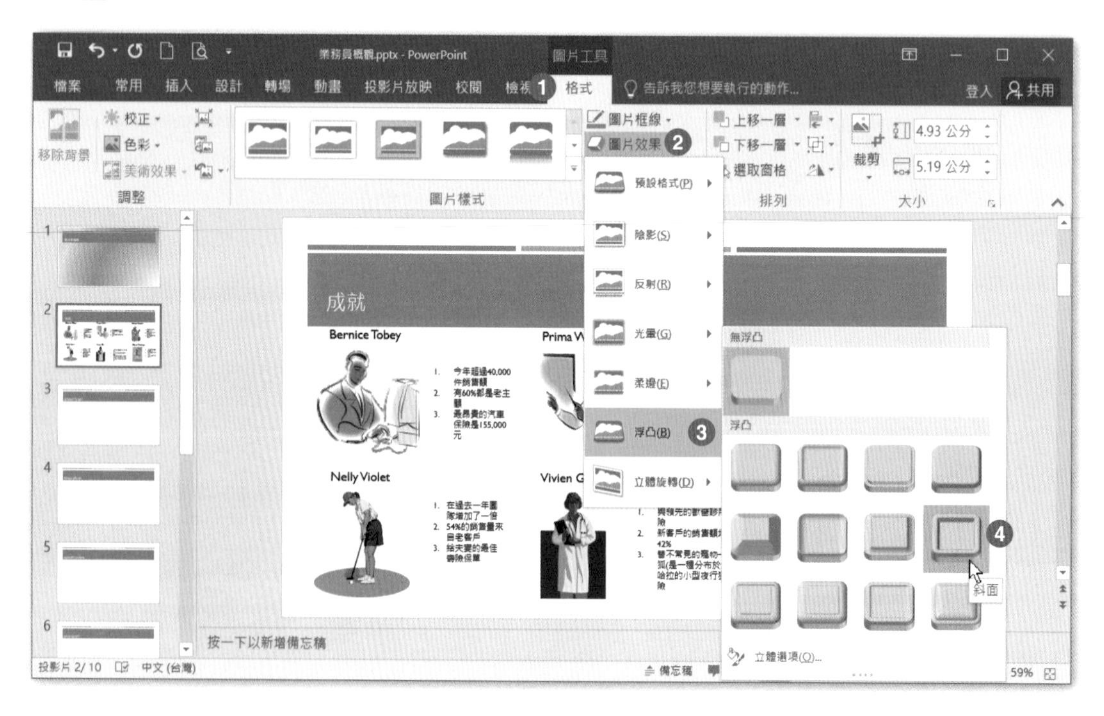

Step.4 依序點選第二張到第六張照片照片，使用鍵盤 F4 按鍵，套用前一步驟效果。

TIPS & TRICKS

使用鍵盤 F4 按鍵：為重複上一個動作的意思。

工作 4

將「Q2 目標」投影片上的清單格式化為 3 欄清單。

解題步驟：

Step.1 在左方投影片縮圖區中，點選第 10 張投影片，並點選標題「Q2 目標」的內文文字框。

Step.2 點按**常用**索引標籤 \ **段落** \ **新增或移除欄▼** \ **三欄**。

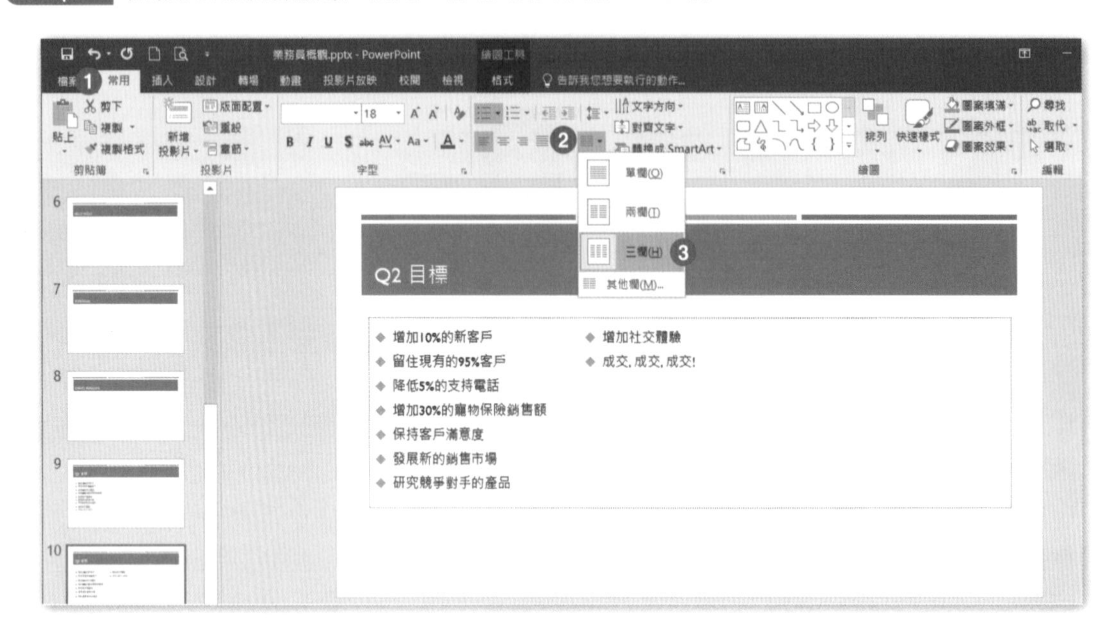

設定多欄時，前面的欄位需要寫滿才會出現第 2 欄或第 3 欄，因此設定完成時，第 3 欄尚未有資料是正常的現象，日後有再多新增資料才會往後增加。

工作 5

將所有投影片套用 [閃光] 轉場效果。

解題步驟：

Step.1 在左方縮圖區任意點選 1 張投影片，再配合使用鍵盤快速鍵 Ctrl+A 選取所有左方縮圖區中的投影片。

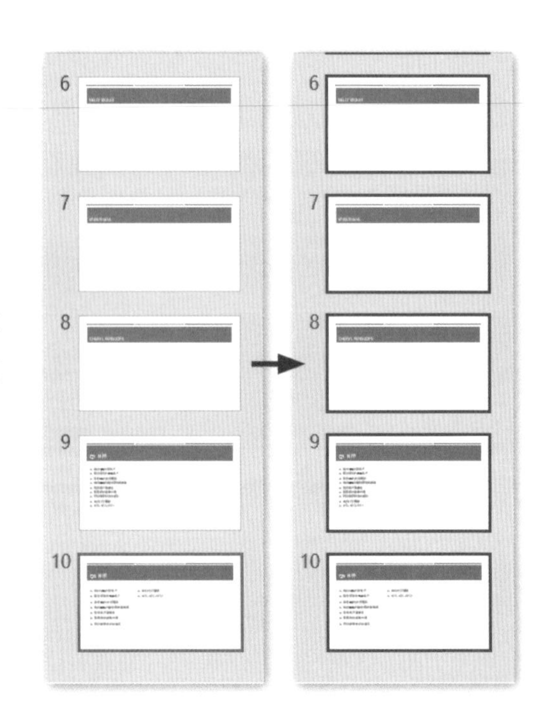

Step.2 點按**轉場**索引標籤 \ **切換到此投影片** \ **▼其他** \ **閃光**。

TIPS & TRICKS

大多數套用轉場效果時，我們會使用 **全部套用** 的功能按鈕，來讓整份簡報套用相同的設定。

但因為考試時的檔案，我們無法花太多時間去一張一張的確定其他投影片的聲音是否有不同的設置，不同的換頁秒數，每一張的設定是否皆相同或不同。

所以使用鍵盤快速鍵 Ctrl+A 先全選，再直接設定，是比較保險的做法。

專案 2

題組情境：

您正在建立一份貸款公司的年度會議簡報。

開啟【文件】資料夾 \ 第 6 章練習檔 \ 第一組 \ 專案 2\ 汽車貸款 .pptx 完成下列操作步驟：

工作 1

建立一個新的且命名為「自訂 a」的投影片版面配置，此版面配置的左側為圖片版面配置區、右側為表格版面配置區。請保持所有預設設定，新增的版面配置區大小及位置並沒有嚴格的要求。

解題步驟：

Step.1 點按**檢視**索引標籤 \ **母片檢視** \ **投影片母片**。

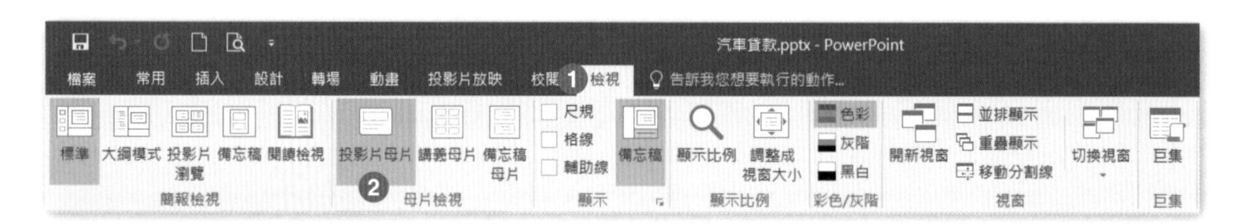

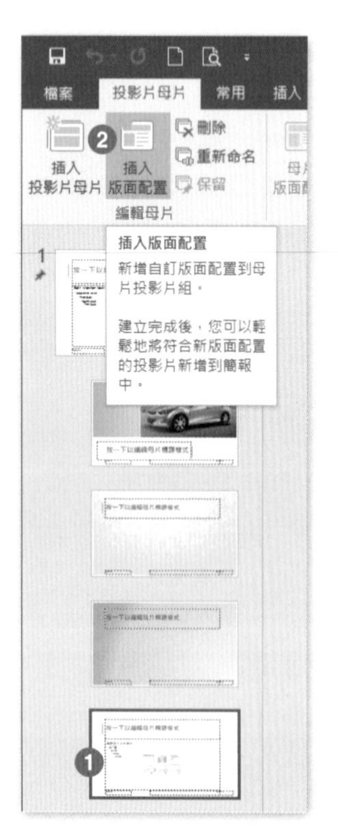

Step.2
在左方投影母片縮圖區中，點選第 4 張版面配置投影片，點按**投影片母片**索引標籤 \ **編輯母片** \ **插入版面配置**。

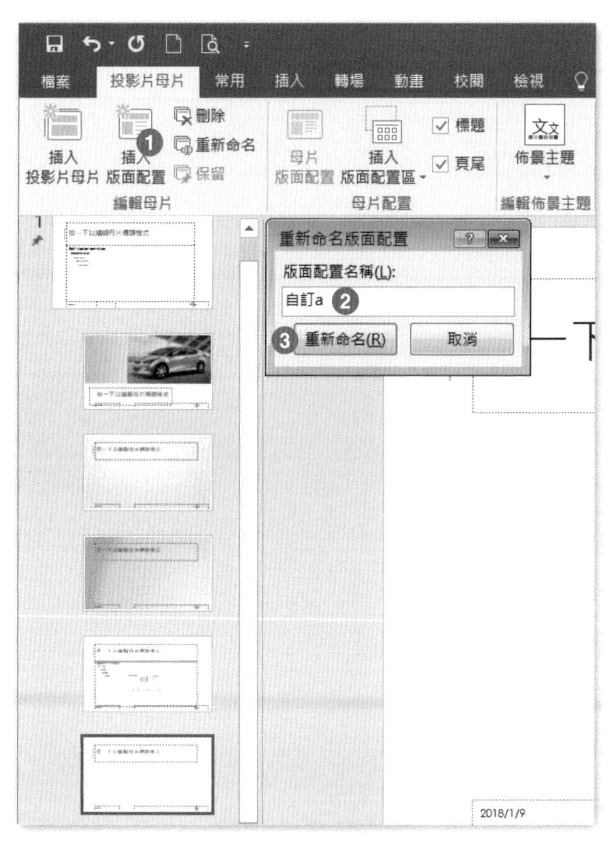

Step.3

點按**投影片母片**索引標籤 \ **編輯母片** \ **重新命名**。

Step.4

在**重新命名版面配置**視窗中，輸入版面配置名稱為「自訂 a」，並按下**重新命名**。

Step.5

點按**投影片母片**索引標籤 \ **母片配置** \ **插入版面配置區▼** \ **圖片**。

Step.6 在投影片編輯區中，在母片標題的下方，靠左拖曳繪製出適度大小。

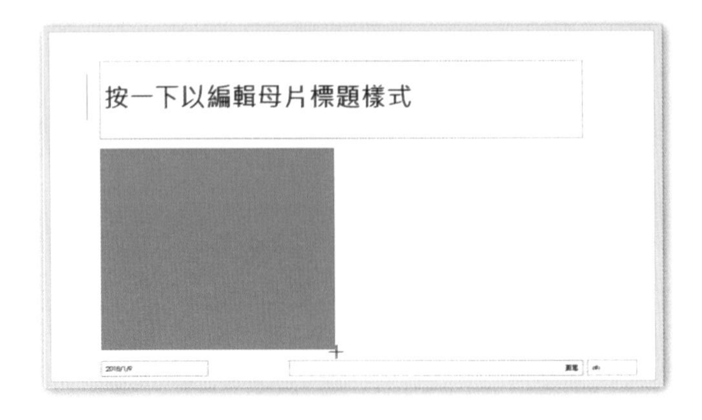

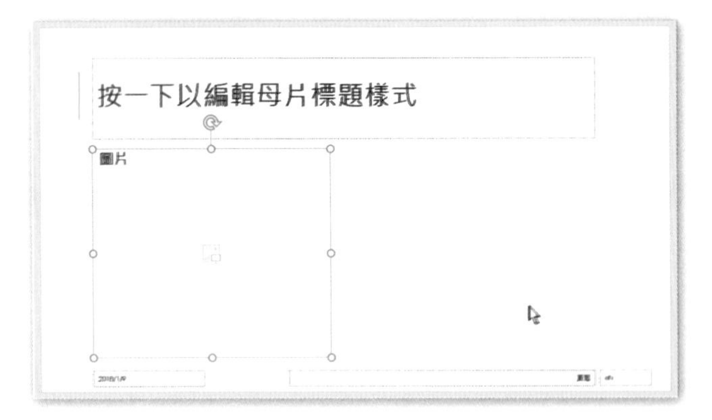

Step.7 點按**投影片母片**索引標籤 \ **母片配置** \ **插入版面配置區▼** \ **表格**。

Step.8 在投影片編輯區中，在母片標題的下方，靠右拖曳繪製出適度大小。

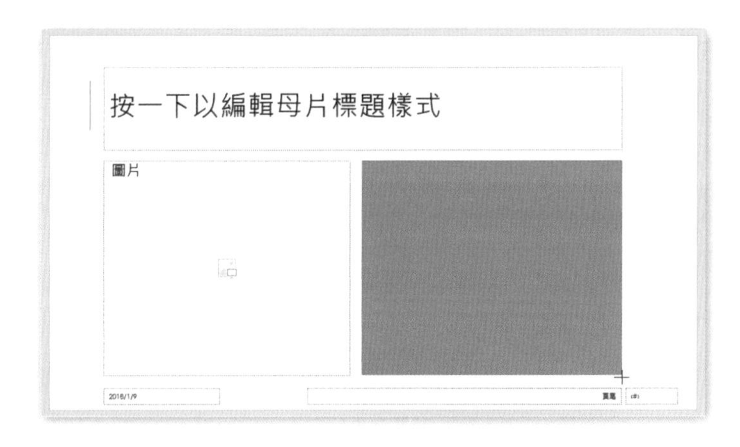

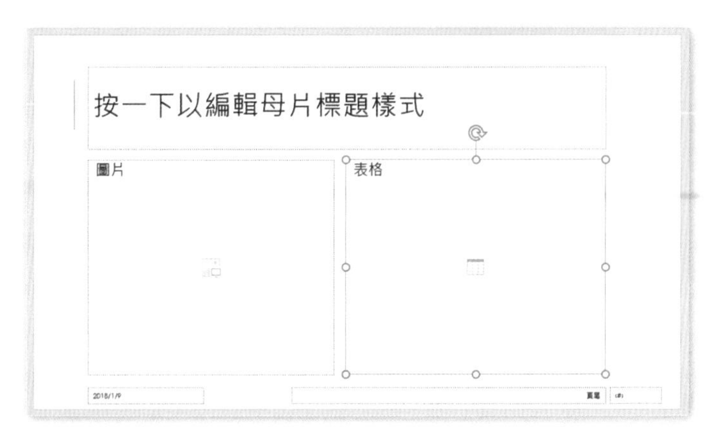

Step.9 點按**投影片母片**索引標籤 \ **關閉** \ **關閉母片檢視**。

工作 2

排列第 2 張投影片上的圖片，設定為 [垂直置中]。

解題步驟：

Step.1 在左方投影片縮圖區中，點選第 2 張投影片。

Step.2 在中央的投影片編輯區中，自灰色區塊點按滑鼠左鍵不放，向右框選畫面中所有圖片。

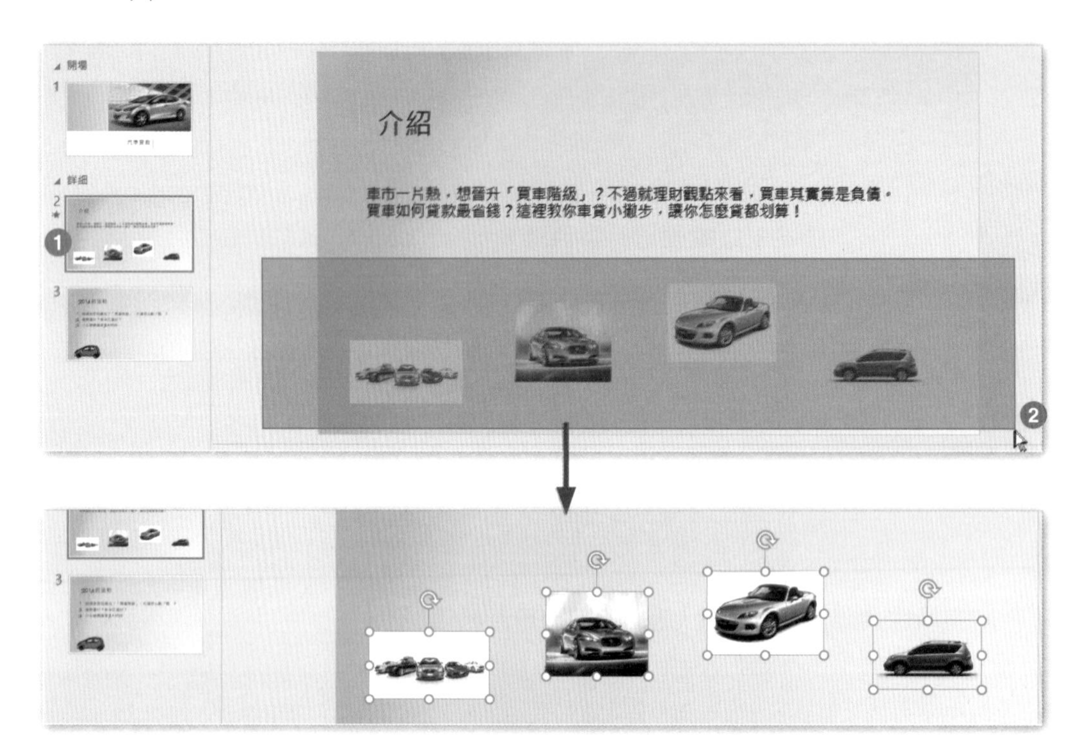

Step.3 點按**圖片工具 格式**索引標籤 \ **排列** \ **對齊▼** \ **垂直置中**。

工作 3

重新排列第 2 張投影片上的圖片動畫，使其從左至右逐一淡出。

解題步驟：

Step.1 在左方投影片縮圖區中，點選第 2 張投影片。

Step.2 點按**動畫**索引標籤 \ **進階動畫** \ **動畫窗格**。

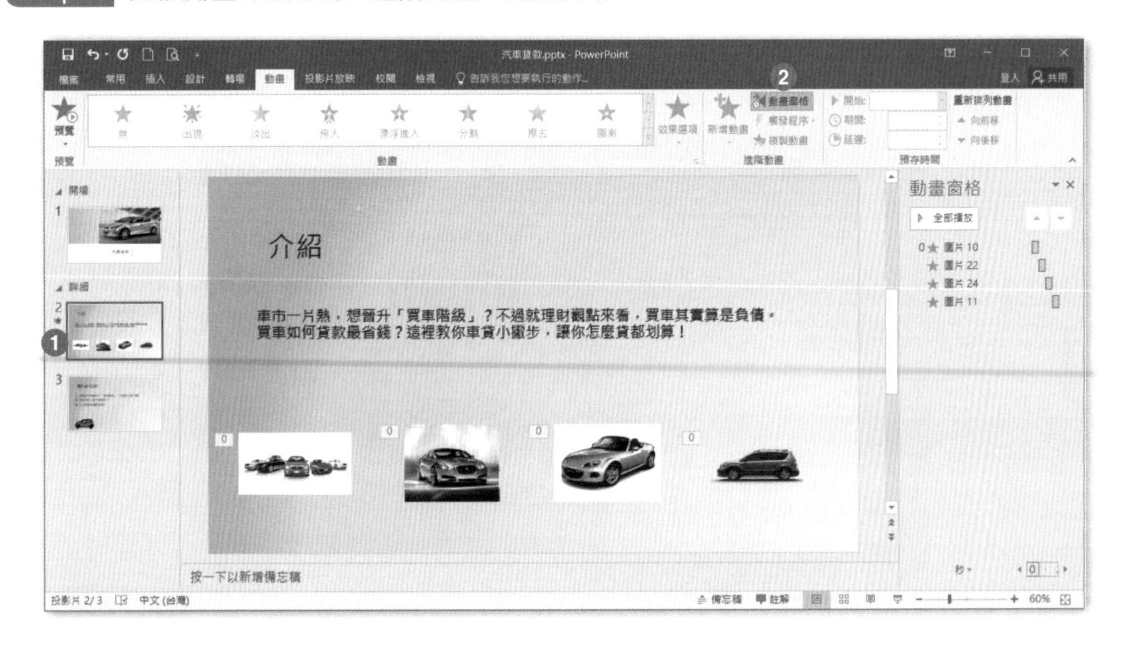

Step.3 在右方視窗中，點選圖片 11，並點按向上按鈕兩下，使圖片 11 置於圖片 10 下方。

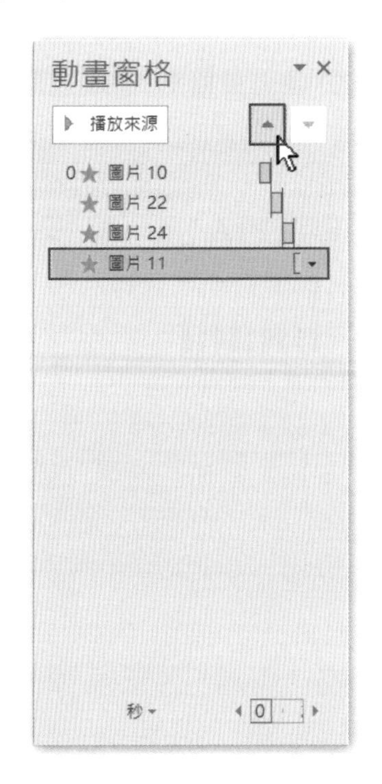

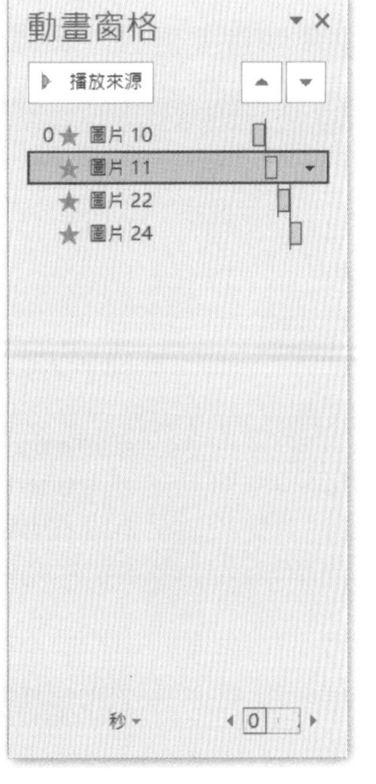

工作 4

在第 3 張投影片上，將車子圖示的顏色變更為 [綠色]，並設定外框為 [橙色]。

解題步驟：

Step.1 在左方投影片縮圖區中，點選第 3 張投影片。

Step.2 在中央的投影片編輯區中，點選汽車圖片。

Step.3 點按**繪圖工具 格式**索引標籤 \ **圖案樣式** \ **圖案填滿▼** \ **標準色彩** \ **綠色**。

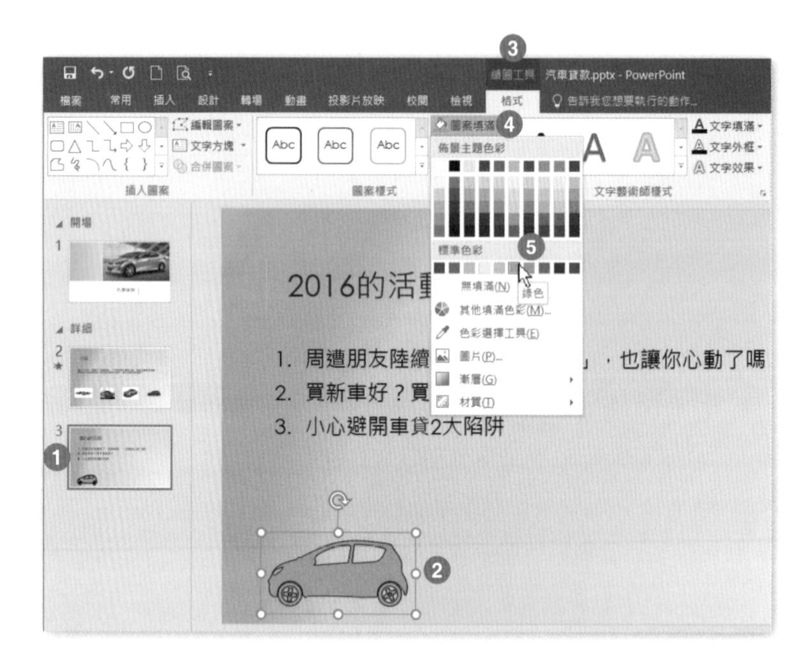

Step.4 點按**繪圖工具 格式**索引標籤 \ **圖案樣式** \ **圖案外框▼** \ **標準色彩** \ **橙色**。

工作 5

在第 3 張投影片上，設定車子圖示的動畫效果 [自上飛入]。

解題步驟：

Step.1 在左方投影片縮圖區中，點選第 3 張投影片。

Step.2 在中央的投影片編輯區中，點選汽車圖片。

Step.3 按**動畫**索引標籤 \ **進階動畫** \ **新增動畫▼** \ **進入** \ **飛入**。

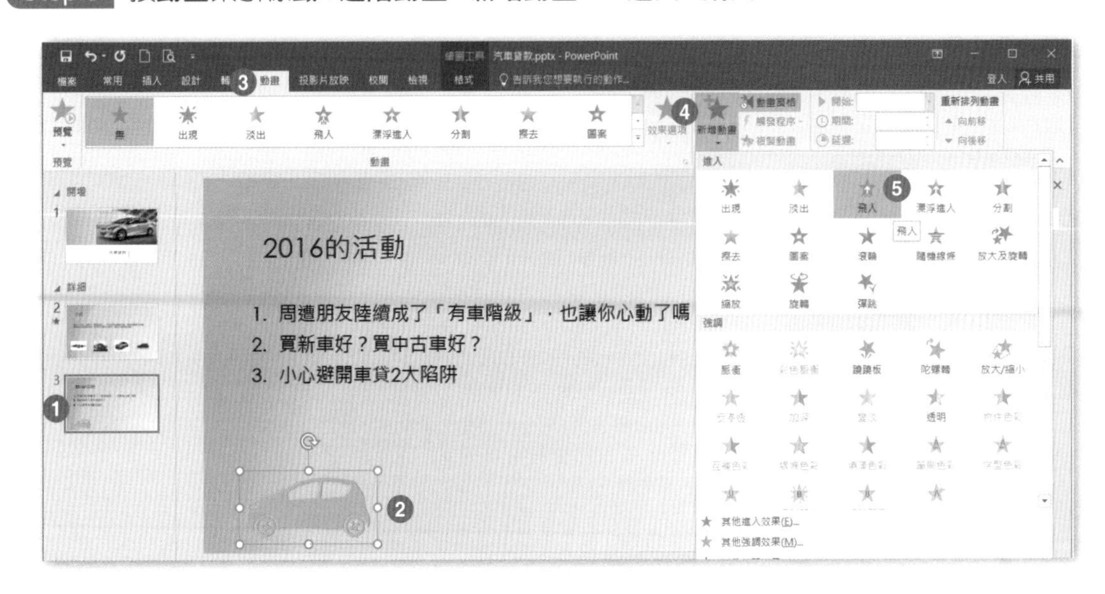

Step.4 按**動畫**索引標籤 \ **進階動畫** \ **動畫** \ **效果選項▼** \ **自上**。

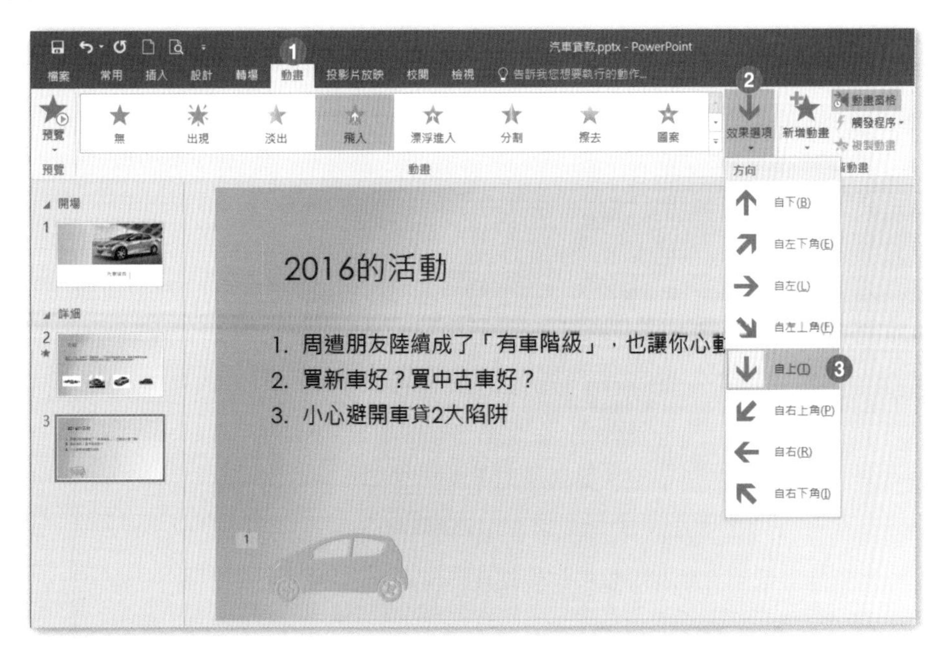

工作 6

將簡報儲存至 [文件] 資料夾內，檔案類型為 PDF 格式，並請命名為「貸款」。

解題步驟：

Step.1 點按**檔案**索引標籤，點按**匯出 \ 建立 PDF/XPS 文件 \ 建立 PDF/XPS**。

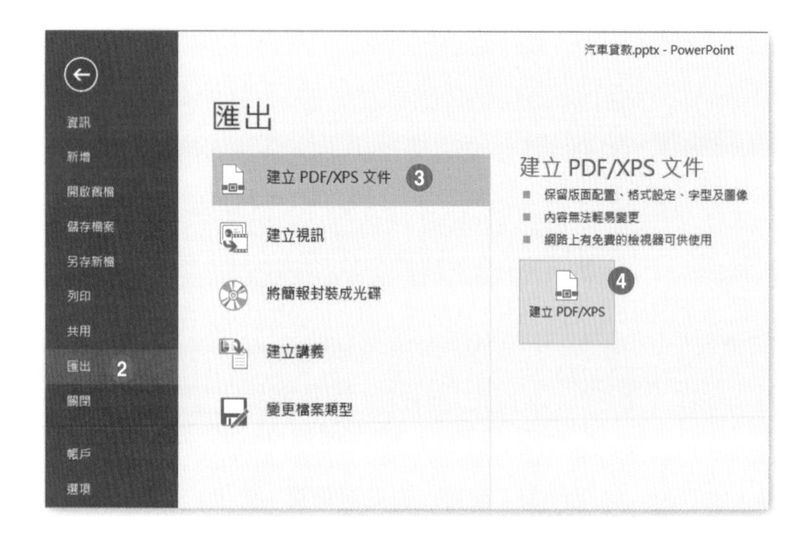

Step.2 在**發佈成 PDF 或 XPS** 視窗中，輸入檔案名稱「貸款」，按下**發佈**按鈕。

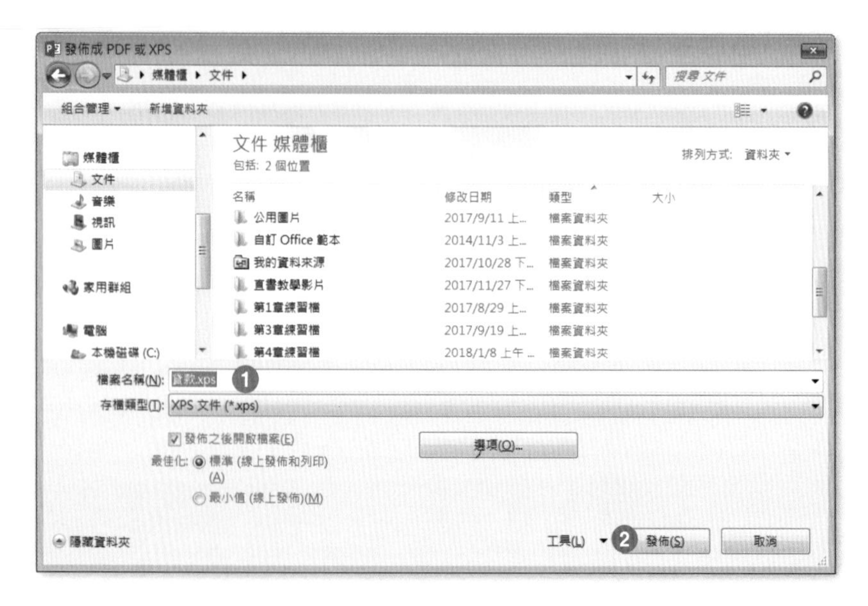

工作 7

設定列印，僅列印「詳細」章節。

解題步驟：

Step.1 點按**檔案**索引標籤。

Step.2 點按**列印 \ 設定 \ 列印所有投影片▼ \ 章節 \ 詳細**。

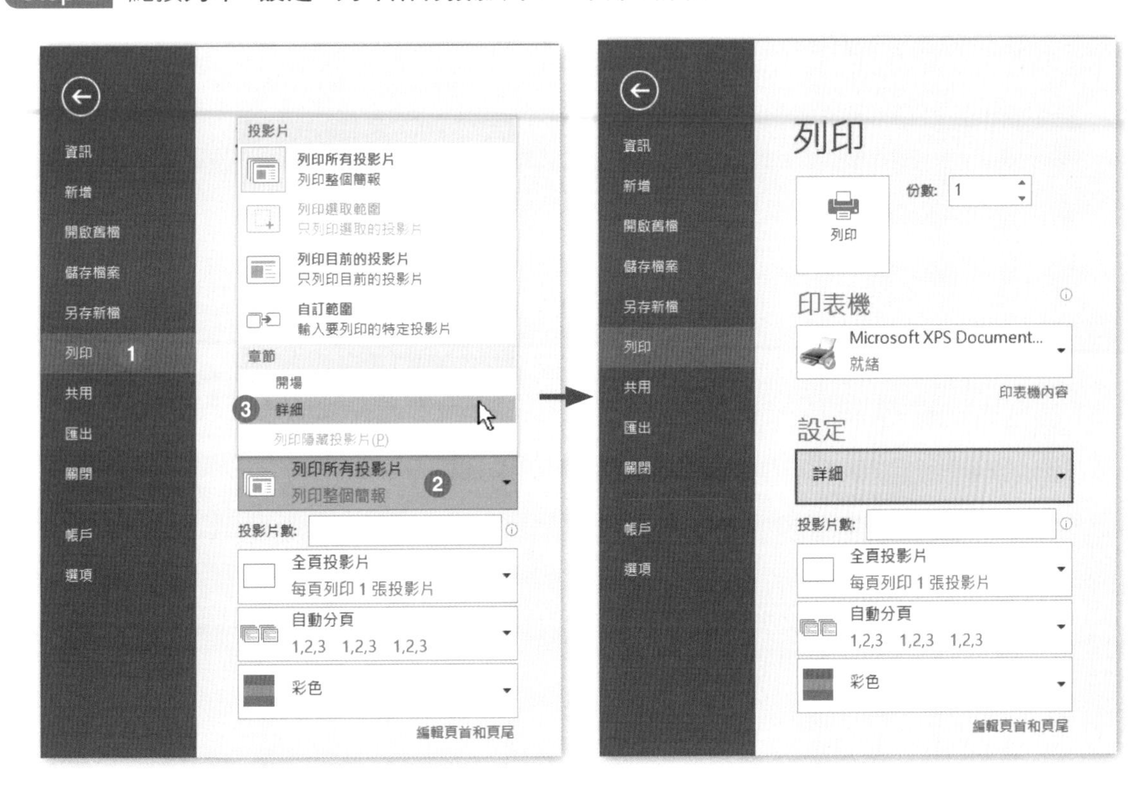

專案 3

題組情境：

您正在整理一份廣告設計公司年度會議簡報。請編輯這份簡報使他只能播放其中一部份。

開啟【文件】資料夾 \ 第 6 章練習檔 \ 第一組 \ 專案 3\ 廣告設計 .pptx 完成下列操作步驟：

工作 1

僅針對第 6 張投影片添加頁尾文字「機密數字」。

解題步驟：

Step.1 在左方投影片縮圖區中，點選第 6 張投影片。

Step.2 點按**插入**索引標籤 \ **文字** \ **頁首及頁尾**。

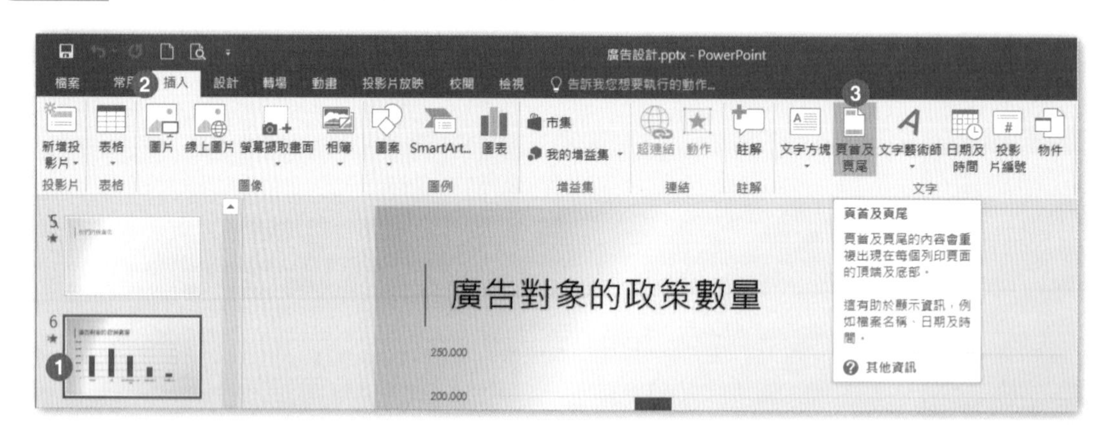

Step.3 在**頁首及頁尾**視窗中，勾選 ☑ **頁尾**，輸入文字「機密數字」，並按下**套用**。

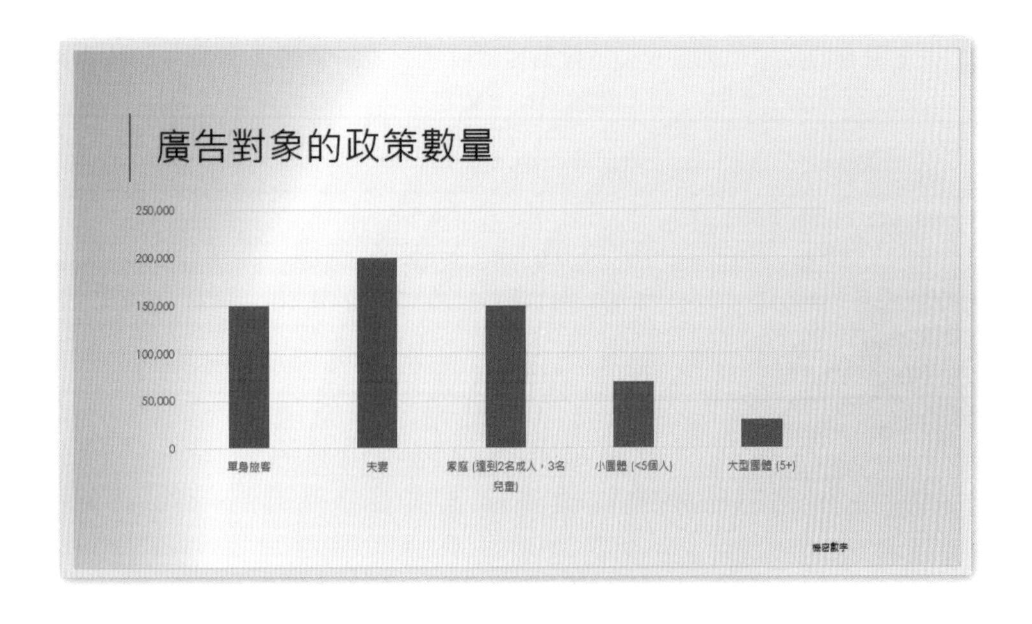

工作 2

使用第 6 張投影片到第 8 張投影片，建立一個名為「圖像化」的自訂放映。

解題步驟：

Step.1 點按**投影片放映**索引標籤 \ **開始投影片放映** \ **自動投影片放映▼** \ **自訂放映**。

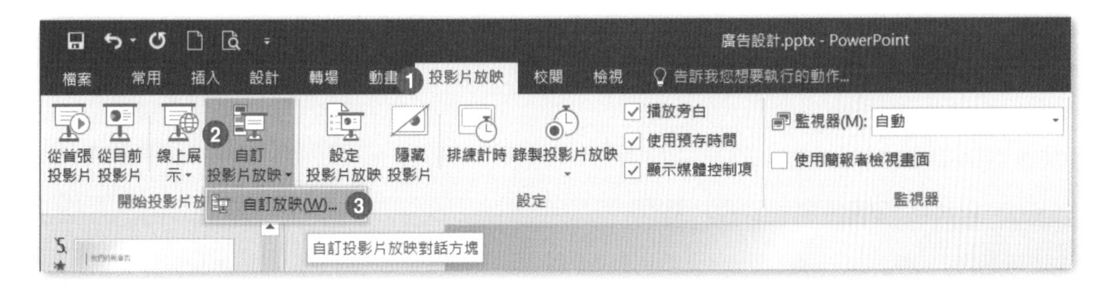

Step.2 在**自訂放映**視窗中，按下**新增**。

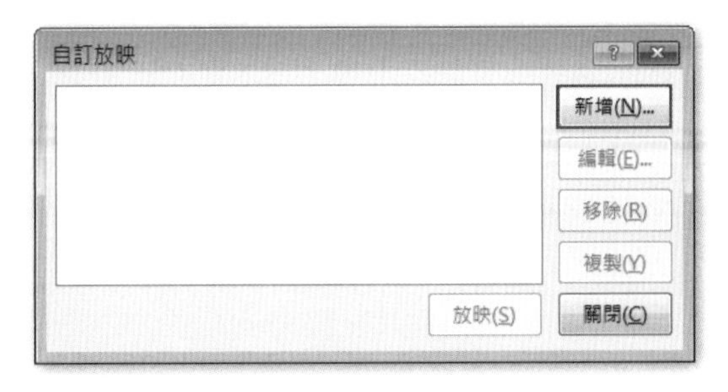

Step.3 在**定義自訂放映**視窗中，輸入**投影片放映名稱**「圖像化」，**簡報中的投影片**勾選第 6 張到第 8 張投影片，按下**新增**並按下**確定**。

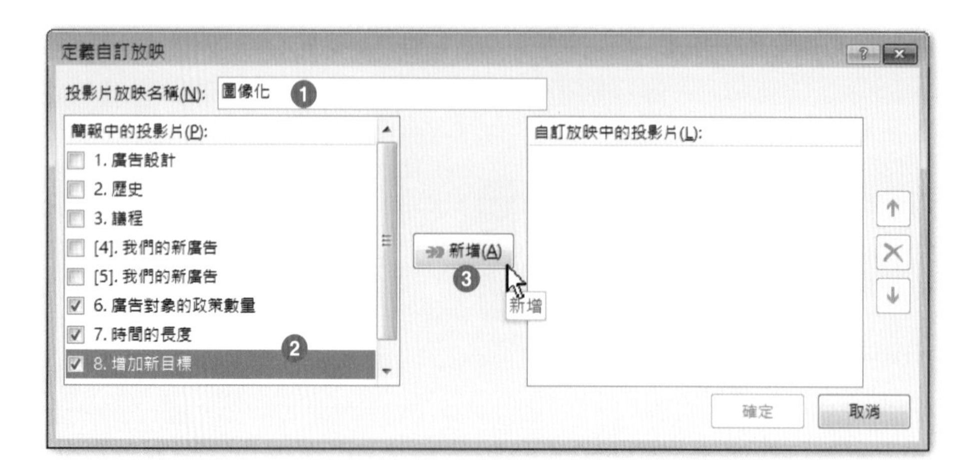

Step.4 在**自訂放映**視窗中，按下**關閉**。

工作 3

在第 8 張投影片上建立一個 [含有資料標記的折線圖]，圖表的資料來源為同一張投影片的表格內容，並以年為 [類別軸]、以「新目標」為 [資料數列]。圖表大小可自行調整。

解題步驟：

Step.1 在左方投影片縮圖區中，點選第 8 張投影片。

Step.2 點按**插入**索引標籤 \ **圖例** \ **圖表**。

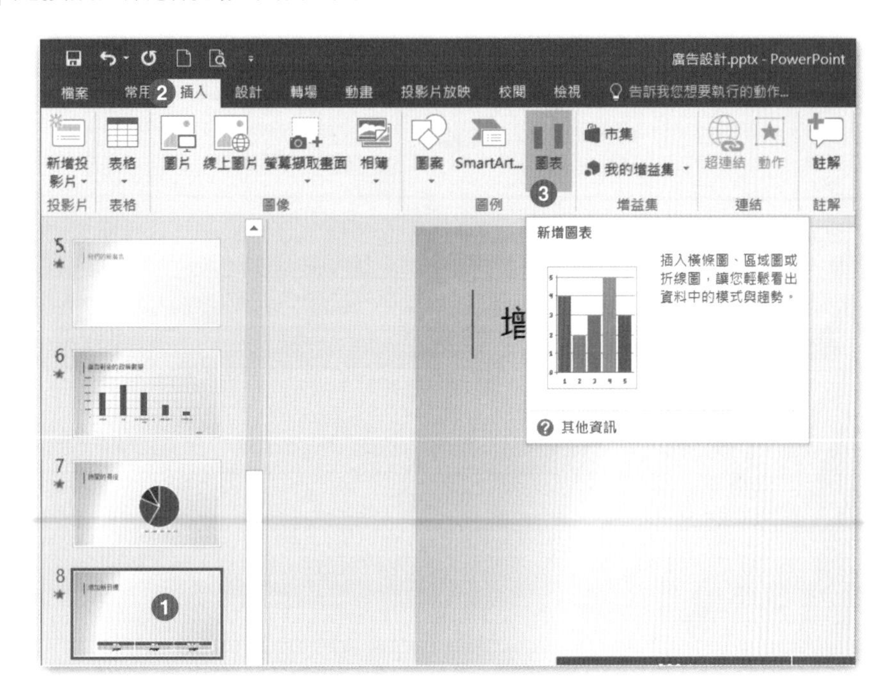

Step.3 在**插入圖表**視窗中，點按**折線圖** \ **含有資料標記的折線圖**，按下**確定**。

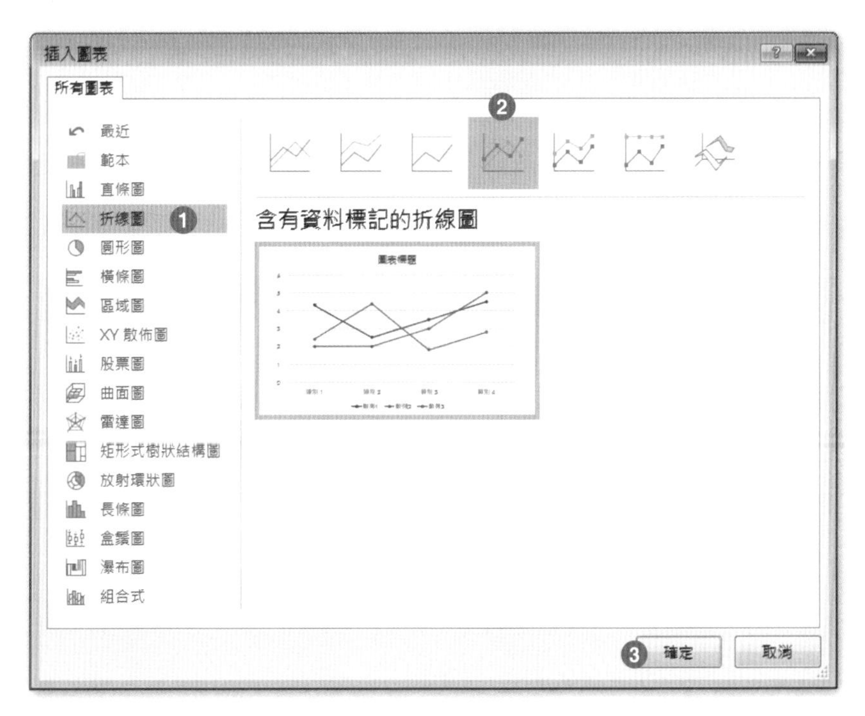

Step.4 在 Microsoft PowerPoint **的圖表**視窗中，**類別** 1 至**類別** 3 分別修改為「2014、2016、2018」，**數列** 1 輸入「新目標」，B2 至 B4 儲存格分別修改為「156000、223000、335000」。

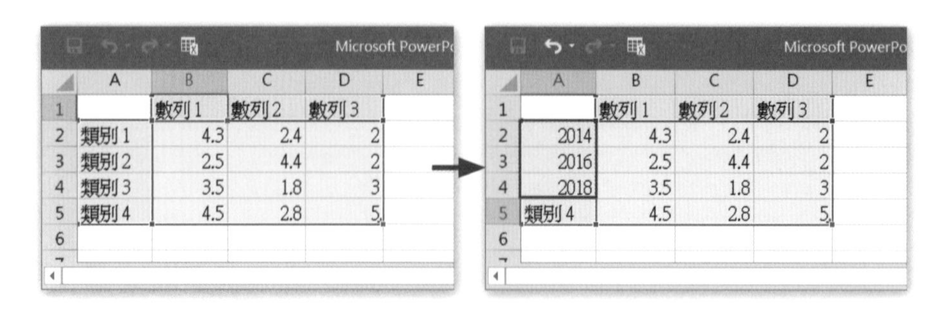

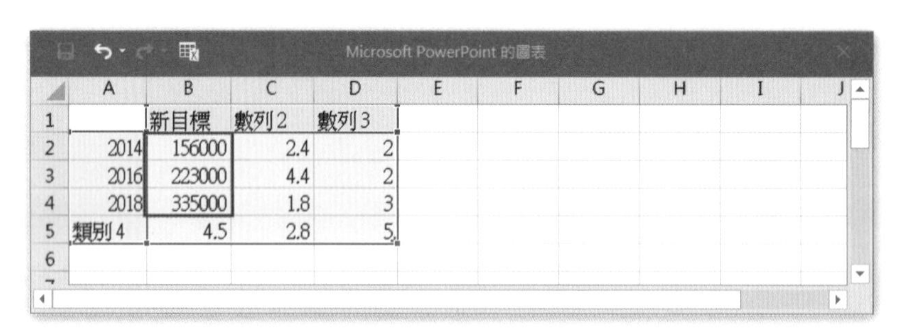

Step.5 在 Microsoft PowerPoint **的圖表**視窗中，選取 C 欄及 D 欄，點按滑鼠右鍵 \ **刪除**。

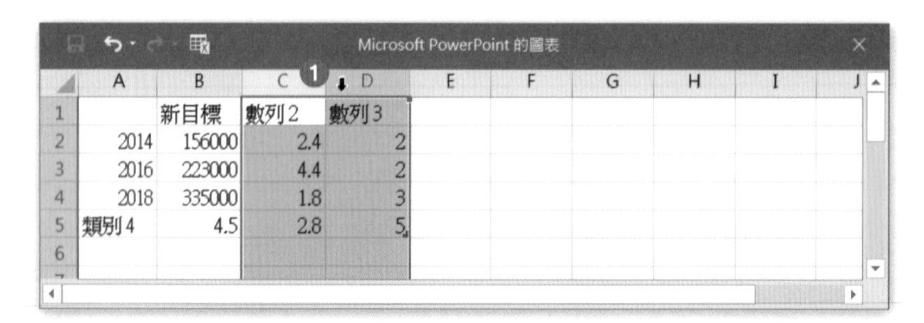

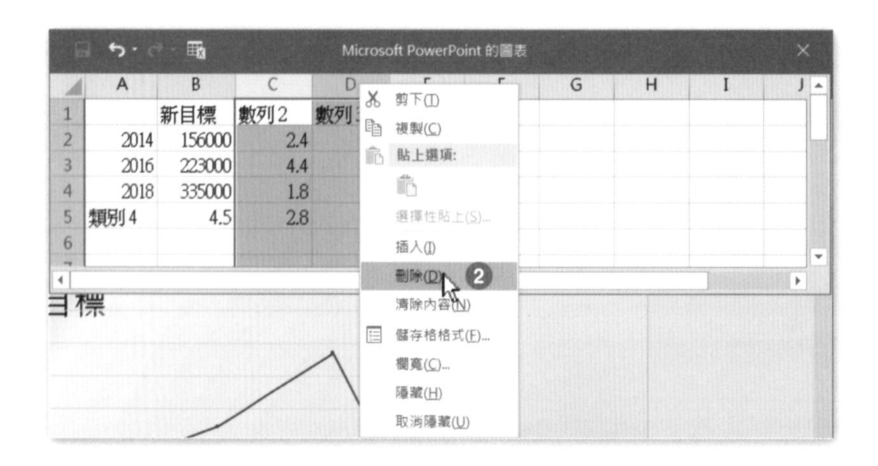

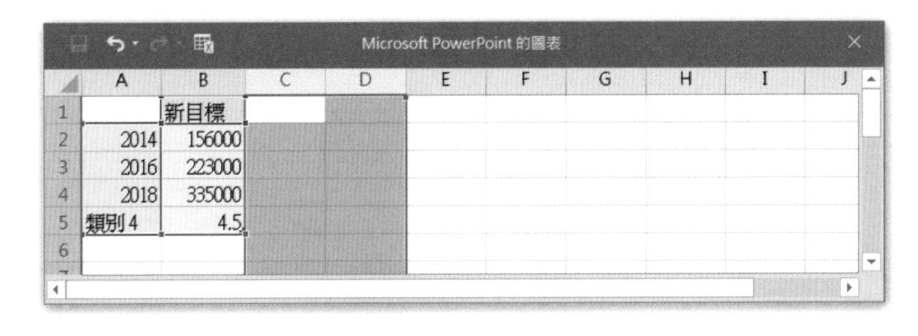

Step.6 在 Microsoft PowerPoint **的圖表**視窗中，選取第 5 列，點按滑鼠右鍵 \ **刪除**。

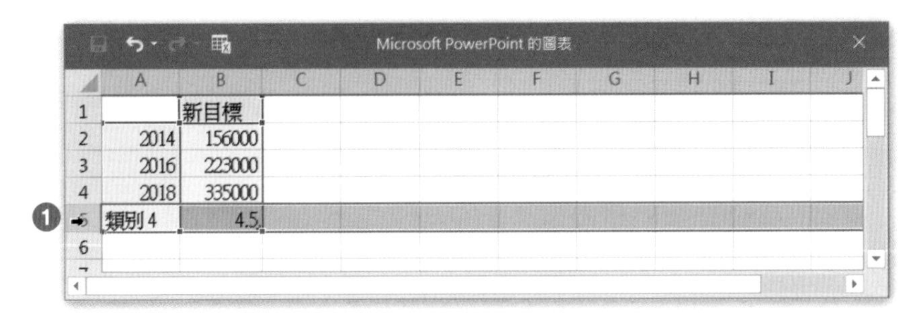

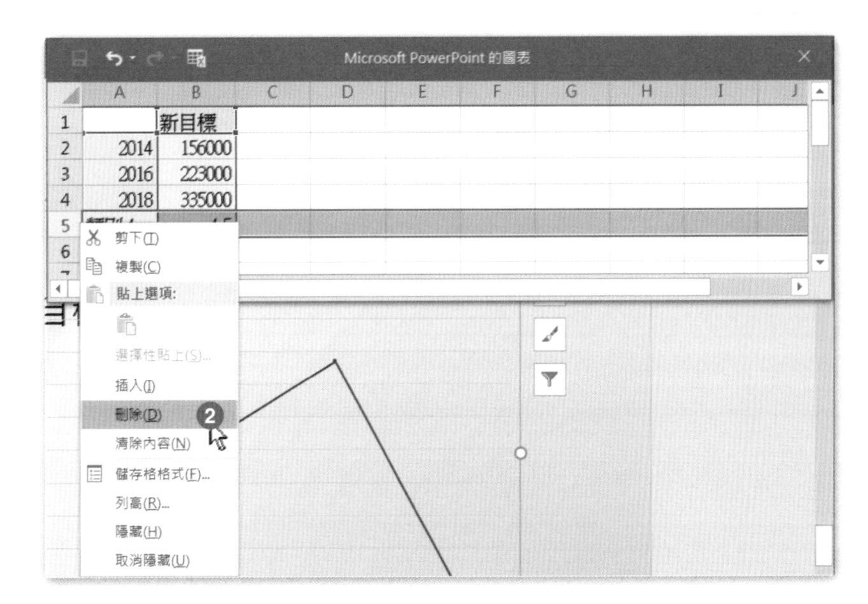

Step.7 關閉 Microsoft PowerPoint **的圖表**視窗。

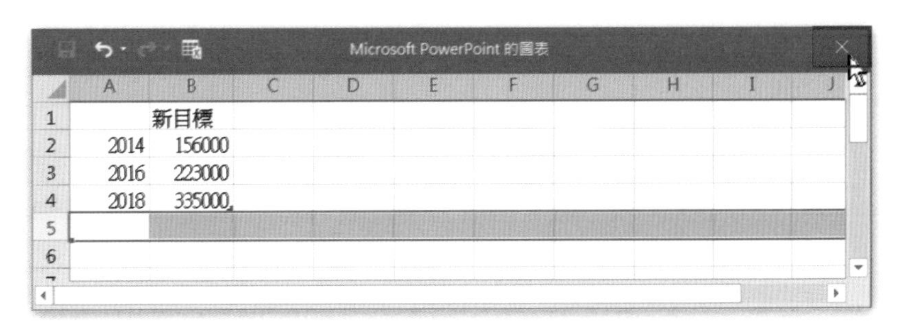

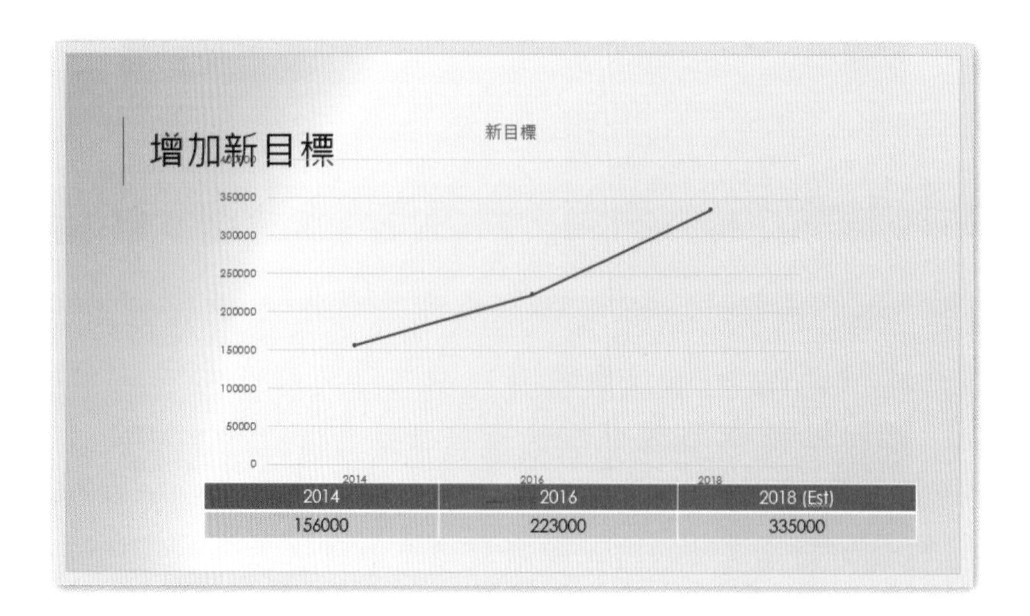

TIPS & TRICKS

繪製完成後，圖表的大小會略為與上方標題及下方表格重疊，此時要不要調整圖表本身的大小都可以，並不會影響考試的分數。

工作 4

在第 4 張投影片上新增來自 [影片] 資料夾裡的視訊檔案「廣告拍攝 .avi」，並設定此視訊影片的水平位置及垂直位置皆是從 [左上角]6.02 公分。

解題步驟：

Step.1 在左方投影片縮圖區中，點選第 4 張投影片。

Step.2 點按**插入**索引標籤 \ **媒體** \ **視訊▼** \ **我個人電腦上的視訊**。

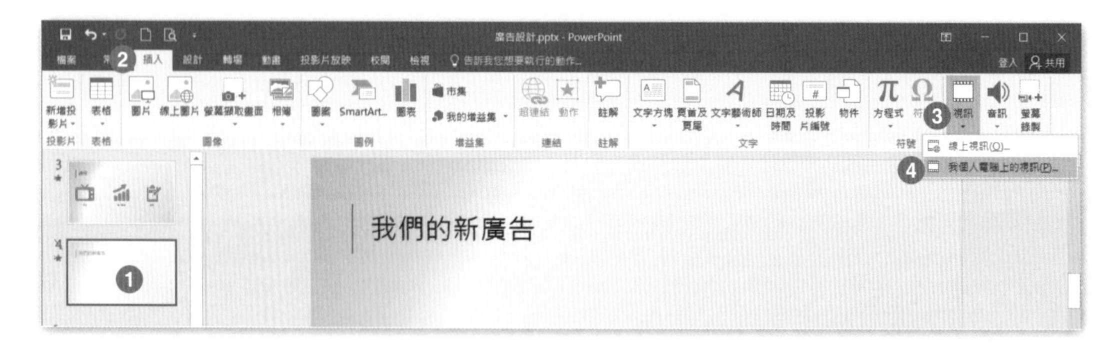

Step.3 在**插入視訊**視窗中，點選「文件 \ 第 6 章練習檔 \ 第一組 \ 專案 3」資料夾中的「廣告拍攝 .avi」，並按下**插入**。

Step.4 點按**視訊工具 格式**索引標籤，開啟**大小及位置**群組對話框。

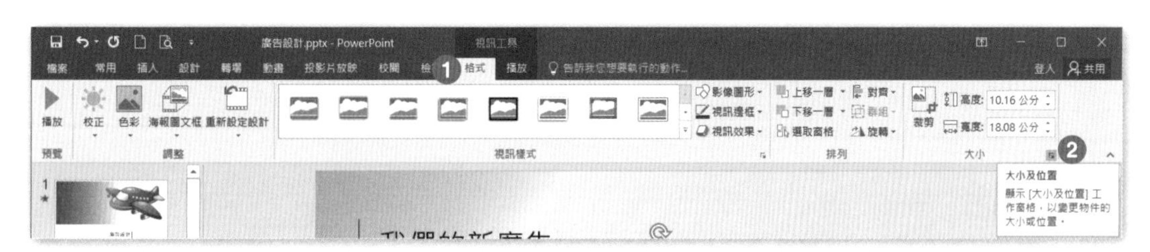

Step.5 在右方視窗，點按**大小與屬性 \ 位置**。

Step.6 **水平位置**輸入「6.02」，**垂直位置**輸入「6.02 公分」，按鍵盤 Tab 鍵。

使用鍵盤 Tab 鍵：為在視窗中完成輸入的意思。

工作 5

變更所有的轉場效果期間為 1.5 秒鐘。

解題步驟：

Step.1 在左方縮圖區任意點選 1 張投影片，使用鍵盤快速鍵 Ctrl+A 選取所有左方縮圖視窗中的投影片。

Step.2 按**轉場**索引標籤 \ **預存時間** \ **期間** \ 輸入「1.5」，按鍵盤 Enter 鍵。

題組情境：

您正在為您的家扶公司建立一份年度會議簡報。

開啟【文件】資料夾 \ 第 6 章練習檔 \ 第一組 \ 專案 4\ 家庭旅遊 .pptx 完成下列操作步驟：

工作 1

變更 [投影片母片] 的佈景主題為 [回顧] 佈景主題，並變更字型為 [Garamond]。

解題步驟：

Step.1 點按**檢視**索引標籤 \ **母片檢視** \ **投影片母片**。

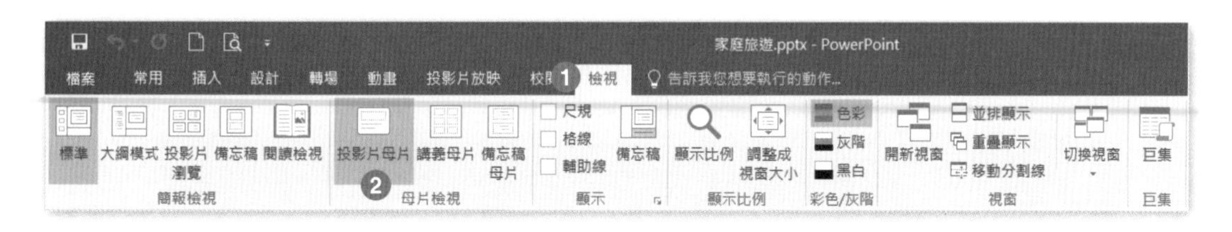

Step.2 點按**投影片母片**索引標籤 \ **編輯佈景主題** \ **佈景主題▼** \ **回顧**。

Step.3 點按**投影片母片**索引標籤 \ **背景** \ **字型▼** \Garamond。

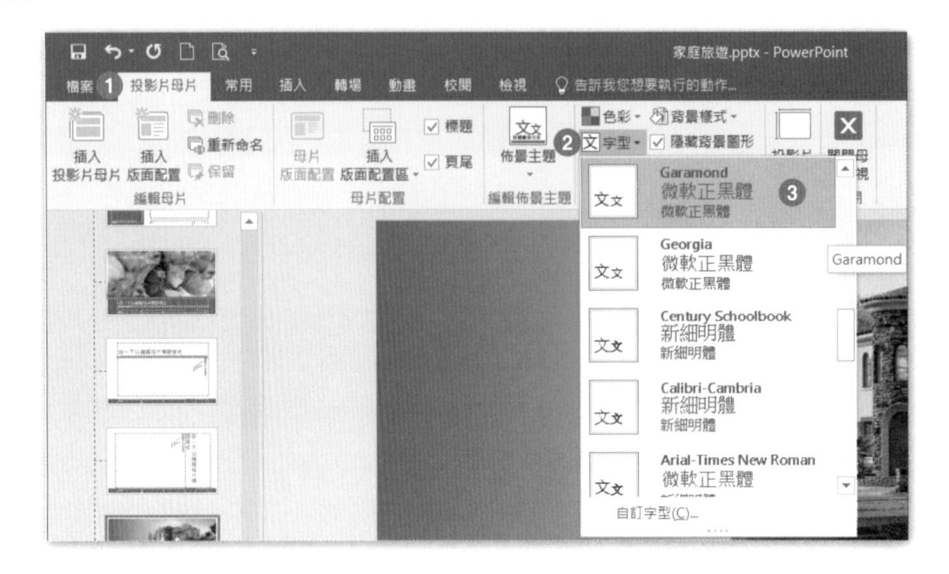

Step.4 點按**投影片母片**索引標籤 \ 關閉 \ **關閉母片檢視**。

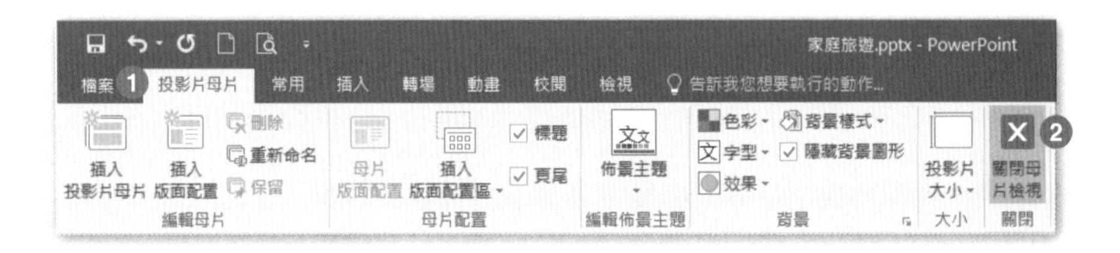

工作 2

在第 1 張投影片之前新增一個名為「前言」的章節名稱。

解題步驟：

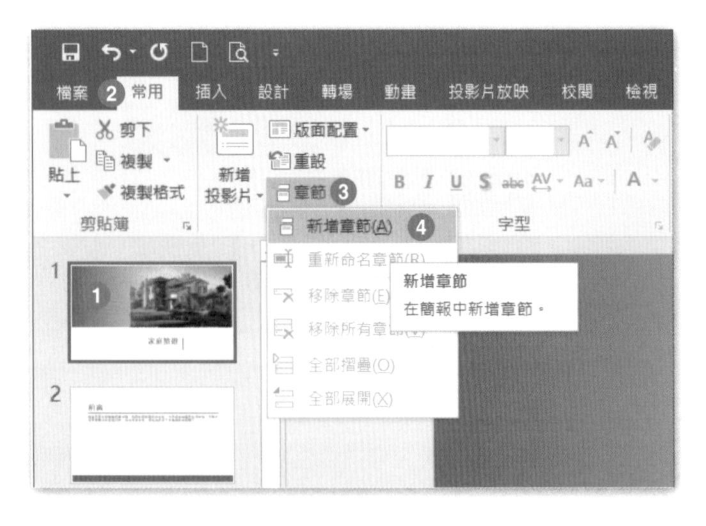

Step.1
在左方投影片縮圖區中，點選第 1 張投影片。

Step.2
點按**常用**索引標籤 \ **投影片** \ **章節▼** \ **新增章節**。

Step.3 點按第 1 張投影片上的「未命名的章節」。

Step.4 點按**常用**索引標籤 \ **投影片** \ **章節▼** \ **重新命名章節**。

Step.5 在**重新命名章節**視窗中，輸入**章節名稱**「前言」，並按下**重新命名**。

工作 3

變更第 4 張投影片的表格樣式，套用 [中等深淺樣式 4- 輔色 6]。

解題步驟：

Step.1 在左方投影片縮圖區中，點選第 4 張投影片。

Step.2 在中央的投影片編輯區中，點選表格。

Step.3 點按**表格工具 設計**索引標籤 \ **表格樣式** \ **▼其他**。

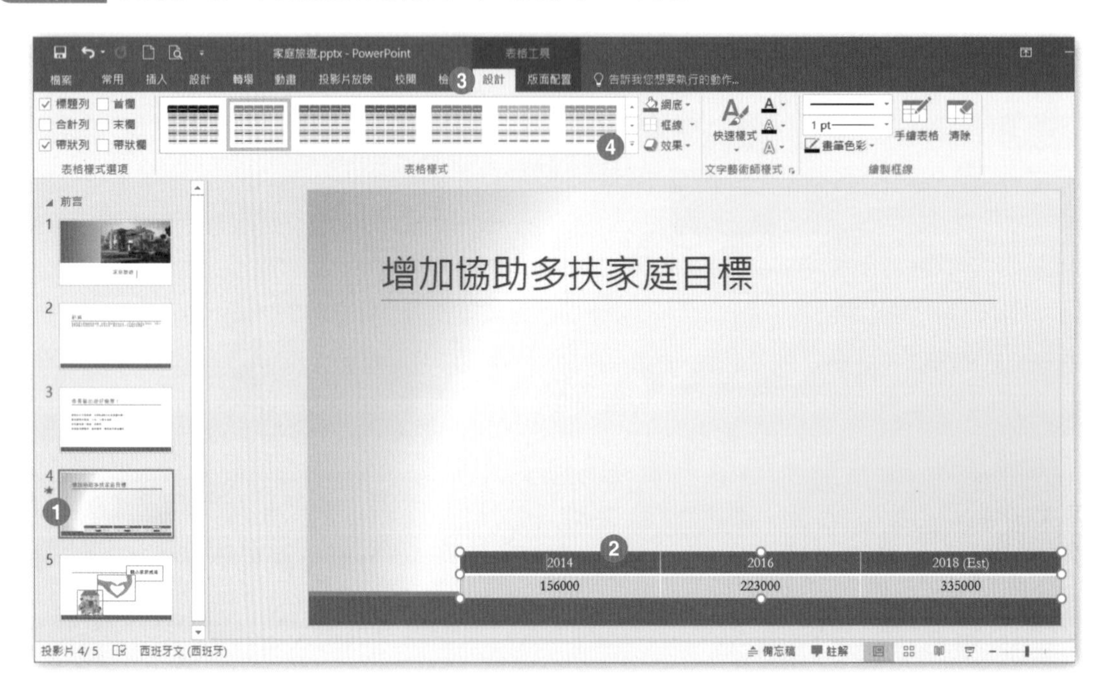

Step.4 在下拉式選單中，選擇**中等深淺** \「中等深淺樣式 4- 輔色 6」。

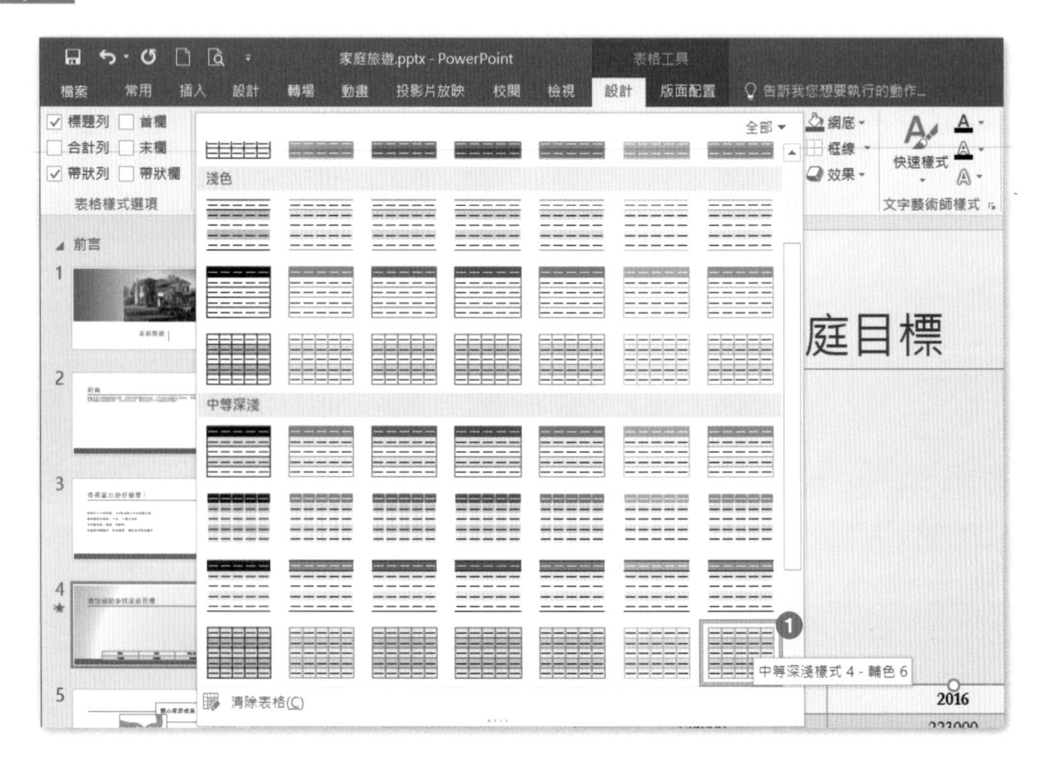

工作 4

將第 5 張投影片上的文字置於手勢圖片之前，然後再將全家福圖片移到最下層。

解題步驟：

Step.1 在左方投影片縮圖區中，點選第 5 張投影片。

Step.2 在中央的投影片編輯區中，點選文字的文字框。

Step.3 點按**繪圖工具 格式**索引標籤 \ **排列** \ 選取窗格。

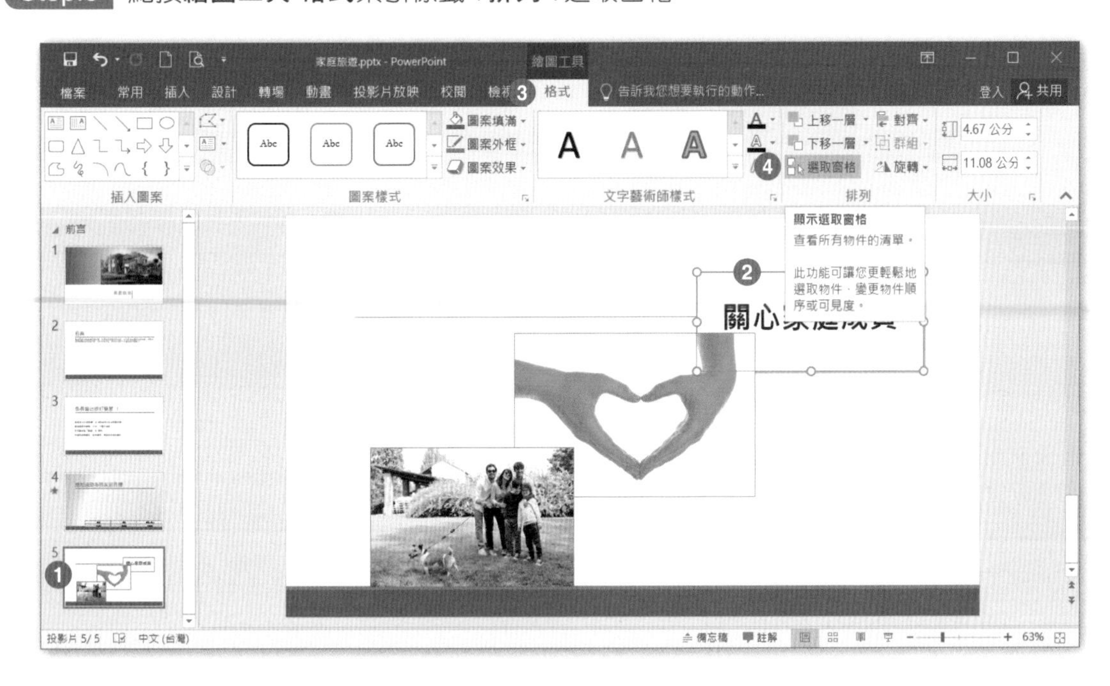

Step.4 在右方選取範圍視窗，點按**上移一層按鈕**兩下，將文字移至最上層。

Step.5 在中央的投影片編輯區中，點選全家福圖片。

Step.6 在右方選取範圍視窗，點按**向下按鈕**一下，將圖片移至最下層。

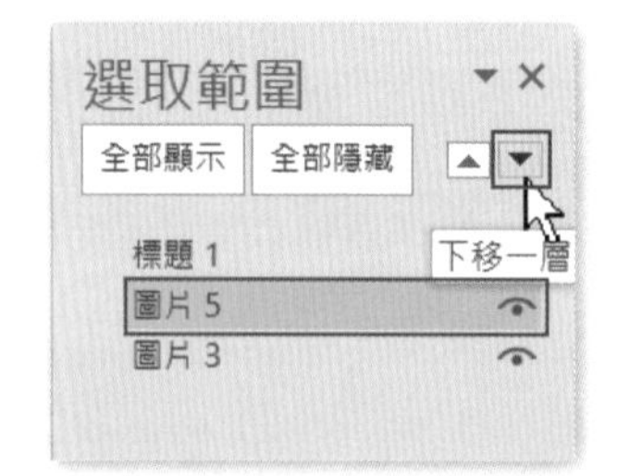

專案 5

題組情境：

您正在為您的老年長照公司建立一份年度會議簡報。正在編輯簡報以提升簡報的隱私性。

開啟【文件】資料夾 \ 第 6 章練習檔 \ 第一組 \ 專案 5\ 老年長照 .pptx 完成下列操作步驟：

工作 1

使用來自 [圖片] 資料夾裡的「確認 .jpg」圖片檔案，做為 [投影片母片] 的第一層級項目符號。

解題步驟：

Step.1 點按**檢視**索引標籤 \ **母片檢視** \ **投影片母片**，點第一張投影片母片。

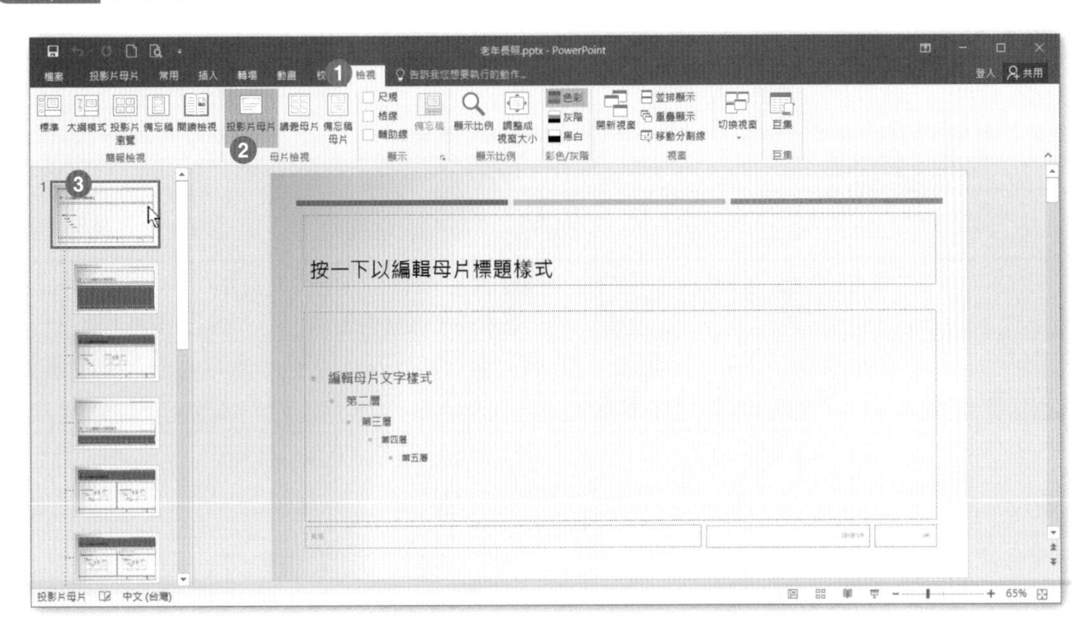

Step.2 在中央的投影片編輯區中，將滑鼠游標置於文字「編輯母片文字樣式」的段落中。

Step.3 點按**常用**索引標籤 \ **段落** \ **項目符號▼** \ **項目符號及編號**。

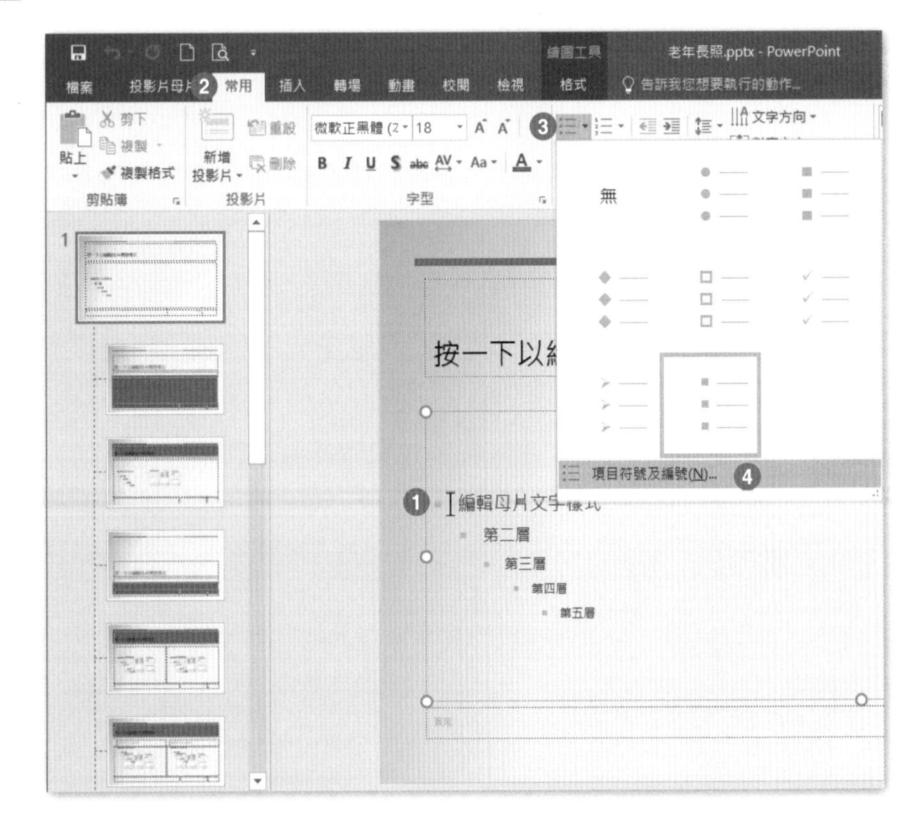

Step.4 在**項目符號及編號**視窗中，點按**圖片**鈕。

Step.5 在**插入圖片**視窗中，點按**從檔案**。

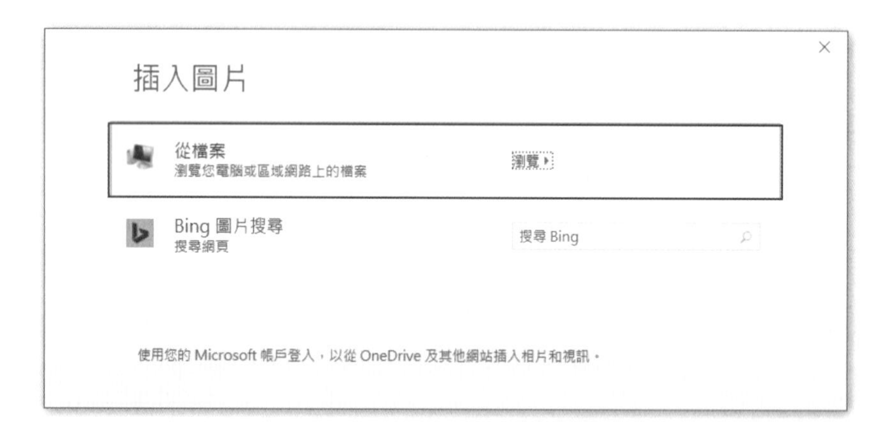

Step.6 在**插入圖片**視窗中，點選「文件 \ 第 6 章練習檔 \ 第一組 \ 專案 5」資料夾中的「確認 .jpg」，並按下**插入**。

Step.7 點按**投影片母片**索引標籤 \ 關閉 \ **關閉母片檢視**。

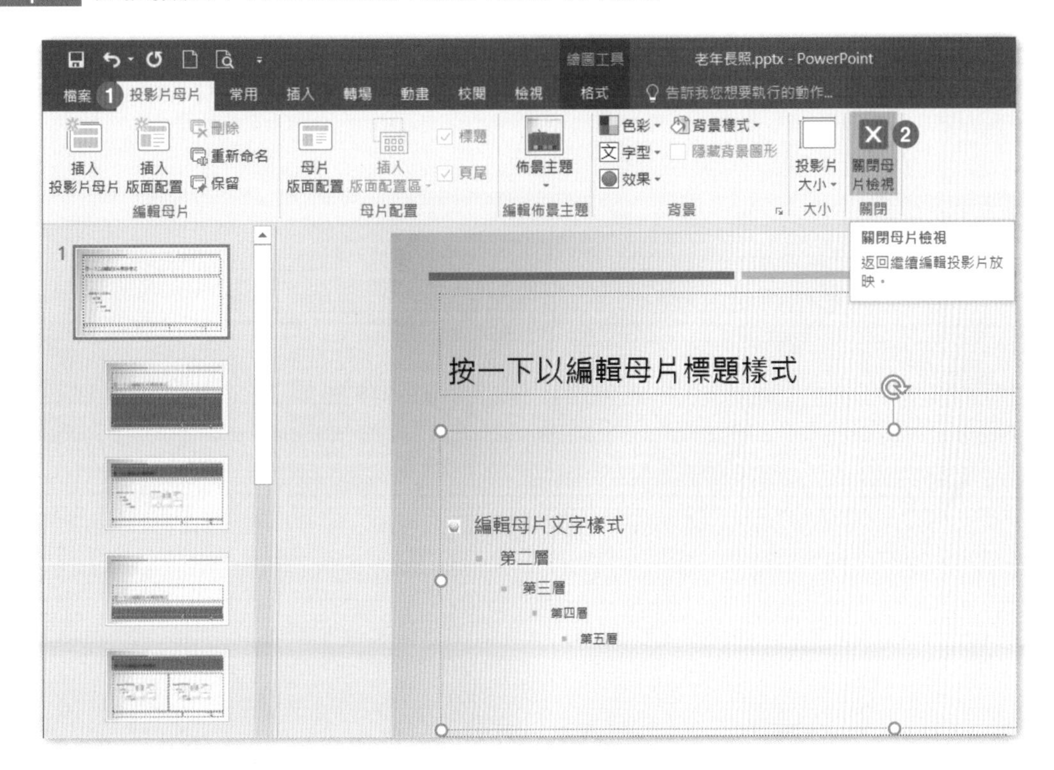

工作 2

變更檔案摘要資訊，[標題] 文字設定為「老人福利推動」。

解題步驟：

Step.1 點按**檔案**索引標籤。

Step.2 在中央資訊視窗中，點擊右側**摘要資訊 \ 標題**待處理，刪除文字**待處理**，輸入「老人福利推動」。

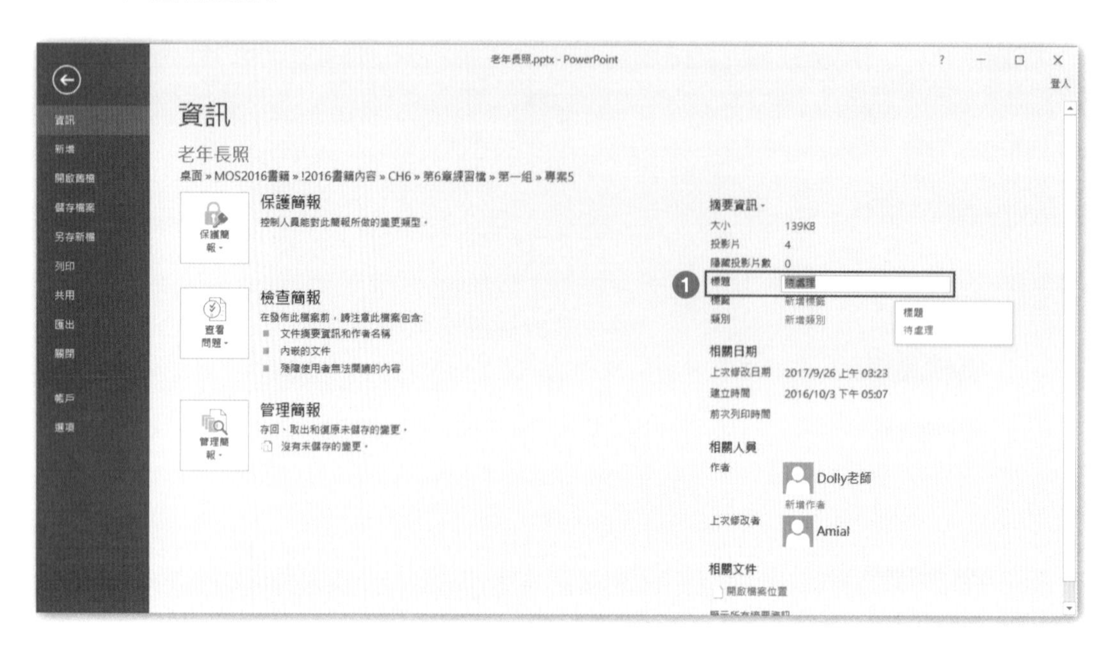

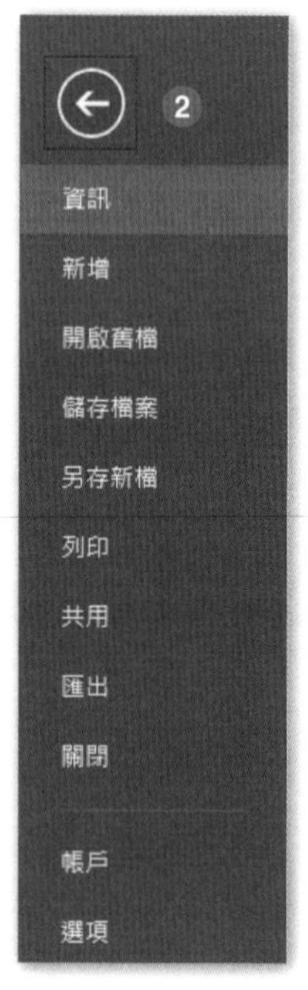

Step.3

點擊畫面左上角**向左箭頭**，返回標準模式。

工作 3

在第 3 張投影片上，針對「點擊此處查看網站」文字新增超連結，連結至「http://www.oldpeople.org.tw」。

解題步驟：

Step.1 在左方投影片縮圖區中，點選第 3 張投影片。

Step.2 在中央的投影片編輯區中，選取「點擊此處查看網站」文字。

Step.3 點按**插入**索引標籤 \ **連結** \ **超連結**。

Step.4 在插入超連結視窗中，在網址欄輸入「http://www.oldpeople.org.tw」，並按下**確定**。

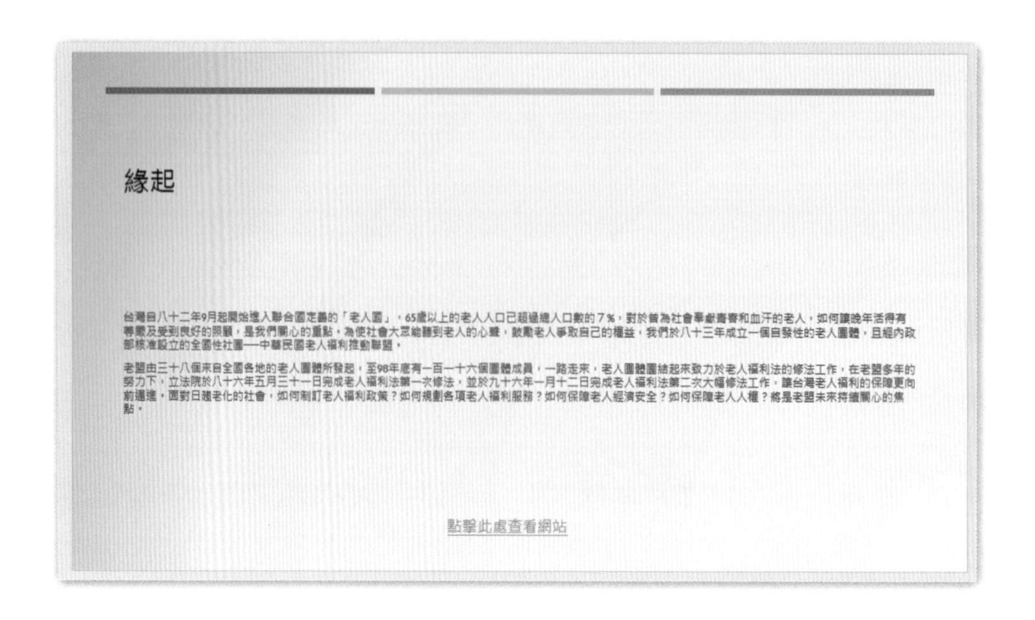

工作 4

針對第 2 張投影片上的圖表，新增註解「請確認」。

解題步驟：

Step.1 在左方投影片縮圖區中，點選第 2 張投影片。

Step.2 在中央的投影片編輯區中，點選圖表的外框。

Step.3 點按**校閱**索引標籤 \ **註解** \ **新增註解**。

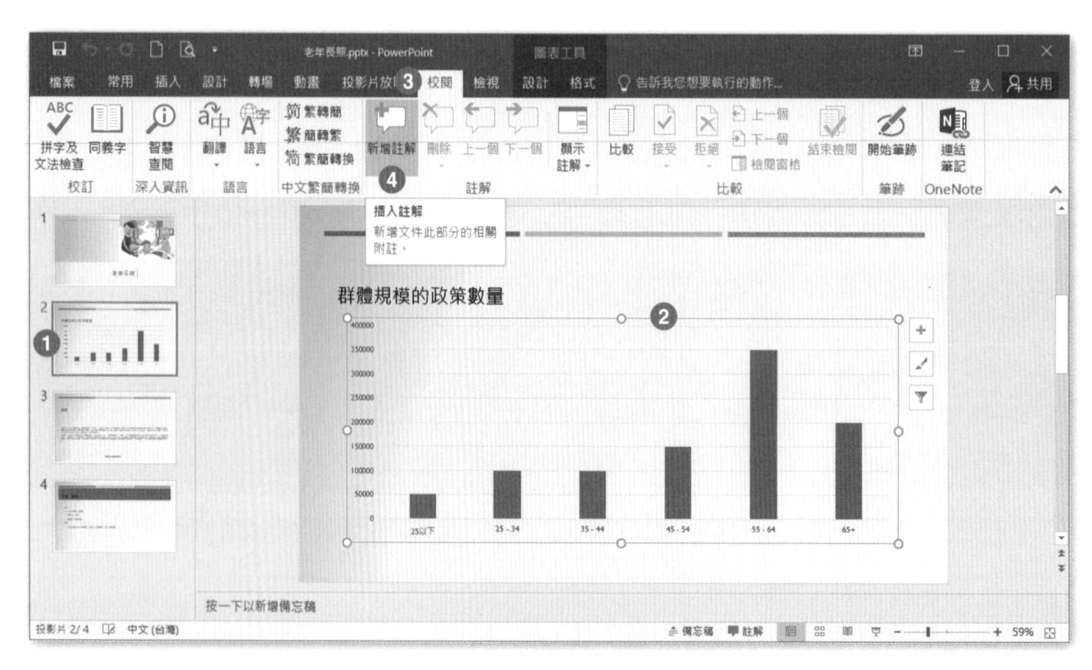

Step.4 在右方註解視窗，輸入「請確認」，並於輸入完成點一下畫面空白處，以離開文字的編輯狀態。

專案 6

題組情境：

您正在為您的寵物公司建立一份年度會議簡報。而演講者希望在這份簡報中添加一些動畫來輔助。

開啟【文件】資料夾 \ 第 6 章練習檔 \ 第一組 \ 專案 6\ 家有寵物 .pptx 完成下列操作步驟：

工作 1

設定第 2 張投影片上的視訊播放，從「00:01.500」開始，到「00:02.500」結束。

解題步驟：

Step.1 在左方投影片縮圖區中，點選第 2 張投影片。

Step.2 在中央的投影片編輯區中，點選視訊影片。

Step.3 點按**視訊工具 播放**索引標籤 \ **編輯** \ **剪輯視訊**。

Step.4 在剪輯視訊視窗中，輸入**開始時間**「00:01.500」，及**結束時間**「00:02.500」，點按**確定**。

工作 2

針對第 3 張投影片上的文字進行動畫設定，讓每一個段落的進入動畫都是每按一下便向下浮動的漂浮進入。

解題步驟：

Step.1 在左方投影片縮圖區中，點選第 3 張投影片，點選內文文字框。

Step.2 點按**動畫**索引標籤 \ **進階動畫** \ **新增動畫▼** \ **進入** \ **漂浮進入**。

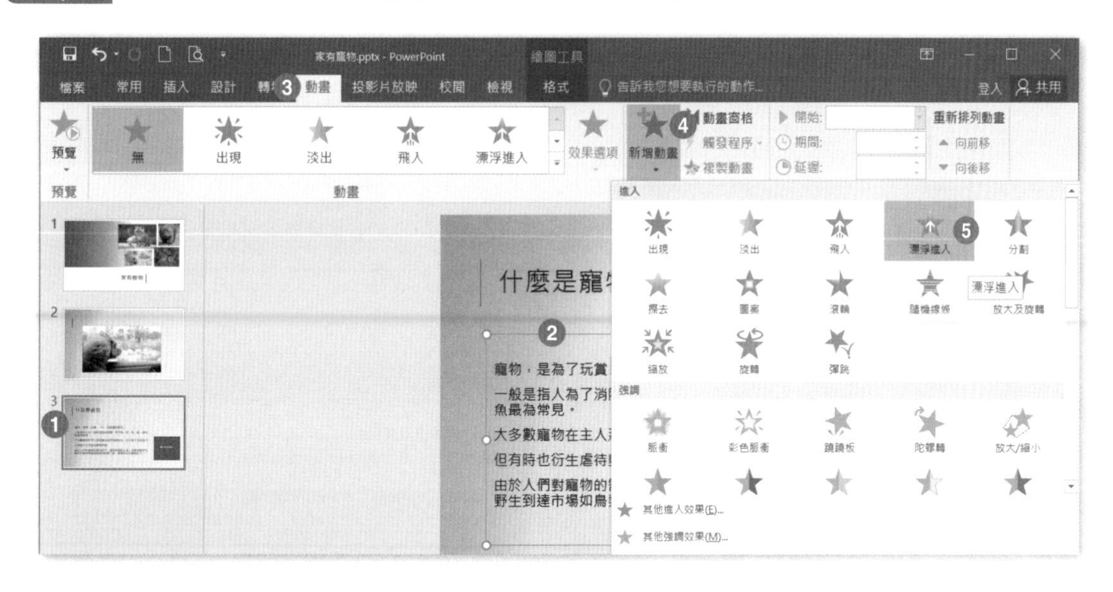

Step.3 點按**動畫**索引標籤 \ **動畫** \ **效果選項▼** \ **向下浮動**。

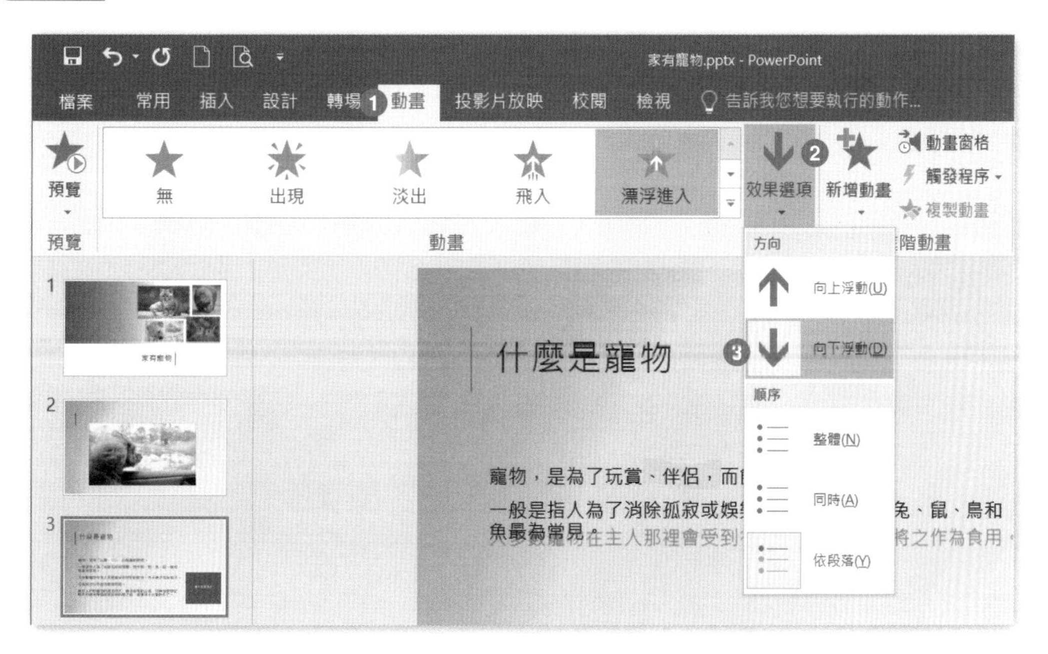

工作 3

將第 3 張投影片上的矩形圖案變更為六角星形圖案。

解題步驟：

Step.1 在左方投影片縮圖區中，點選第 3 張投影片。

Step.2 在中央的投影片編輯區中，選取矩形圖案。

Step.3 點按**繪圖工具 格式**索引標籤 \ **插入圖案** \ **編輯圖案▼** \ **變更圖案** \ **星星及綵帶** \ **星形：六角星形**。

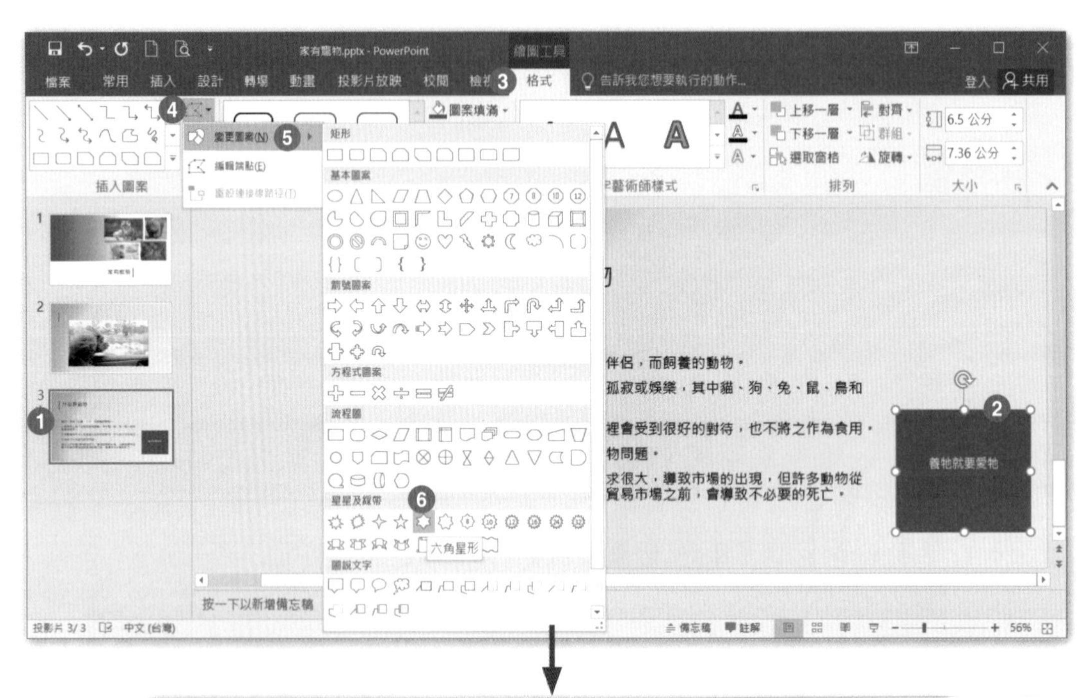

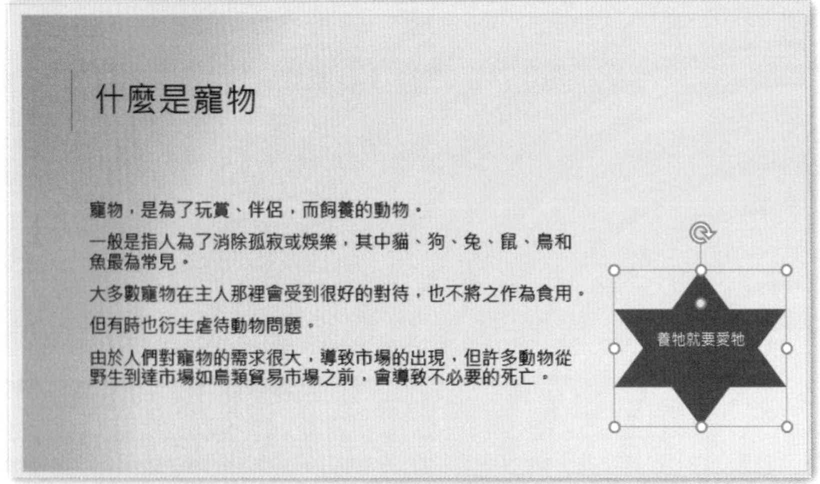

工作 4

檢查文件並移除影片注釋與投影片以外的內容。

解題步驟：

Step.1 點按**檔案**索引標籤。

Step.2 在資訊視窗中，點按**查看問題▼ \ 檢查文件**。

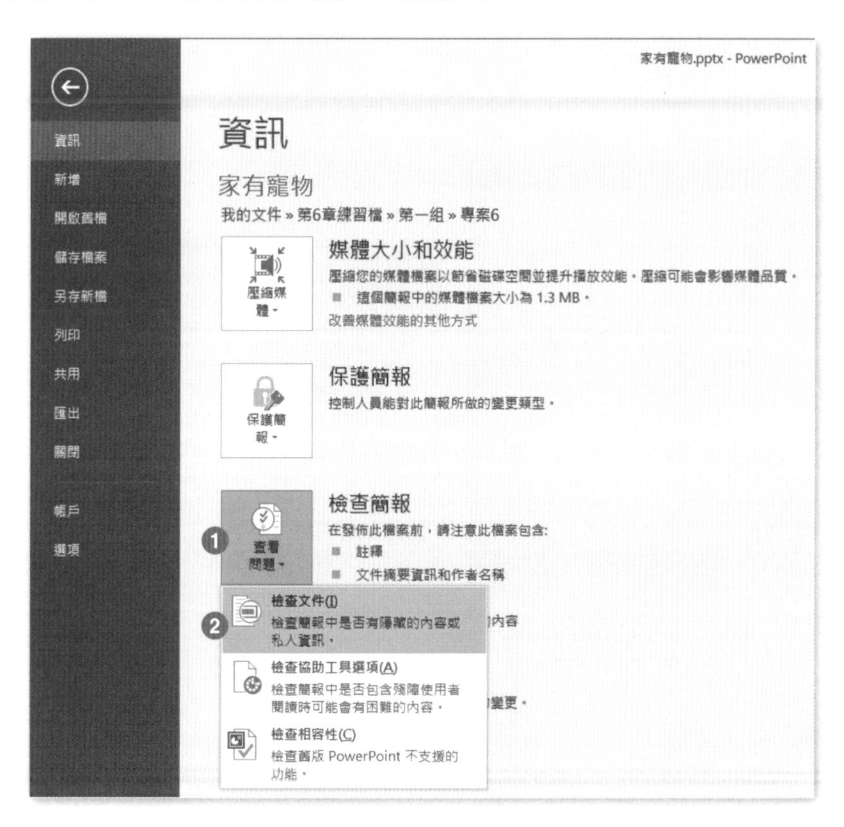

Step.3 在提示訊息視窗中，點按**是**。

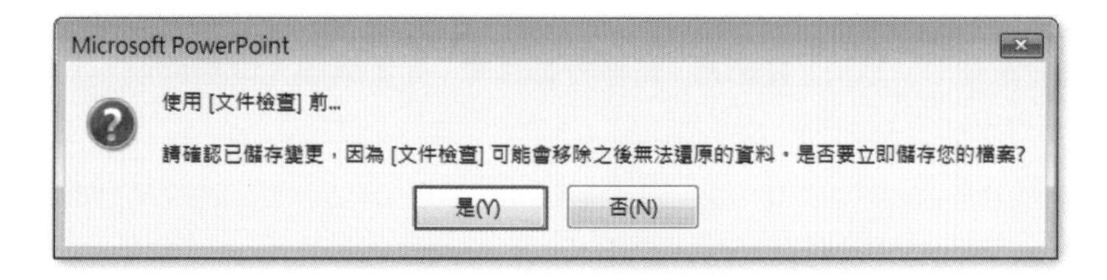

Step.4 在文件檢查視窗中，僅勾選 ☑ **註解和註釋**及 ☑ **投影片外的內容**，並按下**檢查**。

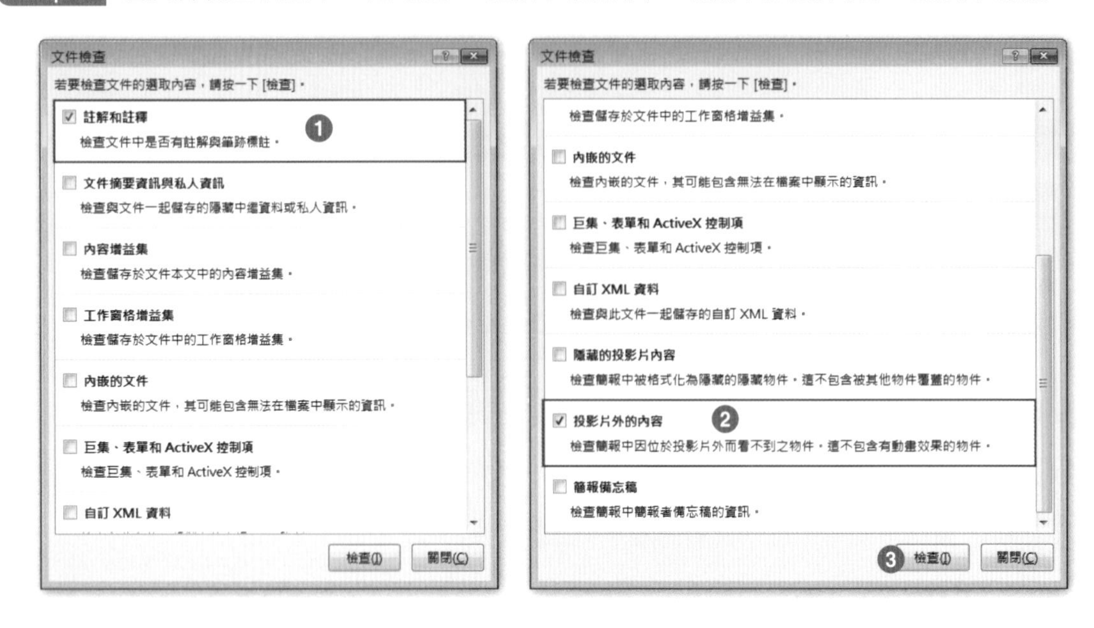

Step.5 在**文件檢查**視窗中，分別點按 2 個**全部移除**按鈕，並點按**關閉**。

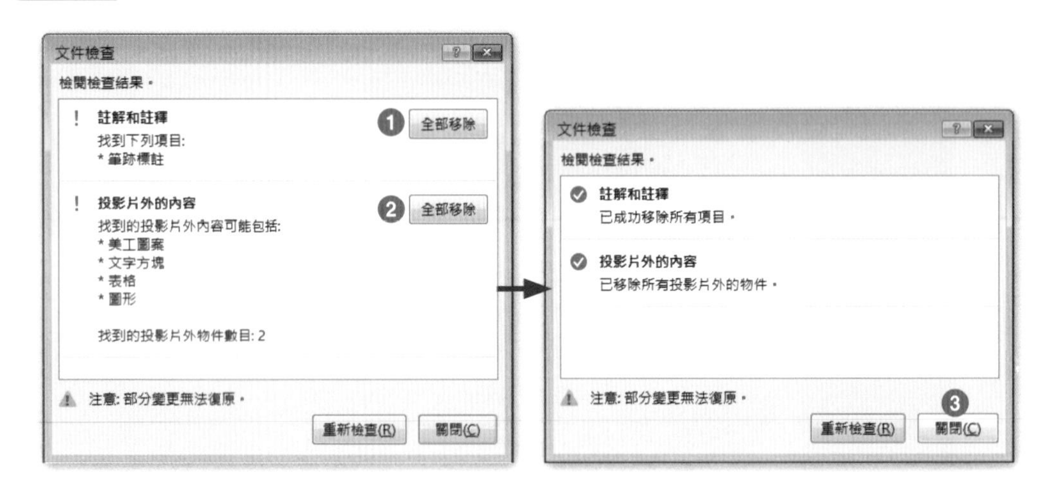

工作 5

使用位於 [文件] 資料夾裡的「關心 .docx」文件檔，在簡報最後新增投影片。

解題步驟：

Step.1 在左方投影片縮圖區中，點選第 3 張投影片。

Step.2 點按**常用**索引標籤 \ **投影片** \ **新增投影片▼** \ **從大綱插入投影片**。

Step.3 在插入大綱視窗中，點選「第 6 章練習檔 \ 第一組 \ 專案 6\ 文件」資料夾中的「關心 .docx」，並按下**插入**。

專案 7

題組情境：

您正在為您的保險公司建立一份年度會議簡報。

開啟【文件】資料夾 \ 第 6 章練習檔 \ 第一組 \ 專案 7\ 健康保險 .pptx 完成下列操作步驟：

工作 1

在第 2 張投影片上，針對公司圖片及圖片的標題文字設定群組。

解題步驟：

Step.1 在左方投影片縮圖區中，點選第 2 張投影片。

Step.2 在中央的投影片編輯區中，點選**公司圖片**並按住鍵盤 Shift 鍵，再點選**公司**文字框。

Step.3 點按**圖片工具 格式**索引標籤 \ **排列** \ **群組▼** \ **組成群組**。

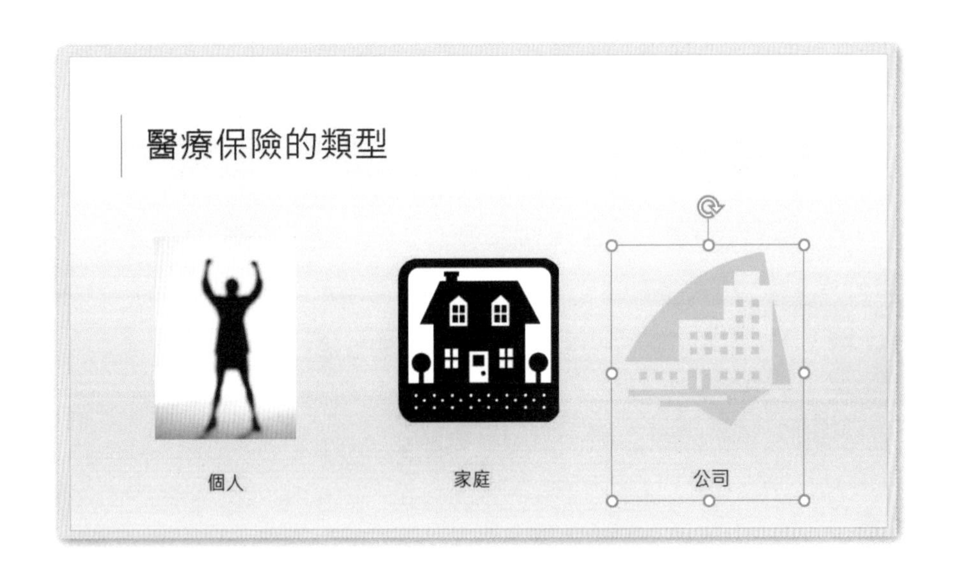

工作 2

在第 3 張投影片上，刪除表格裡的「紅眼」列。然後在表格的最右邊新增一個欄位，且欄標題輸入「尚未投保百分比」。

解題步驟：

Step.1 在左方投影片縮圖區中，點選第 3 張投影片。

Step.2 在中央投影片編輯區中，點選表格**紅眼**列。

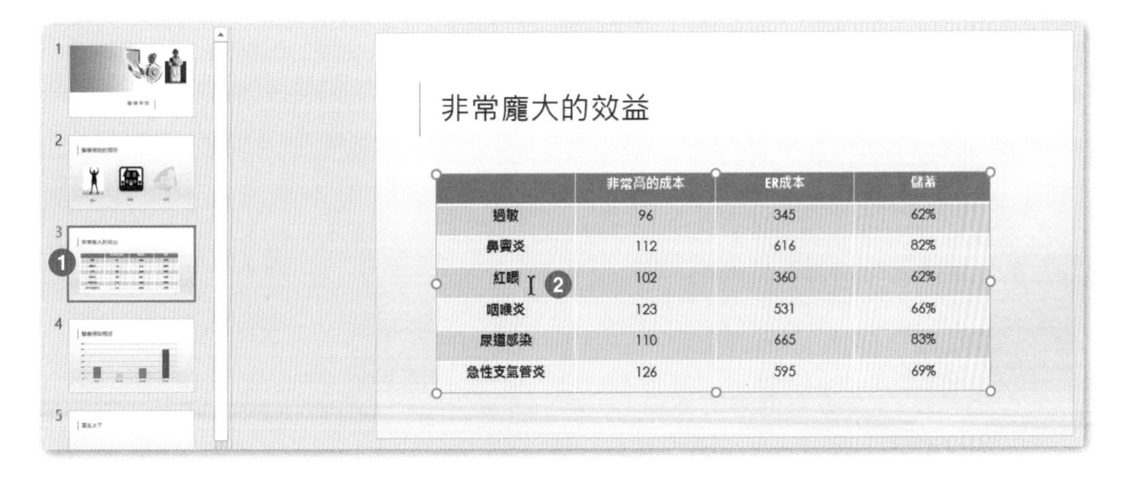

Step.3 點按**表格工具 版面配置**索引標籤 \ **列與欄** \ **刪除▼** \ **刪除列**。

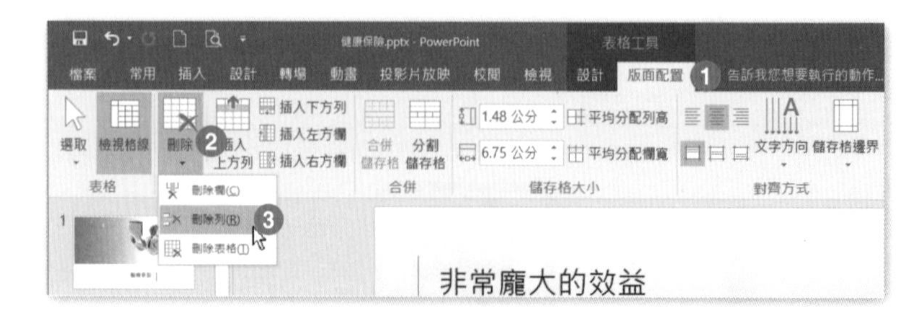

Step.4 在中央投影片編輯區中，點選表格**儲蓄**欄。

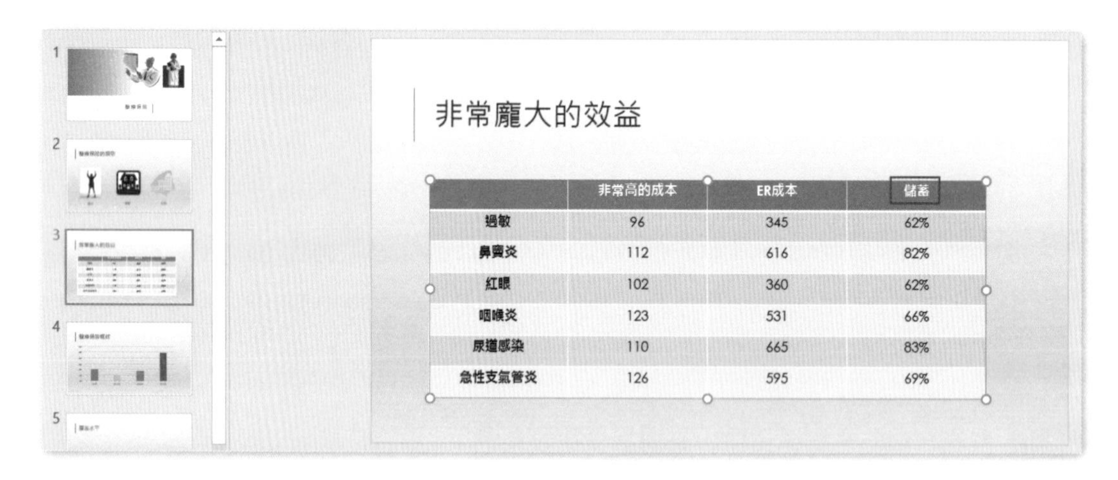

Step.5 點按**表格工具 版面配置**索引標籤 \ **列與欄** \ **插入右方欄**。

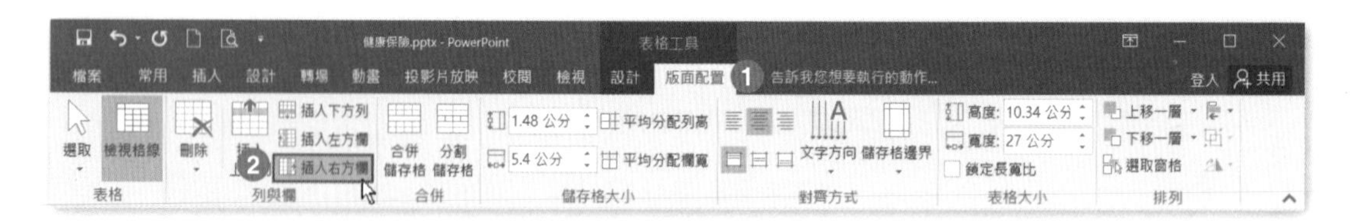

Step.6 在新增欄位標題輸入文字「尚未投保百分比」。

工作 3

修改第 4 張投影片上的圖表，在圖表正上方顯示與圖表重疊的圖例。

解題步驟：

Step.1 在左方投影片縮圖區中，點選第 4 張投影片。

Step.2 在中央的投影片編輯區中，選取圖表框。

Step.3 點按**圖表工具 設計**索引標籤 \ **圖表版面配置 \ 新增圖表項目▼ \ 圖例 \ 其他圖例選項**。

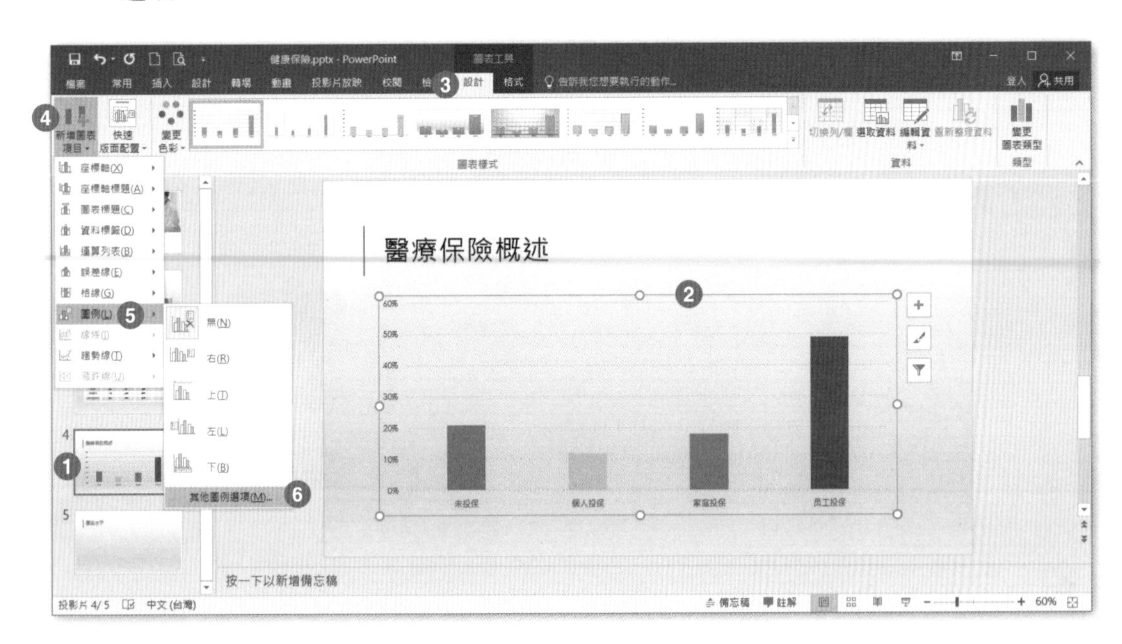

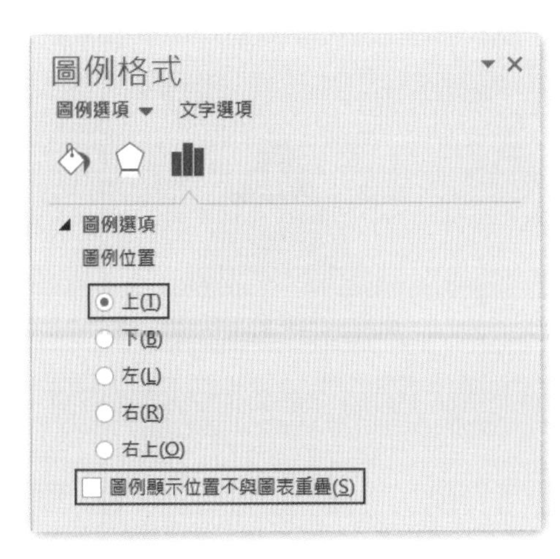

Step.4

在左方視窗中，點按**圖例選項 \ 圖例位置 \ 上**，並取消勾選**圖例顯示位置不與圖表重疊**。

工作 4

在第 5 張投影片上新增 [基本金字塔圖]，由上至下包含「第一級」、「第二級」及「第三級」等文字，並套用 [光澤] 樣式。金字塔大小可自行決定。

解題步驟：

Step.1 在左方投影片縮圖區中，點選第 5 張投影片。

Step.2 點按**插入**索引標籤 \ **圖例** \ SmartArt。

Step.3 在**選擇 SmartArt 圖形**視窗中，點選**金字塔圖**，並選擇**基本金字塔圖**，並按下**確認**。

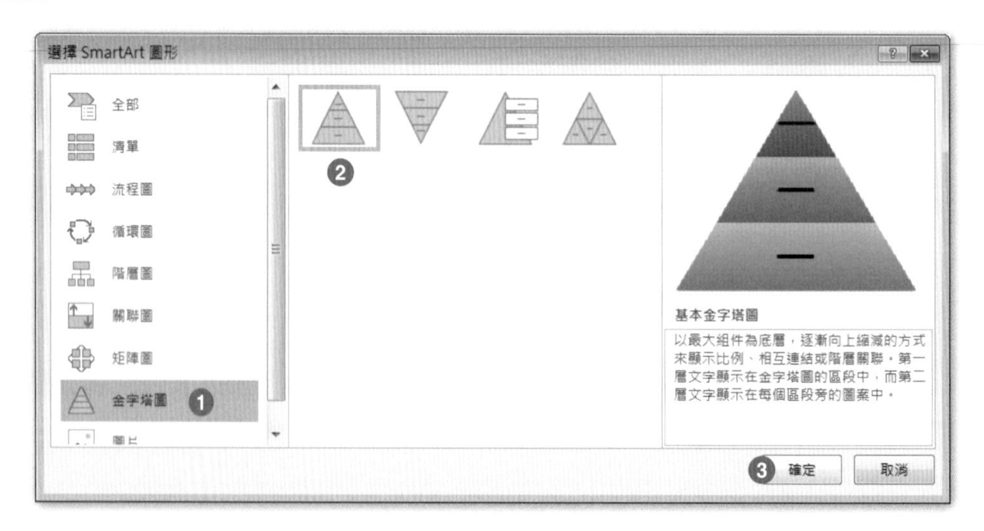

Step.4 在中央的投影片編輯區中，選取基本金字塔圖，並按下「文字窗格」的按鈕。

Step.5 並由上至下分別輸入文字「第一級」、「第二級」及「第三級」。

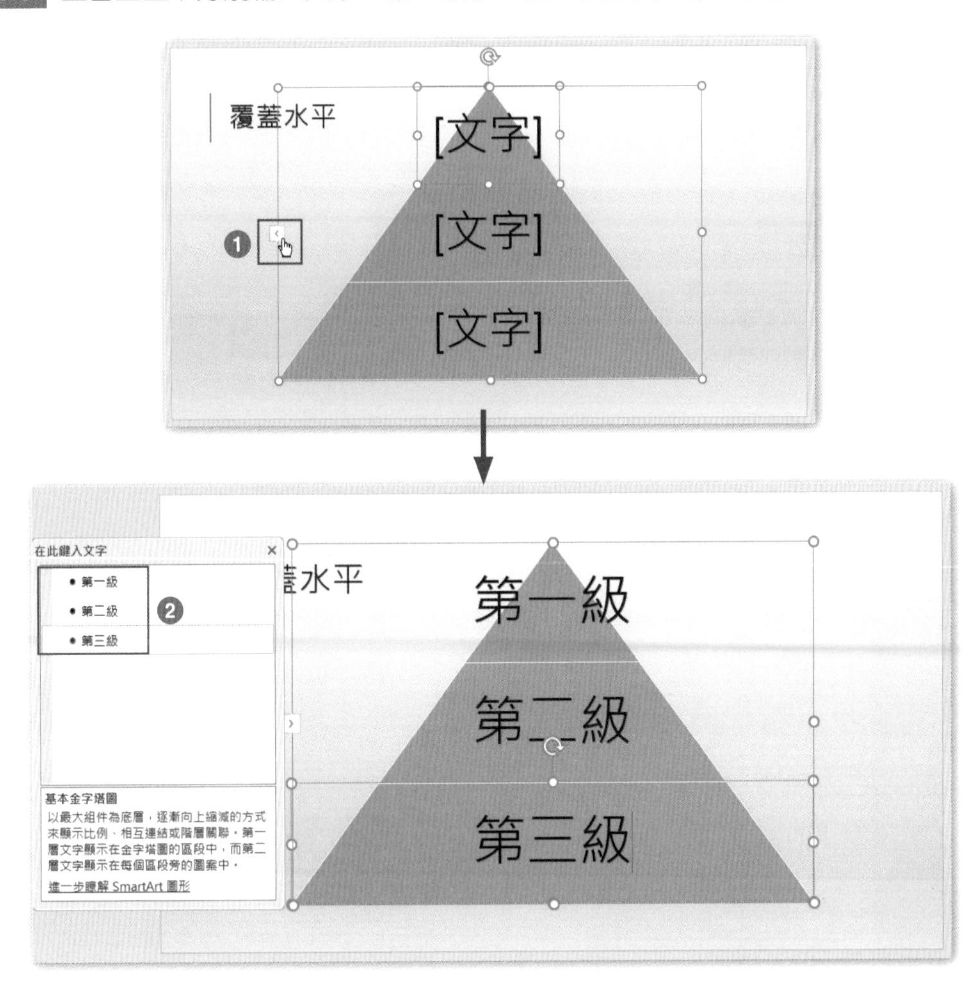

Step.6 點按 **SmartArt 工具 設計**索引標籤 **SmartArt 樣式** \ **光澤**。

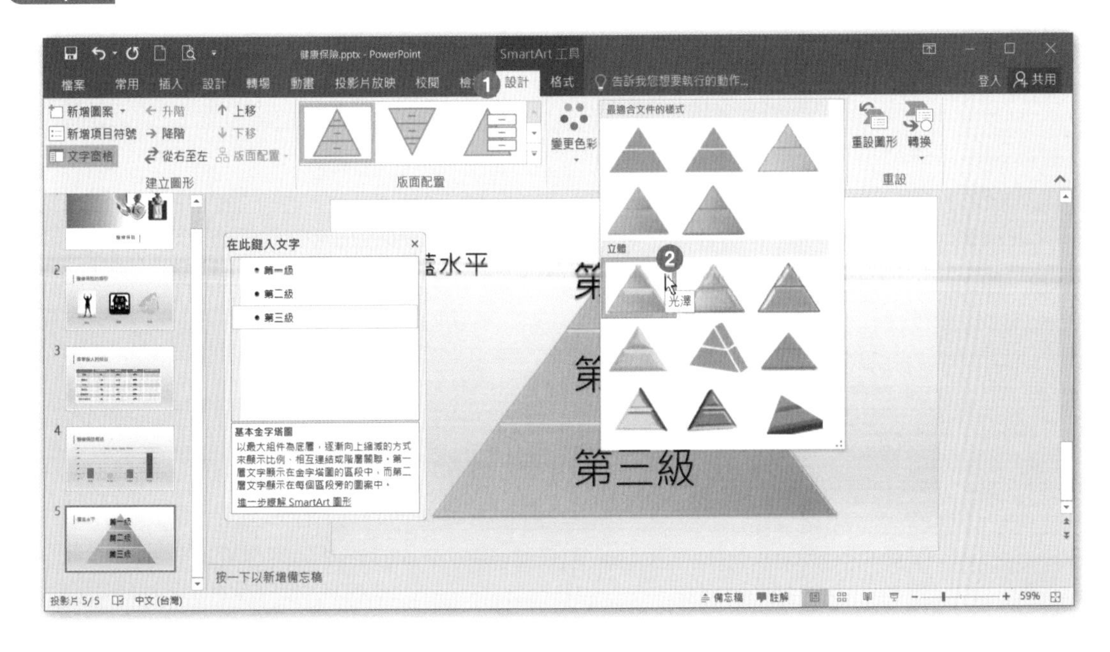

工作 5

設定列印選項，可列印所有投影片的備忘稿。

解題步驟：

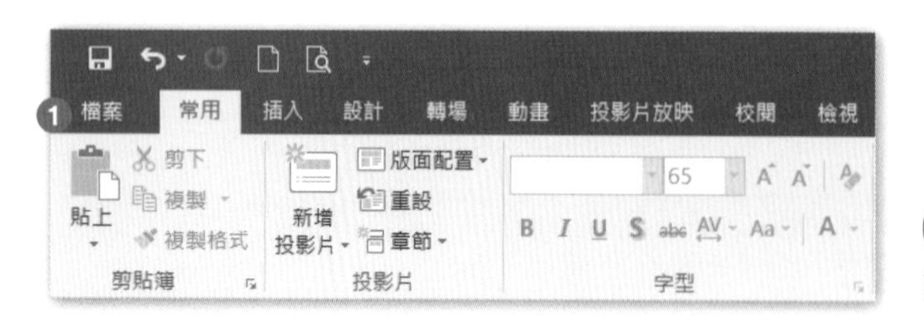

Step.1

點按**檔案**索引標籤。

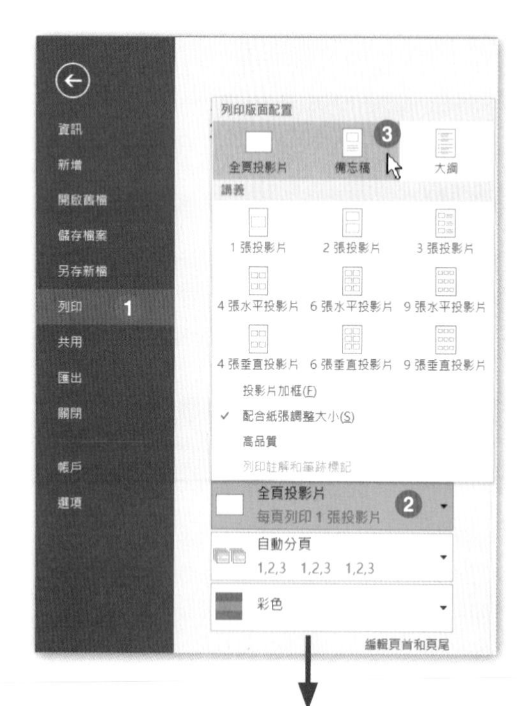

Step.2

列印 \ 全頁投影片▼ \ 備忘稿。

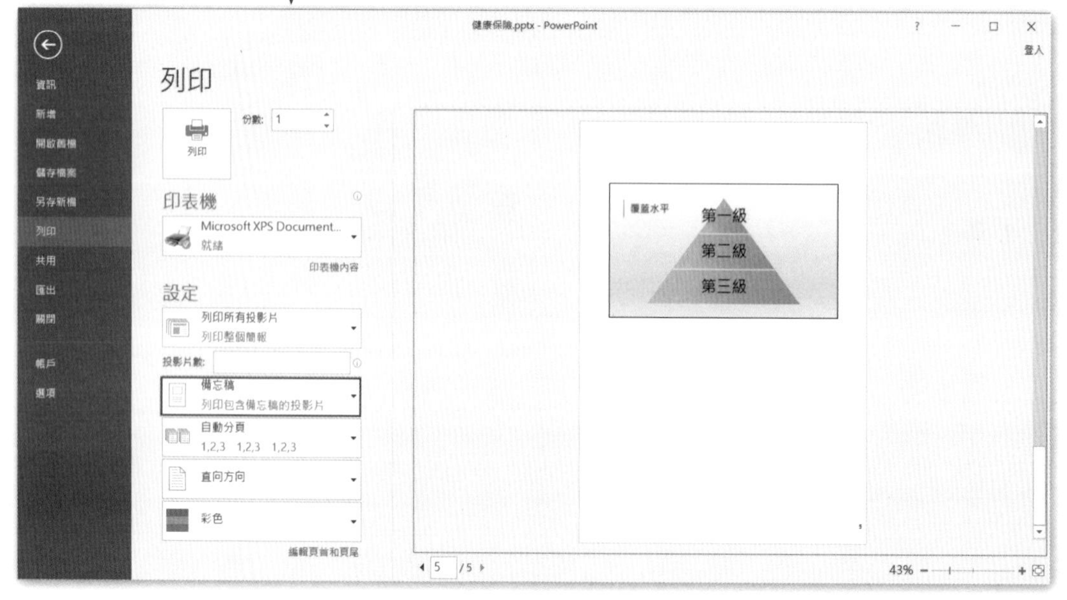

6-2 第二組

專案 1

題組情境：

您正在建立一份貸款公司的年度會議簡報。

開啟【文件】資料夾 \ 第 6 章練習檔 \ 第二組 \ 專案 1\ 汽車貸款 .pptx 完成下列操作步驟：

工作 1

建立一個新的且命名為「自訂 a」的投影片版面配置，此版面配置的左側為圖片版面配置區、右側為圖表版面配置區。請保持所有預設設定，新增的版面配置區大小及位置並沒有嚴格的要求。

解題步驟：

Step.1 點按**檢視**索引標籤 \ **母片檢視** \ **投影片母片**。

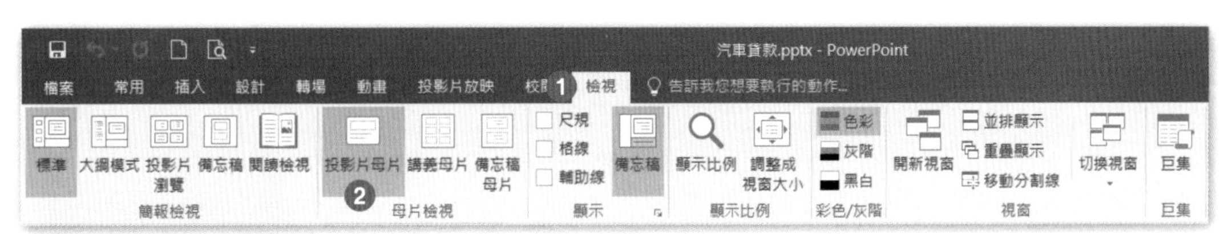

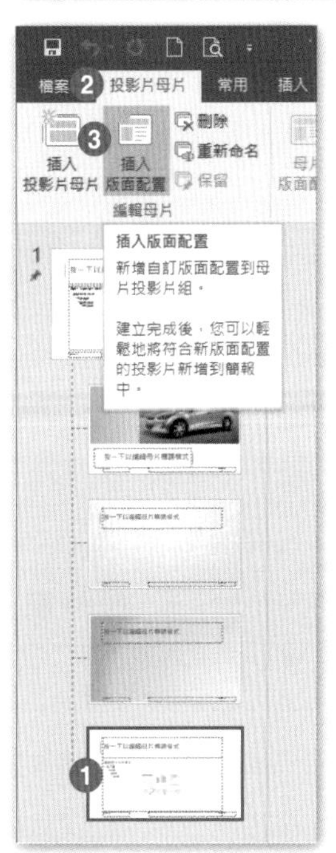

Step.2 在左方投影母片縮圖區中，點選第 4 張版面配置投影片，點按**投影片母片**索引標籤 \ **編輯母片** \ **插入版面配置**。

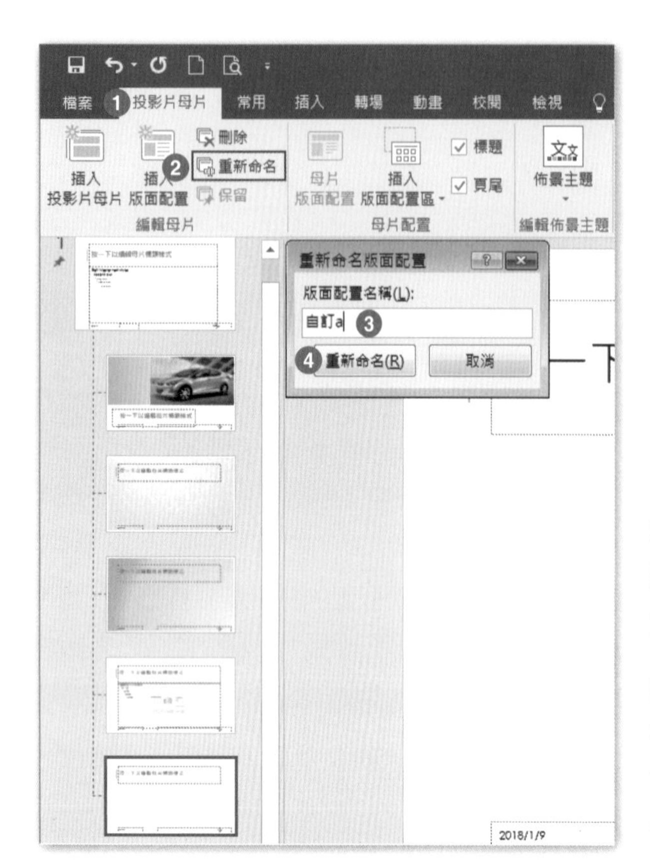

Step.3

點按**投影片母片**索引標籤 \ **編輯母片** \ **重新命名**。

Step.4

在**重新命名版面配置**視窗中，輸入版面配置名稱為「自訂 a」，並按下**重新命名**。

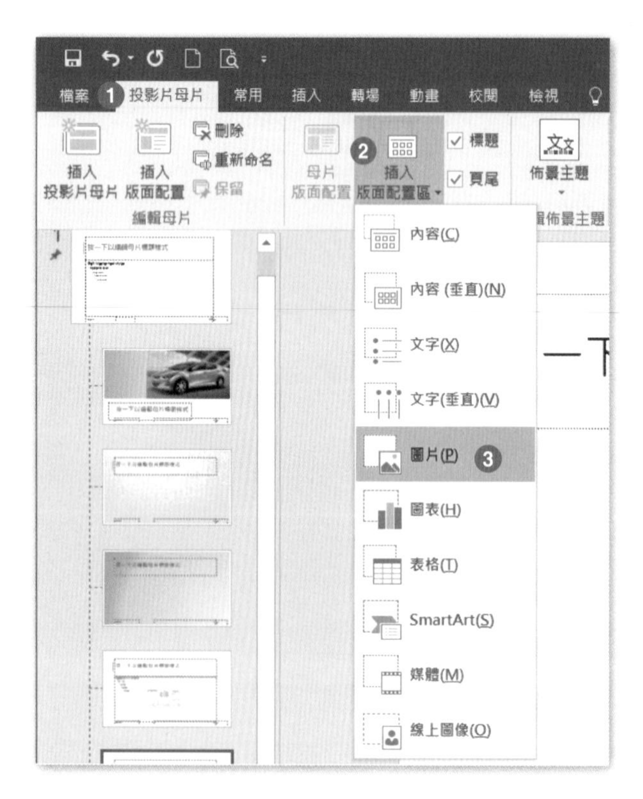

Step.5

點按**投影片母片**索引標籤 \ **母片配置** \ **插入版面配置區▼** \ **圖片**。

Step.6 在投影片編輯區中，在母片標題的下方，靠左拖曳繪製出適度大小。

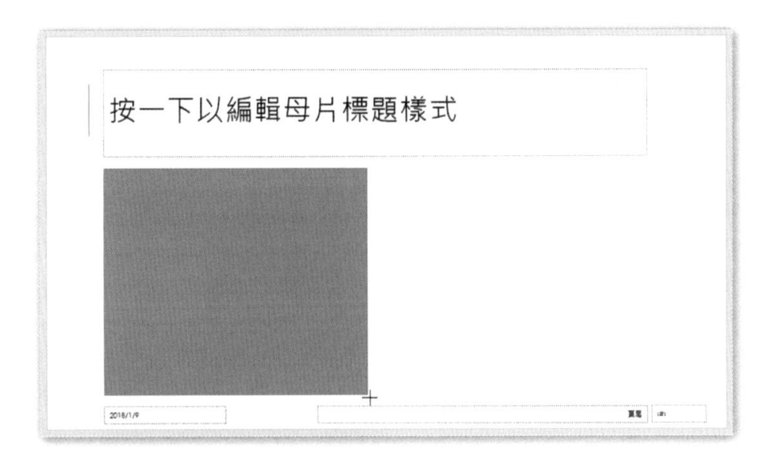

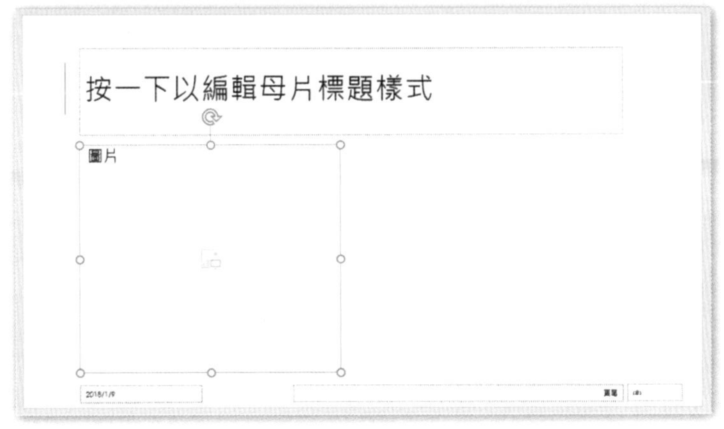

Step.7 點按**投影片母片**索引標籤 \ **母片配置** \ **插入版面配置區▼** \ **圖表**。

Step.8 在投影片編輯區中，在母片標題的下方，靠右拖曳繪製出適度大小。

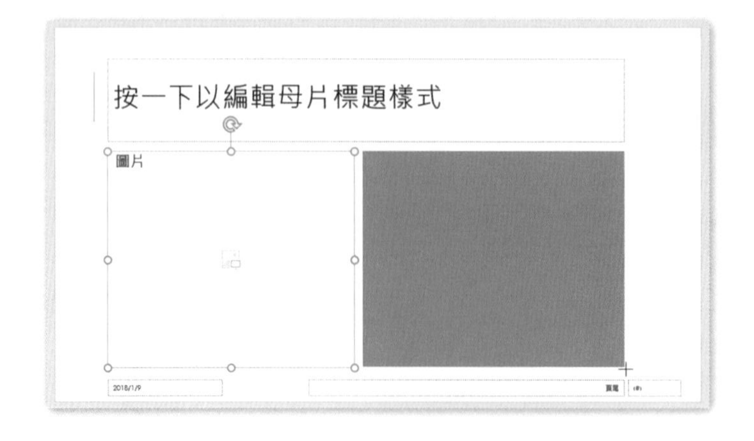

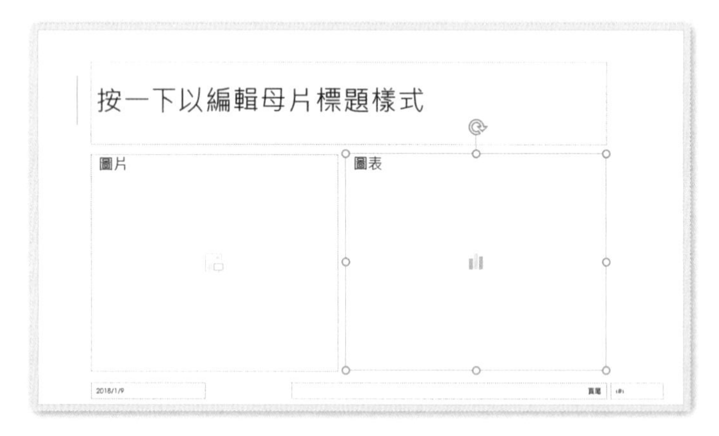

Step.9 點按**投影片母片**索引標籤 \ **關閉** \ **關閉母片檢視**。

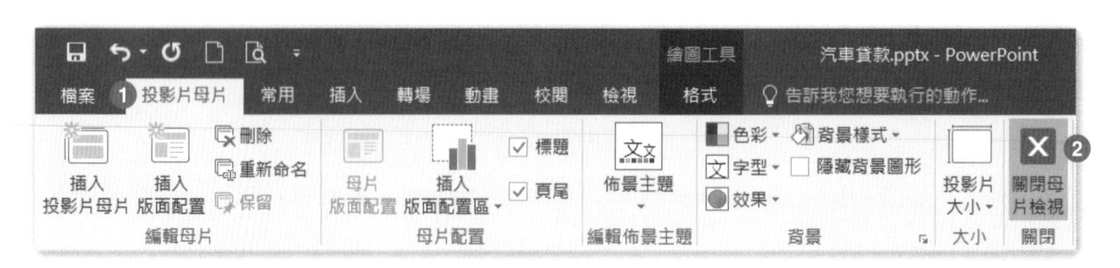

工作 2

排列第 2 張投影片上的圖片，設定為「垂直置中」。

解題步驟：

Step.1 在左方投影片縮圖區中，點選第 2 張投影片。

Step.2 在中央的投影片編輯區中，自灰色區塊點按滑鼠左鍵不放，向右框選畫面中所有圖片。

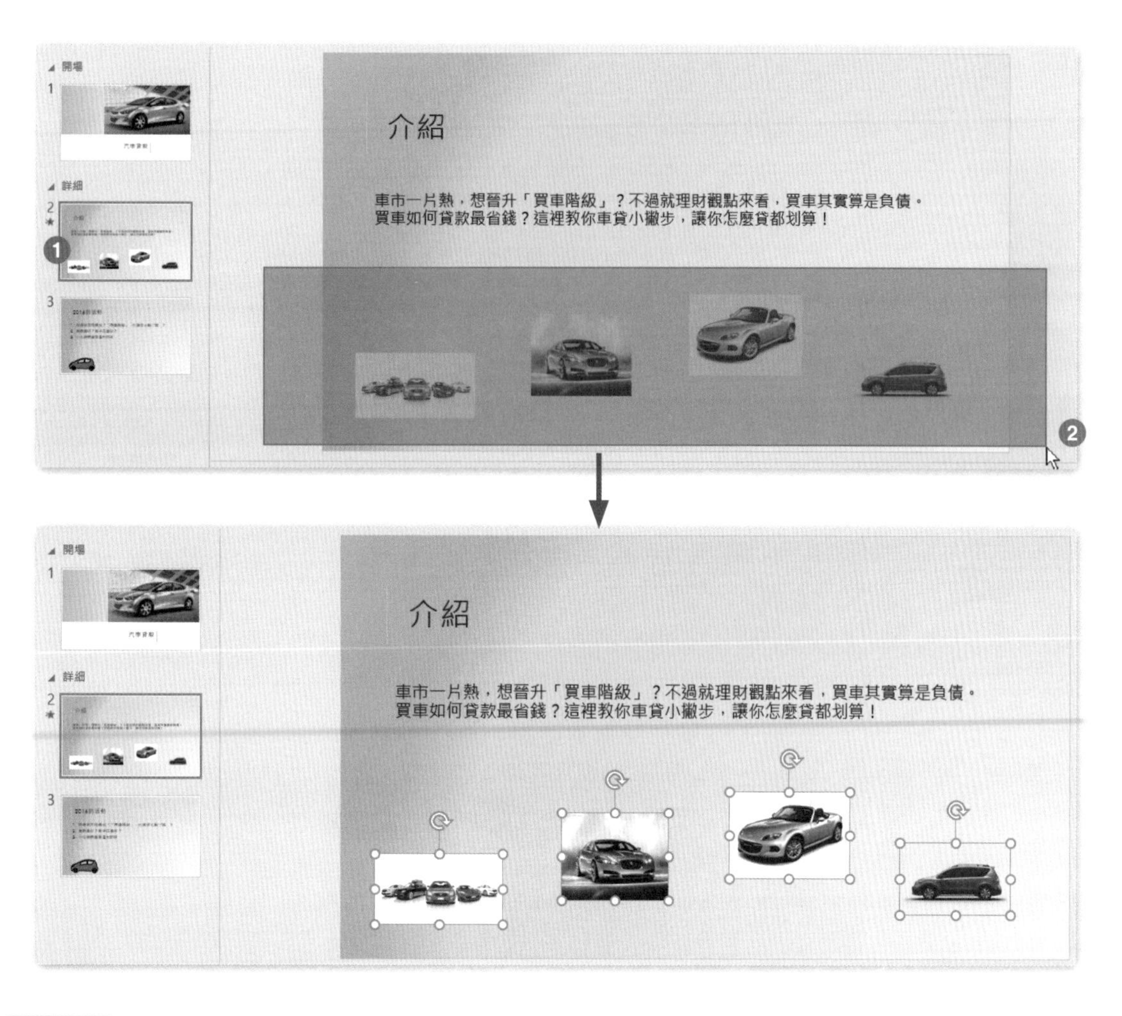

Step.3 點按**圖片工具 格式**索引標籤 \ **排列** \ **對齊▼** \ **垂直置中**。

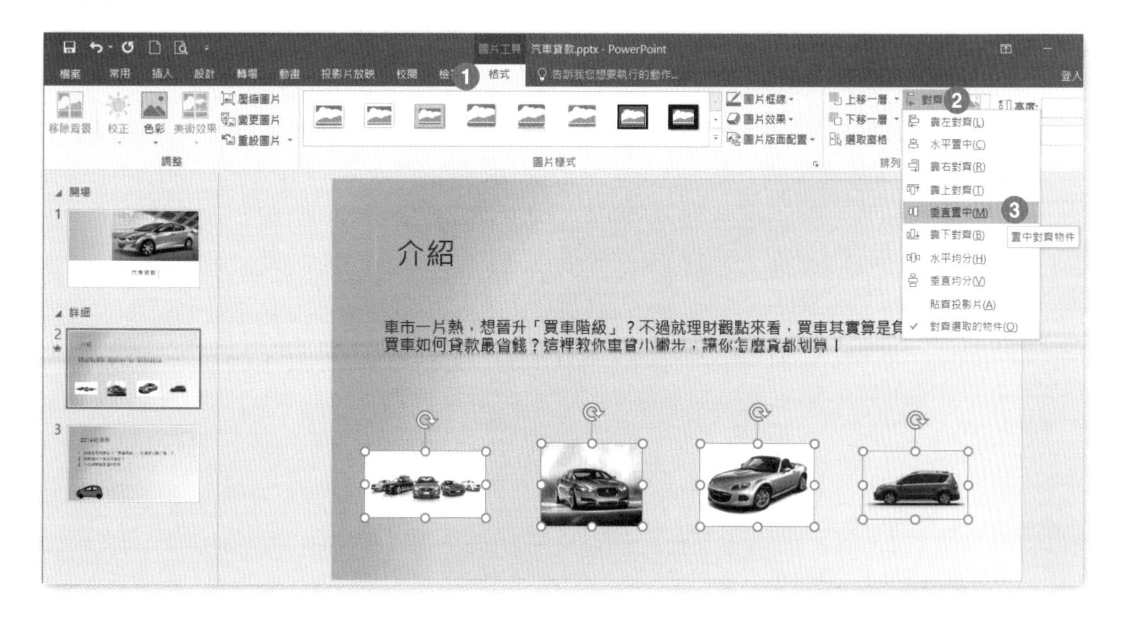

工作 3

重新排列第 2 張投影片上的圖片動畫，使其從左至右逐一淡出。

解題步驟：

Step.1 在左方投影片縮圖區中，點選第 2 張投影片。

Step.2 點按**動畫**索引標籤 \ **進階動畫** \ **動畫窗格**。

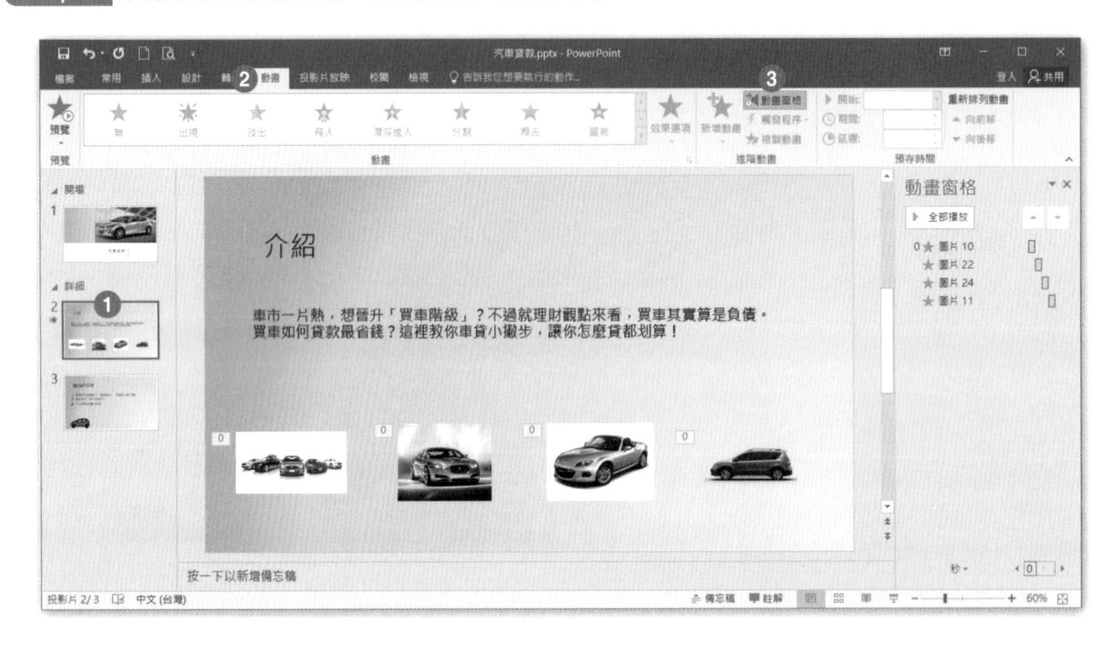

Step.3 在右方視窗中，點選圖片 11，並點按向上按鈕兩下，使圖片 11 置於圖片 10 下方。

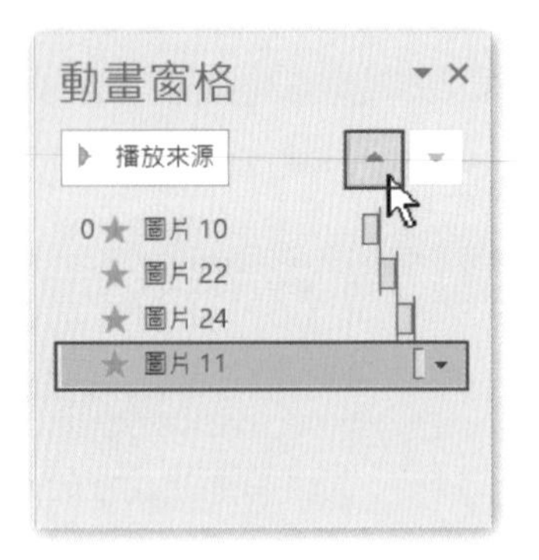

工作 4

在第 3 張投影片上，將車子圖示的顏色變更為 [橙色]，並設定外框為 [藍色]。

解題步驟：

Step.1 在左方投影片縮圖區中，點選第 3 張投影片。

Step.2 在中央的投影片編輯區中，點選汽車圖片。

Step.3 點按**繪圖工具 格式**索引標籤 \ **圖案樣式** \ **圖案填滿▼** \ **標準色彩** \ **橙色**。

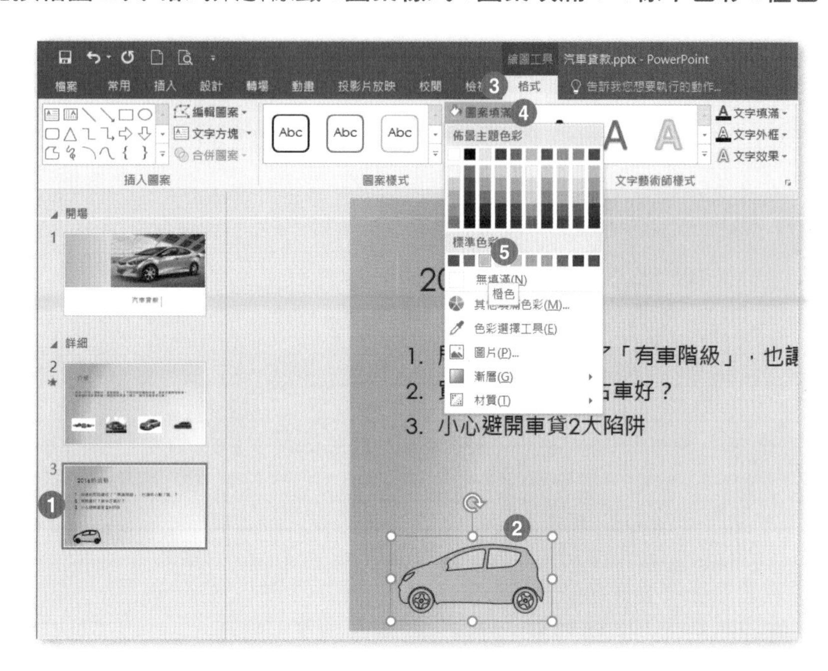

Step.4 點按**繪圖工具 格式**索引標籤 \ **圖案樣式** \ **圖案外框▼** \ **標準色彩** \ **藍色**。

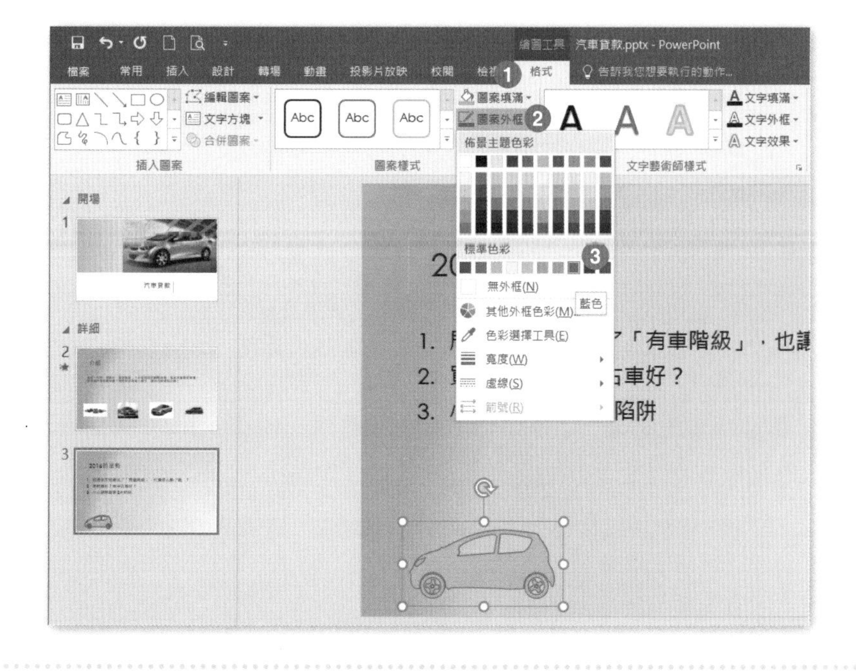

工作 5

在第 3 張投影片上，設定車子圖示的動畫效果 [自右飛入]。

解題步驟：

Step.1 在左方投影片縮圖區中，點選第 3 張投影片。

Step.2 在中央的投影片編輯區中，點選汽車圖片。

Step.3 按**動畫**索引標籤 \ **進階動畫** \ **新增動畫▼** \ **進入** \ **飛入**。

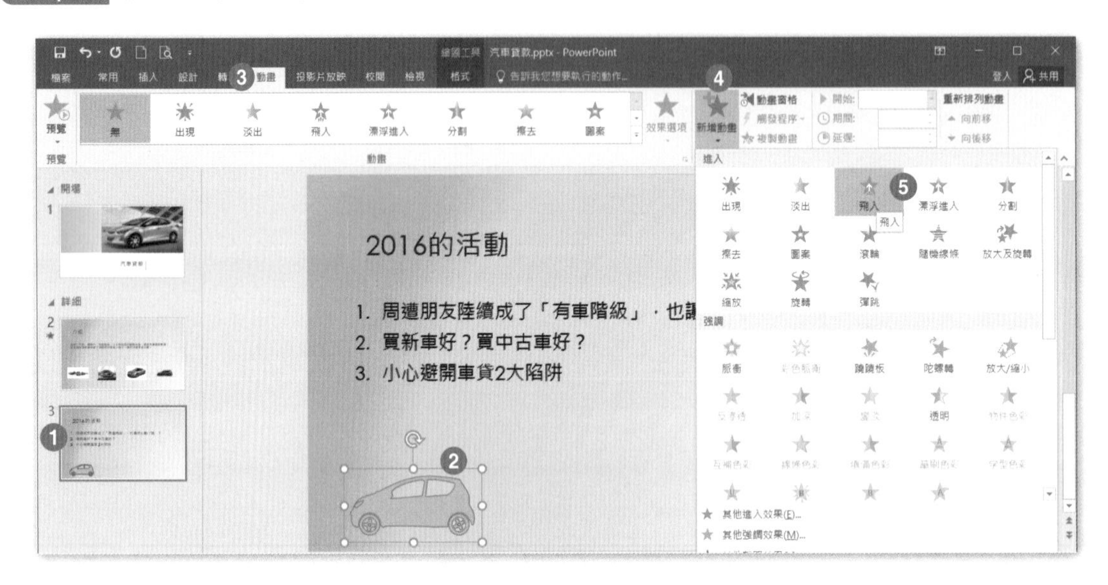

Step.4 按**動畫**索引標籤 \ **進階動畫** \ **動畫** \ **效果選項▼** \ **自右**。

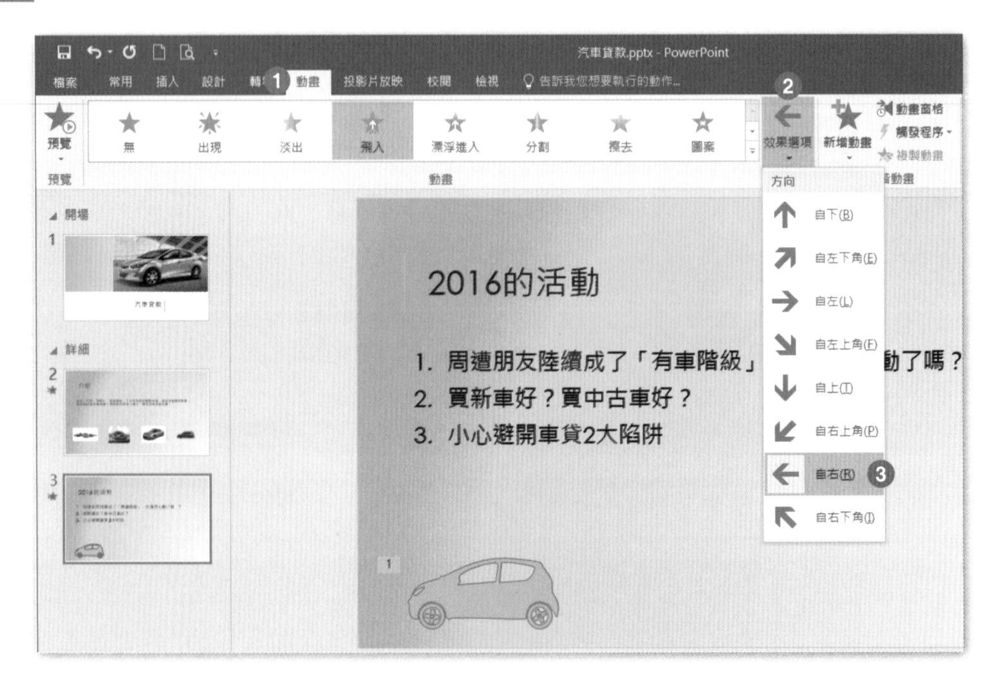

工作 6

將簡報儲存至 [文件] 資料夾內，檔案類型為 PDF 格式，並請命名為「貸款」。

解題步驟：

Step.1 點按**檔案**索引標籤，點按**匯出 \ 建立 PDF/XPS 文件 \ 建立 PDF/XPS**。

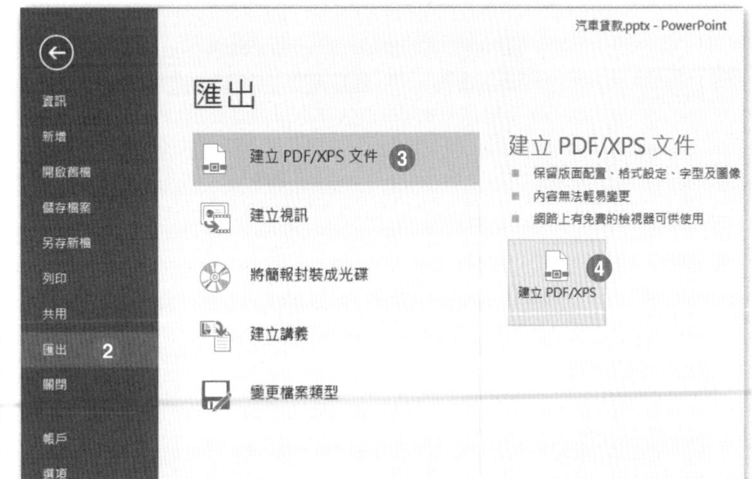

Step.2 在**發佈成 PDF 或 XPS** 視窗中，輸入檔案名稱「貸款」，按下**發佈**按鈕。

工作 7

設定列印，僅列印「詳細」章節。

解題步驟：

Step.1 點按**檔案**索引標籤。

Step.2 點按**列印 \ 設定 \ 列印所有投影片▼ \ 章節 \ 詳細**。

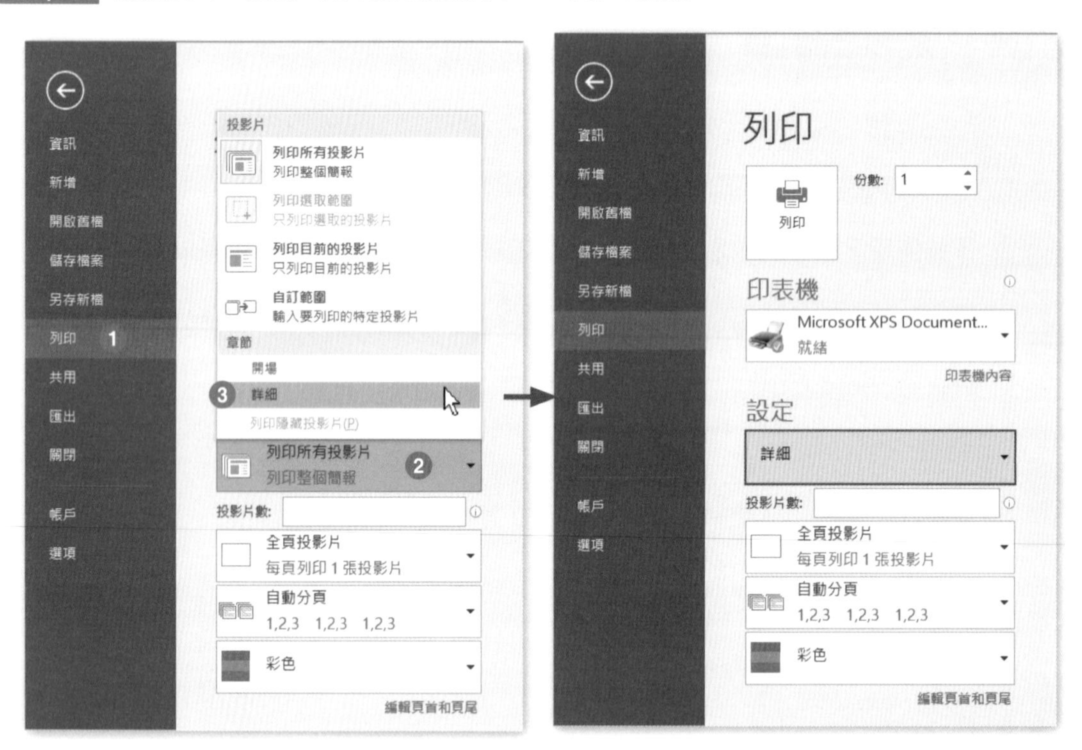

專案 2

題組情境：

你是泰瑞博士的研究助理，為了進行中的專案，正著手準備一份概要報告。

開啟【文件】資料夾 \ 第 6 章練習檔 \ 第二組 \ 專案 2\ 人類學 .pptx 完成下列操作步驟：

工作 1

將投影片大小改變為 19.82 公分寬、26.73 公分高，並調整內容以確保最適大小。

解題步驟：

Step.1 點按**設計**索引標籤 \ **自訂** \ **投影片大小▼** \ **自訂投影片大小**。

Step.2 在**投影片大小**視窗中，設定**寬度**為 19.82 **公分**，**高度**為 26.73 **公分**，並按下**確定**。

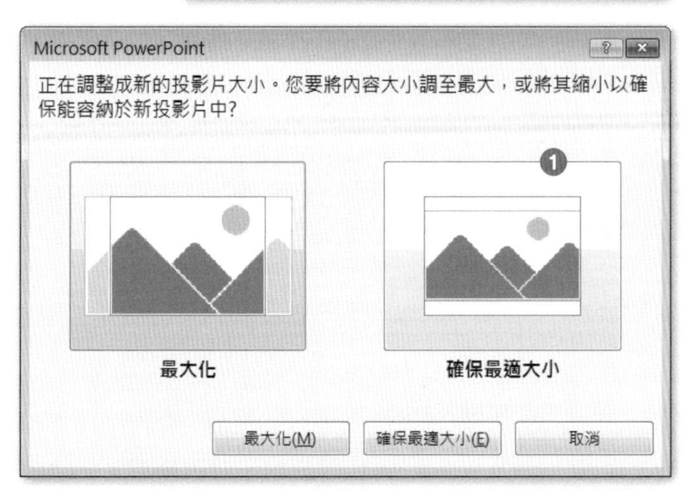

Step.3 在 Microsoft PowerPoint 視窗中，點按**確保最適大小**鈕。

工作 2

建立投影片自訂放映，命名為「簡要」，僅能放映第 1,2,4,5,7 和 9 張投影片。

解題步驟：

Step.1 點按**投影片放映**索引標籤 \ **開始投影片放映** \ **自訂投影片放映▼** \ **自訂放映**。

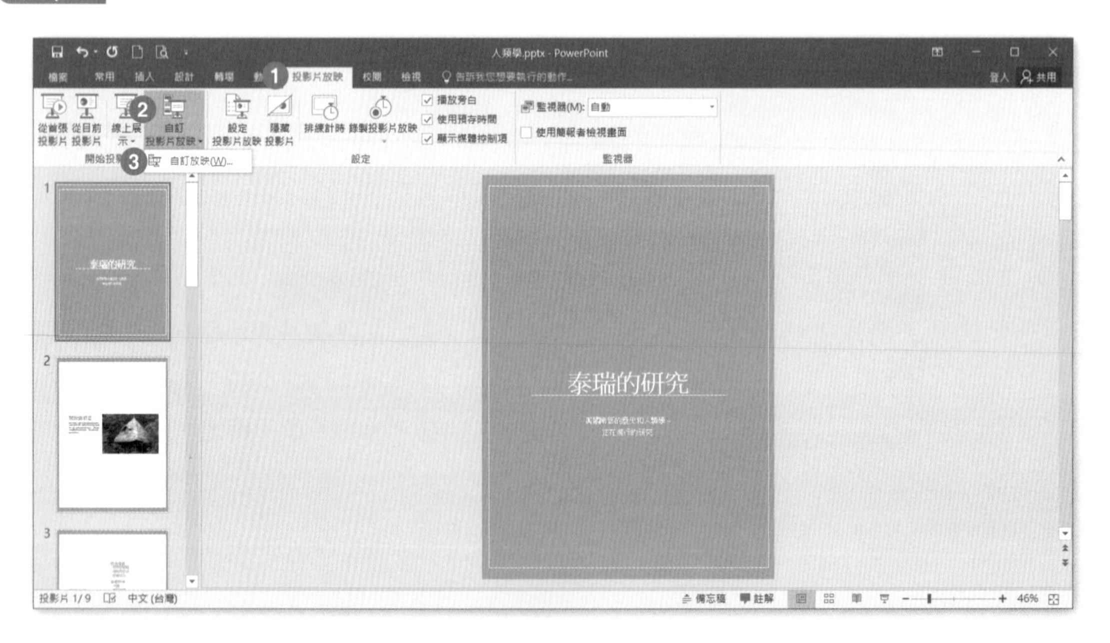

Step.2

在**自訂放映**視窗中，按下**新增**。

Step.3 在**定義自訂放映**視窗中，輸入**投影片放映名稱**為「簡要」，勾選第 1,2,4,5,7 和 9 張投影片，並點按**新增**及**確定**。

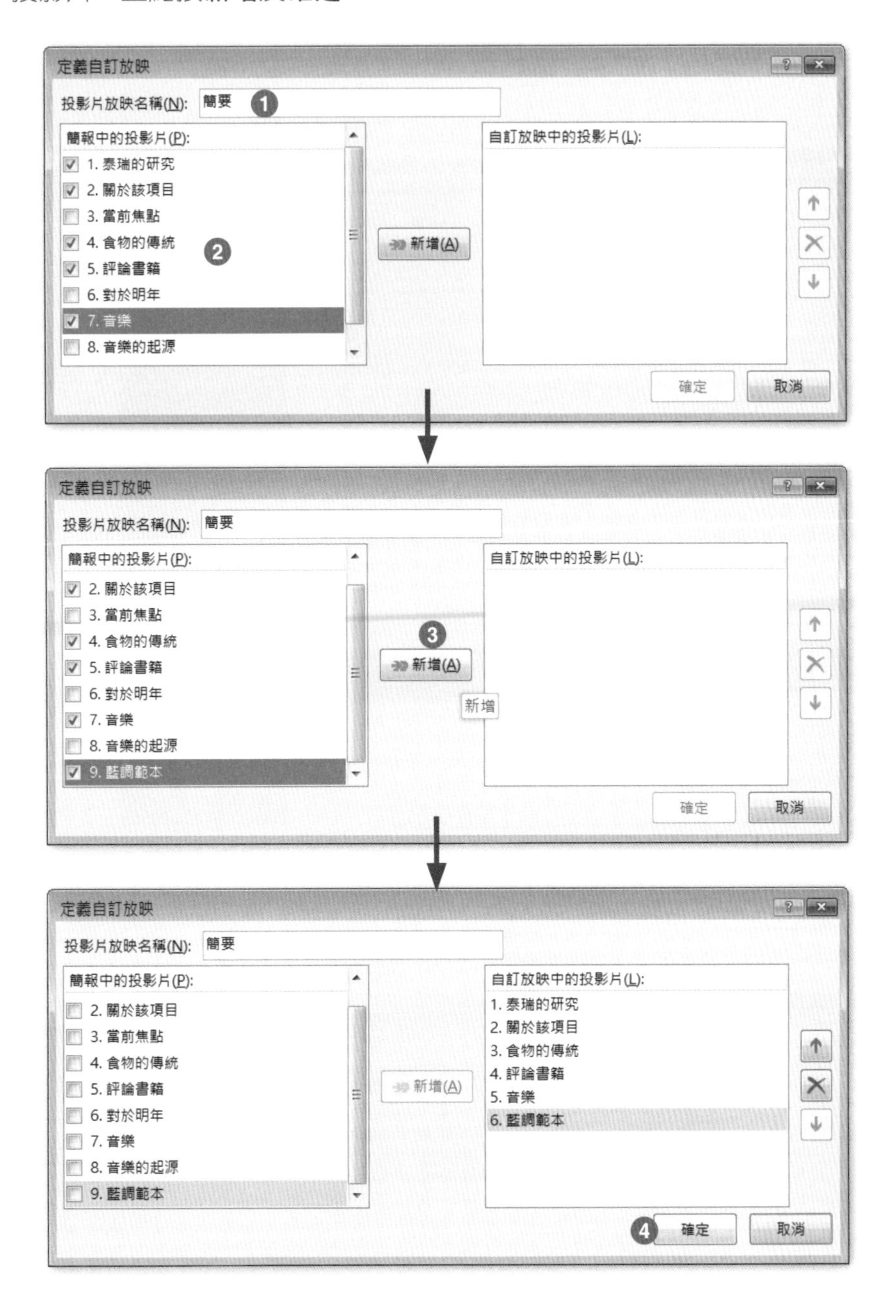

Step.4 點按**關閉**，關閉自訂放映視窗。

工作 3

以僅內嵌簡報中所使用的字元的方式在檔案內嵌入字型。然後儲存檔案。

解題步驟：

Step.1 點按**檔案**索引標籤 \ **選項**。

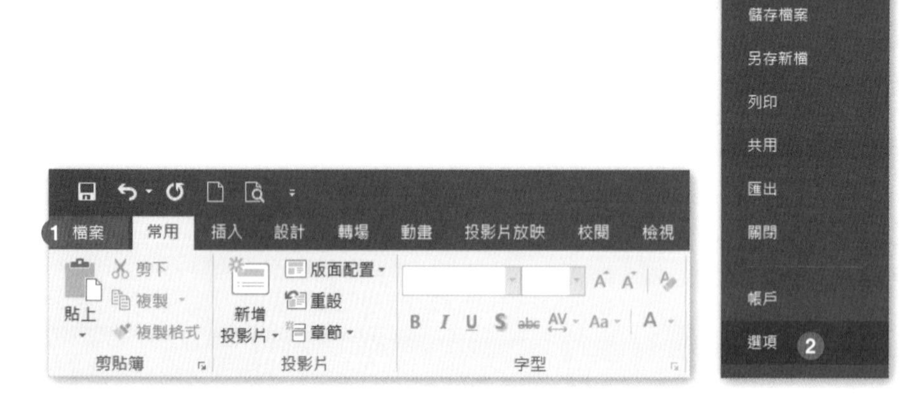

Step.2 在 PowerPoint 視窗中，點按**儲存** \ 共用此簡報時保留精確度 \☑ **在檔案內嵌字型**，並按下**確定**。

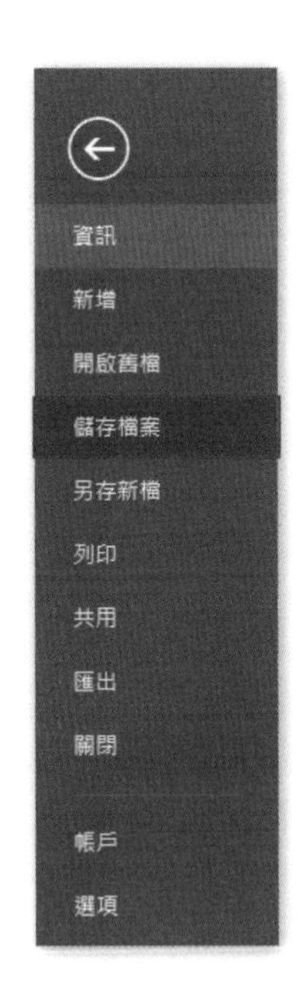

Step.3

點按**檔案**索引標籤 \ **儲存檔案**。

工作 4

在第 9 張投影片上，設定音訊檔案可以自動播放，並在簡報放映時隱藏音訊圖示。

解題步驟：

Step.1 在左方投影片縮圖區中，點選第 9 張投影片。

Step.2 在中央投影片編輯區中，點選音訊。

Step.3 點按**音訊工具 播放**索引標籤 \ **音訊選項** \ **開始** \ 選擇**自動**。

Step.4 點按**音訊工具 播放**索引標籤 \ **音訊選項** \ 勾選 ☑ **放映時隱藏**。

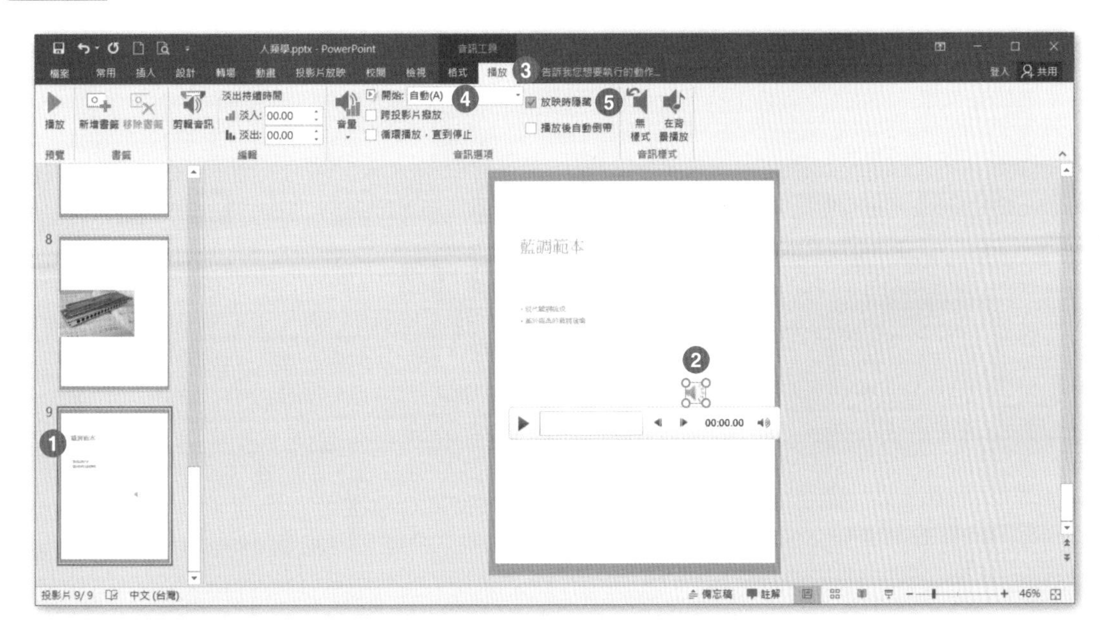

工作 5

針對第 7 張投影片上的圖片，套用 [反射浮凸 , 白色] 的圖片樣式，以及 [水泥] 效果。

解題步驟：

Step.1 在左方投影片縮圖區中，點選第 7 張投影片。

Step.2 在中央投影片編輯區中，點選**圖片**。

Step.3 點按**圖片工具 格式**索引標籤 \ **圖片樣式** \ **▼ 其他**。

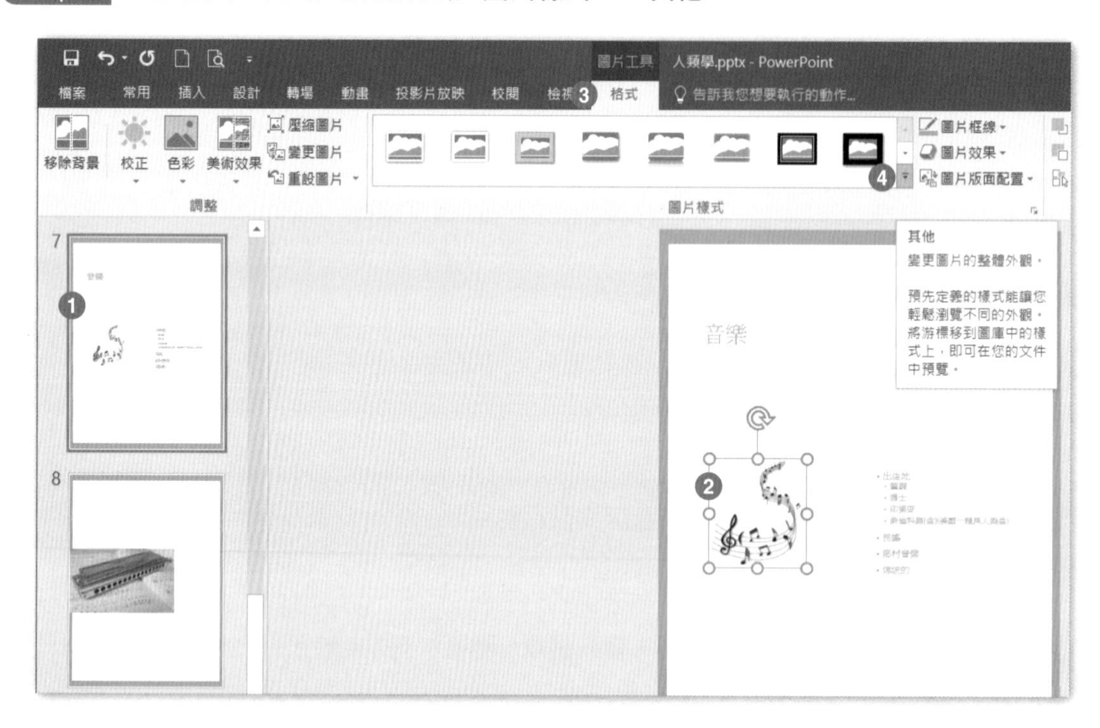

Step.4 在下拉式選單中選擇 \ **反射浮凸 , 白色**。

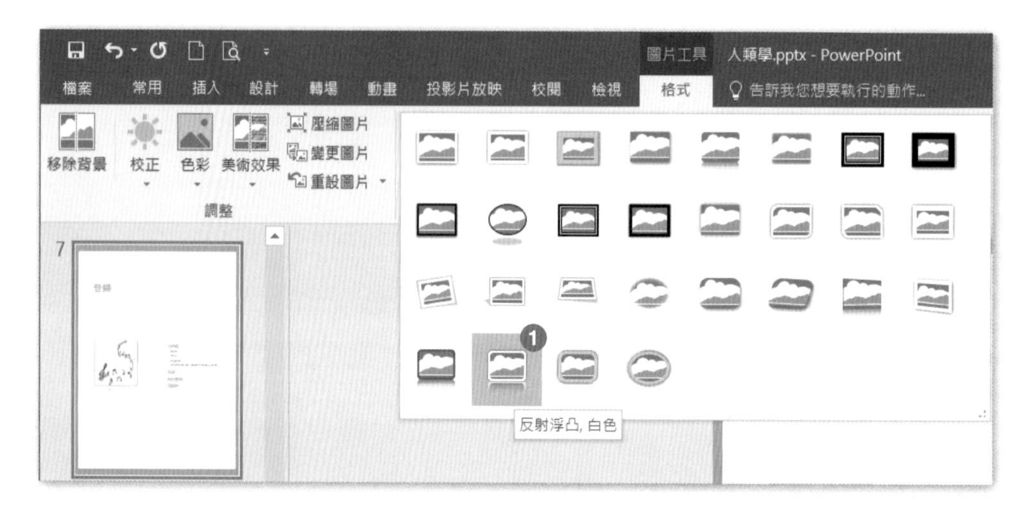

Step.5 點按**圖片工具 格式**索引標籤 \ **調整** \ **美術效果▼** \ **水泥**。

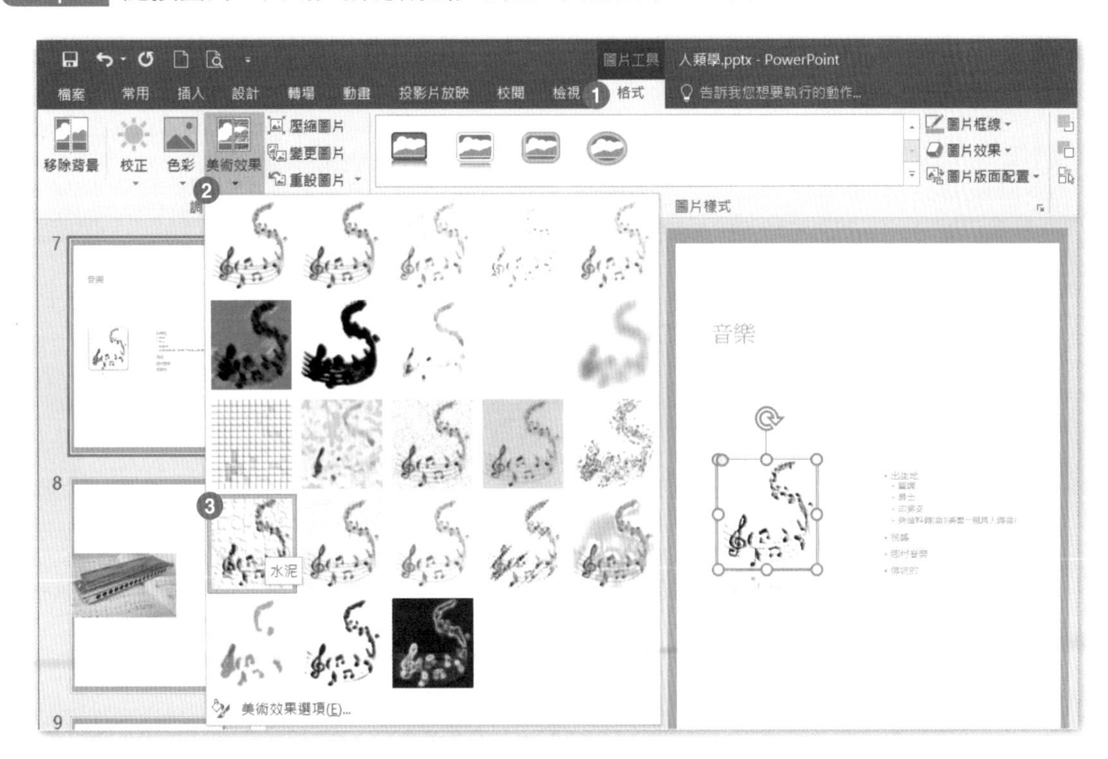

專案 3

題組情境：

你正在準備一個線上簡報，發佈新造型的翻糖蛋糕。

開啟【文件】資料夾 \ 第 6 章練習檔 \ 第二組 \ 專案 3\ 翻糖蛋糕 .pptx 完成下列操作步驟：

工作 1

在第 2 張投影片上，將「奢華的美麗」物件群組移到最下層。

解題步驟：

Step.1 在左方投影片縮圖區中，點選第 2 張投影片，在中央投影片編輯區中，點選**「奢華的美麗」物件**。

Step.2 點按**繪圖工具 格式**索引標籤 \ **排列** \ **下移一層▼** \ **移到最下層**。

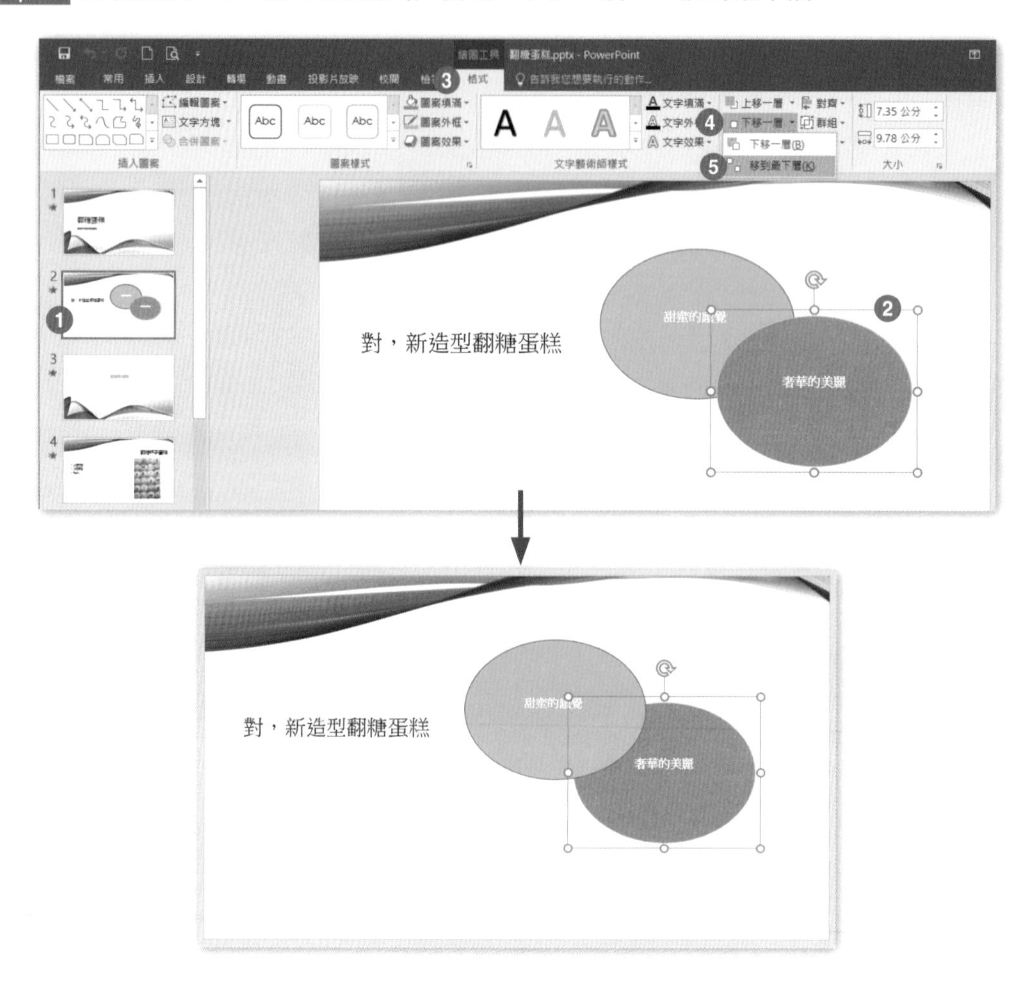

工作 2

針對所有的投影片，設定自「自左」的轉場效果。

解題步驟：

Step.1 在左方縮圖區任意點選 1 張投影片，再配合使用鍵盤快速鍵 Ctrl+A 選取所有左方縮圖區中的投影片。

Step.2 點按**轉場**索引標籤 \ **切換此投影片** \ **效果選項▼** \ **自左**。

工作 3

在第 6 張投影片上，針對文字「奢華的美麗」套用 [填滿 - 青色 , 輔色 1, 外框 - 背景 1, 強烈陰影 - 輔色 1] 的 [文字藝術師樣式]。

解題步驟：

Step.1 在左方投影片縮圖區中，點選第 6 張投影片，再點選**標題**「奢華的美麗」文字框。

Step.2 點按**繪圖工具 格式**索引標籤 \ **文字藝術師樣式** \ **▼其他**。

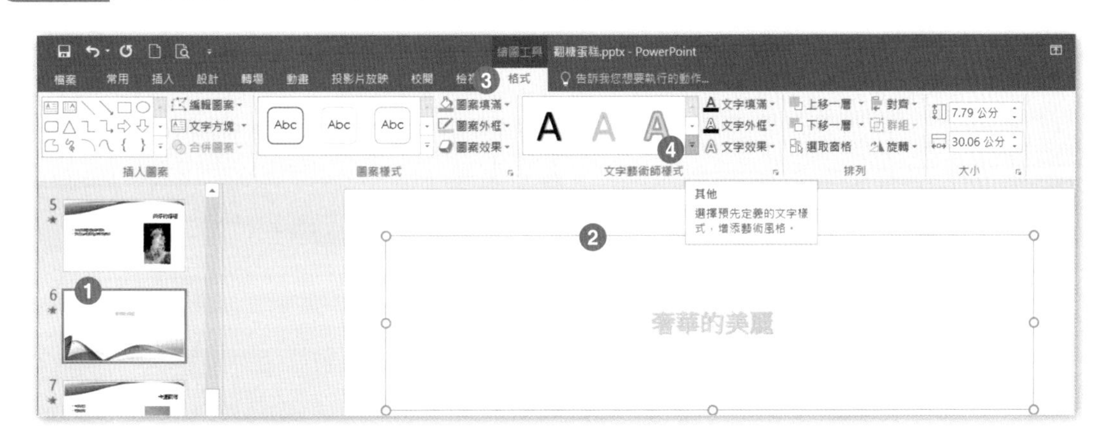

Step.3 在下拉式選單中，點選「填滿 - 青色 , 輔色 1, 外框 - 背景 1, 強烈陰影 - 輔色 1」。

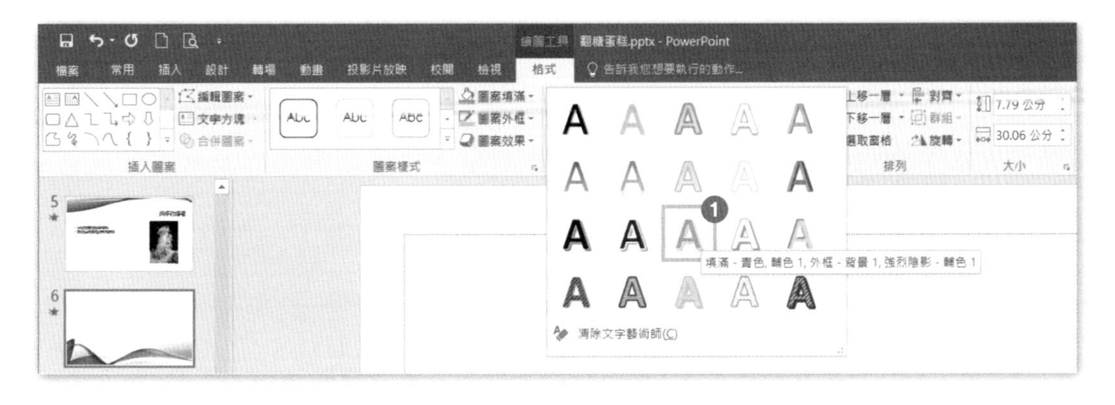

工作 4

移動「貴族風格」投影片，讓其顯示在「卡通翻糖」投影片與「藍玫瑰」投影片之間。

解題步驟：

Step.1 點按**檢視**索引標籤 \ **簡報簡視** \ **投影片瀏覽**。

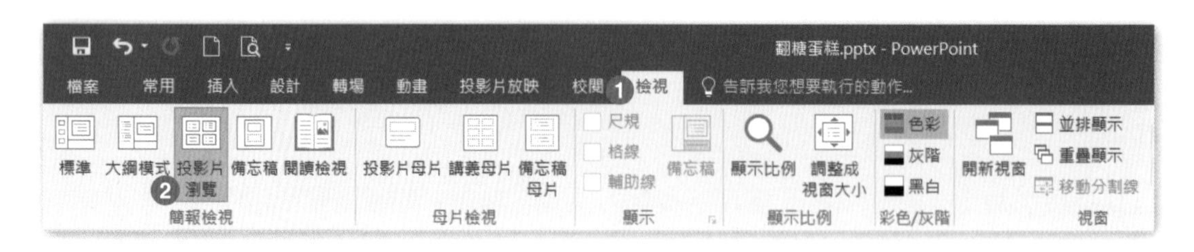

Step.2 點按「貴族風格」投影片不放，將投影片拖移至「卡通翻糖」投影片與「藍玫瑰」投影片之間。

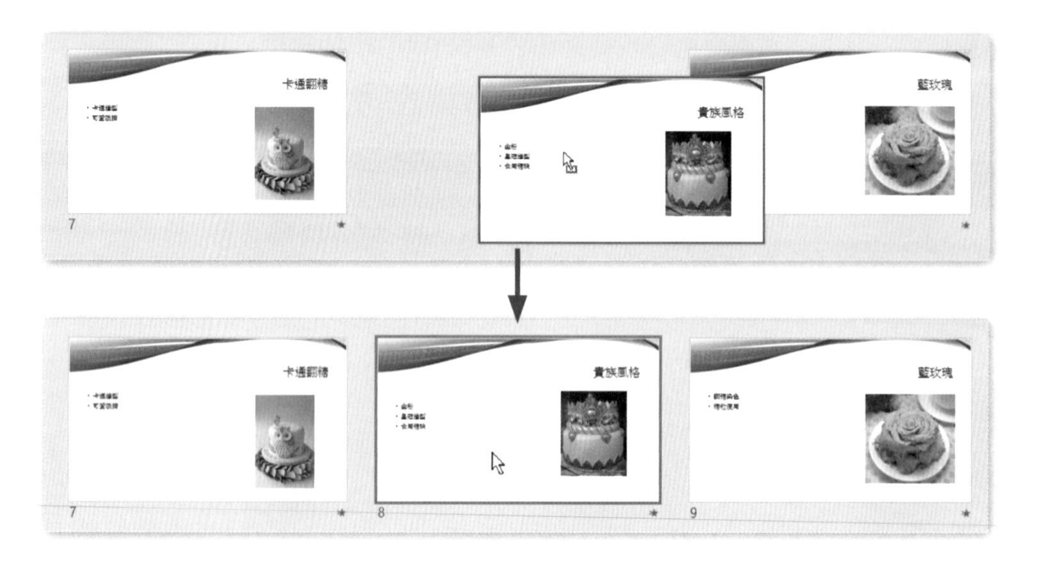

專案 4

題組情境：

你正在為倉儲投資集團準備一份簡報以協助他們進行第 2 階段資金提供的協商。

開啟【文件】資料夾 \ 第 6 章練習檔 \ 第二組 \ 專案 4\ 倉儲 .pptx 完成下列操作步驟：

工作 1

將位於 [文件] 資料夾裡的大綱檔案「作業功能 .docx」，新增投影片到簡報裡最後一張投影片之後。

解題步驟：

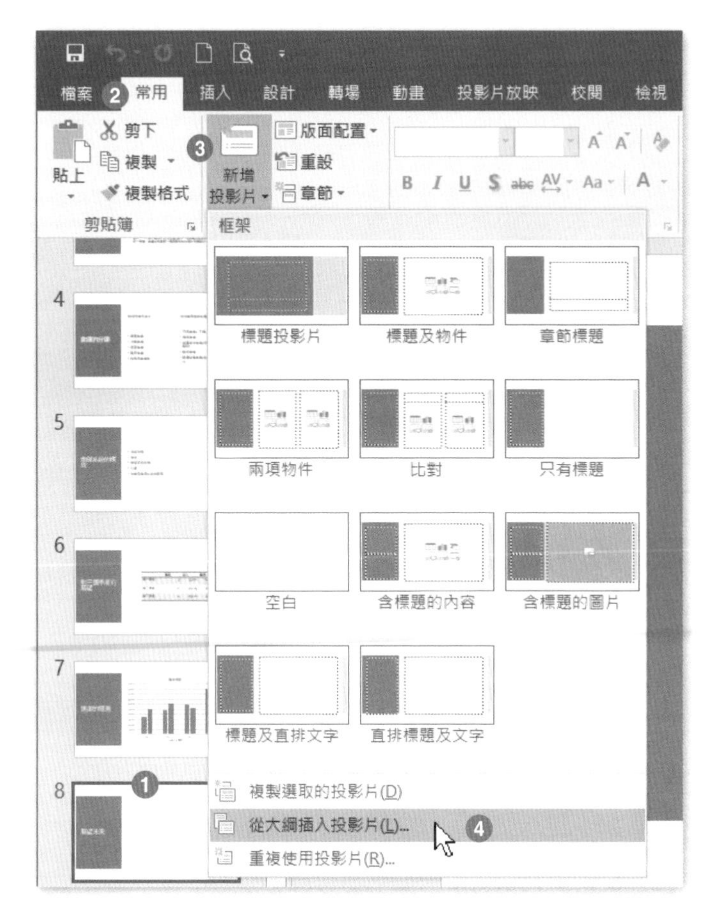

Step.1

在左方投影片縮圖區中，點選最後一張投影片。

Step.2

點按**常用**索引標籤 \ **新增投影片▼** \ **從大綱插入投影片**。

Step.3 在**插入大綱**視窗中，點選「文件 \ 第 6 章練習檔 \ 第二組 \ 專案 4」資料夾中的「作業功能 .docx」，並按下**插入**。

工作 2

變更第 7 張投影片上的圖表類型為 [堆疊區域圖]。

解題步驟：

Step.1 在左方投影片縮圖區中，點選第 7 張投影片。

Step.2 在中央投影片編輯區中，點選圖表外框，點按**圖表工具 設計**索引標籤 \ **類型** \ **變更圖表類型**。

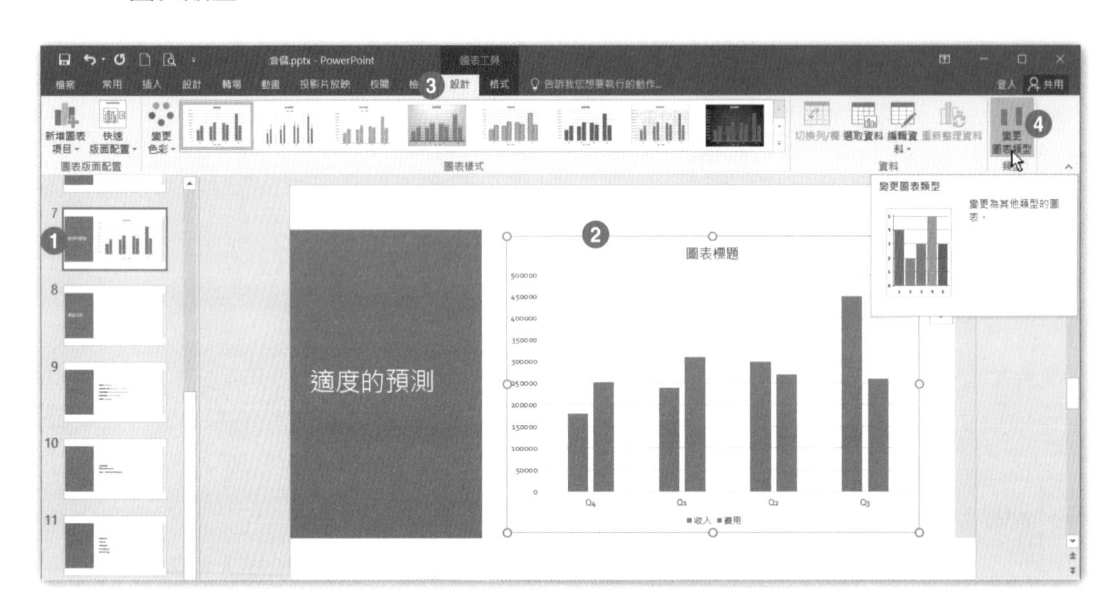

Step.3 在**變更圖表類型**視窗中，點選**區域圖** \ **堆疊區域圖**，按下**確定**。

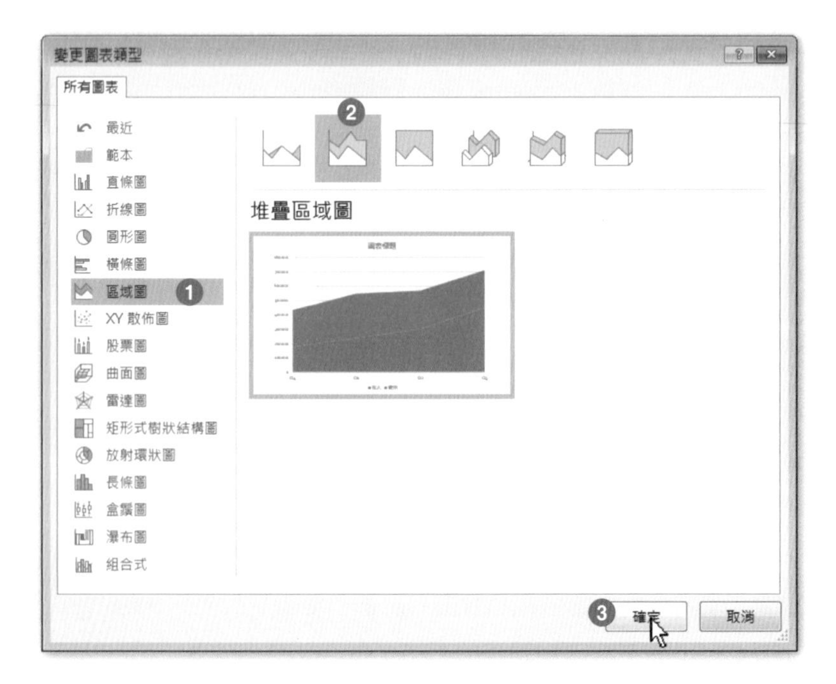

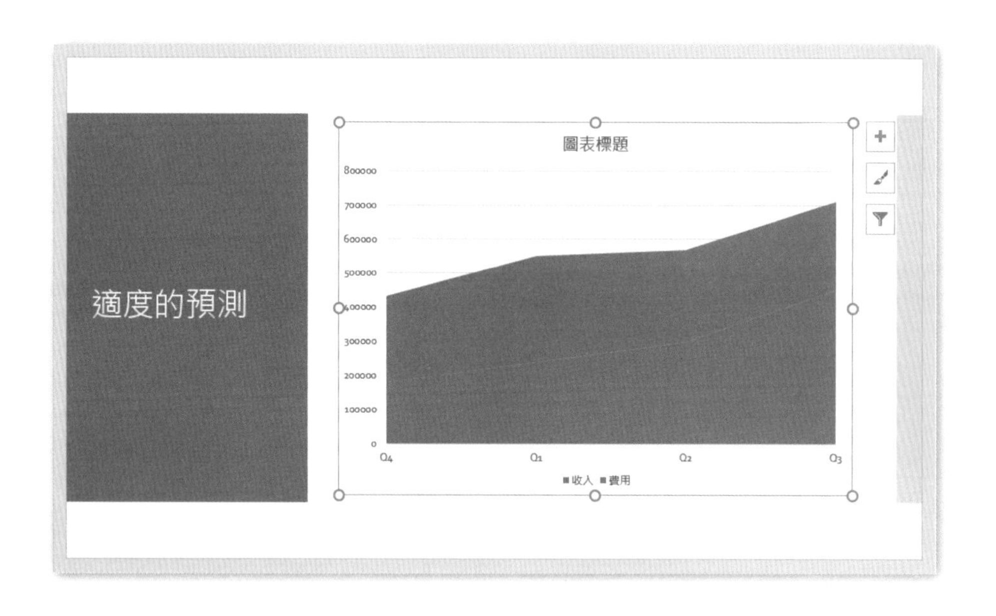

工作 3

隱藏簡報裡的註解。

解題步驟：

Step.1 點按**校閱**頁籤 \ **顯示註解▼**，取消**顯示標記**之勾選。

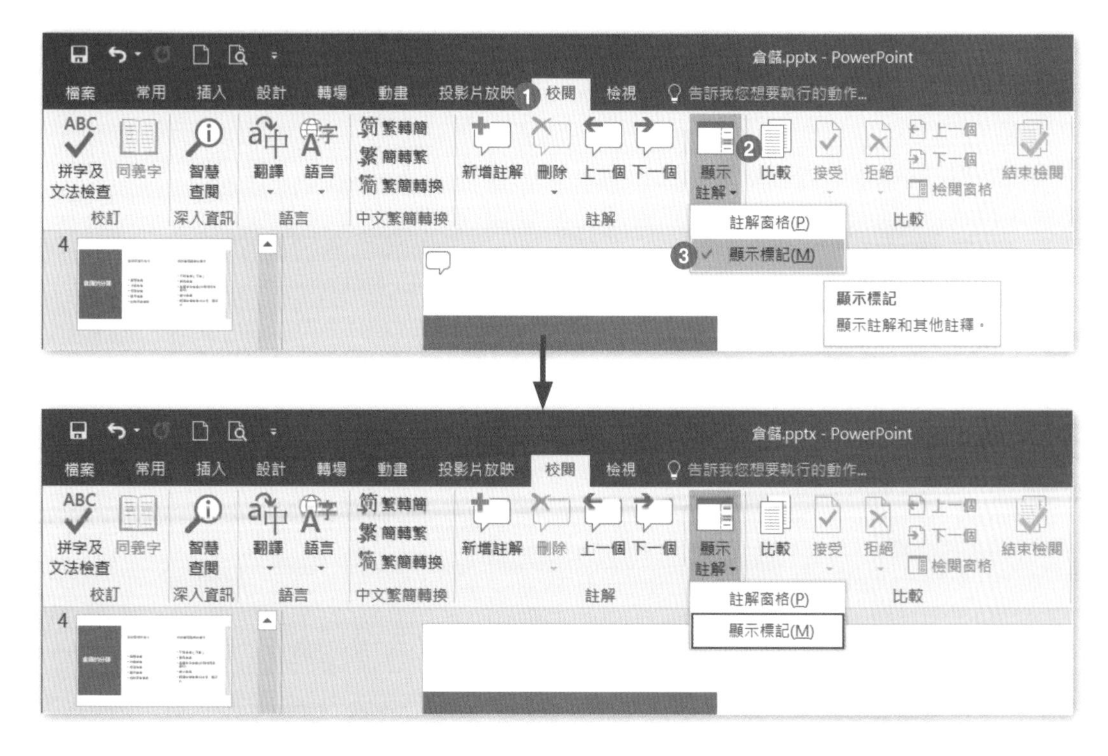

工作 4

到第 6 張投影片，對表格套用 [中等深淺樣式 2- 輔色 2] 表格樣式。修改表格樣式，使得各欄交替填滿色彩，但各列不需要交替填滿色彩。

解題步驟：

Step.1 在左方投影片縮圖區中，點選第 6 張投影片。

Step.2 在中央投影片編輯區中，點選表格外框。

Step.3 點按**表格工具**索引標籤 \ **設計** \ **表格樣式** \ **▼其他**。

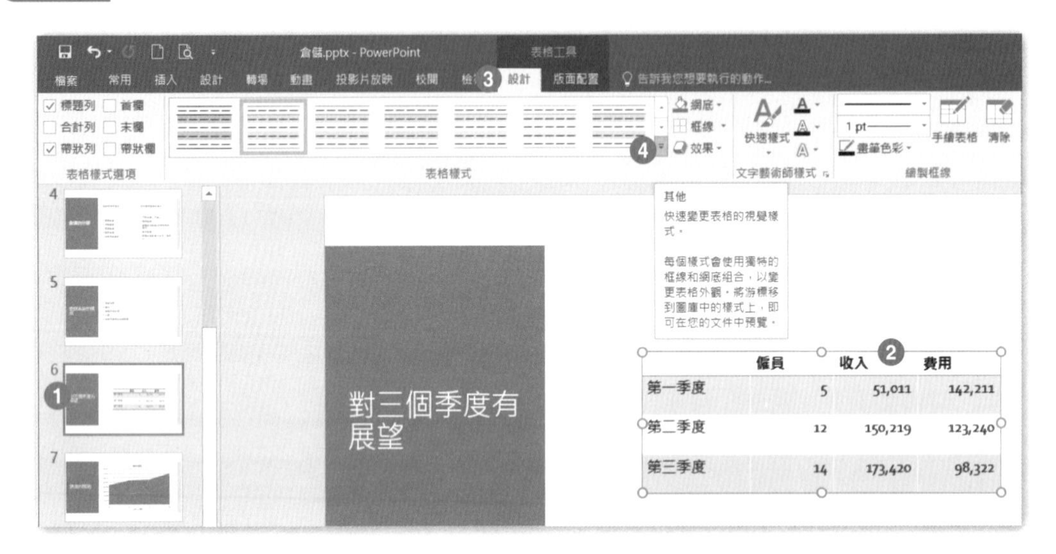

Step.4 在快速選單中選取**中等深淺** \「中等深淺樣式 2- 輔色 2」。

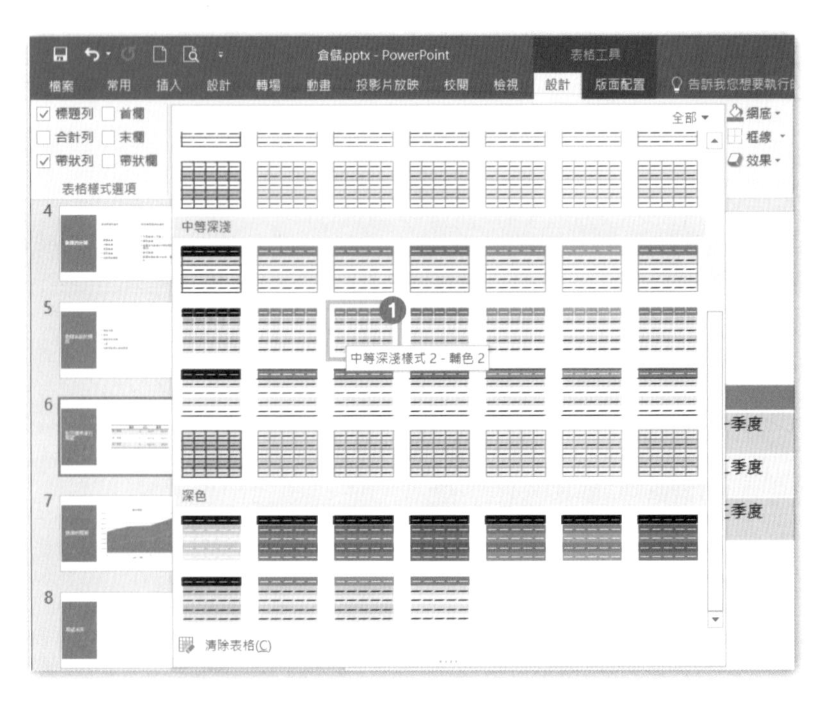

Step.5 點按**表格工具 設計**索引標籤 \ **表格樣式選項**，取消 □ **帶狀列**之選取，勾選 ☑ **帶狀欄**。

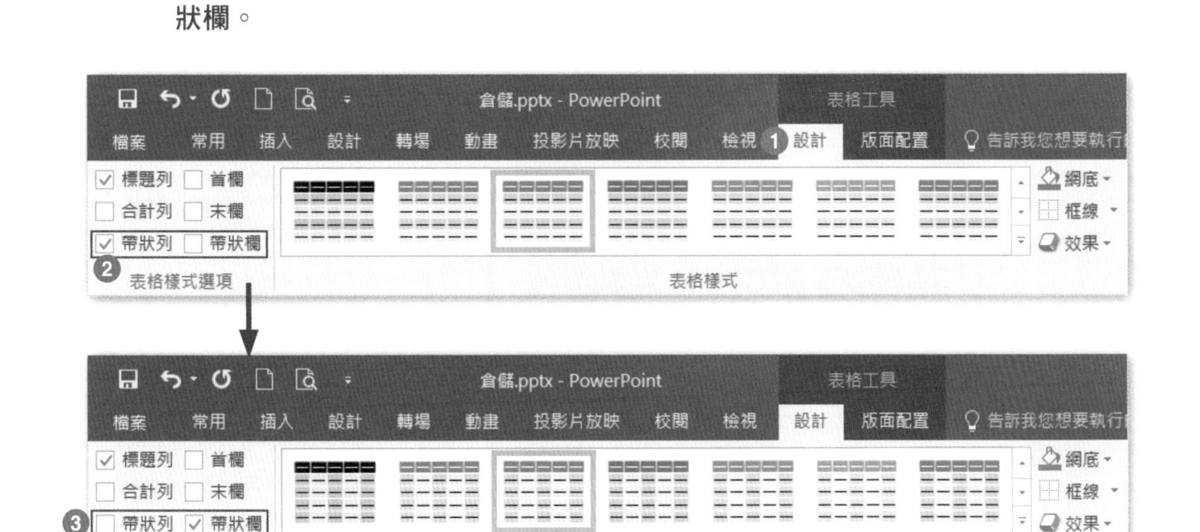

專案 5

題組情境：

你目前服務於 Fabrikam Residences Meeting and Convention 銷售團隊，你正在準備一份可以吸引潛在顧客的簡報。

開啟【文件】資料夾 \ 第 6 章練習檔 \ 第二組 \ 專案 5\ 活動主辦 .pptx 完成下列操作步驟：

工作 1

在簡報最後新增投影片，投影片來自 [文件] 資料夾內的「接續 .docx」大綱文件。

解題步驟：

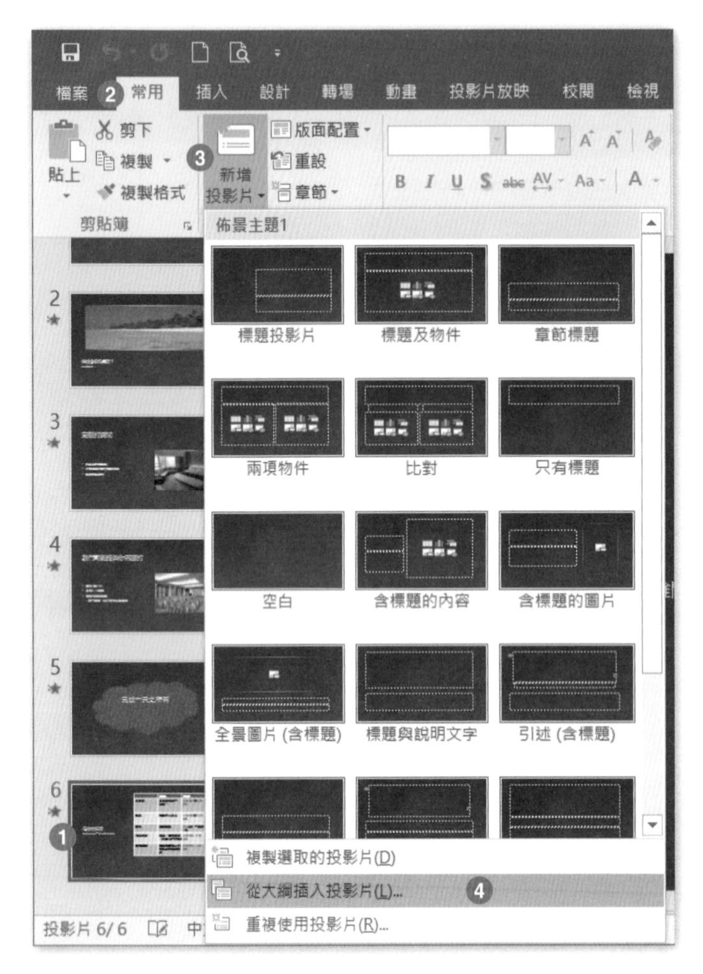

Step.1 在左方投影片縮圖區中，點選第 6 張投影片。

Step.2 在中央投影片編輯區中，點按**常用**索引標籤 \ **新增投影片▼** \ **從大綱插入投影片**。

Step.3 在**插入大綱**視窗中，點選「文件 \ 第 6 章練習檔 \ 第二組 \ 專案 5」資料夾中的「接續 .docx」，並按下**插入**。

工作 2

在 [講義母片] 的左側頁尾輸入「草案」。

解題步驟：

Step.1 點按**檢視**索引標籤 \ **母片檢視** \ **講義母片**。

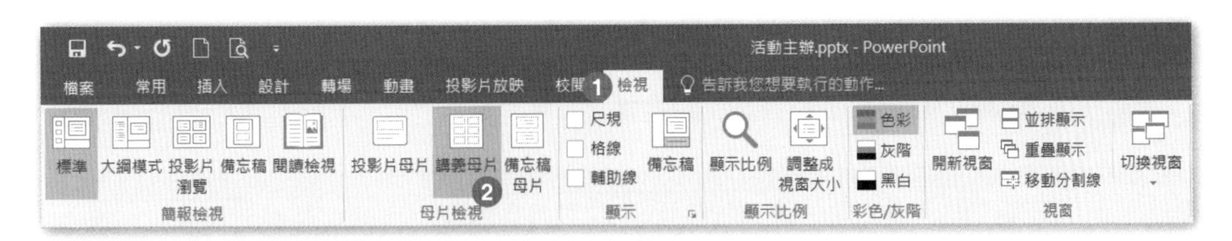

Step.2 在講義母片編輯區中，點擊左下方**頁尾**，並輸入「草案」。

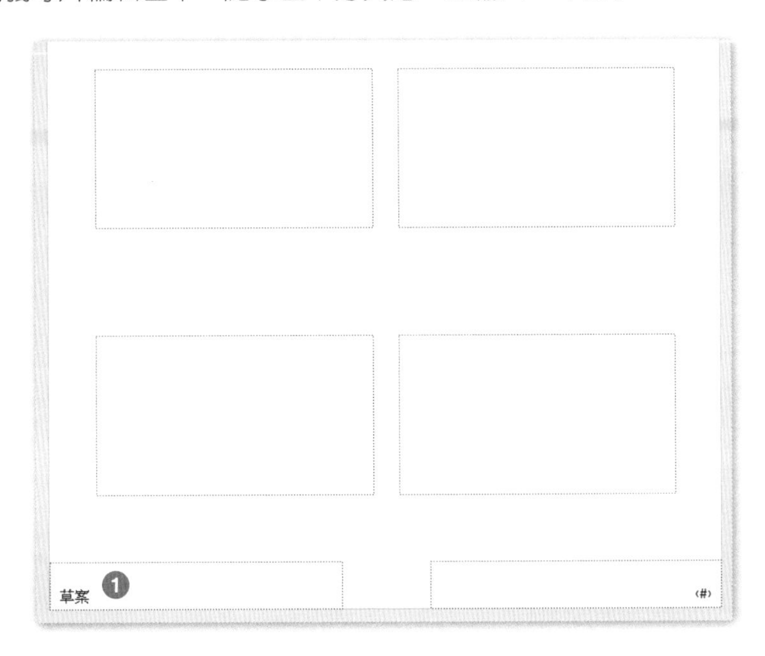

Step.3 點按**講義母片**索引標籤 \ **關閉**，按下**關閉母片檢視**。

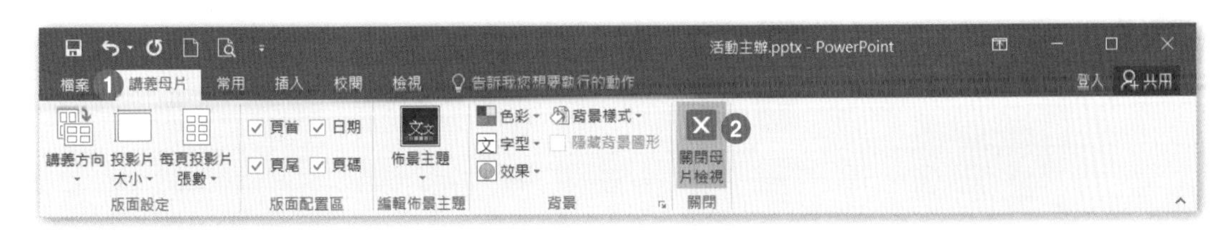

工作 3

針對第 5 張投影片上的 [雲朵形] 圖案，套用 [輕微效果 - 藍色 , 輔色 2] 樣式。

解題步驟：

Step.1 在左方投影片縮圖區中，點選第 5 張投影片。

Step.2 在中央投影片編輯區中，點選 [雲朵形] 圖案。

Step.3 點按**繪圖工具 格式**索引標籤 \ **圖案樣式** \ **▼其他**。

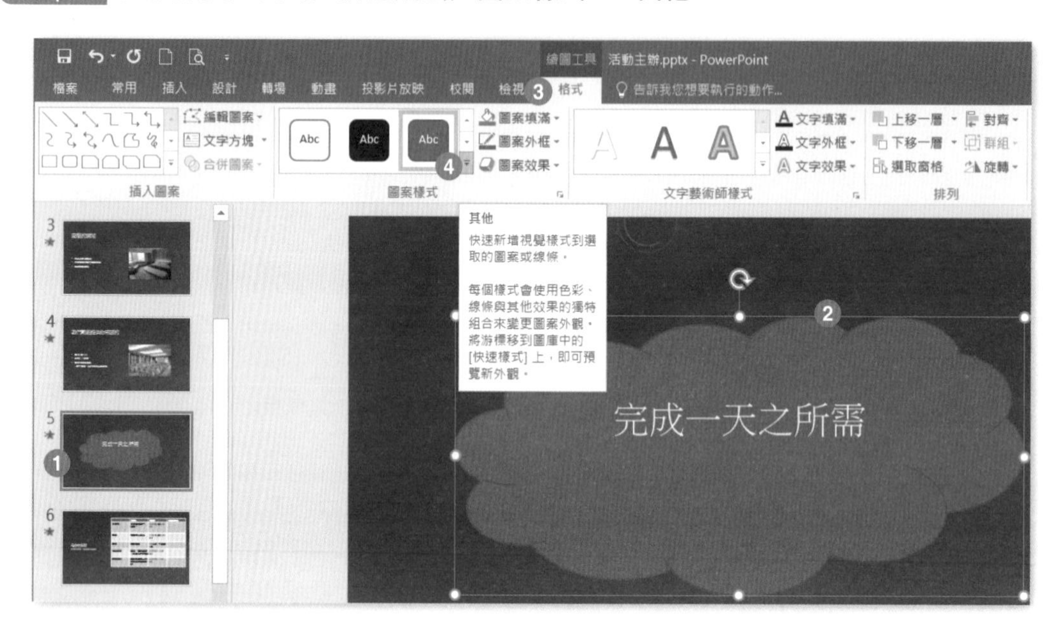

Step.4 **在下拉選單中，選擇**「輕微效果 - 藍色 , 輔色 2」。

工作 4

在第 6 張投影片上，刪除表格裡欄標題為「消費價格」的欄位，並在「零食」與「套餐」之間新增兩個空白列。

解題步驟：

Step.1 在左方投影片縮圖區中，點選第 6 張投影片。

Step.2 在中央投影片編輯區中，點選表格**消費價格**欄，

Step.3 點按**表格工具 版面配置**索引標籤 \ **列與欄** \ **刪除▼** \ **刪除欄**。

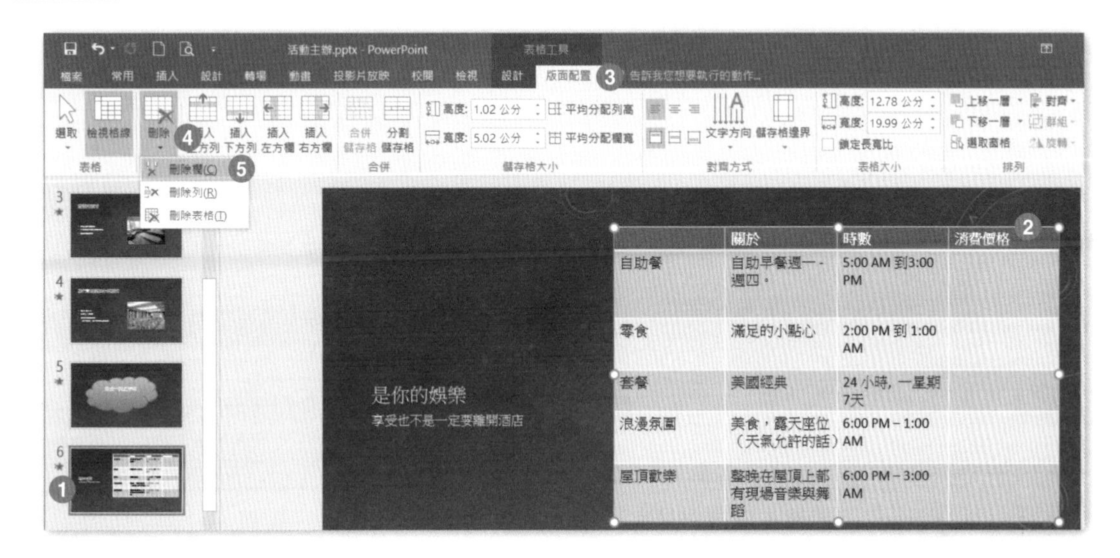

Step.4 在中央投影片編輯區中，點選表格**零食**列，點按**表格工具 版面配置**索引標籤 \ **列與欄** \ **插入下方列** 兩次。

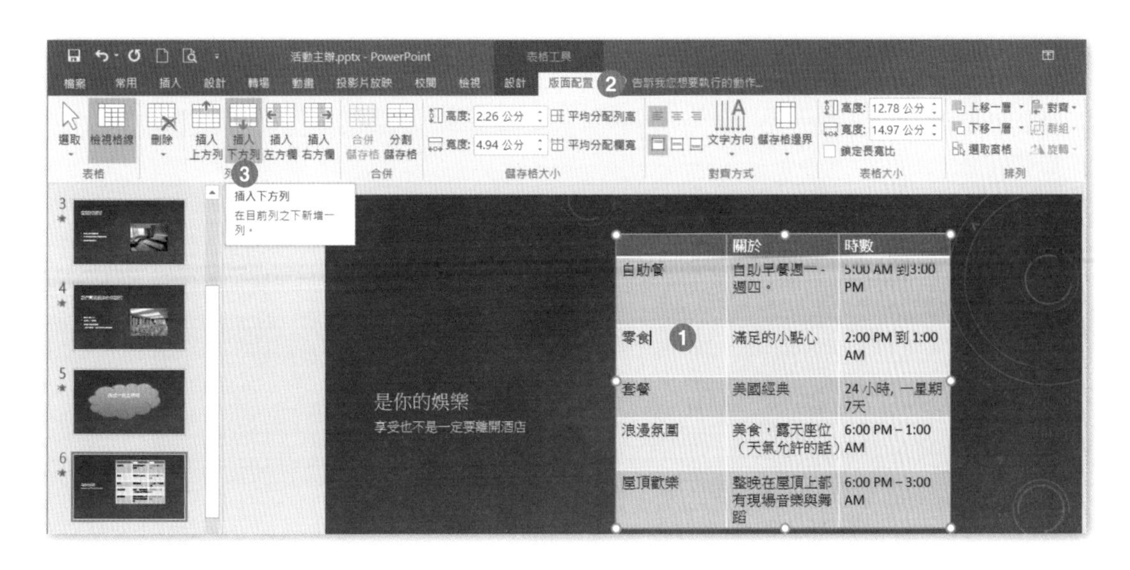

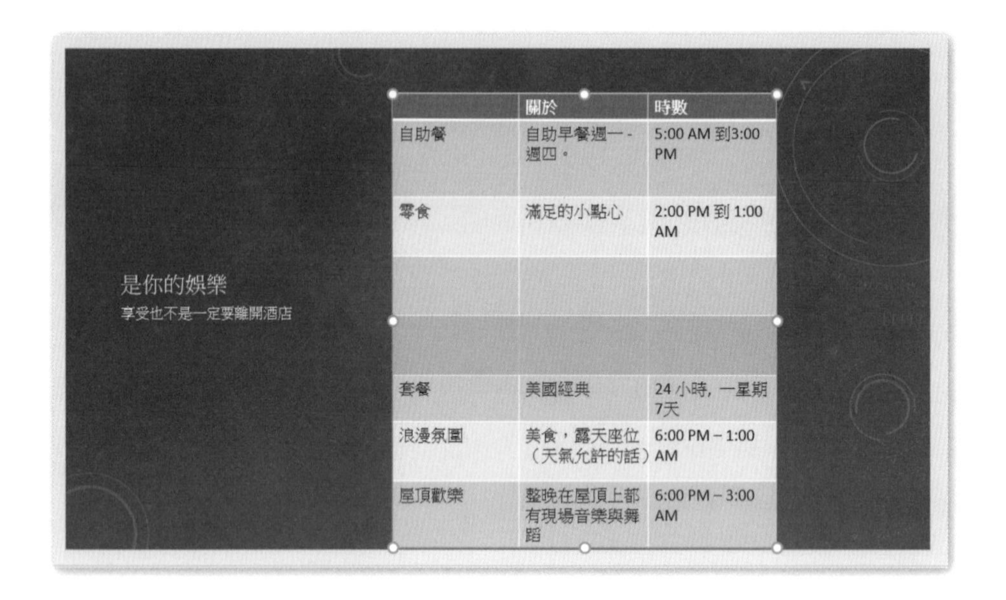

工作 5

設定全部的投影片轉場效果 [期間] 為 3 秒，並設定 [聲音] 為 [靜音]。

解題步驟：

Step.1 在左方縮圖區任意點選 1 張投影片，再配合使用鍵盤快速鍵 Ctrl+A 選取所有左方縮圖區中的投影片。

Step.2 點按**轉場**索引標籤 \ **預存時間** \ 設定**期間**為「3 秒」，並設定**聲音**為「靜音」。

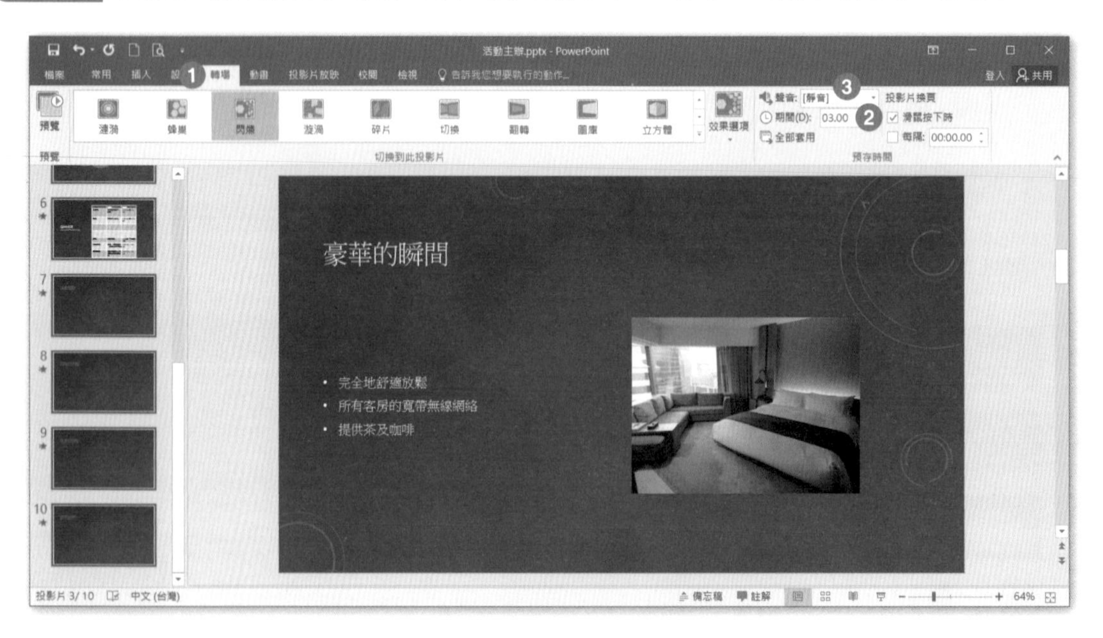

題組情境：

你在農場的行銷部服務，你正在準備一份可以在公司商店循環播放的簡報。

開啟【文件】資料夾\第 6 章練習檔\第二組\專案 6\最好的農產品 .pptx 完成下列操作步驟：

工作 1

對第 3 張投影片上的視訊進行裁剪，從左邊界 3.15 公分開始才顯示視訊畫面。

解題步驟：

Step.1 在左方投影片縮圖區中，點選第 3 張投影片。

Step.2 在中央投影片編輯區中，點選**影片**。

Step.3 點按**視訊工具 格式**索引標籤**大小**，點開**大小及位置**群組對話方塊。

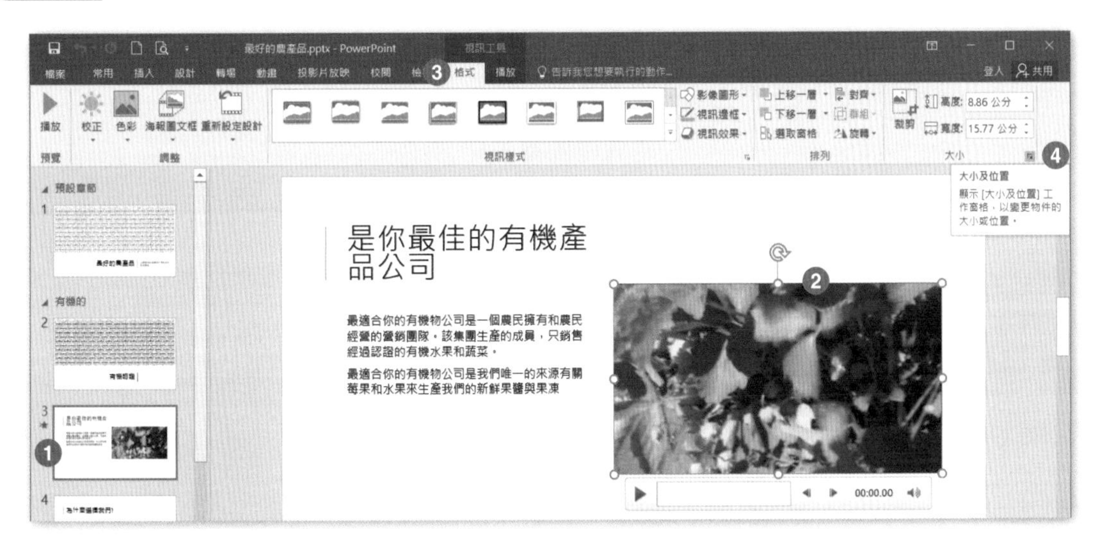

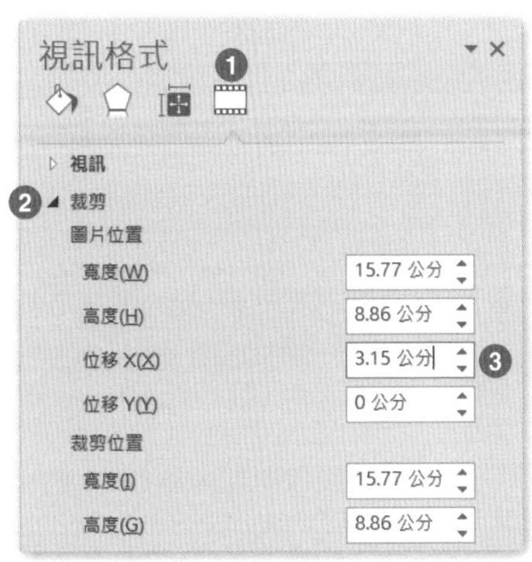

Step.4 在右側**視訊格式**視窗，點按**視訊****剪裁****位移 X** 修改為「3.15 公分」。

工作 2

在第 4 張投影片上，對 [綵帶 : 雙波浪] 圖案套用移動路徑為 [橄欖球形] 的動畫。

解題步驟：

Step.1 在左方投影片縮圖區中，點選第 4 張投影片。

Step.2 在中央投影片編輯區中，點選**綵帶圖案**。

Step.3 點按**動畫**索引標籤 \ **新增動畫▼** \ **其他移動路徑**。

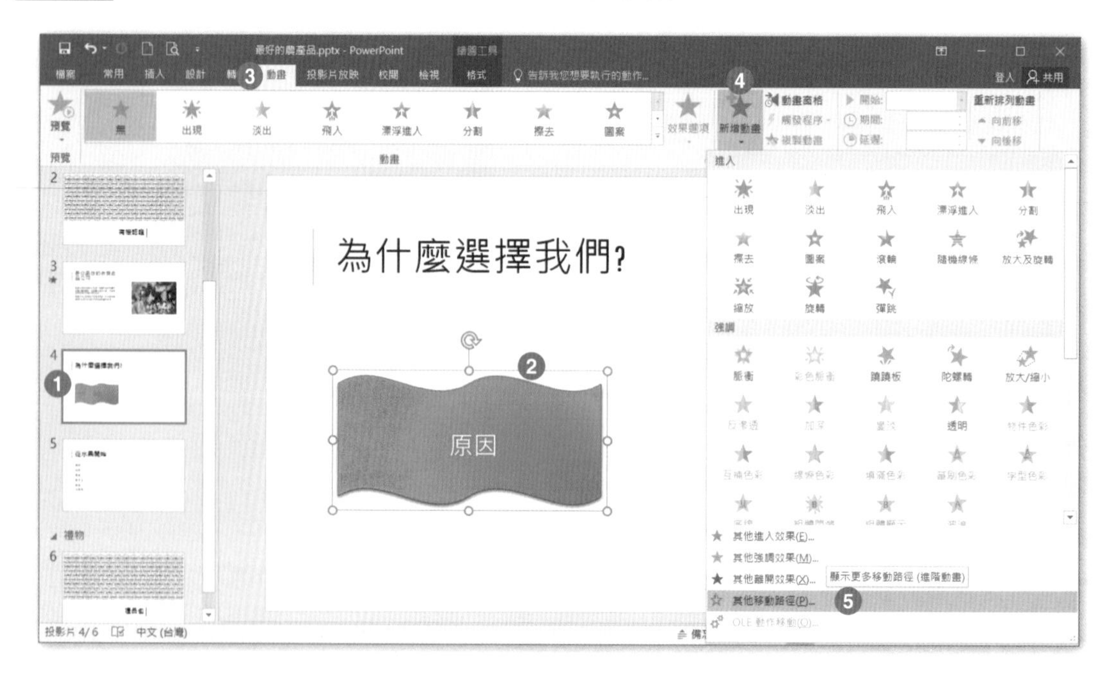

Step.4 在**新增移動路徑**視窗中，點選點選**橄欖球型**，並按下**確定**。

新增移動路徑

基本
4 點星形　5 點星形
6 點星形　8 點星形
八邊形　五邊形
六邊形　心形
方形　水滴形
平行四邊形　正三角形
直角三角形　梯形
菱形　圓形擴展
新月　橄欖球形 ❶

線條及曲線
S 形彎曲 1　S 形彎曲 2
Z 字形　心跳
右後轉彎　右斜
左斜　正弦波
向上　向上轉
向下　向下轉
向右　向右彈跳
向右彎曲　向左

預覽效果(P)　❷ 確定　取消

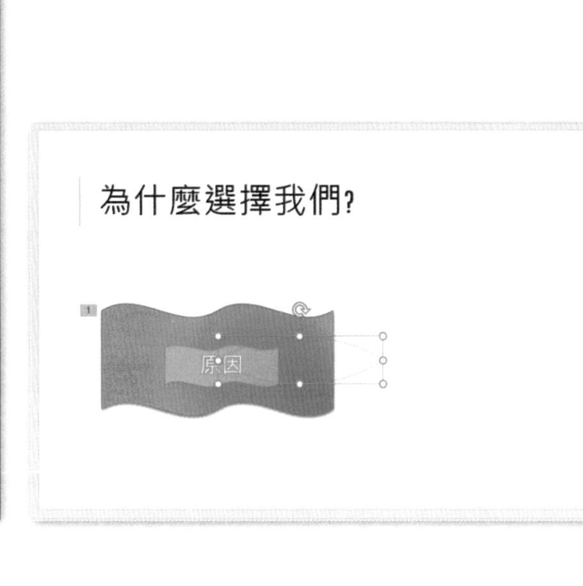

工作 3

在「全投影片媒體」版面配置裡新增一個 [媒體] 版面配置區，並置於標題版面配置區下方，其左右邊界對齊標題版面配置區的左右邊緣。

解題步驟：

Step.1 點按**檢視**索引標籤 \ **母片檢視** \ **投影片母片**。

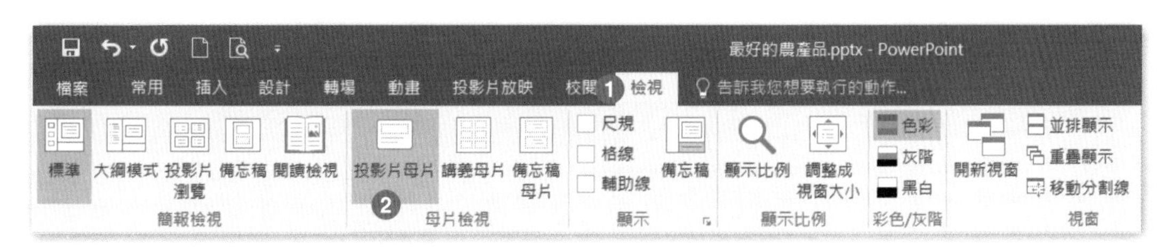

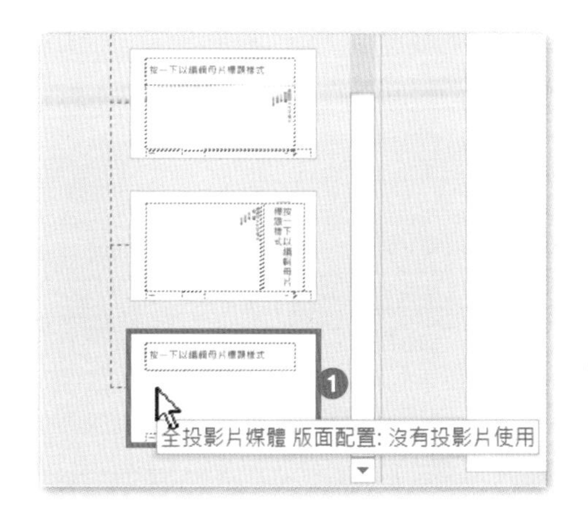

Step.2 在左方投影縮圖區中，點選「全投影片媒體」版面配置。

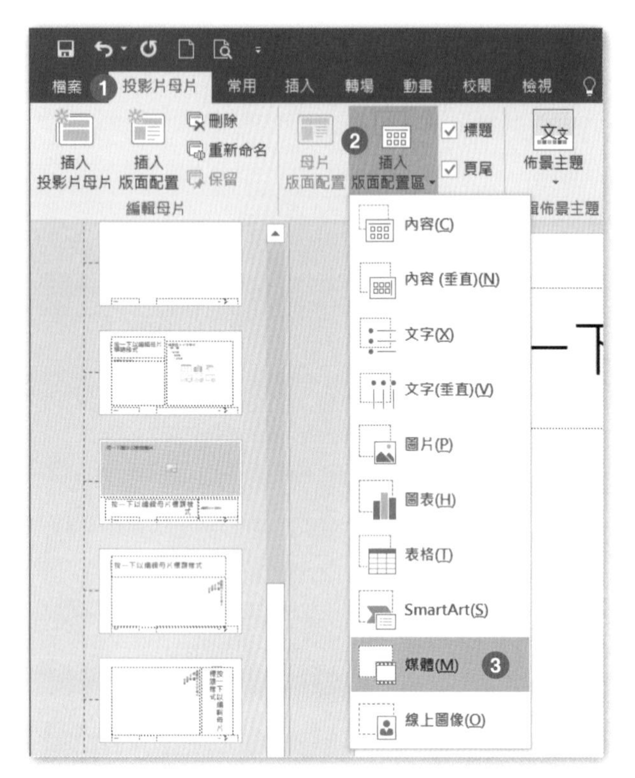

Step.3 點按**投影片母片**索引標籤 \ **母片配置** \ **插入版面配置區▼** \ **媒體**。

Step.4 在中央投影片編輯區中，在標題下方拖曳出一**媒體**版面配置區。

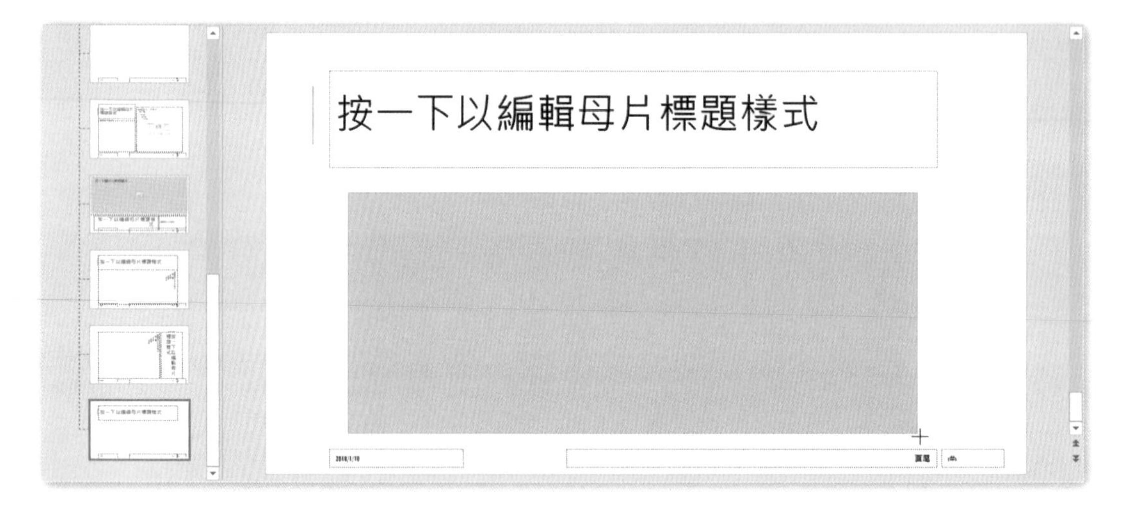

Step.5 使用動態輔助線，配合拖曳**媒體**配置區的左邊框及右邊框，使得**媒體**版面配置區的左右邊界可以對齊上方標題版面配置區的左右邊界。

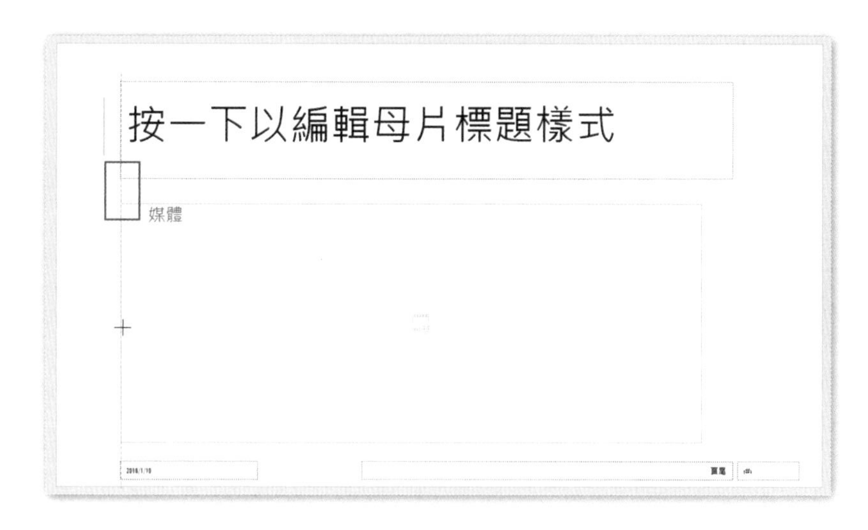

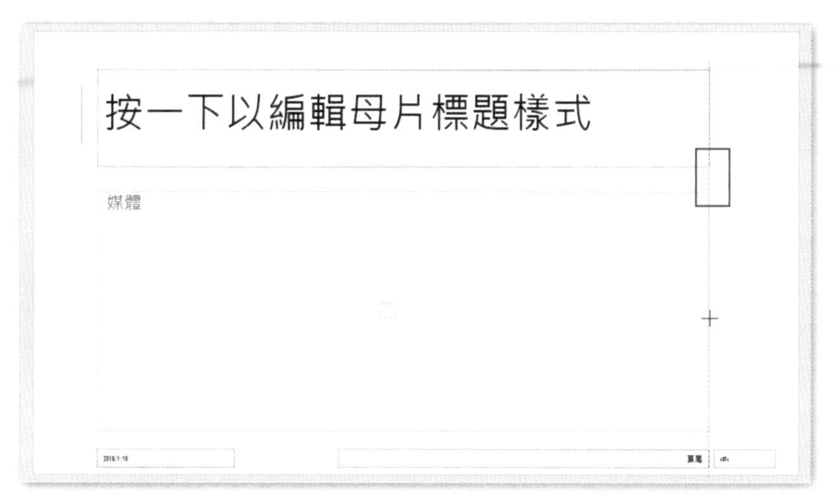

Step.6 點按**投影片母片**索引標籤 \ **關閉** \ **關閉母片檢視**。

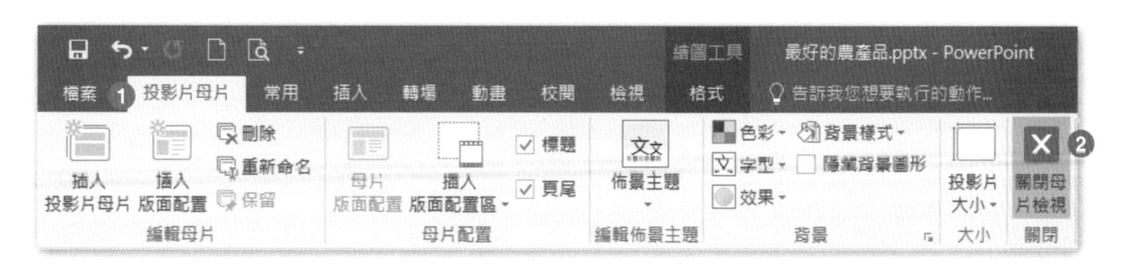

工作 4

複製第 6 張投影片。

解題步驟：

Step.1 在左方投影片縮圖區中，點選第 6 張投影片。

Step.2 點按**常用**索引標籤 \ **剪貼簿** \ **複製▼** \ **複製物件**。

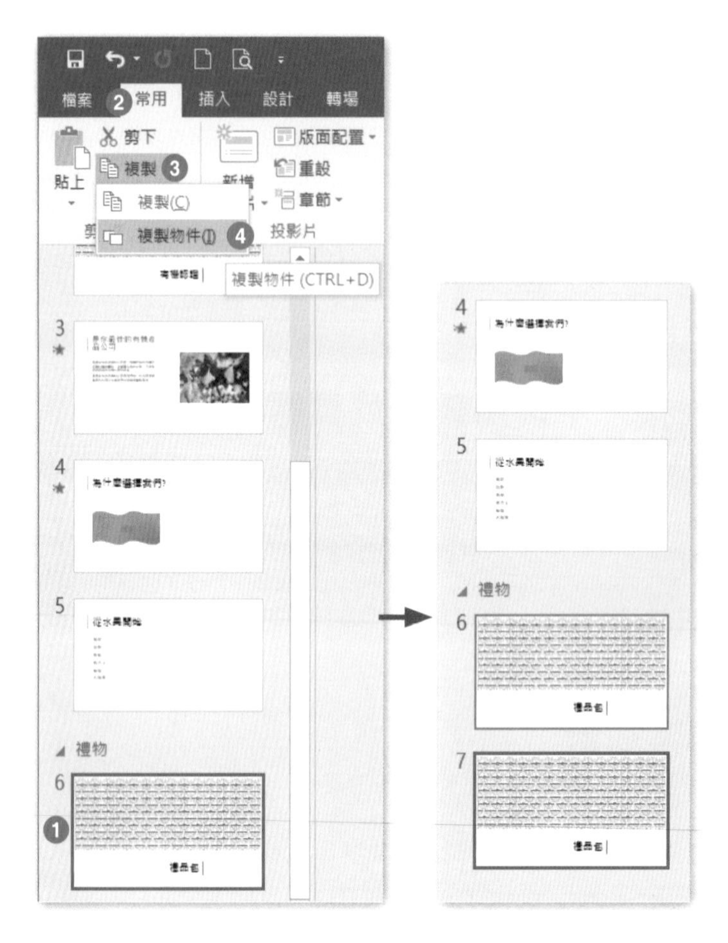

工作 5

在第 5 張投影片上，將水果清單轉換為 [垂直弧形清單] 的 SmartArt 圖形。

解題步驟：

Step.1 在左方投影片縮圖區中，點選第 5 張投影片，並點選投影片編輯區中的內文文字框。

Step.2 點按**常用**索引標籤 \ **段落** \ **轉換成 SmartArt ▼** \ **其他 SmartArt 圖形**。

Step.3 在選擇 SmartArt **圖形**視窗中，點按**清單** \ 選取「垂直弧形清單」，並按下**確定**。

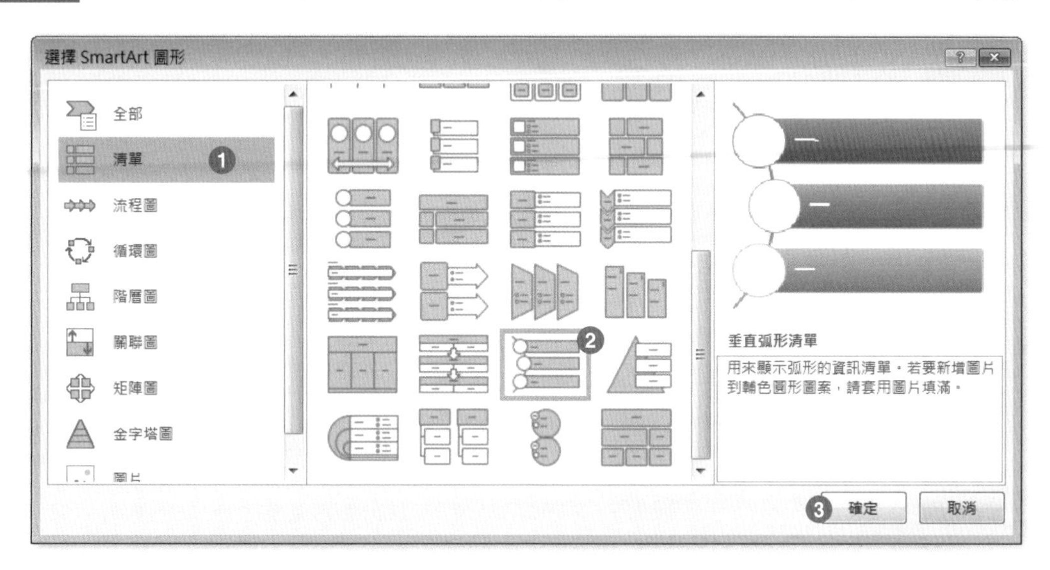

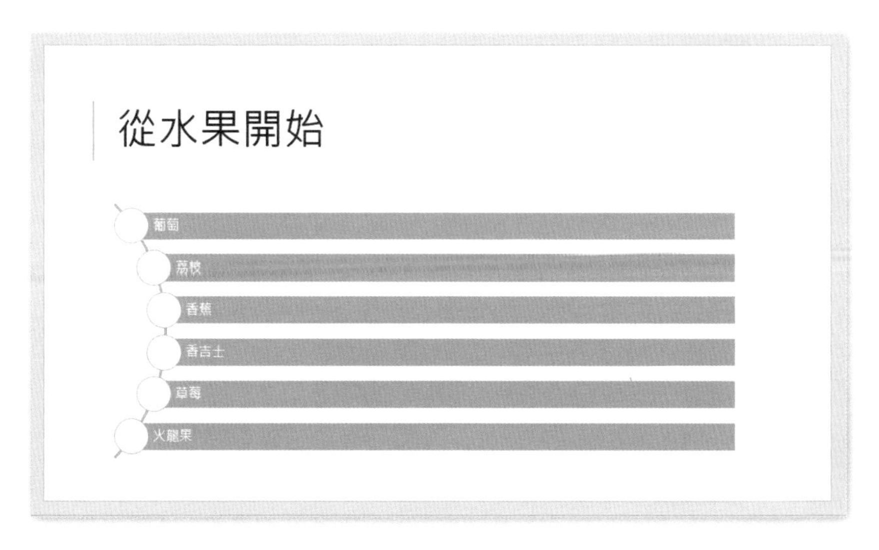

專案 7

題組情境：

你已經與 Northwind Traders 簽訂了生產全新營銷材料的合約。

開啟【文件】資料夾 \ 第 6 章練習檔 \ 第二組 \ 專案 7\ 羅斯文商貿 .pptx 完成下列操作步驟：

工作 1

刪除標題為「作出比較」的第 8 張投影片。

解題步驟：

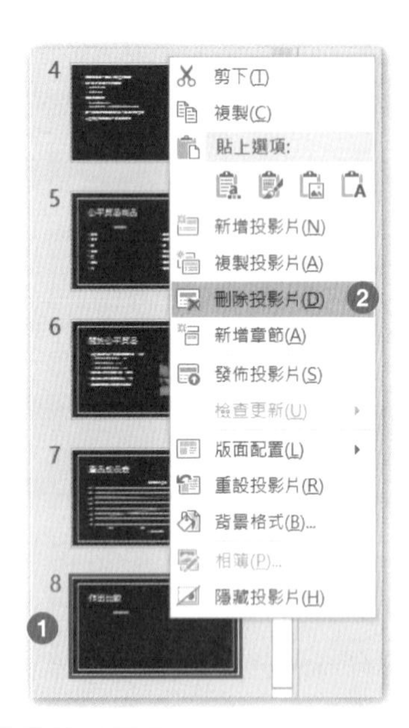

Step.1

在左方投影片縮圖區中，點選第 8 張投影片，點按滑鼠右鍵 \ **刪除投影片**。

工作 2

設定列印選項，列印五份每頁 3 張投影片的簡報。列印時必須每一份的第 1 頁都會先列印出來，然後才列印每一份的第 2 頁。

解題步驟：

Step.1

點按**檔案**索引標籤 \ **列印** \ **份數**改成「5」。

Step.2 點按**全頁投影片▼ \ 講義 \3 張投影片**。

Step.3 點按**自動分頁▼ \ 未自動分頁**。

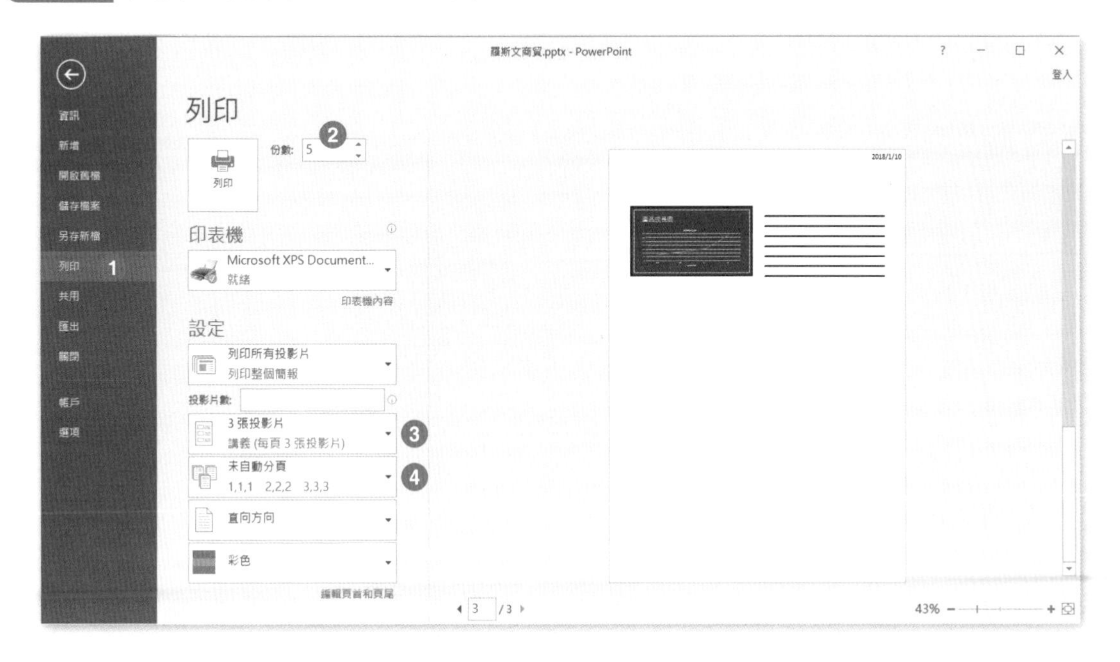

工作 3

在第 3 張投影片上，變更文字方塊「你的意思是咖啡，對不對？」中的文字對齊方式為 [靠上對齊]，並套用 [小型大寫字] 效果。

解題步驟：

Step.1 在左方投影片縮圖區中，點選第 3 張投影片，並在投影片編輯區中，點選**文字方塊**外框，點按**常用**索引標籤 \ **段落 \ 對齊文字▼ \ 上**。

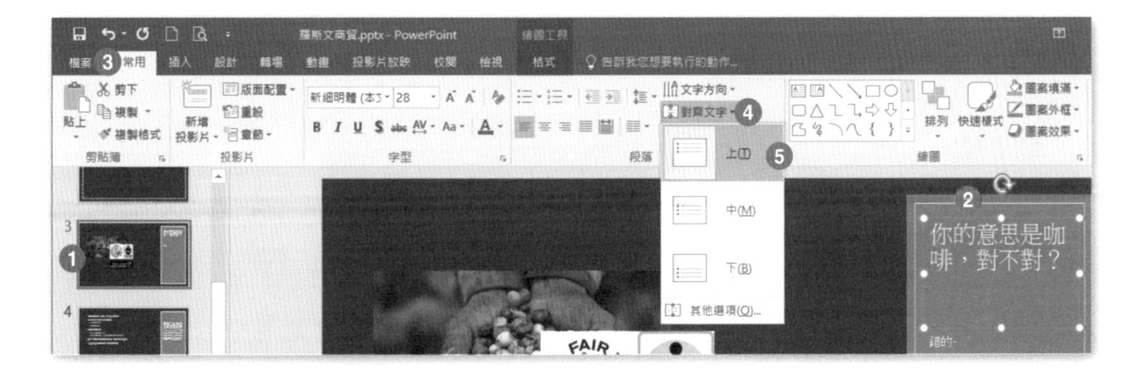

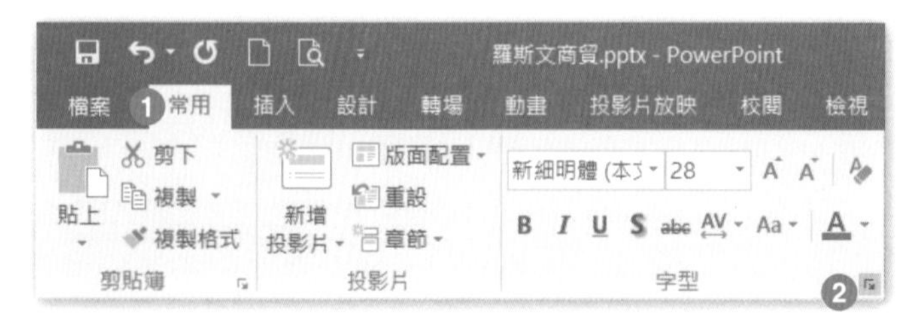

Step.2

點按**常用**索引標籤 \ **字型**，開啟群組對話方塊。

Step.3

在字型視窗中，勾選 ☑ **小型大寫字**，並按下**確定**。

工作 4

在第 3 張投影片上，群組所有的圖片。

解題步驟：

Step.1 在左方投影片縮圖區中，點選第 3 張投影片，在中央投影片編輯區中，框選所有圖片。

Step.2 點按**圖片工具 格式**索引標籤 \ **排列** \ **群組▼** \ **組成群組**。

工作 5

變更第 7 張投影片上的圖表樣式為「樣式 12」並變更色彩為 [單色] 區段裡的 [單色 (色彩 8)]。

解題步驟：

Step.1 在左方投影片縮圖區中，點選第 7 張投影片，在投影片編輯區中，點按**圖表**。

Step.2 點按**圖表工具 設計**索引標籤 \ **圖表樣式** \ **▼其他**。

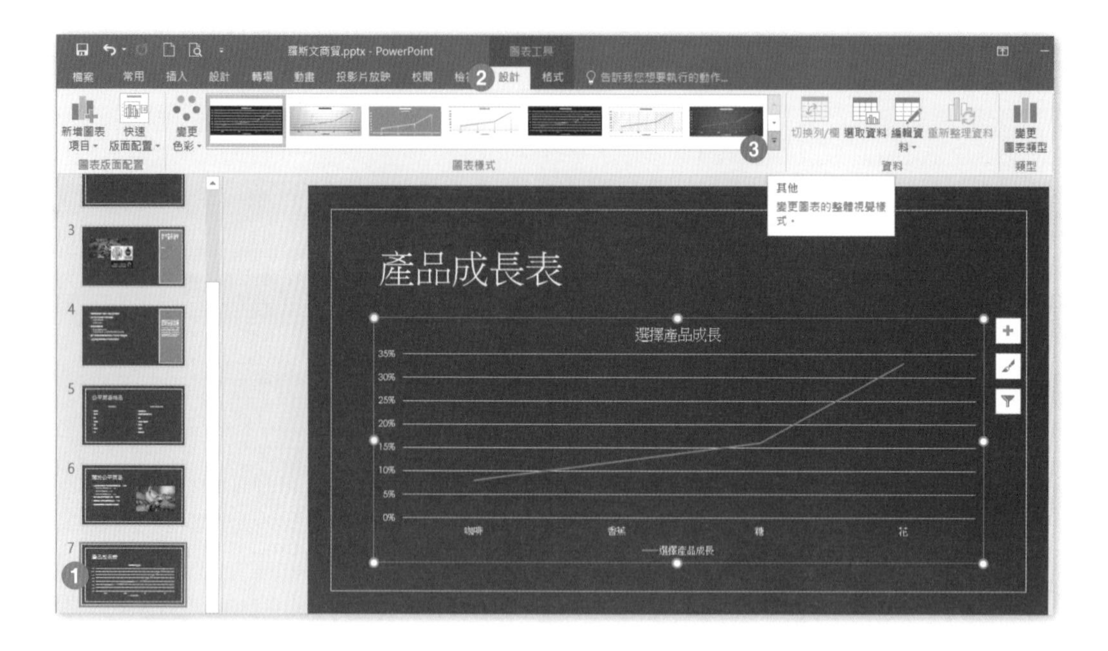

Step.3 在下拉式選單中選擇「樣式 12」。

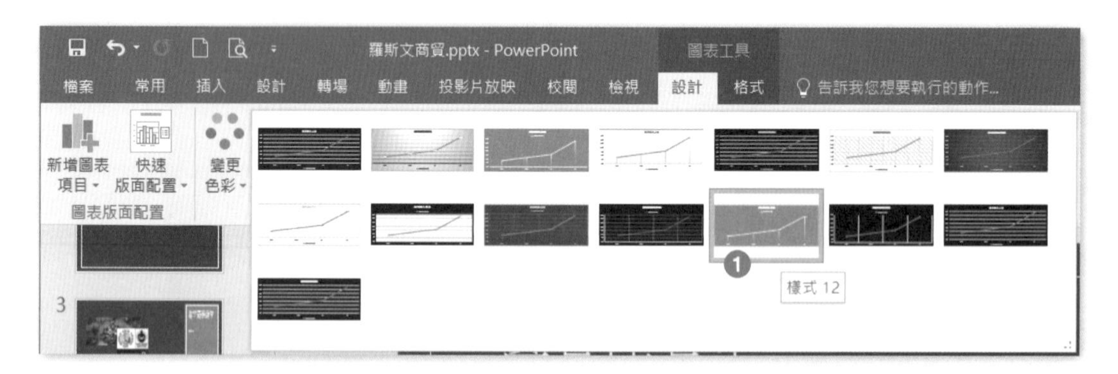

Step.4 點按**圖表工具 設計**索引標籤 \ **變更色彩▼** \ **單色** \「色彩 8」。

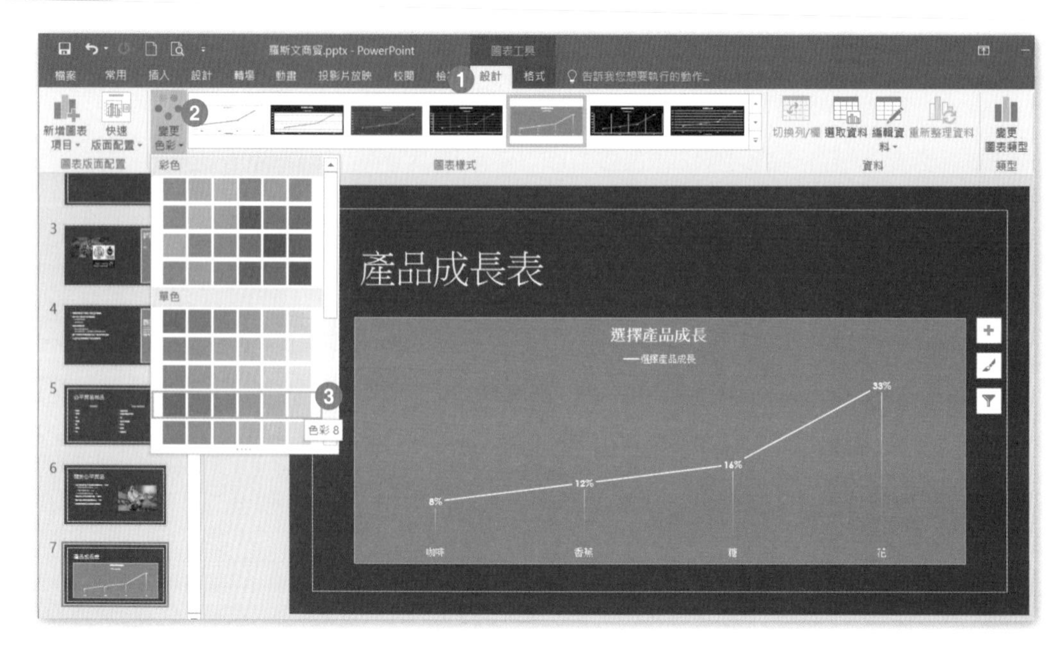

6-3 第三組

專案 1

題組情境：

您目前工作於 Coho 酒莊 .pptx，正準備製作一份在酒莊循環播放的 PowerPoint 簡報。

開啟【文件】資料夾 \ 第 6 章練習檔 \ 第三組 \ 專案 1\Coho 酒莊 .pptx 完成下列操作步驟：

工作 1

在第一張投影片與第二張投影片之間套用 [頁面捲曲] 轉場效果。

解題步驟：

Step.1 在左方投影片縮圖區中，點選第 2 張投影片。

Step.2 點按**轉場**索引標籤 \ **切換到投影片** \ **▼其他**。

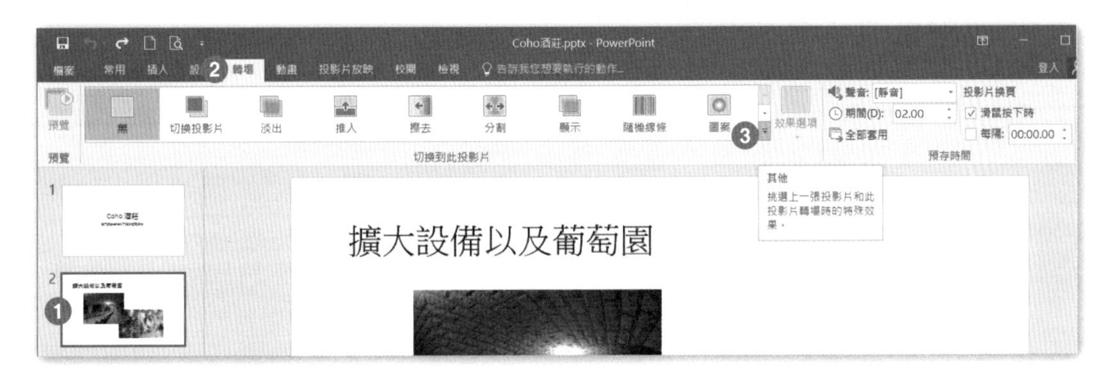

Step.3 在下拉式選單中，選擇 **頁面捲曲**。

工作 2

將 [文件] 資料夾裡的「新園地 .pptx」簡報檔內的所有投影片依序全部新增到最後一張投影片之後。

解題步驟：

Step.1 在左方投影片縮圖區中，點選最後一張投影片，並點按**常用**索引標籤 \ **投影片** \ **新增投影片▼** \ **重複使用投影片**。

Step.2 在右方重複使用投影片視窗中，點按**瀏覽▼** \「瀏覽檔案」。

Step.3 點選「文件 \ 第 6 章練習檔 \ 第三組 \ 專案 1」資料夾中的「新園地 .pptx」，並按下**開啟**。

Step.4 在右方重複使用投影片視窗中，依序點擊所有投影片，新增所有投影片至目前檔案中。

工作 3

移除文件摘要資訊與個人資訊。

解題步驟：

Step.1 點按**檔案**索引標籤 \ 點按**查看問題▼** \ **檢查文件**。

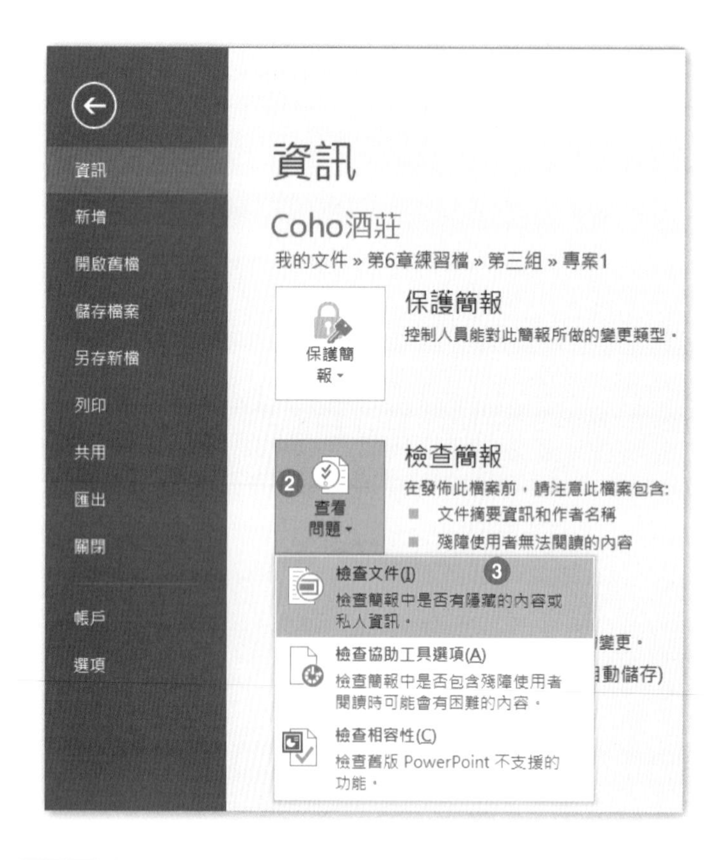

Step.2 在提示訊息視窗中，點按**是**。

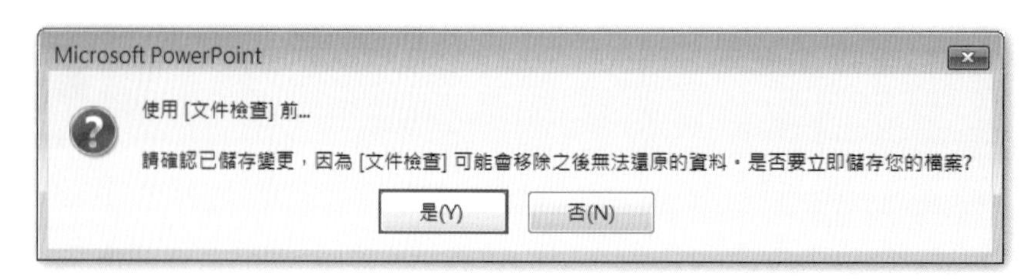

Step.3 在文件檢查視窗中，僅勾選 ☑ **文件摘要資訊與個人資訊**，並按下**檢查**。

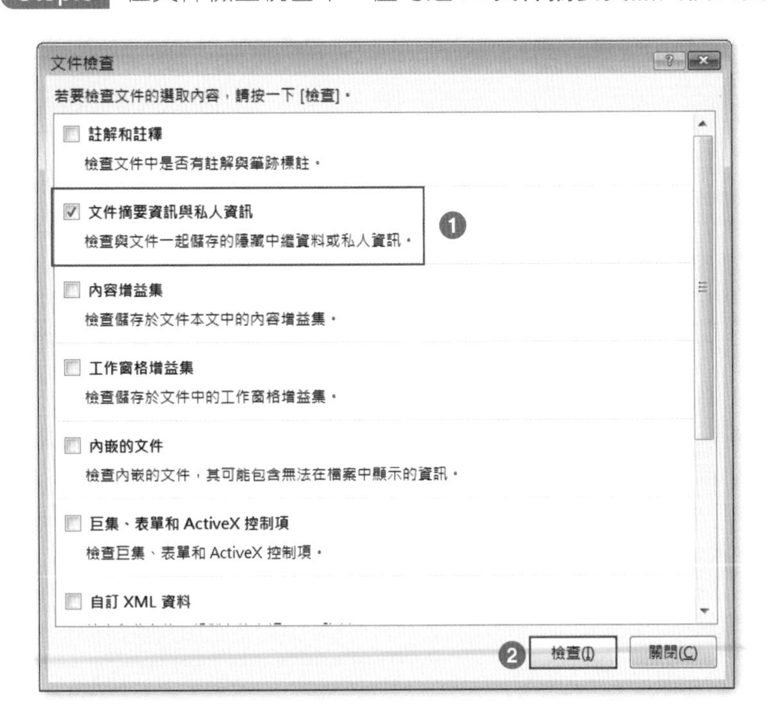

Step.4 在文件檢查 \ 檢閱查查結果視窗中，點按全部的**全部移除**鈕，並按下**關閉**。

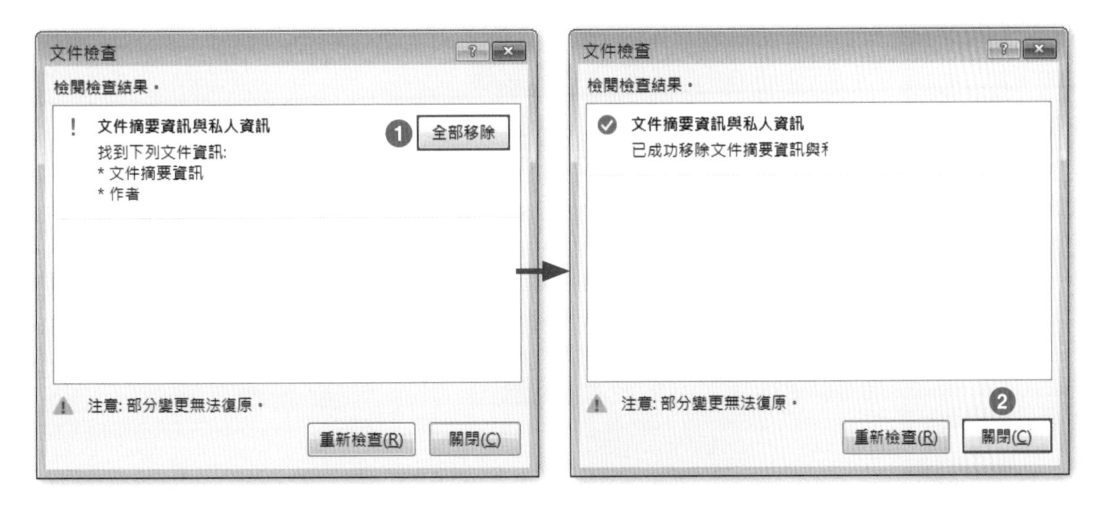

工作 4

在 [投影片母片] 上套用 [大馬士革風] 佈景主題。

解題步驟：

Step.1 點按**檢視**索引標籤 \ **投影片母片**。

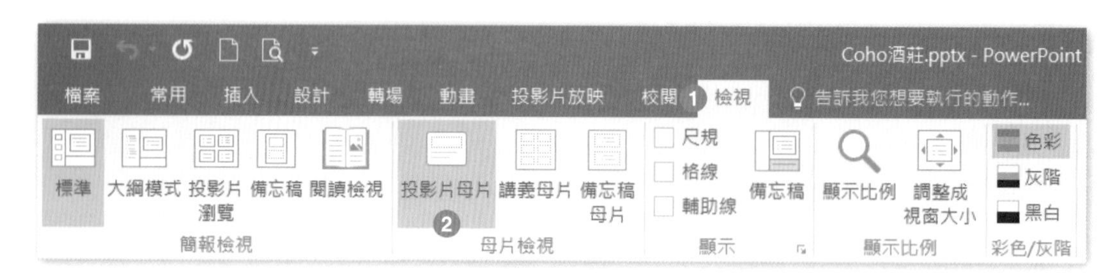

Step.2 點按**投影片母片**索引標籤 \ **編輯佈景主題** \ **佈景主題▼** \「大馬士革風」。

Step.3 點按**投影片母片**索引標籤 \ **關閉** \ **關閉母片檢視**。

工作 5

將第 4 張投影片上的三個箭號圖案設定群組。

解題步驟：

Step.1 在左方投影片縮圖區中，點選第 4 張投影片，並在中央投影片編輯區中，選取三個箭頭圖案。

Step.2 點按**繪圖工具 格式**索引標籤 \ **排列** \ **群組▼** \ **組成群組**。

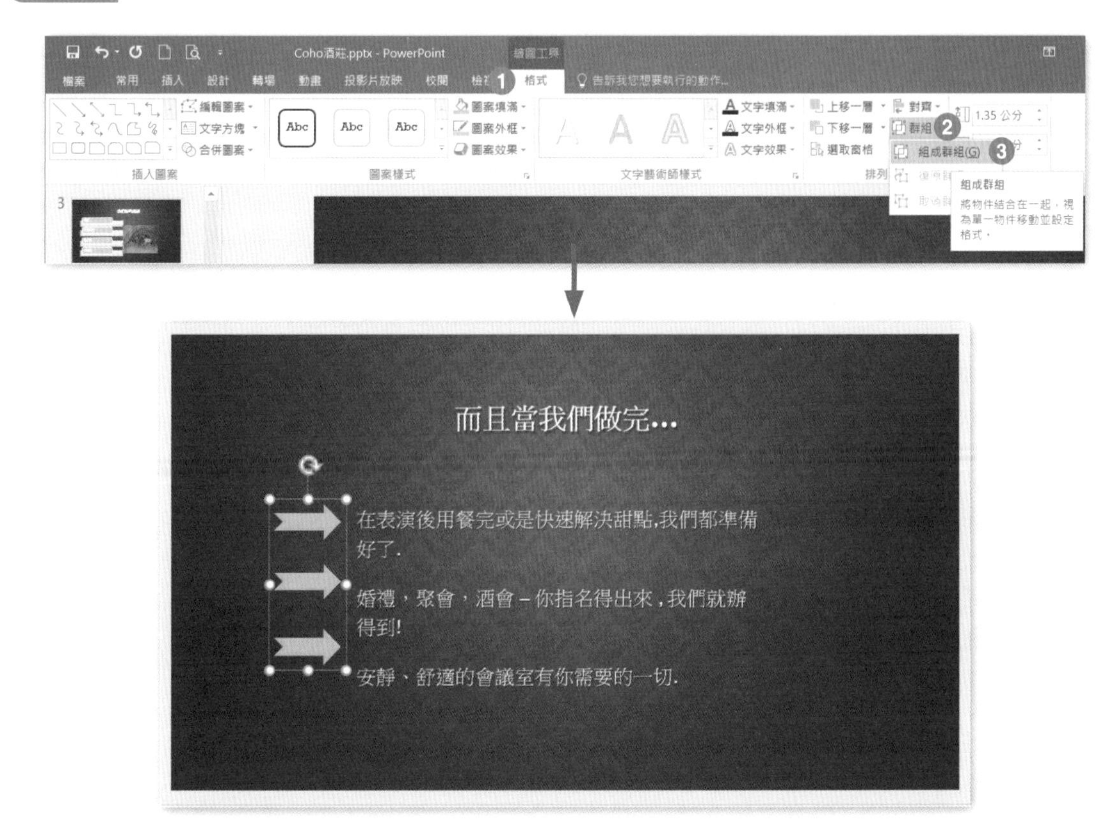

工作 6

變更第 3 張投影片裡 SmartArt 圖形的色彩，變更為 [彩色範圍 - 輔色 3 至 4]。

解題步驟：

Step.1 在左方投影片縮圖區中，點選第 3 張投影片，在中央投影片編輯區中，點按 SmartArt 圖形。

Step.2 點按 SmartArt **工具 設計**索引標籤 \SmartArt **樣式** \ **變更顏色▼** \ **彩色** \「彩色範圍 - 輔色 3 至 4」。

工作 7

在第 4 張投影片上對本文進行動畫設定，其中，第一段文字套用快速自上 [飛入] 動畫，而後續的每一段文字在前段文字播放一秒後接續套用自上飛入動畫。

解題步驟：

Step.1 在左方投影片縮圖區中，點選第 4 張投影片，在投影片編輯區中點選文字框。

Step.2 點按**動畫**索引標籤 \ **進階動畫** \ **新增動畫▼** \ **飛入**。

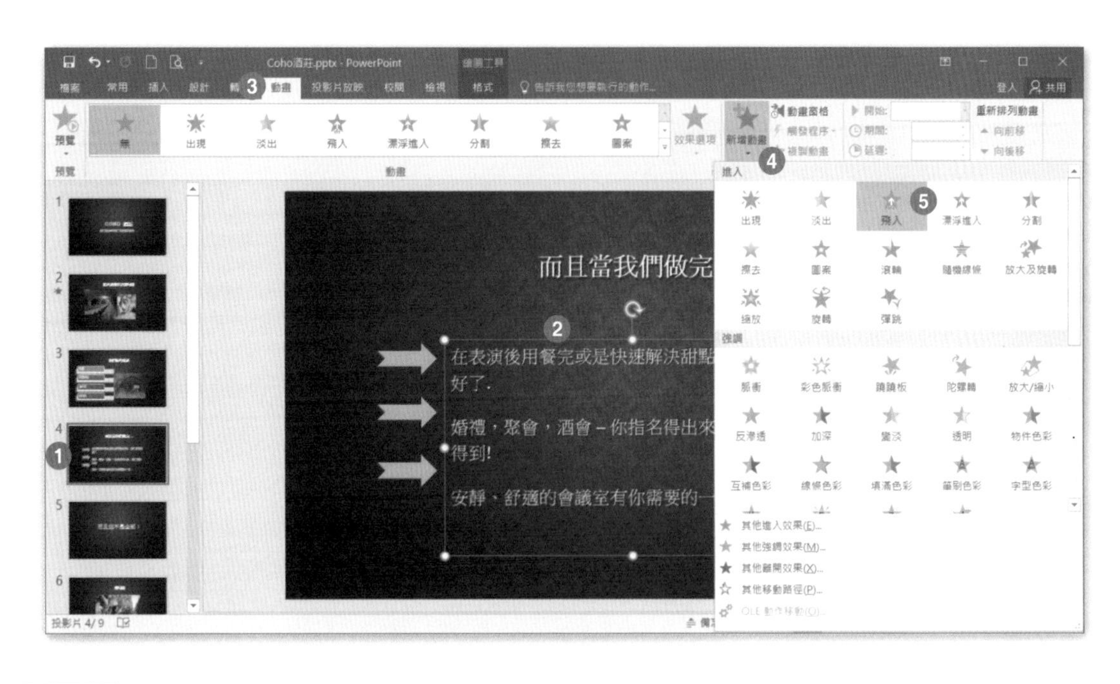

Step.3 點按**動畫**索引標籤 \ **動畫** \ **效果選項▼** \ **自上**。

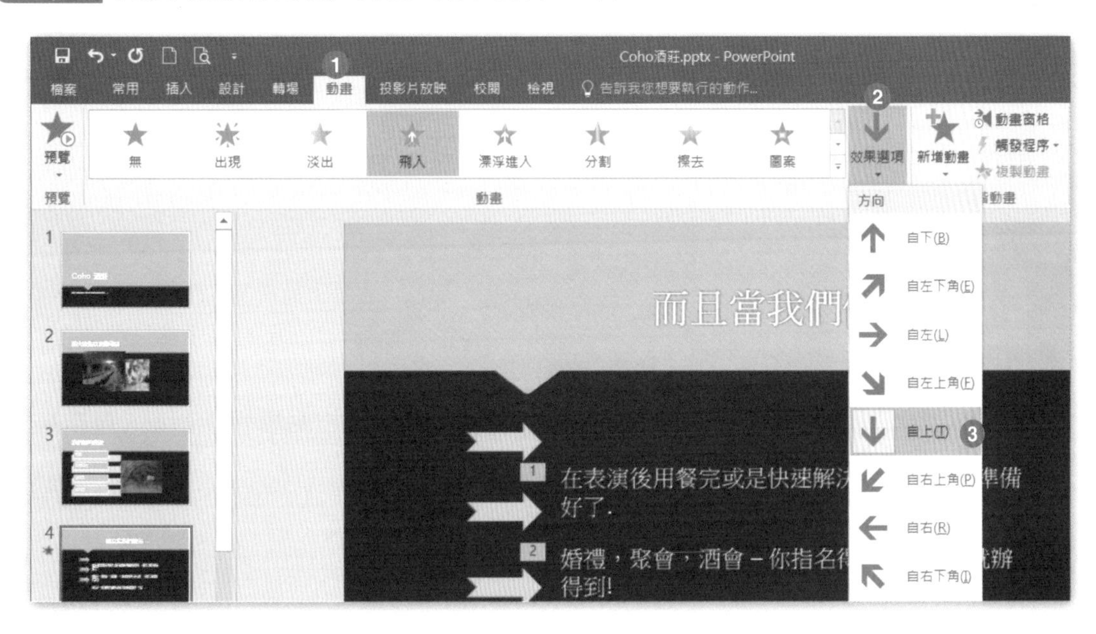

Step.4 點按**動畫**索引標籤 \ **預存時間** \ **開始▼** \ 「接續前動畫」。

Step.5 點按**動畫**索引標籤 \ **進階動畫** \ **動畫窗格**。

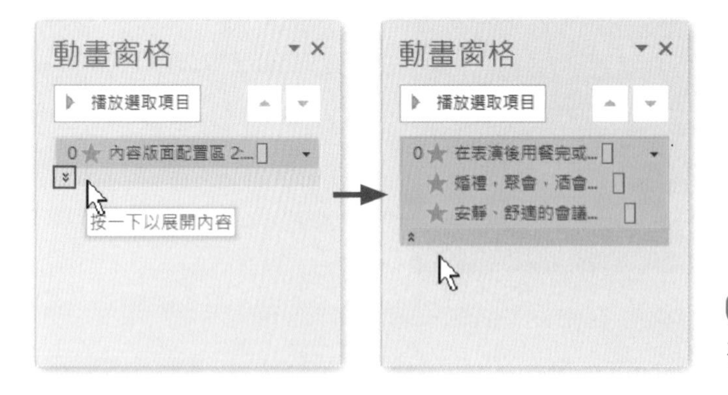

Step.6

在動畫窗格視窗中，**展開**選項。

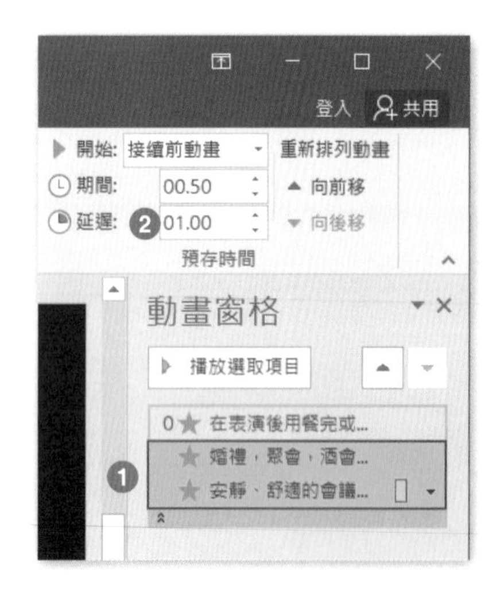

Step.7

點選第 2 項及第 3 項，點按**動畫**索引標籤 \ **預存時間** \ **延遲**設定為「1」秒。

專案 2

題組情境：

你正在建立一份執行簡要報告的初稿，待初稿整理完畢後，您的經理便可以完成這個簡報。

開啟【文件】資料夾 \ 第 6 章練習檔 \ 第三組 \ 專案 2\ 簡單報告 .pptx 完成下列操作步驟：

工作 1

在第 3 張投影片上，太陽圖案的右側，新增一個 3 欄 3 列的表格。

解題步驟：

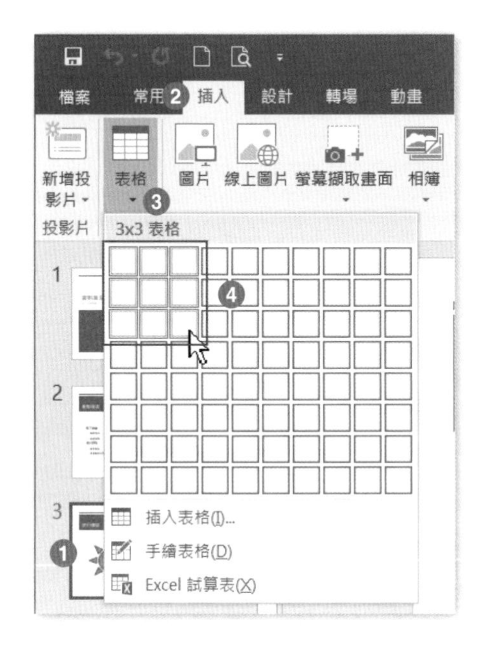

Step.1

在左方投影片縮圖區中，點選第 3 張投影片，並點按**插入**索引標籤 \ **表格** \ 拖曳出 3x3 表格。

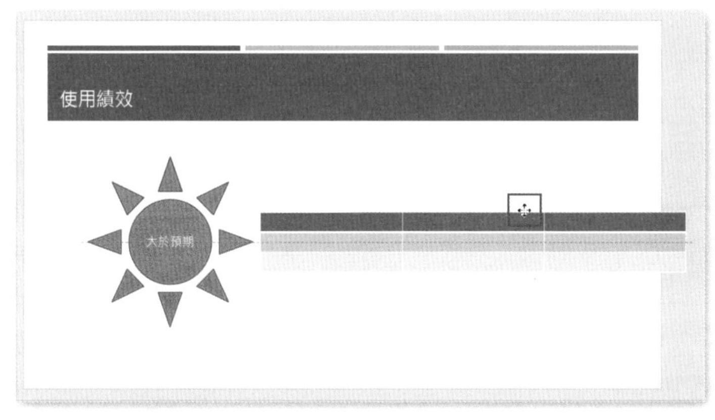

Step.2

點按表格邊框，並拖曳至太陽圖案的右側，並觀察動態輔助線，使得表格與太陽圖案置中對齊。

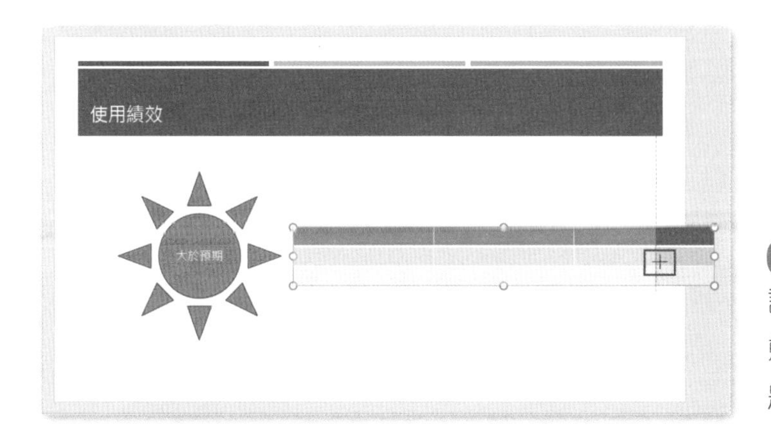

Step.3

調整表格的右邊界，並觀察動態輔助線，使得表格與上方標題外框對齊。

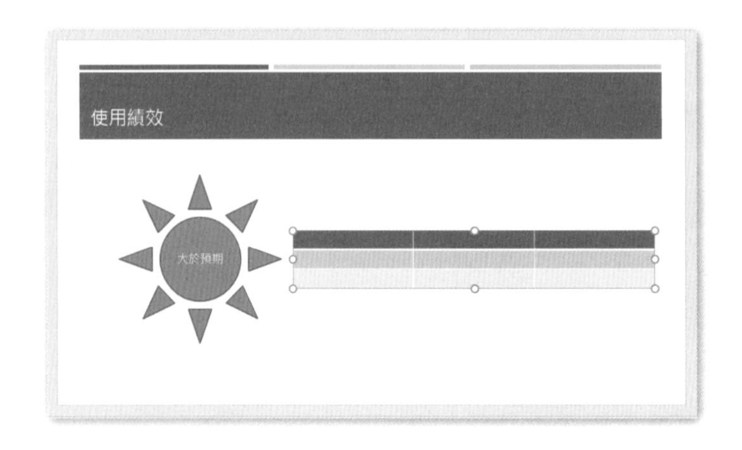

工作 2

變更投影片 5 上的圖表樣式為 [樣式 4] 並變更色彩為 [單色] 區段裡的 [色彩豐富的調色盤 3(色彩 3)]。

解題步驟：

Step.1 在左方投影片縮圖區中，點選第 5 張投影片，在中央的投影片編輯區中，點選圖表邊框。

Step.2 點按**圖片工具 設計**索引標籤 \ **圖表樣式** \「樣式 4」。

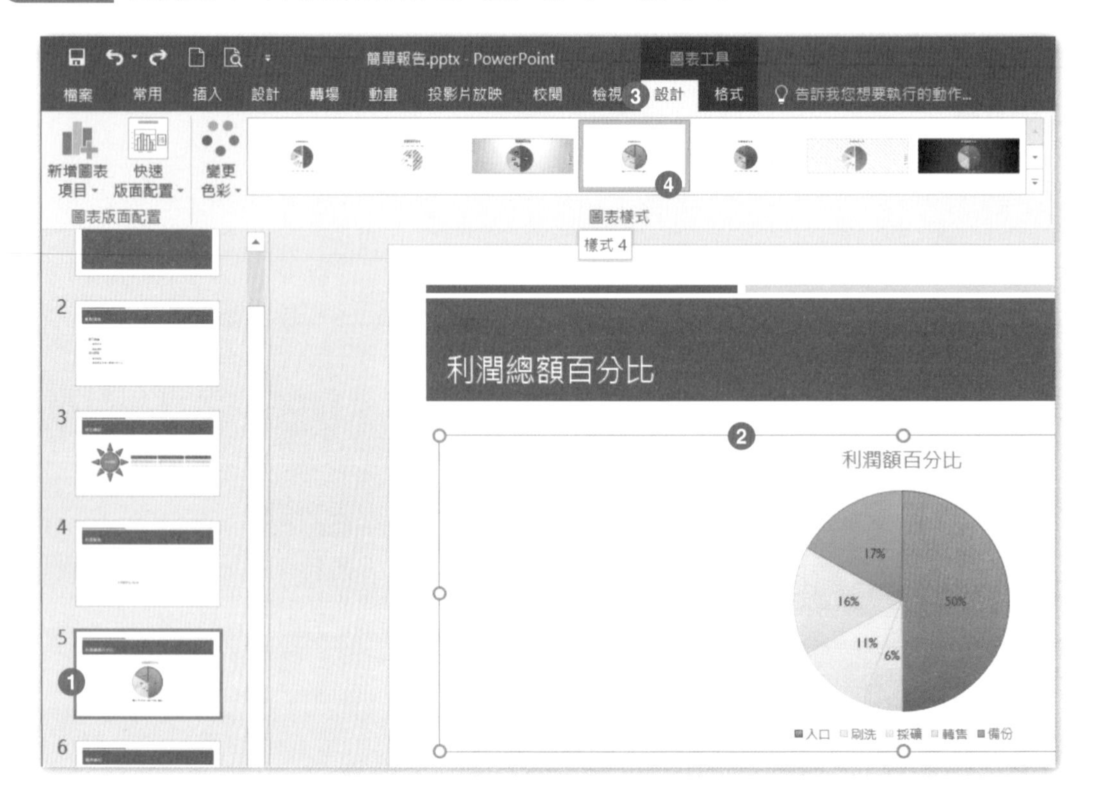

Step.3 點按**圖片工具 設計**索引標籤 \ **圖表樣式** \ **變更色彩** \「色彩 3」。

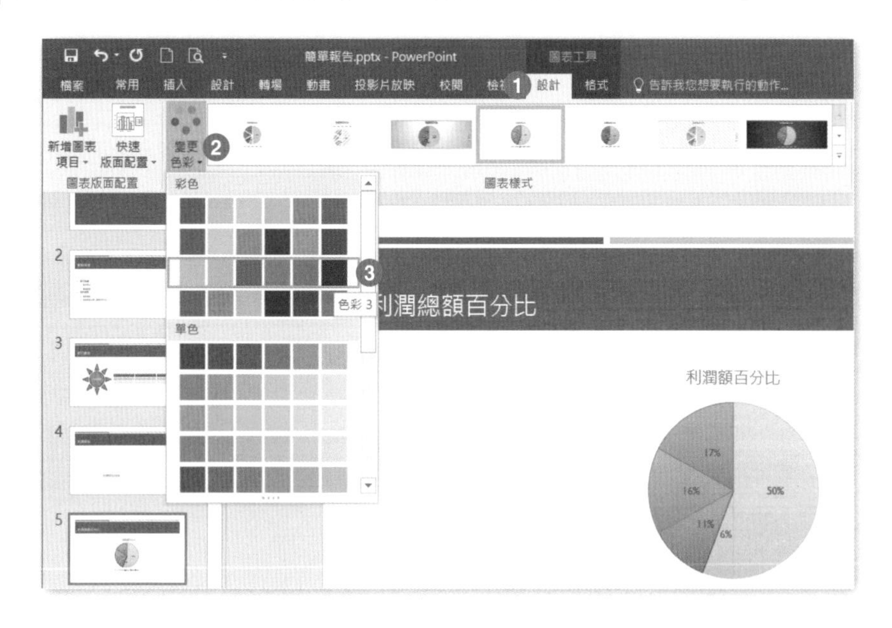

工作 3

設定列印選項，列印四份每頁 3 張投影片的簡報。列印時必須每一份的第 1 頁都會先列印出來，然後才列印每一份的第 2 頁。

解題步驟：

Step.1
點按**檔案**索引標籤 \ **列印** \ **份數**改成「4」。

Step.2
點按**全頁投影片▼** \ **講義** \3 **張投影片**。

Step.3
點按**自動分頁▼** \ **未自動分頁**。

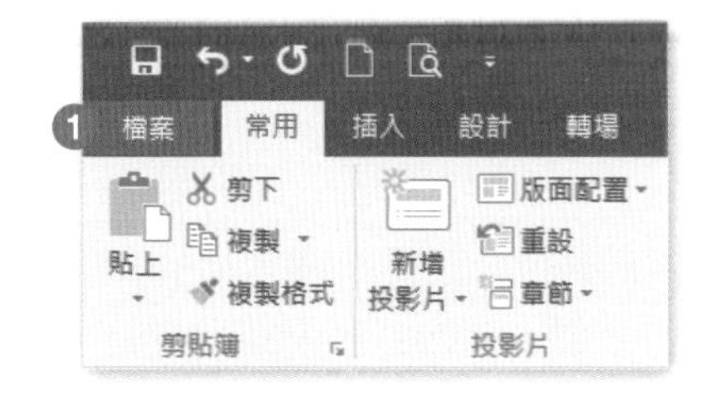

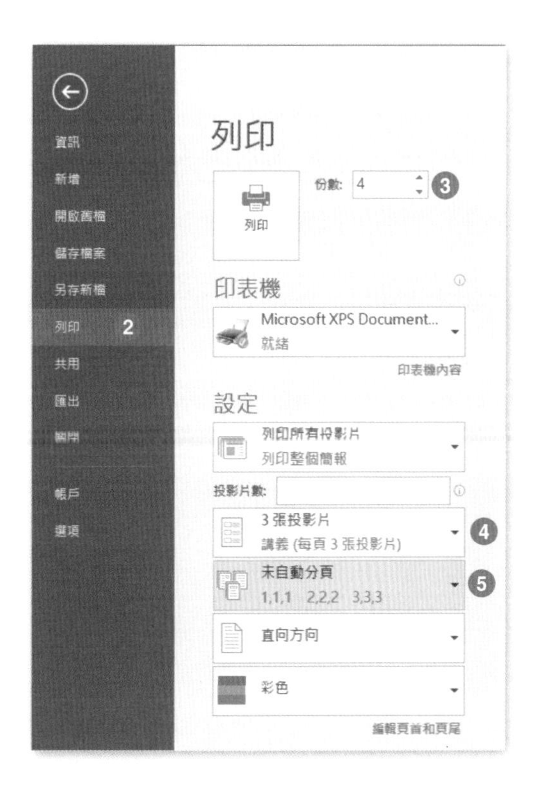

工作 4

針對第 4 張投影片的背景，套用預設的 [漸層填滿] 格式。

解題步驟：

Step.1 在左方投影片縮圖區中，點選第 4 張投影片，點按**設計**索引標籤 \ **自訂** \ **背景格式**。

Step.2 在背景格式視窗中，點按**填滿** \ ◉ **漸層填滿**。

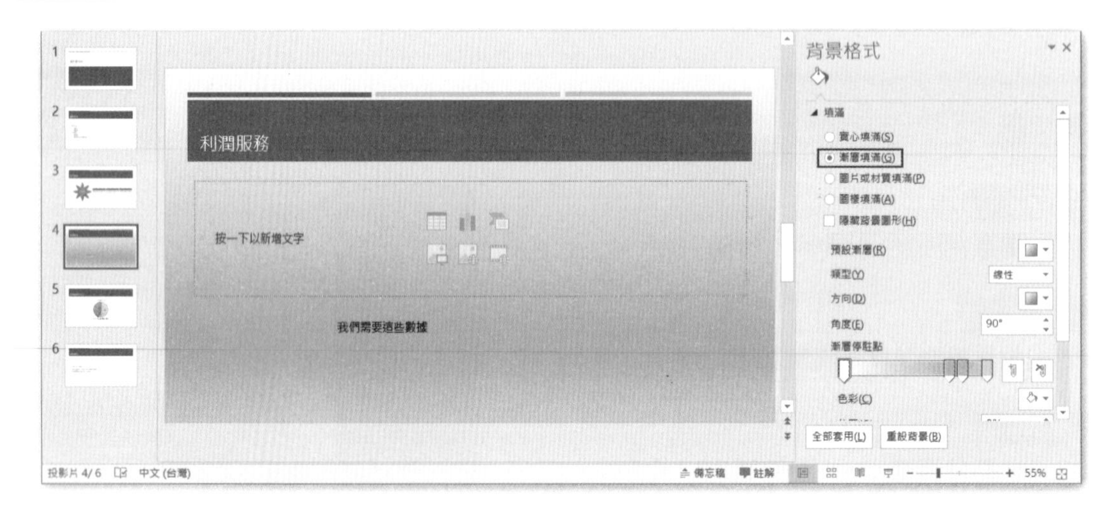

專案 3

題組情境：

你正在準備一份簡報，這也將會是幾份在購物中心導覽機上展示活動廣告的簡報其中之一。你將會列印講義，提供給行銷部門檢閱。

開啟【文件】資料夾 \ 第 6 章練習檔 \ 第三組 \ 專案 3\TEATIME.pptx 完成下列操作步驟：

工作 1

在第 2 張投影片上，設定視訊播放的 [開始時間] 是在第 2 秒鐘後。

解題步驟：

Step.1 在左方投影片縮圖區中，點選第 2 張投影片，在投影片編輯區中，點選影片。

Step.2 點按**視訊工具 播放**索引標籤 \ **剪輯視訊**。

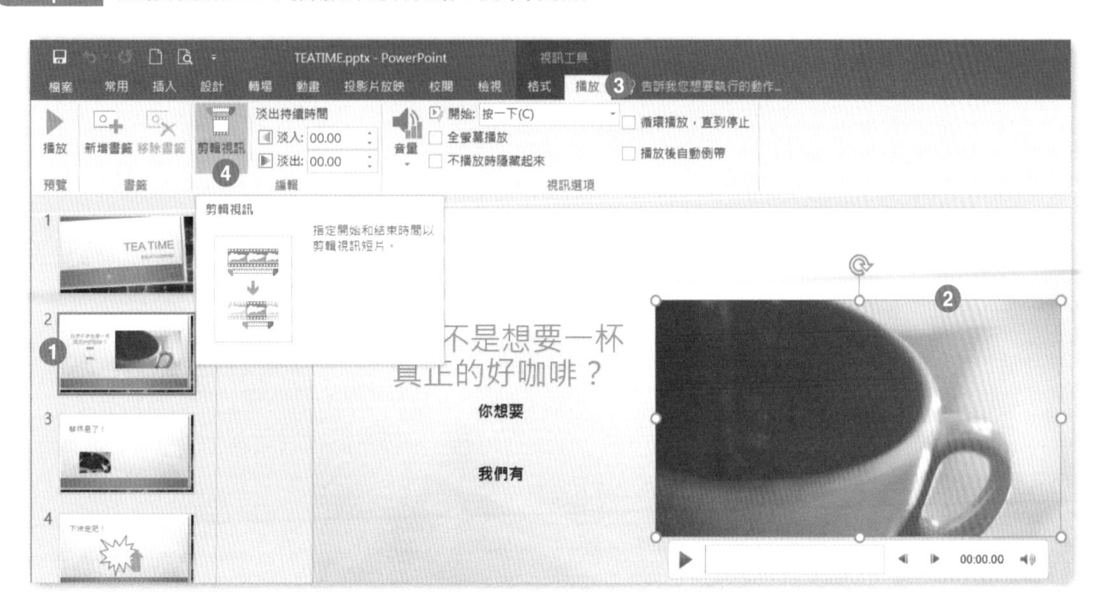

Step.3 在剪輯視訊視窗，**開始時間**設定「2」秒，按下**確定**。

工作 2

針對第 3 張投影片套用 [兩項物件] 投影片版面配置。

解題步驟：

Step.1 在左方投影片縮圖區中，點選第 3 張投影片，點按**常用**索引標籤 \ **投影片** \ **版面配置▼** \「**兩項物件**」。

工作 3

在第 4 張投影片上，讓爆炸圖案和向上箭號圖案可以水平置中對齊。

解題步驟：

Step.1 在左方投影片縮圖區中，點選第 4 張投影片，在中央投影片編輯區中，選取爆炸圖案和向上箭號圖案。

Step.2 點按**繪圖工具 格式**索引標籤 \ **排列** \ **對齊▼** \ **水平置中**。

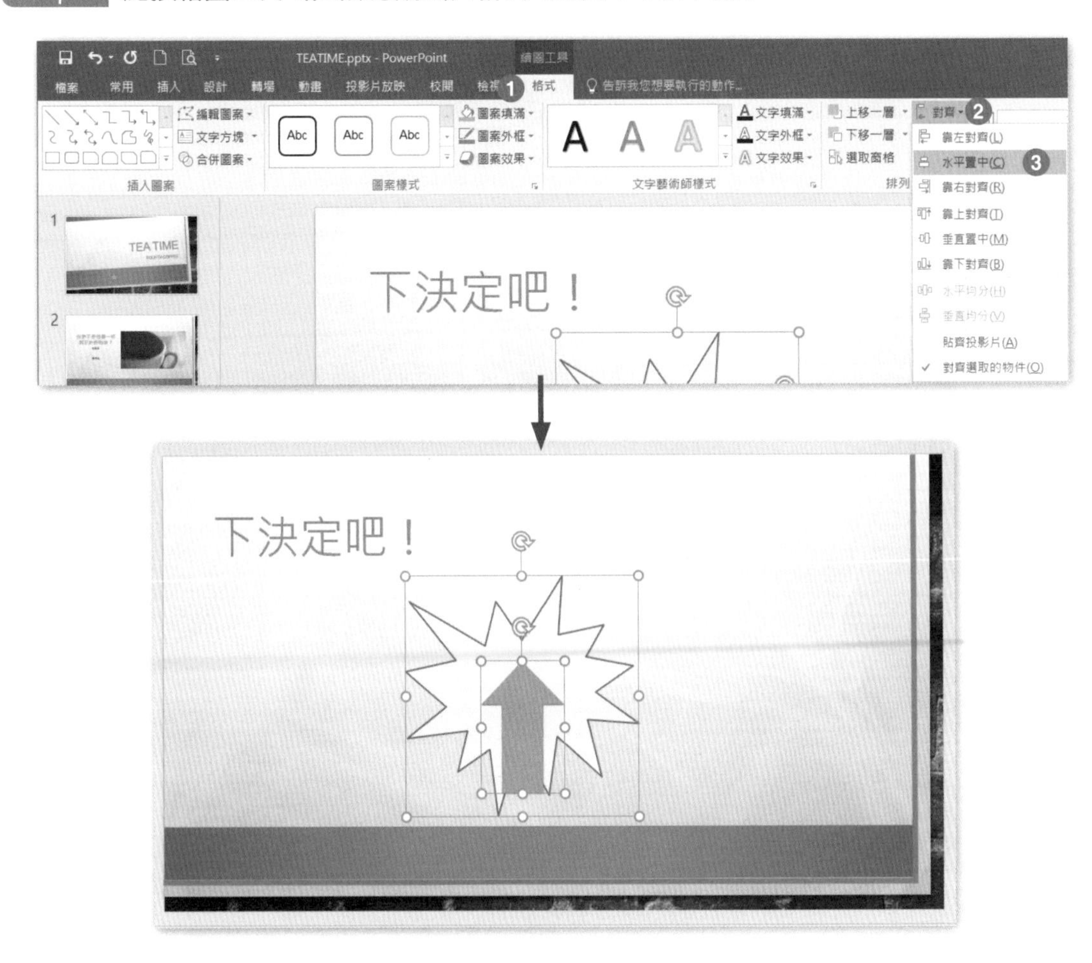

工作 4

移除講義頁首的日期版面配置區。

解題步驟：

Step.1 點按**檢視**索引標籤 \ **母片檢視** \ **講義母片**。

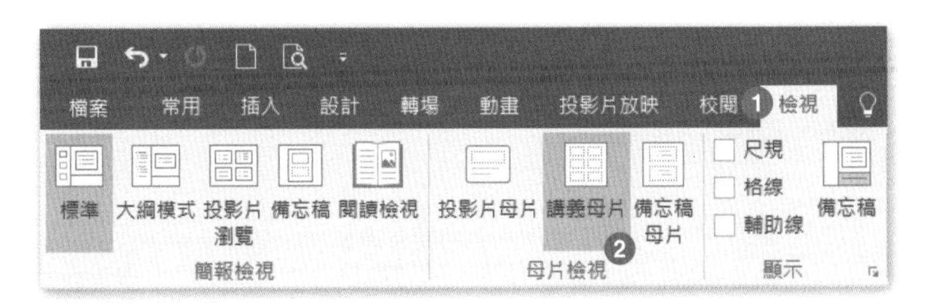

Step.2 點按**講義母片**索引標籤 \ **版面配置區**，取消勾選**日期**。

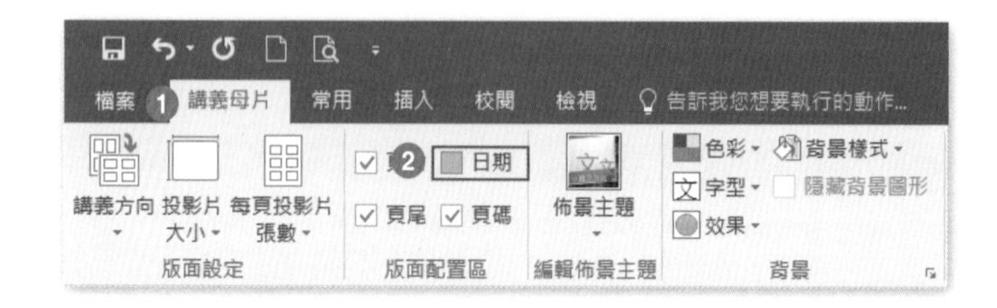

Step.3 點按**講義母片**索引標籤 \ **關閉** \ **關閉母片檢視**。

工作 5

在第 5 張投影片上，對底部文字方塊裡的文字，調整字元間距為 [非常寬鬆 (加寬 6pt)] 並套用文字陰影。

解題步驟：

Step.1 在左方投影片縮圖區中，點選第 5 張投影片，並點選投影片編輯區中文字方塊的外框。

Step.2 點按**常用**索引標籤 \ **字型** \ **字元間距▼** \ **非常寬鬆**。

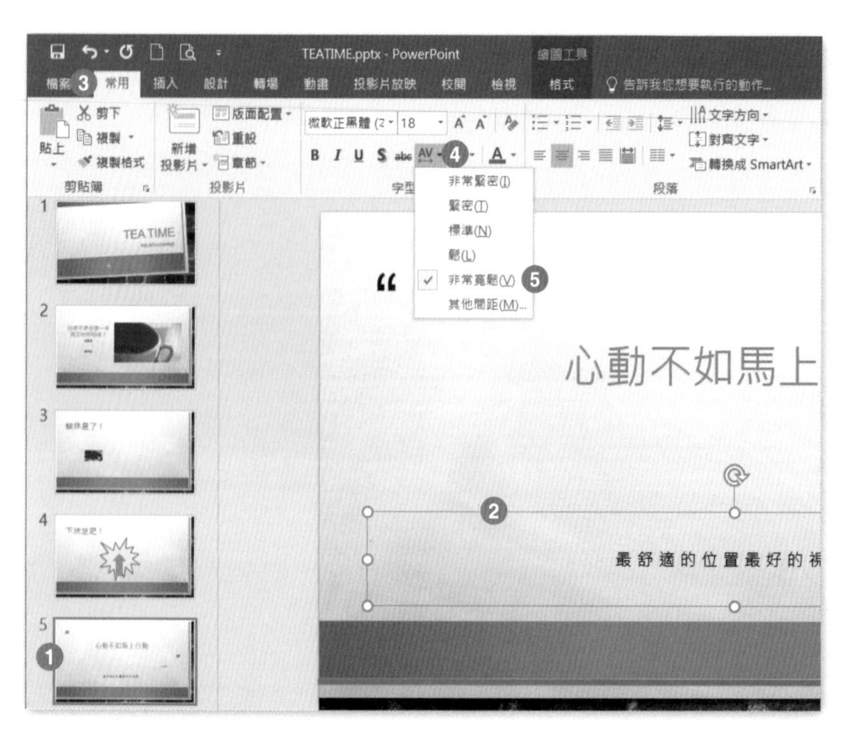

Step.3 點按**常用**索引標籤 \ **字型** \ **文字陰影**。

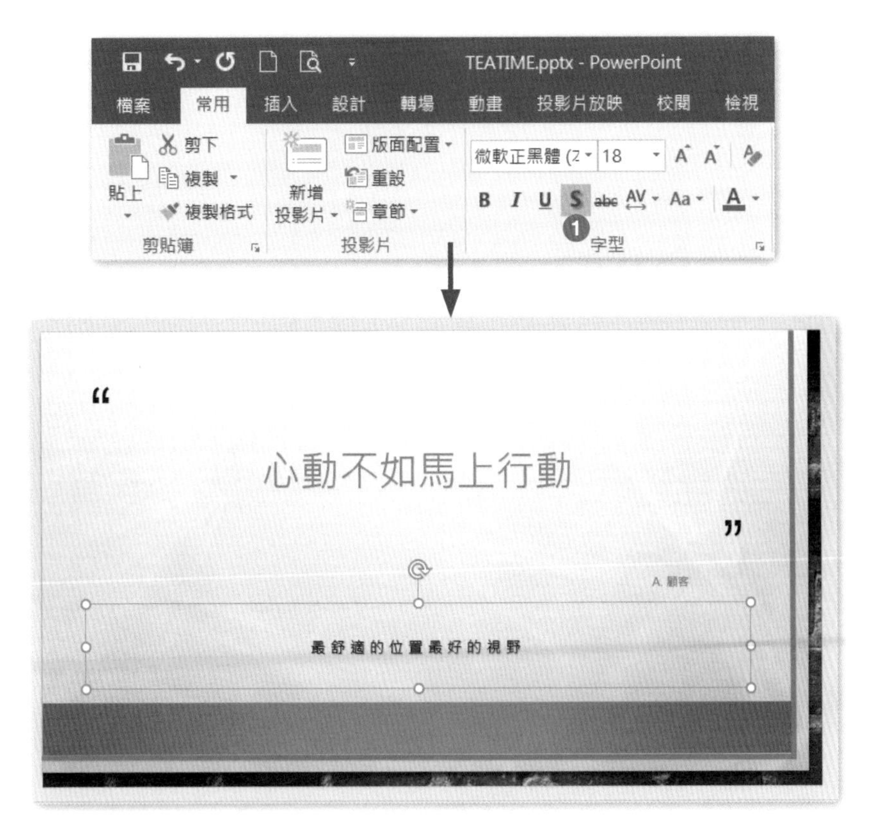

專案 4

題組情境：

你正在為你的老闆製作一份簡報，讓他可以在簡報上做最後修改。

開啟【文件】資料夾 \ 第 6 章練習檔 \ 第三組 \ 專案 4\ 新企劃案 .pptx 完成下列操作步驟：

工作 1

在第 4 張投影片上新增一個預設的長條圖類型裡的 [長條圖] 圖表。

解題步驟：

Step.1 在左方投影片縮圖區中，點選第 4 張投影片，在中央投影片版面配置區中，點選**插入圖表**。

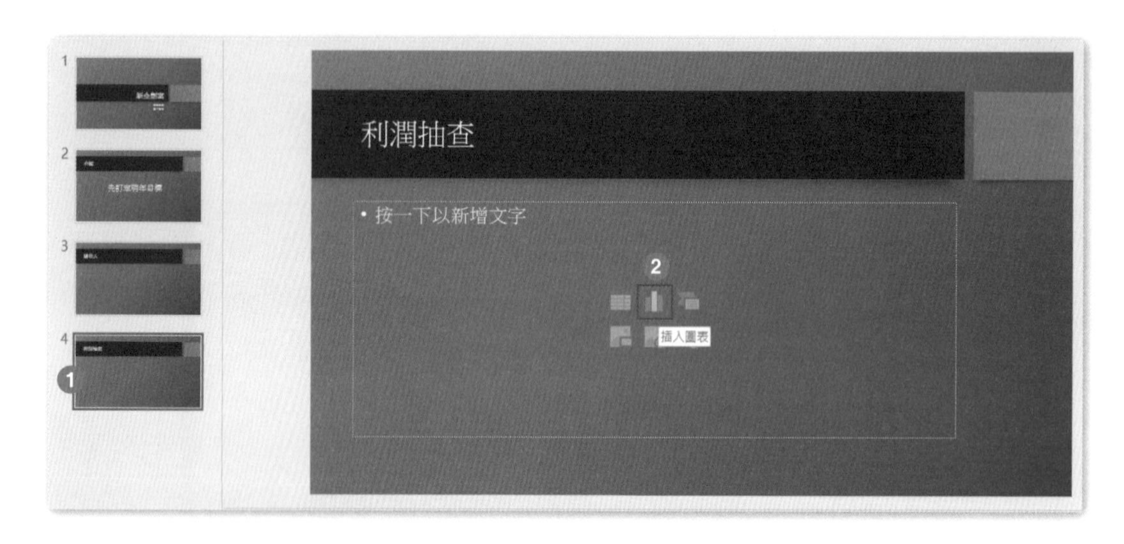

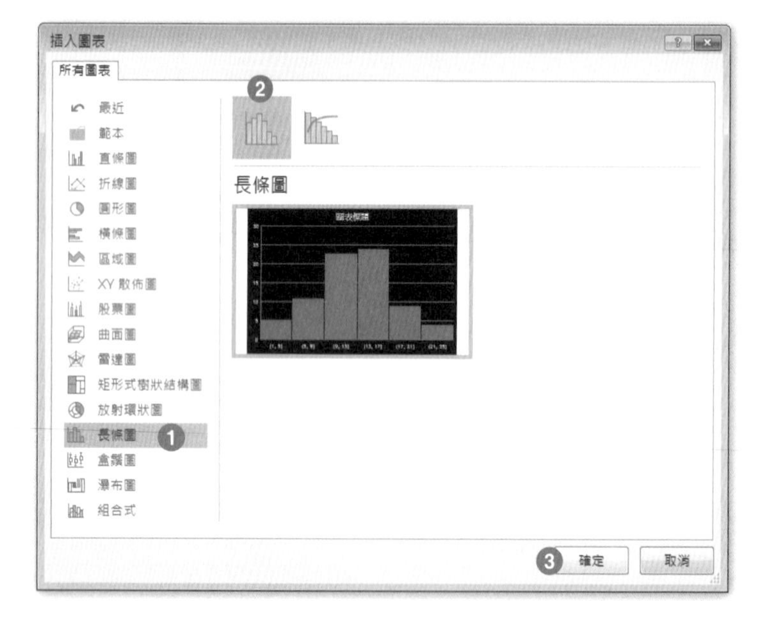

Step.2 在**插入圖表**視窗中，點選**長條圖**\選擇該類別下的**長條圖**，按下**確定**。

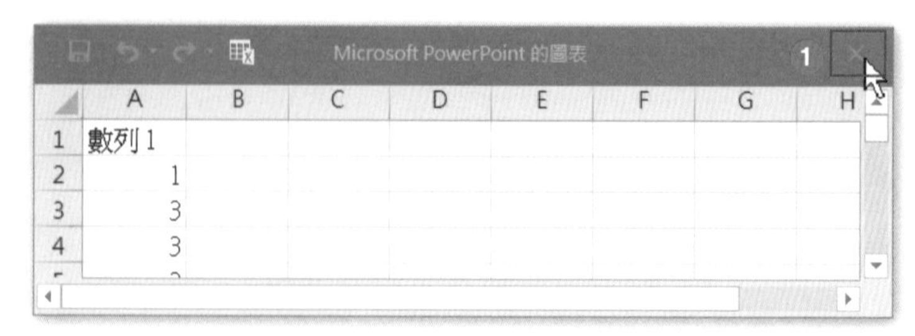

Step.3 關閉 Excel 視窗。

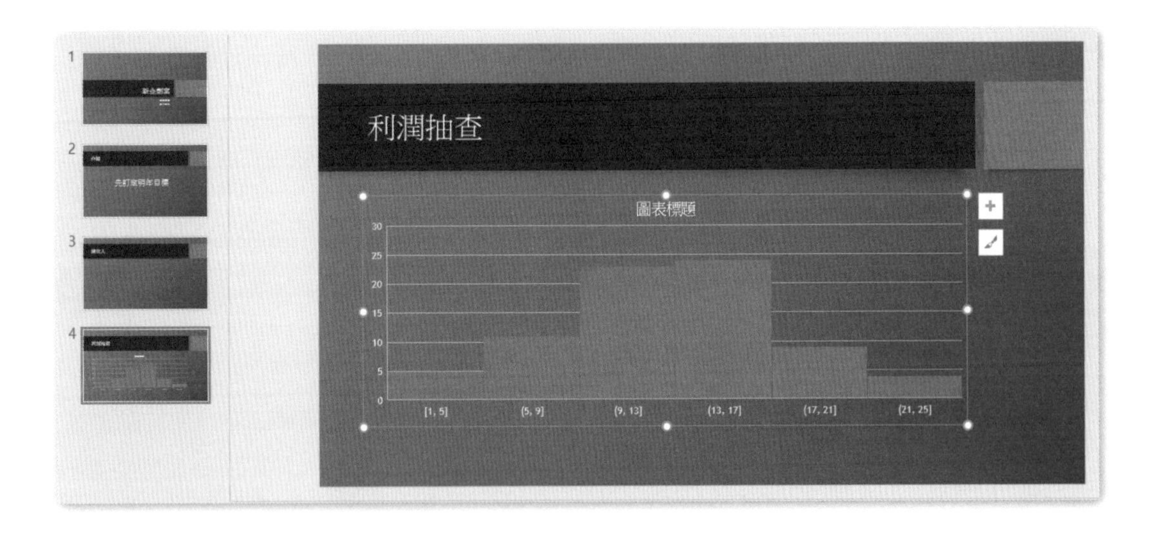

工作 2

在第 3 張投影片上新增一張表格，此表格來自 [文件] 資料夾裡的「盈收 .xlsx」活頁簿檔案。

解題步驟：

Step.1 在左方投影片縮圖區中，點選第 3 張投影片，點按**插入**索引標籤 \ **文字** \ **物件**。

Step.2 在插入物件視窗中，點選 ⦿ **由檔案建立**，按下**瀏覽**。

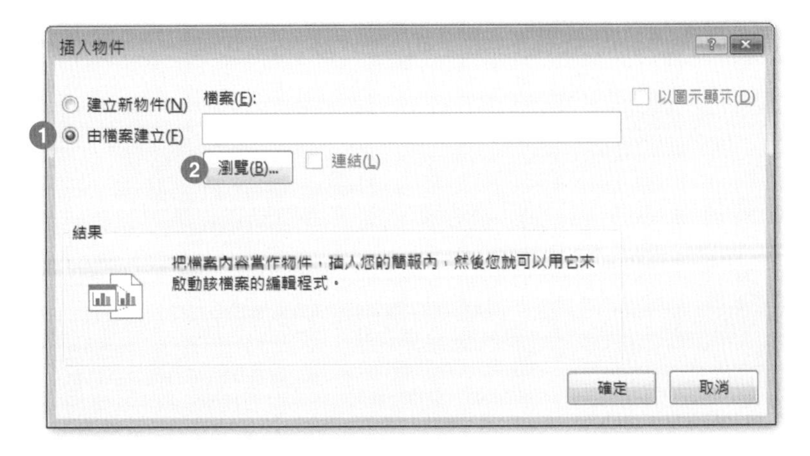

Step.3 在**瀏覽**視窗中，點選「文件 \ 第 6 章練習檔 \ 第三組 \ 專案 4」資料夾中的「**盈收** .xlsx」，並按下**確定**兩次。

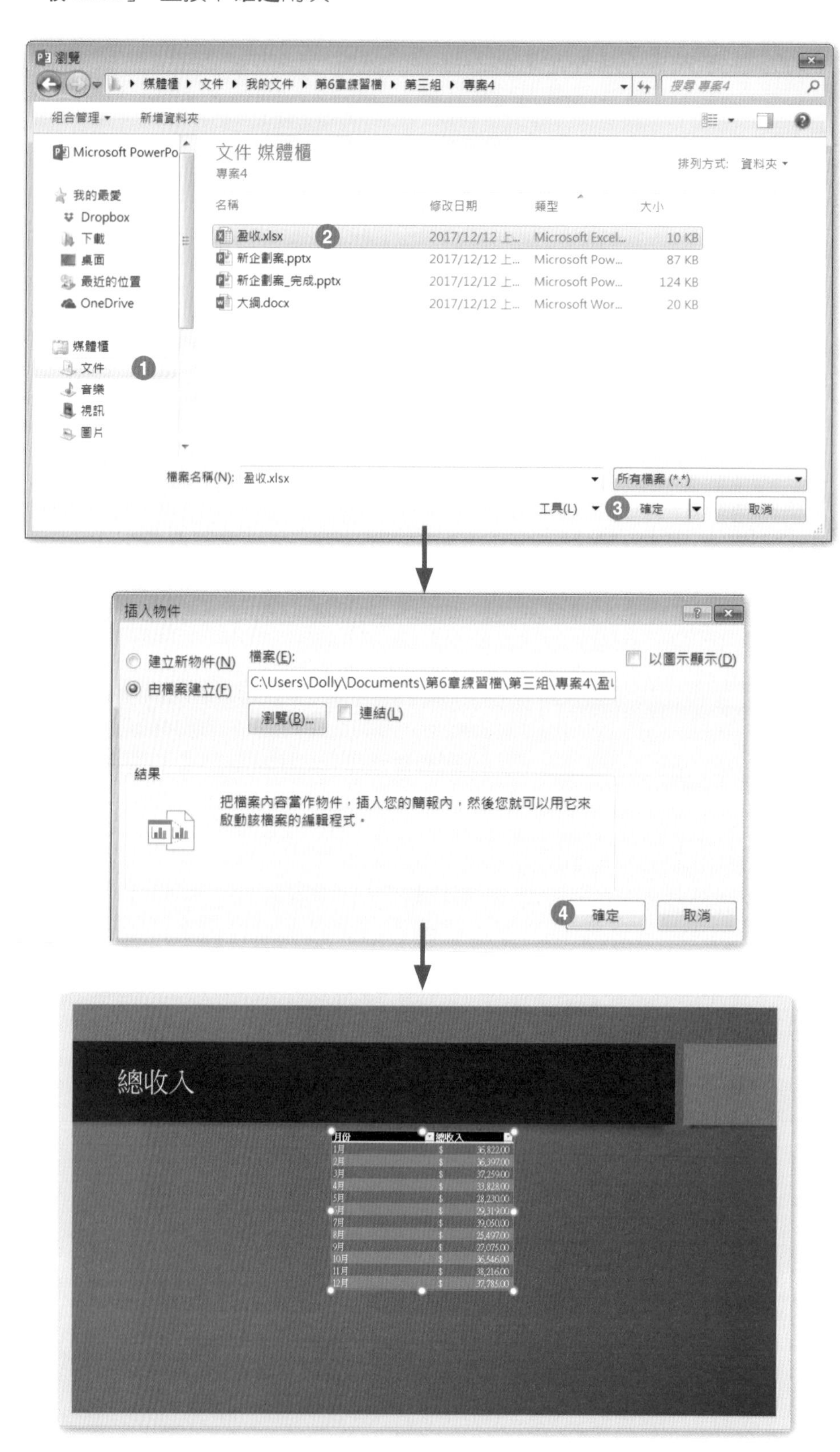

工作 3

對第 2 張投影片上的文字方塊，套用 [輕微效果 - 淺藍 , 輔色 6]，並變更其圖案外框寬度為 [4.5 點] 再套用 [硬邊浮凸] 效果。

解題步驟：

Step.1 在左方投影片縮圖區中，點選第 2 張投影片，並點選投影片編輯區中的文字方塊外框。

Step.2 點按**繪圖工具 格式**索引標籤 \ **圖案樣式** \ **▼其他**。

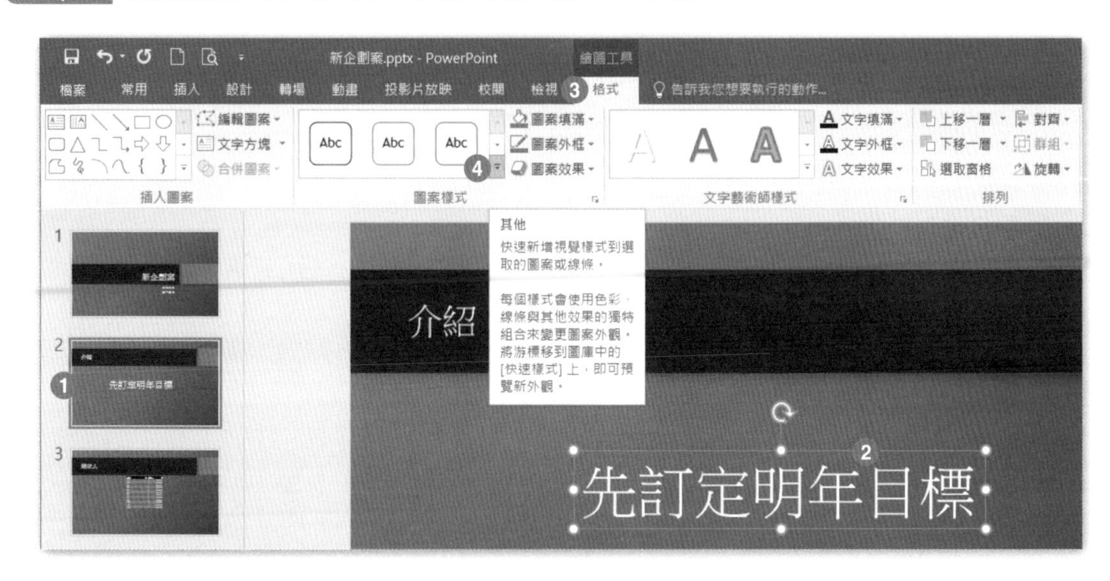

Step.3 在下拉式選單中選擇「**輕微效果 - 淺藍 , 輔色 6**」。

Step.4 點按**繪圖工具 格式**索引標籤 \ **圖案樣式** \ **圖案外框▼** \ **寬度** \「**4.5 點**」。

Step.5 點按**繪圖工具 格式**索引標籤 \ **圖案樣式** \ **圖案效果▼** \ **浮凸** \「**硬邊**」。

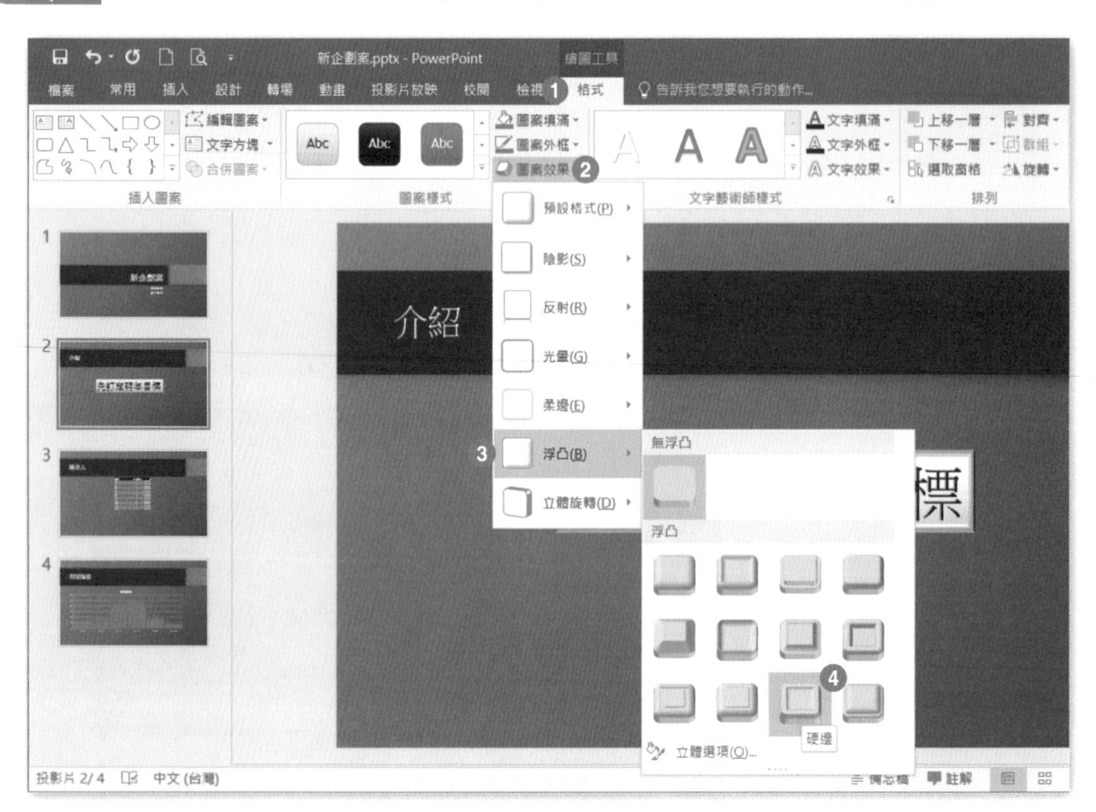

工作 4

在簡報最後面新增投影片，新投影片來自 [文件] 資料夾裡的「大綱 .docx」文件檔。

解題步驟：

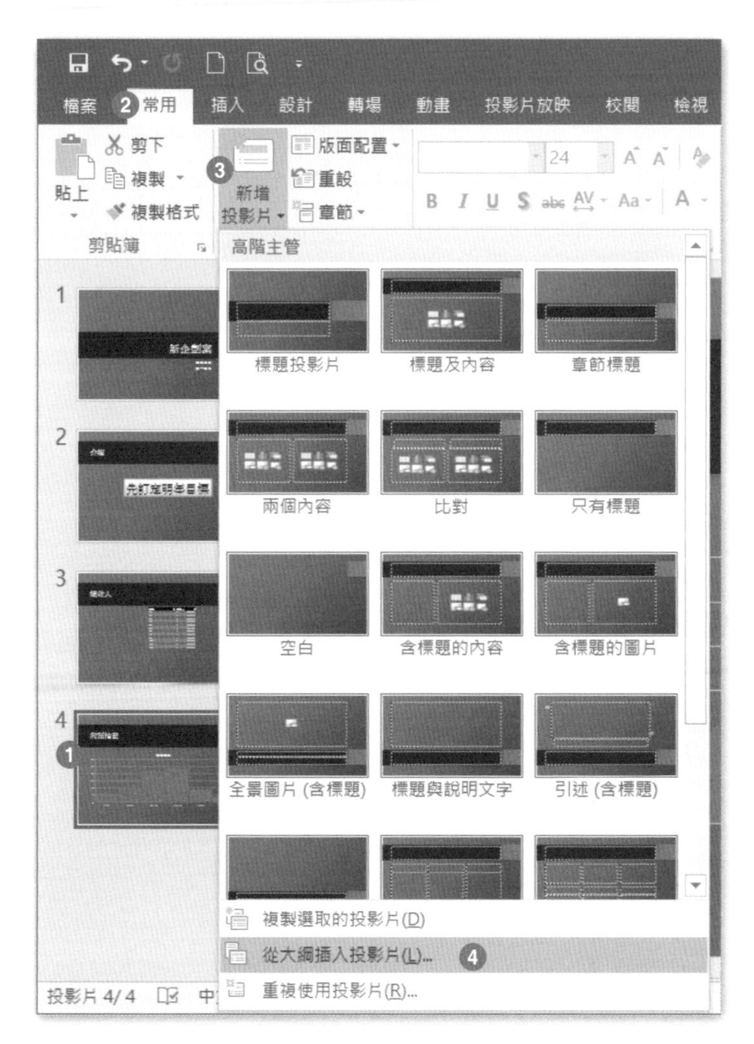

Step.1

在左方投影片縮圖區中，點選第 4 張投影片，點按**插入**索引標籤 \ **投影片** \ **新增投影片▼** \ **從大綱插入投影片**。

Step.2 點選「文件 \ 第 6 章練習檔 \ 第三組 \ 專案 4」資料夾中的「**大綱** .docx，並按下**插入**。

專案 5

題組情境：

您正準備一份可以運用在線上並由講師主導的音樂理論課程簡報。

開啟【文件】資料夾 \ 第 6 章練習檔 \ 第三組 \ 專案 5\ 音樂的要素 .pptx 完成下列操作步驟：

工作 1

在 [講義母片] 的左側頁尾輸入「初稿」。

解題步驟：

Step.1 點按**檢視**索引標籤 \ **講義母片**。

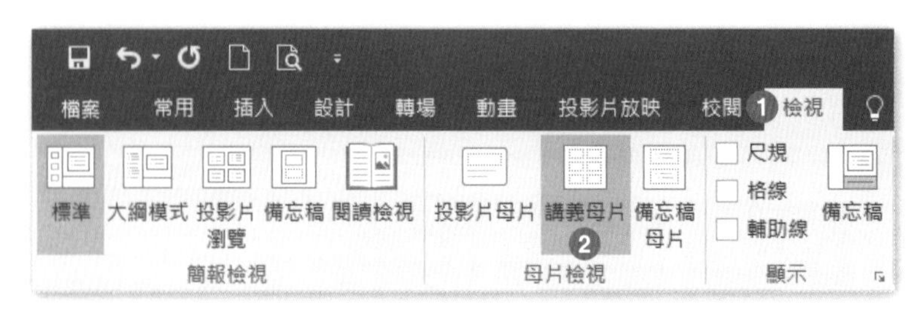

Step.2 在中央講義母片編輯區中，左下頁尾輸入文字「初稿」。

Step.3 點按**講義母片**索引標籤 \ **關閉** \ **關閉母片檢視**。

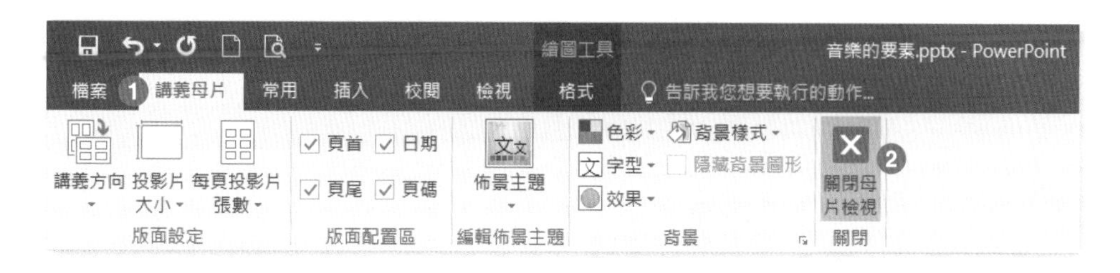

工作 2

設定列印選項，以 [橫向方向] 印五份簡報的 [備忘稿]。列印時必須每一份的第 1 張投影片都會先列印出來，然後才列印每一份的第 2 張投影片。

解題步驟：

Step.1 按**檔案**索引標籤，點按**列印** \ **份數**選擇 5。

Step.2 點按**列印** \ **設定** \ **全頁投影片▼** \ **備忘稿**。

Step.3 點按**列印** \ **設定** \ **直向方向▼** \ **橫向方向**。

Step.4 點按**列印** \ **設定** \ **自動分頁▼** \ **未自動分頁**。

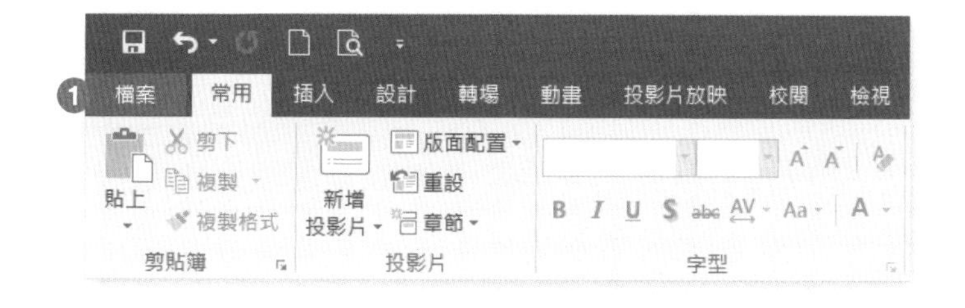

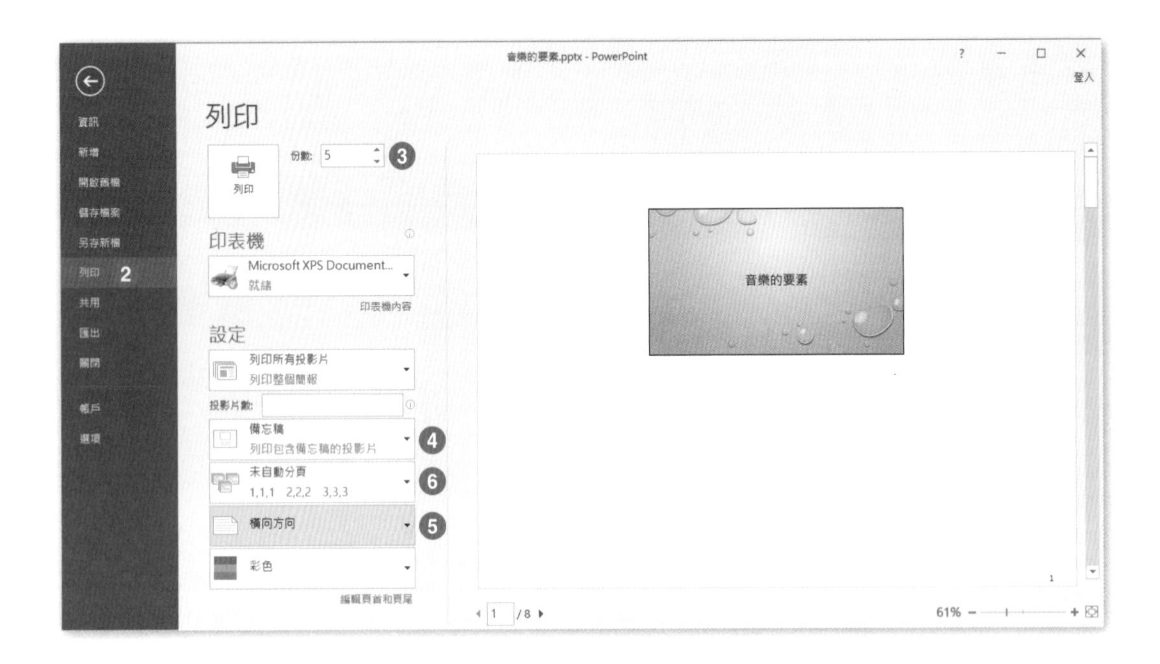

工作 3

將第 8 張投影片上的項目符號清單文字以兩欄顯示。

解題步驟：

Step.1 在左方投影片縮圖區中，點選第 8 張投影片，並點選在中央投影片編輯區中的文字方塊外框。

Step.2 點按**常用**索引標籤 \ **段落** \ **新增或移除欄** \ **兩欄**。

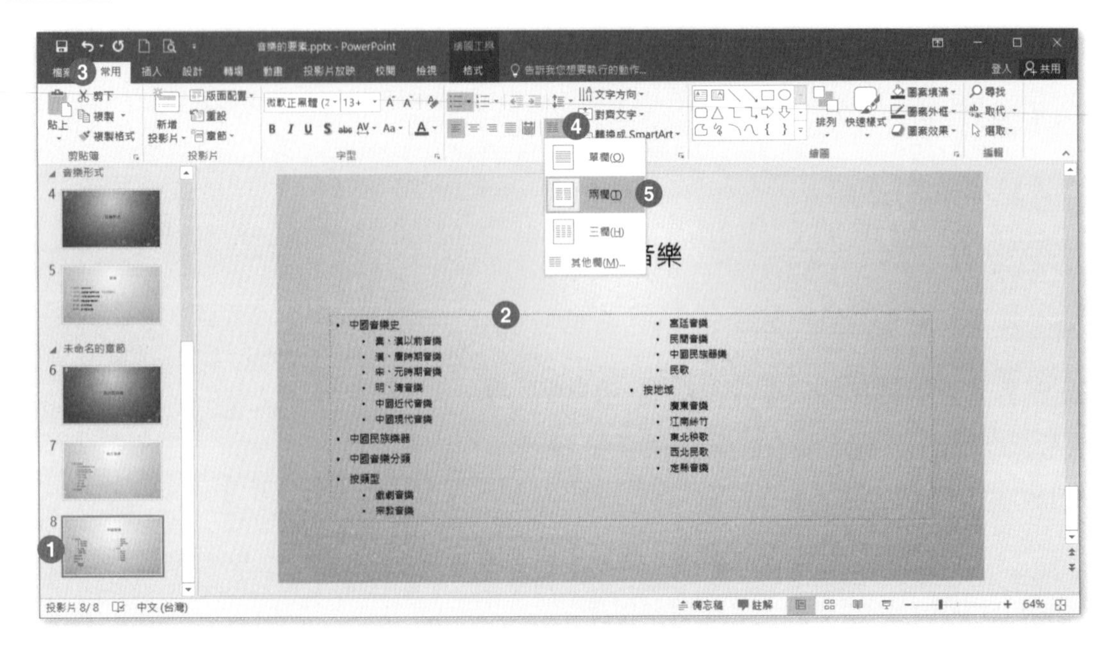

工作 4

將簡報最後一個章節名稱「未命名的章節」更名為「各地區音樂」。

解題步驟：

Step.1 在左方投影片縮圖區中，點選最後一章節名稱「**未命名的章節**」。

Step.2 點按**常用**索引標籤 \ **投影片** \ **章節▼** \ **重新命名章節**。

Step.3 在**重新命名章節**視窗中，輸入章節名稱「**各地區音樂**」，並按下**重新命名**。

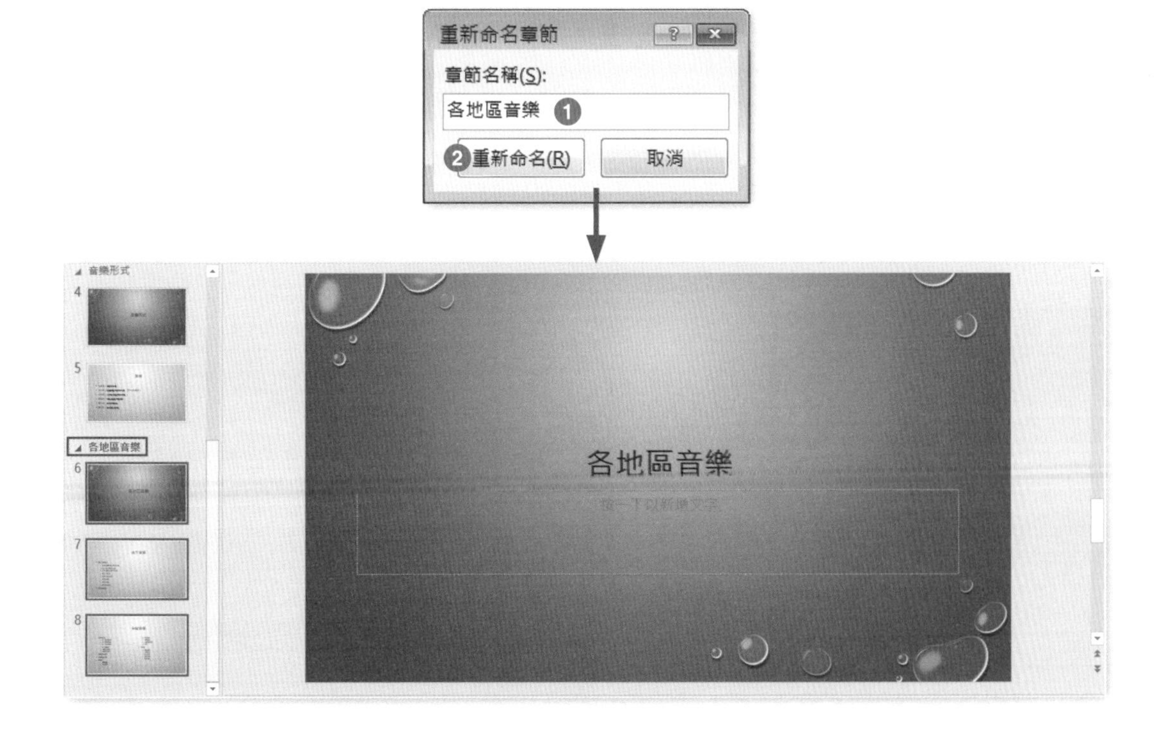

工作 5

設定所有投影片的轉場效果 [期間] 為 3 秒鐘。

解題步驟：

Step.1 在左方縮圖區任意點選 1 張投影片，再配合使用鍵盤快速鍵 Ctrl+A 選取所有左方縮圖區中的投影片。

Step.2 點按**轉場**索引標籤 \ **預存時間** \ **期間**輸入「3」**秒**。

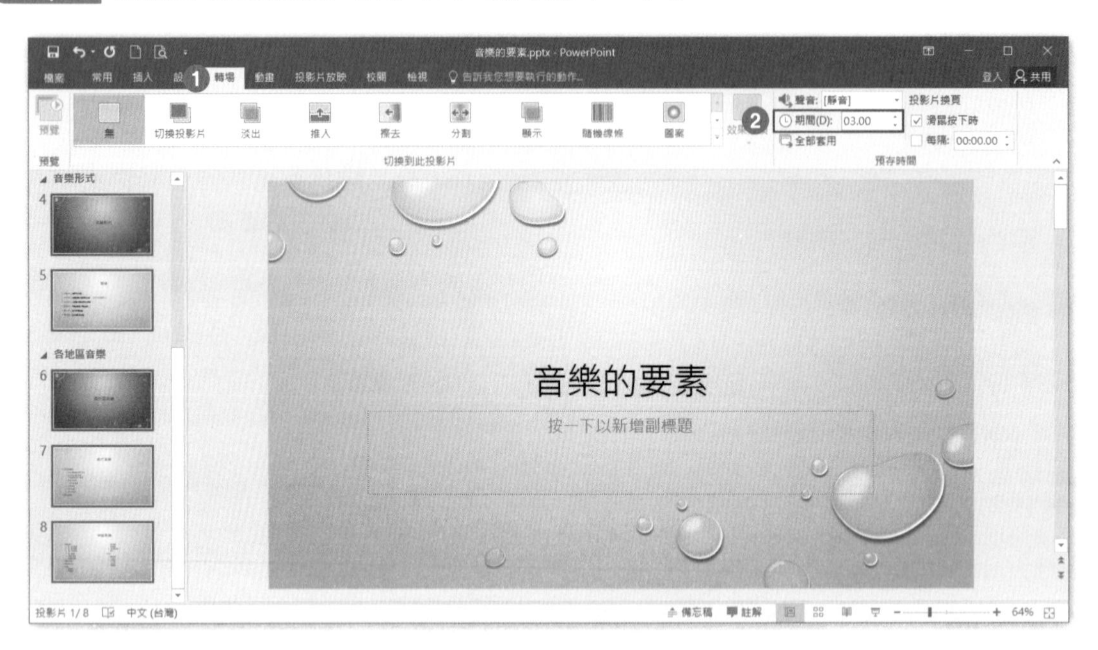

專案 6

題組情境：

你在歐洲之旅的行銷部門服務，你正在準備一份簡報，這也將會是幾份可以展示活動廣告的簡報之一。你將會列印講義，提供行銷部門檢閱。

開啟【文件】資料夾 \ 第 6 章練習檔 \ 第三組 \ 專案 6\ 歐洲之旅 .pptx 完成下列操作步驟：

工作 1

變更第 5 張投影片上 [爆炸] 圖案與文字的動畫路徑，套用移動路徑為 [向右彎曲]。

解題步驟：

Step.1 在左方投影片縮圖區中，點選第 5 張投影片，點選中央投影片編輯區中的「爆炸」圖案。

Step.2 點按**動畫**索引標籤 \ **動畫** \ ▼**其他**。

Step.3 在下拉式選單中，選擇**其他移動路徑**。

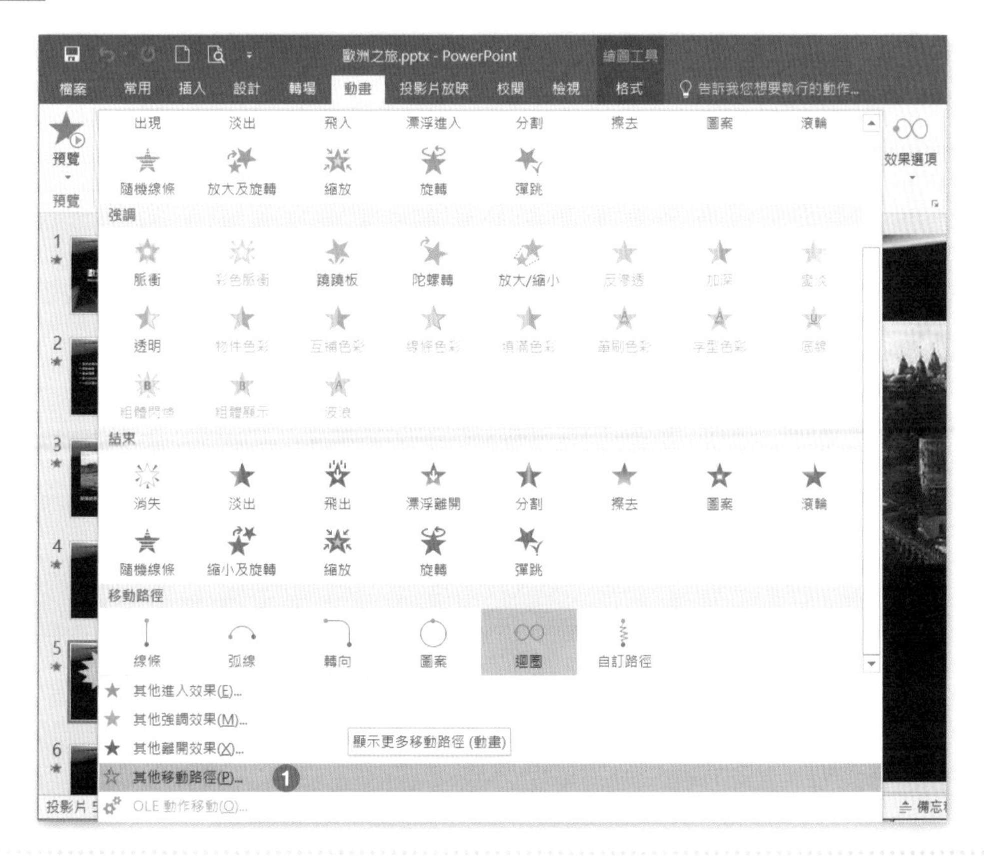

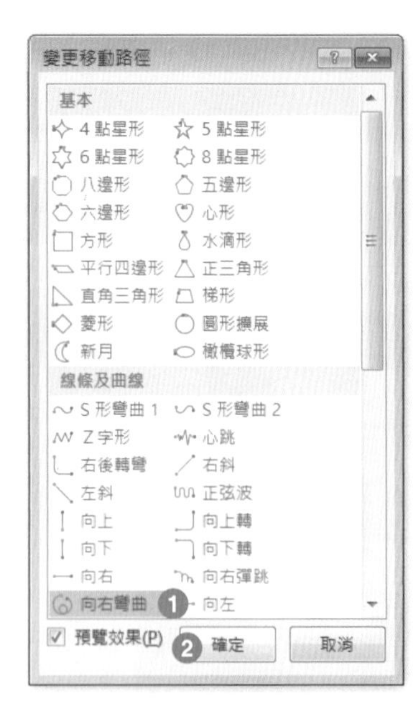

Step.4 在**變更移動路徑**視窗中，點選**線條及曲線**\「**向右彎曲**」，按下**確定**。

工作 2

設定 PowerPoint 可以顯示格線並貼齊格線。

解題步驟：

Step.1 點按**檢視**索引標籤**顯示**\勾選「**格線**」。

Step.2 點按**檢視**索引標籤**顯示**，開啟群組對話框。

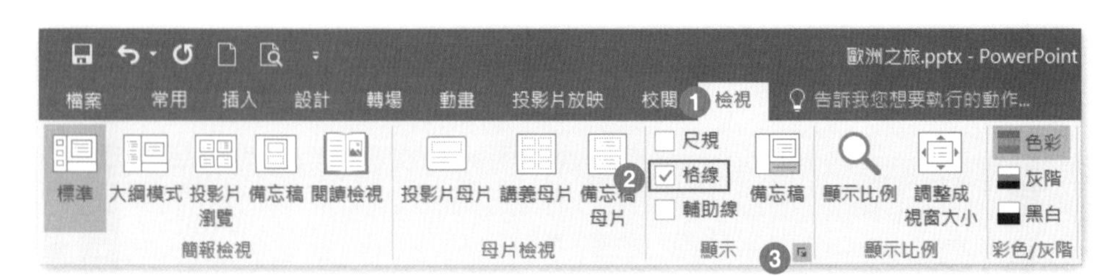

Step.3 在格線及輔助線視窗中，**貼齊 \ 勾選 ☑ 貼齊格線**，按下**確定**。

工作 3

在第 7 張投影片上重新調整心形圖案的大小為原本的兩倍大，並且必須鎖定圖案的長寬比。

解題步驟：

Step.1 在左方投影片縮圖區中，點選第 7 張投影片，並點選中央投影片編輯區的心形圖案。

Step.2 點按**繪圖工具 格式**索引標籤 \ **大小**，開啟大小及位置群組對話窗。

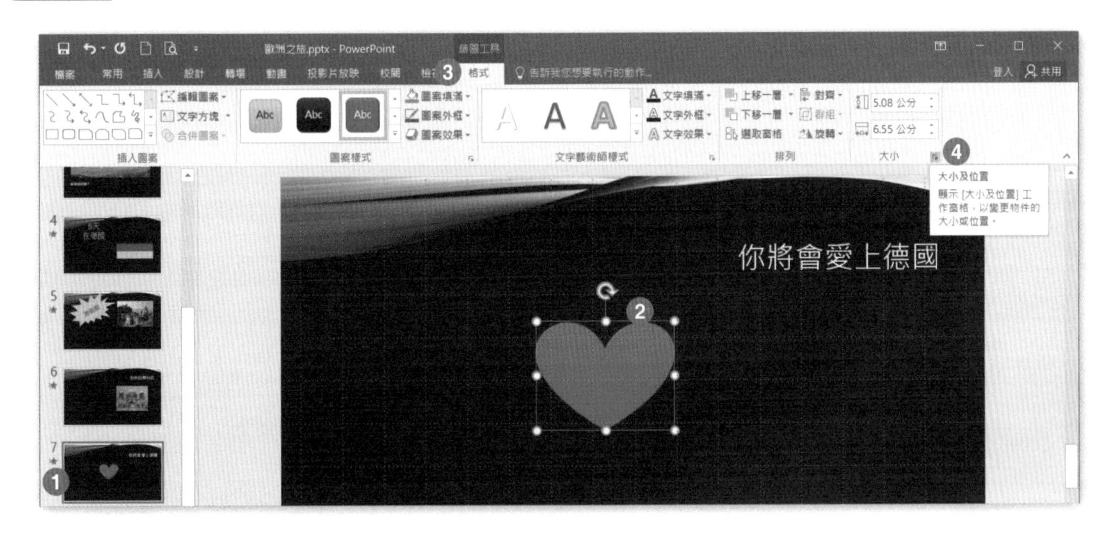

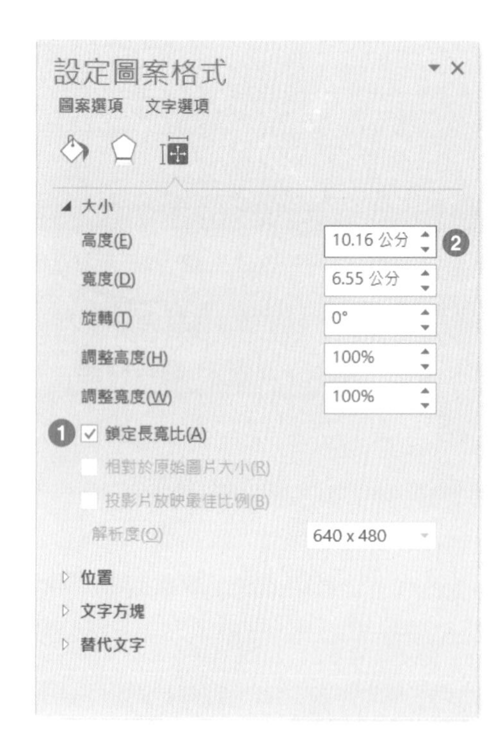

Step.3 在右方設定圖案格式視窗中，**大小 \ **勾選 ☑ **鎖定長寬比**。

Step.4 在右方設定圖案格式視窗中，高度改為「10.16」公分。

工作 4

對第 4 張投影片轉場效果的聲音套用 [鼓掌] 音效。

解題步驟：

Step.1 在左方投影片縮圖區中，點選第 4 張投影片。

Step.2 選按**轉場**索引標籤 \ **預存時間 \ 聲音**選擇為**「鼓掌」**。

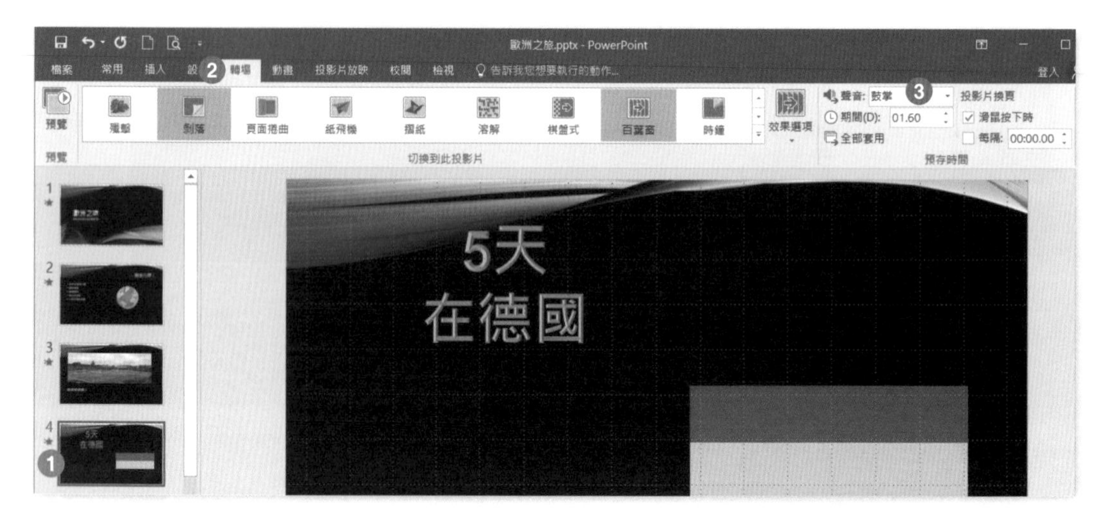

工作 5

在簡報最後新增投影片，投影片來自 [文件] 資料夾內的「延長 .docx」大綱文件。

解題步驟：

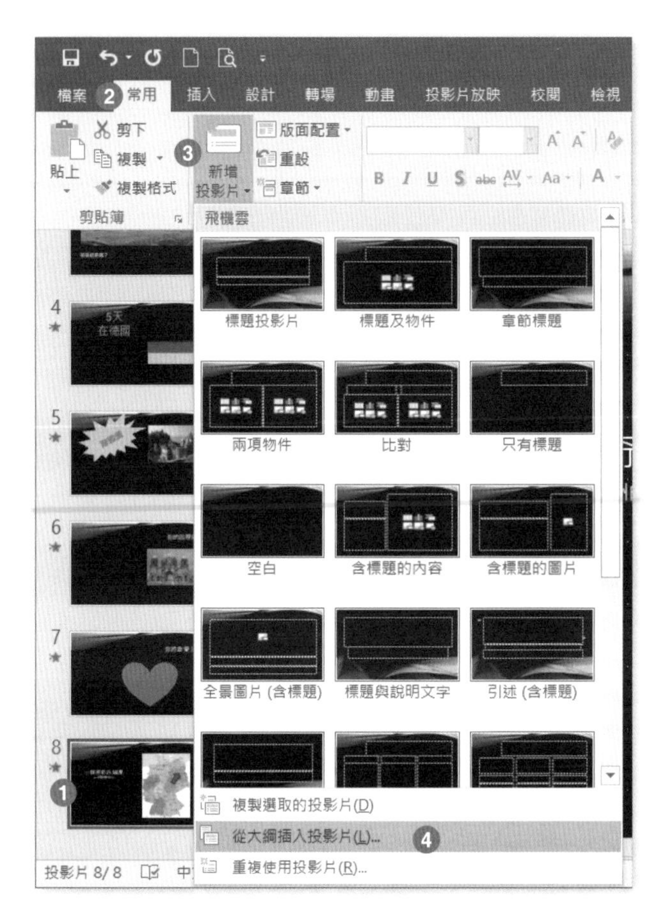

Step.1

在左方投影片縮圖區中，點選第 8 張投影片，點按**常用**索引標籤 \ **投影片** \ **新增投影片** \ **從大綱插入投影片**。

Step.2

在**插入大綱**視窗中，點選「文件 \ 第 6 章練習檔 \ 第三組 \ 專案 6」資料夾中的「**延長 .docx**」，並按下**插入**。

專案 7

題組情境：

你是泰瑞博士的研究助理，為了進行中的專案，正著手準備一份概要報告。

開啟【文件】資料夾 \ 第 6 章練習檔 \ 第三組 \Part7\ 人類學 .pptx 完成下列操作步驟：

工作 1

將投影片大小改變為 18.51 公分寬、25.76 公分高，並調整內容以確保最適大小。

解題步驟：

Step.1 點按**設計**索引標籤 \ **自訂** \ **投影片大小▼** \ **自訂投影片大小**。

Step.2 在投影片大小視窗中，寬度輸入「18.51」公分，高度輸入「25.76」公分，按下**確定**。

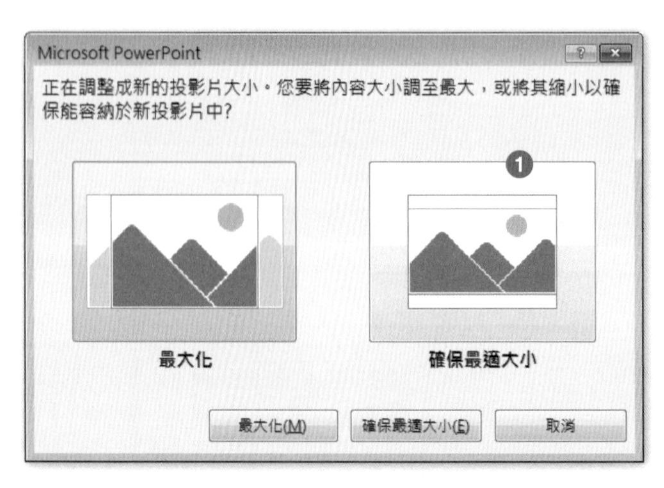

Step.3 在確認視窗中，點選「**確保最高大小**」。

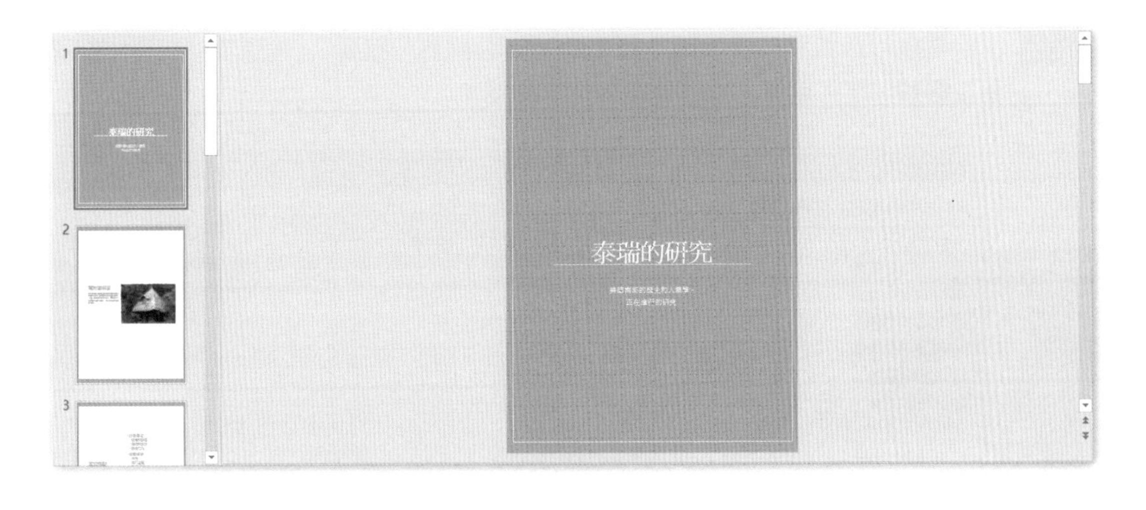

工作 2

建立投影片自訂放映，命名為「概要」，僅能放映第 1,2,4,5,6,7 和 9 張投影片。

解題步驟：

Step.1 點按**投影片放映**索引標籤 \ **開始投影片放映** \ **自訂投影片放映▼** \ **自訂放映**。

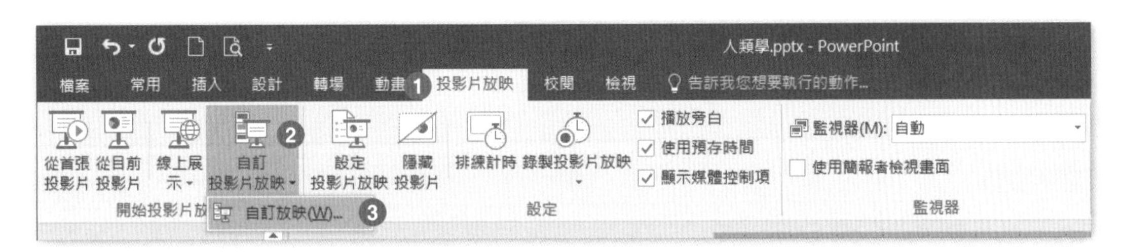

Step.2 在自訂放映視窗中，按下**新增**。

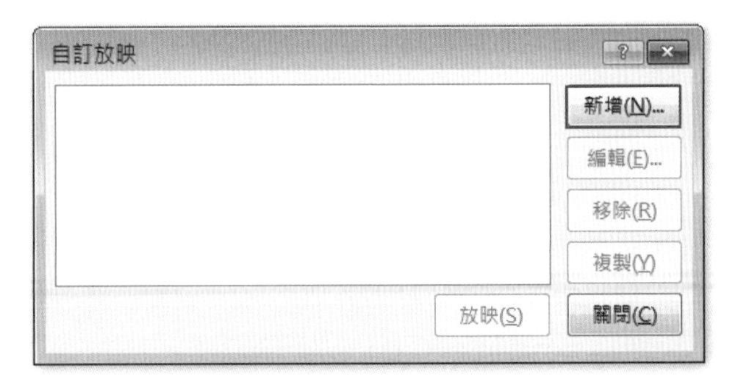

Step.3 在定義自訂放映視窗中，輸入**投影片放映名稱**為「**概要**」，勾選**第 1,2,4,5,6,7 和 9 張投影片**，按下**新增**，按下**確定**，按下**關閉**。

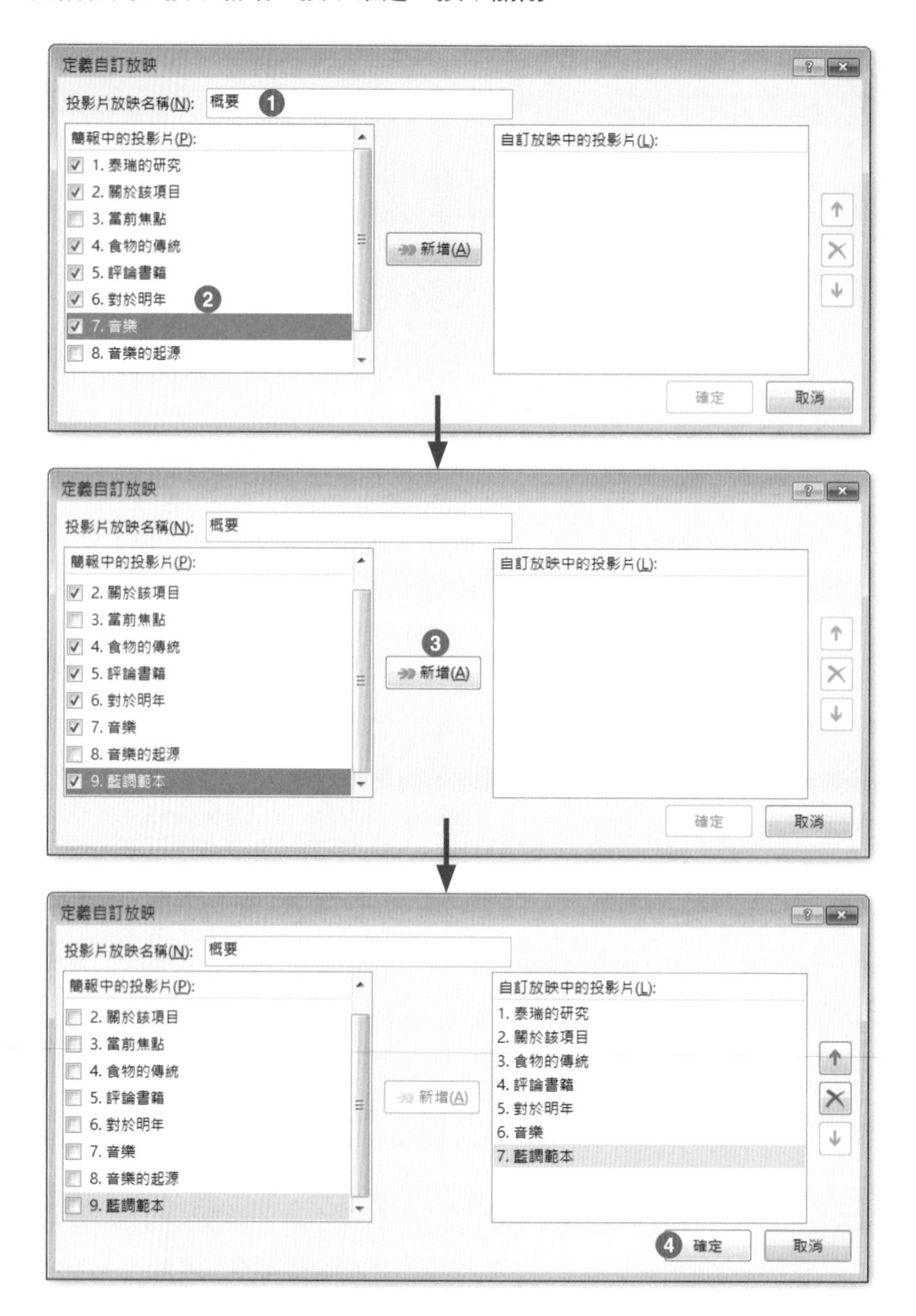

Step.4 在定義自訂放映視窗中，按下**關閉**。

工作 3

以僅內嵌簡報中所使用的字元的方式在檔案內嵌入字型。然後儲存檔案。

解題步驟：

Step.1 按**檔案**索引標籤，點按**選項 \ 儲存** \ 勾選 ☑ **在檔案內嵌字型** \ 按下**確定**。

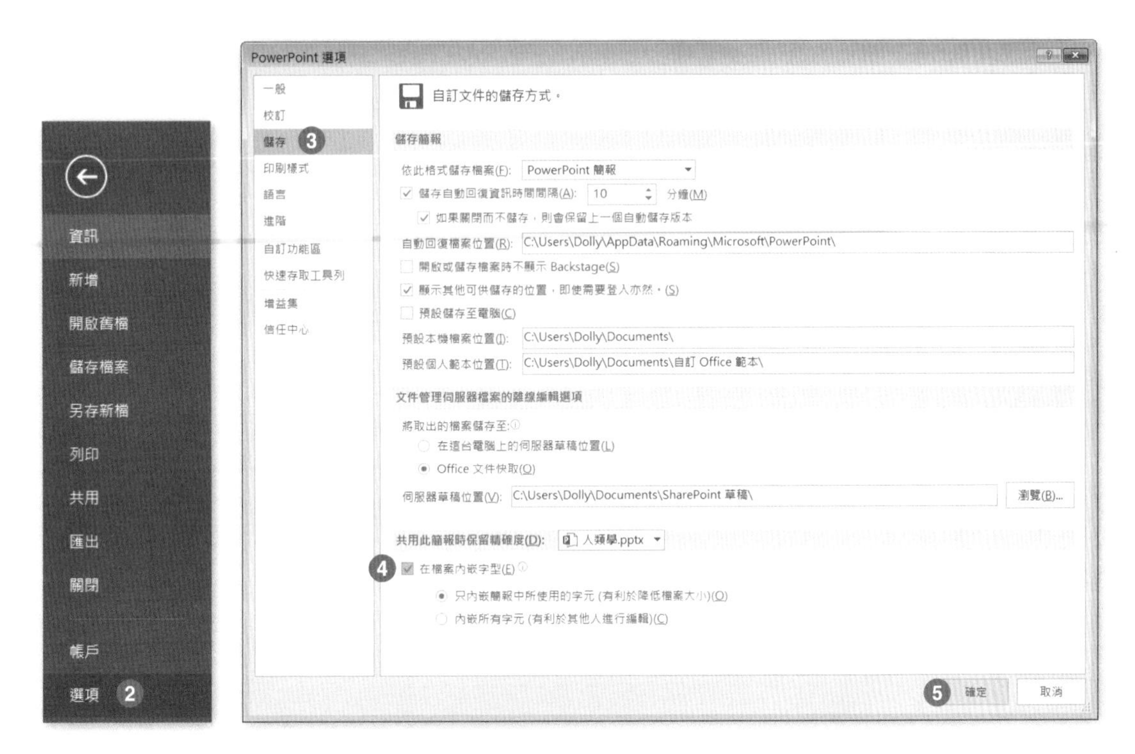

Step.2 按**檔案**索引標籤，點按**儲存檔案**。

工作 4

在第 9 張投影片上，設定音訊檔案可以自動播放，並在簡報放映時隱藏音訊圖示。

解題步驟：

Step.1 在左方投影片縮圖區中，點選第 9 張投影片，點選中央投影片編輯區的音訊檔。

Step.2 選按**音訊工具 播放**\索引標籤**音訊選項****開始**設定為**自動**。

Step.3 選按**音訊工具 播放**索引標籤**音訊選項****勾選「放映時隱藏」**。

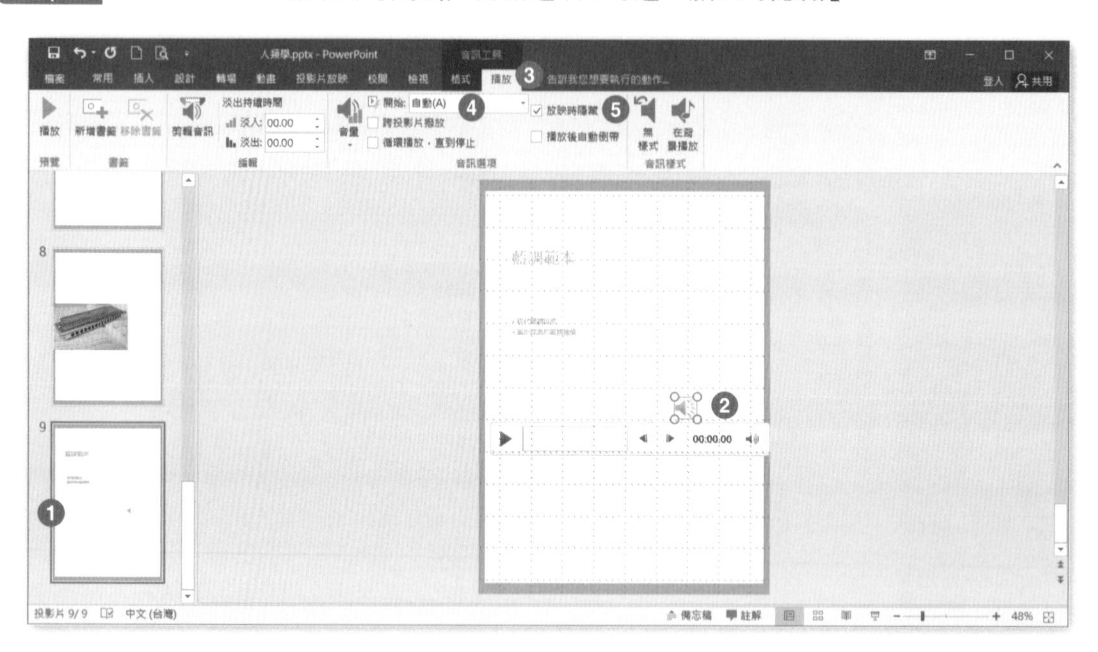

工作 5

針對第 7 張投影片上的圖片，套用 [置中陰影矩形] 的圖片樣式，以及 [剪紙花] 效果。

解題步驟：

Step.1 在左方投影片縮圖區中，點選第 7 張投影片，點選中央投影片編輯區的圖片。

Step.2 點按**圖片工具**索 **格式**引標籤**圖片樣式****▼其他**。

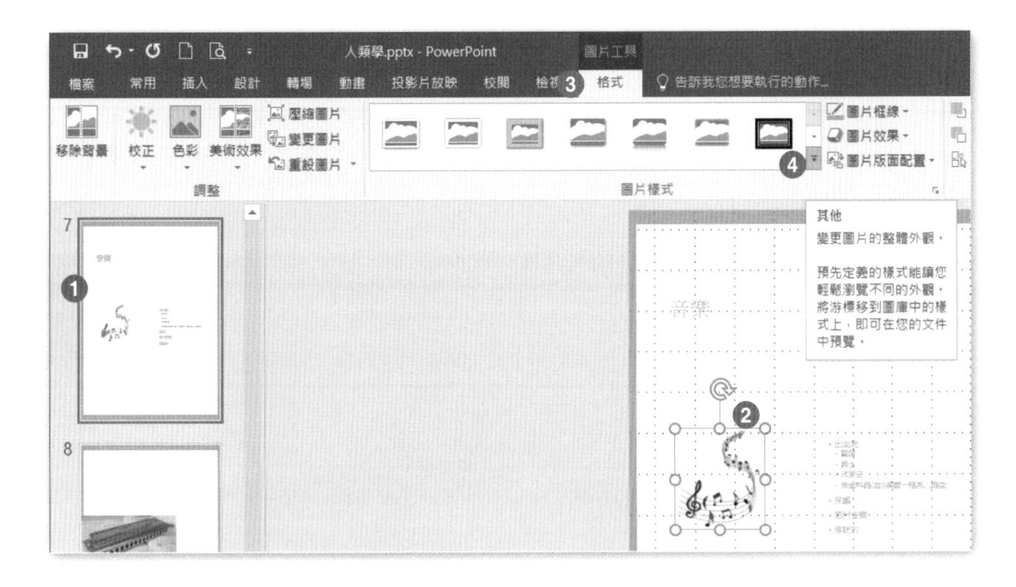

Step.3 在下拉式選單中，選擇「**置中陰影矩形**」。

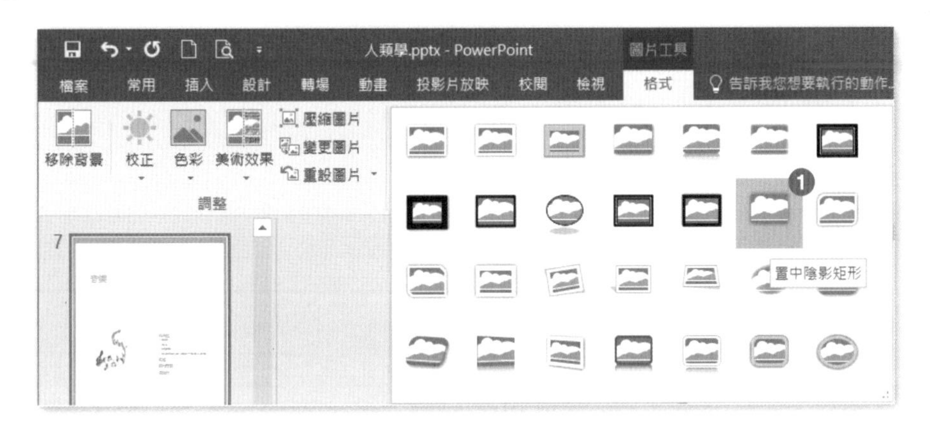

Step.4 點按**圖片工具**索引標籤 \ **格式** \ **調整** \ **美術效果▼** \「剪紙花」。

6-4 第四組

專案 1

題組情境：

您目前工作於 Coho 酒莊 .pptx，正準備製作一份在酒莊循環播放的 PowerPoint 簡報。

開啟【文件】資料夾 \ 第 6 章練習檔 \ 第四組 \ 專案 1\Coho 酒莊 .pptx 完成下列操作步驟：

工作 1

在第一張投影片與第二張投影片之間套用 [百葉窗] 轉場效果。

解題步驟：

Step.1 在左方投影片縮圖區中，點選第 2 張投影片。

Step.2 點按**轉場**索引標籤 \ **切換到此投影片** \ **▼其他**。

Step.3 在下拉式選單中選擇**百葉窗**。

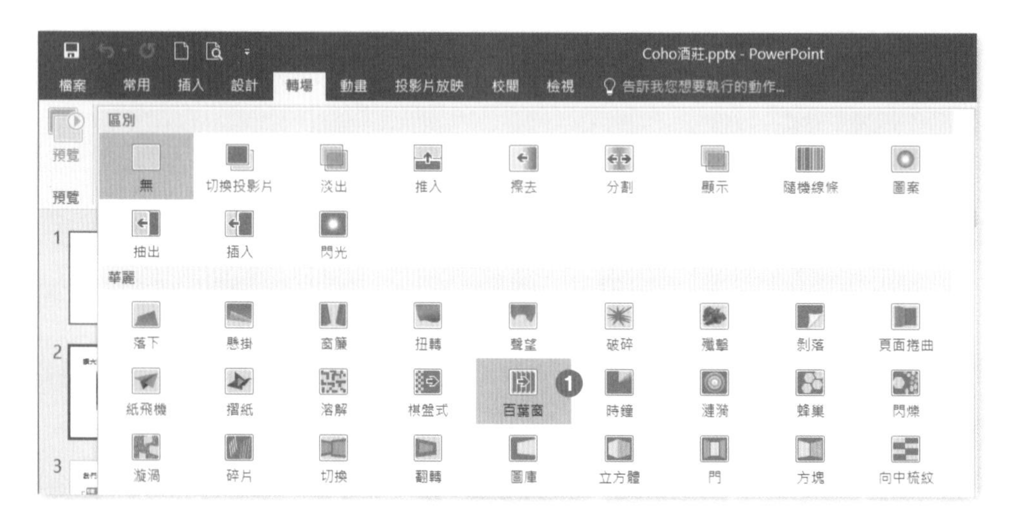

工作 2

將 [文件] 資料夾裡的「新園地 .pptx」簡報檔內的所有投影片依序全部新增到最後一張投影片之後。

解題步驟：

Step.1 在左方投影片縮圖區中，點選最後一張投影片，並點按**常用**索引標籤 \ **投影片 \ 新增投影片▼ \ 重複使用投影片**。

Step.2 在右方重複使用投影片視窗中，點按**瀏覽▼** \「**瀏覽檔案**」。

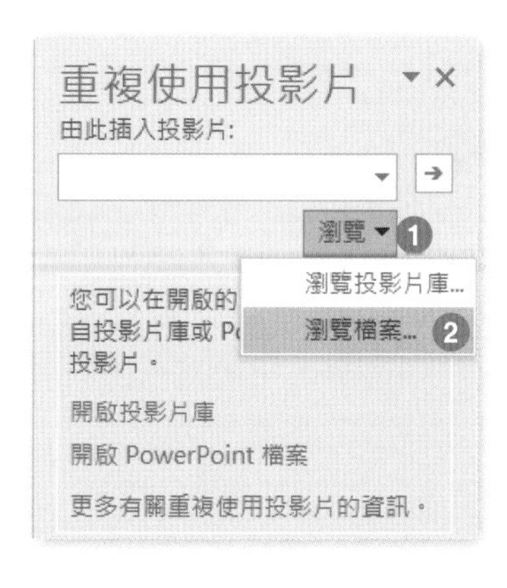

Step.3

點選「文件\第 6 章練習檔\第四組\專案 1」資料夾中的「新園地 .pptx」，並按下**開啟**。

Step.4 在右方重複使用投影片視窗中，依序點擊所有投影片，新增所有投影片至目前檔案中。

工作 3

移除文件摘要資訊與個人資訊。

解題步驟：

Step.1 點按**檔案**索引標籤 \ 點按**查看問題▼** \ **檢查文件**。

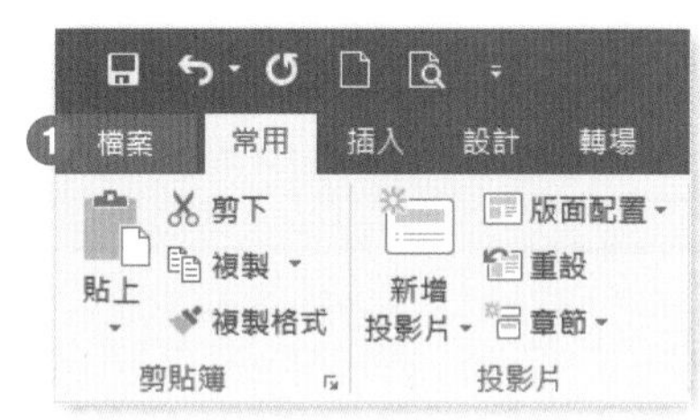

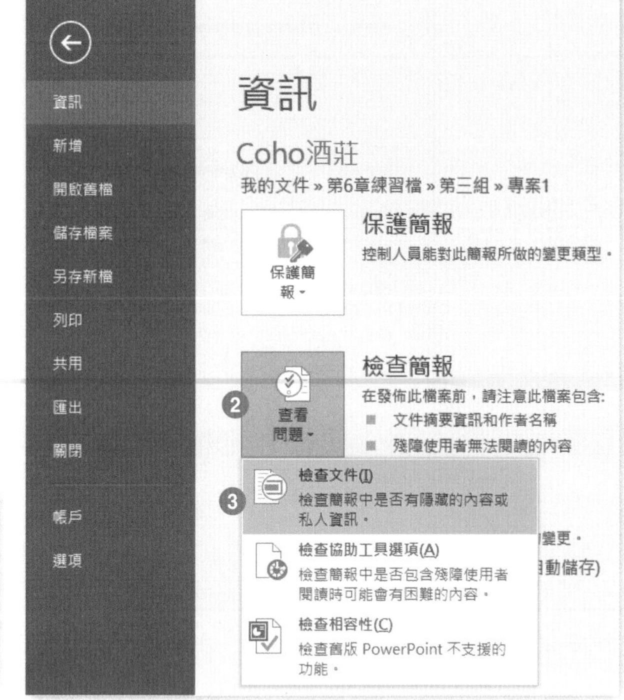

Step.2 在提示訊息視窗中，點按**是**。

Step.3 在文件檢查視窗中，僅勾選 ☑ **文件摘要資訊與個人資訊**，並按下**檢查**。

Step.4 在文件檢查 \ 檢閱查查結果視窗中，點按全部的**全部移除**鈕，並按下**關閉**。

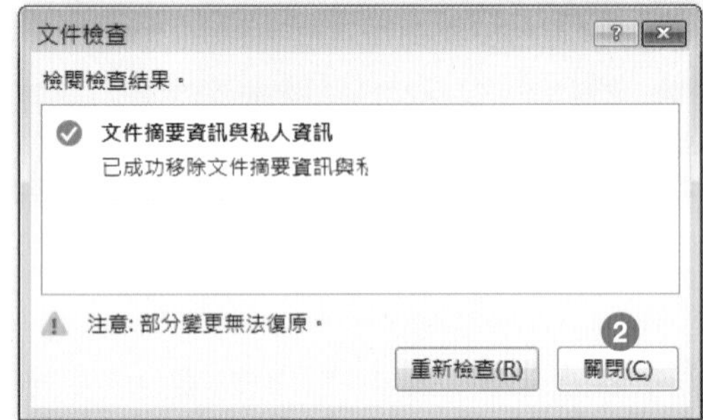

工作 4

在 [投影片母片] 上套用 [至理名言] 佈景主題。

解題步驟：

Step.1 點按**檢視**索引標籤 \ **投影片母片**。

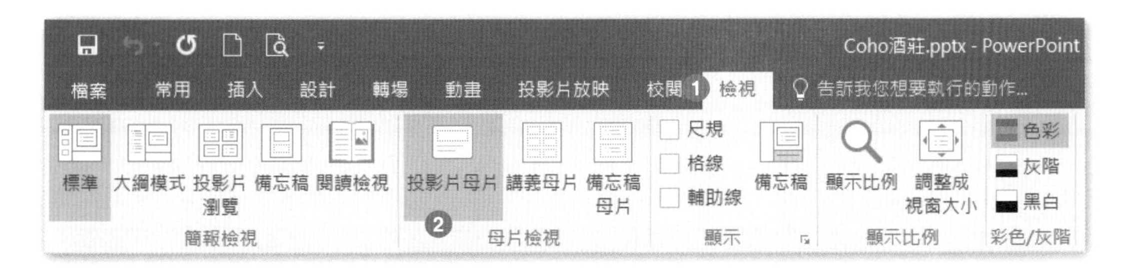

Step.2 點按**投影片母片**索引標籤 \ **編輯佈景主題** \ **佈景主題▼** \「至理名言」。

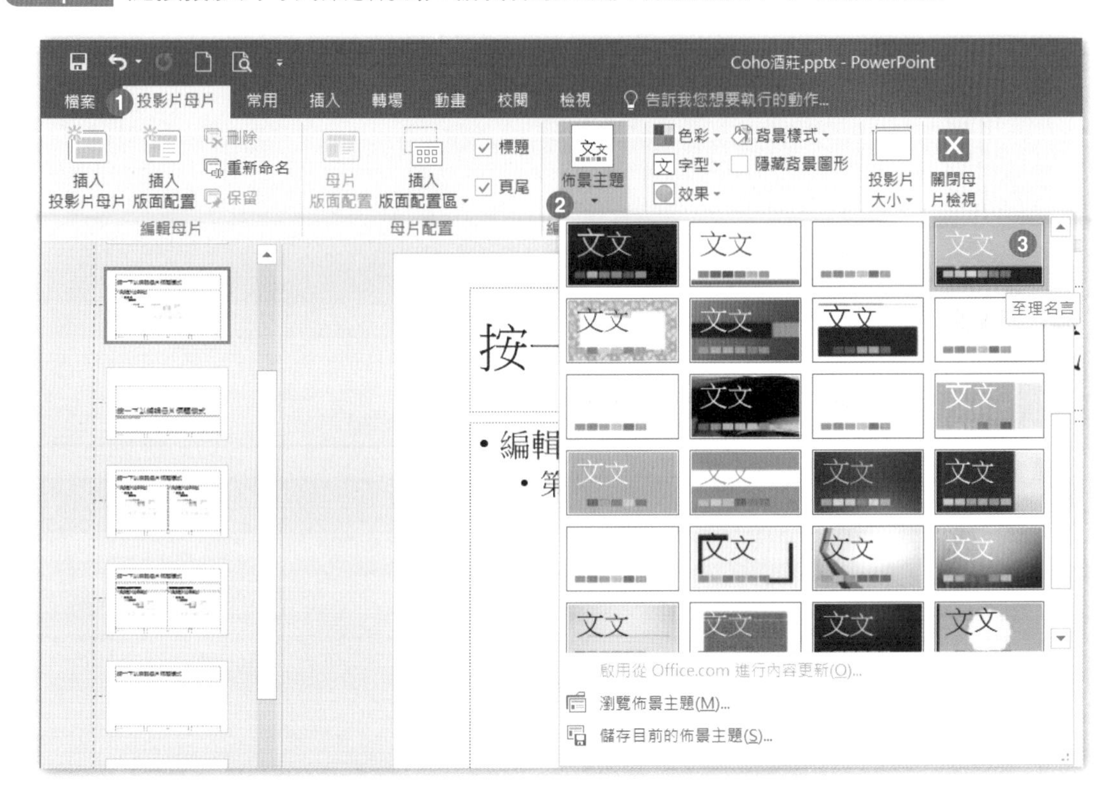

Step.3 點按**投影片母片**索引標籤 \ **關閉** \ **關閉母片檢視**。

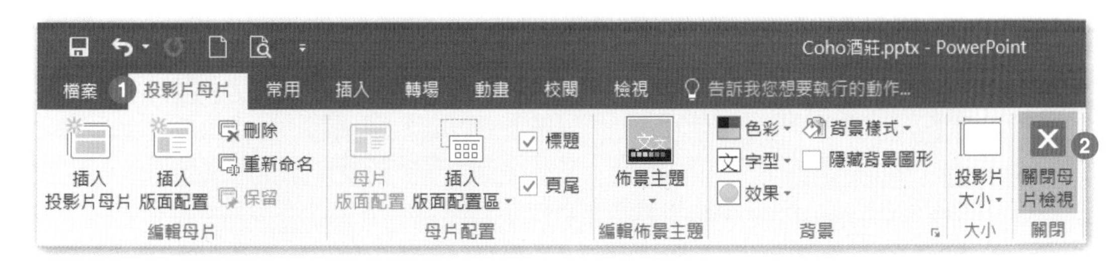

工作 5

將第 4 張投影片上的三個箭號圖案設定群組。

解題步驟：

Step.1 在左方投影片縮圖區中，點選第 4 張投影片，並在中央投影片編輯區中，選取三個箭頭圖案。

Step.2 點按**繪圖工具 格式**索引標籤 \ **排列** \ **群組▼** \ **組成群組**。

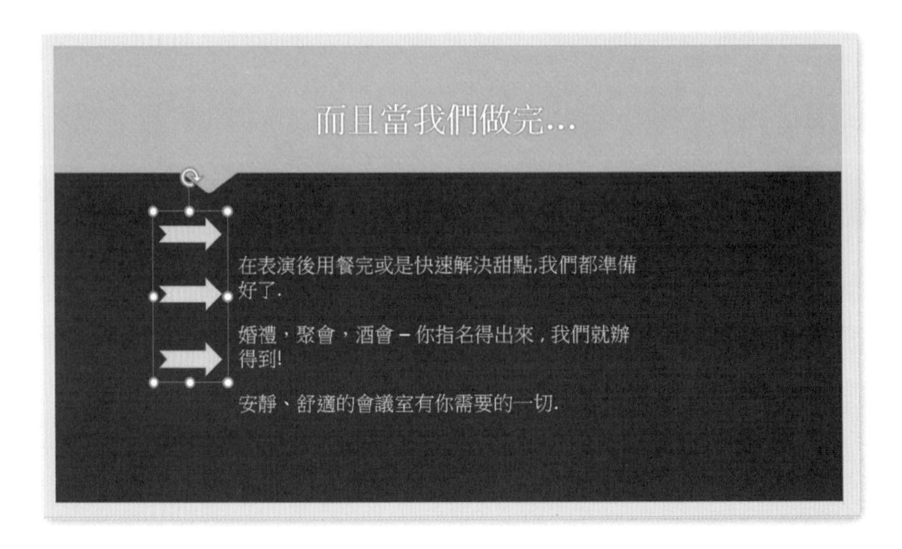

工作 6

變更第 3 張投影片裡 SmartArt 圖形的色彩，變更為 [彩色範圍 - 輔色 2 至 3]。

解題步驟：

Step.1 在左方投影片縮圖區中，點選第 3 張投影片，在中央投影片編輯區中，點按 SmartArt 圖形。

Step.2 點按 SmartArt **工具 設計**索引標籤 \SmartArt **樣式** \ **變更顏色▼** \ **彩色** \「彩色範圍 - 輔色 2 至 3」。

工作 7

在第 4 張投影片上對本文進行動畫設定，其中，第一段文字套用快速自上 [飛入] 動畫，而後續的每一段文字在前段文字播放一秒後接續套用自上擦去動畫。

解題步驟：

Step.1 在左方投影片縮圖區中，點選第 4 張投影片，在投影片編輯區中點選文字框。

Step.2 點按**動畫**索引標籤 \ **進階動畫** \ **新增動畫▼** \ **飛入**。

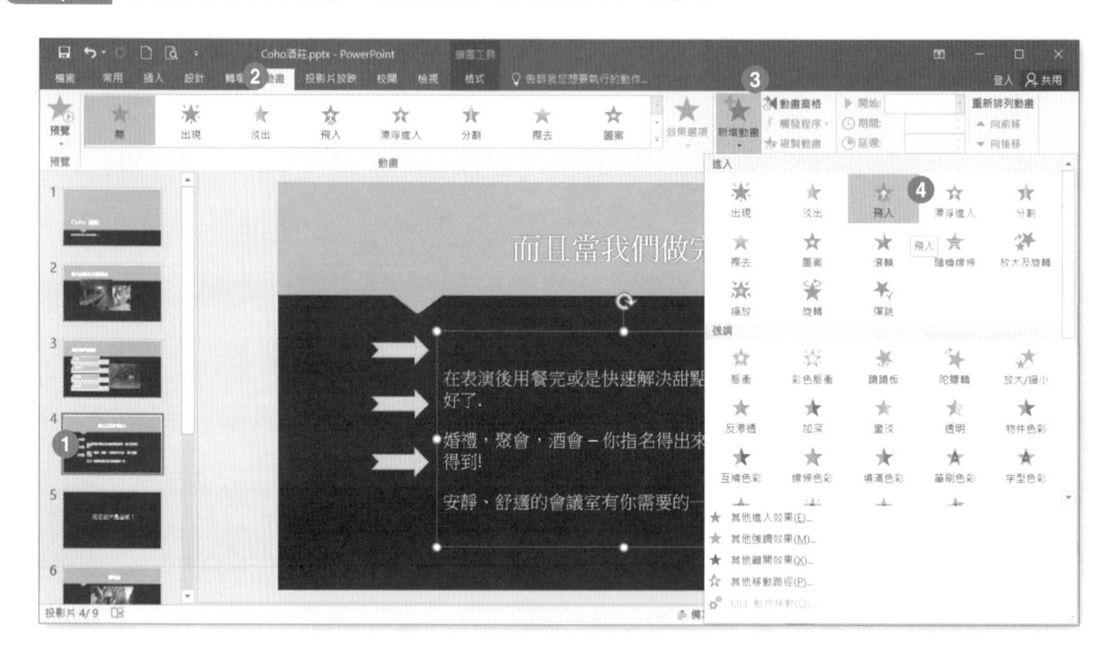

Step.3 點按**動畫**索引標籤 \ **動畫** \ **效果選項▼** \ **自上**。

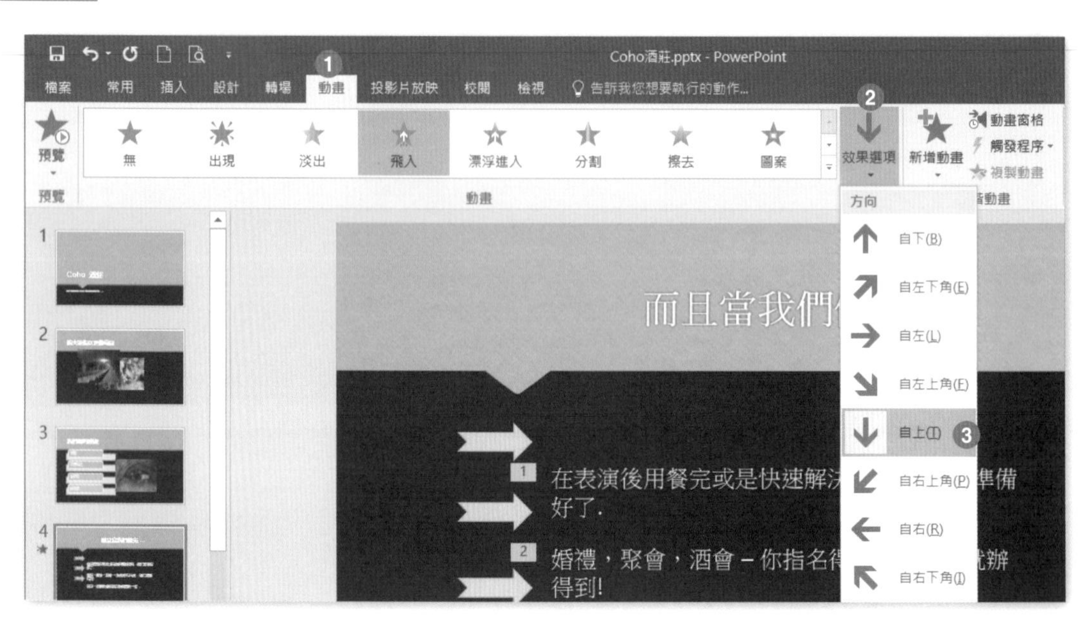

Step.4 點按**動畫**索引標籤 \ **預存時間** \ **開始▼** \「接續前動畫」。

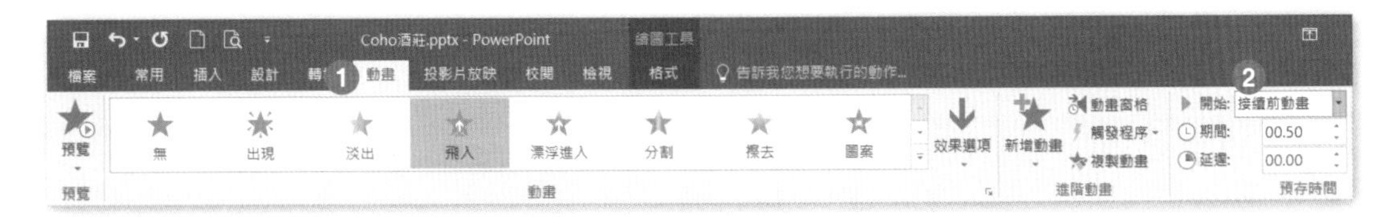

Step.5 點按**動畫**索引標籤 \ **進階動畫** \ **動畫窗格**。

Step.6 在動畫窗格視窗中，**展開**選項。

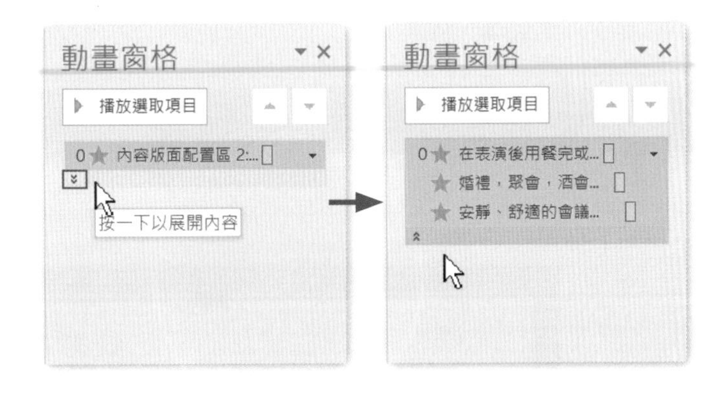

Step.7 點選第 2 項及第 3 項，點按**動畫**索引標籤 \ **預存時間** \ **延遲**設定為「1」秒。

專案 2

題組情境：

你是學校的行政助理。你正在準備一份關於學校入學趨勢的簡報。

開啟【文件】資料夾 \ 第 6 章練習檔 \ 第四組 \ 專案 2\ 入學趨勢 .pptx 完成下列操作步驟：

工作 1

在第 4 張投影片上，使用來自表格裡的人數資料繪製一個 [立體群組橫條圖]。並以主修為類別軸、「目前註冊人數」為資料數列。

解題步驟：

Step.1 在左方投影片縮圖區中，點選第 4 張投影片，在中央投影片編輯區選取表格內容，按下**常用**索引標籤 \ **剪貼簿** \ **複製**。

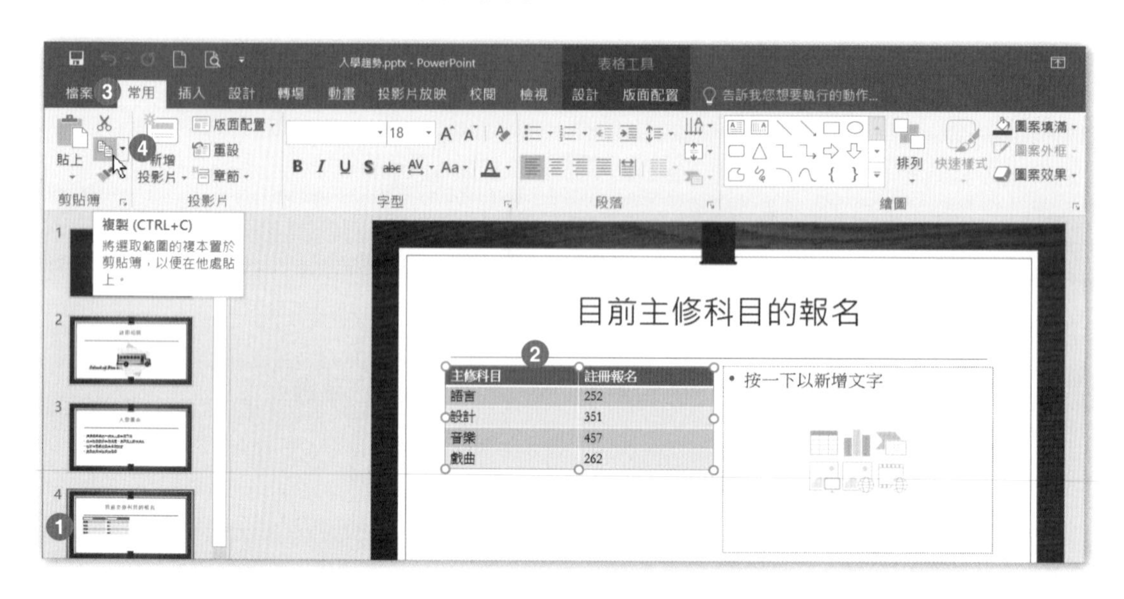

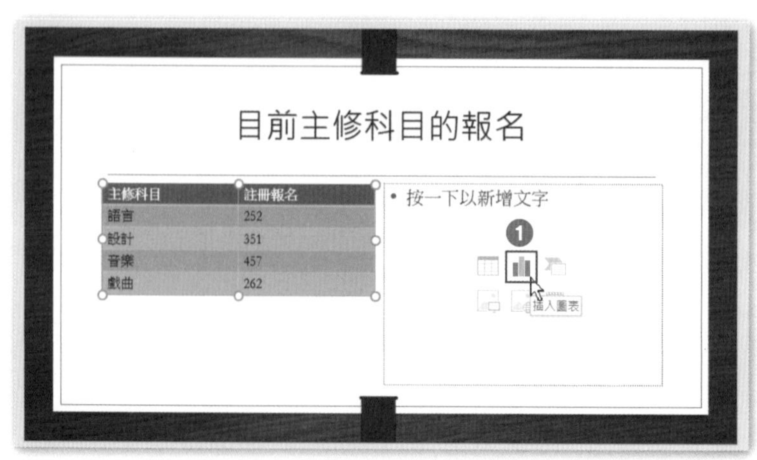

Step.2 在中央投影片編輯區中，點按**插入圖表** \ **橫條圖** \ **立體群組橫條圖**，按下**確定**。

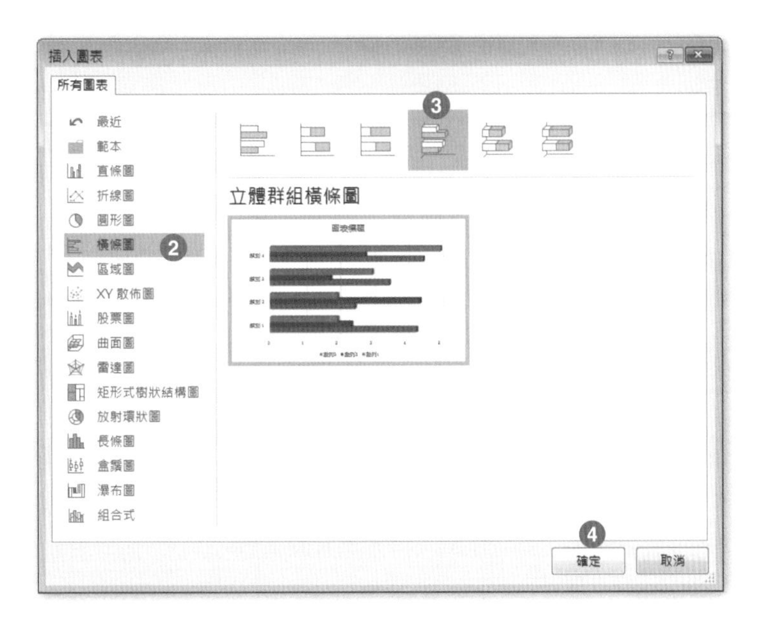

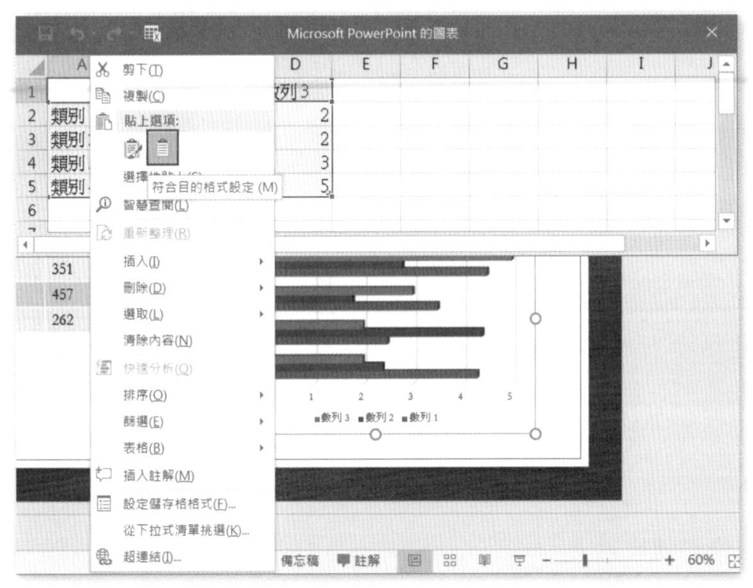

Step.3

在 Excel 視窗中，點選 A1 儲存格，按下滑鼠**右鍵 \ 貼上選項 \ 符合目的格式個定**。

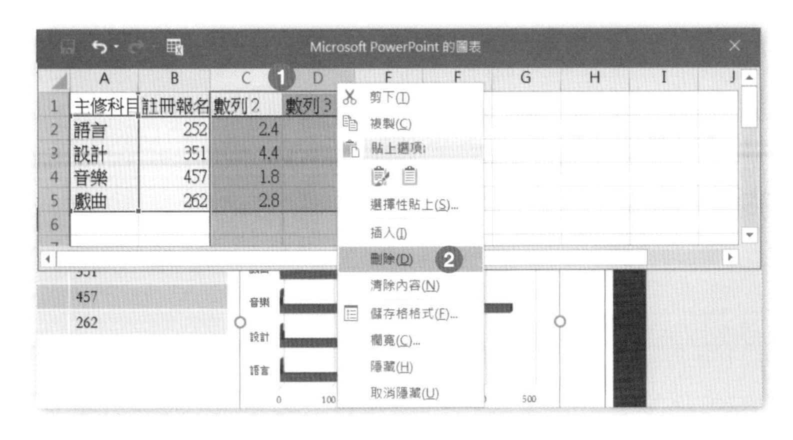

Step.4

在 Excel 視窗中，點選 C 欄及 D 欄，按下滑鼠右鍵 \ **刪除**。

Step.5 在 Excel 視窗中，點選 B1 儲存格，輸入「**目前註冊人數**」，關閉 Excel 視窗。

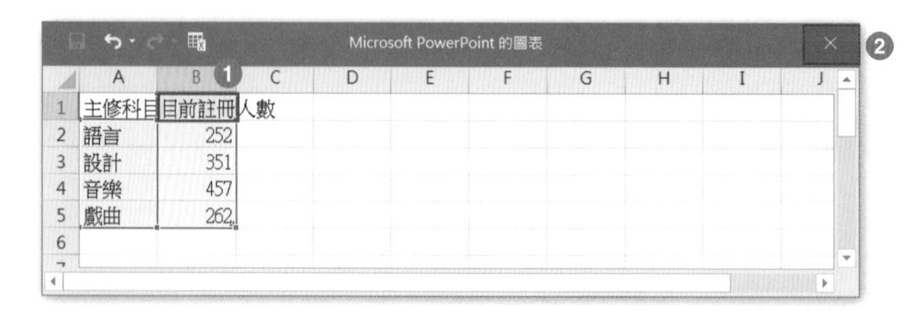

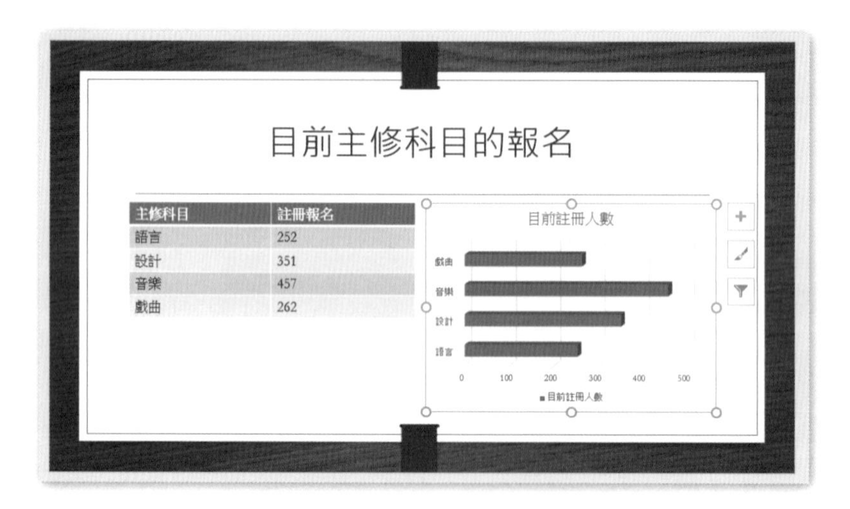

工作 2

在 [備忘稿母片] 的本文版面配置區，設定圖案格式為圖案填滿漸層 [線性向上]。

解題步驟：

Step.1 點按**檢視**索引標籤 \ **備忘錄母片**。

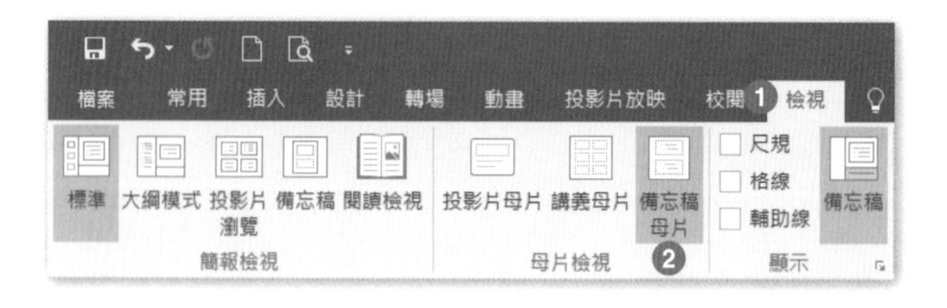

Step.2 在備忘錄母片編輯區中，點選本文的文字框。

Step.3 點按**繪圖工具 格式**索引標籤 \ **圖案樣式**，開啟設定圖案樣式群組對話窗，點按**填滿與線條 \ 填滿 \◉ 漸層填滿**，點按**方向** \「**線性向上**」。

Step.4 **備忘錄母片 \ 關閉母片檢視**。

工作 3

在第 5 張投影片，將 32 角星形圖案放大兩倍，並且必須鎖定圖案的長寬比。

解題步驟：

Step.1 在左方投影片縮圖區中，點選第 5 張投影片，在中央投影片編輯區中，點選 32 角星形圖案。

Step.2 點按**繪圖工具 格式**索引標籤，開啟大小與位置群組對話框，勾選 ☑ **鎖定長寬比**，高度輸入「5.7」公分。

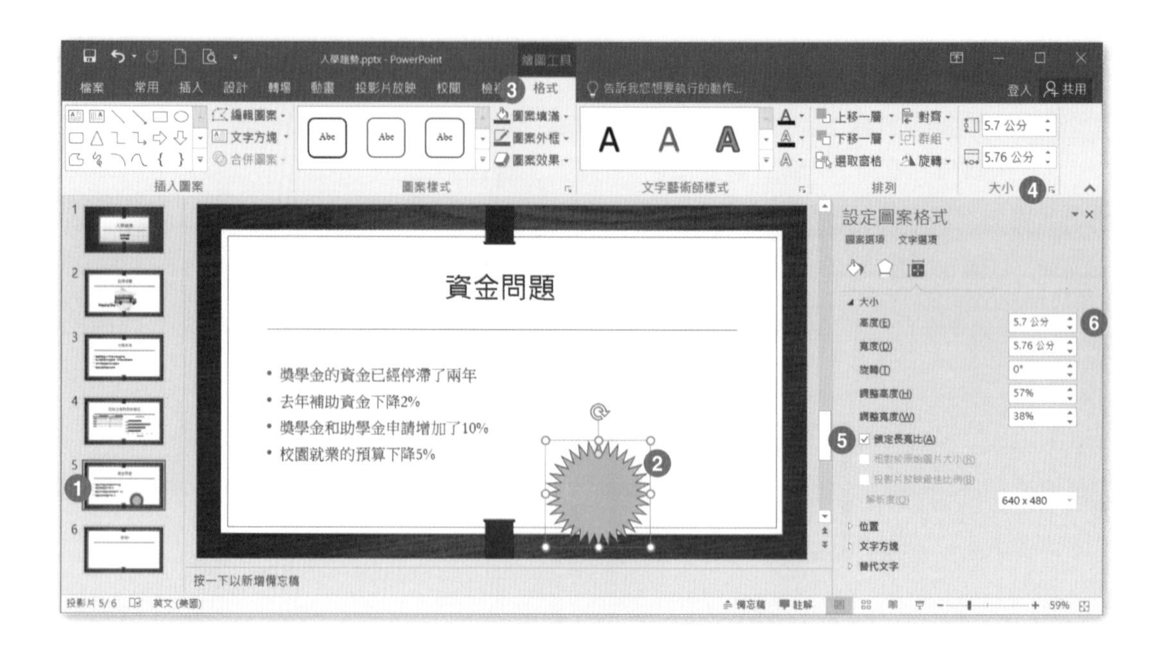

工作 4

儲存簡報檔案到 [文件] 資料夾，並以 XPS 為檔案類型、「入學」為檔案名稱。

解題步驟：

Step.1 點按**檔案**索引標籤 \ **另存新檔**，選取儲存路徑「這部電腦 \ 我的文件」資料夾。在另存新檔視窗中，檔案名稱輸入「**入學**」，存檔類型選「**XPS 文件**」，按下**儲存**。

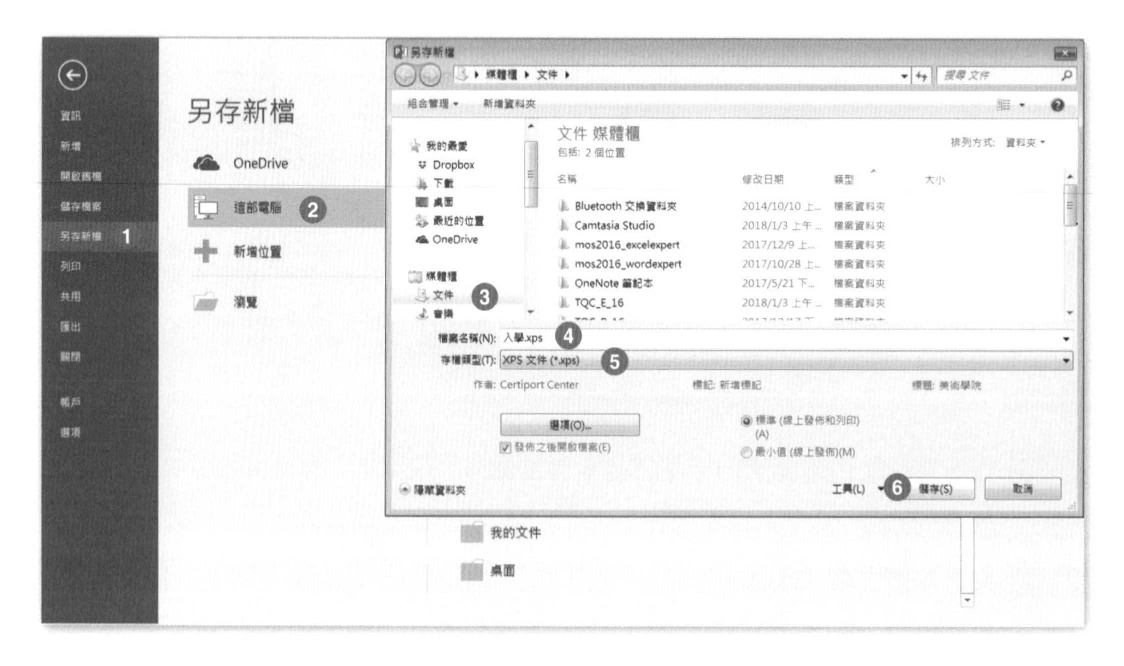

專案 3

題組情境：

你在老年長照公司服務，你正在準備一張可以線上展示的投影片。

開啟【文件】資料夾 \ 第 6 章練習檔 \ 第四組 \ 專案 3\ 老年長照 .pptx 完成下列操作步驟：

工作 1

針對投影片 3 裡的圖片套用 [光暈 : 18 pt; 金色，強調色 5 (金色 , 強調色 5, 18 pt 光暈)] 的光暈圖片效果，並設定 [10 點] 的 [柔邊]。

解題步驟：

Step.1 在左方投影片縮圖區中，點選第 3 張投影片，在中央投影片編輯區中，點選圖片。

Step.2 點按**圖片工具**索引標籤 \ **格式** \ **圖片效果▼** \ **光暈▼** \「光暈 : 18 pt; 金色，強調色 5 (金色 , 強調色 5, 18 pt 光暈)」。

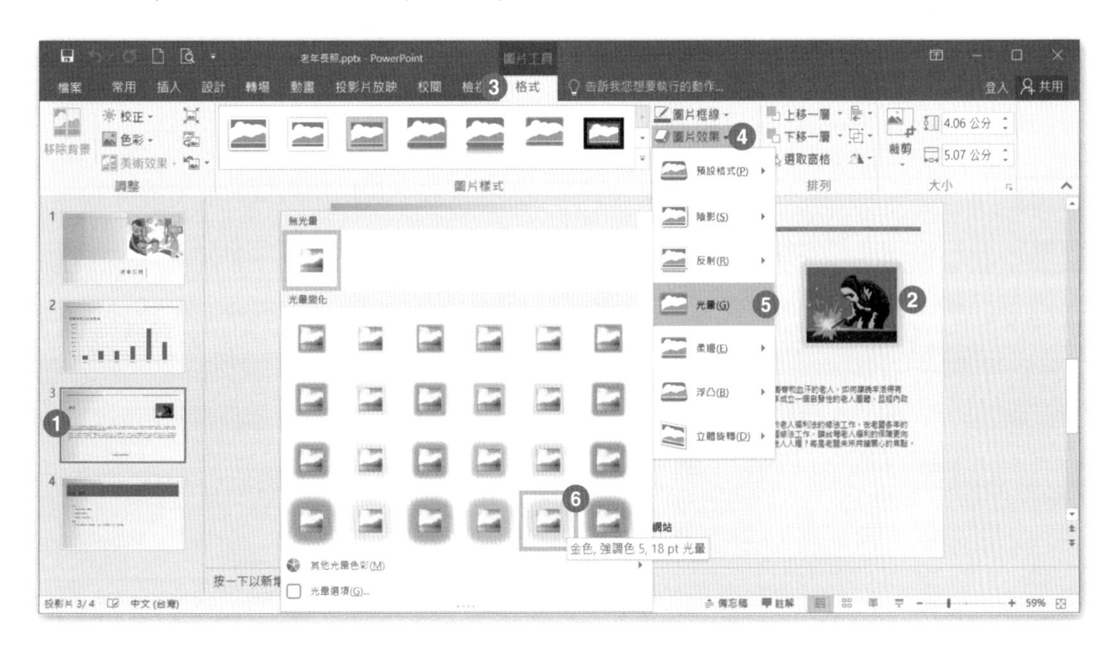

Step.3 點按**圖片工具**索引標籤 \ **格式** \ **圖片效果▼** \ **柔邊▼** \「10 點」。

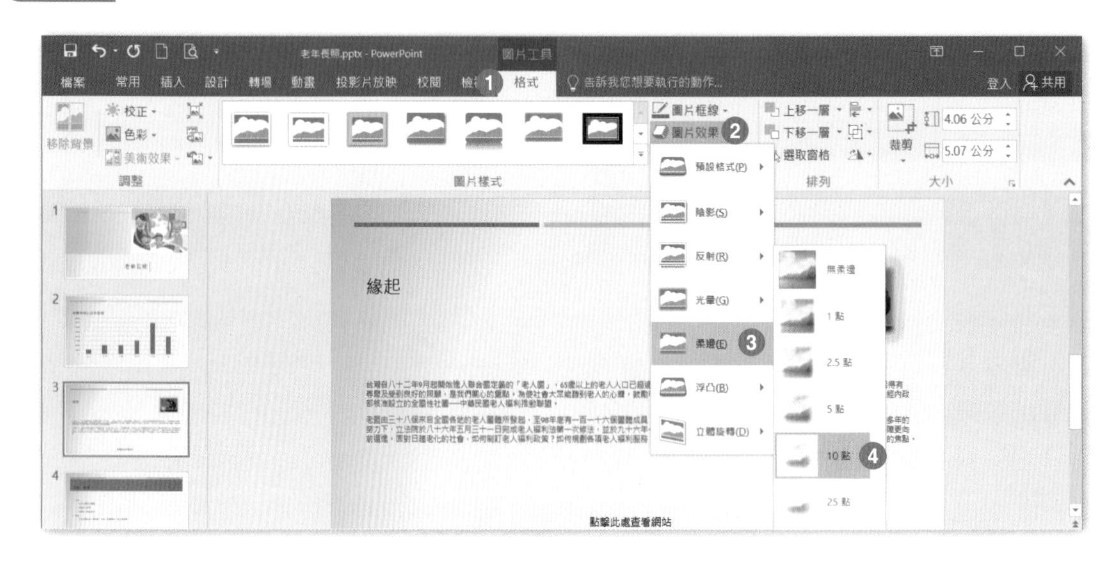

工作 2

在第 3 張投影片上，對文字「點擊此處查看網站」設定超連結至「http://www.oldpeople.org.tw」。

解題步驟：

Step.1 在左方投影片縮圖區中，點選第 3 張投影片，在中央投影片編輯區點選文字。

Step.2 點按**插入**索引標籤 \ **連結** \ **超連結**，**網址**輸入「http://www.oldpeople.org.tw」，按下**確定**。

工作 3

設定投影片放映類型為 [觀眾自行瀏覽]，並以 [手動] 進行投影片換頁。

解題步驟：

Step.1 點按**投影片放映**索引標籤 \ **設定** \ **設定投影片放映**。

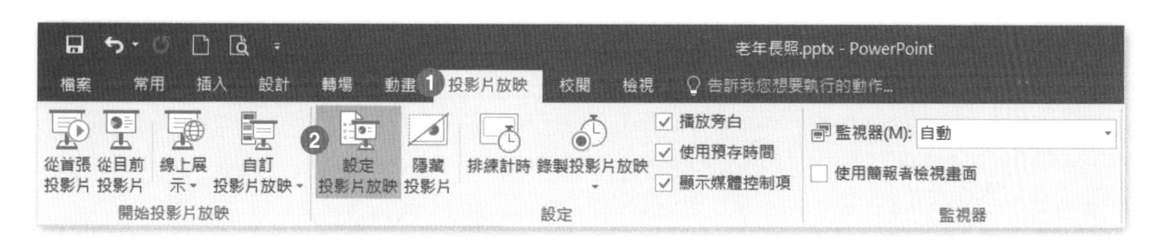

Step.2 在設定放映方式視窗中，**放映類**點選「觀眾自行瀏覽」，**投影片換頁**點選「手動」，按下**確定**。

工作 4

設定每一張投影片放映的轉場 [期間] 為 1.5。

解題步驟：

Step.1 在左方縮圖區任意點選 1 張投影片，再配合使用鍵盤快速鍵 Ctrl+A 選取所有左方縮圖區中的投影片。

Step.2 點按**轉場**索引標籤 \ **預存時間** \ **期間**設定為「1.5」。

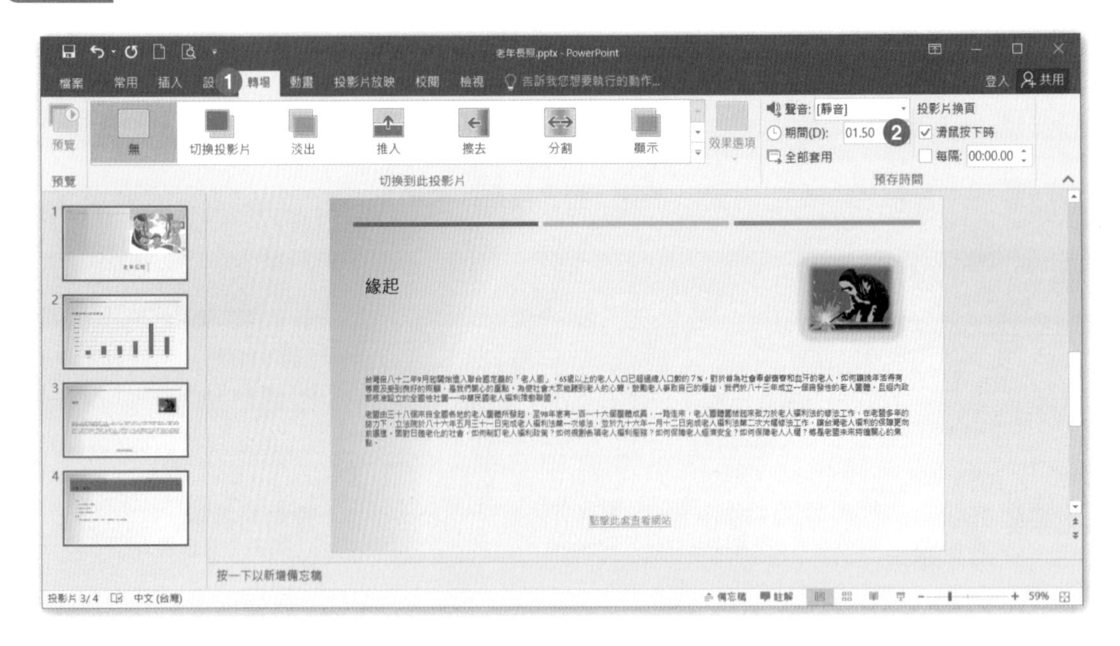

工作 5

在檔案摘要資訊的 [類別] 裡輸入「發佈」。

解題步驟：

Step.1 點按**檔案**索引標籤 \ **資訊** \ **摘要資訊** \ **類別**，輸入「發佈」。

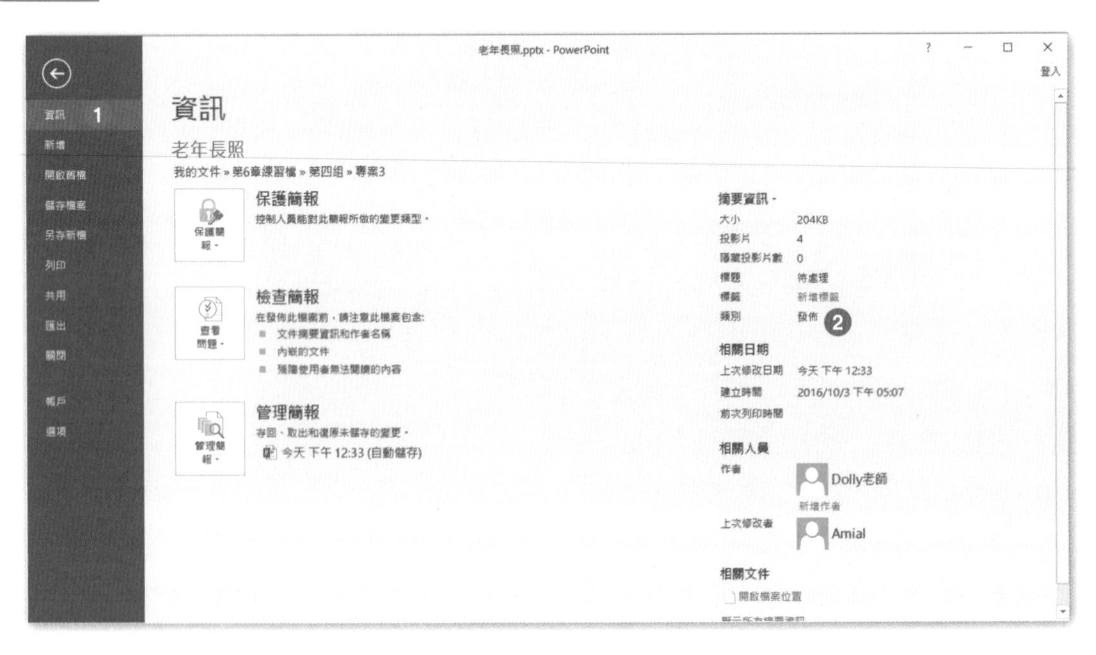

題組情境：

你在老年長照公司服務，你正在準備一張可以線上展示的投影片。

開啟【文件】資料夾 \ 第 6 章練習檔 \ 第四組 \ 專案 4\ 內部訓練 .pptx 完成下列操作步驟：

工作 1

刪除兩張投影片標題文字為「倉儲管理的主要活動」的投影片。

解題步驟：

Step.1 點按**檢視**索引標籤 / **簡報檢視 / 投影片瀏覽**。

Step.2 在投影片清單中，點選第 5 張與第 7 張投影片，點按滑鼠右鍵，按下**刪除投影片**。

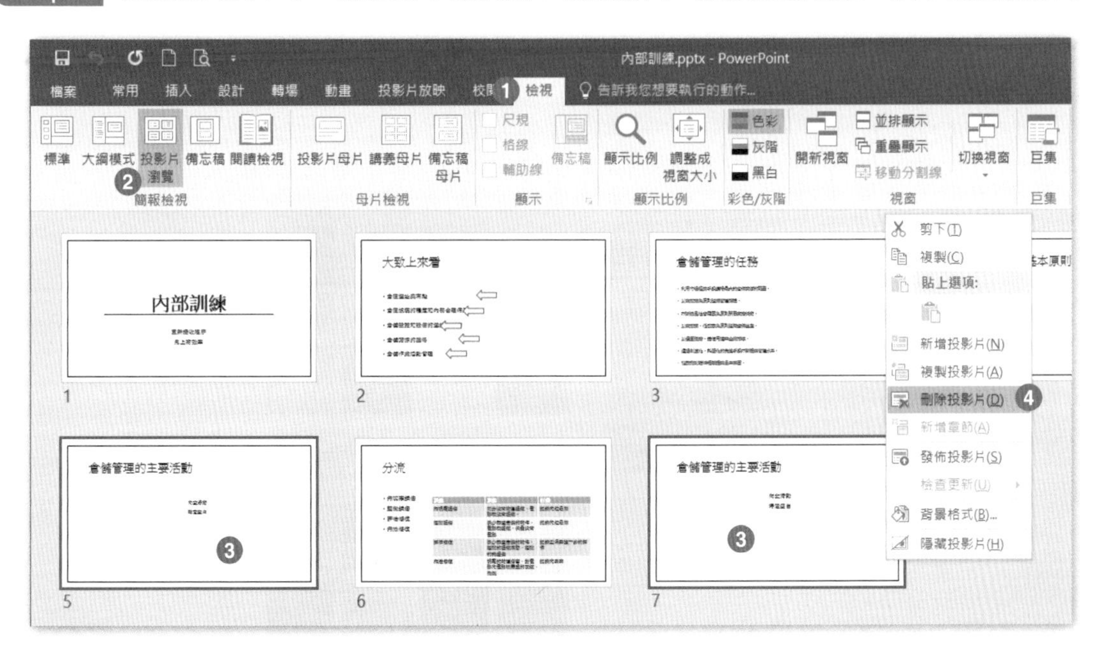

Step.3 點按**檢視**索引標籤 / **簡報檢視 / 標準**。

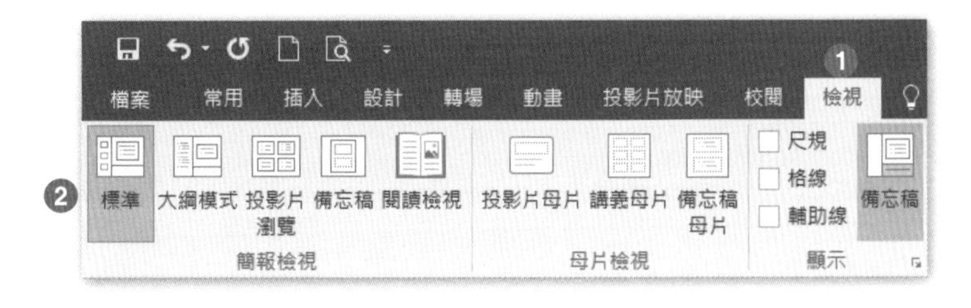

工作 2

切換到 [投影片母片]，修改 [標題] 版面配置區，設定其為填滿 [羊皮紙] 的材質。

解題步驟：

Step.1 點按**檢視**索引標籤 \ **投影片母片**。

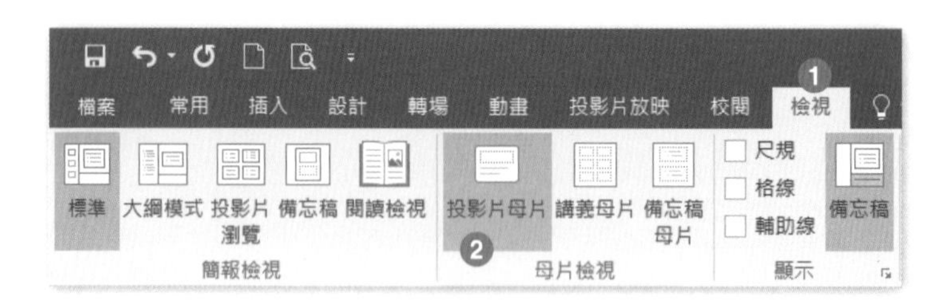

Step.2 在左方投影片母片縮圖區中，點選第 1 張投影片母片，在中央投影片母片編輯區中，點選標題的文字框。

Step.3 點按**繪圖工具 格式**索引標籤 \ **圖案填滿▼** \ **材質** \「羊皮紙」。

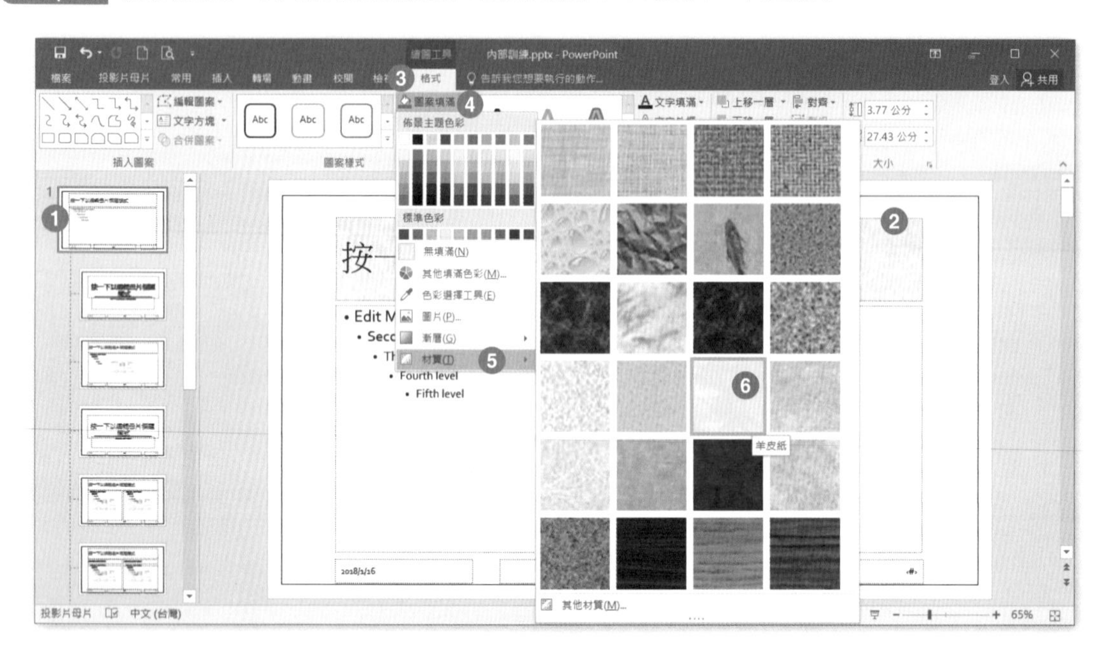

Step.4 點按**投影片母片**索引標籤 \ **關閉** \ **關閉母片檢視**。

工作 3

在標題為「分流」的投影片上，針對表格套用 [中等深淺樣式 2 - 輔色 3] 表格樣式。

解題步驟：

Step.1 在左方投影片縮圖區中，點選第 5 張投影片，在中央投影片編輯區中，點選表格。

Step.2 點按**表格工具 設計**索引標籤 \ **表格樣式** \ **▼其他**。

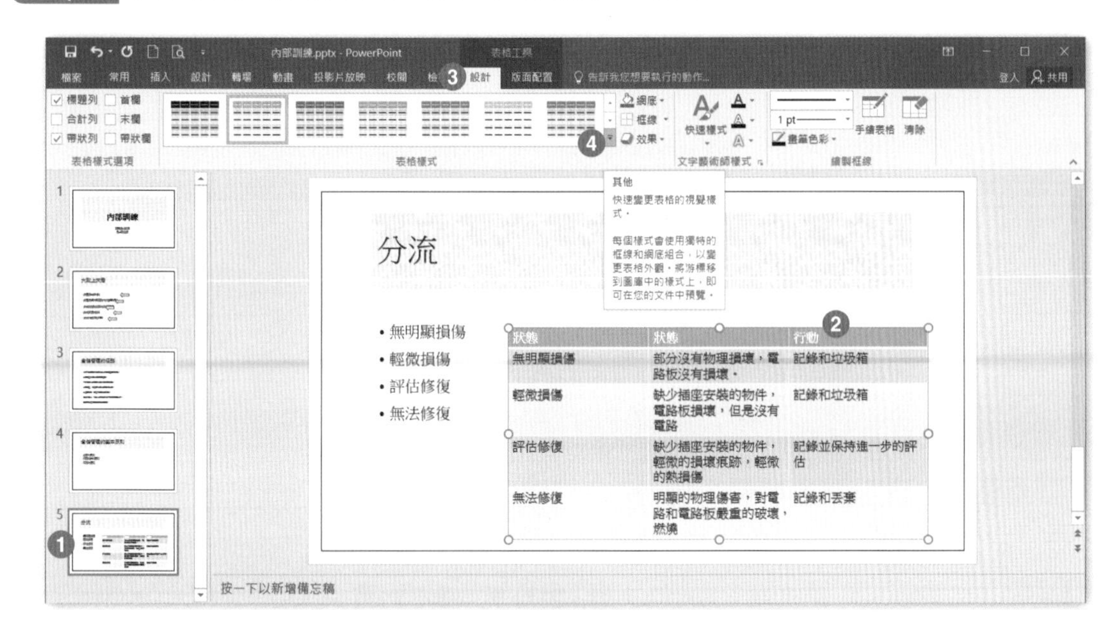

Step.3 **在下拉式選單中選擇** \「中等深淺樣式 2 - 輔色 3」。

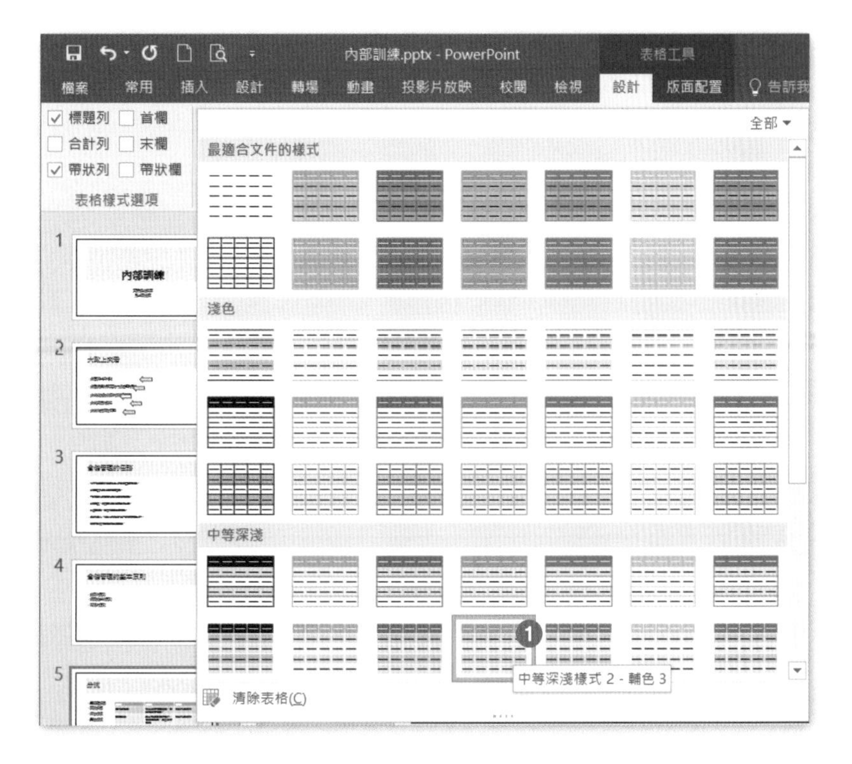

工作 4

在第 2 張投影片上，改變箭號圖案的對齊格式，讓每一個箭頭圖案的右邊緣，可以靠右對齊最頂端的箭號圖案右邊緣。

解題步驟：

Step.1 在左方投影片縮圖區中，點選第 2 張投影片，在中央投影片編輯區中，框選所有箭頭圖案。

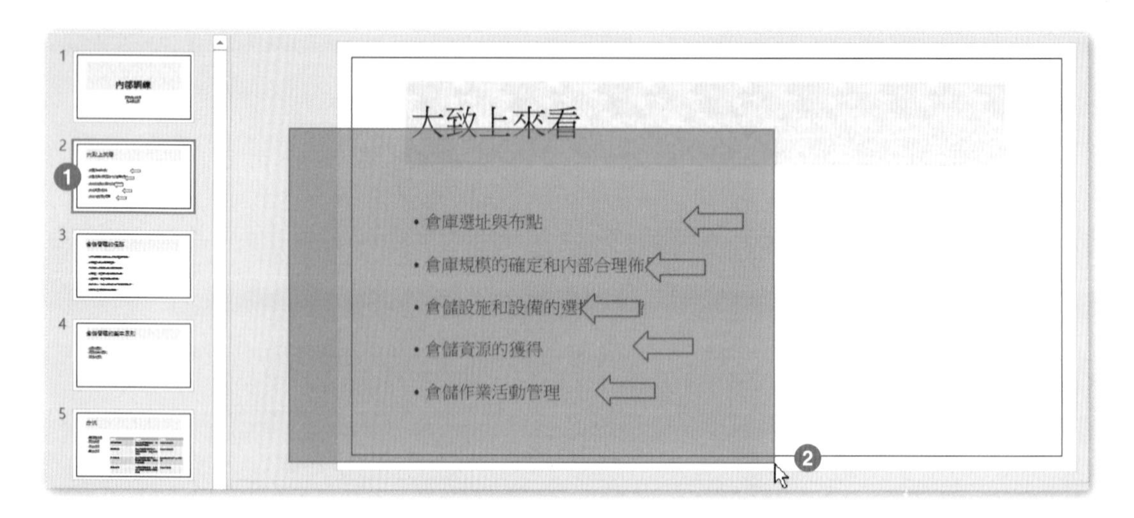

Step.2 點按**繪圖工具 格式**索引標籤 \ **排列** \ **對齊▼** \ **靠右對齊**。

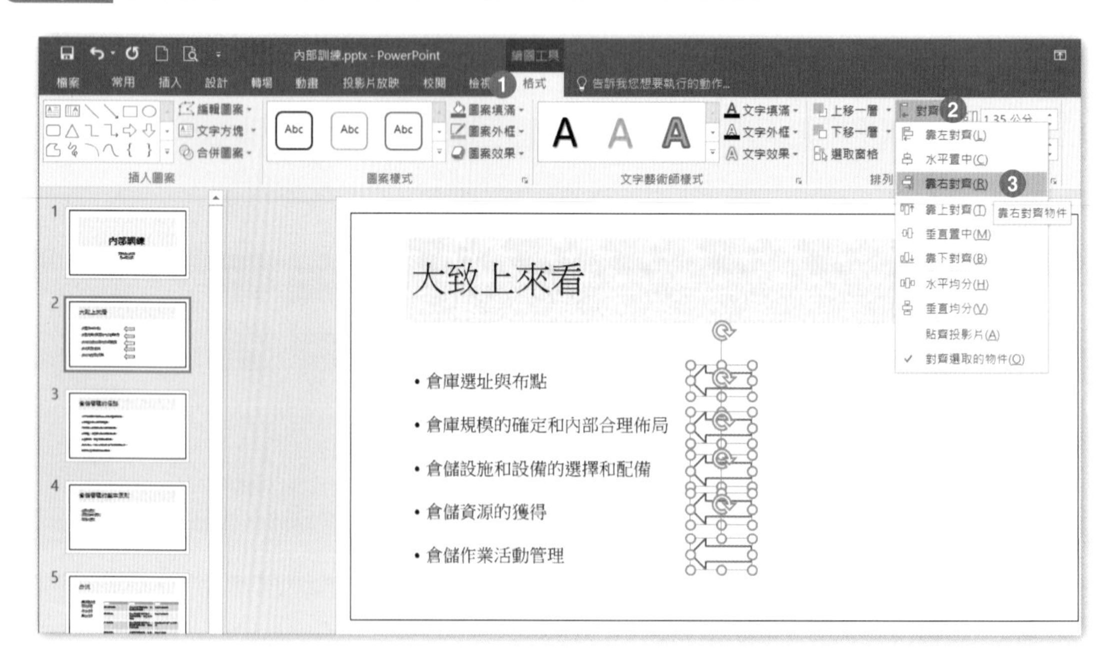

工作 5

設定列印選項，列印五份每頁 2 張投影片的簡報。列印時必須每一份的第 1 頁都會先列印出來，然後才列印每一份的第 2 頁。

解題步驟：

Step.1 點按**檔案**索引標籤。

Step.2 點按**列印 \ 份數**改成 5 份，**設定 \ 全頁投影片▼ \ 講義** \2 **張**投影片，**自動分頁▼ \ 未自動分頁**。

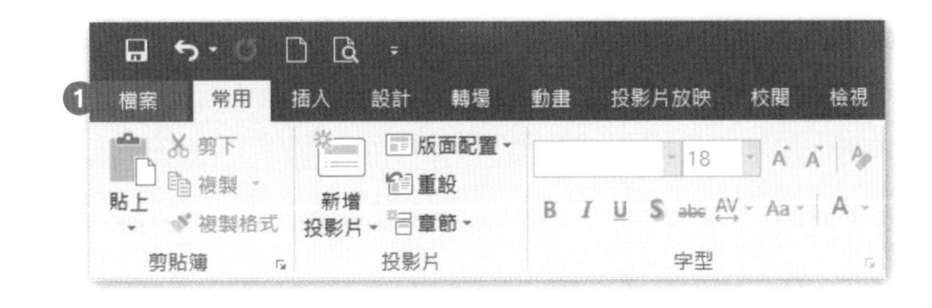

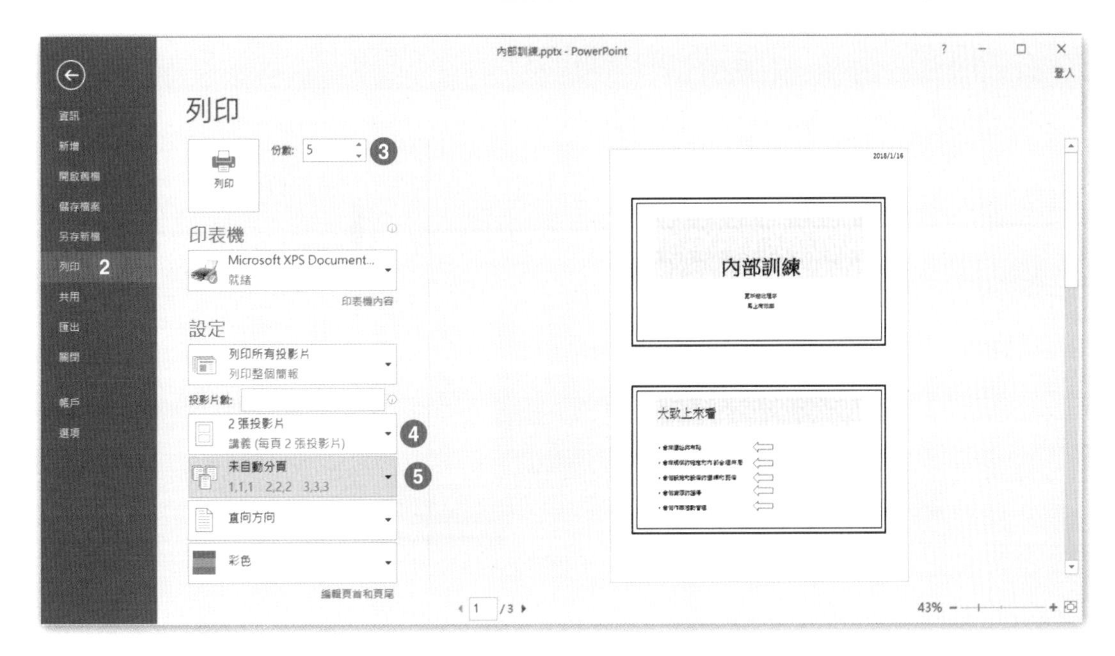

專案 5

題組情境：

你在藍翼航空公司的行銷部門服務，你正在準備一份介紹關於「飛行遊覽」服務的簡報。

開啟【文件】資料夾 \ 第 6 章練習檔 \ 第四組 \ 專案 5\ 藍翼航空 .pptx 完成下列操作步驟：

工作 1

在第 2 張投影片上，調整視訊視窗大小為原尺寸的 90%。

解題步驟：

Step.1 在左方投影片縮圖區中，點選第 2 張投影片，在中央投影片編輯區中，點選視訊。

Step.2 點按**視訊工具 格式**索引標籤，開啟**大小與位置**群組對話視窗，在視訊格式視窗中，調整**大小 \ 寬度** 90%\ **高度** 90%。

工作 2

設定第 3 張投影片的動畫，讓飛機圖片在文字之前就先出現。

解題步驟：

Step.1 在左方投影片縮圖區中，點選第 3 張投影片。

Step.2 點按**動畫**索引標籤 \ **進階動畫** \ **動畫窗格**，在右方**動畫窗格**視窗中，點選**內容動畫版面配置區 4**，按一下向上箭頭。

工作 3

在第 4 張投影片上，刪除「註記」欄位並在「西雅圖」與「蒙特利爾」之間，添增兩列空白列。

解題步驟：

Step.1 在左方投影片縮圖區中，點選第 4 張投影片，在中央投影片編輯區中，點選表格中「註記」欄位，點按**表格工具 版面配置**索引標籤 \ **列與欄** \ **刪除▼** \ **刪除欄**。

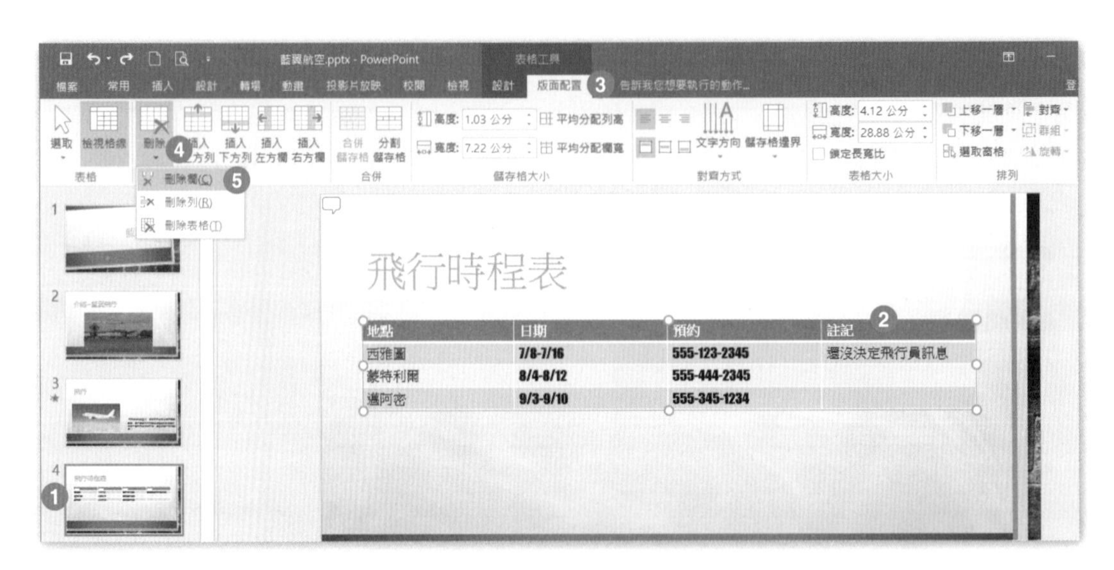

Step.2 點選表格「西雅圖」資料列，點按**表格工具 版面配置**索引標籤 \ **列與欄** \ **插入下方列**點兩次。

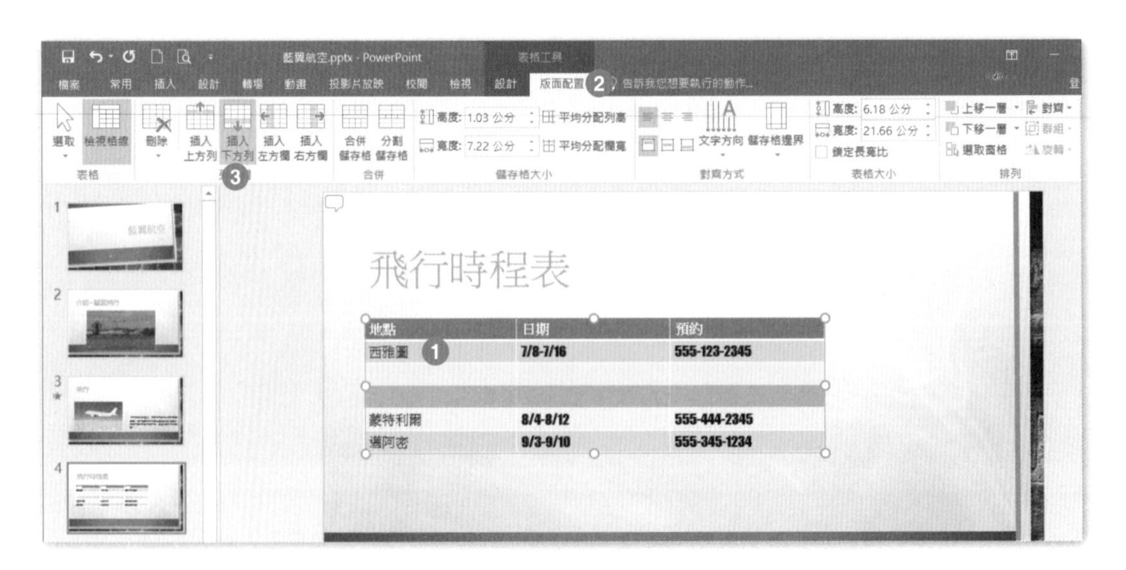

工作 4

從位於 [文件] 資料夾裡的大綱檔案「飛行旅遊 .docx」，新增新投影片到簡報裡最後一張投影片之後。

解題步驟：

Step.1

在左方投影片縮圖區中，點選第 5 張投影片。

Step.2

點按**常用**索引標籤 \ **新增投影片▼** \ **從大綱插入投影片**。

Step.3

在插入大綱視窗中，點選「文件 \ 第 6 章練習檔 \ 第四組 \ 專案 5」資料夾中的「飛行旅遊 .docx」，並按下**插入**。

工作 5

針對第 5 張投影片上的圖片，新增進入 [放大及旋轉] 動畫。

解題步驟：

Step.1 在左方投影片縮圖區中，點選第 5 張投影片，在中央投影片編輯區中，選取圖片。

Step.2 點按**動畫**索引標籤 \ **進階動畫** \ **新增動畫▼** \「放大及旋轉」。

專案 6

題組情境：

你是極限運動的暑期導覽經理，你正在準備一份關於導遊與禮賓接待的培訓方針。

開啟【文件】資料夾 \ 第 6 章練習檔 \ 第四組 \ 專案 6\ 極限運動 .pptx 完成下列操作步驟：

工作 1

設定列印選項，列印「關於滑翔傘」章節。

解題步驟：

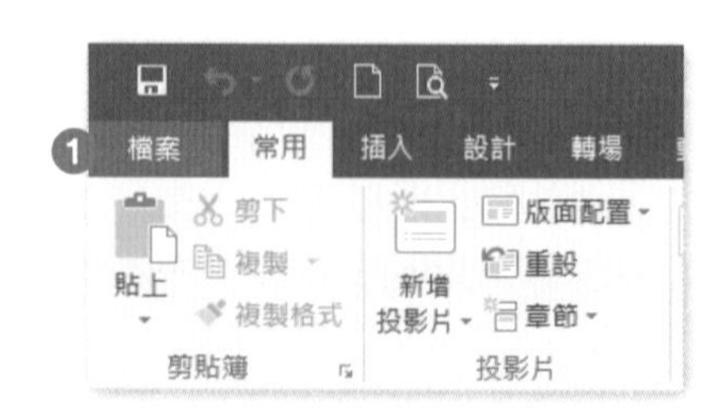

Step.1

點按**檔案**索引標籤 \ **列印** \ **設定** \ **列印所有投影片▼** \ **章節** \「關於滑翔傘」。

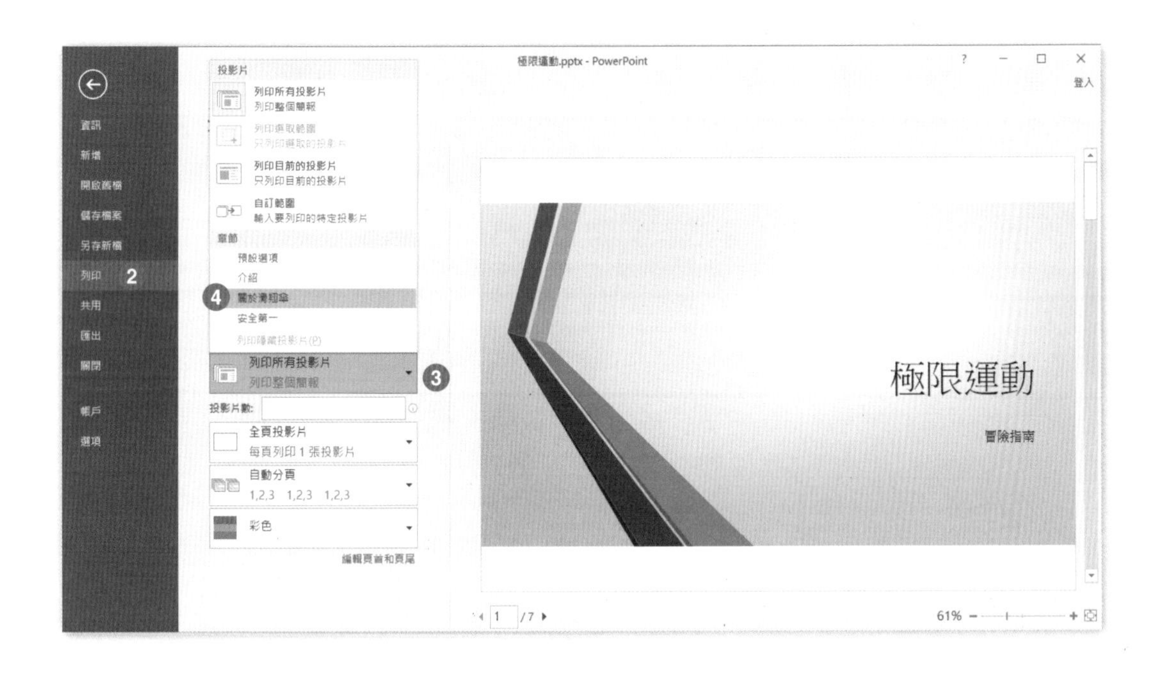

工作 2

在第 3 張投影片上，針對文字「準備好了嗎？」套用 [填滿 - 粉紅 , 輔色 1, 外框 - 背景 1, 強烈陰影 - 輔色 1] 的 文字藝術師 樣式。

解題步驟：

Step.1 在左方投影片縮圖區中，點選第 3 張投影片，在中央投影片編輯區中，點選文字框。

Step.2 點按**繪圖工具 格式**索引標籤 \ **文字藝術師樣式** \ **▼其他**。

Step.3 在下拉式選單中選擇\「填滿 - 粉紅，輔色 1, 外框 - 背景 1, 強烈陰影 - 輔色 1」。

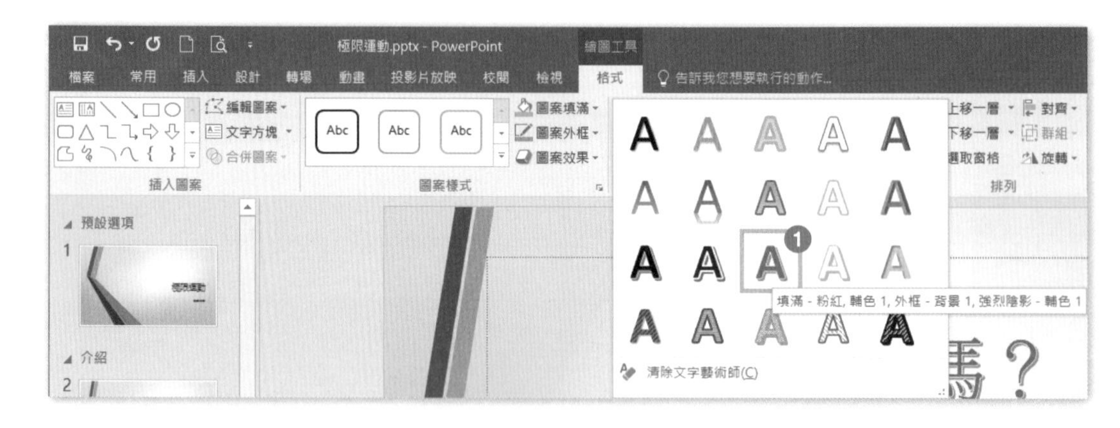

工作 3

重新排列第 7 張與第 6 張投影片的順序，使得標題為「操作」的投影片位於標題為「我們最安全的一年」的投影片之前。這些投影片都必須仍維持在「安全第一」章節裡。

解題步驟：

Step.1 在左方投影片縮圖區中，點選第 7 張投影片。

Step.2 滑鼠點住第 7 張投影片不放，拖移至第 6 張上方。

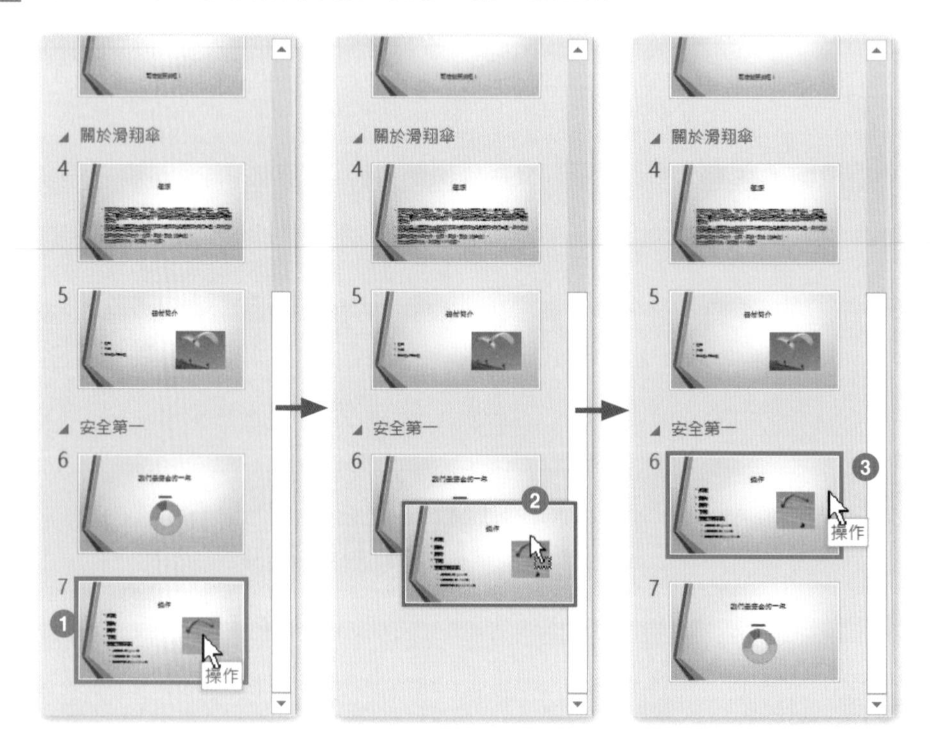

工作 4

在標題為「我們最安全的一年」的投影片上修改圖表，使得 [類別標籤] 顯示在圖表下方。

解題步驟：

Step.1 在左方投影片縮圖區中，點選第 7 張投影片，在中央投影片編輯區中，點選圖表。

Step.2 點按**圖表工具 設計**索引標籤 \ **圖表版面配置** \ **新增圖表項目▼** \ **圖例** \ **下**。

工作 5

針對第 2 張投影片上的圖案，套用 [位移 : 左上方 (左上方對角位移)] 外陰影效果，並設定陰影色彩為 [淡紫 , 輔色 6]，陰影大小 [105%]、陰影距離 [7pt]。

解題步驟：

Step.1 在左方投影片縮圖區中，點選第 2 張投影片，在中央投影片編輯區中，點選圖示。

Step.2 點按**繪圖工具 格式**索引標籤 \ **圖案樣式**，開啟**格式化圖案群組對話**方塊。

Step.3 在右方**設定圖案格式**視窗中，點按**效果 \ 陰影 \ 預設 \ 外陰影 **「左上方 (左上方對角位移)」。

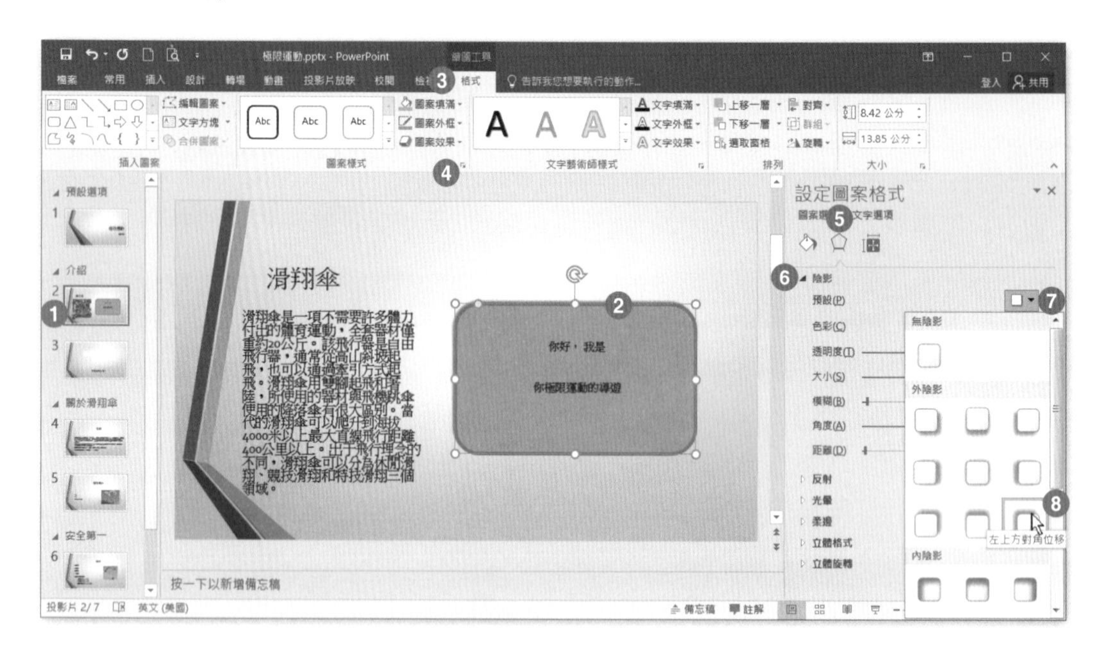

Step.4 在右方**設定圖案格式**視窗中，點按**色彩 **「淡紫 , 輔色 6」，點按**大小**鍵入「105%」，**距離**鍵入「7pt」。

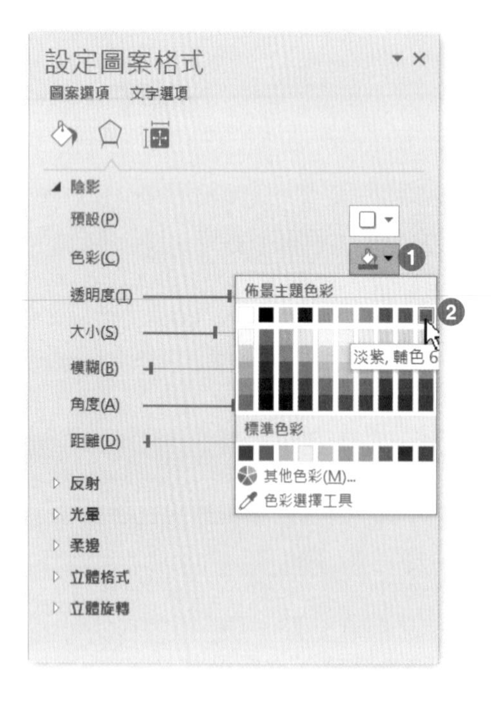

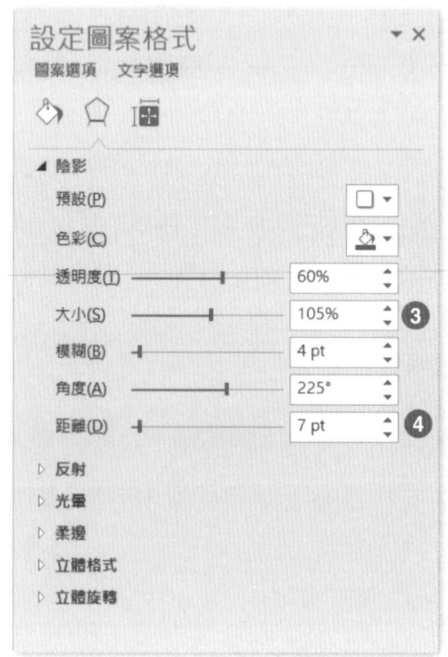

題組情境：

你正在準備一份簡報，要發表來自盧塞恩出版社所提供的一項新產品。

開啟【文件】資料夾 \ 第 6 章練習檔 \ 第四組 \Part7\ 根源音樂系列 .pptx 完成下列操作步驟：

工作 1

在第 2 張投影片上，設定音訊的播放，以半秒鐘的淡入效果開始，並設定使用者按一下音訊圖示才開始播放，且當簡報者放映下一張投影片時，音訊仍持續播放。

解題步驟：

Step.1 在左方投影片縮圖區中，點選第 2 張投影片，在中央投影片編輯區中，點選音訊。

Step.2 點按**音訊工具 播放**索引標籤 \ **編輯** \ **淡出持續時間** \ **淡入**鍵入 00.50。

Step.3 點按**音訊工具 播放**索引標籤 \ **音訊選項** \ **開始**選取**按一下** \ 勾選 ☑ **跨投影片播放**。

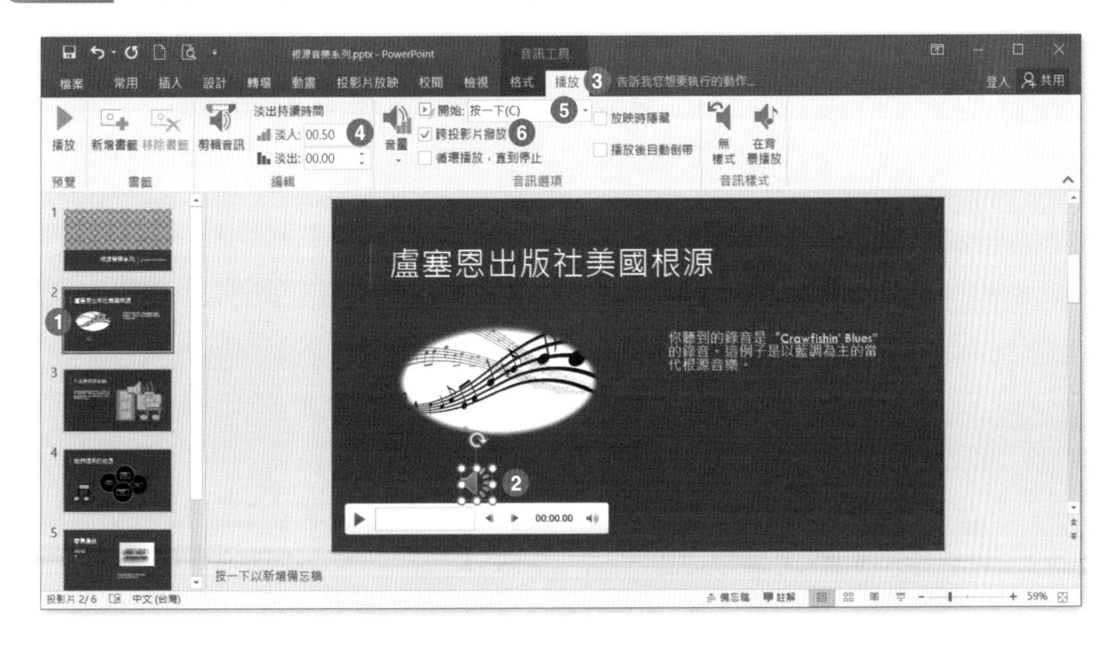

工作 2

在第 4 張投影片之後新增投影片 (第 4 張與第 5 張投影片之間)，新投影片來自 [文件] 資料夾裡的「產品 .docx」大綱文件檔。

解題步驟：

Step.1 在左方投影片縮圖區中，點選第 4 張投影片。

Step.2 點按**常用**索引標籤 \ **投影片** \ **新增投影片▼** \ **從大綱插入投影片**。

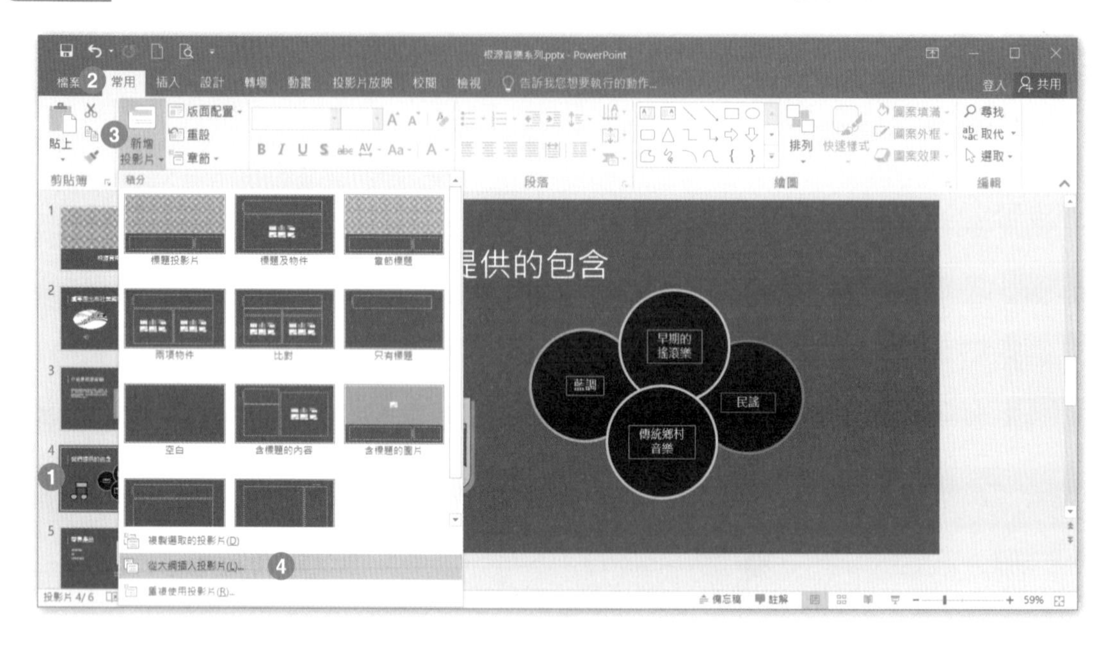

Step.3 在**插入大綱**視窗中，點選「文件 \ 第 6 章練習檔 \ 第四組 \Part7」資料夾中的「產品 .docx」，並按下**插入**。

工作 3

在第 4 張投影片上，改變圓形圖案的層疊順序，以符合以下順序需求：從最底層到最上層為：「早期的搖滾樂」、「藍調」、「傳統鄉村音樂」、「民謠」。

解題步驟：

Step.1 在左方投影片縮圖區中，點選第 4 張投影片，在中央投影片編輯區中，點選「早期的搖滾樂」圖形。

Step.2 點選**繪圖工具 格式**索引標籤 \ **排列** \ **下移一層▼** \ **移到最下層**。

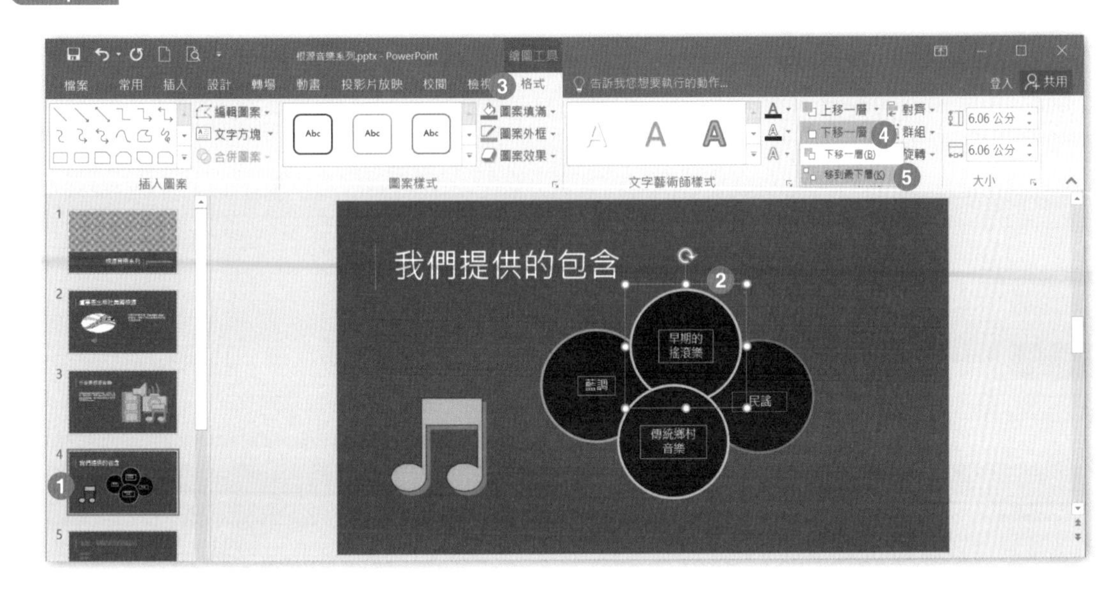

Step.3 在中央投影片編輯區中，點選「民謠」圖形，點選**繪圖工具 格式**索引標籤 \ **排列** \ **上移一層▼** \ **移到最上層**。

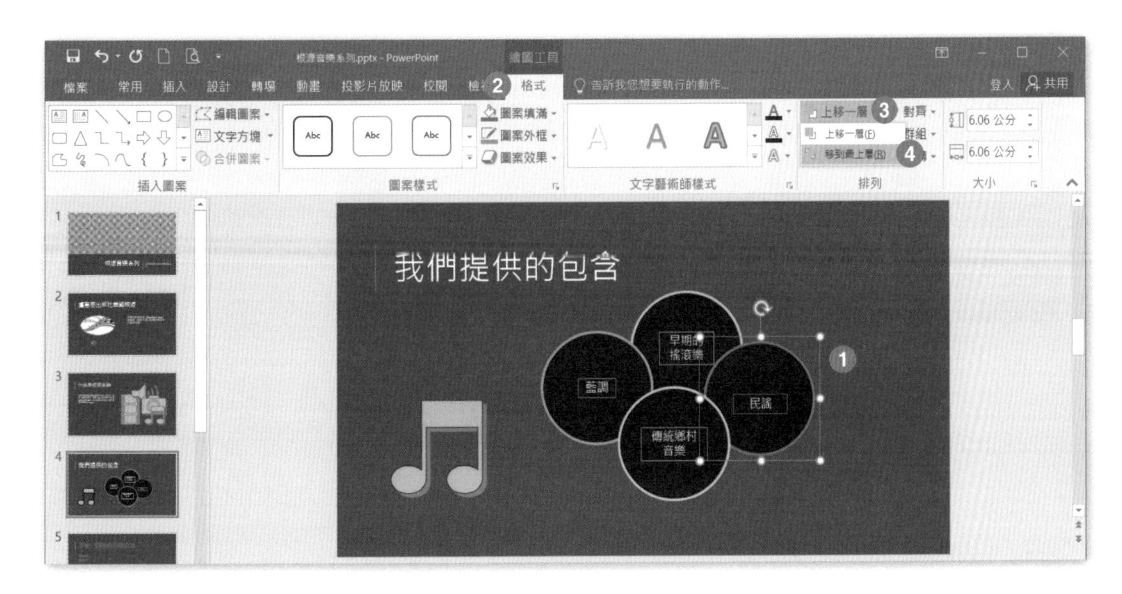

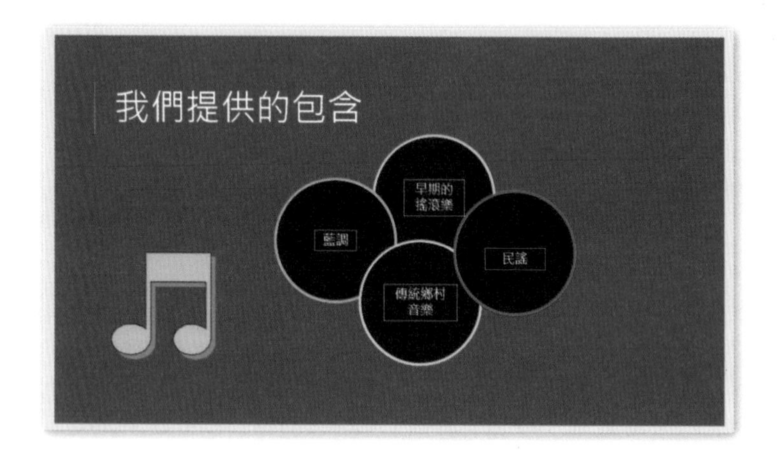

工作 4

在第 2 張投影片上，新增頁尾文字「音樂由 Crank Siller 製作」。

解題步驟：

Step.1 在左方投影片縮圖區中，點選第 2 張投影片。

Step.2 點按**插入**索引標籤 \ 文字 \ **頁首及頁尾**，在頁首及頁尾視窗中，**投影片** \ 勾選 ☑ **頁尾** \ 輸入文字「音樂由 Crank Siller 製作」，按下**套用**。

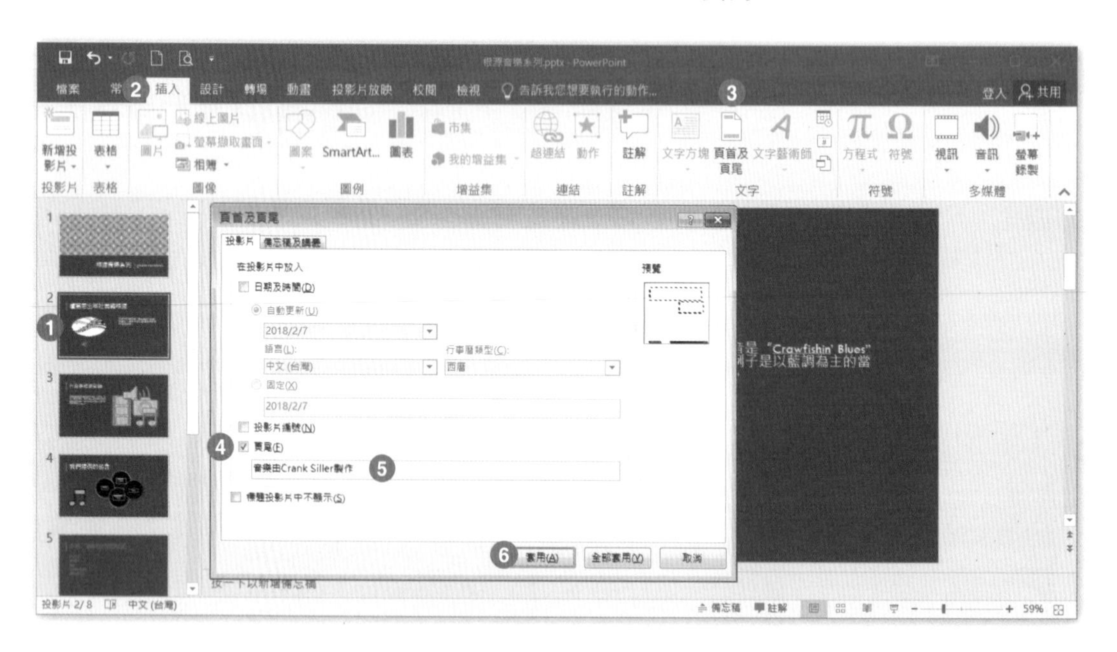

盧塞恩出版社美國根源
你聽到的錄音是 "Crawfishin' Blues" 的錄音。這例子是以藍調為主的當代根源音樂。

NOTE

Microsoft MOS PowerPoint 2016 原廠國際認證應考指南(Exam 77-729)

作　　者：劉文琇
企劃編輯：郭季柔
文字編輯：江雅鈴
設計裝幀：張寶莉
發 行 人：廖文良

發 行 所：碁峰資訊股份有限公司
地　　址：台北市南港區三重路 66 號 7 樓之 6
電　　話：(02)2788-2408
傳　　真：(02)8192-4433
網　　站：www.gotop.com.tw
書　　號：AER048700
版　　次：2018 年 03 月初版
　　　　　2021 年 10 月初版六刷
建議售價：NT$450

國家圖書館出版品預行編目資料

Microsoft MOS PowerPoint 2016 原廠國際認證應考指南(Exam 77-729) / 劉文琇著. -- 初版. -- 臺北市：碁峰資訊, 2018.03
面；　公分
ISBN 978-986-476-731-1(平裝)
1.PowerPoint 2016(電腦程式)　2.考試指南
312.49P65　　107001120

讀者服務

- 感謝您購買碁峰圖書，如果您對本書的內容或表達上有不清楚的地方或其他建議，請至碁峰網站：「聯絡我們」\「圖書問題」留下您所購買之書籍及問題。(請註明購買書籍之書號及書名，以及問題頁數，以便能儘快為您處理)
http://www.gotop.com.tw

- 售後服務僅限書籍本身內容，若是軟、硬體問題，請您直接與軟、硬體廠商聯絡。

- 若於購買書籍後發現有破損、缺頁、裝訂錯誤之問題，請直接將書寄回更換，並註明您的姓名、連絡電話及地址，將有專人與您連絡補寄商品。